高等学校教材

# 有机化学

## （第三版）

华东理工大学有机化学教研组　编

高等教育出版社·北京

**内容提要**

全书共 16 章,主要论述了饱和烃,烯烃,炔烃和二烯烃,芳烃,卤代烃,醇、酚和醚,醛和酮,羧酸及其衍生物,含氮有机化合物,糖类,氨基酸、多肽和蛋白质,核酸等的结构、命名(依据 2017 年版《有机化合物命名规则》)、物理和化学性质、重要的化学反应和反应机理,以及制备方法和波谱解析等。此外,对有机合成做了简单介绍。

各章均配有思考题及习题,并以二维码的形式给出了有机化合物性质实验视频、各章思考题答案、各章小结,以及拓展阅读材料等。

本书可作为高等学校化学、化工、制药等专业有机化学基础课程教材,也可供相关专业选用和参考。

**图书在版编目(C I P)数据**

有机化学 / 华东理工大学有机化学教研组编. -- 3版. --北京:高等教育出版社,2019.9(2023.11重印)
ISBN 978 - 7 - 04 - 052356 - 0

Ⅰ.①有… Ⅱ.①华… Ⅲ.①有机化学-高等学校-教材 Ⅳ.①O62

中国版本图书馆 CIP 数据核字(2019)第 161490 号

YOUJI HUAXUE

| | | | |
|---|---|---|---|
| 策划编辑 翟 怡 | 责任编辑 翟 怡 | 封面设计 杨立新 | 版式设计 王艳红 |
| 插图绘制 于 博 | 责任校对 张 薇 | 责任印制 田 甜 | |

| | | | |
|---|---|---|---|
| 出版发行 | 高等教育出版社 | 网　　址 | http://www.hep.edu.cn |
| 社　　址 | 北京市西城区德外大街 4 号 | | http://www.hep.com.cn |
| 邮政编码 | 100120 | 网上订购 | http://www.hepmall.com.cn |
| 印　　刷 | 涿州市京南印刷厂 | | http://www.hepmall.com |
| 开　　本 | 787mm×1092mm 1/16 | | http://www.hepmall.cn |
| 印　　张 | 32.25 | 版　　次 | 2006 年 5 月第 1 版 |
| 字　　数 | 710 千字 | | 2019 年 9 月第 3 版 |
| 购书热线 | 010 - 58581118 | 印　　次 | 2023 年 11 月第 6 次印刷 |
| 咨询电话 | 400 - 810 - 0598 | 定　　价 | 59.00 元 |

# 第三版前言

　　时隔六年,本书再次修订,首先感谢高等教育出版社的领导和编辑所做出的努力;感谢华东理工大学教务处的支持;同时感谢本书第一版和第二版编写老师的辛勤和卓有成效的工作。本书由华东理工大学有机化学教研组的教师们在前两版教材基础上进一步修改、整理而成。

　　本书秉承了前两版教材的宝贵经验和完整、系统的知识框架,并结合近年来化学学科发展的新特点和使用中的教学实践,进行了较大幅度的修订和改编,力争使其成为具有时代特征、严谨、科学、可持续发展和可使学生终身受益的高等学校工科有机化学教材。本次修订主要做了以下几方面工作:

　　1. 更正了原书中的部分疏漏和错误,增补了一些细节,保持内容的简洁和结构的完整。

　　2. 结合学科发展,引入 2017 年版《有机化合物命名规则》,为了承上启下,同时保留了原来的命名规则。

　　3. 契合时代发展,本书增添了二维码形式的拓展内容,包括各章思考题答案、各章小结,以及拓展阅读材料等。

　　4. 为增加教材的可视性,加深学生对知识点的理解,本书还以二维码形式增加了一些有机化合物性质实验的视频,如烯烃使溴水褪色、酚的 $FeCl_3$ 显色反应、碘仿反应等。

　　本书共 16 章,参加编写工作的有许胜(第 1、3 章)、伍新燕(第 2 章)、李登远(第 4 章)、徐琴(第 5 章)、罗千福(第 6 章)、沙风(第 7 章)、张春梅(第 8 章)、窦清玉(第 9 章)、方向(第 10 章)、俞善辉(第 11 章)、李琼(第 12 章)、王朝霞(第 13 章)、俞晔(第 14~16 章)。有机化合物性质实验视频由蔡良珍拍摄,伍新燕解说,有机化学专业硕士研究生范颖操作演示,严弘昊、罗玲珊参与实验准备。烷烃的构象翻转势能变化动态图、环己烷的椅型构象翻转动画,由许胜提供。全书由蔡良珍负责统稿和定稿。尽管改编者们做了艰苦的努力,但限于水平和时间,难免有疏漏和不当之处,恳请广大读者批评指正。

蔡良珍于华东理工大学

2019 年 5 月

# 目 录

# 第1章 绪 论

有机化学是化学的一个分支,是研究有机化合物的制备、结构、性质及其应用的科学,一般可以将有机化学的研究内容分为有机化合物的结构与性能、有机合成化学和有机反应机理三大部分。

## 1.1 有机化合物

有机化合物(organic compound)一般是指含碳原子的化合物。早期人们认为有机化合物只能在动植物等生命体中产生,而且都与生命活动有关系,因而这些化合物与从无生命的矿物中得到的物质不同,被认为是"有机"的,以区别于"无机"物质。

1828 年,德国化学家维勒(Wöhler F)在实验室里以氨和氰酸反应得到了尿素这一有机化合物,使有机化合物的含义发生了根本的变化。

$$NH_3 + HOCN \longrightarrow NH_4OCN \overset{\triangle}{\longrightarrow} (NH_2)_2CO$$

大多数有机化合物都含有碳和氢两种元素,故有机化合物就是指碳氢化合物及它们的衍生物(derivative)。衍生物是指化合物中的某个原子(团)被其他原子(团)取代后衍生出来的那些化合物。但是,含碳原子的化合物并不都是有机化合物,如二氧化碳、碳酸盐、氢氰酸等一般仍归入无机化合物一类,因为这些化合物的性质与无机化合物相似。

阅读内容:
生命力学说

思考题 1-1 请区别下列化合物是无机物还是有机化合物。

NaHCO₃ 金刚石 CaC₂ 淀粉 棉花

### 1.1.1 有机化合物的特点

有机化合物有如下几个特点。

(1) 数目庞大 有机化合物种类繁多,公认的最权威的数据,来自美国化学会。数据表明,目前结构明确、登记在册的化学物质超过 1.42 亿种,其中绝大多数都是有机化合物。

有机化合物之所以数目众多,与碳原子能自相结合成键密切相关。其形成的碳链可以是链状的,也可以是环状的,还能相互交联,更有支链和交叉链存在;碳原子还可以与其他原子,如氢、氧、氮、硫、卤素、磷及金属成键。有机化合物所含的碳原子数可以从最简单的甲烷(碳原子的个数为1)到高分子化合物(含有数以万计的碳原子),即

阅读内容:
有机化合物
的数量

使是相对分子质量不大的分子,其原子间的组合键连方式也有许多不同的形式,同分异构(isomerism)普遍存在。例如,分子式同为 $C_4H_9OH$ 的化合物有乙醚(**1**)、甲丙醚(**2**)、正丁醇(**3**)和丁-2-醇。同是丁-2-醇又由于原子团在空间的取向不同而有两种对映异构体($S$)-丁-2-醇(**4**)和($R$)-丁-2-醇(**5**)。尽管组成它们的原子种类和数量都相同,但却是性质不同的五种化合物。

$$CH_3CH_2OCH_2CH_3 \qquad CH_3OCH_2CH_2CH_3 \qquad CH_3CH_2CH_2CH_2OH$$

　　　　　**1** 　　　　　　　　**2** 　　　　　　　　**3** 　　　　　　**4** 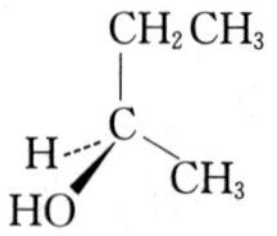 　　　　**5**

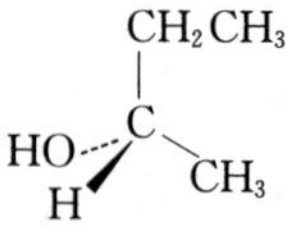

　　(2) 结构复杂　　多数有机化合物的结构十分复杂。20 世纪 80 年代从海洋生物中得到的沙海葵毒素(palytoxin)的分子式为 $C_{129}H_{221}O_{53}N_3$,即便知道了这 400 多个原子之间是以怎样的次序相结合,但仅仅由于原子在空间取向的不同就有可能形成 $2 \times 10^{64}$ 种立体异构体!其中只有一种才是该化合物。

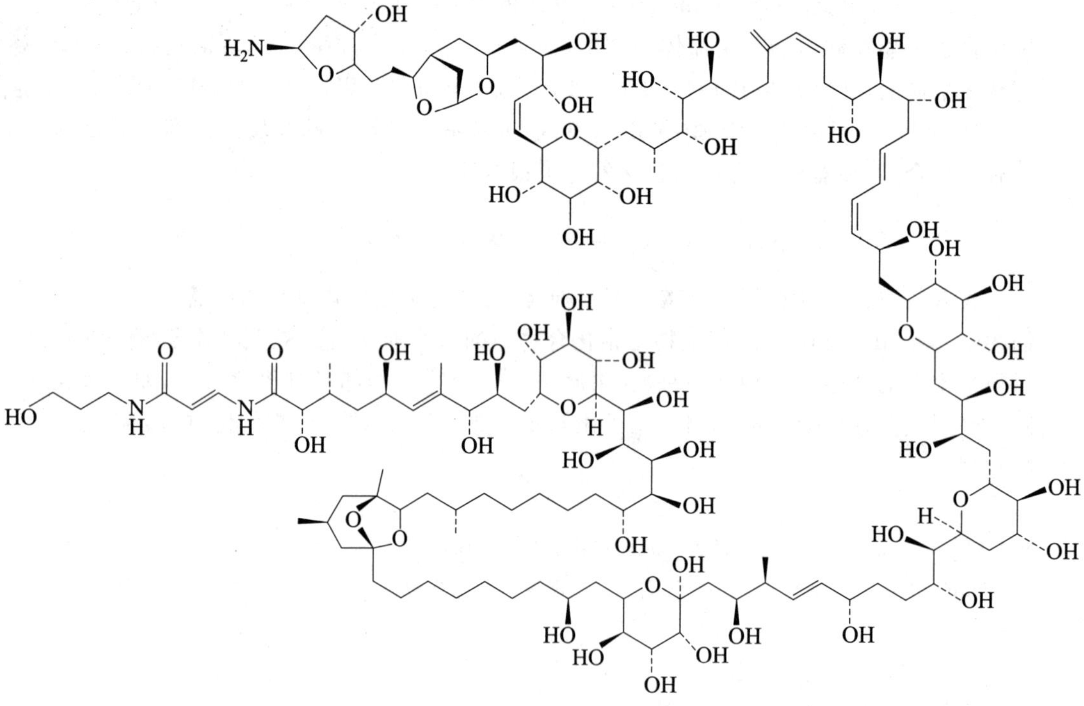

沙海葵毒素

　　(3) 易燃烧　　有机化合物含有碳、氢等可燃元素,故绝大部分有机化合物都可以燃烧。有些有机化合物挥发性很大,闪点低,甚至是气体,这就要求在处理有机化合物时要注意消防安全。

　　(4) 熔点低　　无机化合物的晶体组成单位多数是正、负离子,存在着很强的静电引力,只有在极高的温度下,才能克服这种强有力的静电引力,因此,无机化合物的熔点一般很高。而有机化合物晶体的组成单位是分子,分子之间的引力比静电引力弱得多,所以有机化合物的熔点一般都不高。有机化合物受热易分解,一般在 $200\sim300℃$ 开始分解。

(5)不溶于水 水是一种极性很强、介电常数很大的液体,而有机化合物的极性一般较弱甚至没有极性,有机化合物和水之间只有很弱的作用,在水中不溶解或者溶解度很小。

(6)反应慢、副反应多 绝大多数有机化合物的反应速率都不快,有机反应涉及键的断裂和生成,但完全专一性的断键较难控制,使得反应后得到的产物常常是混合物。

有机化合物和有机反应的这些特点使得有机化学成为一门相对独立的学科,它既与人类生活的衣食住行密不可分,也是现代新兴产业的一个不可缺少的重要基础。

### 1.1.2 有机化合物的分类和官能团

为了研究方便,数目庞大的有机化合物需要一个完善的分类方法。有机化合物的结构和性质是密切相关的,性质是结构的反映,结构的某些微小变化总是伴随着性质的变化。有机化合物的分子结构,不仅是指分子中的原子组成、原子间的连接顺序和它们的空间位置,还包括化学键的结合情况和分子中电子的分布状态等。一般的结构式虽不能表达分子结构的全部内容,但在一定程度上总是能反映分子结构的基本特点。因此有机化合物可以按碳链结合方式不同加以分类。一个建立在结构基础上的完整分类系统,有助于阐明有机化合物的结构、性质及它们之间的相互联系,也有助于对有机化学的学习、研究和促进其发展。

阅读内容:
有机化合物
的分类

(1)开链化合物 这类化合物中的碳链两端不相连,碳碳之间的键可以是单键、双键、三键等。因为在油脂里有许多这种开链结构的化合物,所以它们亦被称为脂肪族化合物。例如:

$$CH_3CH_2CH_2CH_3 \qquad CH_3(CH_2)_7CH=CH(CH_2)_7CO_2H \qquad (CH_3)_2CHCH_2\overset{\displaystyle O}{\overset{\|}{C}}CH_3$$

正丁烷 　　　　　　十八碳-9-烯酸 　　　　　　4-甲基戊-2-酮

(2)碳环化合物 这类化合物中的碳链两端相接,形成环状,碳环化合物又可分为芳香族化合物和脂环化合物(见图1-1)。脂环化合物的性质和开链化合物相似,而芳香族化合物有其特殊的物理和化学性质。

环己烯 　　　　　环己烷 　　　　　　萘

图 1-1 脂环化合物环己烯、环己烷,芳香族化合物萘

(3)杂环化合物 这类化合物中含有由碳原子和其他原子(如氧、硫、氮等)组成的环状结构,环上的非碳原子又称为杂原子,故这类化合物称为杂环化合物(见图1-2)。杂环化合物的性质与芳香族化合物有相似之处,故有时亦称杂芳环化合物。

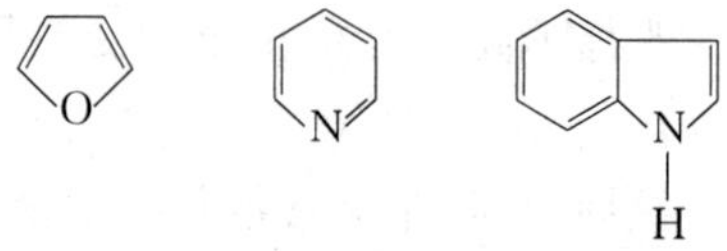

�呋喃　　　　吡啶　　　　吲哚

图 1-2　杂环化合物呋喃、吡啶、吲哚

　　碳架分类法过于笼统，不能把结构、性质不同的有机化合物加以有效区分。更为常见的分类方法是官能团分类法。决定有机化合物化学性质的原子或原子团称为**特性基团**或者**官能团**（functional group）。官能团常是分子中对反应最敏感的部分，故有机化合物的主要反应多数发生在官能团上。官能团的种类很多，有机分子中常见的重要官能团列于表1-1中。

表 1-1　有机分子中常见的重要官能团

| 官能团结构 | 名称 | 英文词(尾) | 类别 | 官能团结构 | 名称 | 英文词(尾) | 类别 |
|---|---|---|---|---|---|---|---|
| —C=C— | 双键 | -ene | 烯烃 | C(OR)(OR)(H)R' | 缩醛(酮)基 | acetal (ketal)* | 缩醛(酮) |
| —C≡C— | 三键 | -yne | 炔烃 | —C(O)—O—C(O)— | 酸酐基 | -ic anhydride | 酸酐 |
| —X | 卤素 | | 卤代物 | —C(O)—OR | 酯基 | -oate | 酯 |
| （苯环） | 苯基 | | 芳烃 | —C(O)—NR(H)₂ | 酰氨基 | -amide | 酰胺 |
| —OH | 羟基 | -ol | 醇、酚 | —NO₂ | 硝基 | | 硝基化合物 |
| —C—O—C— | 醚键 | ether | 醚 | —NH₂ | 氨基 | -amine | 胺 |
| RC=O(R')H | 羰基 | -al -one | 醛、酮 | —CN | 氰基 | -nitrile | 腈 |
| —C(O)—OH | 羧基 | -oic acid | 羧酸 | —C—O—O—C— | 过氧基 | -peroxide | 过氧化合物 |
| —C(O)—Cl | 酰氯 | -oyl chloride | 酰卤 | —SO₃H | 磺酸基 | -sulfonic acid | 磺酸化合物 |

* ketal 原专指缩酮，现已舍弃不用，缩醛或缩酮都用 acetal 表示。

　　表1-1中的R代表化合物的某个部分，但常见的是指烷烃去掉一个氢原子后余下的结构。不必追究R的具体结构，因为它们在反应前后结构没有变化或者是它们的具体结构差异对某类化合物的性能影响很小而可以忽略。R成为一个通用符号，有类似的通性和广义，既方便书写，又易于去关注分子其他部分或反应过程中更重要的

结构点,故 R 的应用极为普遍。

思考题 1-2 指出下列化合物所含官能团的名称和所属类别。

(1) $CH_3—CH_2—NH_2$      (2) $CH_3—CH_2—SH$      (3) $CH_3—CH_2—COOH$

(4) $CH_3—CH_2—CH_2—Cl$      (5) $CH_3COCH_3$      (6) $C_6H_5NO_2$

## 1.2 有机化合物的结构理论

物质的性质由其结构决定,掌握有机化合物的结构特征是学好有机化学的基础,掌握结构知识对理解有机化合物反应机理非常重要。

### 1.2.1 原子轨道和八隅体

电子在原子中的运动状态叫做原子轨道(atomic orbital),用波函数 $\psi$ 来表示。不同能量的电子占有不同的轨道,而轨道有不同的形状、大小和能量,它们的形状和排列与分子的结构和性质密切相关。依据不确定性原理(uncertainty principle),无法用经典力学描述电子运动,电子运动可以看成一团带负电荷的"电子云",电子云的形状也就是轨道的形状。

1s 轨道能量最低,其电子云是以原子核为中心的球体。2s 轨道与 1s 轨道一样呈球形对称,比 1s 轨道大,能量也较 1s 轨道高。2p 有三个能量相同的 $p_x$,$p_y$,$p_z$ 轨道,彼此相互垂直,分别在 $x,y,z$ 轴上呈哑铃状,由两瓣组成,原子核在哑铃状轨道的中间坐标为零处。p 电子集中在原子核两边一定的区域内,通过原子核的直线为轴对称分布,每个 p 轨道有一个节面,如 $2p_z$ 轨道围绕 $z$ 轴呈轴对称,$xy$ 平面为节面(nodal plane),节面上的电子密度为零。节面上下两瓣用正负号或黑白体表示,反映波函数的不同符号,表示电子波的位相不同(见图 1-3)。s 轨道和 p 轨道是有机化学中最常提到和用到的原子轨道。

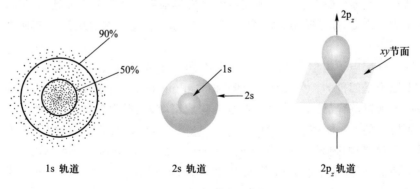

图 1-3 s 轨道与 p 轨道

各电子层轨道被电子完全充满的原子是稳定的,如惰性气体原子。1915 年,Lewis G N 提出原子键合理论,外层电子未充满的原子,通过与其他原子进行电子转移或者共享彼此电子达到全充满,形成类似惰性气体的电子构型从而达到稳定状态。对于第二周期的元素来说,原子最外层轨道上的电子数目为 8 时达到全充满,故称为八隅规则(octet)。这样的分子处于较低的能级状态。

碳在元素周期表的第二周期 ⅣA 族,是这一族中最小的原子,外层有 4 个价电子。当碳原子和其他原子结合组成分子时,要失去或接受 4 个电子形成八隅体的电子构型是很困难的。因此,碳原子与一个或者多个原子通过共享外层电子,在理想情况下达到电子饱和状态,由此组成比较稳定的化学结构,这种通过共享一对电子而形成的化学键叫做**共价键**(covalent bond)。有机化学中习惯用一根短线表示一对共价电子。

$$\cdot \overset{\cdot}{\underset{\cdot}{C}}\cdot + 4H\cdot \longrightarrow H\overset{\overset{H}{\cdot\cdot}}{\underset{\underset{H}{\cdot\cdot}}{C}}H \qquad H-\overset{\overset{H}{|}}{\underset{\underset{H}{|}}{C}}-H$$

由一对共用电子的点来表示一个共价键的结构式,叫做**路易斯**(Lewis)结构式。如果这一对共用电子的点改用一根短线来代表一个共价键,这样的结构式就叫做**凯库勒**(**Kekulé**)结构式。共价键的数量代表了这个原子在这个分子中的化合价。

**思考题 1-3** 写出下列化合物的 Lewis 结构式并判断是否符合八隅规则。
　(1) 氨　　　(2) 水　　　(3) 乙烷　　　(4) 乙醇　　　(5) 硼烷(BH_3)
　提示:完整的 Lewis 结构式应该标出孤对电子,但是在有机化学中常常忽略。

### 1.2.2　共价键理论和杂化轨道

按照量子化学中价键理论的观点,共价键是两个原子的未成对而又自旋相反的电子偶合配对的结果。共价键的形成使体系的能量降低,形成稳定的结合。一个未成对电子一经配对成键,就不能再与其他未成对电子偶合,所以共价键有饱和性。原子的未成对电子数,一般就是它的化合价或价键数。两个电子的配合成对也就是两个电子的原子轨道的重叠(或称交盖)。因此也可以简单地理解为重叠部分越大,形成的共价键就越牢固。因此,原子轨道必须按一定的方向重叠,所以共价键具有方向性和空间特性。

碳原子外层电子构型为 $2s^2 2p_x^1 2p_y^1$,只有两个未成对电子,似乎应该是二价的,但实际上碳原子是四价的。美国科学家鲍林(Pauling L)在 20 世纪 30 年代提出了轨道杂化理论来加以解释(见图 1-4)。碳原子在成键时,其配对的两个 2s 电子中有一个被激发到空着的 $2p_z$ 轨道上,成为 $2s^1 2p_x^1 2p_y^1 2p_z^1$ 排布,此时处于激发态(即电子不处于最低能量状态)的碳原子有四个未成对电子,一个 2s 轨道和三个 p 轨道混合杂化后均分成为四份,形成四个能量相等、形状相同的 sp^3 杂化轨道[①],这种不同原子轨道的重新组合称为**杂化**(hybridization),所得的新轨道称为杂化轨道。在 sp^3 杂化轨道中,每个新轨道均含有 1/4 的 s 成分和 3/4 的 p 成分,其电子云一瓣大,另一瓣小,因此绝

---

① 上标 3 表示有 3 个 p 轨道参与杂化,并非指 3 个电子。

大部分电子云集中在一个方向,增加了它和另一个电子云发生重叠的可能性,并可形成更强、更为牢固的共价键。为了使各个杂化轨道之间的排斥达到最小并尽可能彼此远离,四个 $sp^3$ 杂化轨道对称地分布在碳原子的周围,呈 109°28′ 的角度。如果放入一个正四面体结构中,碳原子处于中心位置,四个轨道分别指向该正四面体的每一个顶点(见图 1-5)。甲烷中碳原子的四个 $sp^3$ 杂化轨道和四个氢原子的 1s 轨道在原子核连线方向重叠最大,形成的 C—H 键的电子云围绕键轴呈对称分布,这种沿两个原子核间键轴方向发生电子云重叠而形成的轨道称为 $\sigma$ 轨道,生成的键称为 $\sigma$ 键。$\sigma$ 键的横断面为圆形。显然,$\sigma$ 键可以绕 C—H 键键轴自由旋转。

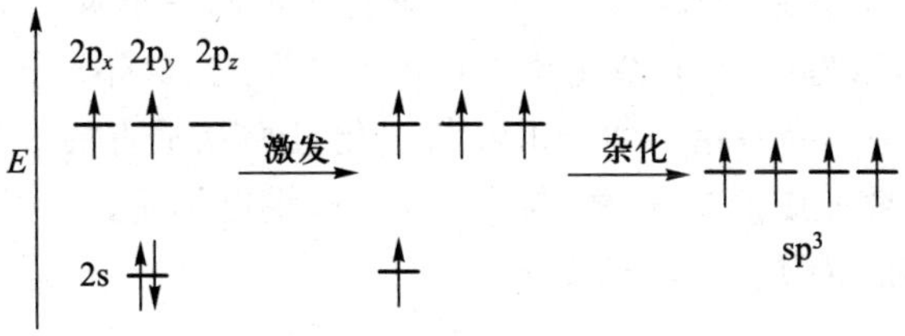

图 1-4 $sp^3$ 杂化轨道的形成

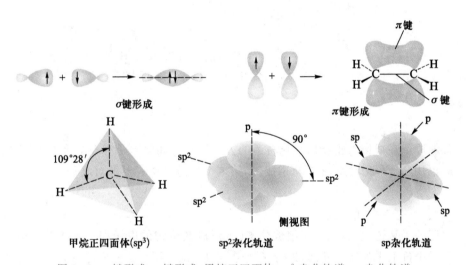

图 1-5 $\sigma$ 键形成,$\pi$ 键形成,甲烷正四面体,$sp^2$ 杂化轨道,sp 杂化轨道

研究结果表明,在形成一个 C—H 键时,释放约 414 kJ·mol$^{-1}$ 能量。在激发、杂化和成键的全部过程中,除去补偿激发所需的约 402 kJ·mol$^{-1}$ 能量,形成 $CH_4$ 时仍可有约 1 255 kJ·mol$^{-1}$ 的能量释出。这个体系显然要比只形成两个共价键的 $CH_2$ 稳定得多。

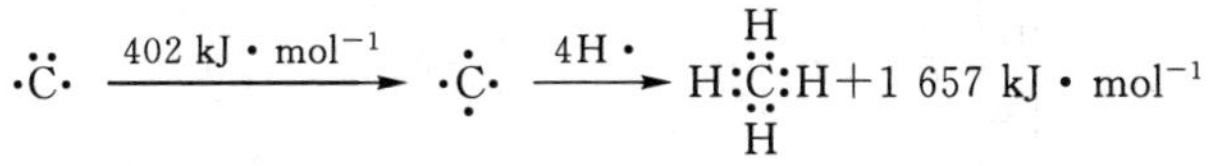

$$\cdot\ddot{C}\cdot \xrightarrow{\ 402\ kJ\cdot mol^{-1}\ } \cdot\dot{C}\cdot \xrightarrow{\ 4H\cdot\ } H\!:\!\overset{\overset{\textstyle H}{\cdots}}{\underset{\underset{\textstyle H}{\cdots}}{C}}\!:\!H + 1\ 657\ kJ\cdot mol^{-1}$$

除 $sp^3$ 杂化外,碳原子还可以进行 $sp^2$ 杂化和 sp 杂化。在乙烯分子中,碳原子的 2s 轨道和两个 2p 轨道杂化,形成的 $sp^2$ 杂化轨道形状和 $sp^3$ 杂化轨道相似,但它

们处在同一平面上且对称地分布在碳原子周围,互呈120°夹角(见图1-5)。这样,乙烯分子中两个碳原子各以两个 $sp^2$ 杂化轨道和两个氢原子的1s轨道重叠生成四个 $C(sp^2)$—$H(s)$ $\sigma$ 键,它们之间又各以另一个 $sp^2$ 杂化轨道重叠形成一个 $C(sp^2)$—$C(sp^2)$ $\sigma$ 键。两个碳原子上仍各保留一个电子,位于未参与杂化的2p轨道上,这个2p轨道与由三个 $sp^2$ 杂化轨道组成的平面垂直,当两个2p轨道相互平行时,它们在侧面最大程度重叠,这样生成的键称为 $\pi$ 键。

在乙炔分子中,碳原子的2s轨道只和一个2p轨道杂化,形成的两个sp杂化轨道对称地分布在碳原子的两侧,成为一条直线,方向相反,两者之间的夹角为180°(见图1-6)。乙炔中每一个碳原子都各以一个sp杂化轨道和一个氢原子1s轨道重叠形成 $C(sp)$—$H(s)$ 键,以另一个sp杂化轨道互相重叠形成 $C(sp)$—$C(sp)$ 键,这两个键都是 $\sigma$ 键。每个碳原子尚各余下两个未参与杂化且相互垂直的p轨道。它们互相垂直并在各自侧面重叠形成两个 $\pi$ 键,围绕着C—C键键轴呈圆筒形分布,故碳碳三键中一个是 $\sigma$ 键,另两个都是 $\pi$ 键(见图1-6)。

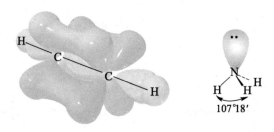

图1-6 乙炔的结构和氨的结构

其他原子在成键时也能以杂化轨道的方式进行。如氮原子有5个价电子,它成键时一般也用 $sp^3$ 杂化状态,3个轨道成键,第4个轨道容纳一对孤对电子。

### 1.2.3 分子轨道理论

按照分子轨道理论,当原子组成分子时,形成共价键的电子即运动于整个分子区域。分子中价电子的运动状态,即分子轨道,可以用波函数 $\psi$ 来描述。分子轨道由原子轨道通过线性组合形成。形成的分子轨道数与参与组成的原子轨道数相等。例如,两个原子轨道可以线性组合成两个分子轨道,其中一个分子轨道是由符号相同的两个原子轨道的波函数相加而形成;另一个分子轨道则是由符号不同的两个原子轨道的波函数相减而形成(见图1-7)。

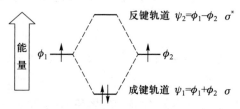

图1-7 两个氢原子轨道组成两个氢分子轨道

$$\psi_1 = \phi_1 + \phi_2$$
$$\psi_2 = \phi_1 - \phi_2$$

前式表示在分子轨道 $\psi_1$ 中两个原子核之间的波函数增大,电子密度也增大,这种分子轨道的能量较原来两个原子轨道的能量低,所以叫做成键轨道。后式表示在分子轨道 $\psi_2$ 中两个原子核之间波函数减少,电子密度也减少,这种分子轨道的能量比原来两个原子轨道的能量反而增加,所以叫做反键轨道。

每一个分子轨道只能容纳两个自旋相反的电子。电子总是首先进入能量低的分子轨道,当此轨道已占满后,电子再进入能量较高的轨道。当两个氢原子形成氢分子时,两个电子均进入成键轨道,体系能量降低,即形成了共价键。

分子轨道理论还认为,原子轨道要组合成分子轨道,必须具备能量相近、电子云最大重叠和对称性相同这三个条件。能量相近就是指组成分子轨道的原子轨道的能量比较接近才能有效,因为当两个能量相差较大的原子轨道组合成分子轨道时,成键轨道的能量与能量较低的那个原子轨道能量非常接近,生成的分子轨道是不够稳定的。电子云最大重叠则要求原子轨道在重叠时应有一定的方向,才能使重叠最大,组成较强的键。对称性相同实际上是形成化学键最主要的条件。位相相同的原子轨道重叠时才能使核间的电子密度变大。对称性不同,即位相不同的原子轨道重叠时反而使核间的电子密度变小,自然不能成键。

$\sigma$ 键成键轨道用 $\sigma$ 表示,反键轨道则用 $\sigma^*$ 表示。当两个 p 轨道彼此平行重叠时,两个原子核间无节面,形成的键是 $\pi$ 键,成键轨道用 $\pi$ 表示,反键轨道用 $\pi^*$ 表示,在两个原子核间有一个节面(见图 1-8)。分子轨道数目等于参与成键的原子轨道数目之和。

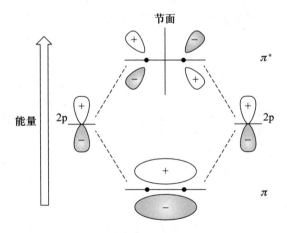

图 1-8　$\pi$ 轨道和 $\pi^*$ 轨道的形成

分子轨道和共价键都能定量处理问题,在许多问题上得出的结论也相同。共价键理论是将电子对从属于两个原子所有来加以处理的,称为定域(located)。分子轨道理论则认为分子中的电子运动与所有的原子都有关,称为离域(delocated)。这两种理论都是行之有效的,相对而言,共价键理论描述简洁,也形象化,故用得也更多。但某些情况下,用分子轨道理论解释更为合理。

### 1.2.4  键长、键角和键能

#### 1. 键长

以共价键结合的两个原子核间的距离为键长(bond length)。键长有一定的共性,如 $C(sp^3)$—H 键键长一般为 0.109 nm,而 $C(sp^2)$—H 键键长为 0.107 nm,$C(sp)$—H键键长还要短一些,这是由于在 3 种不同的杂化状态中,s 成分所占比例不同,由于 p 轨道在空间的伸展要比 s 轨道离核更远一些,所以杂化轨道中 p 成分越多,所形成的键的键长也越长。

但应注意,即使是同一类型的共价键,在不同化合物的分子中它的键长也可能稍有不同。因为由共价键所连接的两个原子在分子中不是孤立的,它们受到整个分子的相互影响。常见共价键的平均键长见表 1－2。

表 1－2　常见共价键的平均键长

| 键型 | 键长/nm | 键型 | 键长/nm |
|---|---|---|---|
| C—C | 0.154 | C—F | 0.142 |
| C—H | 0.110 | C—Cl | 0.178 |
| C—N | 0.147 | C—Br | 0.191 |
| C—O | 0.143 | C—I | 0.213 |
| N—H | 0.103 | O—H | 0.097 |

a—a 键或 b—b 键的键长的一半即为 a 或 b 原子的共价半径。a—b 键键长近似值则可从 a 和 b 两个原子的共价半径之和得到(见图 1－9)。

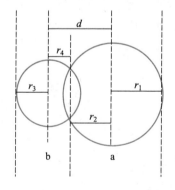

$d$:a—b 键键长
$r_1$:a 原子范氏半径
$r_2$:a 原子共价半径
$r_3$:b 原子范氏半径
$r_4$:b 原子共价半径

图 1-9　a—b 键中 a 原子的范氏半径 $r_1$ 和共价半径 $r_2$,<br>b 原子的范氏半径 $r_3$ 和共价半径 $r_4$ 示意图

两个原子互相接近到正好接触时,电子和核间的吸引与电子-电子排斥、核-核排斥达到最佳平衡,吸引力达到最大,此时,两个原子核间的距离即为两个原子的范德华半径(van der Waals radius,也称范氏半径)之和,范氏半径是原子未成键时原子核和外沿间的距离,与原子半径不同。两个未成键的原子之间的距离小于范氏半径之和时

就会产生范氏张力,引起排斥。

**思考题 1-4** 比较下列化合物中 C—H 键与 C—C 键的键长。

(1) 乙烷        (2) 乙烯        (3) 乙炔

提示:考虑不同的杂化轨道的电负性及轨道形状。

**2. 键角**

共价键有方向性,因此任何一个两价以上的原子,与其他原子所形成的两个共价键之间都有一个夹角,这个夹角就叫做键角。例如,甲烷分子中四个 C—H 共价键之间的键角都是 $109°28'$。

**3. 键能**

将两个用共价键连接起来的原子拆开成原子状态时所吸收的能量称为键的解离能(bond dissociation energy),同类型键解离能的平均值为键能。键能反映出两个原子的结合程度,结合越牢固,强度越大,键能也越大,$\sigma$ 键的键能比 $\pi$ 键的键能大得多。如 C—C 键的键能约 350 kJ·mol$^{-1}$,而 C≡C 键的键能约 610 kJ·mol$^{-1}$,这表明 $\pi$ 键的键能只有约 260 kJ·mol$^{-1}$。某些共价键的解离能数值列于表 1-3。

表 1-3   某些共价键的解离能,$\Delta H_{m}^{\ominus}(A—B)$(25 ℃)     单位:kJ·mol$^{-1}$

| 共价键 | OCH$_3$ | H | Cl | Br | I | OH | NH$_2$ | CH$_3$ | C$_6$H$_5$ | CN |
|---|---|---|---|---|---|---|---|---|---|---|
| CH$_3$— | 335 | 435 | 355 | 297 | 238 | 389 | 355 | 376 | 427 | 510 |
| (CH$_3$)$_2$CH— | 337 | 397 | 339 | 284 | 224 | 389 | 343 | 360 | 401 | 485 |
| (CH$_3$)$_3$C— | 326 | 381 | 328 | 264 | 207 | 379 | 333 | 335 | 389 | |
| C$_6$H$_5$— | | 464 | 401 | 337 | 272 | 464 | 427 | 427 | 481 | 548 |
| C$_6$H$_5$CH$_2$— | | 368 | 301 | 242 | 201 | 339 | 297 | 318 | 376 | |
| C$_2$H$_5$CO— | 184 | 435 | | | | 184 | | 347 | 422 | |
| CH$_2$=CH— | | 460 | 376 | 326 | | | | 418 | 431 | 544 |
| H— | | 436 | 432 | 366 | 298 | 498 | 448 | 435 | 464 | 523 |

对多原子分子来说,即使是一个分子中同一类型的共价键,这些键的解离能也是不同的。例如,甲烷分子中,解离第一个 C—H 键的解离能(CH$_3$—H)为 435.1 kJ·mol$^{-1}$,而第二、三、四个 C—H 键的解离能依次为 443.5 kJ·mol$^{-1}$、443.5 kJ·mol$^{-1}$ 和 338.9 kJ·mol$^{-1}$。

$$CH_4 \longrightarrow \cdot CH_3 + H\cdot \qquad \Delta H = 435.1 \text{ kJ·mol}^{-1}$$

$$\dot{C}H_3 \longrightarrow \cdot \dot{C}H_3 + H\cdot \qquad \Delta H = 443.5 \text{ kJ·mol}^{-1}$$

$$\cdot \dot{C}H_2 \longrightarrow \cdot \dot{C}H + H\cdot \qquad \Delta H = 443.5 \text{ kJ·mol}^{-1}$$

$$\cdot \dot{C}H \longrightarrow \cdot \dot{C} \cdot + H\cdot \qquad \Delta H = 338.9 \text{ kJ·mol}^{-1}$$

因此,解离能指的是解离特定共价键的键能,而键能则泛指多原子分子中几个同类型键的解离能的平均值。例如,一般把 C—H 键的键能定为 $\left[\dfrac{1}{4} \times (435.1 + 443.5 + 443.5 + 338.9)\right]$ kJ·mol$^{-1}$ = 415.2 kJ·mol$^{-1}$。价键的结合强度一般可以由键能数据表示。

提示:相同类型的共价键,键长越短,表示原子轨道重叠程度越大,共价键的键能越大,键的强度越高,化合物越稳定。但是键长不能无限短,两个原子核距离太近则引起分子能量急剧升高,造成化合物不稳定。H—H 键的键长与分子能量关系见图 1-10。

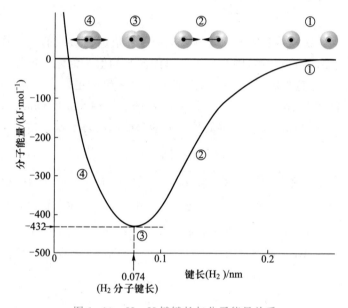

图 1-10　H—H 键键长与分子能量关系

### 1.2.5　键的极性

电负性(electronegativity)不同的原子形成的共价键,由于原子吸引电子的能力不同,使得分子中共用电子对的电荷非对称分布,导致成键原子分别带有微量正、负电荷,这样的共价键叫做极性键。用箭头来表示这种极性键,也可以用 $\delta-$ 和 $\delta+$ 来表示构成极性共价键的原子的带电荷情况。例如:

$$\overset{\delta+}{H} \longrightarrow \overset{\delta-}{Cl} \qquad\qquad H_3\overset{\delta+}{C} \longrightarrow \overset{\delta-}{Cl}$$

如果形成共价键的两个原子电负性相同,共用电子对不偏向任何一个原子,电荷在两个原子核附近对称地分布,这样的共价键称为非极性键。一般认为,两种原子的电负性相差 1.7 以上时可以形成离子键,相差 0.6 以下时形成共价键,相差 0.6~1.7 时形成极性共价键。实际上共价键到离子键的过渡是难以严格区别的。表 1-4 列出了几种常见元素的电负性值。

表 1-4　几种常见元素的电负性值

| | | | | | | |
|---|---|---|---|---|---|---|
| H(2.1) | | | | | | |
| Li(1.0) | Be(1.5) | B(2.0) | C(2.6) | N(3.0) | O(3.5) | F(4.0) |
| Na(0.9) | Mg(1.2) | Al(1.5) | Si(1.8) | P(2.1) | S(2.5) | Cl(3.0) |
| K(0.8) | Ca(1.0) | | | | | Br(2.8) |
| | | | | | | I(2.4) |

共价键的极性通常是静态下未受外来试剂或电场的作用时表现出来的一种属性。另一方面，不论是极性的还是非极性的共价键，均能在外电场影响下引起键电子密度的重新分布，从而使极性发生变化，这种性质称为共价键的 **可极化性**(polarizability)。可极化性与连接键的两个原子的性质密切相关，原子半径大，电负性小，对电子的约束力也小，在外电场作用下就会引起电子云较大程度地偏移，可极化性就大。例如，C—X（卤素）键的可极化性大小顺序为 C—I＞C—Br＞C—Cl。因为键的可极化性是在外电场存在下产生的，因此这是一种暂时性质，一旦外电场消失，可极化性也就不存在了，键恢复到原来的状态。

某些分子的正电荷中心和负电荷中心不相重合，这种在空间具有两个大小相等、符号相反的电荷在分子中就构成了一个偶极。偶极可用"$\longmapsto$"表示，大小用 **偶极矩**(dipole moment)：正（负）电荷的电荷值 $q$ 与两个电荷中心之间距离 $d$ 的乘积 $\mu$($\mu=q \cdot d$)表示。

$$\mu=q \cdot d$$

偶极矩 $\mu$（单位为 C·m）值的大小表示一个键或一个分子的极性。偶极矩有方向性，一般用符号 $\longmapsto$ 来表示。箭头表示从正电荷到负电荷的方向。在两原子组成的分子中，键的极性就是分子的极性，键的偶极矩就是分子的偶极矩。

H—Cl　　　　　　CH₃—Cl　　　　　　H—C≡C—H

$\longmapsto$　　　　　　$\longmapsto$　　　　　　$\longmapsto$　$\longleftarrow$

$\mu=3.44 \times 10^{-30}$ C·m　　$\mu=6.24 \times 10^{-30}$ C·m　　　$\mu=0$

多原子分子的极性是分子中全部极性键的向量和（见表 1-5 和图 1-11）。有些无极性的分子，其中的化学键有极性，但它们相互抵消，如二氧化碳、乙炔等对称性分子。因此，键的偶极矩和整个分子的偶极矩在许多情况下是不同的。另外还要注意方向问题，C—H 键的偶极矩小于 C—O 键，更重要的是它们的方向也相反。反应的进行与偶极矩的方向和大小密切相关。

表 1-5　常见键的偶极矩数值　　　　　　单位：$10^{-30}$ C·m

| C—N | C—O | C—F | C—Cl | C—Br | C—I | H—C | H—N | H—O | C=O | C≡N |
|---|---|---|---|---|---|---|---|---|---|---|
| 0.73 | 2.47 | 4.70 | 4.78 | 4.60 | 3.97 | 1.33 | 4.37 | 5.04 | 7.67 | 11.67 |

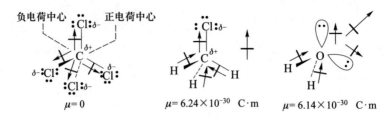

图1-11　四氯化碳、氯甲烷和水分子的偶极矩

### 1.2.6　孤对电子和形式电荷

原子形成分子后,某些原子上还有未用于成键的价电子存在,它们被称为**非键电子**、**未成键电子**(nonbonding electrons)、**孤对**(lone-pair)**电子**或未共享电子。例如,氧原子有6个价电子,其中有2对未成键电子。有机化合物分子中的N、S、P、X(卤素)也带有孤对电子。孤对电子的存在与否和有机化合物分子的理化性能密切相关,因此,要注意它们的存在状态。如R—O—H实际上是R—Ö—H,R—NH₂实际上是

R—N̈H₂,通常孤对电子不表示出来。

有些分子中某些原子还会带有**形式电荷**(formal charge)。一个共价键上的电子归两个成键原子共有,不论极性如何,每个原子形式上都有一个电子。但在硝基甲烷($CH_3NO_2$)中,有5个价电子的氮原子只有4个键,即只有4个电子,失去了一个电子,形式上应该带一个正电荷;而2个氧原子中有1个氧原子除了在O—N单键上有1个电子外,还有3对孤对电子,共7个电子,故形式上带有一个负电荷;而分子则仍然是中性的。形式电荷的值等于这个原子价电子数减去成键电子数的一半再减去非键电子数后所余的值。例如:

$$C:4-\frac{8}{2}-0=0; \quad H:1-\frac{2}{2}-0=0; \quad N:5-\frac{8}{2}-0=+1;$$

$$单键\,O^-:6-\frac{2}{2}-6=-1; \quad 双键\,O:6-\frac{4}{2}-4=0$$

因此,存在着两类价电子的计数规则。当我们想要知道一个原子是否合乎八隅规则时,需计数所有的成键和非键电子数;要了解形式电荷时,需计数所有的非键电子数加上成键电子数的一半。

## 1.3　有机化合物构造式的表示方式

表示分子中原子间的连接次序的化学式称为**构造式**(constitution formula)。有几种表示分子构造式的方法。**Kekulé结构式**,是将所有的价键都给出,原子间的一根短线表示单键,两根短线表示双键,三根短线表示三键。简化的Kekulé结构式又称**缩略式**(condensed structure),该式中的某些键不被表示出来,基团可用小括号表示,同一原子上连有的相同基团可以用小括号加基团数合并表示。有时,为了更快更简洁地

写出分子构造式,往往省略碳氢键,而简化为以折线表示,折线中线段的连点(转折点)表示一个碳原子,端点表示甲基,每个线段代表一个键。这样的表示方法称为**碳架式**(carbon skeleton diagram)或**键线式**(bond-line formule)。这三种构造式又通称为价键结构式。缩略式和键线式则是最常用的表示方式。在键线式表示法中,连点的碳原子和端点的碳原子上分别连有不同数目的氢原子。键线式中除碳原子、氢原子外的其他原子(团)则应表示,需特别强调指出的碳原子、氢原子也要给出。

图 1-12 给出丁-1-醇和丁-2-醇的 Kekulé 结构式、缩略式和键线式。

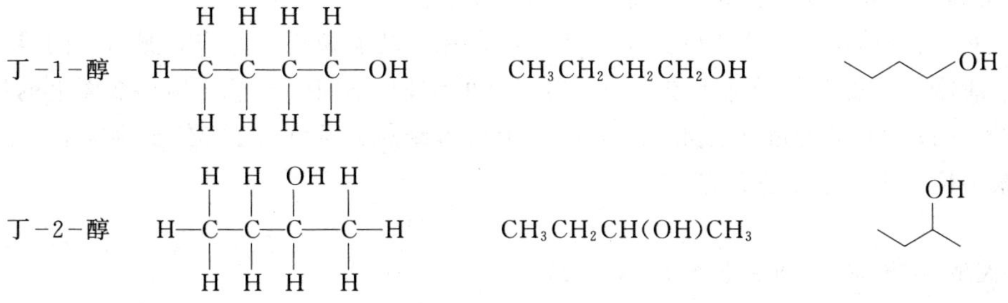

图 1-12　丁-1-醇和丁-2-醇的 Kekulé 结构式(a)、缩略式(b)和键线式(c)示意图

表示分子中原子在空间的排列方式,即立体结构式的表示方式参见 2.7 和 3.6 两节。

**思考题 1-5**　请写出下列化合物的 Kekulé 结构式,并指出其形式电荷。
甲烷　　　$H_3N$—$BH_3$　　$[H_2CNH_2]^+$　　$(CH_3)_2O$—$BF_3$　　$[CH_3OH_2]^+$

## 1.4　共振论简介

共振论是 1931 年鲍林创立的一种分子结构理论。当一个分子、离子或自由基的真实结构不能用 Lewis 结构式正确地描述时,可以用多个 Lewis 结构式表示,这些称为**共振结构式**(resonance form,又称为**极限式**),以表示它们的共振关系,例如,羧酸根结构式中有单双键存在,然而,事实上羧酸根中所有的 C—O 键都是等同的,用一个经典的价键结构式描述羧酸根结构就有问题(见图 1-13)。

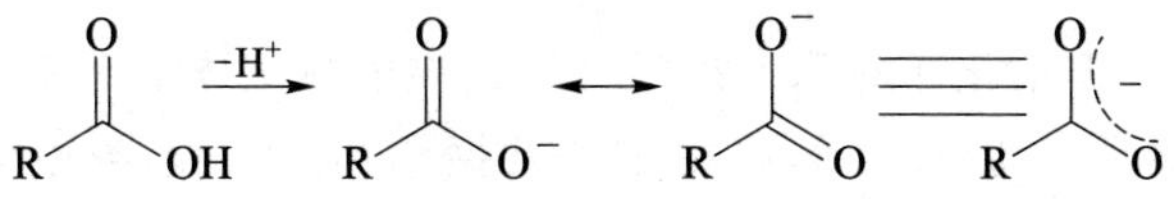

图 1-13　羧酸根的共振结构式

共振论认为,当用一个价键结构式不能正确地反映分子的真实状态时,可以用多种价键结构式的叠加(共振)来描写真实分子,在这种情况下,电子将比用一个结构式所表达的范围有更广泛的运动自由度,即产生共振。也就是说,使一个分子的原子核

排列方式和电子对的数目保持不变而改变电子的排列,就能够写出不同的价键结构式,分子实际结构是这些所给出的实际不存在的经典结构的共振杂化体(resonance hybride)。

这样,羧酸根负离子就可以用 **6** 和 **7** 两个价键结构式来表示,这两个价键结构式又称为共振结构式,共振结构式之间用双向箭头符号" ⟷ "以表示出它们之间的特殊关系。

共振论在描述分子的结构、稳定性及反应的方向性等问题时是一个特别有用的概念,正确理解和应用共振论要注意以下几个要点。

● 共振结构式所代表的分子并非实际存在。共振杂化体并非共振结构的混合物或平衡体系。每个分子都有单一的确定不变的结构,不同的分子结构在纸面上的描写方式不同,差别仅仅是有的分子可以用一个价键结构式表示,有的分子则需要用几个共振结构式来表示出它的结构。

思考题 1−6　请写出下列化合物的共振结构式。

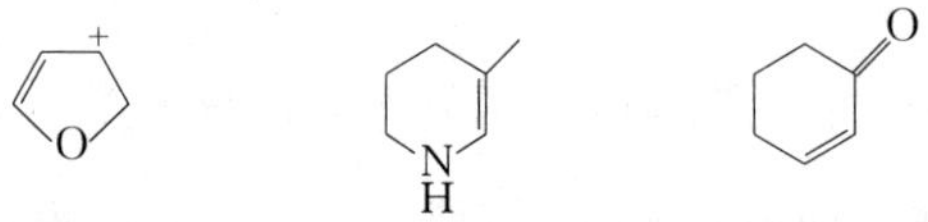

提示:分子的真实结构不能用单独的共振结构式表示,分子也不是在几种结构之间"共振",它实际是具有几种结构式某些特征的杂化形式。一个生物学上的例子可以帮助我们更好地理解这个问题。骡子是马与驴的杂交产物(所谓杂化,原词就是生物学上的杂交,被 Pauling L C 教授借用到化学领域),它既不是马,也不是驴,它完整看起来就是骡子,但是有马的宽肩和驴的长耳朵。

● 从一种共振结构式转变到另一种共振结构式时,只有成键电子或孤对电子的位置能改变,但分子的净电荷数量并未有任何变化。同时,各个共振结构式中原子核的相对位置始终不变。

例如,苯也是一种共振杂化体,它可以用两个共振结构式 **9** 和 **10** 来表示,$\pi$ 键电子移动的结果形成了不同的共振结构式,碳原子和氢原子的位置则在这两个共振结构式中没有改变。

● 描写一个共振杂化体的几个共振结构式在能量上未必相等,不同的共振结构式对共振杂化体的贡献也不一样,越稳定的共振结构对共振杂化体的贡献越大。例如,$\alpha$−羰基碳负离子有两个共振结构式,一个有碳氧双键和碳负离子形式(**11**),另一个则有碳碳双键和氧负离子形式(**12**):

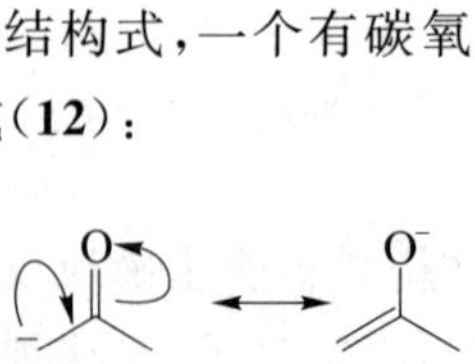

氧原子的电负性比碳原子大,**12** 的稳定性比 **11** 大,或者说 **12** 是主要共振结构式,或者说 α-羰基碳负离子的结构更接近于 **12**。

氯乙烯也是共振结构式 **13** 和 **14** 所叠加的共振杂化体,它的结构接近于更为稳定的中性结构式 **13**,而不是电荷分开的结构式 **14**。

$$H_2C=CH-\ddot{\ddot{C}}l \longleftrightarrow H_2\bar{C}-CH=\overset{+}{C}l$$
$$\mathbf{13} \qquad\qquad\qquad \mathbf{14}$$

● 每一个共振结构式都必须满足八隅规则。如甲醇的结构式不能写成下式右侧的共振结构式,因为此时碳成了 5 价,有 10 个价电子了。

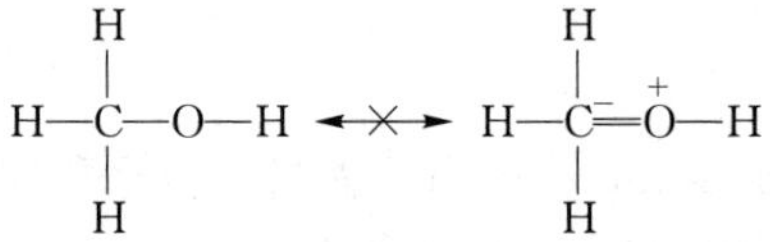

$$
\begin{array}{c}
\quad H \\
H-\underset{\underset{H}{|}}{\overset{\overset{|}{|}}{C}}-O-H \quad\overset{\times}{\longleftrightarrow}\quad H-\underset{\underset{H}{|}}{\overset{\overset{|}{|}}{C}}=\overset{+}{O}-H
\end{array}
$$

● 共振杂化体比任何一个单一的共振结构式所代表的分子都要稳定。共振结构式越多,共振杂化体也越稳定。

思考题 1-7 请写出下列化合物的共振结构式,并比较稳定性大小,写出主要共振结构式。

(1) $[CH_3OCH_2]^+$      (2) $H_2C=CH-\overset{+}{C}H_2$      (3) $H_2C=CH-NO_2$

● 电荷的合理流动意味着 p 轨道之间的有效重叠。因此,被非定域电子所涉及的原子必定是位于或接近同一平面的。

共轭双键形成的共振杂化体也很常见:

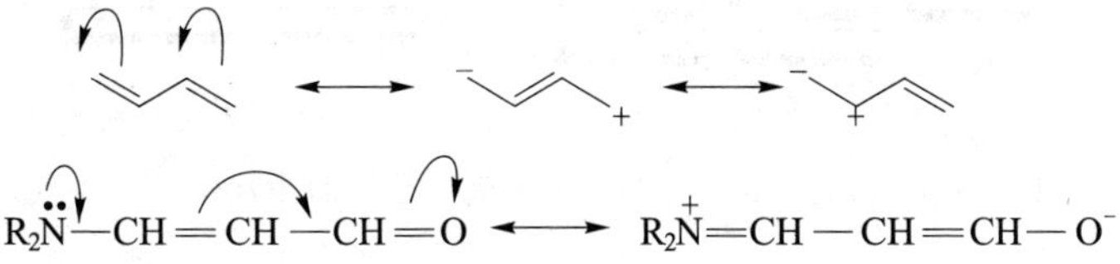

$$R_2\ddot{N}-CH=CH-CH=O \longleftrightarrow R_2\overset{+}{N}=CH-CH=CH-O^-$$

两原子之间的电荷重新分布也能形成共振,它们或者是 π 键的重新分布,或者是孤对电子转为共享电子的形式:

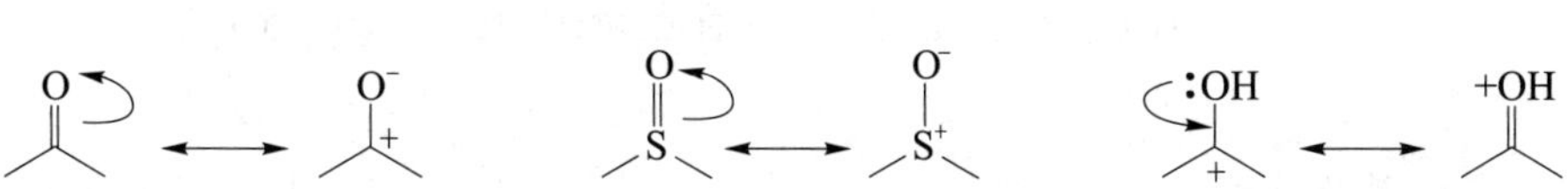

对 $RCO_2^-$,可以用两种方式来描写它的结构,一种方式是写出所有的共振结构式并形成杂化的概念;另一种方式是用一个非经典结构式来代表杂化,如图 1-13 中 **8** 所示。

作为一般的书写规则,当非经典结构式中的一个键在所有的结构式中都存在时,用实线表示;当一个键仅存在于某个或几个但不是全部的结构式中时,用虚线表示。因此在 $RCO_2^-$ 中所有的碳氧间均有实线和虚线相连,这说明它们是属于单键和双键之间的键,相当于每个氧原子上均有1/2个负电荷。

提示:书写离子共振结构式时,请注意电荷是在几个原子之间离域的,把负电荷尽可能扩散到电负性比较大的原子上,把正电荷尽可能扩散到尽量多的碳原子上。但是需注意,携带正电荷的原子依然应该是八隅体。

## 1.5　有机化合物中非键作用力

在一定距离内,有机化合物中分(原)子间还存在着比共价键弱得多的作用力,其强度只有每摩尔几十千焦。从本质上看,这些作用力也是正、负电荷之间的一种静电力。

### 1.5.1　范德华力

范德华力(van der Waals force)指由于偶极－偶极和偶极－诱导偶极的作用而产生的吸引力。在极性分子的偶极－偶极之间的相互作用是一个极性分子的正端对另一个极性分子的负端产生的吸引作用。另一方面,电子处在不断的运动中,所以在任一瞬间它的电荷分配不均匀而形成瞬时偶极(见图1－14),这种瞬时的偶极会影响其附近的另一个分子,偶极的负端排斥电子,正端吸引电子,因此感应另一个分子产生方向相反的偶极。虽然瞬时偶极和感应偶极都不断在变,但总的结果是在分子之间产生了静电作用,这种作用被称为色散力,也属于范德华力。色散力取决于分子的接触面,粗略地与分子的表面区域成正比。如四氯化碳是非极性分子,氯仿是极性分子,但是四氯化碳沸点比氯仿高的原因就是表面积差异引起的。

图1－14　偶极－偶极的相互作用(a)和瞬时偶极的相互吸引(b)示意图

思考题 1－8　请解释下列异构体的沸点差异。

$$CH_3CH_2CH_2CH_2CH_3 \qquad CH_3\overset{\overset{\displaystyle CH_3}{|}}{C}HCH_2CH_3 \qquad CH_3\overset{\overset{\displaystyle CH_3}{|}}{\underset{\underset{\displaystyle CH_3}{|}}{C}}CH_3$$

| 沸点/℃ | 36 | 28 | 10 |
|---|---|---|---|

### 1.5.2　氢键

氢键(hydrogen bond)是电负性较大的原子以极性共价键结合的氢原子与另一个电负性大、半径小的原子所产生的一种静电引力。常见的能与氢原子形成氢键的主要是氟、氧、氮3种原子,当氢原子与这些原子键连时,电子云严重偏离氢原子核可以被第二个电负性较大的原子上的非共享电子所吸引。因为氢原子很小,只能与两个电负性大的原子相结合,而且这两个电负性大的原子还相互分离越远越好,故氢键有饱和性和方向性。氢键键长在形成氢键的两个原子的范氏半径之和与共价半径之和之间,键能也介于共价键能和范德华力之间,一般为 $8 \sim 50$ kJ·mol$^{-1}$。分子内和分子间、同种分子之间和异种分子之间都可以形成氢键。有机化合物中带有—OH 或—NH$_2$ 基团的分子常有氢键的存在,如甲胺中的氢键作用:

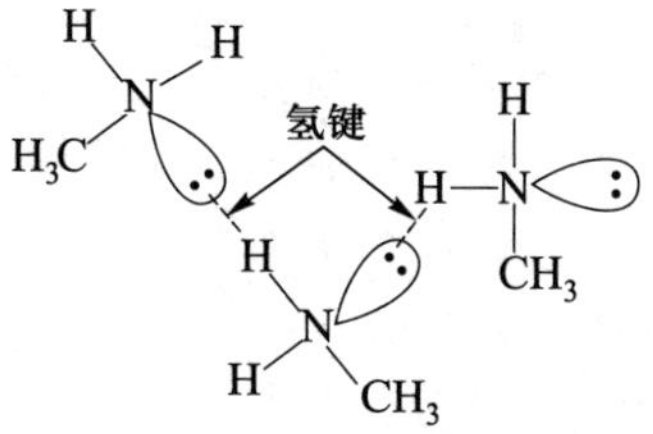

## 1.6 有机分子内的张力

提示:"张"字原始意义是把弓拉满,处于待击发状态,处于高能量位,与"弛"相反。思考紧张与松弛两个词语的含义。

由于有机化合物分子的非理想几何形状会产生张力(strain),有张力的分子就存在某种程度的不稳定性。一般认为有机化合物中产生张力的因素主要有非键作用和偏离最佳平衡值的键长、键角及扭转角的改变这 4 项。分子总要采用使其总能量为最低的结构形状。

提示:自然界有个基本规律,任何处于高能量位的体系都不稳定,都会自发地向低能量位转变。

两个非键连的原子(团)由于结构原因而相互靠近,当它们之间的距离小于两者的范氏半径之和时,这两个原子(团)的电子云就要相互排斥引起体系能量升高($E_{nb}$);分子中某个键长偏离最佳平衡键长时也将引起能量升高($E_l$);使键角和扭转角的变化偏离平衡值时同样也都会引起体系的能量升高,它们分别用 $E_\theta$ 和 $E_\psi$ 表示。这 4 个改变体系能量的因素作用大小次序为

$$E_{nb} > E_l > E_\theta > E_\psi$$

扭转角指由于单键旋转而产生的非键合基团之间的夹角,它变化时引起的能量升高数值最小,但键角和键长的变化会引起分子能量较大的升高,而压缩范氏半径引起的能量升高数值最大。当分子中两个非键合的原子(团)靠得太近时,它们相互排斥的结果大多使扭转角改变以减小非键作用,如果单靠扭转角度变化还不足以使两个靠得太近的原子(团)分开,则某些键角和键长就会发生变化,使这两个原子(团)能够容纳在有限的空间内而尽量减少范氏半径之和小于正常值带来的能量升高(详见环烷烃构象)。

## 1.7 有机化学中的酸和碱

酸和碱是化学中应用最为广泛的概念之一,有机化学中常用质子理论和电子对理

论来理解酸和碱。

### 1. 7. 1　质子理论

1923 年,丹麦化学家 Brönsted J N 和英国化学家 Lowry T M 同时提出,凡是能放出质子的物质为酸(acid),凡能与质子结合的物质为碱(base),酸放出质子后即形成该酸的共轭(conjugate)碱,同样,碱与质子结合后成为共轭酸。

| 酸 | | 碱 | | 酸 | | 碱 | |
|---|---|---|---|---|---|---|---|
| $HCl$ | $+$ | $H_2O$ | $\rightleftharpoons$ | $H_3O^+$ | $+$ | $Cl^-$ | (1) |
| $H_2SO_4$ | $+$ | $H_2O$ | $\rightleftharpoons$ | $H_3O^+$ | $+$ | $HSO_4^-$ | (2) |
| $HSO_4^-$ | $+$ | $H_2O$ | $\rightleftharpoons$ | $H_3O^+$ | $+$ | $SO_4^{2-}$ | (3) |
| $CH_3COOH$ | $+$ | $H_2O$ | $\rightleftharpoons$ | $H_3O^+$ | $+$ | $CH_3COO^-$ | (4) |
| $HCl$ | $+$ | $NH_3$ | $\rightleftharpoons$ | $NH_4^+$ | $+$ | $Cl^-$ | (5) |
| $H_3O^+$ | $+$ | $OH^-$ | $\rightleftharpoons$ | $H_2O$ | $+$ | $H_2O$ | (6) |

从上面的几个反应式中可以看出,一个酸给出质子后即变为一个碱(如 HCl 为酸,Cl⁻ 为碱),这个碱又叫做原来酸的共轭碱,即碱 Cl⁻ 为酸 HCl 的共轭碱。反之,一个碱(如 Cl⁻)与质子结合后,即变为一个酸(HCl),这个酸 HCl 就称为原来碱 Cl⁻ 的共轭酸。

给出质子能力强的酸就是强酸。接受质子能力强的碱就是强碱。以 HCl 而言,它在水中可以完全给出质子(给予 $H_2O$),所以 HCl 是个强酸;$H_2O$ 是个强碱,它的碱性比 Cl⁻ 强得多,所以 Cl⁻ 是个弱碱。反之,就(1)式的逆反应来说,$H_3O^+$ 作为一个酸,它给出质子的能力不强,在此它是个弱酸。由此可以看出,强酸的共轭碱必是弱碱(如 HCl 与 Cl⁻),而强碱的共轭酸必是弱酸(如 $H_2O$ 与 $H_3O^+$)。在(4)式中,$CH_3COOH$ 是个弱酸,因为它给出质子的能力不强,反应只有一部分向右进行,因此弱酸 $CH_3COOH$ 的共轭碱 $CH_3COO^-$ 是个强碱。在这个反应中实际是 $CH_3COO^-$ 和 $H_2O$ 争夺质子。

酸和碱的概念是相对的,某一分子或离子在一个反应中是酸而在另一个反应中却可能是碱。例如,$HSO_4^-$ 在(2)式中是碱而在(3)式中却是酸。从(6)式中,按照水在反应中所起的作用来看,一个 $H_2O$ 分子是酸,而另一个 $H_2O$ 分子却是碱。

质子理论中酸碱反应实质是质子转移,反应方向是质子从弱碱转移到强碱。

有机化合物中常见的酸主要是在单键氧原子(或者硫原子)上连有氢原子的醇、酚、羧酸、磺酸等化合物和具有活泼亚甲基结构 C—H 键上的酸性氢原子这两大类。前者的酸性是由于失去质子后形成的负电荷可以落于电负性大的原子上,后者的酸性则因共轭碱通过共振分散负电荷。有机化合物中的碱则主要是带有孤对电子的化合物。

### 1. 7. 2　电子对理论

1924 年,几乎在质子理论提出的同时,美国科学家路易斯(Lewis G N)从化学键理论出发,提出了从另一个角度考虑的酸碱理论,即凡是能接受外来电子对的都称为酸,凡是能给予电子对的都称为碱。按此定义,Lewis 碱就是 Brönsted 定义的碱。例如,(5)式中的 $NH_3$,它可以接受质子,所以是 Brönsted 定义的碱;但它在和 $H^+$ 结合时,是它的氮原子给予一对电子而和 $H^+$ 成键,所以它又是 Lewis 碱。Lewis 酸则和 Brönsted 酸略有不同。例如,质子 $H^+$,按 Brönsted 定义它不是酸,按 Lewis 定义它能接受外来电子对所以是酸。又如,按 Brönsted 定义,HCl、$H_2SO_4$ 等都是酸,但按 Lewis 定义,它们本身不能称为酸,它们所给出的质子才是酸。

$$
\begin{array}{ccc}
\text{Lewis 酸} & & \text{Lewis 碱} \\
H^+ & + & :Cl^- \longrightarrow HCl \\
H^+ & + & {}^-:OSO_2OH \longrightarrow H_2SO_4 \\
H^+ & + & :OH^- \longrightarrow H_2O \\
H^+ & + & :OH_2 \longrightarrow H_3O^+
\end{array}
$$

反之,有些化合物按 Brönsted 定义不是酸,但按 Lewis 定义却是酸。例如,在有机化学中常见的试剂氟化硼和三氧化铝:

$$
\begin{array}{ccc}
\text{Lewis 酸} & & \text{Lewis 碱} \\
\overset{\displaystyle F}{\underset{\displaystyle F}{F:B:}} & + & :NH_3 \longrightarrow F_3B{-}NH_3 \\
\overset{\displaystyle Cl}{\underset{\displaystyle Cl}{Cl:\ddot{A}l:}} & + & :Cl^- \longrightarrow Cl_3Al{-}Cl(即\ AlCl_4^-)
\end{array}
$$

在一般的有机化学资料中,一般泛称的酸碱,都是指按 Brönsted 定义的酸碱。当需要涉及 Lewis 酸碱概念时,则都专门指出它们是 Lewis 酸碱,在本书中也是如此。

有机反应中的亲电试剂都能看成 Lewis 酸,分子中缺电子,或者含有可以接受电子的原子。常见的 Lewis 酸如 $H^+$,$BF_3$,$AlCl_3$,$ZnCl_2$,$SnCl_4$,$R^+$,$\overset{+}{R}CO$,$\diagdown C{=}O$,$-C{\equiv}N$ 等。而亲核试剂则都是 Lewis 碱,它们分别是具有未共用电子对的原子、一些负离子或一些富电子的重键,如 $NH_2^-$,$R^-$,$X^-$,$SH^-$,$RNH_2$,$ROR'$,烯烃和芳烃等。

Lewis 酸碱理论把更多的物质用酸碱概念联系起来,由于大部分反应,尤其是极性反应都可以看成电子供体和电子受体的结合,所以大部分有机反应也都可以归入酸碱反应来加以研究讨论。

Lewis 酸碱理论在有机化学中特别重要,应用极为广泛,其概念成为了解有机化合物和运用有机反应的基础。电子对理论所包括的酸碱范围最为广泛,因为它的定义并不是着眼于某个元素(如氢元素),而是归之于分子的一种电子结构。由于配位键普遍存在于化合物中,酸碱化合物几乎无所不包,这就极大地扩展了酸碱范围。

但 Lewis 酸碱的强弱没有定量标准,只能说在某个反应中酸(碱)的吸(给)电子能力越强,酸(碱)性越强,使用 Lewis 酸碱这一名称本身意味着它和一般提及的酸碱概念不一样。

**思考题 1-9** 请确定下列反应中的酸碱,并用带箭头的曲线指示电子转移方向。

提示:箭头必须从供体指向受体。

$$
(1)\ \underset{\underset{CH_3CH}{\overset{O}{\|}}}{}\ + HCl \longrightarrow \underset{\underset{CH_3CH}{\overset{OH^+}{\|}}}{}
$$

$$
(2)\ \underset{\underset{CH_3CH}{\overset{O}{\|}}}{}\ + CH_3O^- \longrightarrow \underset{\underset{OCH_3}{\overset{\overset{O^-}{|}}{CH_3CH}}}{}
$$

$$
(3)\ BH_3 + CH_3OCH_3 \longrightarrow \underset{+}{\overset{\overset{\bar{B}H_3}{|}}{CH_3OCH_3}}
$$

如前所述,在有机化学中讨论酸的强弱时,一般也是指 Brönsted 定义的酸所给出质子能力的强弱。HCl 被称为强酸,因为它能和水几乎完全反应,而 $CH_3COOH$ 是弱酸,因为它与水仅反应一小部分。因为酸碱反应是可逆反应,所以可以用平衡常数 $K_{eq}$ 来描述反应的进行。

$$
HA + H_2O \rightleftharpoons H_3O^+ + A^-
$$

$$
K_{eq} = \frac{[H_3O^+][A^-]}{[HA][H_2O]}
$$

由于在稀水溶液中,水的浓度接近常数,因此也可以用 $K_a$ 来描述酸碱反应进行中酸的强度。

$$
K_a = K_{eq}[H_2O] = \frac{[H_3O^+][A^-]}{[HA]}
$$

在酸碱反应中,强酸总是使平衡趋势向右,因此强酸的 $K_a$ 值大,反之,弱酸的 $K_a$ 值就小。一般常以 $K_a$ 值的负对数 $pK_a$ 来表示酸的强弱,即

$$
pK_a = -\lg K_a
$$

强酸具有低 $pK_a$ 值,而弱酸则具有高 $pK_a$ 值。由 $pK_a$ 值就可以判别一种酸的强弱,或其相对强度。表 1-6 为一些常见酸和它们的共轭碱的相对强度。

表 1-6 一些常见酸和它们的共轭碱的相对强度

| | 酸 | 名称 | $pK_a$ | 共轭碱 | 名称 | |
|---|---|---|---|---|---|---|
| 弱酸 | $CH_3CH_2OH$ | 乙醇 | 16.00 | $CH_3CH_2O^-$ | 乙氧离子 | 强碱 |
| ↓ | HOH | 水 | 15.74 | $HO^-$ | 氢氧离子 | |
| | HCN | 氢氰酸 | 9.2 | $CN^-$ | 氰离子 | |
| | $CH_3COOH$ | 乙酸 | 4.72 | $CH_3COO^-$ | 乙酸根离子 | |
| | HF | 氢氟酸 | 3.2 | $F^-$ | 氟离子 | |
| ↓ | $HNO_3$ | 硝酸 | -1.3 | $NO_2^-$ | 硝酸根离子 | ↓ |
| 强酸 | HCl | 盐酸 | -7.0 | $Cl^-$ | 氯离子 | 弱碱 |

与 $pK_a$ 值相应的有表示碱强度的 $pK_b$ 值,但有机碱(如胺类)也常用它的共轭酸的 $pK_a$ 值来表示碱性的强弱。例如,一种有机胺可以和酸结合成铵盐,或者说是一种碱和一种酸生成了另一种碱和酸。

$$R\overset{..}{\underset{..}{N}}H_2 + HCl \Longrightarrow R\overset{+}{N}H_3 + Cl^-$$

这里 $R\overset{+}{N}H_3$ 是胺 $RNH_2$ 的共轭酸。$R\overset{+}{N}H_3$ 的 $pK_a$ 值就说明了它的共轭碱 $RNH_2$ 与 $H^+$ 结合能力的大小。如果 $R\overset{+}{N}H_3$ 的 $pK_a$ 值大,说明它与 $H^+$ 结合得比较牢固,它是个弱酸,因此它的共轭碱 $RNH_2$ 就应是强碱。反之,如果 $R\overset{+}{N}H_3$ 的 $pK_a$ 值小,显示它与 $H^+$ 结合得不牢固,则它的共轭碱就是弱碱。

由各化合物的 $pK_a$ 值可以预见一个酸碱反应能否进行或怎样进行。例如,在下列反应中:

$$\underset{\text{乙酸}(pK_a=4.72)}{CH_3-\overset{\displaystyle O}{\overset{\|}{C}}-OH} + \overset{..}{\underset{..}{:O}}H \Longrightarrow CH_3-\overset{\displaystyle O}{\overset{\|}{C}}-\overset{..}{\underset{..}{O}}:^- + \underset{\text{水}(pK_a=15.74)}{H-\overset{..}{\underset{..}{O}}-H}$$

$\overset{..}{\underset{..}{:O}}H$ 是具有高 $pK_a$ 值弱酸(水)的共轭碱,所以它的碱性强。$CH_3-\overset{\displaystyle O}{\overset{\|}{C}}-\overset{..}{\underset{..}{O}}:^-$ 是具有低 $pK_a$ 值酸(乙酸)的共轭碱。乙酸的酸性比水要强得多,所以它的共轭碱的碱性弱。因此,在反应中乙酸只可能将质子更多地给予 $\overset{..}{\underset{..}{:O}}H$,即给予具有更高 $pK_a$ 值酸(水)的共轭碱,使反应向右进行。质子的转移总是由弱碱转移到强碱,这是有机反应过程中常见的一种规律。

20 世纪 60 年代,皮尔逊(Pearson R G)在 Lewis 酸碱理论的基础上又提出了酸碱的**硬度**和**软度**的概念。将酸和碱分为软和硬两部分后,便出现了有关 Lewis 酸碱配合物稳定性的一条简单的规则,即硬酸优先和硬碱结合,软酸优先和软碱结合。

酸碱的硬度或软度的特点可定性地表述如下。

**硬酸**:具有较高的正电荷,亲电中心的原子较小,极化度低,电负性高,用分子轨道理论描述是最低未占轨道(LUMO)的能量高。常见的硬酸如 $H^+$,$Al^{3+}$,$Fe^{3+}$,$BF_3$,$R\overset{+}{C}O$,以及碱金属和碱土金属正离子等。

**硬碱**:亲核中心的原子电负性强,极化度低,难以被氧化,用分子轨道理论描述是最高已占轨道(HOMO)的能量较低。常见的硬碱如 $F^-$,$OH^-$,$AcO^-$,$Cl^-$,$CO_3^{2-}$,$RO^-$,$ROH$,$NH_3$,$RNH_2$,$NO_3^-$,$SO_2^{2-}$ 等。

**软酸**:具有较低的正电荷,亲电中心的原子较大,极化度大,电负性小,LUMO 能量也低。常见的软酸如过渡金属离子 $Cu^+$,$Ag^+$,$Pd^{2+}$,$Pt^{2+}$ 和 $BH_3$,$I_2$,$Br_2$ 及卡宾等。

**软碱**:亲核中心的原子电负性弱,极化度大,易被氧化,它们的 HOMO 能量较高。常见的软碱如 $S^{2-}$,$I^-$,$CN^-$,$SR^-$,$R_2S$,$C_6H_6$,$CO$,$(RO)_3P$ 等。

**提示**：硬酸与硬碱，由于原子核对核外电子控制能力强，整个分子或者离子体积小，不易变形（可极化性差），如同乒乓球；反之，软酸和软碱，原子核对核外电子控制能力弱，外层电子云易受外来影响而变形（可极化能力强），如同篮球。

软硬酸碱(HSAB)理论是从大量实验资料作出的概括，没有统一的定量标准，也有不少酸碱只能纳入交界类型。一般同周期的元素从左到右如 $CH_3^-$，$NH_2^-$，$OH^-$，$F^-$ 硬度增加，同族元素从上到下如 $F^-$，$Cl^-$，$Br^-$，$I^-$ 则硬度减小。这可从元素的电负性大小即抓电子能力的差异得到说明。同一试剂的不同部位的软硬性也可以从原子的电负性出发考虑。一般电负性较大的原子端为硬端，如—CN 中 N 端是硬端而 C 端是软端；—NO$_2$ 中 O 端是硬端而 N 端是软端。对亲电中心，则中心部位的电正性越强越硬，如酰基碳原子比烷基碳原子硬；在不同的卤代烃中，卤素电负性越大，它所连的碳原子也越硬，等等。此外可以看出一个原子的软硬度也不是固定不变的，随其电荷数改变而会改变。如 $Fe^{3+}$ 和 $Sn^{4+}$ 为硬酸，$Fe^{2+}$ 和 $Sn^{2+}$ 为交界酸；$SO_4^{2-}$ 为硬碱，$S_2O_4^{2-}$ 为软碱，$SO_3^{2-}$ 为交界碱。软硬酸碱理论中所谓的优先结合包含着两层意思，一是指生成的产物稳定性高，二是指这样的反应速率快。但是，酸碱的软或硬的概念和它们的强或弱的概念完全不是一回事，不要把它们相提并论，二者之间也无必然的联系。强酸强碱之间的反应则肯定是最为有效的。

软硬酸碱理论最大的成就在于应用。它能被用来说明和解释许多化学现象，在说明有机化合物的稳定性、反应的选择性、反应速率等方面也都是非常有价值的。

**思考题 1 – 10**　重金属如汞、铅、铜等对人体危害极大，一旦中毒则后果严重。对于重金属已经进入人体组织的中毒患者，一般采用含巯基的药物进行排毒治疗，你能解释一下原因吗？

## 1.8　电子效应、立体效应和主客效应

有机化合物的性能主要与反应底物本身的结构和试剂的性质及它们所处的外部环境有关，一般可以从电子效应、立体效应和主客效应三个方面来分析。

### 1.8.1　电子效应
电子效应包括诱导效应、共轭效应和超共轭效应三种。

1. 诱导效应

在多原子分子中，由于相互结合的原子电负性不同，一个键产生的极性将影响到分子中的其他部位，这些部位和产生极性影响的原子(团)既可以是直接相连的，也可以是不直接相连的。因键连原子(团)的电负性不同而引起永久偶极，导致极化作用沿着键链传递的效应称为**诱导效应**(inductive effect)。

诱导效应常用 $I$ 表示，在讨论其方向时以氢原子为标准，给电子的原子(团)的诱导效应表现在其本身将带有微量正电荷，故用 $+I$ 表示。反之，吸电子的原子(团)产生的诱导效应可以用 $-I$ 表示。

有机化合物中表现出 $-I$ 效应的常见基团有 X(卤素)，$\overset{+}{N}R_3$，$NO_2$，$CN$，$CO_2H(R)$，

$CH(R)O$，$OH(OCOR)$，$C_6H_5$，$NO$，$CH_2Ph$，$CH\!=\!CH_2$，$C\!\equiv\!CH$ 等，其中 $\overset{+}{N}R_3$，$NO_2$，$CN$ 和 $F$ 的效应较强。同一族中自上而下效应减弱，同周期中自左到右效应增强。

有机化合物中表现出 $+I$ 效应的主要是烷基和一些带负电荷的原子(团)如 $O^-$，$CO_2^-$ 等，各种烷基的给电子效应大小为 $R_3C > R_2CH > RCH_2$。

提示：诱导效应与分子结构相关，是静态的、永久性的，而且只能沿着 $\sigma$ 键传递，随着距离增加而迅速减小，一般超过 3 个 $\sigma$ 键就不再考虑了。

**2. 共轭效应**

一般含有不饱和键的化合物中，不饱和键上 p 电子的运动范围仅局限于带不饱和键的这两个原子之间，这称为定域的 $\pi$ 电子，或把 $\pi$ 电子的运动称为定域的运动。

在不饱和键和单键交替出现的分子中，p 电子的运动范围不再局限于孤立的各个键原子之间，而是扩展到所有的带不饱和键的原子，即产生了离域或称为共轭(conjugation)现象。这种单重键交替出现的分子称为共轭分子，又称 $\pi$–$\pi$ 共轭［见图 1–15(a)］。

阅读内容：关于共轭的原始意义

初学有机化学的人，很难理解为什么单双键交替的结构称为"共轭"。轭，是套在大型牲畜(马、牛、骡)前肩部位的曲木，形状为颠倒的 V 字形或者 Π(大写的 $\pi$)字形，连着绳索，它的作用是使牲畜能够拉着物体前进，如拉车或者拉犁耕地。使用两匹马拉车，必须用一根棍子绑住它们的轭，以便同步前进。在近代，明治维新后日本人首先接触西方科学，把两个 $\pi$ 键间隔一个 $\sigma$ 单键的 conjugation 结构形象地翻译为"共轭"，应该说是比较直观的、科学的。时至今日，共轭已成为科学领域广泛使用的术语，而它本来的意义，倒很少有人知道了。

重键与带有未共用电子对的原子如氧、氮、卤素等相连时也产生一种很常见的共轭现象，被称为 p–$\pi$ 共轭［见图 1–15(b)］。由于电子在整个共轭体系上运动，因此

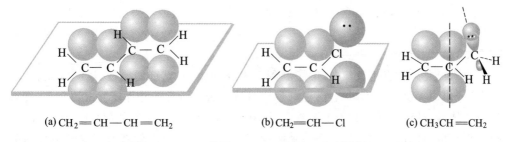

(a) $CH_2\!=\!CH\!-\!CH\!=\!CH_2$    (b) $CH_2\!=\!CH\!-\!Cl$    (c) $CH_3CH\!=\!CH_2$

图 1–15　$\pi$–$\pi$ 共轭(a)、p–$\pi$ 共轭(b)和超共轭(c)

共轭体系中的键长和电子密度会产生平均化，分子也更稳定，易于生成。当处于共轭链上的原子受到外界试剂的作用时，链上的其他原子也会受到影响并有所反应(见图 1–16)。

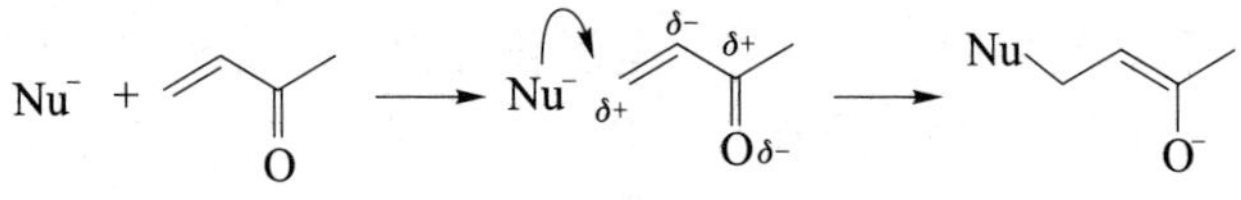

图 1–16　共轭体系反应

共轭效应和诱导效应产生的原因不同。前者取决于共轭体系的存在,后者是由于原子(团)的电负性影响;在传导途径上,前者是沿着共轭体系,后者是沿着 $\sigma$ 键;在能量影响上,前者几乎不变地可以一直传达到共轭体系链的另一端,后者每经过一个 $\sigma$ 键递减 1/3,经过三个 $\sigma$ 键后诱导效应就基本无影响了;在电性的影响上,前者是交替传送的,而后者的正(负)电性在传送过程中不会改变(见图 1-17)。

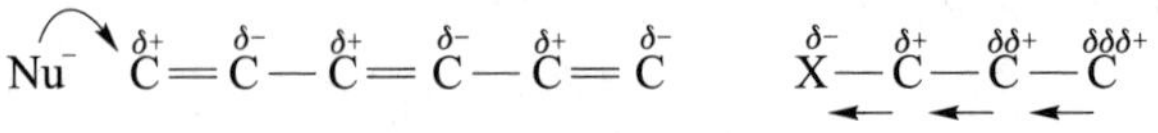

$$\overset{\frown}{Nu^-} \quad \overset{\delta+}{C} = \overset{\delta-}{C} - \overset{\delta+}{C} = \overset{\delta-}{C} - \overset{\delta+}{C} = \overset{\delta-}{C} \qquad \overset{}{X} - \overset{\delta+}{C} - \overset{\delta\delta+}{C} - \overset{\delta\delta\delta+}{C}$$

图 1-17    共轭效应和诱导效应中电荷传递和电性的影响

### 3. 超共轭效应

当 C—H 键与邻近的 $\pi$ 键处于共轭位置时,烷基的 $\sigma$ 轨道与重键的 $\pi$ 分子轨道接近平行时也有某种程度的重叠,发生电子的离域现象。此时 $\sigma$ 键向 $\pi$ 键提供电子,使体系得到稳定,这种类型的 $\sigma-\pi$ 共轭效应被称为**超共轭效应**(hyperconjugation)[见图 1-15(c)],C—H 键越多,超共轭效应越强,但其影响要比共轭效应小得多。

提示:此处的"超共轭"里面的"超",不能等同于"超级大国""超级市场"等词里面的"超",不能望文生义,实际上,超共轭效应是一种很弱的共轭效应,弱于 $\pi-\pi$ 共轭,甚至弱于 p-$\pi$ 共轭。

### 1.8.2    立体效应

**立体效应**(steric effect)在有机化学中是一种作用相当普遍的效应。空间效应是立体效应的一种,指原子(团)因超出它们的范氏半径所产生的一种排斥作用。分子中的原子(团)的半径大小及所处位置的不同均会直接或间接影响与有关官能团发生分子内或分子间的相互作用,对酸性强弱、环上取代基的向位、反应的平衡态、反应速率和产物的组成等均有影响。

另一种立体效应是由立体张力引起的,该效应可促进或阻碍反应的发生。

### 1.8.3    主客效应

当有机化合物发生反应时,除了受到其本身的结构、试剂的属性、反应温度、反应压力、催化剂等反应条件影响外,还与反应时该化合物所在的外界环境密切相关,即客体对主体有影响,化学上称为**主客效应**(host-guest effect)。**溶剂效应**(solvent effect)指溶剂与溶质间的相互作用。溶质被溶剂层松紧不等地包围起来的现象常被称为**溶剂化**(solvation)作用,这是一个最为普遍的主客效应。

溶剂常被分为**质子性溶剂**(protonic solvent)和**非质子性溶剂**(nonprotonic solvent)两大类,前者泛指可以作为氢键供体的溶剂,如水、醇、酸等;后者泛指不能形成氢键的溶剂,如苯、石油醚等。也有根据能否提供孤对电子来分类的,如醇、醚、胺等为一类电子供体溶剂,烷烃等则为另一类非电子供体溶剂。此外,溶剂的分类还常以**介电常数**(dielectric constant)的大小作为标准。介电常数($\varepsilon$)是表示支持正、负电荷分离的能力。真空的介电常数为 1,介电常数大于 15 的溶剂称为**极性溶剂**(polar solvent),如 $C_2H_5OH$(24.3),$CH_3COCH_3$(20.7),$HCO_2H$(58.5),$H_2O$(78.5)等。介电常数小于 15 的称为无极性或非极性溶剂,如 $C_6H_6$(2.28),$(C_2H_5)_2O$(4.34),$CH_3Cl$(4.81),$CCl_4$(2.24)等。介电常数大的溶剂易于使离子性溶质形成离子而有利于它们的溶解,但不利于非极性有机化合物的溶解。

分子的极性是可以用偶极矩来明确定义的,偶极矩为零的分子是没有极性的,偶极矩越大,分子的极性也越大。甲苯有偶极矩($\mu = 1.23 \times 10^{-30}$ C·m),因此归于极性分子,但是又被认为是非极性溶剂($\varepsilon = 2.38$)。表 1-7 列出了一些常用有机溶剂的物理常数和性质。

表 1-7　常用有机溶剂的物理常数和性质(按相对介电常数大小顺序排列)

| 名称 | 分子式或结构式 | 沸点/℃ | 相对介电常数 | 极性 | 质子性 | 电子供体 |
|---|---|---|---|---|---|---|
| 己烷 | $n\text{-}C_6H_{14}$ | 68.7 | 1.9 | | | |
| 二氧六环 | | 101.3 | 2.2 | | | ✓ |
| 四氯化碳 | $CCl_4$ | 76.8 | 2.2 | | | |
| 苯 | $C_6H_6$ | 80.1 | 2.3 | | | ✓ |
| 乙醚(Et$_2$O) | $C_2H_5OC_2H_5$ | 34.6 | 4.3 | | | ✓ |
| 氯仿 | $CHCl_3$ | 61.2 | 4.8 | ✓ | | |
| 乙酸乙酯(EtOAc) | $CH_3CO_2C_2H_5$ | 77.1 | | | | ✓ |
| 乙酸(HOAc 或 HAc) | $CH_3CO_2H$ | 117.9 | 6.1 | ✓ | ✓ | ✓ |
| 四氢呋喃(THF) | | 66 | 7.6 | | | ✓ |
| 二氯甲烷 | $CH_2Cl_2$ | 39.8 | 8.9 | | | |
| 丙酮(Me$_2$CO) | $(CH_3)_2CO$ | 56.3 | 21 | ✓ | ✓ | ✓ |
| 乙醇(EtOH) | $C_2H_5OH$ | 78.3 | 25 | ✓ | ✓ | ✓ |
| 六甲基磷酰三胺(HMPA 或 HMPT) | $[(CH_3)_2N]_3PO$ | 233 | 30 | ✓ | | ✓ |
| 甲醇(MeOH) | $CH_3OH$ | 64.7 | 33 | ✓ | ✓ | ✓ |
| 硝基甲烷 | $CH_3NO_2$ | 101.2 | 36 | ✓ | ✓ | ✓ |
| $N,N$-二甲基甲酰胺(DMF) | $HCON(CH_3)_2$ | 153 | 37 | ✓ | | ✓ |
| 乙腈 | $CH_3CN$ | 81.6 | 38 | ✓ | | ✓ |
| 环丁砜 | | 287(分解) | 43 | ✓ | | ✓ |
| 二甲亚砜(DMSO) | $(CH_3)_2SO$ | 189 | 47 | ✓ | | ✓ |
| 甲酸 | $HCO_2H$ | 100.6 | 59 | ✓ | ✓ | ✓ |
| 水 | $H_2O$ | 100 | 78 | ✓ | ✓ | ✓ |

反应溶剂大多被认为是惰性载体,使反应物和试剂保持一定浓度并能有效接触。然而,溶质和溶剂分子间的相互作用对化合物的性质、反应平衡及反应速率也能产生重大影响。

## 1.9 有机化合物的反应

有机反应总是从发生了什么和怎样发生的这两个方面来研究。从反应过程看涉及旧键的断裂和新键的形成,根据旧键的断裂情况(新键的形成即逆过程)可以把有机反应归纳为下面三个类型。

(1) 离子反应 键断裂时在一个碎片上留有两个电子的反应属于**极性反应**(polar reaction),又称异裂反应。

$$A:B \longrightarrow A^+ + :B^-$$

此时,成键的一对电子被某一原子(团)所占用,这样的反应一般在酸、碱等极性物质和极性溶剂存在下进行。极性反应常涉及离子中间体,故又称离子型反应。离子型反应分为亲电和亲核两大类。在亲电反应中,反应试剂与反应底物中能供给电子的部分发生反应。例如,乙烯和卤素的加成反应:

$$H_2C{=\!=}CH_2 \xrightarrow{\ X_2\ } XCH_2CH_2X$$

反应是从卤素正离子进攻电子密度大的双键碳原子开始。这类缺电子的试剂称为**亲电试剂**(electrophilic reagent),常用 $E^+$ 表示,由亲电试剂进攻而引发的反应称为亲电反应。

亲核反应是能提供电子的试剂与反应底物中缺电子的部分之间发生反应,如卤代烃的水解:

$$OH^- + RCH_2X \longrightarrow RCH_2OH + X^-$$

反应是由 $OH^-$ 进攻与卤素相连的带正电荷的碳原子开始,卤素带着一对电子离去而完成。该反应是由能供给电子的试剂进攻具有正电荷的碳原子而发生的,这类能给电子的试剂称为**亲核**(nucleophilic)**试剂**,常用 $Nu^-$ 表示,由亲核试剂进攻开始的反应称为亲核反应。

(2) 自由基反应 键断裂时成键的一对电子平均分给两个成键的原子(团),生成**自由基**(radical)中间体:

$$A:B \longrightarrow A{\cdot} + B{\cdot}$$

这种断裂方式又称均裂,带有一个单电子的原子(团)称为自由基(或游离基),反应一般是在光或热的作用下进行,经过均裂生成游离基后发生的反应称为自由基反应。

(3) 协同反应 旧键断裂新键生成同步完成的反应称为协同反应,反应中没有任何中间体存在。

若从反应物和产物之间的相互关系看,数量极为众多的有机反应可以分为以下几类。

(1) 取代反应  反应物中的一个原子(团)被另一个原子(团)**取代**(substitution)的反应。根据试剂类型可以分为亲核取代、亲电取代和自由基取代三种反应:

$$Nu^-(E^+,R\cdot) + R'{-}L \longrightarrow R'{-}Nu(E,R) + L^-(L^+,L\cdot)$$

$Nu^-$ 为亲核试剂, $E^+$ 为亲电试剂, $R\cdot$ 为自由基, $L^-$ 为离去基团。

(2) 加成反应  反应物中的不饱和键断裂生成单键的反应,根据引发反应的试剂也可分为亲核**加成**(addition)、亲电加成和自由基加成及协同加成四种类型。

(3) 消除反应  反应物中除去两个或几个原子(团)的反应,可分为极性**消除**(elimination)和协同消除,或分为 $\alpha-$、$\beta-$消除等。

(4) 重排反应  反应后反应物的碳架结构发生重新组合。

(5) 氧化还原反应  反应底物被氧化或还原。

与试剂发生反应的有机化合物常被通称为**底物**(substrate)。底物和试剂是相对而言的,一般把能转化为所需产物的有机化合物看成底物。因此,亲核和亲电这两个概念所用的对象也是相对而言的,但也有许多反应和试剂已经约定俗成,有了通用的亲核或亲电的定义。

## 1.10 有机反应的表示方式和符号应用

有机反应有较为简单易行的一些表示方法来强调不同的要点。如一个反应,原料 A、试剂 B、产物 C、副产物 D,可表示为 A+B $\longrightarrow$ C+D,称为该反应方程式。温度、压力、溶剂、催化剂等反应条件及产率等都可以写在单箭头符号的上方或下方。若要强调 A 是反应原料,则可将 B 也置于箭头上,D 也可略去不写。这样,反应方程式就简化为 A $\xrightarrow{B}$ C。有时候,一个反应方程式也能表示出多步反应来,从原料到产物的各个中间产物都可忽略不提。因此,有机反应方程式在绝大部分场合下不是一个配比平衡的反应。反应 A $\xrightarrow[y\,90\%]{B}$ C,产率(yield,常简写为 y)90%意味着实际得到 C 的产量是理论值 90%,10%的损失可能是生成了副产物,也可能是实验操作中损失掉了。产率往往指出这个反应有多大的成功性,不同的人处理同一个反应会得到不同的产率,这与经验和实验技术密切相关。

在有机反应方程式和结构式的表达中还常看到弯箭头符号"↷",它表示一对电子从箭头尾部处的一个原子或价键移向箭头所指的另一个原子或价键,鱼钩箭头符号"↼"则表示只有一个单电子的转移。利用电荷平衡原则,搞清分子中哪个原子或部位带何种电荷,流向何处,从而理解反应是如何发生的。在符号的应用中"⇌"表示可逆反应;"↔"表示共振;"≡"表示相等或相当于;"⇉"和"⟶ ⟶"都表示多步骤的反应;"⟳"表示反应产物和原料的构型反转。这些符号反映出不同的现象和过程,不可搞错或乱用。

有机化学是一个富有个人特色和高度竞争性的学科。许多有机反应都冠以人名，称为人名反应(name reaction)。这是为了纪念首次发现这个反应或是对这个反应作出深入研究并取得突出成就的化学家，这已经成为传统而保留至今。

## 1.11 有机化学的重要性及发展趋势

有机化学发展到今天，已经成为一门重要的基础学科，是物理有机化学、有机合成、天然产物化学、金属有机化学、医药、农药、新材料、生命科学、营养学、食品科学、精细化工、香料、燃料、能源等相关专业的必修课。绝大多数的化学工业与有机化学相关联，化学工业已经深入到日常生活的方方面面，成为人们生活的"必需品"。

21 世纪的有机化学，从实验方法到基础理论都有了巨大的进展，显示出蓬勃发展的强劲势头和活力。世界上每年合成的新化合物中 70% 以上是有机化合物。其中有些因具有特殊功能而用于材料、能源、医药、生命科学、农业、营养、石油化工、交通、环境科学等与人类生活密切相关的行业中，直接或间接地为人类提供了大量的必需品。与此同时，人们也面对着天然的和合成的大量有机化合物对生态、环境、人体的影响问题。展望未来，有机化学将使人类优化使用有机化合物和利用有机反应过程，有机化学将会得到迅速的发展。

当前有机化学发展日新月异，目前国际上有机化学的一个显著的发展趋势是可持续发展的绿色化学概念。研究者高度重视以原子经济性为基础的选择性调控，也注重经典有机化学范畴的突破。另一个显著的趋势是与其他学科的交叉渗透日益明显，主要集中于包括小分子的活化在内的惰性化学键的活化；符合原子经济性的高效率、高选择性合成方法学，特别是不对称催化反应；强调绿色有机化学反应及过程的研究，从源头减少环境污染；强调化学与生命科学的结合，研究生命活动中化学过程及问题和有机分子与生命大分子之间的相互作用，包括有机超分子在内的有机功能分子的设计和合成；自然界中具有独特生理活性或作用机制分子的发现、全合成及其组合化学；与能源相关的有机化学研究，即基于非化石资源的有机化学。

## 1.12 怎样学习有机化学

学习有机化学应做到：
- 掌握一些记忆性的知识并有形象逻辑思维和空间想象能力，如命名规则，官能团的制备和转化，各种反应的结果、条件和机理，重要的波谱数据等。
- 运用知识点时能考虑到分子中其他官能团的影响和外界条件的变化及各种选择性(化学、位置、立体)问题。
- 多做练习。

正确、辩证地掌握下面这 10 个关键的基本概念和知识点对于理解和学习有机化学非常重要，它们包括 $\sigma(\pi)$ 键、官能团的生成和转化、极性、共振、空间位阻、立体化学、主客效应、动(热)力学、波谱特征及人名反应。

更重要的是通过学习有机化学可以使我们体会到主要由碳原子所组成的有机化学世界是多么的丰富多彩。从了解既有的知识和存在于这些知识背后的探索历程,我们可以发现过去的有机化学已经改变了你我的生活,而当今的有机化学正使许多想象的东西成为现实,明天的有机化学继续与时俱进,生机勃勃,充满理想、创新、扩展,对青年学子而言是充满了机遇、挑战和成功的。

# 习　　题

**1-1**　指出下列每个分子中存在的官能团类型。

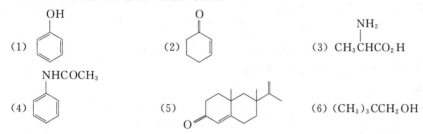

**1-2**　在下列各化合物中所标出的两个键中哪个更短,为什么?

(1) $CH_3\overset{a}{C}\overset{b}{OH}$　　(2) $H\overset{a}{-C}=CH-C\overset{b}{\equiv}CH$　　(3)

**1-3**　标出下面给出的化合物中碳原子的杂化状态(sp,sp² 或 sp³),并回答分子中哪些键是非极性的,哪些键是极性的,何者更强。

**1-4**　指出:(1) $\overset{*}{C}H_3CH_2OH$ 中以 * C 为中心的空间价键结构式。

　　(2) $NaOCH_3$ 中的共价键和离子键。

　　(3) 下列分子结构式中某些原子上存在的非键电子。

$H_2C$——$CH_2$　　　$CH_3NH_2$　　　$CH_2ClF$　　　$CH_3CF$
　　　　　　　　　　　　　　　　　　　　　　　　　　O

　　(4) 下列分子中的各个键是以何种杂化轨道重叠而成的?

$H_2C=CH-C\equiv CH$　　　$HC=CH$　　　$CH_3-O-CH_3$
　　　　　　　　　　　　　$H_2C-CH_2$

　　(5) 下列各组配合物中何者是 Lewis 酸? 何者是 Lewis 碱?

　　　　　$(CH_3)_2S—BH_3$　　　　　$(CH_3)_3N—AlCl_3$　　　　　$BF_3—HCHO$

**1-5**　下面各组分子中哪个标出的键极性更大? 指出键的极性及相对强弱。

(1) HO—CH$_3$ 和 (CH$_3$)$_3$Si—CH$_3$    (2) H$_3$C—H 和 H—Cl

**1-6** 解释下列现象。

(1) Cl$_2$C=O 的偶极矩比 H$_2$C=O 小；CH$_3$F 的偶极矩比 CH$_3$Cl 小。

(2) CH$_3$OH 中 O—H 键上的氢原子比 C—H 键上的氢原子活泼。

(3) NF$_3$ 的极性比 NH$_3$ 小。

(4) NaCl 溶于水而不溶于乙醚。

**1-7** 回答下列问题。

(1) 下列两组共振结构式中哪一个对共振杂化体的贡献更大，为什么？

A. CH$_2$=CH—$\ddot{\text{B}}$r ⟷ $^-$CH$_2$—CH=$\overset{+}{\text{B}}$r    B. $\overset{+}{\text{C}}$H$_2$—$\ddot{\text{O}}$—CH$_3$ ⟷ CH$_2$=$\overset{+}{\text{O}}$—CH$_3$

(2) 给出下列两个分子的共振结构式。

A. H$_2$C=CH—CH=CH—$\overset{+}{\text{C}}$H—CH$_3$    B. H$_2$N—$\overset{\text{NH}_2}{\underset{}{\text{C}}}$=$\overset{+}{\text{N}}$H$_2$

(3) 下列两对构造式是否是共振结构式关系？

A. 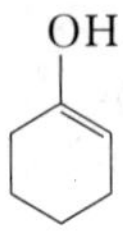  和

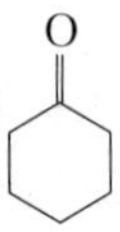

B. 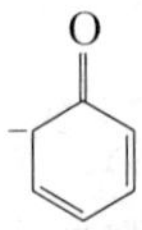  和

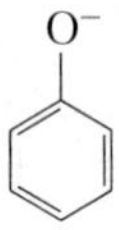

本章思考题答案    本章小结

# 第 2 章 烷烃和环烷烃

有机化合物中仅由碳和氢两种元素组成的一类化合物称为碳氢化合物(hydrocarbon),简称烃。烃分子中的氢原子被其他原子或基团取代后,可以生成一系列衍生物(derivative)。因此,烃可以看成其他有机化合物的母体,其他有机化合物则可以看成烃的衍生物。烃是最简单的有机化合物,也是有机化学工业的基础原料。

烃分子中,四价碳原子相互结合,可形成链状或环状骨架,其余的价键均与氢原子结合。具有链状骨架的烃称为链烃,又常称为脂肪烃(aliphatic hydrocarbon),脂肪烃又可分为烷烃、烯烃、二烯烃、炔烃等。具有环状骨架的烃称为环烃,环烃又可分为脂环烃(alicyclic hydrocarbon)和芳香烃(aromatic hydrocarbon)两大类。

如果烃分子中的碳原子之间都以单键相连接,其余的价键都与氢原子相连,则称为饱和烃(saturated hydrocarbon)。开链(open chain)的饱和烃称为烷烃(alkane)。具有环状结构的饱和烃称为环烷烃(cycloalkane)。

烷烃中碳原子和氢原子的数目存在一定的关系,甲烷、乙烷、丙烷、丁烷的分子式分别为 $CH_4$、$CH_3CH_3$、$CH_3CH_2CH_3$ 和 $CH_3CH_2CH_2CH_3$。可以看出,当碳原子数为 $n$($n$ 为正整数)时,则氢原子数一定为 $2n+2$,因此,可用通式 $C_nH_{2n+2}$ 来表示烷烃的分子组成(带支链的烷烃也符合此通式)。

上述烷烃这种构造相似、通式相同、在组成上相差一个或多个 $CH_2$ 的一系列化合物称为同系列(homologous series)。同系列中各化合物互称为同系物(homolog),$CH_2$ 称为同系差。同系物具有相似的化学性质,它们的物理性质也随着同系差的增加或减少而显示一定的规律性变化。因此,可以从一种化合物大致推测其同系物的性质。

环烷烃的通式为 $C_nH_{2n}$,由于碳骨架成环,因此比同碳原子数的开链烷烃少两个氢原子。

## 2.1 烷烃的结构和同分异构

烷烃分子中碳原子以单键和其他碳原子或氢原子相结合。最简单的烷烃是只有一个碳原子的甲烷,其分子式为 $CH_4$。

### 2.1.1 甲烷的结构和碳原子轨道的 sp³ 杂化

用物理方法测得甲烷分子为一正四面体结构,碳原子位于正四面体的中心,4 个氢原子分别位于正四面体的 4 个顶点,4 个 C—H 键的键长均为 0.108 nm,4 个 C—H 键的键角相等,均为 109°28′。

从绪论中已知,形成烷烃的碳原子都是 sp³ 杂化的碳原子,甲烷分子中碳原子的 4 个 sp³ 杂化轨道分别与氢原子的 1s 轨道重叠,形成完全等同的 4 个 σ 键。这种四面体的构造可以使各个键彼此尽量远离,以减少成键电子间的相互排斥并使键的形成最为有效,体系也最为稳定。

图 2-1 是甲烷分子的不同模型示意图。图 2-1(a)是甲烷的正四面体结构(伞形式);图 2-1(b)表示碳原子的 4 个 sp³ 杂化轨道与 4 个氢原子的 1s 轨道成键形式,图 2-1(c)是甲烷的球棍模型,图 2-1(d)是甲烷的比例模型(也称为球球模型、Stuart 模型)。

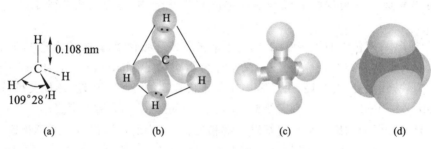

(a)          (b)          (c)          (d)

图 2-1 甲烷分子模型

### 2.1.2 其他烷烃的结构

其他烷烃分子中的碳原子也都是以 sp³ 杂化轨道与别的原子形成 σ 键的,因此都具有正四面体的结构。例如,乙烷是含两个碳原子的烷烃,分子式为 $C_2H_6$,构造式为 $CH_3CH_3$,相当于甲烷中的一个氢原子被 $CH_3$ 所取代。乙烷是最简单的具有 C—C 键的分子,C—C 键是由两个碳原子各以一个 sp³ 杂化轨道重叠而成的。C—C 键和 C—H 键具有相同的电子作用方式,即电子沿着两原子核之间键轴成对称分布,它们是 σ 键(见图 2-2)。

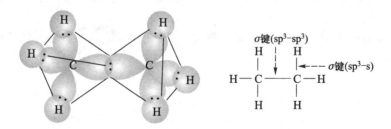

图 2-2 由 sp³ 杂化碳原子形成乙烷

乙烷分子中的 C—C 键键长为 0.153 nm,C—H 键键长和所有的键角与甲烷的数值基本一样。对这些数值稍加修正就可以得到其他烷烃的 C—H 键、C—C 键键长和键角的数值。

含三个碳原子的烷烃(丙烷)分子式为 $C_3H_8$,构造式为 $CH_3CH_2CH_3$,相当于甲烷中的两个氢原子被 $CH_3$ 所取代。丙烷的平面结构式看似有两种形式,但由于碳原子有正四面体的立体结构,因此这两种形式不过是同一种化合物的两种不同的平面投影(见图 2-3)。

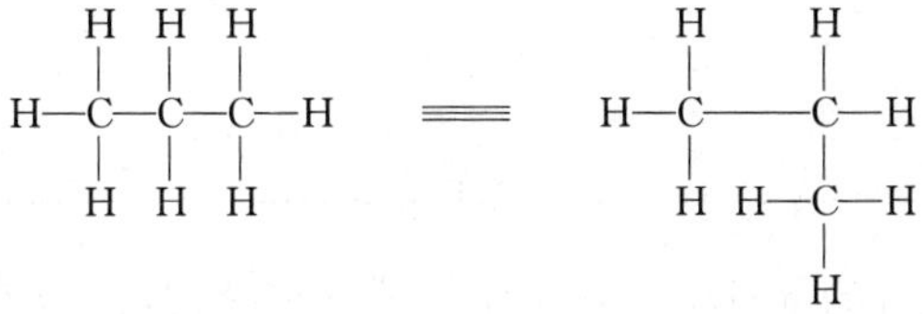

图 2-3　丙烷的两种平面投影

### 2.1.3　同分异构

同分异构现象(isomerism)是有机化合物中普遍存在的现象。分子式同为 $C_4H_{10}$ 的丁烷有两种结构式,它们的碳架结构不相同,其中正丁烷无支链而异丁烷有支链(见图 2-4),这是两种不同的化合物,因此物理性质和化学性质也都不一样。正丁烷的沸点是 0 ℃,而异丁烷的沸点是 -12 ℃。像这种具有相同分子式的不同化合物称为**同分异构体**(isomer),这种现象称为同分异构现象。同分异构体具有相同数目和相同种类的原子,但原子间以不同的方式连接,从而具有不同的分子结构,是不同的化合物。

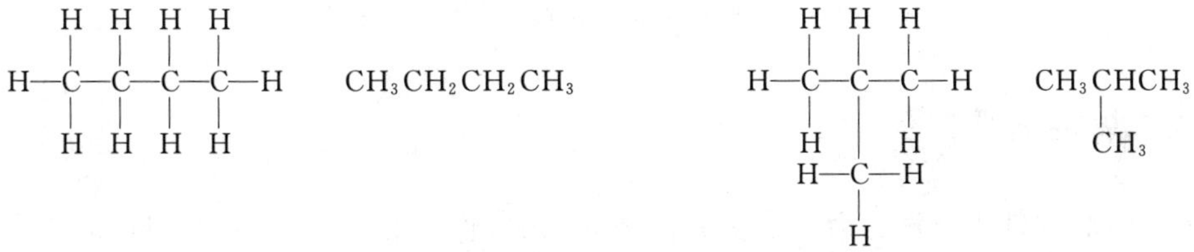

(a) 正丁烷　　　　　　　　　　　　　　　(b) 异丁烷

图 2-4　正丁烷和异丁烷的结构式

正丁烷和异丁烷这种同分异构体之间的差别仅仅是分子中的碳链不同而造成的,是同分异构现象中的一种。根据**国际纯粹与应用化学联合会**(International Union of Pure and Applied Chemistry,简称为 IUPAC)的建议,把分子中原子互相连接的次序和方式称为**构造**(constitution)。

分子式相同、分子构造不同的化合物称为**构造异构体**(constitutional isomers)。正丁烷和异丁烷属于同分异构体中的构造异构体。这种**构造异构**(constitutional isomerism)是由于碳骨架不同引起的,故又称为**碳架异构**(carbon skeleton isomerism)。烷烃的构造异构均属于碳架异构。随着烷烃碳原子数的增加,构造异构体的数目显著增多,如表 2-1 所示。异构现象是造成有机化合物数量庞大的原因之一。

表 2-1    烷烃构造异构体的数目

| 碳原子数 | 异构体数 | 碳原子数 | 异构体数 |
| --- | --- | --- | --- |
| 1~3 | 1 | 8 | 18 |
| 4 | 2 | 9 | 35 |
| 5 | 3 | 10 | 75 |
| 6 | 5 | 15 | 4 347 |
| 7 | 9 | 20 | 366 319 |

图 2-5 给出了己烷的 5 种构造异构体的碳骨架结构,根据碳原子是四价、氢原子是一价的成键规律,能够写出六个碳原子以不同方式相互成键的所有形式。

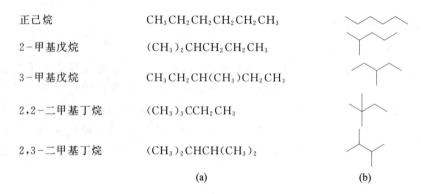

| | | |
| --- | --- | --- |
| 正己烷 | $CH_3CH_2CH_2CH_2CH_2CH_3$ | |
| 2-甲基戊烷 | $(CH_3)_2CHCH_2CH_2CH_3$ | |
| 3-甲基戊烷 | $CH_3CH_2CH(CH_3)CH_2CH_3$ | |
| 2,2-二甲基丁烷 | $(CH_3)_3CCH_2CH_3$ | |
| 2,3-二甲基丁烷 | $(CH_3)_2CHCH(CH_3)_2$ | |
| | (a) | (b) |

图 2-5    己烷的 5 种构造异构体及其缩略式(a)和碳架式(b)

## 2.2    烷烃的命名

人们对有机化合物的命名最初是根据其来源、性质和构造而定的。例如,甲烷最初是从池沼里动植物腐烂产生的气体中得到的,故也被称为沼气。乙醇称为酒精、甲酸称为蚁酸都是类似情况,这种命名称为俗名。随着有机化合物数量的不断增加,尽管某些复杂的有机化合物的名称仍以俗名简便,但更多的是根据构造来命名,这一命名方法要科学得多。有机化合物数目众多,结构也较为复杂,若没有一个标准的、完整的、严格的命名方法来区分或指定某个化合物,给学习和研究带来的混乱将是显而易见的。因此,认真学习并掌握每一类化合物的命名方法是学习有机化学的一个最重要的基本功。

### 2.2.1    烷基的概念

#### 1. 碳、氢原子种类

在烷烃分子中,根据碳原子上所连接的碳原子数目,可将碳原子分为 4 类。只与一个碳原子相连的碳原子称为伯碳原子(primary carbon),又称为一级碳原子(以 1°表示);与两个碳原子相连的碳原子称为仲碳原子(secondary carbon),也称为二级碳原子(以 2°表示);与三个碳原子相连的碳原子称为叔碳原子(tertiary carbon),也称为三级碳原子

（以 3°表示）；与四个碳原子相连的碳原子称为季碳原子（quarternary carbon），也称为四级碳原子（以 4°表示）。与伯（1°）、仲（2°）、叔（3°）碳原子相连接的氢原子分别称为伯（1°）、仲（2°）、叔（3°）氢原子。例如：

$$
\begin{array}{c}
\text{(季)}4° \quad \overset{3°(\text{叔})}{CH_3} \overset{2°(\text{仲})}{CH_3} \overset{}{H} \quad H \\
CH_3-\overset{|}{\underset{|}{C}}-\overset{|}{\underset{|}{C}}-\overset{|}{\underset{|}{C}}-\overset{|}{\underset{|}{C}}-H \quad 1°(\text{伯}) \\
CH_3 \; H \quad H \quad H \\
3° \quad 2° \quad 1°
\end{array}
$$

### 2. 烷基

烷烃分子中去掉一个氢原子后剩下的基团称为烷基（alkyl group），其通式为 $C_nH_{2n+1}$，通常用 R—表示。烷基的名称由相应的烷烃而来。甲烷和乙烷分子中只有一种氢原子，相应的烷基只有一种，即甲基（$CH_3$—）和乙基（$CH_3CH_2$—），但从丙烷开始，相应的烷基就不止一种。表 2-2 为一些常见烷基的中、英文名称。表中正某基和仲某基分别表示直链烷烃的伯碳原子和仲碳原子上去掉一个氢原子后留下的烷基，叔某基表示去掉叔碳原子上的氢原子后留下的烷基，异某基表示碳链末端含有异丙基（$CH_3)_2CH$—的烷基，新某基表示碳链末端含有（$CH_3)_3CCH_2$—的烷基。

此外，结构式中常用英文小写字母"$n$""$i$""$t$"置于某基团的左上方或右上方，表示该基团是正、异或叔取代基。例如，正丁基、异丁基和叔丁基可分别表示为 $^nC_4H_9$—，$^iC_4H_9$— 和 $^tC_4H_9$—或 $C_4H_9^n$—，$C_4H_9^i$—和 $C_4H_9^t$—，也可加短线置于前方，如 $n$-$C_4H_9$，$i$-$C_4H_9$ 和 $t$-$C_4H_9$。但命名正构烷基时，"$n$"常被略去不写。

表 2-2　一些常见烷基的中、英文名称

| 烷基结构 | 中文名称 | 英文名称 | 英文缩写 |
|---|---|---|---|
| $CH_3$— | 甲基 | methyl | Me— |
| $CH_3CH_2$— | 乙基 | ethyl | Et— |
| $CH_3CH_2CH_2$— | 正丙基 | $n$-propyl | $n$-Pr— |
| $(CH_3)_2CH$— | 异丙基 | isopropyl | $i$-Pr— |
| $CH_3CH_2CH_2CH_2$— | 正丁基 | $n$-butyl | $n$-Bu— |
| $(CH_3)_2CHCH_2$— | 异丁基 | isobutyl | $i$-Bu— |
| $CH_3CH_2\overset{|}{C}HCH_3$ | 仲丁基 | $sec$-butyl | $s$-Bu— |
| $(CH_3)_3C$— | 叔丁基 | $tert$-butyl | $t$-Bu— |
| $(CH_3)_3CCH_2$— | 新戊基 | neopentyl | |

### 2.2.2    烷烃的命名

烷烃常用的命名法有普通命名法和系统命名法两种。

**1. 普通命名法**

普通命名法适用于简单化合物的命名。它是根据烷烃所含碳原子的数目来命名的。碳原子数在十以内的用天干(甲、乙、丙、丁、戊、己、庚、辛、壬、癸)表示,十个碳原子以上的烷烃用中文数字表示,如 $C_{11}H_{24}$ 称为十一烷,$C_{20}H_{42}$ 称为二十烷等。必须牢记含十个碳原子以内的烷烃化合物的天干名称,记住这些名称的同时也就学会了其他类型有机化合物十个碳原子以内化合物的名称。各类化合物的名称相互是有关联的,如丙烷、丙烯、丙炔、丙醇、丙酮、丙醛、丙酸、丙胺等都含有三个碳原子。

由于同分异构现象的存在,还必须有明确表示链异构的形容词来区别这些异构体,表示链异构的形容词有正、异、新 3 个字。"正"表示直链烷烃,官能团位于直链烃末端的化合物也都用正字(正字通常可以省去);"异"表示末端具有 $(CH_3)_2CH-$ 结构的异构体;"新"表示末端具有 $(CH_3)_3C-$ 结构的异构体[注意:$(CH_3)_3C-H$ 称为叔丁烷]。例如:

$$CH_3CH_2CH_2CH_2CH_3 \qquad CH_3-\overset{\overset{\displaystyle CH_3}{|}}{C}HCH_2CH_3 \qquad CH_3-\overset{\overset{\displaystyle CH_3}{|}}{\underset{\underset{\displaystyle CH_3}{|}}{C}}-CH_3$$

正戊烷            异戊烷            新戊烷

*n*-pentane       isopentane       neopentane

普通命名法对于比较低级(即碳原子数目不多)的烷烃是适用的,随着碳原子数目的增加,异构体数目剧增,显然难以用类似"正""异"或"新"的标记方法来方便地区分它们,因此,需要有一个系统的命名法。

**2. 系统命名法**

为了确立一套能够正确命名有机化合物的方法,1892 年,在瑞士日内瓦举行的一次国际会议上首次拟定了一个系统的有机化合物命名法,以后又经过 IUPAC 的多次修订充实,其原则已为各国所普遍采纳。我国之前所采用的《有机化学命名原则(1980)》(以下简称 1980 命名原则)是由中国化学会有机化学名词小组根据 IUPAC 1979 年公布的《有机化学命名法》,再结合汉字的语言特点,于 1983 年予以审定和颁布实施的。2017 年底,中国化学会有机化合物命名审定委员会正式发布了《有机化合物命名原则(2017)》(以下简称 2017 命名原则),更接近于 IUPAC 命名原则。

烷烃系统命名法的规则应用于直链烷烃与普通命名法一样,但对于支链烷烃,它们的命名较为复杂,其规则如下。

(1)选择最长的碳链为主链,将其作为母体,根据主链上碳原子数目称为某烷。例如:

$$CH_3-CH_2-\overset{\overset{\displaystyle |}{|}}{C}H-CH_3$$
$$\qquad\qquad CH_2-CH_3$$

主链为五个碳原子的戊烷而不是四个碳原子的丁烷。

（2）从距离支链最近的一端开始编号，依次用阿拉伯数字标出，使第一个出现的取代基编号最小。对于含有多个取代基的化合物，在第一个取代基编号最小的同时，要能使第二个取代基的编号处于最小位置，即遵循最低序列原则。例如：

$$\underset{3}{CH_3}-\underset{}{CH}-\underset{4}{CH_2}-\underset{5}{CH_2}-\underset{6}{CH_3}$$
$$\underset{2}{CH_2}$$
$$\underset{1}{CH_3}$$

3-甲基己烷

$$\underset{1}{CH_3}-\underset{2}{CH}-\underset{3}{CH}-\underset{4}{CH_2}-\underset{5}{CH}-\underset{6}{CH_3}$$
$$\quad\ \ CH_3\ \ CH_3\qquad\ \ CH_3$$

2,3,5-三甲基己烷

$$CH_3$$
$$CH_3-CH-CH_2-C-CH_3$$
$$\qquad\ CH_3\qquad\ CH_3$$

2,2,4-三甲基戊烷

书写时，把支链作为取代基，将其位次（用阿拉伯数字表示）和名称写在母体名称的前面（阿拉伯数字与汉字之间加一短线"-"）；有相同取代基时，要合并在一起，用汉字表示其数目，加字首二（di）、三（tri）、四（tetra），在表示取代基位置的阿拉伯数字之间应加逗号。

（3）两种不同的取代基距离链端相同位次，两种主链编号方式都能遵循最低序列原则时，在 1980 命名原则中，遵循立体化学"**次序规则**"确定取代基的编号，使小的取代基编号最小；在 2017 命名原则中，遵循"**英文字母顺序**"确定取代基的编号，使英文名称第一个字母在前的取代基编号最小。例如：

$$\underset{6}{CH_3}-\underset{5}{CH_2}-\underset{4}{CH}-\underset{3}{CH}-\underset{2}{CH_2}-\underset{1}{CH_3}$$
$$\qquad\qquad CH_2\ \ CH_3$$
$$\qquad\qquad CH_3$$

3-甲基-4-乙基己烷

（1980 命名原则）

$$\underset{1}{CH_3}-\underset{2}{CH_2}-\underset{3}{CH}-\underset{4}{CH}-\underset{5}{CH_2}-\underset{6}{CH_3}$$
$$\qquad\qquad CH_2\ \ CH_3$$
$$\qquad\qquad CH_3$$

3-乙基-4-甲基己烷（3-ethyl-4-methylhexane）

（2017 命名原则）

确定取代基编号后，不同取代基在书写时的先后顺序，也与上述编号原则类似。需要注意的是，前缀 di，tri，tetra，*sec*-，*tert*- 等，均不计入英文字母的顺序比较。例如：

$$CH_3\ \ CH_2-CH_3$$
$$CH_3-CH_2-CH_2-CH-C-CH_2-CH_3$$
$$\qquad\qquad\quad CH\quad CH_2-CH_3$$
$$\qquad\quad H_3C\ \ CH_3$$

4-甲基-3,3-二乙
基-5-异丙基辛烷
（1980 命名原则）

3,3-二乙基-5-异丙基-4-甲基辛烷
（3,3-diethyl-5-isopropyl-4-methyloctane）
（2017 命名原则）

"次序规则"指的是排列原子或基团次序的几个规定，其主要内容参见 3.6.3。

常见烷基的英文名称列于表 2-2，将烷烃英文名称的词尾 -ane 替换为 -yl，即是相应的取代基名称。

（4）有几种等长的碳链可供选择时，选择含有支链数目最多的碳链为主链，并让支链具有最低位次。例如：

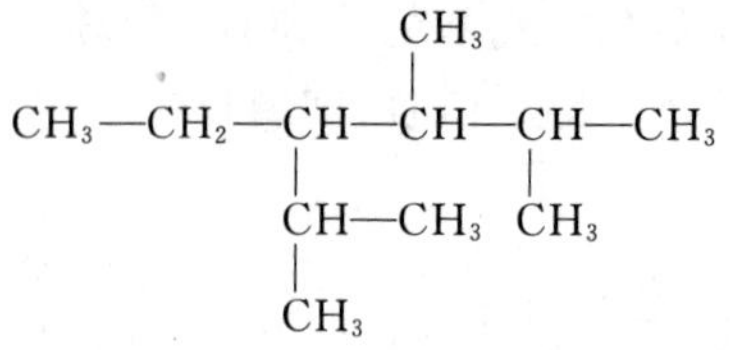

$$CH_3-CH_2-CH-CH-CH-CH_3$$

（结构式，主链上 CH 所连 CH3 基团）

2,3,5-三甲基-4-乙基己烷     3-乙基-2,4,5-三甲基己烷
（不叫 2,3-二甲基-4-异丙基己烷）     3-ethyl-2,4,5-trimethylhexane
（1980 命名原则）     （2017 命名原则）

（5）支链上的取代基较复杂时，可作为一种化合物来处理，即另外给取代基编号，由带撇的阿拉伯数字指出支链中的碳原子位置，或者由与主链相连的碳原子起开始编号，为避免混乱，支链的全名放在括号中。例如：

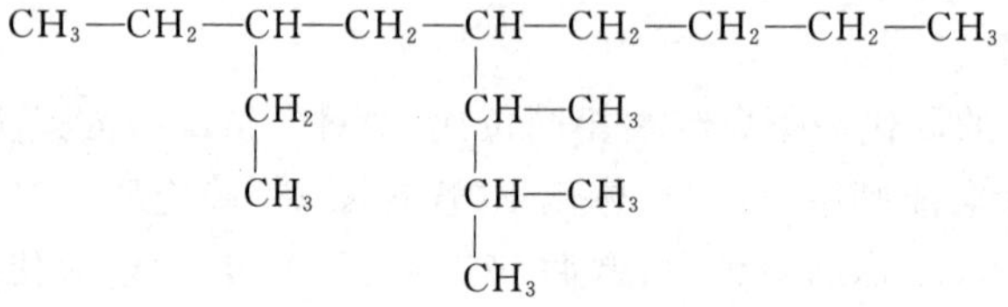

$$CH_3-CH_2-CH-CH_2-CH-CH_2-CH_2-CH_2-CH_3$$

3-乙基-5-1′,2′-二甲基丙基壬烷
或 3-乙基-5-（1,2-二甲基丙基）壬烷

系统命名法的优点是其确切性，无论分子用何种构造式表示，其命名是一样的。从化合物的名称也可无误地写出构造式。但是对于一些结构复杂的化合物，也有名称太长、命名过于烦琐的缺点，故有些有机化合物仍常用习惯用名或俗名，如 2,2,4-三甲基戊烷就常称为异辛烷。

**思考题 2-1** 用 2017 命名原则命名下列化合物，并指出该化合物中包含几种伯、仲、叔、季碳原子。

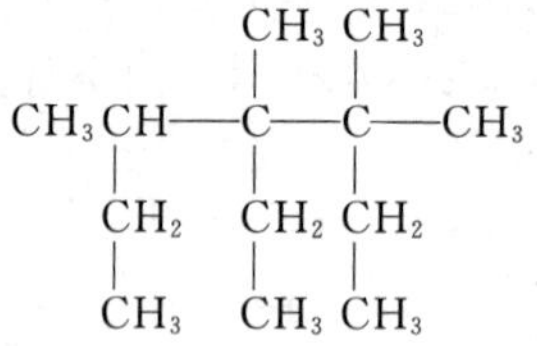

$$CH_3CH-C-C-CH_3$$

## 2.3　烷烃的构象

由于饱和碳原子的构型为正四面体结构，这就决定了烷烃分子中碳原子的排列不会是直线形的。直链是指没有支链碳原子存在的碳链，不能误解为直链上的碳原子是处于一条直线上的。X 射线衍射实验表明，碳链是锯齿状排列的，如正癸烷的结构（见图 2-6）。

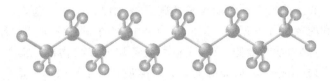

图 2-6　正癸烷链的锯齿状构象示意图

### 2.3.1　乙烷的构象

乙烷分子中的 C—C 键是 σ 键,σ 键的特点是电子云沿键轴呈对称分布,两个碳原子可以自由旋转而不会使键断裂。如果让一个甲基不动,另一个甲基绕 C—C 键旋转,则碳原子上的氢原子在空间的相对位置随之发生变化,从而形成无数种**构象**(conformation),这种由于绕 σ 键键轴旋转而产生的分子中原子或基团在空间的不同排布方式,称为构象。

图 2-7 所示的是乙烷的两种极端构象。一种是交叉式(staggered conformation)构象,两个碳原子上的每个氢原子之间相互错开;另一种是重叠式(eclipsed conformation)构象,两个碳原子上的氢原子相对排布。

构象常用锯架式或投影式来表示。锯架式是从分子斜侧面观察分子模型的形象,可以看到分子中碳原子和氢原子在空间的排布情况,但氢原子间的相对位置不易表达清楚。投影式一般是从 C—C 键键轴的延长线上来观察。其中 Newman 投影式(projection formula)最能确切地表达出两个直接相连的碳原子上的各个基团在空间所处的向位和关系。在 Newman 投影式中,后面的碳原子用圆圈表示,前面的碳原子用点表示(即三条直线的交点,不必专门点上一个点),连在圆圈中心的三条线表示连在前面的碳原子上的 σ 键,即离观察者近的碳原子上的 σ 键;连在圆周上的三条线表示连在后面的碳原子上的 σ 键,即离观察者远的碳原子上的 σ 键。同一个碳原子上的三个 C—H 键在投影式上互为 120°,可以看出,若绕 C—C 键旋转 60°,重叠式构象和交叉式构象就实现了相互转化而又不会断键。重叠式中本来是看不到后面碳原子上的键的,为了能表示出来,往往偏离一个微小角度以便给出连接在后面的一个碳原子上的键和原子(团)(见图 2-7)。

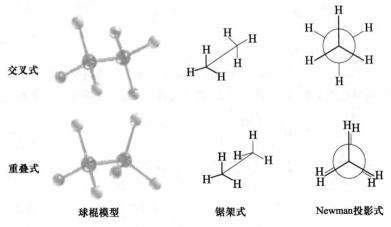

交叉式

重叠式

球棍模型　　　　锯架式　　　　Newman投影式

图 2-7　乙烷分子的两种极端构象

介于交叉式和重叠式两种极端构象之间还有无数种构象。乙烷的各种构象异构体的热力学能和稳定性各不相同。交叉式构象中,两个碳原子上的氢原子相距最远,相互间斥力最小,热力学能最低,故其又被称为乙烷的**优势构象**。重叠式构象因存在着较强的**扭转张力**(torsional strain)而热力学能最高。扭转张力与重叠式构象中两个碳原子上的 C—H 键因相距最近造成键的电子云相互排斥有关,也与相邻两个碳原子上的氢原子因相距最近而产生范德华张力有关。其他构象的能量介于两者之间。交叉式和重叠式能量相差仅为12 kJ·mol$^{-1}$(见图 2-8),这个能量比分子碰撞产生的能量小得多。分子在不停地运动,相互碰撞并交换能量,若取得的能量超过围绕 $\sigma$ 键旋转所需要的能量,就会发生构象互变。室温(25 ℃)下,乙烷的构象互变可以达到10$^{11}$次/s,故在室温或一般的低温条件下,纯粹的具有最低势能的交叉式构象是不可能被分离出来的。环境温度越高,围绕 $\sigma$ 键旋转越快,构象互变也就越容易。

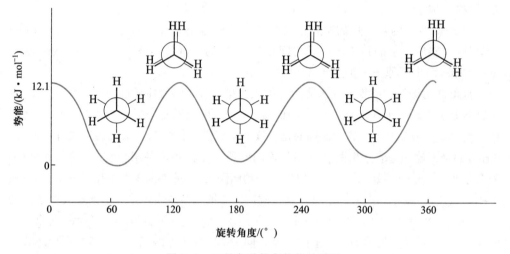

图 2-8　乙烷各种构象势能关系图

室温下,乙烷分子实际上是由无数个构象组成的处于动态平衡状态的混合体系,从统计角度看,各种构象的比例是一个常数,交叉式的优势构象为多,但各种构象仍在互变。

### 2.3.2　正丁烷的构象

正丁烷相当于乙烷分子的两个碳原子上各有一个氢原子被甲基取代,图 2-9 是正丁烷分子的四种极端构象,即对位交叉式、邻位交叉式、部分重叠式和全重叠式构象。

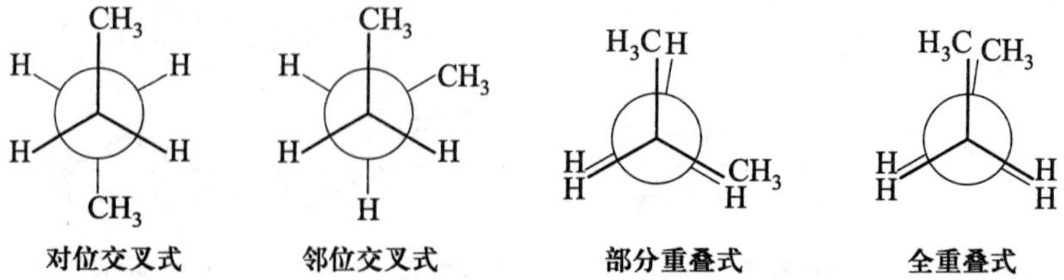

图 2-9　正丁烷分子的四种极端构象

对位交叉式中,两个体积较大的甲基已尽可能远离,因此其能量最低,最为稳定,是正丁烷的优势构象。邻位交叉式中,两个甲基处于邻位,它们虽然也是交叉式,但两个甲基之间存在的范德华张力使其能量比对位交叉式高。全重叠式中,两个甲基及氢原子都各处于重叠位置,其间的距离最近,存在着最大的范德华张力和扭转张力,因而相对最不稳定,在动态平衡体系中含量最少。部分重叠式也有相对较大的张力,但比全重叠式稳定一些。因此这四种极端构象的稳定性大小顺序为:对位交叉式>邻位交叉式>部分重叠式>全重叠式。

从正丁烷绕 C2—C3 键旋转得到的势能曲线图(图 2-10)可见,正丁烷各种构象之间的能量差别不太大,其扭转能垒最高约为 22.6 kJ·mol$^{-1}$。室温下,正丁烷分子间碰撞所产生的能量足以引起各构象间的迅速转化,次数虽不如乙烷多,但构象互变仍足够快,想得到单一的构象是不可能的。因此,正丁烷实际上也是由无数个构象组成的处于动态平衡状态的混合体系,但主要以对位交叉式和邻位交叉式构象存在,前者约占 68%,后者约占 32%,而其他构象所占比例很小。

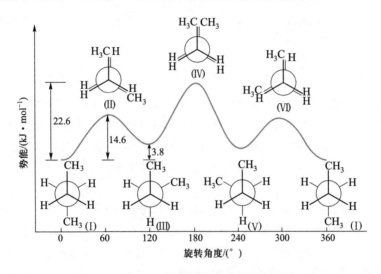

图 2-10 正丁烷各种构象的势能关系图

结构更复杂的烷烃,它们的构象也更复杂,但它们也都主要以对位交叉式构象存在。因此,直链烷烃的碳链在空间上绝大多数呈锯齿状构象固定排列,将结构式写成直链的形式只是为了书写方便。

**思考题 2-2** 说明化合物 $(CH_3)_2CH—CH_2CH_3$ 有多少极限构象异构体(只考虑围绕用横线表示的 C—C 键的旋转),并写出其 Newman 投影式。

## 2.4 烷烃的物理性质

常温常压下,$\leqslant C_4$ 的烷烃为气体,$C_5 \sim C_{16}$ 的直链烷烃为液体,更高级的直链烷烃为固体(见表 2-3)。

表 2-3　一些开链烷烃的物理常数

| 化合物 | 英文名称 | 熔点/℃ | 沸点/℃(0.1 MPa) | 相对密度($d_4^{20}$) |
|---|---|---|---|---|
| 甲烷 | methane | −182 | −161 | 0.466(−164 ℃) |
| 乙烷 | ethane | −183 | −88 | 0.572(−100 ℃) |
| 丙烷 | propane | −187 | −42 | 0.585(−45 ℃) |
| 丁烷 | butane | −138 | 0 | 0.579 |
| 戊烷 | pentane | −129 | 36 | 0.626 |
| 己烷 | hexane | −94 | 68 | 0.660 |
| 庚烷 | heptane | −90 | 98 | 0.684 |
| 辛烷 | octane | −56 | 125 | 0.703 |
| 壬烷 | nonane | −53 | 150 | 0.718 |
| 癸烷 | decane | −29 | 174 | 0.730 |
| 十一烷 | undecane | −25 | 195 | 0.740 |
| 十二烷 | dodecane | −9 | 216 | 0.749 |
| 异丁烷 | isobutane | −145 | −12 | 0.549 |
| 异戊烷 | isopentane | −160 | 28 | 0.621 |
| 新戊烷 | neopentane | −17 | 9 | 0.614 |

　　烷烃分子是完全由共价键连接而成的,由于碳原子和氢原子的电负性相差不大,
C—C 键没有极性,C—H 键极性也很小,因此,烷烃分子一般没有或仅有很小的极性,
分子间主要存在范德华引力。随着碳原子数的增多,分子变大,表面积增加,范德华引
力也越大,常温下,物质的相态也由气相向液相和固相过渡。

　　1. 沸点

　　烷烃的沸点(boiling point, bp)随相对分子质量增加而明显提高。由于碳原子数
和氢原子数的增加,分子间色散力变大,吸引力也变大,分子更易聚集,故烷烃的沸点
随相对分子质量的增加而明显提高(见图 2-11)。此外,碳链的分支对沸点有显著的
影响。同碳原子数烷烃的构造异构体中,直链异构体沸点最高,支链烷烃的沸点比直
链的低,且支链越多,沸点越低。如正丁烷的沸点为 0 ℃,异丁烷为 −12 ℃;正戊烷的
沸点为 36 ℃,异戊烷为 28 ℃,而有两个支链的新戊烷的沸点只有 9 ℃。这是由于支
链的存在,分子的形状趋向球体,表面积减小,使分子间不能像直链分子那样相互靠
近,分子间范德华引力减弱,导致沸点降低。

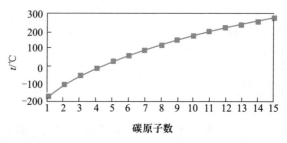

图 2-11　直链烷烃的沸点(bp)

### 2. 熔点

烷烃同系列的**熔点**(melting point，mp)基本上也是随碳原子数的增加而提高,但是含奇数个碳原子和含偶数个碳原子的烷烃分别构成两条熔点曲线,偶数的曲线在上面,奇数的在下面,两条曲线随相对分子质量增加而渐趋于一致。这种现象在其他同系列化合物中也可以观察到(见图 2-12)。这可能是由于烷烃中的碳链在晶体中伸展为锯齿形,奇数碳链锯齿形中两端甲基处在同一侧,而偶数碳链中两端甲基处于相反的位置,因此偶数碳链比奇数碳链排列得更紧密,范德华引力也就更强一些,所以熔点相对也高一点。

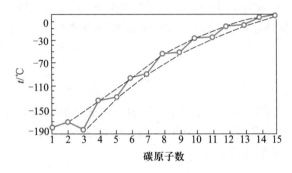

图 2-12 直链烷烃的熔点(mp)

支链烷烃的熔点比同碳原子数的直链烷烃低,如异丁烷、异戊烷的熔点分别为 $-145\ ℃$ 和 $-160\ ℃$,分别低于正丁烷($-138\ ℃$)和正戊烷($-129\ ℃$)。2-甲基戊烷和 2,2-二甲基丁烷的熔点分别为 $-154\ ℃$ 和 $-100\ ℃$,均低于正己烷($-94\ ℃$)。这是由于支链的存在阻碍了分子在晶格中的紧密排列,使分子间引力降低。但是,当支链继续增加,引起分子结构向球状过渡且带有高度的对称性时,它们的熔点会随之升高。因为分子结构越对称,它们在晶格中的排列也越紧密,分子间的范德华力作用越强。如甲烷和新戊烷分子都接近球状,甲烷的熔点($-182\ ℃$)比丙烷($-187\ ℃$)高 5 ℃,而新戊烷的熔点比戊烷高 112 ℃。

### 3. 相对密度

所有的烷烃都比水轻,**相对密度**(relative density，$d_4^{20}$)也随相对分子质量的增加而增大,最大约为 0.8。实际上,绝大多数有机化合物的相对密度都比水小,相对密度比水大的有机化合物通常含有溴或碘之类重原子或含有多个氯原子。

### 4. 溶解度

烷烃具有疏水性,即不溶于水而溶于有机溶剂,在非极性溶剂中的**溶解度**(solubility)比在极性溶剂中的大。溶解过程实际上是溶质分子和溶剂分子之间的相互吸引力替代了溶剂分子之间和溶质分子之间相互吸引力的结果。当溶剂、溶质分子之间相互吸引力相近时,它们易于互溶。

"相似(结构和性质)相溶"的经验规律,有助于人们寻找到合适的溶剂。

思考题 2-3 推测下列化合物中哪个熔点最高,哪个沸点最高,并说明原因。

　　(1) 2,2,3,3-四甲基丁烷　　(2) 2,3-二甲基己烷　　(3) 2-甲基庚烷　　(4) 辛烷

## 2.5　烷烃的化学性质

　　烷烃分子中只存在较为牢固的 C—C 及 C—H 这两种 $\sigma$ 键,一般情况下与强酸、强碱、强氧化剂和强还原剂,如浓硫酸、浓硝酸、苛性碱、重铬酸盐、高锰酸盐、钠和乙醇、锌汞齐/浓盐酸、氢化铝锂等都不起反应或反应极慢。因此,烷烃有时称为石蜡(paraffin),意味着亲和力差,反映出这类化合物的反应活性很低,故烷烃常用做惰性溶剂和润滑剂。但是,烷烃的这种稳定性不是绝对的,如它们可以与超强酸 $HF/SbF_5$ 或 $FSO_3H$ 等作用得到各种产物;在高温、光照或催化剂存在下,也可以发生卤化等反应。

### 2.5.1　氧化反应

　　有机化学中习惯于将在反应分子中加入氧或脱去氢的反应称为氧化(oxidation),去氧或加氢的反应称为还原(reduction)。烷烃燃烧并与氧反应生成二氧化碳和水,同时放出热量,这是完全氧化反应。

$$C_nH_{2n+2} + \left(\frac{3n+1}{2}\right)O_2 \longrightarrow nCO_2 + (n+1)H_2O$$

　　化合物完全燃烧后放出的热量称为燃烧热(heat of combustion)。碳氢化合物只有在高温下才会燃烧,火焰或火花均会提供这种高温条件,而一旦反应发生,放出的热量就足够维持高温继续燃烧。燃烧热是很重要的热化学数据,可以精确测量,直链烷烃每增加一个 $CH_2$,燃烧热平均增加 655 $kJ \cdot mol^{-1}$;同碳原子数的烷烃异构体中,直链烷烃的燃烧热最大,随着支链数增加,燃烧热随之下降。燃烧热反映出分子的势能,其数值越小,化合物越稳定,生成热(heat of formation)也越小。

　　若控制氧的量,使甲烷的燃烧不彻底,则能生成在橡胶、塑料的填料、黑色油漆及印刷油墨等工业上极为有用的炭黑。

$$CH_4 + O_2 \longrightarrow C + 2H_2O$$

　　甲烷与氧或水蒸气在高温下反应还可以生成乙炔及合成气(一氧化碳与氢的混合物)。

$$6CH_4 + O_2 \xrightarrow{1\,500\,℃} 2HC{\equiv}CH + 2CO + 10H_2$$

$$CH_4 + H_2O \xrightarrow[850\,℃]{Ni} CO + 3H_2$$

　　工业上控制氧化和催化条件,烷烃经部分氧化可转换为醇、醛、酸等一系列含氧化合物,这是工业上制备含氧有机化合物的一个重要方法。例如:

$$CH_4 + O_2 \xrightarrow[600\,℃]{NO} HCHO + H_2O$$

$$CH_3CH_2CH_2CH_3 + \frac{5}{2}O_2 \xrightarrow{催化剂} 2CH_3COOH + H_2O$$

$$RCH_2-CH_2R' + \frac{5}{2}O_2 \xrightarrow[110\,℃]{MnO_2} RCOOH + R'COOH + H_2O$$

这些产物是有机化工的基本原料。用氧化烷烃的方法制备化工产品，原料价廉易得，但反应的选择性不高，副产物较多，分离精制比较困难。

### 2.5.2 异构化反应

化合物从一种结构转变成另一种结构的反应称为异构化反应(isomerization)。例如：

$$CH_3CH_2CH_2CH_3 \xrightarrow[90\sim95\,℃,1\sim2\ \text{MPa}]{AlCl_3,HCl} \underset{\underset{CH_3}{|}}{CH_3CHCH_3}$$

燃料在引擎中的燃烧反应过程非常复杂，汽缸中燃料和空气的混合物在充分燃烧的同时还常常伴随着所谓的**爆震**(knocking)过程，后者的产生会大大降低引擎的动力。不同结构的烷烃具有不同的爆震情况，人们把燃料的相对抗震能力以"**辛烷值**"(octane number)来表示。其标准是将抗震性很差的正庚烷的辛烷值定为 0，抗震性较好的 2，2，4-三甲基戊烷的辛烷值定为 100。往汽油中添加某些物质可以提高燃料的辛烷值，有支链的烷烃、烯烃及某些芳烃常具有较好的抗震性。将正构烷烃异构成带支链的烷烃，可以改善油品的辛烷值，提高油品的质量。

### 2.5.3 裂化反应

烷烃在没有氧气存在下进行的热分解反应称为**裂化反应**(cracking reaction)。烷烃的裂化反应是一个很复杂的过程。烷烃分子中所含的碳原子数越多，裂化产物也越复杂，反应条件不同，产物也不同，但通常是烷烃分子中 C—C 键和 C—H 键在裂化反应中均裂形成复杂的混合物，其中既含有较低级的烷烃，也含有烯烃和氢。例如：

$$CH_3CH_2CH_2CH_3 \xrightarrow{500\,℃} \begin{cases} CH_4 + CH_3CH=CH_2 \\ CH_2=CH_2 + CH_3CH_3 \\ H_2 + CH_3CH_2CH=CH_2 \end{cases}$$

由于 C—C 键的键能(347 kJ·mol$^{-1}$)小于 C—H 键的键能(414 kJ·mol$^{-1}$)，通常 C—C 键比 C—H 键更容易断裂，因此，甲烷的裂化要求更高的温度。

$$CH_4 \xrightarrow{>1\,200\,℃} C + 2H_2$$

利用裂化反应，可以提高汽油的产量。一般由原油经分馏而得到的汽油只占原油的 10%～20%，且质量不好。炼油工业中利用加热的方法，使原油中含碳原子数较多的烷烃断裂成更有用的汽油组分($C_6\sim C_9$)。通常在 5 MPa 及 600 ℃ 温度下进行的裂化反应称为热裂化反应。石油分馏得到的煤油、柴油、重油等馏分均可作为热裂化反应的原料，但以裂化重油为主。热裂化可以大大增加汽油的产量，但并不能提高汽油的质量。

裂化反应也可在催化剂的作用下进行，称为**催化裂化**(catalytic cracking)。催化裂化要求的温度较低,一般在 450~500 ℃,且在常压下即可进行,常用的催化剂是硅酸铝。通过催化裂化既可提高汽油的产量又能改善汽油的质量,这是因为在催化裂化反应过程中,碳链断裂的同时还伴有异构化、环化、脱氢等反应,从而生成带有支链的烷烃、烯烃和芳烃等。

为了得到更多的化学工业基本原料如乙烯、丙烯、丁二烯等低级烯烃,化学工业上将石油馏分在更高的温度(700 ℃)下进行**深度裂化**(deeper cracking),这种以得到更多低级烯烃为目的的裂化过程在石油化学工业中称为"裂解"。裂解和裂化从有机化学上来讲是同一种反应,但在石油化学工业上有其特殊的意义,裂解的主要目的是为了获得低级烯烃等化工原料,而不是简单地只为提高油品的质量和产量,这是其与裂化的不同之处。

### 2.5.4 取代反应

#### 1. 磺化和硝化反应

高温下,烷烃与硫酸发生**磺化**(sulfonation)反应生成烷基磺酸 $RSO_3H$,称为烷烃的磺化;与 $SO_2Cl_2$ 或 $SO_2/Cl_2$ 反应生成烷基磺酰氯 $RSO_2Cl$。洗涤剂中的主要成分十二烷基磺酸钠就是从十二烷基磺酸得来。烷烃与硝酸作用生成硝基化合物 $RNO_2$ 的反应称为烷烃的**硝化**(nitration),反应过程中还伴随着碳链的断裂,因此通常得到多种硝基化合物的混合物。烷烃的磺化反应和硝化反应都是自由基反应过程。

$$RH \begin{array}{l} \xrightarrow[\triangle]{H_2SO_4} RSO_3H \\ \xrightarrow[\triangle]{HNO_3} RNO_2 \end{array}$$

#### 2. 卤化反应

甲烷与氯气在室温下的黑暗环境中不发生任何反应,但在紫外光($h\nu$)照射下或在 250~400 ℃ 的高温下,氯原子可取代甲烷中的氢原子首先生成氯化氢和氯甲烷,该反应称为**氯化**(chlorination)反应。

$$CH_4 + Cl_2 \xrightarrow{h\nu或\triangle} CH_3Cl + HCl$$

氯甲烷与氯的反应活性和甲烷相仿,它和甲烷将竞争与氯的反应,以相同的方式依次生成二氯甲烷 $CH_2Cl_2$、三氯甲烷 $CHCl_3$ 和四氯化碳 $CCl_4$。

$$CH_3Cl \xrightarrow{Cl_2}_{h\nu或\triangle} CH_2Cl_2 + CHCl_3 + CCl_4$$

使用大大过量的甲烷,使氯更多地与甲烷而不是与生成的氯甲烷反应,这样就有可能把反应控制在单氯化阶段。由于甲烷的沸点(−182 ℃)和氯甲烷的沸点(−24 ℃)相差很大,两者很容易分离,分离出的甲烷就可以再与氯反应得到氯甲烷。这种过量使用某一种反应物以控制反应进程的方法在有机反应中是一种常用的方法。上述过程中,虽然从甲烷到氯甲烷的**转化率**(conversion)不高,但过量的甲烷可以回收利用,以氯的消耗量来计算则产率还是相当高的。工业上使用甲烷与氯的投料比为

10∶1 或 1∶4 时,控制反应温度为 400 ℃,得到的主要产物分别是一氯甲烷和四氯化碳。各种氯甲烷共存时,分离并不容易,但这种混合物可做溶剂使用。

甲烷与溴的反应与氯相仿,但**溴化**(bromination)反应不如氯化反应容易。

甲烷与碘作用不能得到碘化反应产物,因为碘化反应生成的另一个产物 HI 对有机碘代物具有强烈的还原作用,因此反应是可逆的,并且强烈偏向于形成甲烷和碘。

甲烷与氟的反应十分剧烈,即使在暗处和室温的条件下也会产生爆炸现象,很难控制,故需要在较低压力下,用惰性气体稀释反应物的浓度。

因此,卤素与甲烷的反应活性次序为:$F_2 > Cl_2 > Br_2 > I_2$,这一次序对卤素与其他高级烷烃、或大多数有机化合物的反应都是适用的。

### 2.5.5 甲烷卤化反应机理——自由基链式取代反应

仔细分析甲烷与氯反应的过程及产物的组成,可以发现以下几个实验事实。

● 一般情况下,甲烷和氯在暗处不起反应。但若温度超过 250 ℃,在暗处也能很快发生反应。

● 室温下紫外光照射时也易发生反应。

● 在光引发的反应中,每吸收一个光子可以得到几千个氯代烷分子。而引发反应所需光的波长与引起氯分子均裂时所需的能量相对应。

● 少量氧气的存在会延迟反应的发生,但过一段时间后,反应又可以正常进行,时间推迟的长短与氧气的量有关。

● 有乙烷及其衍生物产生。

根据上述实验事实,可以判断甲烷的氯化反应是一个自由基型的取代反应。其反应历程如下所示:

$$Cl_2 \xrightarrow{h\nu 或 \triangle} 2Cl\cdot \qquad\qquad (2-1)$$

$$Cl\cdot + CH_4 \longrightarrow CH_3\cdot + HCl \qquad\qquad (2-2)$$

$$CH_3\cdot + Cl_2 \longrightarrow CH_3Cl + Cl\cdot \qquad\qquad (2-3)$$

反应第一步是氯分子**均裂分解**(homolytic fussion)生成两个氯原子自由基,即反应(2-1),断裂 Cl—Cl 键所需的能量由热或一定波长的光能供给。氯分子均裂后得到活性很强的氯原子自由基,它强烈趋向于再得到一个电子以形成稳定的八隅体结构。因此,氯原子自由基进一步与当时浓度最大的甲烷分子反应,夺取带一个电子的氢原子而形成一分子的氯化氢并生成甲基自由基,即反应(2-2)。甲基自由基同样非常活泼,它夺取一个带有单电子的氯原子,生成氯甲烷,同时又产生出另一个活性的氯原子自由基,即反应(2-3)。这里消耗了一个活性的甲基自由基,同时又产生了另一个高活性的氯原子自由基,后者再进攻甲烷又形成新的甲基自由基,反应即照此程序依反应(2-2)、反应(2-3)、反应(2-2)、反应(2-3)……重复不已,不断生成氯甲烷和氯化氢。因此,一个氯原子自由基可以产生许多氯甲烷分子,直到发生如反应(2-4)或反应(2-5)、反应(2-6)那样的反应及所有的原料、自由基被消耗掉为止。

$$CH_3 \cdot + Cl \cdot \longrightarrow CH_3Cl \qquad (2-4)$$

$$CH_3 \cdot + CH_3 \cdot \longrightarrow CH_3CH_3 \qquad (2-5)$$

$$Cl \cdot + Cl \cdot \longrightarrow Cl_2 \qquad (2-6)$$

反应(2-1)生成的氯原子自由基在反应体系中浓度很低,它与另一个同种氯原子自由基碰撞反应的可能性较小[反应(2-6)]。如果发生了这种相当于反应(2-1)的逆反应,则反应过程也就终止了。氯原子自由基如果与另一氯分子碰撞反应,这样的反应结果只是交换了氯原子而已,故属于一种有可能发生但无影响的反应。

$$Cl \cdot + Cl_2 \longrightarrow Cl_2 + Cl \cdot$$

反应(2-2)生成的甲基自由基与甲烷分子间的反应是可能的,但也是无效的反应;与含量稀少的氯原子自由基或另一个甲基自由基碰撞的概率也不大,若发生反应,则生成另一个自由基的反应也就终止了,此时分别生成了氯甲烷和乙烷[反应(2-4)、反应(2-5)]。

反应(2-1)、反应(2-2)、反应(2-3)、反应(2-2)、反应(2-3)……的链式反应历程可以很好地解释上述各项实验事实和各产物的生成。氧之所以减缓反应的发生,是因为它的活性很大,可以与甲基自由基反应生成一个新的过氧自由基[反应(2-7)]而抑制正常的反应,当所有的氧都与甲基自由基结合后,氯化反应就又可以开始了。

$$O_2 + CH_3 \cdot \longrightarrow CH_3 - O - O \cdot \qquad (2-7)$$

像甲烷的氯化反应这样每一步都生成一个活性物种(此处为自由基),并使下一步能继续进行下去的反应叫做**连锁反应**或**链反应**(chain reaction),它像环环相扣的锁链那样使反应进行下去。反应(2-1)产生活性物种,称为**链引发步骤**(chain initiation step),而反应(2-2)、反应(2-3)使反应链继续,称为**链增长**或**链传递反应**(chain propagating step)。链反应的最后一步是**链终止反应**(chain terminating step),它使活性物种相互结合,反应链不再继续发展,如反应(2-4)、反应(2-5)和反应(2-6)。甲烷氯化反应中平均每个连锁反应在终止反应之前可以重复 5 000 次以上。像氧那样即使含量不多也能使连锁反应减缓的物质称为**抑制剂**(inhibitor),反应被抑制进行的那段时期为**抑制期**(inhibilion period),过了抑制期,连锁反应常常又能正常地进行。

### 2.5.6　甲烷氯化反应过程中的能量变化——反应热、活化能和过渡态

反应(2-2)中,当氯原子自由基与甲烷分子接近达到一定距离之后,$CH_3 - H$ 键开始伸长,但尚未完全断裂,而氢原子和氯原子之间相互靠拢,$H - Cl$ 键亦未完全形成。此时,体系的能量逐渐上升并达到最大值,此时的结构状态称为**过渡态**(transition state)。之后,随着 $H - Cl$ 成键程度的增加,体系能量降低,最终形成平面状的甲基自由基和氯化氢分子。

反应(2-3)是甲基自由基与氯分子碰撞而生成氯甲烷和氯原子自由基的过程。实验表明,这个反应虽然是放热反应,仍需一定的活化能来形成过渡态,这里的活化能数值较小,只有 $8.3\ kJ\cdot mol^{-1}$。由于这步反应是高度放热的,而且活化能又小,因此很容易进行。

$$CH_3\cdot\ +\ Cl—Cl\ \longrightarrow\ [\ H_3C\cdots Cl\cdots Cl\ ]^{\neq}\ \longrightarrow\ CH_3—Cl\ +\ Cl\cdot$$

上述过程可以用能量变化曲线图表示(见图 2-13)。

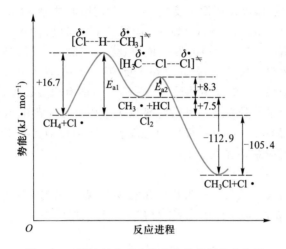

图 2-13　甲烷氯化反应的反应进程能量变化图

图 2-13 中的最高点相当于过渡态,其与反应物初态之间的能量差称为反应的**活化能**(activation energy,$E_a$),是发生反应必须克服的能垒。$E_a$ 越小,反应越易进行,反应速率也越快。$E_a$ 越大,反应越不易进行,反应速率也慢。

对一个化学反应,除了要注意产物的生成外,对反应涉及的能量变化也必须给予充分重视,能量的变化不仅涉及反应的快慢,更决定反应能否发生。

甲烷的氯化反应中,$CH_3—H$ 键和 $Cl—Cl$ 键断裂,各消耗能量 $440\ kJ\cdot mol^{-1}$ 和 $243\ kJ\cdot mol^{-1}$。同时,有两个新的 $CH_3—Cl$ 键和 $H—Cl$ 键生成,各放出能量 $356\ kJ\cdot mol^{-1}$ 和 $432\ kJ\cdot mol^{-1}$,净结果是每分子甲烷变成氯甲烷时,放出 $105\ kJ\cdot mol^{-1}$ 的能量,故该反应为放热反应:

$$CH_3—H\ +\ Cl—Cl\ \longrightarrow\ CH_3—Cl\ +\ H—Cl$$
$$\Delta_r H_m^{\ominus}=-105\ kJ\cdot mol^{-1}$$

上面的 $\Delta_r H_m^{\ominus}$ 值为反应总的焓变,若将各个分步反应的 $\Delta_r H_m^{\ominus}$ 算出,则可以发现反应(2-1)和反应(2-2)的 $\Delta_r H_m^{\ominus}$ 分别为 $243\ kJ\cdot mol^{-1}$ 和 $8\ kJ\cdot mol^{-1}$,反应(2-3)的 $\Delta_r H_m^{\ominus}$ 为 $-113\ kJ\cdot mol^{-1}$。因此,需要提供能量以使链反应发生,故反应要在光照或高温下进行。在两个链增长的反应中,一个仅少量吸热,另一个为放热反应,故在链终止反应发生之前,链增长反应(2-2)和反应(2-3)可以容易地进行下去。整个反应中,氯分子的断裂是最困难的,克服此障碍后,其余的步骤就容易了。

应该指出,单纯用反应热来讨论反应活性并不完全正确,因为反应热仅仅表示反应物和产物之间的热力学能差,而决定反应速率的是活化能的大小。即使反应是放热的,它们仍需得到一定的活化能后才能发生反应。

或许还应该注意的一点是,反应(2-2)为何不是其他方式。例如:

$$Cl\cdot + CH_4 \longrightarrow CH_3Cl + H\cdot \qquad\qquad (2-8)$$

$$H\cdot + Cl_2 \longrightarrow HCl + Cl\cdot \qquad\qquad (2-9)$$

从表面看来,这样的反应历程也能解释所有实验事实。但是,比较一下反应(2-2)和反应(2-8)的反应热,可以发现发生反应(2-8)时需吸收热量 84 kJ·mol$^{-1}$,这也意味着它的活化能至少在 84 kJ·mol$^{-1}$ 以上,而反应(2-2)所需的活化能据计算只有 16.7 kJ·mol$^{-1}$ 左右。反应(2-2)的发生概率比反应(2-8)明显要大得多,在 275 ℃ 时,两者相差 250 万倍。因此,问题并不在于反应(2-8)的发生需要 84 kJ·mol$^{-1}$ 的活化能,而是由于反应(2-2)的发生使反应(2-8)不可能有机会发生。在这两个可能的竞争反应中,实际上进行的总是一种最容易发生或者能量上最有利的过程,这也是一个一般规律。所有的化学反应中,反应物之间若有多种反应途径时,就会存在竞争反应,而活化能低的反应总是优先发生。

### 2.5.7 烷烃的卤化反应——卤化反应的取向、自由基的稳定性、活性与选择性

高级烷烃的卤化反应与甲烷基本上经历了同样的反应历程,即

链引发步骤:

$$X_2 \longrightarrow 2X\cdot$$

链增长步骤:

$$R{-}H + X\cdot \longrightarrow R\cdot + HX$$
$$R\cdot + X_2 \longrightarrow RX + X\cdot$$

链终止步骤:

$$R\cdot + X\cdot \longrightarrow RX$$
$$R\cdot + R\cdot \longrightarrow R{-}R$$
$$X\cdot + X\cdot \longrightarrow X_2$$

高级烷烃的卤化反应由于可以生成各种异构体而使反应变得复杂,这些异构体是由于烷烃上不同的氢原子被卤原子取代而生成的。乙烷只生成 1 种单卤代物,丙烷、正丁烷和异丁烷能生成 2 种单卤代物异构体,正戊烷和异戊烷则分别得到 3 种和 4 种单卤代物异构体。异戊烷单氯代时得到的反应结果为

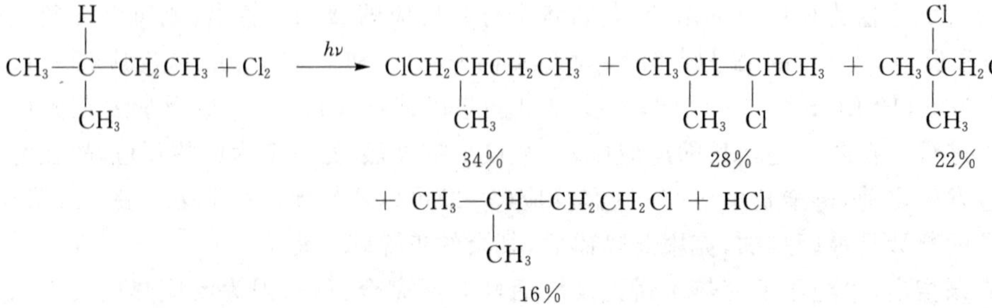

异戊烷中有 4 种类型的氢原子,因此单氯代产物就有 4 种。从上式可以看出,占产物比例 34% 和 16% 的分别是氯原子夺取了具有 6 个相同伯氢原子和 3 个相同伯氢原子而生成,占产物比例 28% 和 22% 的则分别是氯原子夺取了仲氢原子和叔氢原子而生成。从数量和种类来看,异戊烷有 2 种共 9 个伯氢原子、2 个仲氢原子和 1 个叔氢原子。单氯代产物比例表明,这些氢原子的反应活性明显不一样,叔氢原子的反应活性最大,伯氢原子的反应活性最小。由此也可以推断,叔碳自由基最容易生成,伯碳自由基最难生成。

从不同氢原子数目和产物比例还可以计算出不同种类氢原子的相对活性。仲氢原子与伯氢原子活性之比为

$$\frac{仲氢原子}{伯氢原子} = \frac{28/2}{(34+16)/9} = 2.52$$

叔氢原子与伯氢原子活性之比为

$$\frac{叔氢原子}{伯氢原子} = \frac{22}{(34+16)/9} = 4.0$$

氢原子活性差异比表明,不同氢原子的活性顺序为叔氢原子>仲氢原子>伯氢原子。

从产物比例可知,形成各种烷基自由基所需能量按 $CH_3 \cdot > 1°R \cdot > 2°R \cdot > 3°R \cdot$ 的次序递减。形成自由基所需能量越低,意味着这个自由基越易生成,其所含有的能量也越低,即越稳定。因此,自由基的稳定性次序是 $3°R \cdot > 2°R \cdot > 1°R \cdot > CH_3 \cdot$。这个次序和伯、仲、叔氢原子被夺取的容易程度(即氢原子的活泼性为 $3°H > 2°H > 1°H$)是一致的。

由于氯原子自由基较为活泼,对三种氢原子反应的 化学选择性(chemical selectivity)并不高,因此常常得到沸点相差不大的氯代异构体产物的混合物,也不易分离,故烷烃的氯化反应通常不适用于制备氯代烷烃。但溴原子自由基活性不如氯原子自由基,它会更有选择性地夺取活性较大的叔氢原子和仲氢原子,从而得到更多的叔氢原子和仲氢原子被取代的溴代物,叔、仲、伯三种氢原子发生溴化反应的相对活性之比为 1 600:82:1。由于活性差别如此之大,在同样的反应条件下,溴化反应的选择性就远远高于氯化反应。如丙烷和叔丁烷分别与氯或溴的反应结果为

$$CH_3CH_2CH_3 \xrightarrow{\text{X}_2} CH_3CH_2CH_2X + CH_3CHXCH_3$$

| | | |
|---|---|---|
| X:Cl, 250 ℃ | 45% | 55% |
| X:Br, 127 ℃ | 3% | 97% |

$$(CH_3)_3CH \xrightarrow{\text{X}_2} (CH_3)_2CHCH_2X + (CH_3)_3CX$$

| | | |
|---|---|---|
| X:Cl, 250 ℃ | 64% | 36% |
| X:Br, 127 ℃ | 1% | 99% |

因此,影响卤化产物异构体相对产率的主要因素有概率因素、氢原子的反应活性、卤化试剂的反应活性。

思考题 2-4  试解释低温下，支链烷烃在光照下进行溴化反应，主要得到 3°溴代烷；而在高温下反应，只得到少量 3°溴代烷，主要得到 1°溴代烷和 2°溴代烷。

## 2.6  烷烃的主要来源和制备

有机化合物的获取可由工业制造或实验室制备。工业制造要能以最低的成本生产出大批量的产品，主要考虑经济效益。而实验室制备量小、纯度高、讲时效，因此更多着眼于反应的产率和选择性，而较少考虑经济效益。在实验室里，化学家们不断开发新的高效的通用合成方法，而不像工业上有时为了某一种化合物而专门拟定出一条工艺路线和一些设备。

### 2.6.1  烷烃的主要来源——石油和天然气

烷烃化合物的主要来源是石油和天然气（见表 2-4）。石油是一种深色的黏稠状液体，是超过 150 多种烃的混合物。从油田中开采出来的原油须经加工处理，先将溶于其中的天然气分离，然后分馏出汽油、煤油、柴油等轻质油和润滑油、液体石蜡和凡士林等重油，以及固体石蜡、沥青等固态物质。实验室里常用的石油醚根据沸程的不同而分为几个等级，它们都是一些烷烃的混合物，作为低极性的有机溶剂和萃取剂使用，其中最常用的是 60~90 ℃石油醚。除了直接使用以外，石油产品还可以转化为其他种类的化合物。例如，经**裂解**（cracking）将高级烷烃转化为相对分子质量较小的烷烃和烯烃，经**催化重组**（catalytic reforming）将烷烃转变成芳香族化合物，经**异构化**（isomerization）将直链或支链少的烷烃异构化为支链多的烷烃。石油工业中的这些反应从本质上来看，无非是 C—C 键和 C—H 键的断裂分解后再重新结合的过程。化工基本原料，如三烯（乙烯、丙烯、丁二烯）、三苯（苯、甲苯、二甲苯）、一炔（乙炔）、一萘（萘），基本上都是由石油在不同的反应条件下裂解或裂化生产的。

表 2-4  石 油 组 分

| 馏分 | 蒸馏温度/℃ | 碳原子数 | 用途 |
|---|---|---|---|
| 气 体 | <20~40 | $C_1$~$C_4$ | 燃料 |
| 石油醚 | 30~120 | $C_5$~$C_8$ | 溶剂 |
| 汽 油 | 70~200 | $C_7$~$C_{12}$ | 汽车、飞机燃料 |
| 煤 油 | 200~270 | $C_{12}$~$C_{16}$ | 灯油 |
| 柴 油 | 270~340 | $C_{16}$~$C_{20}$ | 发动机燃料 |
| 润滑油、凡士林 | >300 | $C_{18}$~$C_{22}$ | 润滑剂、软膏 |
| 固体石蜡 | 不挥发 | $C_{25}$~$C_{34}$ | 蜡制品 |
| 沥 青 | 不挥发 | $C_{30}$ 以上 | 公路及建筑 |

天然气是蕴藏在地层内的可燃性气体，它主要包含一些低相对分子质量的易挥发的烷烃，一般为 75% 的甲烷、15% 的乙烷和 5% 左右的丙烷，煤矿的坑道气中也含有

20%～30%的甲烷,生物废料发酵产生的沼气也含有大量甲烷。甲烷除作为燃料使用外,还用于生产炭黑、一碳卤代物和合成气。但是甲烷也是造成地球温室效应的一个重要因素。乙烷是生产乙烯和氯乙烯的重要原料。丙烷和乙烷一起用于乙烯的生产,也可用做溶剂和制冷剂,其另一个重要的用途是以液化石油气的形式用做燃料。丁烷和异丁烷都是轻汽油的成分。丁烷在工业上用于生产乙烯、丙烯、丁二烯和液化石油气,异丁烷可用于生产高辛烷值的 $C_7$ 和 $C_8$ 等支链烷烃。

随着世界上石油资源的不断减少,用蕴藏量极其丰富的煤炭和天然气为原料来合成以替代石油正受到重视。所谓的碳一化学即以煤炭、一氧化碳和二氧化碳等为原料来得到较大相对分子质量有机化合物的化学。例如:

$$n\ C + (n+1)H_2 \xrightarrow[450\ ℃,70\ MPa]{FeO} C_nH_{2n+2}$$

$$2n\ CO + (4n+1)H_2 \xrightarrow[250\ ℃]{Co/Th} C_nH_{2n} + C_nH_{2n+2} + 2n\ H_2O$$

### 2.6.2 烷烃的制备

实验室合成开链烷烃常用的方法主要有下列几种。

**1. 烯烃的氢化**

在催化剂存在下,烯烃和氢气进行多相反应,生成与烯烃碳架相同的烷烃(参见4.3.7)。由于烯烃较容易得到,因此烯烃氢化是烷烃制备中最主要的反应。例如:

$$CH_3CH\!\!=\!\!CHCH_3 + H_2 \xrightarrow[25\ ℃,\ 5\ MPa]{Ni,乙醇} CH_3CH_2CH_2CH_3$$

**2. Corey-House 反应**

将卤代烷先制成烷基锂(RLi),再加入卤化亚铜生成相应的二烷基铜锂($R_2CuLi$),然后与另一分子的卤代烷 $R'X$ 发生偶联反应,得到烷烃 R—R'。

$$RX \xrightarrow{Li} RLi \xrightarrow{CuX} R_2CuLi \xrightarrow{R'X} R\!-\!R'$$

例如:

$$CH_3CH_2CHClCH_3 \xrightarrow{Li} \xrightarrow{CuI} (CH_3CH_2\underset{\underset{CH_3}{|}}{CH}\!\!-\!\!)_2CuLi \xrightarrow{n-C_5H_{11}Br} CH_3CH_2\underset{\underset{CH_3}{|}}{CH}(CH_2)_4CH_3$$

本方法的发现者之一 Corey E J 教授因在有机合成理论和方法学方面的杰出贡献(参见16.1.2)获得 1990 年诺贝尔化学奖。

**3. Wurtz 反应**

卤代烷和钠作用能得到碳链增长一倍的烷烃,反应可能经过烷基钠中间体的过程,卤代烃以溴代烷或碘代烷为好,使用伯卤代烷可以得到更高的产率。该反应称为Wurtz 反应(参见8.3.3)。

$$2\ RX + 2\ Na \longrightarrow R\!-\!R + 2\ NaX$$

例如:

$$2\ n\text{-}C_{16}H_{33}I + 2\ Na \longrightarrow n\text{-}C_{32}H_{66} + 2\ NaI$$

Wurtz 反应仅适用于合成对称的烷烃 R—R。如果使用两种不同的卤代烷,则 Wurtz 反应的结果会产生三种不同的烷烃:

$$RX + R'X + Na \longrightarrow R—R + R'—R' + R—R' + NaX$$

当这些混合物难以分离时,该方法就失去了应用价值。

### 4. Grignard 试剂法

将卤代烷 RX 与金属镁在干燥的乙醚中反应,可制得 Grignard 试剂 RMgX(参见 8.3.3)。

Grignard 试剂和含活泼氢原子的化合物(如水、醇、氨等)作用得到相应的烷烃。如果与重水($D_2O$)作用,可制备氘代烷烃。

$$RMgX \xrightarrow{H_2O} RH + Mg(OH)X$$

### 5. 醛、酮的还原

使用锌汞齐/盐酸或肼/碱可以将醛、酮的羰基还原为亚甲基,得到相应的烷烃(参见 10.4.4)。

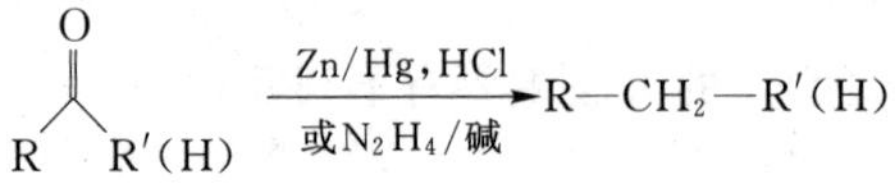

思考题 2—5  以不超过 4 个碳原子的烷烃为原料制备 ⌇⌇⌇。

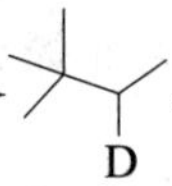

## 2.7  环烷烃

如果把直链烷烃两端的两个碳原子连接起来形成环状结构,就形成了环烷烃。环烷烃又称为脂环烃,是相对于开链烷烃而言的。

### 2.7.1  环烷烃的分类、构造异构和顺反异构

环烷烃按成环碳原子数目可分为小环(三、四元环,small ring)、普环(五～七元环,common ring)、中环(八～十一元环,medium ring)和大环(十二元以上环,macrocycle)脂环烃。根据分子中碳环的数目可分为单环、二环或多环脂环烃。在二环化合物中,两个碳环共用一个碳原子的环烃称为螺(环)烃(spiro hydrocarbon),如(a);两个碳环共用两个或两个以上碳原子的环烃称为桥(环)烃(bridged hydrocarbon),如(b)和(c)。

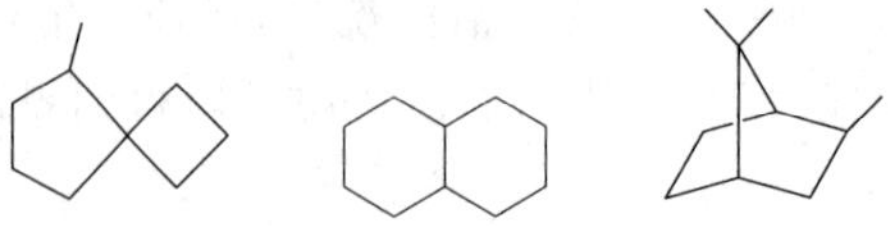

(a)　　　　(b)　　　　(c)

环丙烷是最小的环烷烃,从四个碳原子开始,环烷烃出现了碳骨架异构现象。例如,同为 $C_4H_8$ 的环烷烃有两种不同环结构的异构体,同为 $C_5H_{10}$ 的环烷烃有五种不

同结构的环状异构体。

$C_4H_8$:

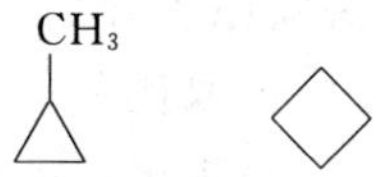

$C_5H_{10}$:

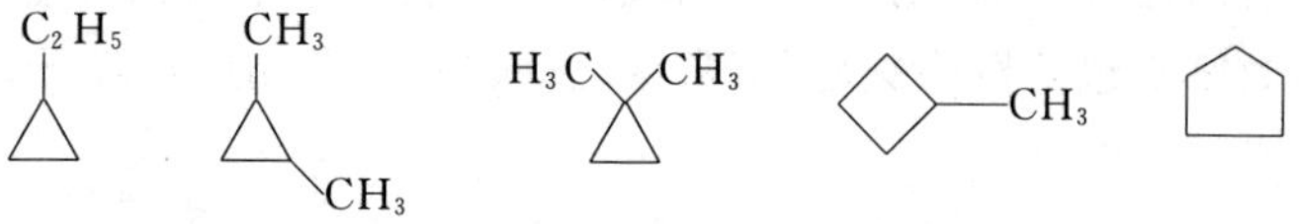

仔细观察其中两个碳原子上含有甲基的三元环状 $C_5H_{10}$ 结构,三元环组成了一个刚性的平面,绕环上两个碳原子间的键旋转必定导致开环,故取代在三元环不同碳原子上的两个甲基存在着位于平面同侧还是异侧的立体关系,这种现象称为顺反异构现象(*cis-trans* isomers)。两个甲基位于三元环平面同一侧的是顺式异构体,位于三元环平面两侧的是反式异构体。除非断键后再成键,否则这二者相互之间是不能转化的。

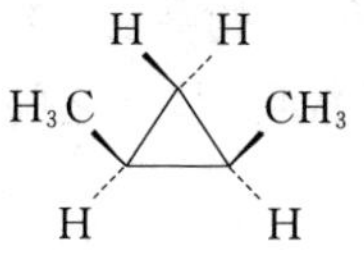

顺-1,2-二甲基环丙烷 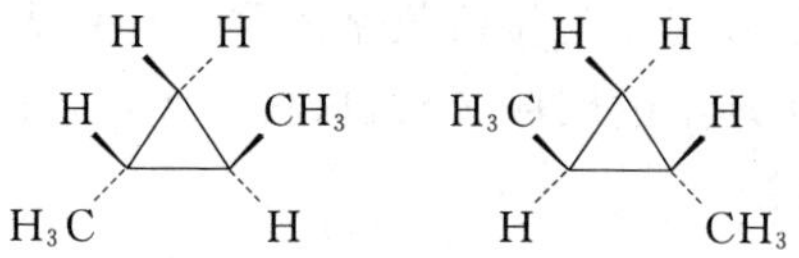                    反-1,2-二甲基环丙烷

取代基在环上的立体构型一般用楔形线和虚线表示,若将纸平面作为环平面处理,此时从环平面的上方向下看,向上伸的取代基团用粗的楔形线相连,粗的一端表示离观察者较近,向下的取代基团用虚线相连。

环烷烃上的顺反异构是因原子的空间取向不同而形成的,但和开链烷烃的构象异构在本质上完全不同。顺式异构体或反式异构体不能经由键的旋转而相互转化,此类异构又称为构型(configuration)异构。

### 2.7.2 环烷烃的命名

环烷烃可以在相应的开链烃前面冠以"环"字来命名(英文 cyclo),环上有支链时,将其当做取代基看待,环上碳原子的编号也是以取代基最小位次为原则。无论是单取代的环烷烃,还是多取代的环烷烃,取代基的编号原则和命名书写格式均类似开链烷烃(参见 2.2.2)。多取代的环烷烃有顺反异构体时,则将顺、反标示在命名的最前面。若取代基比环结构复杂,环烷基也可作为取代基。为了方便书写,常用多边形来表示碳环。

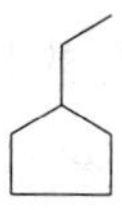

乙基环戊烷 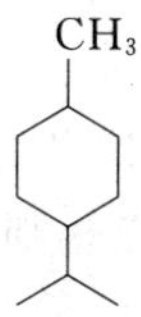          1-异丙基-4-甲基环己烷(2017 命名原则)          2-环戊基己烷 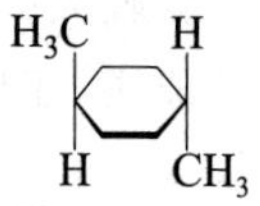          反-1,4-二甲基环己烷
                        1-甲基-4-异丙基环己烷(1980 命名原则)

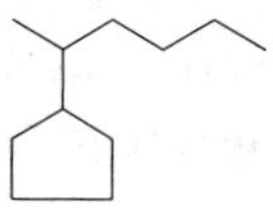

双环桥环烃的命名是根据该化合物上碳原子的总数称为双环某烷(或二环某烷)，共用的碳原子称为桥头碳原子，环的编号从一个桥头碳原子开始，沿最长的桥编到另一个桥头碳原子，再沿着次长的桥继续编号。命名时，将取代基的位次号和名称写在前面，环字后面加方括号，括号内用阿拉伯数字从大到小指出环上每一碳桥上碳原子的数目，该数字不包括桥头碳原子，数字之间在右下角用圆点隔开。例如：

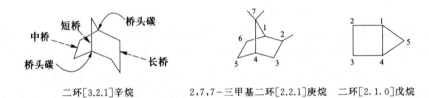

二环[3.2.1]辛烷　　　2,7,7-三甲基二环[2.2.1]庚烷　二环[2.1.0]戊烷

螺环烃的命名方法与桥环烃相似，但环的编号是从与螺原子相邻的碳原子开始，沿小环通过螺原子编到大环。根据螺环上碳原子的总数目而称其为螺某烷，在螺字后面加方括号，括号内用阿拉伯数字表明小环和大环上碳原子的数目，该数字不包括螺碳原子，先写小环上的碳原子数目，再写大环上的碳原子数目，数字之间也在右下角用圆点隔开。例如：

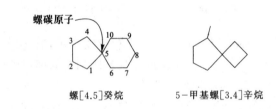

螺[4.5]癸烷　　　　5-甲基螺[3.4]辛烷

**思考题 2-6**　用 2017 命名原则命名下列化合物。

(1)  (2)

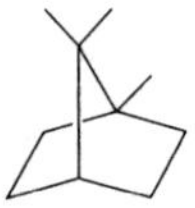

### 2.7.3　小环环烷烃的张力

小环环烷烃分子中的键角受到压缩而偏离正常的键角，产生**角张力**(angle strain)。另一方面，环链上单键旋转的受阻使构象不易达到热力学能最低的交错排列，相邻碳原子上非键基团相互重叠排列又产生**扭转张力**。张力的存在使小环环烷烃存在着较大的**环张力**(ring strain)，不如开链烷烃稳定。小环的环张力从燃烧热数据得到证实，如环丙烷和环丁烷中每个 $CH_2$ 的燃烧热比开链烷烃各约多约 38 $kJ \cdot mol^{-1}$ 和 24 $kJ \cdot mol^{-1}$，环己烷和环十五烷中每个 $CH_2$ 的燃烧热则与开链烷烃的数值相等(见表 2-5)。环烷烃分子将通过非平面构象和调整环内外键角而使分子的总张力得以降低。

表 2-5 环烷烃的张力能和每个 CH₂ 单元的燃烧热

| 环烷烃 | 总张力能/(kJ·mol⁻¹) | 每个 CH₂ 的燃烧热/(kJ·mol⁻¹) |
|---|---|---|
| 环丙烷 | 115 | 697.1 |
| 环丁烷 | 110 | 682.2 |
| 环戊烷 | 27 | 664.0 |
| 环己烷 | 0 | 658.6 |
| 环庚烷 | 27 | 662.3 |
| 环辛烷 | 42 | 663.6 |
| 环壬烷 | 54 | 664.6 |
| 环癸烷 | 50 | 663.6 |
| 环十五烷 | 0 | 658.6 |
| 非环烷烃 | 0 | 658.6 |

### 2.7.4　环丙烷、环丁烷和环戊烷的构象

环丙烷的三个碳原子必须共平面。电子衍射等实验方法测得的结果表明,环丙烷的夹角不是 109°28′,但也不是如正三角形那样的 60°,而是 105° 左右,∠HCH 约 114°,比甲烷的 109°28′ 大一些。碳原子之间的键轴不在一条直线上,环碳之间形成一个弯曲的香蕉键,电子云重叠程度远不及正常的 C—C 单键。整个分子像被拉紧了的弓一样有张力,C—C 键键长(0.152 nm)也比正常的短(见图 2-14)。同时相邻碳原子上的 C—H 键是重叠的,这种构象难以改变,具有较大的扭转张力,氢原子之间的斥力也使环丙烷分子的热力学能升高。

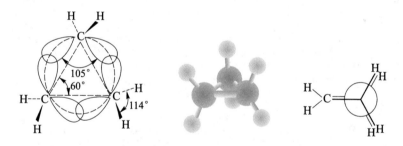

图 2-14　环丙烷结构中的香蕉键和重叠的 C—H 键示意图

环丁烷的四个碳原子不共平面,通常以"蝴蝶型"构象存在[见图 2-15(a)],其中两翼之间的夹角约为 30°,而相邻键之间的扭转角约为 25°,C—C 之间也形成一个弯曲的键,∠CCC 仍有角张力,C1 和 C3 之间也存在着斥力,这种斥力能通过离开平面弯曲而得到降低。所以环丁烷也是通过角张力和扭转张力之间的协调而使分子具有尽可能低的能量。两种蝴蝶型构象可以通过环的翻转互变,能垒仅约 6.5 kJ·mol⁻¹,处于动态平衡,当中经过平面型构象,故平面型构象在平衡混合物中也有一定比例。

虽然环戊烷的张力比环丁烷更小,但其平面型构象由于相邻碳原子的 C—H 键处于重叠式而不稳定。如图 2-15(b1)和图 2-15(b2)所示,环戊烷有两种比较稳定的**折叠型**构象(folding conformation)。一种称为**扭曲型**构象(twist conformation,也叫做

半椅型构象,half-chair conformation),其中相邻的三个碳原子在一个平面里,另外两个碳原子分别处于该平面的上方和下方。另一种称为**信封型**构象(envelope conformation),其中四个碳原子在同一个平面内,另一个碳原子伸在该平面之外(上方或下方)。这两种折叠型构象之间几乎没有能垒,会不断地进行相互转换,各个碳原子在平面内外的相互关系也在不断地轮换。

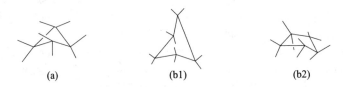

(a)      (b1)      (b2)

图 2-15   环丁烷的构象(a)和环戊烷的两种构象:扭曲型(b1)和信封型(b2)

### 2.7.5 环己烷的构象

如果成环的碳原子都是处在同一个平面上来组成正多边形的话,则环戊烷和环己烷的键角应分别为 108° 和 120°,比六元环还要大的环将因有更大的角张力而难以存在或很不稳定。但是实际情况并不是如此,环己烷是非常稳定的,大环化合物也是可以稳定存在的。

若摆脱成环碳原子均在一个平面上的理念并用碳原子的正四面体模型来构建碳环骨架,从环己烷的多种构象组合中可以发现**椅型**(chair form)和**船型**(boat form)这两种典型的构象(见图 2-16)。

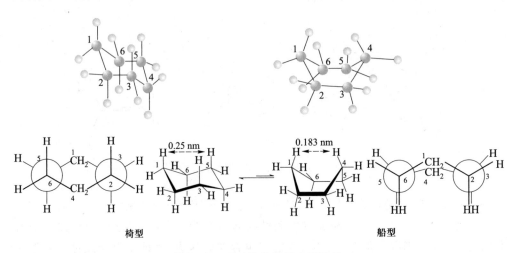

椅型                 船型

图 2-16   环己烷的两种典型构象

椅型构象是环己烷最稳定的构象,几乎无张力。其中 C2,C3,C5 和 C6 四个碳原子几乎在同一平面内,C1 和 C4 分别位于该平面的上下,C1 像椅背,C4 像椅脚。沿着 C—C 键依次看过去,相邻两个碳原子上的 C—H 键都处于交叉式的位置,所有的键角($\angle CCC = 111.4°$,$\angle HCH = 107.5°$)都接近正常的四面体角,非键原子间的距离都大于范氏半径之和。椅型构象具有一个三重对称轴 $C_3$,若以与 C1,C3,C5

或 C2,C4,C6 所在的平面相垂直的直线为轴,则旋转 120°或其倍数得到的构象和原来的完全一样。

船型构象是环己烷能保持正常键角的另一个构象。从船型的 Newman 投影式中可看出,C2,C3 与 C5,C6 这两对碳原子的构象是重叠式的,这四个碳原子几乎在同一平面内,C1 和 C4 则处于该平面的同一侧,其氢原子间的距离约为 0.183 nm,小于范氏半径之和0.240 nm。因此,船型构象中虽然没有角张力存在,但存在着较大的非键张力和扭转张力,因而不够稳定。

不同的构象式之间可以通过 C—C 单键的旋转直接或间接地互变(见图 2-17)。扭船型(twist-boat form)构象的能量较船型低(与船型相差约 7 kJ·mol$^{-1}$);半椅型(half chair form)构象中的扭转张力很大,是热力学能很大的一种构象(与椅型相差约 46 kJ·mol$^{-1}$)。室温下,各构象间的互变速率很快,因此,单一的构象异构体是无法分离得到的,椅型构象在各种构象异构体混合物中所占比例大于 99%。

| 椅型 | 半椅型 | 扭船型 | 船型 | 扭船型 | 半椅型 | 椅型 |

图 2-17 环己烷翻转过程中的构象变化

环己烷椅型构象中的 C—H 键有两种类型或者说有两种位向(见图 2-18),其中六个 C—H 键彼此基本平行,与环平面垂直轴外偏约 7°,三根键向上、三根键向下交替排列,称为直立键或竖键,又叫 *a* 键(axial bond)。另外六个 C—H 键与直立键呈接近 109°28′的角,三根向上斜伸、三根向下斜伸,交替排列并近似地处于由三个相间碳原子组成的平面内,称为平伏键或横键,又叫 *e* 键(equatorial bond)。

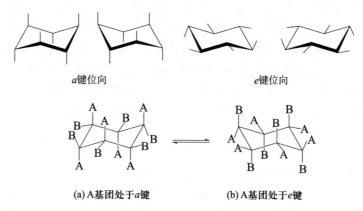

*a*键位向      *e*键位向

(a) A 基团处于*a*键      (b) A 基团处于*e*键

图 2-18 环己烷椅型构象上的 *a* 键和 *e* 键

经过 C—C 键的旋转,可以使一种形式的椅型转到另一种形式的椅型,翻转的结果使原来处于 *a* 键的氢原子转为处于 *e* 键,同碳原子上的另一个 *e* 键同时转为了 *a* 键。这种转换是一个非常快速的过程,在室温下转换速率为 $10^4 \sim 10^5$ 次/s。

### 2.7.6    取代环己烷的构象

取代环己烷中环己烷最稳定的构象仍为椅型。取代基在椅型构象中可以在 $a$ 键的位置也可以在 $e$ 键的位置,它们相互之间又由于两种椅型构象可以翻转而相互转变。

(1) 单取代环己烷的构象    以甲基环己烷为例,如图 2-19 所示,甲基在 $a$ 键上时,与处于碳环同一边的 $a$H3 和 $a$H5 相距较近而有排斥,产生 1,3-张力而使势能升高。而当甲基位于 $e$ 键时,其与邻近氢原子相距较远,无 1,3-张力。因此,在甲基环己烷的构象异构体平衡混合物中,$e$ 甲基构象较为稳定。据测定,甲基环己烷的 $a$ 键型与 $e$ 键型构象的能量差仅为 7.8 kJ·mol$^{-1}$,该值很小,因此二者很容易相互转变而达成动态平衡,平衡体系中的 $e$ 甲基构象占 95% 左右。

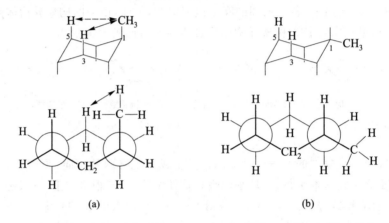

图 2-19    甲基环己烷的两种椅型构象:$a$ 甲基椅型构象(a)和 $e$ 甲基椅型构象(b)

当取代基比甲基大时,它与 $a$H3 和 $a$H5 距离更近,产生的 1,3-张力更大,因此在动态平衡混合物中取代基占 $e$ 键的优势构象的比例也更大。如异丙基环己烷中,$e$ 异丙基构象在平衡混合物中约占 97%,而叔丁基环己烷则几乎完全以 $e$ 叔丁基这一种构象存在。构象的优势取向并不表示构象固定不变。虽然叔丁基使平衡大大偏向于其 $e$ 键取代构象,但环翻转作用仍然存在,只是翻转相对较困难。

(2) 二取代和多取代环己烷的构象    二取代和多取代环己烷上的取代基之间有顺/反构型异构。无论环怎样翻转或取何种构象,这种顺/反的构型关系是不会改变的。构型确定以后,各取代基在环己烷上是位于 $a$ 键还是 $e$ 键则要视构型而定,通常情况下,取代基总是尽可能地处于 $e$ 键以使构象稳定。

以 1,2-二甲基环己烷为例,环己烷中相邻碳原子上的两个 $a$ 键氢原子总是反式关系,故顺-1,2-二甲基环己烷中总是一个甲基取 $a$ 键,另一个甲基取 $e$ 键。它们的构象是 $ae$ 型,翻转后是 $ea$ 型,它们是一对构象异构体,极易相互转化,在平衡体系中含量相等。

在反-1,2-二甲基环己烷中,两个甲基可以都取 $a$ 键或者都取 $e$ 键,它们的构象是 $aa$ 型或翻转后成为 $ee$ 型,从稳定性来看,主要以 $ee$ 型构象存在。因此,对于顺、反-1,2-二甲基环己烷而言,反式异构体比顺式的更稳定,因为在反式异构体中,可以

取两个甲基都在 $e$ 键的构象；而在顺式异构体中，必须有一个甲基处于 $a$ 键，该甲基由于受到环同一侧上两个 $a$ 键氢原子的排斥而使体系的能量较高（见图 2-20）。

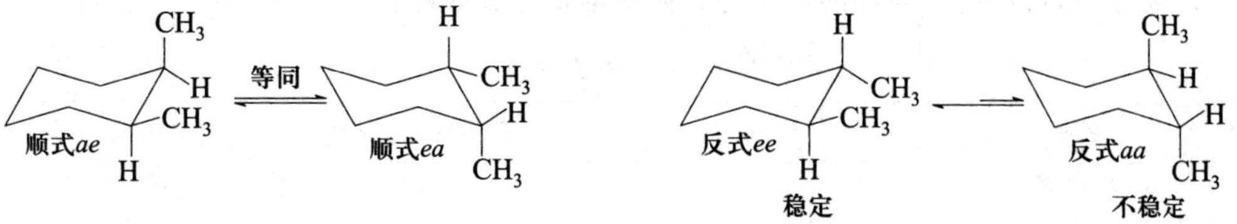

图 2-20 顺-1,2-二甲基环己烷和反-1,2-二甲基环己烷的椅型构象

再分析一下顺-1-叔丁基-2-甲基环己烷，两种构象异构体中总有一个取代基要处于 $a$ 键位置。按取向规则，在这种情况下总是位阻大的叔丁基占据空间有利和张力最小的 $e$ 键。因此，下面的平衡大大偏向于右边：

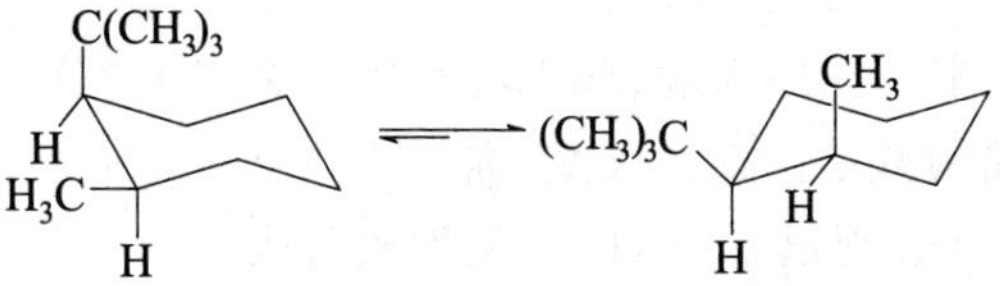

在顺式和反式构型给定的情况下，多取代环己烷的优势构象总是较多的取代基及较大的取代基（如叔丁基）处于 $e$ 键。

（3）多环分子的构象　双环[4.4.0]癸烷是萘彻底氢化后的产物，又称十氢化萘，有顺式和反式两种异构体，它们都是由两个环己烷稠合而成。这两个环己烷以椅型构象稠合时会有两种方式。一种稠合方式是两个共用碳原子上的氢原子处于环的同一侧，称为顺式十氢化萘；另一种稠合方式是两个共用碳原子上的氢原子分别处于环的上、下两侧，称为反式十氢化萘。如果把一个环看成另一个环上的两个取代基，在顺式十氢化萘中，则一个取代基处于 $e$ 键、另一个取代基处于 $a$ 键；而在反式十氢化萘中，则可以两个取代基都处于 $e$ 键（见图 2-21）。因此，反式十氢化萘比顺式十氢化萘稳定。这两个构型异构体具有不同的物理性质，它们不能通过构象翻转实现相互转化。

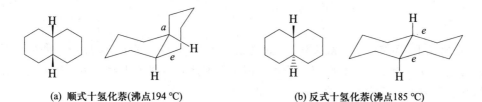

　(a) 顺式十氢化萘(沸点194 ℃)　　　　　　　　(b) 反式十氢化萘(沸点185 ℃)

图 2-21　顺式和反式十氢化萘的构象

思考题 2-7　1-叔丁基-4-乙基环己烷的顺式异构体和反式异构体哪个更稳定？为什么？

### 2.7.7　环烷烃的物理性质和化学性质

环烷烃的物理性质与开链烷烃相差不大，环丙烷和环丁烷是气体，高级环烷烃为固体。环烷烃体系更具刚性和对称性,比直链烷烃排列得更紧密,范德华引力有所增强,故环烷烃具有相对较高的熔点、沸点和相对密度(见表 2-6)。环烷烃的熔点变化相对无序,这可能与不同环的形状在晶体中堆积的有效性有关。

表 2-6　环烷烃的物理常数

| 名称 | 熔点/℃ | 沸点/℃(0.1 MPa) | 相对密度($d_4^{20}$) |
|------|--------|-----------------|----------------------|
| 环丙烷 | −127 | −34 | 0.689 |
| 环丁烷 | −90 | −12 | 0.689 |
| 环戊烷 | −93 | 49 | 0.746 |
| 环己烷 | 6 | 80 | 0.778 |
| 环庚烷 | 8 | 119 | 0.810 |
| 环辛烷 | 4 | 148 | 0.830 |

环构造决定了环烷烃与开链烷烃在化学性质上有不同之处,小环较活泼,易发生化学反应,普环则较稳定。如环丙烷、环丁烷和环戊烷与 $H_2$ 在 Pt 催化下发生氢化开环(ring opening)生成丙烷、丁烷和戊烷,加成反应所需的反应温度分别为 80 ℃,120 ℃ 和 300 ℃,而环己烷则很难与 $H_2$ 发生加成反应。

小环和卤化氢反应可发生开环反应,氢和卤素分别加到产物链烃的两头,产物中卤原子加到有取代基的碳原子上的异构体占多数。但环己烷或环庚烷与卤化氢并无反应。例如:

$$\triangleright\!-R \xrightarrow{\text{HBr}} \underset{(\text{主})}{RCHBrCH_2CH_3} + \underset{(\text{次})}{RCH_2CH_2CH_2Br}$$

小环与卤素发生加成反应得到二卤代物,但普环和高级环烷烃与卤素作用则发生取代反应。例如:

$$\triangle + Br_2 \xrightarrow{\text{室温}} BrCH_2CH_2CH_2Br$$

$$\square + Br_2 \xrightarrow{\triangle} BrCH_2CH_2CH_2CH_2Br$$

$$\pentagon + Br_2 \xrightarrow{300\,℃} \pentagon\!\!-Br$$

**实验视频:**
7,7-二氯双环[4,1,0]庚烷与溴水反应

在常温下,环烷烃与一般氧化剂(如高锰酸钾溶液、臭氧等)不起反应。即使环丙烷,常温下也不能使高锰酸钾溶液褪色。但是在加热时与强氧化剂作用或经催化氧化时,环会破裂生成相应的二元羧酸。例如:

$$HOOC\diagdown\!\!\diagup\!\!\diagdown\!\!\diagup COOH \xleftarrow[\triangle]{HNO_3} \hexagon \xrightarrow[O_2]{\text{Co 催化剂}} HOOC\diagdown\!\!\diagup\!\!\diagdown\!\!\diagup COOH$$

环烷烃脱氢后生成芳香族化合物,将石油中的环烷烃或开链烷烃转化为芳香烃的过程称为**芳构化**(aromatization),这是获得苯和甲苯等基本有机化工产品的重要方法。

### 2.7.8　环烷烃的来源与制备

石油中有一些五元和六元环烷烃及它们的衍生物,含量为 $0.1\%\sim1\%$,随产地不同而有所不同。纯粹的环己烷可以由苯的催化氢化(hydrogenation)反应来制备,纯度不高的环己烷可由石油重整产物分离产生。

$$\text{⬡} + 3H_2 \xrightarrow[\text{2.6 MPa}]{\text{Ni/150}\sim\text{200 ℃}} \text{⬡}$$

合成脂环烃化合物通常有两种方法。一种是使用适当位置含有两个官能团的开链化合物进行分子内的环化反应(cyclization)。例如,羰基化合物的分子内烷基化反应(参见 11.12.2 和 11.12.3)、二卤代烷的分子内 Wurtz 反应(参见 2.6.2)。

另一种方法是通过分子间反应制备。例如,通过烯烃与卡宾(carbene)的加成反应可制备三元环(参见 4.3.4),该反应称为烯烃的环丙烷化(cyclopropanation)反应。

$$RHC{=}CHR' \xrightarrow{:CH_2} \text{△}$$

通过共轭二烯烃与活泼烯烃的[4+2]环加成反应,即 Diels－Alder 反应(也称为 Diels－Alder 二烯合成法,参见 5.8.2),可以制备六元环状烯烃,进一步还原 C=C 双键后,得到相应的六元环烷烃。

通过烯烃的[2+2]环加成反应,可以制备四元环烷烃。此外,可以由各种缩环反应制备普环化合物。

# 习　　题

**2-1**　用 2017 命名原则命名或写出结构式。

(1)　$\underset{\underset{\underset{H_3C\quad CH_3}{|}}{\overset{\overset{CH}{|}}{}}{CH_3CH_2CHCH_2CH_2}\underset{\underset{\underset{CH_3}{|}}{\overset{\overset{CH_2CH_3}{|}}{}}}{C}{-}CH_2CH_3$

(2)　$\underset{\underset{CH_3}{|}}{CH_3CH}CH_2CH_2CH_2\underset{\underset{H_3C\;\;CH_3}{|\;\;\;|}}{CH}CHCH_2CH_3$

(3)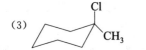

(4)

(5) 1-甲基二环[2.2.2]辛烷

(6) 螺[2.5]辛烷

(7) 四甲基丁烷

(8) 异己烷

**2-2** 用不同符号标出下列化合物中伯、仲、叔、季碳原子,并予以命名。

$$
(1)\quad CH_3—CH—CH_2—\underset{\underset{CH_2—CH_3}{|}}{\overset{\overset{CH_3}{|}}{C}}—\underset{\underset{CH_3}{|}}{\overset{\overset{CH_3}{|}}{C}}—CH_2—CH_3
$$

(2) CH₃CH(CH₃)CH₂C(CH₃)₂CH(CH₃)CH₂CH₃

**2-3** 指出下列 4 个化合物的命名中不正确的地方并予以重新命名。

    (1) 2,4-二甲基-6-乙基庚烷           (2) 4-乙基-5,5-二甲基戊烷

    (3) 3-乙基-4,4-二甲基己烷           (4) 2-甲基-6-异丙基辛烷

**2-4** 不要查表试将下列烃类化合物按沸点降低的次序排列。

    (1) 2,3-二甲基戊烷     (2) 正庚烷     (3) 2-甲基庚烷     (4) 正戊烷     (5) 2-甲基己烷

**2-5** 写出下列烷基的名称和常用符号。

    (1) CH₃CH₂CH₂—     (2) (CH₃)₂CH—     (3) (CH₃)₂CHCH₂—

    (4) (CH₃)₃C—     (5) CH₃—     (6) CH₃CH₂—

**2-6** 某烷烃的相对分子质量为 72,根据氯代产物的不同,试推测各烷烃的构造,并写出其构造式。

    (1) 一氯代产物只能有一种           (2) 一氯代产物可以有三种

    (3) 一氯代产物可以有四种           (4) 二氯代产物只可能有两种

**2-7** 判断下列各对化合物是构造异构、构象异构,还是完全相同的化合物。

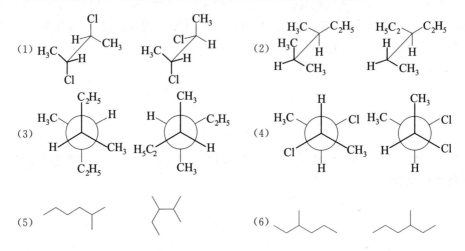

**2-8** 以 C2 与 C3 的 σ 键为轴旋转,试分别画出 2,3-二甲基丁烷和 2,2,3,3-四甲基丁烷的典型构象式,并指出哪一个为最稳定的构象式。

**2-9** 3-异丙基-1-甲基环己烷顺式异构体和反式异构体哪个比较稳定?试写出稳定的构象式。

**2-10** 试将下列烷基自由基按稳定性大小排列成序。

    (1) ·CH₃                                  (2) CH₃ĊHCH₂CH₃

（3）·$CH_2CH_2CH_2CH_3$

（4）$CH_3$—$\overset{\displaystyle\cdot}{\underset{\displaystyle CH_3}{C}}$—$CH_3$

**2-11** 甲烷在光照下进行氯化反应时，可以观察到如下现象：

（1）将氯气先用光照，然后立即在黑暗中与甲烷混合，可以获得氯代产物。

（2）甲烷和氯气在光照下反应立即发生，光照停止，反应变慢但并未立刻停止。

（3）氯气经光照后，若在黑暗中放置一段时间再与甲烷混合，则不发生氯化反应

（4）如将甲烷经光照后，在黑暗中与氯气混合，也不发生氯化反应。

以烷烃氯化反应的机理，解释上述实验现象。

本章思考题答案　　　　　　　　本章小结

# 第3章  立体化学

同分异构现象的存在表明同一个分子式可以代表许多不同的化合物。所以,许多有机化合物不能简单地用分子式而要用结构式表示。同分异构可分为如下几种。

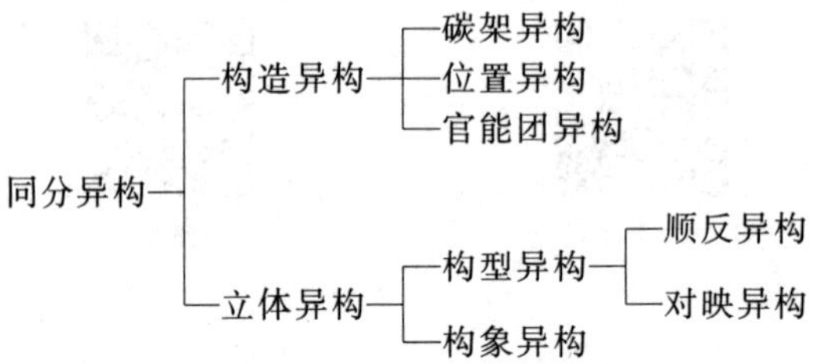

$$
\text{同分异构}
\begin{cases}
\text{构造异构}
\begin{cases}
\text{碳架异构} \\
\text{位置异构} \\
\text{官能团异构}
\end{cases} \\[2em]
\text{立体异构}
\begin{cases}
\text{构型异构}
\begin{cases}
\text{顺反异构} \\
\text{对映异构}
\end{cases} \\
\text{构象异构}
\end{cases}
\end{cases}
$$

(1) 构造异构　构造异构指分子中由于原子互相连接的次序和方式不同而产生的同分异构体。它又可以分为

● 碳架异构　如正庚烷与 3-甲基己烷,2,4-二甲基戊烷。

● 位置异构　如庚-1-烯与庚-2-烯,庚-3-烯。

● 官能团异构　如丁醇和二乙醚。互变异构(如酮式和烯醇式)也是官能团异构的一种。

碳架异构
位置异构
官能团异构

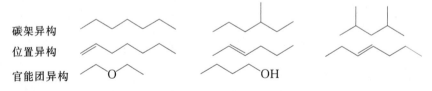

(2) 立体异构　立体异构是指分子的构造相同,但由于分子中原子在空间的排列方式不同而产生的同分异构体。它又可以分为

● 构型异构　构型异构指有确定构造的分子中原子在空间的不同排列状况,不同的构型异构体都是实际存在的,它们之间的转化要经过断键和再成键的化学反应过程。构型异构又分为顺反异构和对映(光学)异构两种。

● 构象异构　指在不断开键的情况下仅仅通过单键的旋转或环的翻转而造成的原子在空间的不同排列方式,如乙烷的重叠式和交叉式、环己烷的椅型和船型等。一般讲,分子的构象可以有无穷个,每一个不同的排布方式原则上讲就是一种构象异构体。

构造、构型和构象是分子结构不同层次上的描述。当分子中存在可旋转或翻转而改变整体空间形象的单键时,一种构型必定有无数种构象,当然一种固定构型只会对应一种构象,如乙烯的构型在形象上与其构象并无区别。立体化学是研究分子的三维空间结构,从立体的角度出发考察分子结构和反应行为。只有深入理解立体化学,才能对生物体及与生命相关现象有本质性认识,才能从分子空间结构的细微差异辨别不同的分子,这对包括人类在内的生物体的生老病死、繁衍生息现象的研究非常重要。

## 3.1 对映异构和四面体碳

　　1848年,法国科学家巴斯德(Pasteur L)发现外观可以辨识的两种晶形不同的酒石酸钠铵(见图3-1)。它们之间的关系如同左手和右手一样是物和像之间的关系,完全相似却又不能叠合。这两种晶体用旋光仪检查,可以发现一种是右旋(dextrootatory)的,另一种是左旋(levorotatory)的,旋光度都相等。本身和镜像互相对映却不能互相叠合,这种异构体为对映异构体(enantiomer),这种性质称为手性(见图3-2)。

图 3-1　酒石酸钠铵对映异构

小资料:
诺贝尔化学奖
简介(1901年)

　　范霍夫(van't Hoff J J)指出饱和碳原子的四个价键不是处于同一个平面上的。如果碳原子的四个价键指向以碳原子为中心的正四面体的四个顶点,这些原子(团)又相互不同时,则这些原子(团)在碳原子的周围就有两种不同的排列方式。他用正四面体模型显示这两种排列方式的关系:恰如不能叠合(superimpose)的物体和镜像(mirror image)的关系,或左手和右手的关系。他把这种碳原子称为不对称碳原子(asymmetric carbon atom),也称为手性碳原子。有机化合物的立体特性实际上就是共价键的方向性特点所决定的外在属性的反映。

图 3-2　左右手互为镜像却不能叠合

　　碳四面体构型的提出使人们认识到有机分子是一个立体分子而非平面分子,而构象及构象分析的建立则表明有机分子中的原子之间的空间关系并非固定不变,它会有各种各样的空间姿态和形象。

## 3.2 偏振光和分子的旋光性

　　光波是一种电磁波,电场或磁场振动的方向与波前进的方向相垂直,而电场和磁场振动的平面又相互垂直。因此,普通光在垂直于它的传播方向上的各个不同平面上振动。

尼科尔(Nicol)棱镜有一种特殊的性质,它只能使在某一个特定的平面上振动的光线通过,因此,如果让普通光线通过一个 Nicol 棱镜,而这个棱镜的轴又是直立的,那么只有在直立平面上振动的光线才能通过。通过 Nicol 棱镜的光线叫做平面偏振光或简称为偏振光、偏光。

把两个 Nicol 棱镜平行放置于光源和目镜之间,则透过第一个棱镜(起偏镜)的偏振光仍可无阻挡地通过第二个棱镜(检偏镜),在两个棱镜之间放一个盛有某化合物溶液的玻璃管(盛液管)(如图 3-3 所示)。打开光源,这时可以看到有些样品没有影响,偏振光完全通过第二个棱镜,而有些样品对偏振光的通过有影响,此时必须将检偏镜向右或向左旋转一定角度后才能让偏振光完全通过。

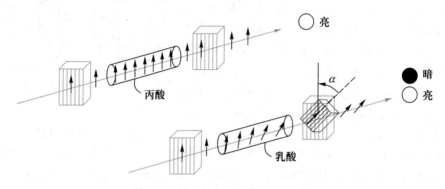

图 3-3　旋光仪与物质旋光现象观察

因此,化合物可分为两类,一类对偏振光振动平面没有旋转作用,称为非旋光性物质;另一类能够使偏振光振动平面发生旋转,称为有旋光性物质,右旋用(+)标记,左旋用(-)标记。对于对映异构体来说,除了旋光方向相反以外,其他的物理性质都相同,这样的分子称为手性分子。有旋光性的分子一定有手性。

思考题 3-1　请指出下列物品是否有手性,从结果中你发现什么?

鞋子　　　　袜子　　　　手套　　　　眼镜片　　　　螺母　　　　螺丝

蝴蝶的翅膀　水中的漩涡　植物的叶片　龙卷风的眼　银河系的形状

## 3.3　对称元素和手性

分子是否有旋光性与分子的对称元素(symmetry element)有关,分子中的对称元素主要有下列 3 种。

(1) 简单对称轴($C_n$)　当一条直线穿过一个分子并使这个分子以该条直线为轴旋转 $2\pi/n$ 角度后与原来分子中的各原子(团)的空间排列相同(见图 3-4),该直线是这个分子的 $n$ 重对称轴(axis of symmetry)。例如,氨分子有一个三重对称轴,标记为 $C_3$;水分子有一个二重对称轴,标记为 $C_2$。

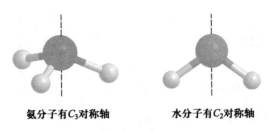

**氨分子有$C_3$对称轴**　　　　**水分子有$C_2$对称轴**

图 3-4　$n$ 重简单对称轴

（2）对称面（$m$）　如果一个分子的所有原子都处在一个平面上，或有一个穿过分子并能把它分成互为物体和镜像两部分的平面，该平面称为这个分子的对称面（plane of symmetry），绝大多数没有对映异构现象的分子都存在对称面（见图 3-5）。例如，1-溴-1-氯甲烷分子只有一个对称面，通过 Cl，Br，C 三个原子；二氯甲烷分子中有两个对称面，分别通过 C，H，H 三个原子和 C，Cl，Cl 三个原子。平面形分子本身就是个对称面，所以苯有七个对称面。

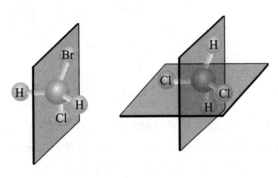

图 3-5　对称面

（3）对称中心（$i$）　如果在所有穿过分子中心的直线上离中心成等距离处都有相同的原子（团）存在，则此中心为对称中心（center of symmetry）。例如，环丁烷平面构象中的中心点即是一个对称中心。一个分子只可能有一个对称中心或没有对称中心。如图 3-6 所示的分子结构中，有一个对称中心。

甲烷相当于 Caaaa 型分子（碳原子上 4 个基团都相同），分子中每个 C—H 键所在的直线都是分子的 $C_3$ 对称轴，一共有 4 个 $C_3$ 对称轴；通过碳原子而平分∠HCH 的直线是分子的 $C_2$ 对称轴，一共有 3 个 $C_2$ 对称轴；任意通过 C，H，H 三个原子的平面都是分子的对称面，一共有 6 个对称面。因此，甲烷分子中对称元素的总数为：$4C_3+3C_2+6m=13$，是对称性很高的分子（见图 3-7）。

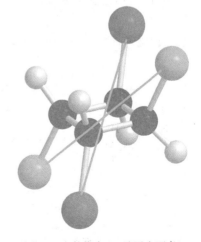

图 3-6　对称中心（只画出两条）

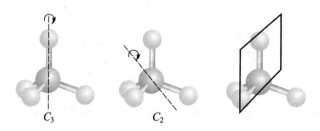

图 3-7　甲烷分子的对称性

（4）交替对称轴（旋转反映轴）　设想分子中有一条直线，当分子以此直线为轴旋转 $360°/n$ 后，再用一个与此直线垂直的平面进行反映（即以此平面为镜面，作出镜像），如果得到的镜像与原来的分子完全相同，这条直线就是交替对称轴，如图 3-8 所示。

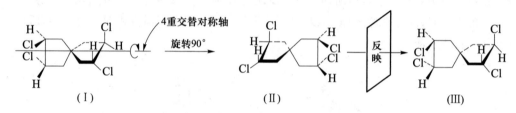

图 3-8　有 4 重交替对称轴的分子
（Ⅰ）旋转 90°后得（Ⅱ），（Ⅱ）以垂直于旋转轴的平面反映后得（Ⅲ），（Ⅲ）≡（Ⅰ）

凡具有对称面、对称中心或交替对称轴的分子，都能与其镜像叠合，都是非手性分子。而既没有对称面，又没有对称中心，也没有 4 重交替对称轴的分子，都不能与其镜像叠合，都是手性分子，具有旋光性的分子一定是手性分子。

在有机化合物中，绝大多数非手性分子都具有对称面或对称中心，或者同时还具有 4 重交替对称轴。没有对称面或对称中心，只有 4 重交替对称轴的非手性分子是很个别的。因此，只要一个分子既没有对称面，又没有对称中心，一般就可以初步断定它是个手性分子，不考虑对称轴。

思考题 3-2　请指出下列分子的对称元素。

（1）　（2）　（3）

（4）　（5）$C_{aaab}$ 型、$C_{aabb}$ 型、$C_{aabc}$ 型和 $C_{abcd}$ 型分子

## 3.4　手性原子和手性分子

连有四个不相同原子（团）的碳原子被称为手性碳原子（chiral carbon atom），常用

*C表示。

只含有一个手性碳原子的分子必定有手性,而含有多个手性碳原子的分子不一定有手性,所以不能根据分子中有无手性碳原子来判别分子是否有手性,也不能从分子有无手性碳原子来判别它是否有旋光性。内消旋酒石酸分子中有两个手性碳原子却无旋光活性(参见 3.8.2),而 1,3-二氯丙二烯无手性碳原子却有旋光活性。故判断一个分子有无旋光活性要分析分子是否有手性,即是否含有对称面或对称中心,有对称面和对称中心的就不会有旋光活性。

因此,要注意手性分子和手性原子是两个概念,它们之间并无必然联系。此外,有时人们还习惯于把没有任何对称元素如 $C_n$, $m$ 和 $i$ 的手性分子称为不对称分子(asymmetric molecule),把仍有某种对称元素的手性分子称为非对称分子(dissymmetric molecule)。

除手性碳原子外,与碳同族的 Si,Ge 键连 4 个不同的原子(团)时也能成为手性原子;季铵盐和季鏻盐具有四面体构型,也可以产生旋光性。例如,特勒格(Tröger)碱在室温下就能进行拆分(见图 3-9);而胺分子两种构型快速转化,无法拆分,也测不到旋光性。

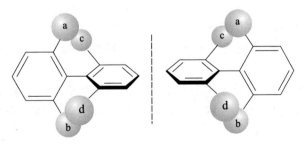

图 3-9　Tröger 碱和三价胺分子的翻转

其他原子如 P,B,As,Cu,Zn,Pd,Pt,Sn,Se 等也可形成手性化合物。

提示:手性原子与手性分子的关系类似于极性键与极性分子的关系。只有一个极性键的分子一定是极性分子,含有多个极性键的分子未必是极性分子,因为极性键的向量和可以等于零;相似原因,分子中只有一个手性碳原子的一定是手性分子,有多个手性碳原子的分子,如果分子内有对称面,则没有手性,这样的现象被称为内消旋。

有机化学中还有另外一类手性化合物,分子中不含任何手性原子,如丙二烯类化合物、螺环类化合物、联苯类化合物,它们都符合手性分子的定义,与自身的镜像对映但不能完全重叠。图 3-10 所示的是因构象旋转受阻形成对映异构的联苯类化合物的分子。

a≠b, c≠d,(a+c)或者(b+d)＞0.29 nm

图 3-10　因构象旋转受阻形成对映异构的联苯类化合物

## 3.5　比旋光度

对映异构体是互为镜像的立体异构体。它们的熔点、沸点、相对密度、折射率、在一般溶剂中的溶解度，以及光谱特征吸收等物理性质都相同。并且，在与非手性试剂作用时，它们的化学性质也一样。但是分子结构上的差异，在性质上必然会有所反映。对映异构体在物理性质上的不同，只表现在对偏振光的作用不同。

利用旋光仪可以测出手性化合物的旋光方向和旋光度。手性化合物分别称为右旋体或左旋体。对映异构体使平面偏振光的旋转能力相同但旋光方向相反。一种物质的旋光能力用**比旋光度**(specific rotation)$[\alpha]$表示，它和旋光仪中读到的**旋光度 $\alpha$**(observed rotation degrees)有下列换算关系：

$$[\alpha]_\lambda^t = \frac{100 \times \alpha}{l \times \rho_B} \quad 或 \quad [\alpha]_\lambda^t = \frac{\alpha}{l \times \rho}$$

式中，$l$ 是盛液管长度，单位为 dm；$\rho_B$ 是溶液的质量浓度，用 100 mL 溶液中所含纯物质的质量（以 g 为单位）表示，也可以是纯粹的液体样品的密度 $\rho$。旋光度测定时得到的数据与化合物的性质、质量浓度或密度、光通过路径的长度（$l$）、温度（$t$）、溶剂及波长（$\lambda$）等都有关系。当把这些影响因素都统一后，一种化合物的旋光能力就是一个常数，即比旋光度$[\alpha]$。所以在描述一种物质的比旋光度时需要将测试条件表达清楚，如$[\alpha]_D^{20} = +52.5° \cdot m^2 \cdot kg^{-1}(H_2O, 1)$，表示 100 mL 水中有 1 g 该物质的溶液在 20 ℃时，用 D 线测得的旋光度为右旋 52.5°。D 线是最常用的光源钠光灯光源（$\lambda = 589.6$ nm）。

与化合物的沸点、熔点、相对密度、折射率等物理常数一样，比旋光度的符号和大小是一个手性化合物固有的物理性质，在研究反应机理和有机合成化学中很有用。**ee**(enantiomeric excess)值是**对映异构体过量百分数**的意思，它表示一个对映异构体超过另一个对映异构体的百分数，是常见的一个表示样品光学纯度的单位。

$$ee = |R\% - S\%| \quad 或 \quad |S\% - R\%|$$

## 3.6　含一个手性碳原子的化合物

### 3.6.1　手性分子的表示方法

含有一个手性碳原子的化合物有两个互为镜像不能叠合的对映异构体（见图 3-11）。

由图 3-11 可以看出，分子 Ⅰ 和 Ⅱ 具有同样的四个不相同的官能团 H，X，Y，Z，无论绕 C—X 轴或其他轴怎样旋转，Ⅰ 和 Ⅱ 都是不相同的两个分子，无法重叠在一起。

图 3-11 是用球棍模型来描述分子结构的。分子结构是三维立体的，要在二维的纸平面上表示出三维分子，常常采用锯架式（参见 2.3.1）、透视式、楔形式（又称伞形

式,眼睛垂直于 C—C 键轴方向看得到的形象)和投影式等几种方式。它们都能较形象地表达出原子在空间的相互关系。这些结构式的表示方法如图 3-12 所示。

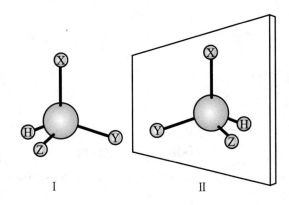

图 3-11　对映异构体

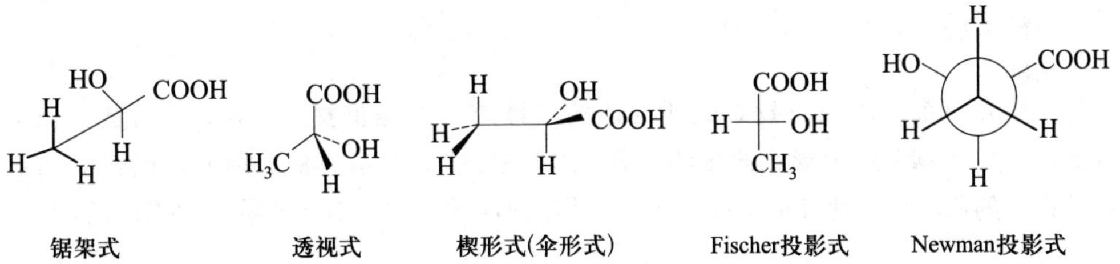

锯架式　　　　　透视式　　　　楔形式(伞形式)　　　Fischer投影式　　　Newman投影式

图 3-12　手性分子(*R*)-2-羟基丙酸的几种表示方式

　　提示:透视式和楔形式的书写规则。实心楔形线表示指向纸面前方,虚线指向纸面后方,一般线表示在纸面上(见图 3-13)。

### 3.6.2　Fischer 投影式

费歇尔(Fischer E H)投影式(projection)又称十字式,它是对四面体构型进行投影得到的,十字线交叉点表示手性碳原子。Fischer 投影式在应用时规定了将主碳链放在垂直方向上,其中氧化态高的在上面,上下两个基团等程度向纸面后方倾斜,横放的另两个基团等程度伸向纸面前方(见图3-14),简单地说,就是"横前竖后"原则。

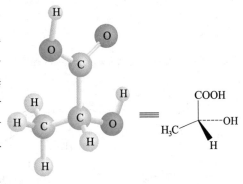

图 3-13　透视式和楔形式的书写规则

　　Fischer 投影式是用平面结构式表达三维结构的。在纸面上旋转 180°和 360°后表示出的构型并未变化,但若旋转 90°或 270°时,原来横放指向前面的官能团此时变为竖放而指向后面了,所代表的就不再是原物而成为其对映异构体了。

　　在描述只含有一个手性碳原子的化合物时,用 Fischer 投影式表示其立体结构是很方便的。Newman 投影式最能方便地表达出直接相连的碳原子上的各个基团在空间所

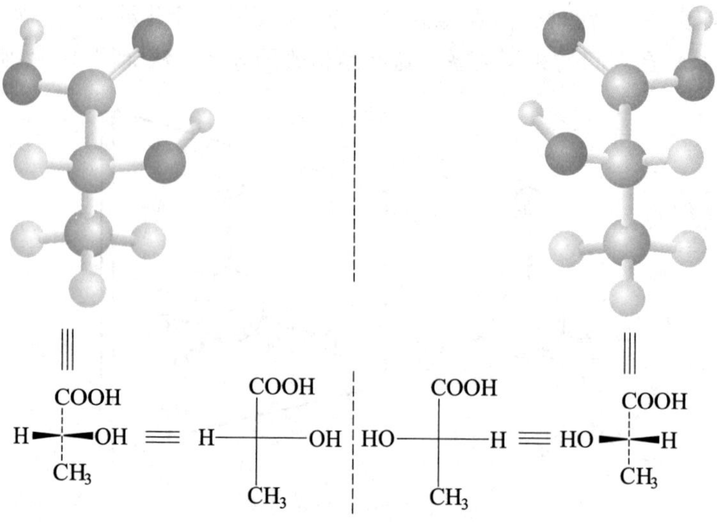

图 3-14  乳酸的 Fischer 投影式

处的向位和关系。Fischer 投影式所描述的立体结构全是重叠式构象。实际上 Fischer 投影式是把 Newman 投影式的重叠式加以"平板化"的表示方法。因此,旋转 Newman 投影式上的原子(团)使其成重叠式再俯视作图即可得到 Fischer 投影式(见图3-15)。

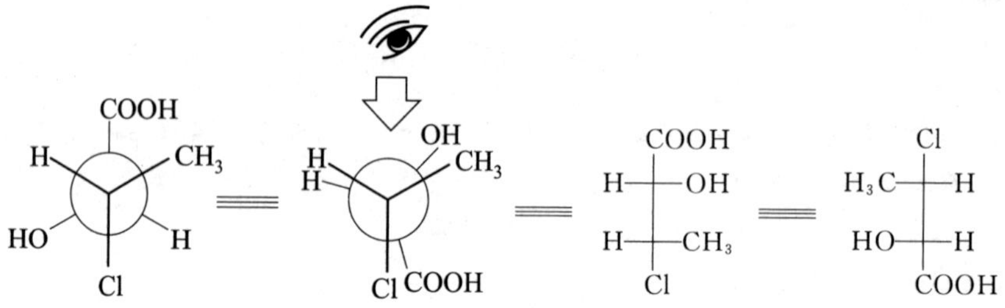

图 3-15   Fischer 投影式和 Newman 投影式的关系

**思考题 3-3**  写出下列化合物的 Fischer 投影式。

(1) 锯架式

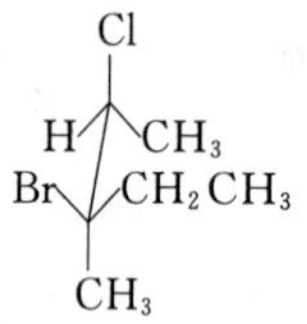

(2) Newman投影式

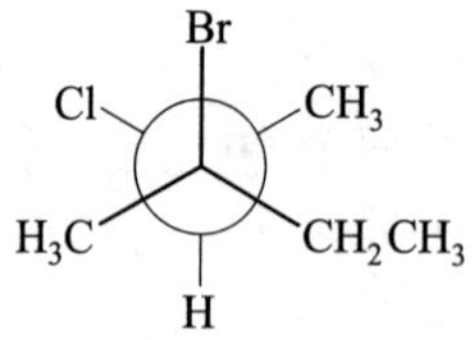

(3) 楔形式(伞形式)

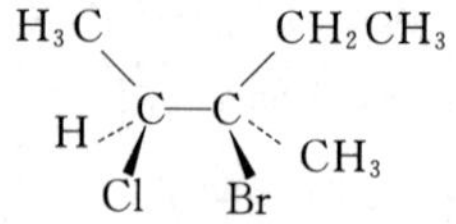

### 3.6.3  Cahn-Ingold-Prelog 次序规则和 *R/S* 标记法

1956 年,Cahn R S,Ingold C K 和 Prelog V 等人提出了次序规则(sequence rule)来解决因手性碳原子而造成的两种立体异构体的标记法问题。该规则定义:将手性碳原子上相连的 4 个原子(团)按原子序数排列,当观察这个手性碳原子时,使眼睛、手性碳原子和原子序数最小的原子(团)在同一直线上,将 4 个原子(团)中原子序数最小的放在后面,另外 3 个原子(团)离眼睛最近并位于同一平面上,按原子序数由大到小的方向,若是顺时针排列的则定义该手性碳原子为 $R$ 构型,若是逆时针排列的则定义其为 $S$ 构型(见图 3-16)。手性碳原子所在位次标示在 $R/S$ 前面。

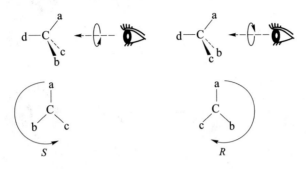

图 3-16 手性碳原子 $R/S$ 构型的判断(a,b,c,d 各代表原子序数从大到小的取代基团)示意图

提示:$R/S$ 标记的方法

方向盘法:想象一下汽车方向盘,与手性碳原子相连的 4 个基团中原子序数最小的放在方向盘的轴上,剩下的 3 个基团用次序规则比较,从大到小的方向如果是顺时针的,化合物构型为 $R$ 构型,反之为 $S$ 构型(见图 3-17)。

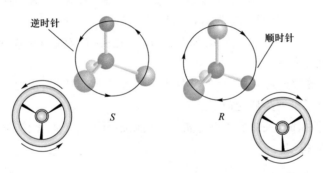

图 3-17 $R/S$ 命名的方向盘法

左右手法:大拇指指向原子序数最小的基团,剩下 3 个基团按照次序规则从大到小排列方向与左手握拳方向一致的为 $S$ 构型,与右手一致的为 $R$ 构型(见图 3-18)。

手性碳原子上取代基的排列次序,按照 Cahn-Ingold-Prelog 次序规则进行,又称为立体化学次序规则:

(1)与手性碳原子直接相连的原子,原子序数较大的为优先基团,如 I>Br>Cl>F;

(2)如果与手性碳原子直接相连的基团的两原子相同,则比较与这两个原子相连的其他原子的先后顺序,把比较出的次序作为与手性碳原子相连的两基团的先后顺序,以此类推,直到比较出差异。重键可以看成与同一原子多次成键,如—CHO 可以看成碳原子和氧原子两次相连,所以—CHO 要比—CH$_2$OH 优先。比较一下 $\overset{2}{\text{CH}_3}\!-\!\overset{1}{\text{CH}}\!-\!\overset{2}{\text{CH}_3}$

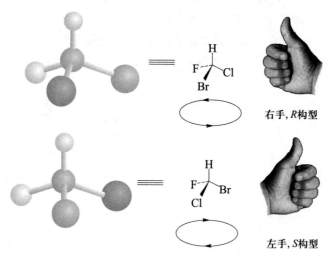

图 3-18 $R/S$ 标记的左右手法

和 $—^1CH{=\!=}^2CH_2$ ,对 C(1)而言,二者的优先次序相同,都是 C,C,H;对 C(2)而言,前者是 H,H,H,后者是 C,H,H,因此不饱和基团在此是优先的。下面几个基团的大小优先次序依次为:苯基、乙炔基、叔丁基、乙烯基、异丙基、乙基、甲基。芳环可按 Kekulé 结构(如,苯以 1,3,5-环己三烯表示)处理。

(3) 同位素质量大的原子优先,如 D 比 H 优先;在互为立体异构中,顺式或 $R$ 构型比反式或 $S$ 构型优先。

(4) 若原子的键不到 4 个,可以补加电子对作为假想原子,使之达到 4 个。如氮原子上的孤对电子可视为假想原子。

判别 $R/S$ 构型时,关键要正确分析 $sp^3$ 杂化碳原子的正四面体构型,如下面的三个化合物都是 $R$ 构型:

$$HO—\underset{C_2H_5}{\overset{CH_3}{|}}—H \qquad HO—\underset{CHO}{\overset{CH_2OH}{|}}—H \qquad HO—\underset{CH{=\!=}CH_2}{\overset{CH(CH_3)_2}{|}}—H$$

**思考题 3-4** 判断下列化合物构型。

(1)

(2)

(3)

(4)

$R/S$ 标记法也可直接应用于 Fischer 投影式。先将次序排在最后的基团 d 放在一个竖立的（即指向后方的）键上，然后依次看 a，b，c。如果是顺时针方向轮转的，该投影式所代表的构型即为 $R$ 构型，如果是逆时针方向轮转的，即为 $S$ 构型。

基团次序为：a＞b＞c＞d

如果在待标记分子的 Fischer 投影式中，d 是在水平方向的键上，则因这个键是伸向前方的（即指向观察者），因此依次看 a，b，c 时，如果是顺时针方向轮转的，所代表的构型是 $S$ 构型，如果是逆时针方向轮转的是 $R$ 构型。这与 d 在竖立键上时的结论正好相反。

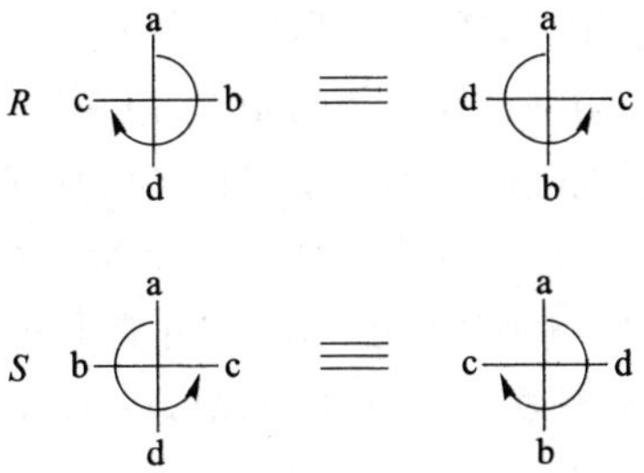

基团次序为：a＞b＞c＞d

以乳酸为例，先将手性碳原子的四个基团进行排队，它们的先后次序是：OH＞COOH＞$CH_3$＞H。因此乳酸的两种构型可分别如下识别和标记：

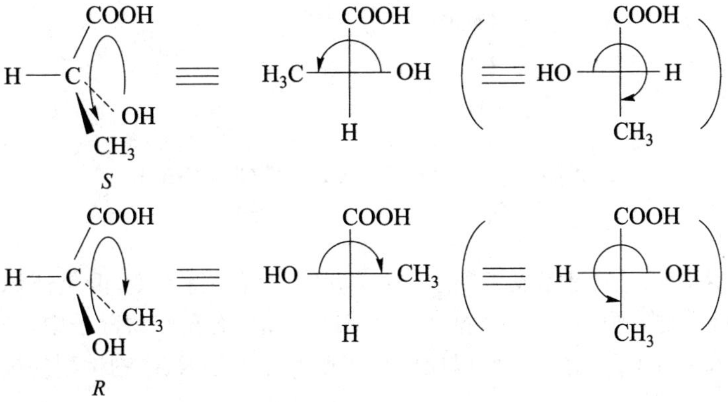

右旋乳酸是 $S$ 构型，左旋乳酸是 $R$ 构型。所以这两种乳酸的名称分别是（$S$）-（＋）-乳酸和（$R$）-（－）-乳酸。

分子中含有多个手性碳原子的化合物，命名时可用 $R/S$ 标记法将每个手性碳原子的构型一一标出。例如：

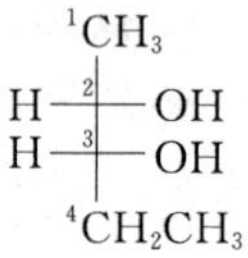

$$
\begin{array}{c}
{}^{1}\mathrm{CH_3} \\
\mathrm{H} - {}^{2}\!\!- \mathrm{OH} \\
\mathrm{H} - {}^{3}\!\!- \mathrm{OH} \\
{}^{4}\mathrm{CH_2CH_3}
\end{array}
$$

C(2)所连四个基团的次序是:$OH>CHOHCH_2CH_3>CH_3>H$,C(3)所连四个基团的次序是:$OH>CHOHCH_3>CH_2CH_3>H$,所以 C(2)和 C(3)分别为 $S$ 构型和 $R$ 构型:

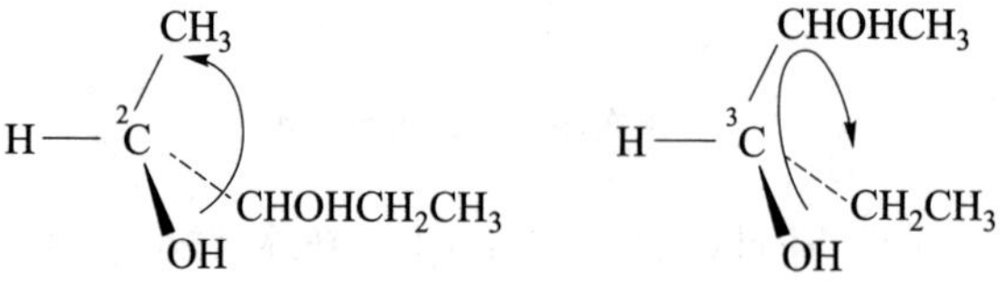

命名时,将手性碳原子的位次连同其构型写在括号里。因此,这个化合物的名称是 $(2S,3R)$-戊-2,3-二醇。

    $R$ 和 $S$ 是根据其所连基团的排列顺序所作的标记。在一个化学反应中,即使手性碳原子构型保持不变,产物的构型与反应物的相同,但它的 $R$ 或 $S$ 标记却不一定与反应物相同。反之,如果反应后手性碳原子的构型转化,产物构型的 $R$ 或 $S$ 标记也未必与反应物不同。因为经过化学反应,产物的手性碳原子上所连基团与反应物的不一样了,产物和反应物的相应基团的排列顺序却可能相同也可能不同。产物构型的 $R$ 或 $S$ 标记,决定于它本身四个基团的排列顺序,与反应时构型是否保持没有关系。例如:

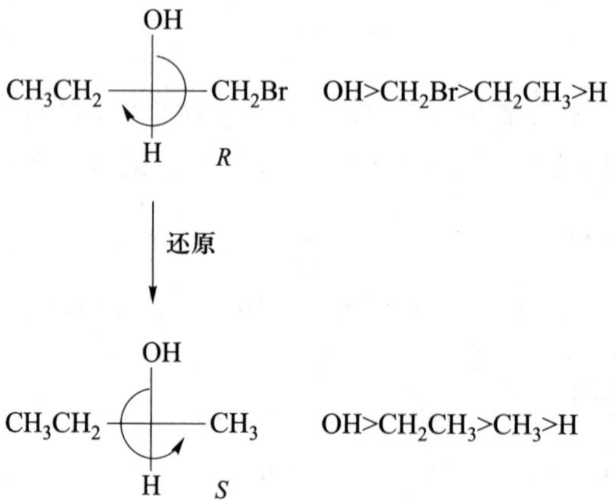

在还原时,手性碳原子的键未发生断裂,故反应后构型保持不变,但是还原后 $CH_2Br$ 变成了 $CH_3$。反应物分子中,$CH_2Br$ 排在 $CH_2CH_3$ 之前;而在产物分子中,与 $CH_2Br$ 相应的 $CH_3$ 却排在 $CH_2CH_3$ 之后。所以反应物构型的标记是 $R$,产物构型的标记却是 $S$。

### 3.6.4 外消旋体和外消旋化

    等物质的量的左旋体和右旋体的混合物称为**外消旋体**(racemate)。外消旋体用符号(±)表示,它的旋光活性消失了,晶体结构和纯的左(右)旋体不同,溶解度、熔点、相对密度等物理性质与纯的左(右)旋体也都不相同(见表 3-1)。

表 3-1　左旋、右旋和外消旋乳酸性质

| 组成 | COOH<br>C<br>H₃C　H<br>OH | COOH<br>C—CH₃<br>H　OH | 外消旋混合物 |
|---|---|---|---|
| 名称 | $(S)-(+)$-乳酸 | $(R)-(-)$-乳酸 | $(\pm)$-乳酸 |
| 熔点/℃ | 53 | 53 | 18 |
| $[\alpha]_D/(°·m^2·kg^{-1})$ | $+3.82$ | $-3.82$ | 0 |
| 来源 | 肌肉运动 | 淀粉发酵 | 人工合成 |

　　手性化合物在物理或化学作用下失去旋光性成为对映异构体的平衡混合物的过程称为外消旋化。外消旋化过程中，手性碳原子上的两个基团互换位置，由 $R$ 构型变为 $S$ 构型，或由 $S$ 构型变为 $R$ 构型，得到 $R$ 构型和 $S$ 构型各一半的化合物，形成了外消旋物。因此，外消旋化（racemization）必定伴随着键的断裂和再形成。热、光和酸、碱等条件都可能引发外消旋化。

## 3.7　相对构型和绝对构型

　　旋光方向是用旋光仪测得的，但手性分子究竟是何种立体构型，依据旋光方向是无法作出理论预测的。如果样品是未知的话，从旋光仪上的观察并不能提供确切的构型信息，长期以来手性分子绝对构型的测定一直难以解决。但化学家们根据化学反应对一些光活性化合物相互之间的关联作出分析。对于手性化合物，构型上（不是旋光方向上）的联系是分子本质结构上的联系。在直接测定分子绝对构型的 X 射线单晶衍射法出现之前，人们需要先选出一个相对的构型标准作为指定构型，然后通过已知反应过程进行关联。Fischer 等人选择（+）-甘油醛作为构型的标准，把右旋的甘油醛投影式人为规定为—CHO 在上，—CH₂OH 在下，—H 在左，—OH 在右，并以 D 命名，因此，左旋的甘油醛在 Fischer 投影式中必定是—OH 在左，—H 在右的，命名其为 L。

CHO　　　　　　CHO
H—OH　　　HO—H
CH₂OH　　　　CH₂OH
D-（+）-甘油醛　　L-（-）-甘油醛

　　一个光活性化合物反应时，只要手性碳原子上的键不断裂，该手性碳原子上的空间构型就能保持不变，这样许多手性分子的相对构型（relative configuration）就可以通过化学反应与甘油醛联系起来而得到确定。如（-）-甘油酸可以从（+）-甘油醛氧化得到，所以（-）-甘油酸的构型和（+）-甘油醛相同，也是 D 型，这即为构型的关联，尽管这两个化合物的旋光方向相反。由于这样得出的构型都是通过人为规定的 D-

阅读内容：
D/L 命名法

或 L-甘油醛相关联得出的,因此被称为相对构型。

手性碳原子上 4 个键连原子(团)在空间的实际排列分布状态则被称为绝对构型 (absolute configuration)或 $R/S$ 构型。同样,旋光方向并不能判断出该手性中心是 $R$ 构型还是 $S$ 构型。如某未知(+)-仲醇,若无其他手段,单凭其有右旋特性是无法得知它究竟是下面这两种化合物中的哪一种的。

$$\begin{array}{cc} \text{OH} & \text{OH} \\ \text{R}\blacktriangleleft\text{—}\text{R}' & \text{R}\cdots\text{—}\text{R}' \end{array}$$

1951 年,Bijvoet J M 应用一种特殊的 X 射线衍射方法成功地测得了(+)-酒石酸铷钠分子中各原子在空间分布的绝对构型。由于酒石酸及许多光活性化合物的相对构型已经通过各种已知反应过程的化学转变同甘油醛相关联,结果发现 Fischer 任意指定(+)-甘油醛就是它的实际构型即绝对构型,因此其他通过甘油醛相关联确定化合物的相对构型与绝对构型也是一致的。

由于历史的原因,D/L 标记法目前仍广泛地应用于糖类和 $\alpha$-氨基酸的构型标记(参见 13,14 章)。D/L 的标记与化学转变相关联,但许多手性化合物是难以通过化学反应相关联的。$R/S$ 标记法则由几何构型来确定,它和 D/L 标记法是两个不同的体系,二者之间无必然联系,因为它们建立在不同的参考点上。$R/S$ 标记法则用一个能普遍应用的方法从构型来标记手性分子,从手性分子的命名也可准确无误地表示出它的空间图像即构型来。现在 $R/S$ 标记法则和次序规则的优先原则已普遍为大家所采纳。同样要注意的是,相对构型相同的两个化合物,它们的名称并不一定都是同样的 $R$ 构型或 $S$ 构型,完全有可能一个是 $R$ 构型而另一个是 $S$ 构型,这取决于所连的基团(见图 3-19),尽管它们都是 L 型氨基酸,但一个是 $R$ 构型,另一个是 $S$ 构型。

$$\begin{array}{cc} \text{COOH} & \text{COOH} \\ H_2N\text{—}\text{—}H & H_2N\text{—}\text{—}H \\ \text{CH}_2\text{SH} & \text{CH}_2\text{OH} \\ (R)\text{-L-半胱氨酸} & (S)\text{-L-丝氨酸} \end{array}$$

图 3-19 相对构型相同的化合物有相同的或不相同的绝对构型

结构和旋光方向之间的内在关系,是一个至今尚未能解决的问题,二者之间肯定有一定的关系,但是目前还没能搞清楚。这虽有点遗憾,但也是非常令人感兴趣的一个难题。

提示:关于物质构型与旋光方向

物质的性质是其结构外在的表现,手性物质的旋光方向与其构型的关系也不例外。国内外有不少学者在研究两者的关系,也提出了不同的观点。我国学者尹玉英就提出了分子的螺旋性的观点,请参阅《有机化合物分子旋光性的螺旋理论》一书。

在测定有机化合物分子结构的方法中,X 射线衍射技术可用来直接地确定原子在分子中的位置。它用量少,并能独立解决问题,结论可靠,并能同时测定分子中所有不对称碳原子的绝对构型,但对于液体样品或难以得到单晶的样品就很难应用此技术了。

通过已知历程的化学转变,把未知构型的化合物和已知构型的化合物相关联是一个很好的确定绝对构型的方法。例如,从(+)-甘油醛出发,得到构型确定的($S$,$S$)-(-)-酒石酸和内消旋酒石酸,原来(+)-甘油醛上的手性碳原子和(-)-酒石酸中的一个($S$)-手性碳原子具有相同的相对构型,因此(+)-甘油醛的绝对构型应为 $R$ 构型。

$$
\begin{array}{ccccc}
\text{CHO} & & \text{CH(OH)CN} & & \text{CH(OH)CO}_2\text{H} \\
\text{H}\!-\!\!-\!\!\text{OH} & \xrightarrow{\text{HCN}} & \text{H}\!-\!\!-\!\!\text{OH} & \xrightarrow{\text{H}_2\text{O}} & \text{H}\!-\!\!-\!\!\text{OH} \\
\text{CH}_2\text{OH} & & \text{CH}_2\text{OH} & & \text{CH}_2\text{OH}
\end{array}
$$

D-(+)-甘油醛

$$\xrightarrow{[\text{O}]}$$

内消旋酒石酸　　(S,S)-(-)-酒石酸

从(-)-丝氨酸出发可以反应得到(+)-丙氨酸,后者的构型由 X 射线衍射方法确定为 $S$ 构型,因此(-)-丝氨酸的构型是 $S$ 构型。

(-)-丝氨酸　　　　　　　　(+)-丙氨酸

利用化学转变的方法来确定光学异构体的构型的一个基本前提是手性碳原子没有参与反应。但是,如果知道转变过程中手性碳原子的立体化学是保持还是翻转,就可以用手性碳原子参与化学反应。因此,只要知道了反应物或产物的构型和反应过程的立体化学这三者中的两个,就可以用于产物或反应物的构型推测及反应机理研究。

思考题 3-5　丁烷进行一卤化反应得到 2-溴丁烷,经过分析,这是外消旋混合物。已知碳的游离基是平面构型,你能提出一个合适的反应机理吗?

思考题 3-6　丁-1-烯与卤化氢加成时,产物是外消旋的,能解释原因吗?

阅读内容:
立体化学与
反应机理

## 3.8　含多个手性碳原子化合物的立体异构

### 3.8.1　非对映异构体

含有一个手性碳原子的化合物有一对对映异构体。分子中如果含有多个手性碳原子,立体异构体的数目就要多些。因为,每个手性碳原子可以有两种构型,所以,含有两个手性碳原子的化合物就有四种构型。例如,2-氯-3-羟基丁二酸

$$\text{HOOC}\!-\!\overset{*}{\text{CH}}\!-\!\overset{*}{\text{CH}}\!-\!\text{COOH}$$
$$\qquad\quad\ \ \underset{\text{OH}}{|}\quad\underset{\text{Cl}}{|}$$

有下列四种立体异构体:

$$
\begin{array}{cccc}
\text{COOH} & \text{COOH} & \text{COOH} & \text{COOH} \\
\text{Cl}-\!\!\!-\text{H} & \text{H}-\!\!\!-\text{Cl} & \text{Cl}-\!\!\!-\text{H} & \text{H}-\!\!\!-\text{Cl} \\
\text{HO}-\!\!\!-\text{H} & \text{H}-\!\!\!-\text{OH} & \text{H}-\!\!\!-\text{OH} & \text{HO}-\!\!\!-\text{H} \\
\text{COOH} & \text{COOH} & \text{COOH} & \text{COOH} \\
1(2S,3S) & 2(2R,3R) & 3(2R,3S) & 4(2S,3R)
\end{array}
$$

考察化合物 **1~4**,可以发现化合物 **1** 与 **2** 是对映异构体,化合物 **3** 与 **4** 是对映异构体,而化合物 **1** 与化合物 **3** 和 **4**,只有一个手性碳原子构型相同,另外一个手性碳原子为对映关系,这样的异构称为**非对映异构体**(diastereoisomer)。一般来说,对映异构体除旋光方向相反外,其他物理性质都相同。非对映异构体旋光度不相同,而旋光方向则可能相同,也可能不同,其他物理常数都不相同(见表 3-2)。因此非对映异构体混合在一起,可以用一般的物理方法将它们分离开来。

表 3-2　2-氯-3-羟基丁二酸的物理常数

| 构型 | 熔点/℃ | $[\alpha]/(° \cdot m^2 \cdot kg^{-1})$ |
|---|---|---|
| $(2R,3R)-(-)$ | 173 ⎱ 外消旋体 146 | -31.3(乙酸乙酯) |
| $(2S,3S)-(+)$ | 173 ⎰ | +31.3(乙酸乙酯) |
| $(2R,3S)-(-)$ | 167 ⎱ 外消旋体 153 | -9.4(水) |
| $(2S,3R)-(+)$ | 167 ⎰ | +9.4(水) |

### 3.8.2　内消旋体

2,3-二羟基丁二酸有两个手性碳原子,它们好像也可以组合成 4 种立体异构体:

$$
\begin{array}{cccc}
\text{COOH} & \text{COOH} & \text{COOH} & \text{COOH} \\
\text{HO}-\!\!\!-S-\!\!\!-\text{H} & \text{H}-\!\!\!-R-\!\!\!-\text{OH} & \text{HO}-\!\!\!-S-\!\!\!-\text{H} & \text{H}-\!\!\!-R-\!\!\!-\text{OH} \\
\text{HO}-\!\!\!-R-\!\!\!-\text{H} & \text{H}-\!\!\!-S-\!\!\!-\text{OH} & \text{H}-\!\!\!-S-\!\!\!-\text{OH} & \text{HO}-\!\!\!-R-\!\!\!-\text{H} \\
\text{COOH} & \text{COOH} & \text{COOH} & \text{COOH} \\
\textbf{5} & \textbf{6} & \textbf{7} & \textbf{8}
\end{array}
$$

但是,仔细分析一下可以发现,上面这 4 种立体异构体中,化合物 **5** 和 **6** 实际上是同一物质,将其中任意一个在纸面上旋转 180°,就得到另外一个。像这种有手性碳原子而又没有旋光活性的分子即为**内消旋体**(mesomer)。它们的分子中有一个对称面,故没有手性。可以发现,内消旋体分子内有相同的手性碳原子,分子的两个半部互为物体和镜像,使旋光性相互抵消而成为无旋光活性的化合物。

$$
\begin{array}{ccc}
\text{COOH} & & \text{COOH} \\
\text{H}-\!\!\!-\text{OH} & \xrightarrow{\text{以黑点为中心在纸面上旋转}180°} & \text{HO}-\!\!\!-\text{H} \\
\text{H}-\!\!\!-\text{OH} & & \text{HO}-\!\!\!-\text{H} \\
\text{COOH} & & \text{COOH}
\end{array}
$$

既然能与其镜像相叠合,它就不是手性分子。在它的全重叠式构象中可以找到一个对称面。在它的对位交叉式构象中可以找到一个对称中心:

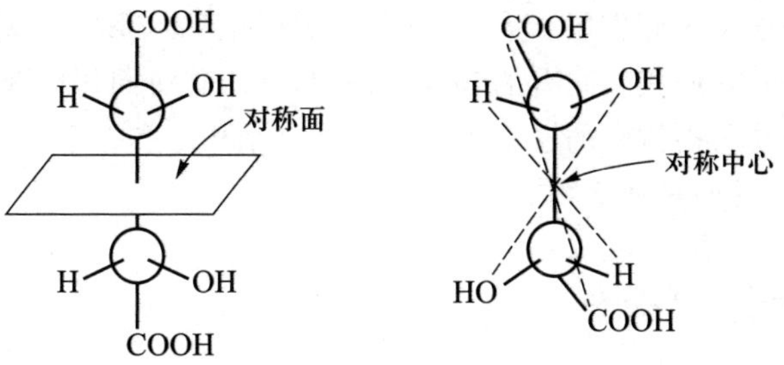

内消旋体和外消旋体(等物质的量 **7** 和 **8** 的混合物)都无旋光活性,但本质上它们是不相同的。内消旋体是一个单纯的分子,而外消旋体是两个互为对映异构体的手性分子的混合物。所以,外消旋体能拆分为两种分子,但内消旋体不能拆分,因为它只是一种分子。

因此,当分子含有几个不相同的不对称碳原子时,对映异构体的数目为 $2^n$ 个,组成 $2^{n-1}$ 个外消旋体。当分子中所含的不对称碳原子有相同组成时,对映异构体的数目将小于 $2^n$ 个。

## 3.9 对映异构体的手性性质

对映异构体分子的热力学能是相同的,对映异构体的性质在非手性环境中并无区别。例如,它们的酸性、熔点、沸点及在非手性环境中的溶解度都一样(见表 3-3)。但在手性环境中,一对对映异构体中的左旋体和右旋体的性质不相同,如对偏振光的旋转方向不同;在手性溶剂中的溶解度也不同;与手性物质的反应速率不一样;在手性催化剂存在下,与非手性试剂的反应速率也不一样。生物体内的酶及许多物质都是有手性的,对映异构体的生理活性也往往会有很大差异。

表 3-3 酒石酸的物理性质

| | 熔点/℃ | $[\alpha]_D^{20}(0.2, H_2O)/$ $(\degree \cdot m^2 \cdot kg^{-1})$ | 溶解度/ $[g \cdot (100\ mL\ H_2O)^{-1}]$ (25 ℃) | $pK_{a_1}$ | $pK_{a_2}$ |
|---|---|---|---|---|---|
| (+)-酸(**8**) | 170 | +12 | 139 | 2.93 | 4.23 |
| (−)-酸(**7**) | 170 | −12 | 139 | 2.93 | 4.23 |
| 外消旋体(**7**+**8**) | 206 | 无旋光活性 | 20.6 | 2.96 | 4.24 |
| 内消旋体(**5** 或 **6**) | 140 | 无旋光活性 | 125 | 3.11 | 4.80 |

手性是宇宙间的普遍特征,生物体具有识别左旋体或右旋体的特殊功能,因此,能够制造出光学纯的物质。例如,作为人体主要能源的葡萄糖只能是 D 型的,而组成蛋白质的氨基酸却都是 L 型的。L-谷氨酸钠是常用的调味品味精,其对映异构体 D-谷氨酸钠却是苦味的。左旋体和右旋体的香料绝大多数表现出程度不等甚至不同的香味。烟碱呈左旋光活性,能与吸烟者的神经节细胞的烟碱受体相结合从而引发兴奋作

用,右旋的烟碱则根本无此作用。大量的研究和实践活动都表明,对映异构体的手性药物作用明显不同,它们相互间有的有抵消作用,有的有协同作用即互补作用,有的有副作用。因此,对映异构体中的左旋体和右旋体在结构上和在手性环境下的性能上都表现出是完全不同的两种化合物。

## 3.10　外消旋体的拆分

把外消旋体分离成旋光体的过程叫拆分。

许多旋光物质是从自然界生物体中获得的。如在实验室中合成旋光物质时,除了用**不对称合成方法**(asymmetric synthesis)以外得到的都是外消旋体,要从中获得旋光纯的异构体还需要经过**拆分**(resolution)。由于对映异构体的物理性质和化学性质都相同,因此很难用一般的方法来拆分它们。一般有以下几种方法:

(1) 机械法　直接拆分外消旋体的方法是 Pasteur 根据两个酒石酸钠铵的一对对映异构体的晶形不同而在显微镜下用镊子挑选出来的,但这个方法几乎不能应用于其他外消旋体的拆分上。

(2) 诱导结晶　有些产品可以用晶种(seeding method)的方法拆分。当一溶液中的一对对映异构体之一稍过量时,用晶种诱导后,它就先沉淀出来,过滤后,滤液就含有过量的另一种对映异构体,升温加入外消旋体,冷却时,另一种对映异构体就会沉淀出来。通过这种方法,只是第一次加入一种光学活性对映异构体,就能交替地把外消旋体分为左旋体和右旋体。

(3) 微生物法　即用生物化学的方法拆分外消旋体。有机体的酶对它的底物具有非常严格的立体专一反应性能。例如:

$$CH_3-CH-CO_2H \longrightarrow CH_3-CH-CO_2H \xrightarrow{\text{酶}} \underset{\substack{\text{L-(+)-丙氨酸}\\(\text{溶于乙醇})}}{H_2N-\overset{CO_2H}{\underset{CH_3}{|}}-H} + \underset{\substack{\text{D-(-)-乙酰丙氨酸}\\(\text{不溶于乙醇})}}{H-\overset{CO_2H}{\underset{CH_3}{|}}-NHCOCH_3}$$

$$\underset{NH_2}{\qquad\qquad} \qquad \underset{NHCOCH_3}{\qquad\qquad}$$

合成的 D/L-丙氨酸经乙酰化后,利用由猪肾中取得的一种酶来进行水解,水解 L 型丙氨酸乙酰化物的速率要比水解 D 型的快得多。因此就可以把 D/L-丙氨酸乙酰化物变为 L-(+)-丙氨酸和 D-(-)-乙酰丙氨酸,再利用两者的溶解度差异而予以分离。本法的缺点是有一半原料被浪费了。

(4) 选择吸附拆分法　用某种旋光性物质作为吸附剂,使之选择性地吸附外消旋体中的一种对映异构体,达到拆分目的。

(5) 化学拆分法　这种方法应用最广。其原理是将对映异构体转变成非对映异构体,然后用一般方法分离。外消旋体与无旋光性的物质作用并结合后,得到的仍是外消旋体。但若使外消旋体与旋光性物质作用,得到的就是非对映异构体的混合物了。非对映异构体具有不同的物理性质,可以用一般的分离方法把它们分开。最后再把分离所得的两种衍生物分别变回原来的旋光化合物,即达到了拆分的目的。用来拆分对映异构体的旋光性物质,通常称为拆分剂。不少拆分剂是由天然产物分离提取获得的。化学拆分法最适用于酸或碱的外消旋体的拆分。例如,对于酸,拆分的步骤可用通式表示如下:

$$\begin{Bmatrix} (+)-RCOOH \\ (-)-RCOOH \end{Bmatrix} + 2(-)-R'NH_2 \longrightarrow \begin{Bmatrix} (+)-RCOOH \cdot (-)-R'NH_2 \\ (-)-RCOOH \cdot (-)-R'NH_2 \end{Bmatrix}$$

外消旋体            非对映异构体混合物

重结晶 $\longrightarrow$
$$\begin{array}{l} \boxed{(+)-RCOOH \cdot (-)-R'NH_2} \xrightarrow{HCl} \boxed{(+)-RCOOH} + (-)-R'NH_2 \cdot HCl \\ \boxed{(-)-RCOOH \cdot (-)-R'NH_2} \xrightarrow{HCl} \boxed{(-)-RCOOH} + (-)-R'NH_2 \cdot HCl \end{array}$$

拆分酸时,常用的旋光性碱主要是生物碱,如(−)−奎宁、(−)−马钱子碱、(−)−番木鳖碱等。拆分碱时,常用的旋光性酸是酒石酸、樟脑−$\beta$−磺酸等。

拆分既非酸又非碱的外消旋体时,可以设法在分子中引入酸性基团,然后按拆分酸的方法拆分之。也可选用适当的旋光性物质与外消旋体作用形成非对映异构体的混合物,然后分离。例如,拆分醇时,可使醇先与丁二酸酐或邻苯二甲酸酐作用生成酸性酯:

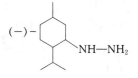

再将这种含有羧基的酯与旋光性碱作用生成非对映异构体后分离。或者使醇与如下的旋光性酰氯先作用,形成非对映异构的酯的混合物,然后再分离。

又如,拆分醛、酮时,可使醛、酮与如下的旋光性的肼先作用,然后再分离。

阅读内容:
手性合成

## 习　题

**3−1**　给出符合下列分子式的有手性的分子结构式。

氯代烷($C_5H_{11}Cl$)　　　醇($C_6H_{14}O$)　　　烯($C_6H_{12}$)　　　烷($C_8H_{18}$)　　　内消旋 2,3−二苯基丁烷

**3−2**　下列化合物中,哪些具有光学活性?

(1)、(2)、(3)、(4)

(5) 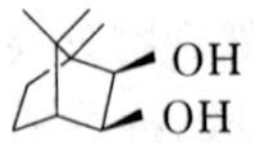 OH
OH

**3-3**　7.0 mg 某信息素溶于 1 mL 氯仿(CHCl$_3$)中,25 ℃下在 2 cm 长的旋光管中测得旋光度为 +0.087°,该化合物的比旋光度为多少?

**3-4**　根据优先规则排列下列各组官能团由大到小的次序。

(1) —CH=CH$_2$　　—CH(CH$_3$)$_2$　　—C(CH$_3$)$_3$　　—CH$_2$CH$_3$

(2) —C≡CH　　—CH=CH$_2$　　—C$_6$H$_5$　　—CH$_2$—CH=CH$_2$

(3) —CO$_2$CH$_3$　　—COCH$_3$　　—CH$_2$OCH$_3$　　—CH$_2$CH$_3$

(4) —CN　　—CH$_2$Br　　—Br　　—CH$_2$CH$_2$Br

**3-5**　指出下列 4 种分子中手性中心的绝对构型。

(1) 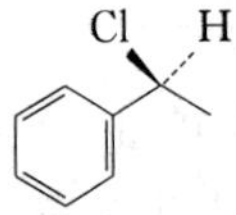 　　(2) 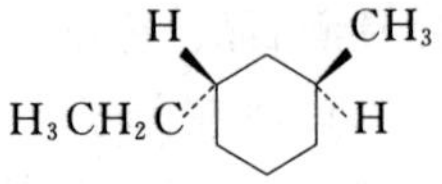 　　(3)

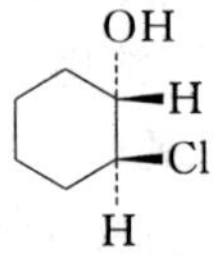

(4)

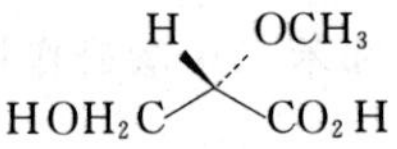

**3-6**　(1) 下列各对化合物是对映异构体关系还是同一个化合物?给出手性碳原子上的绝对构型。

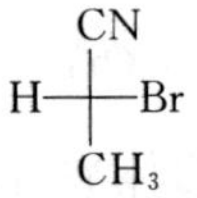

A. 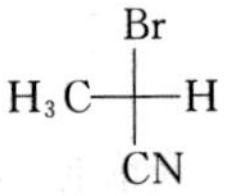 　　B.

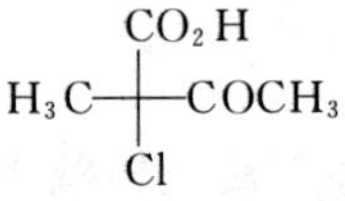

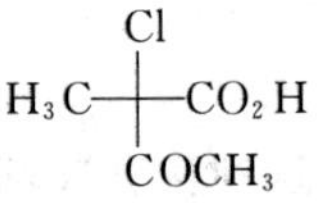

C.

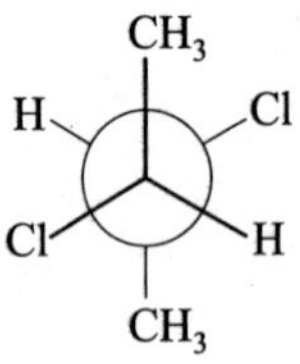

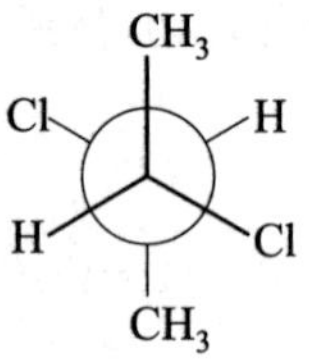

(2) 指出下列各化合物中手性碳原子的绝对构型。

A. 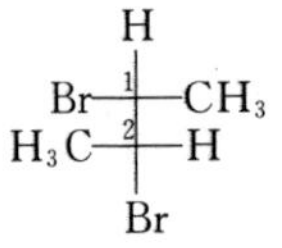 　　B. 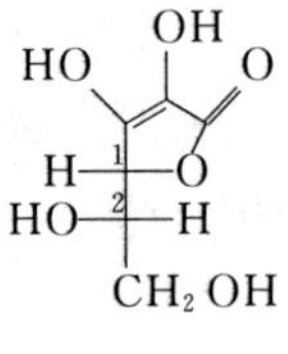 　　C.

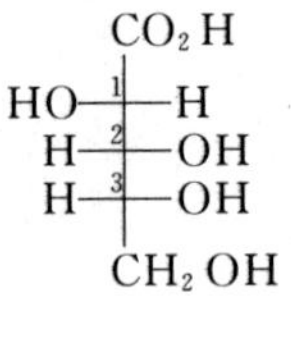

(3) 下列 3 个化合物有无光学活性?

A. 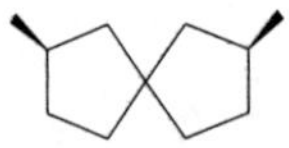 　　B. 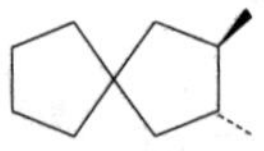 　　C.

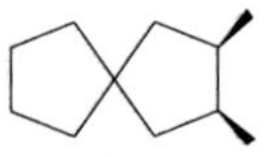

(4) 2,4-二溴-3-氯戊烷(CH$_3$CHBrCHClCHBrCH$_3$)有多少种立体异构体,它们之间是什么关系?哪些有光学活性?

(5) 写出下列 3 个化合物的立体结构式。

A. (S)-HSCH$_2$CH(NH$_2$)CO$_2$H　　B. (R)-3-氯戊-1-烯　　C. (R)-2-甲基环己酮

(6) 写出(2R,3S)-2-溴-3-氯己烷的 Fischer 投影式,并写出其优势构象的锯架式、透视式、楔形式(伞形式)、Newman 投影式。

（7）假麻黄碱的锯架结构式为 F，下面这些 Fischer 投影式中哪个能代表它？

A.
$$
\begin{array}{c}
C_6H_5 \\
H\!-\!|\!-\!OH \\
H\!-\!|\!-\!CH_3 \\
NHCH_3
\end{array}
$$

B.
$$
\begin{array}{c}
C_6H_5 \\
H\!-\!|\!-\!OH \\
H_3CHN\!-\!|\!-\!H \\
CH_3
\end{array}
$$

C.
$$
\begin{array}{c}
C_6H_5 \\
HO\!-\!|\!-\!H \\
H_3C\!-\!|\!-\!NHCH_3 \\
H
\end{array}
$$

D.
$$
\begin{array}{c}
C_6H_5 \\
H\!-\!|\!-\!OH \\
H\!-\!|\!-\!NHCH_3 \\
CH_3
\end{array}
$$

E.
$$
\begin{array}{c}
C_6H_5 \\
HO\!-\!|\!-\!H \\
H_3CHN\!-\!|\!-\!CH_3 \\
H
\end{array}
$$

F.

3-7　解释下列现象：

（1）樟脑分子  中有两个手性碳原子，但只有一对对映异构体。

（2）光活性的 D-乳糖可以用来拆分 Tröger 碱，简述其过程。

3-8　完成下列 Fischer 投影式和 Newman 投影式之间的转换。

$$
\begin{array}{c}
CH_3 \\
?\!-\!|\!-\!? \\
?\!-\!|\!-\!? \\
CH_3
\end{array}
$$

$$
\begin{array}{c}
CH_3 \\
Cl\!-\!|\!-\!CH_3 \\
H\!-\!|\!-\!C_2H_5 \\
OH
\end{array}
$$

3-9　丙烷溴化生成分子式都为 $C_3H_6Br_2$ 的 4 种产物 A，B，C，D。这 4 种产物进一步溴化，A，B 和 C 分别给出 1 种、2 种和 3 种三溴代物，D 是光学活性的，也给出 3 种三溴代物。试给出 A，B，C，D 的结构式和各反应过程。

3-10　（S）-1-氯-2-甲基丁烷进行光激发下的氯代反应，生成 1,2-二氯-2-甲基丁烷和 1,4-二氯-2-甲基丁烷。试写出它们的结构式，并指出它们有无光学活性。

本章思考题答案　　　　本章小结

# 第4章 烯 烃

烯烃(alkene)是一类含有碳碳双键( $\diagup C\!\!=\!\!C\diagdown$ )的不饱和烃。由于含有一个双键的烯烃比同碳原子数的开链烷烃少两个氢原子,因而通式为 $C_nH_{2n}$,不饱和度(unsaturated number)为1。

所谓不饱和度就是一个分子中环和双键(三键看成两个双键)的总数,因此也称"环加双键数",计算公式如下:

$$不饱和度 = X - \frac{Y}{2} + \frac{Z}{2} + 1$$

式中,$X$ 为分子中碳及其他四价元素的原子数目,$Y$ 为氢和卤素等单价元素的原子数目,$Z$ 为氮等三价元素的原子数目。

## 4.1 烯烃的命名和结构

### 4.1.1 烯烃的命名

简单的烯烃可以像烷烃那样命名。例如:

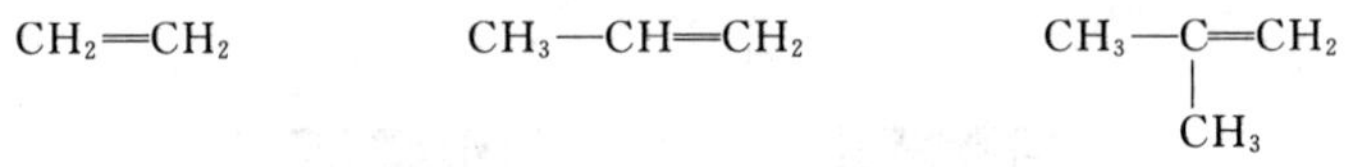

$$CH_2\!\!=\!\!CH_2 \qquad CH_3\!-\!CH\!\!=\!\!CH_2 \qquad \underset{\underset{CH_3}{|}}{CH_3\!-\!C\!\!=\!\!CH_2}$$

乙烯       丙烯       异丁烯

也可以把简单的烯烃看成乙烯的衍生物来命名。例如:

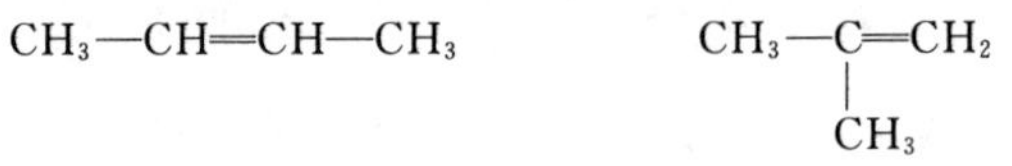

$$CH_3\!-\!CH\!\!=\!\!CH\!-\!CH_3 \qquad \underset{\underset{CH_3}{|}}{CH_3\!-\!C\!\!=\!\!CH_2}$$

对称二甲基乙烯       不对称二甲基乙烯

但是烯烃的异构现象比烷烃复杂。乙烯、丙烯无异构体,但从丁烯开始,除碳链异构体外,碳碳双键位置的不同也可以引起同分异构现象。例如,丁烯的三种同分异构体为

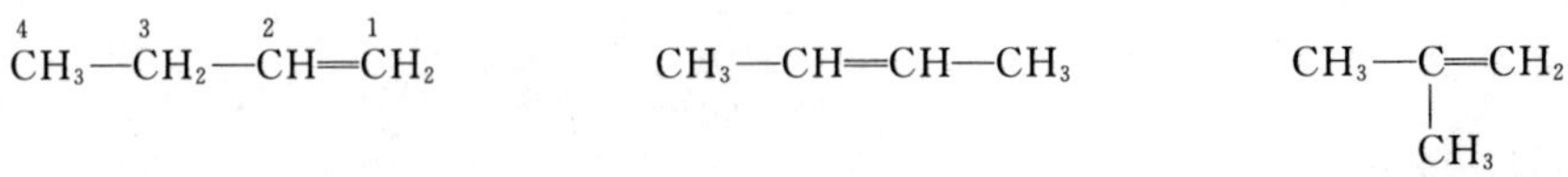

$$\overset{4}{C}H_3\!-\!\overset{3}{C}H_2\!-\!\overset{2}{C}H\!\!=\!\!\overset{1}{C}H_2 \qquad CH_3\!-\!CH\!\!=\!\!CH\!-\!CH_3 \qquad \underset{\underset{CH_3}{|}}{CH_3\!-\!C\!\!=\!\!CH_2}$$

丁-1-烯       丁-2-烯       2-甲基丙烯
(1-丁烯)       (2-丁烯)       (异丁烯)

因而复杂的烯烃最好用系统命名法来命名,按 IUPAC 2013 年的建议,具体规则如下:

(1)选择最长的碳链为主链。如果碳碳双键包含在主链中,按主链中所含碳原子数命名为某烯,否则命名为某烷,主链上的支链作为取代基。例如:

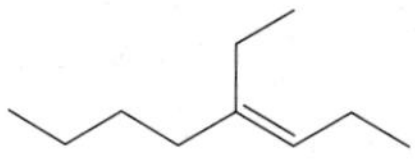

4-乙基辛-3-烯
(4-乙基-3-辛烯)①

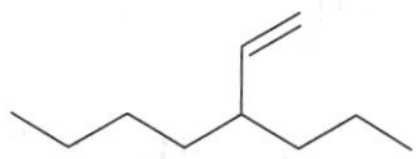

4-乙烯基辛烷
(3-正丙基庚烯)

(2)如果碳碳双键包含在主链中,从靠近双键的一端开始,依次把主链的碳原子编号,以使双键碳原子的编号较小,并且由最靠近端点碳原子的那个双键碳原子所得的编号来命名,其编号写在烯的前面,否则根据链烷烃命名规则对主链进行编号,含双键部分作为取代基。

(3)根据主链上碳原子的编号,标出取代基的位次。取代基所在碳原子的编号写在取代基之前,并根据取代基英文名称的首字母顺序排列,写在某烯或某烷之前。例如:

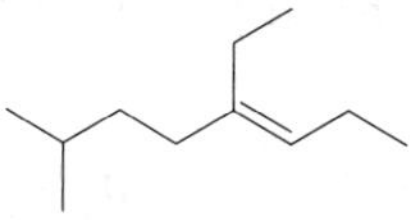

4-乙基-7-甲基辛-3-烯
(7-甲基-4-乙基-3-辛烯)

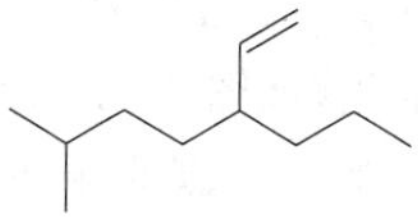

2-甲基-5-乙烯基辛烷
(6-甲基-3-正丙基庚烯)

(4)当分子中含有多个双键时,应选择包含最多双键的最长碳链作为主链,并分别标出各个双键的位次,以中文数字一、二、三⋯⋯来表示双键的数目,称为几烯。例如:

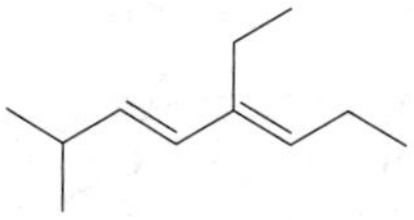

5-乙基-2-甲基辛-3,5-二烯
(2-甲基-5-乙基-3,5-辛二烯)

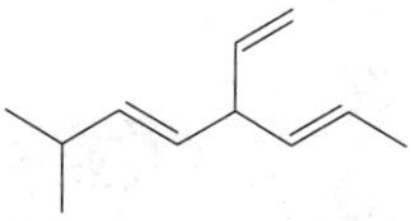

7-甲基-4-乙烯基辛-2,5-二烯
(7-甲基-4-乙烯基-2,5-辛二烯)

(5)环烯烃加字头"环"于有相同碳原子数的开链烃之前来命名。例如:

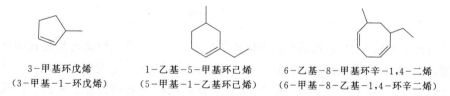

3-甲基环戊烯
(3-甲基-1-环戊烯)

1-乙基-5-甲基环己烯
(5-甲基-1-乙基环己烯)

6-乙基-8-甲基环辛-1,4-二烯
(6-甲基-8-乙基-1,4-环辛二烯)

(6)碳原子数在十以上的烯烃,命名时在烯之前还需加个"碳"字,如十一碳烯,即表示双键在第一个碳原子上的具有十一个碳原子的直链烯烃。

---

① 括号内名称为按照 1980 命名原则命名。

和烷基的命名类似,烯烃去掉一个氢原子后称为某烯基,其编号从含有自由键的碳原子开始,要注意两个很常见的俗名为丙烯基和烯丙基的烯基结构。

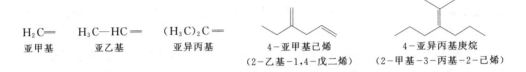

$$H_2C=CH-$$
乙烯基

$$H_3C-HC=CH-CH_2-$$
2-烯丁基

$$H_2C=C(CH_3)-$$
1-甲基乙烯基
(异丙烯基)

$$H_3C-HC=CH-$$
丙烯基

$$H_2C=CH-CH_2-$$
烯丙基

带有两个自由键的基称为亚某基,它是由一个化合物形式上消除两个单价或一个双价的原子(原子团)而形成的。例如。

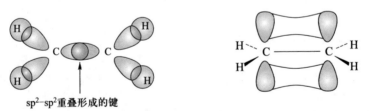

$$H_2C=$$
亚甲基

$$H_3C-HC=$$
亚乙基

$$(H_3C)_2C=$$
亚异丙基

4-亚甲基己烯
(2-乙基-1,4-戊二烯)

4-亚异丙基庚烷
(2-甲基-3-丙基-2-己烯)

### 4.1.2 乙烯的结构

物理方法证明,乙烯分子的所有碳原子和氢原子都分布在同一平面上,每个碳原子都为 $sp^2$ 杂化,如图 4-1 所示。

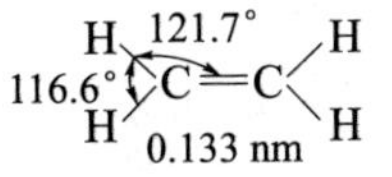

乙烯分子的两个碳原子各以两个 $sp^2$ 杂化轨道与两个氢原子的 s 轨道重叠形成两个 $\sigma$ 键,两个碳原子之间又各以一个 $sp^2$ 杂化轨道相互重叠形成一个 $\sigma$ 键。此外,每个碳原子上还各有一个未参与杂化的 p 轨道,它们相互平行

图 4-1 乙烯的结构

且垂直于乙烯分子所在的三角平面,以侧面相互重叠而形成了 $\pi$ 键,$\pi$ 键不能自由旋转(见图 4-2)。

(a) 乙烯分子中由sp²-sp²重叠形成的五个σ键

$sp^2$-$sp^2$重叠形成的键

(b) 乙烯分子中由p-p重叠形成的π键

图 4-2 乙烯的 $\sigma$ 键和 $\pi$ 键

按照分子轨道理论,乙烯的两个碳原子的各一个 $sp^2$ 杂化轨道可以组成两个分子轨道,一个是 $\sigma$ 成键轨道,一个是 $\sigma^*$ 反键轨道,当两个 $sp^2$ 杂化轨道上的电子处在 $\sigma$ 成键轨道时,加强了碳原子间的引力,形成了碳碳间的 $\sigma$ 键而使能量降低。乙烯分子中的两个 p 轨道也可线性组合而形成两个分子轨道,一个是 $\pi$ 成键轨道,另一个是 $\pi^*$ 反键轨道(见图 4-3)。乙烯分子只有两个 p 电子,在基态时,这两个 p 电子处在 $\pi$ 成键轨道上,从而使体系能量降低。

因为烯烃的 $\pi$ 键是由两个 2p 轨道从侧面平行重叠而形成的,这种重叠不如 $\sigma$ 键

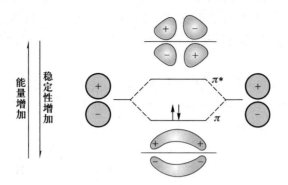

图 4-3 乙烯分子的 π 成键轨道和 π* 反键轨道形成示意图

的头对头重叠那么充分,故 π 键比 σ 键弱得多。由于形成 π 键的电子云聚集在分子平面的两侧而暴露在外,容易受到缺电子试剂的进攻,发生加成反应,碳碳双键打开,生成碳碳饱和的化合物。因此,烯烃化合物远比烷烃化合物活泼。此外 π 键电子云比 σ 键电子云离原子核远,原子核对它的束缚力也相对较小,因此 π 键电子云有较大的流动性,易受外界电场的影响而发生极化,这也是 π 键有较大反应活性的原因之一。另一方面,烯烃分子中碳碳双键不能自由旋转,因为垂直于 sp² 杂化轨道组成的平面上的 2p 轨道必须相互平行才能重叠,一旦 2p 轨道离开平行状态,重叠程度就减弱,π 键就变弱,直到断裂。

乙烯碳原子有两个 sp² 杂化轨道是和两个氢原子的 s 轨道成键(C—H σ 键),而另一个 sp² 杂化轨道是与另一碳原子的 sp² 杂化轨道成键(C—C σ 键),由于三个 σ 键的不等性,双键上的键角与 sp² 杂化轨道理论所预示的键角并不完全等同。如乙烯分子中,∠CCH 和 ∠HCH 分别为 121.7° 和 116.6°。

其他烯烃分子中,碳碳双键的状态基本上与乙烯中的双键相同。它们都是由一个 σ 键和一个 π 键所组成的。由于碳碳之间存在两种化学键,所以碳碳双键的键长 (0.133 nm)较碳碳单键的键长(0.154 nm)短。

### 4.1.3 烯烃的异构和 *Z/E* 标记法

由于双键碳原子不能自由旋转,且双键两端碳原子连接的四个原子同处于一个平面,因此当双键的两个碳原子各连接不同的原子或基团时,就有两种可能的异构体存在。

$$
\begin{array}{cc}
H_3C \quad\quad CH_3 & H_3C \quad\quad H \\
C = C & C = C \\
H \quad\quad H & H \quad\quad CH_3
\end{array}
$$

顺-丁-2-烯　　　　　　　反-丁-2-烯
(顺-2-丁烯)　　　　　　　(反-2-丁烯)

如上式所示,两个相同基团处于双键同侧的叫做顺式,反之叫做反式。这种由于双键的碳原子上连接不同基团而形成的异构现象叫做**顺反异构现象**(*cis-trans* isomerism),

形成的同分异构体叫做**顺反异构体**。顺反异构体的分子构造是相同的,即分子中各原子的连接次序是相同的,但分子中原子在空间的排列方式(即构型)是不同的。由不同的空间排列方式引起的异构现象又叫做立体异构现象。顺反异构现象是立体异构现象的一种。

并不是所有烯烃都有顺反异构。只要有一个双键碳原子所连接的两个取代基是相同的,就没有顺反异构。例如,丁-1-烯就没有顺反异构:

$$
\begin{array}{ccc}
H_3CH_2C & & H \\
\diagdown & & \diagup \\
& C = C & \\
\diagup & & \diagdown \\
H & & H
\end{array}
\qquad = \qquad
\begin{array}{ccc}
H & & H \\
\diagdown & & \diagup \\
& C = C & \\
\diagup & & \diagdown \\
H_3CH_2C & & H
\end{array}
$$

反之,如果双键的两个碳原子上有一对或两对相同原子或基团时,就有顺反异构现象,可采用顺反命名法加以命名,命名时在顺反异构体名词前加一个"顺"($cis$)或"反"($trans$)来表示顺反异构体的构型。例如:

$$
\begin{array}{ccc}
H_3C & & CH_3 \\
\diagdown & & \diagup \\
& C = C & \\
\diagup & & \diagdown \\
H & & CH_2CH_3
\end{array}
\qquad\qquad
\begin{array}{ccc}
H_3C & & H \\
\diagdown & & \diagup \\
& C = C & \\
\diagup & & \diagdown \\
Cl & & CH_3
\end{array}
$$

顺-3-甲基戊-2-烯        反-2-氯丁-2-烯
(顺-3-甲基-2-戊烯)      (反-2-氯-2-丁烯)

不是所有的烯烃都可以用前面讲的顺/反命名法加以命名。如果双键碳原子上四个基团都不相同时,则无法用顺/反命名法命名。例如,下列两种异构体以顺式或反式来命名就不太恰当:

$$
\begin{array}{ccc}
Cl & & CH_2CH_3 \\
\diagdown & & \diagup \\
& C = C & \\
\diagup & & \diagdown \\
H_3C & & H
\end{array}
\qquad\qquad
\begin{array}{ccc}
Br & & Cl \\
\diagdown & & \diagup \\
& C = C & \\
\diagup & & \diagdown \\
H_3C & & H
\end{array}
$$

针对这个问题,IUPAC 命名法又规定了用($Z$)和($E$)两个字母来标记烯烃的方法,称为 **$Z/E$ 标记法**。即根据"次序规则"(参见 3.6.3)比较同一碳原子上的两个取代基团的先后次序,如果两个碳原子上各自所连的优先基团处于双键的同侧,称为"$Z$"型,处于异侧的称为"$E$"型。[$Z$ 和 $E$ 分别来自德文 zusammen(共同之意)和 entgegen(相反之意)]。例如:

$$
\begin{array}{ccc}
H_3C & & CH_2CH_2CH_3 \\
\diagdown & & \diagup \\
& C = C & \\
\diagup & & \diagdown \\
H_3CH_2C & & CH_2CH_3
\end{array}
$$

($E$)-4-乙基-3-甲基庚-3-烯
[($E$)-3-甲基-4-乙基-3-庚烯]
顺-4-乙基-3-甲基庚-3-烯
(顺-3-甲基-4-乙基-3-庚烯)

按次序规则:—$CH_2CH_3$ > —$CH_3$,—$CH_2CH_2CH_3$ > —$CH_2CH_3$,次序优先的两个基团在双键的异侧,所以是 $E$ 型。按顺/反命名法,两个相同的—$CH_2CH_3$ 基团在双键的同侧,所以也可以命名为顺式。

$$H_3CH_2C \diagdown C = C \diagup H$$
$$ClH_2C \diagup \qquad \diagdown CH_2CH_3$$

($Z$)-3-氯甲基己-3-烯
[($Z$)-3-氯甲基-3-己烯]
反-3-氯甲基己-3-烯
(反-3-氯甲基-3-己烯)

按次序规则：—CH$_2$Cl ＞—CH$_2$CH$_3$，—CH$_2$CH$_3$＞H，次序优先的两个基团在双键的同侧，所以是 $Z$ 型。按顺/反命名法，两个相同的—CH$_2$CH$_3$ 基团在双键的异侧，所以也可以命名为反式。

$$CH_2 = HC \diagdown C = C \diagup CH_3$$
$$(CH_3)_2HC \diagup \qquad \diagdown CH_2CH_3$$

($E$)-3-异丙基-4-甲基己-1,3-二烯
[($E$)-4-甲基-3-异丙基-1,3-己二烯]

按次序规则：—CH=CH$_2$＞—CH(CH$_3$)$_2$，—CH$_2$CH$_3$＞—CH$_3$，次序优先的两个基团在双键的异侧，所以是 $E$ 型。另外，双键碳原子所连接的基团没有相同的，因而命名中不能用顺/反标记法。

**思考题 4-1** 下列化合物中没有顺反异构体的是（　　）。

(1) CH$_3$CH$_2$C=CHCH$_3$
　　　　　　|
　　　　　　CH$_3$

(2) (CH$_3$)$_2$CHCH=CBr$_2$

(3) CH$_3$CH=CHCH$_3$

## 4.2　烯烃的物理性质

烯烃的物理性质和烷烃很相似。室温下，乙烯、丙烯、丁烯是气体，戊烯以上到十八碳烯为液体，C$_{19}$以上的高级烯烃为固体。烯烃的沸点也随相对分子质量的增加而升高，末端烯烃（即双键位于链端的烯烃，又称1-烯烃）的沸点比相应的烷烃还略低一点。直链烯烃的沸点比带有支链的异构体沸点高，双键在碳链中间的烯烃沸点和熔点也都比1-烯烃高。烯烃的相对密度都小于1。烯烃几乎不溶于水，但可溶于非极性溶剂，如戊烷、四氯化碳、苯、乙醚等。表4-1列出了一些常见烯烃的物理常数。

表4-1　一些常见烯烃的物理常数

| 名称 | 结构式 | 沸点/℃ | 相对密度($d_4^{20}$) |
|---|---|---|---|
| 乙烯 | CH$_2$=CH$_2$ | −103 | — |
| 丙烯 | CH$_3$CH=CH$_2$ | −47 | 0.519 |
| 丁-1-烯(1-丁烯) | CH$_3$CH$_2$CH=CH$_2$ | −6 | 0.595 |
| 戊-1-烯(1-戊烯) | CH$_3$(CH$_2$)$_2$CH=CH$_2$ | 30 | 0.643 |
| 癸-1-烯(1-癸烯) | CH$_3$(CH$_2$)$_7$CH=CH$_2$ | 171 | 0.743 |
| 顺-丁-2-烯<br>(顺-2-丁烯) | H$_3$C＼／CH$_3$<br>　C=C<br>H／＼H | 4 | 0.621 |

续表

| 名称 | 结构式 | 沸点/℃ | 相对密度($d_4^{20}$) |
|------|--------|--------|----------------------|
| 反-丁-2-烯<br>(反-2-丁烯) | $\begin{array}{c} H_3C \quad\quad H \\ C=C \\ H \quad\quad CH_3 \end{array}$ | 1 | 0.604 |
| 异丁烯 | $(CH_3)_2C=CH_2$ | −7 | 0.594 |
| 顺-戊-2-烯<br>(顺-2-戊烯) | $\begin{array}{c} H_3CH_2C \quad\quad CH_3 \\ C=C \\ H \quad\quad H \end{array}$ | 37 | 0.655 |
| 反-戊-2-烯<br>(反-2-戊烯) | $\begin{array}{c} H_3CH_2C \quad\quad H \\ C=C \\ H \quad\quad CH_3 \end{array}$ | 36 | 0.647 |
| 3-甲基丁烯<br>(3-甲基-1-丁烯) | $(CH_3)_2CHCH=CH_2$ | 25 | 0.648 |
| 2-甲基丁-2-烯<br>(2-甲基-2-丁烯) | $(CH_3)_2C=CHCH_3$ | 39 | 0.660 |
| 2,3-二甲基丁-2-烯<br>(2,3-二甲基-2-丁烯) | $(CH_3)_2C=C(CH_3)_2$ | 73 | 0.705 |
| 环戊烯 | | 44 | 0.772 |
| 环己烯 | | 83 | 0.810 |
| 氯乙烯 | $CH_2=CHCl$ | −14 | 0.911 |
| 2-氯丙烯 | $CH_3CCl=CH_2$ | 23 | 0.918 |
| 四氟乙烯 | $F_2C=CF_2$ | −78 | 1.519 |
| 四氯乙烯 | $Cl_2C=CCl_2$ | 121 | 1.623 |
| 三氯乙烯 | $Cl_2C=CHCl$ | 87 | 1.464 |
| 烯丙醇 | $CH_2=CHCH_2OH$ | 97 | 0.855 |

根据杂化轨道理论,在碳原子的各种 $sp^n$ 杂化轨道中,由于 s 电子靠近原子核,与 p 电子相比它与原子核结合得更紧,因而 s 成分大的碳原子上的电负性也大,电负性依下列次序逐渐增加:

$$s > sp > sp^2 > sp^3 > p$$

即碳原子的电负性随杂化时 s 成分的增加而增大。烯烃由于 $sp^2$ 碳原子的电负性比 $sp^3$ 碳原子的大,故比烷烃容易极化,成为有偶极矩的分子。以丙烯为例,双键碳原子和甲基相连的键是有极性的,键中电子偏向 $sp^2$ 碳原子,形成偶极,正极在甲基一边,负极指向双键,甲基是给电子基。

$$CH_3—CH=CH_2$$
$$\longrightarrow \mu=1.17\times10^{-30} \text{ C·m}$$

对称取代的烯烃分子中,反式烯烃分子偶极矩为零,这是由于各个键的偶极矩矢量和为 0。而顺式烯烃分子的两个官能团在双键同侧,会有偶极矩存在。如反-丁-2-烯偶极矩为 0,而顺-丁-2-烯偶极矩为 $1.10\times10^{-30}$ C·m。

$$
\begin{array}{cc}
H_3C \quad\quad H & H_3C \quad\quad CH_3 \\
C=C & C=C \\
H \quad\quad CH_3 & H \quad\quad H
\end{array}
$$

由于顺式异构体有偶极矩,分子间除了有范德华力外,还有偶极间的吸引力,故顺式烯烃的沸点比反式烯烃高。但顺式烯烃的对称性较低,在晶格中的排列不如反式烯烃紧密,故通常是顺式烯烃的熔点比反式烯烃的低。

另外,含相同碳原子数的烯烃中,与烯烃双键碳原子相连的烷基数目越多,烯烃越稳定;顺反异构体中,反式烯烃比顺式烯烃稳定。这两点可以从烯烃的燃烧热、空间位阻得到解释。

## 4.3 烯烃的化学性质

碳碳双键是烯烃化合物的特征官能团,是这类化合物的反应中心。大部分烯烃的化学反应都发生在双键上,双键打开,反应结果在双键碳原子上加两个原子(团),一个 $\pi$ 键转变为两个 $\sigma$ 键,此类反应为加成反应。另外,$\alpha$-碳原子(和双键碳直接相连的碳原子)上的氢原子(又称 $\alpha$-氢原子)容易被其他原子(团)取代,这也是由于双键的存在而引起的,此类反应为取代反应。还有一种就是发生在双键上的氧化还原反应。

碳碳双键的键能是 611 kJ·mol$^{-1}$,它比一般的碳碳单键的键能 347 kJ·mol$^{-1}$ 要高 264 kJ·mol$^{-1}$。因为碳碳双键是由一个 $\sigma$ 键和一个 $\pi$ 键组成的,所以,可以认为 264 kJ·mol$^{-1}$ 是碳碳双键中的 $\pi$ 键键能。它比双键的 $\sigma$ 键要弱,所以 $\pi$ 键的断裂只需要较低的能量。由于烯烃加成反应,一个 $\pi$ 键断裂,生成两个 $\sigma$ 键,而两个 $\sigma$ 键生成所放出的能量大于一个 $\pi$ 键断裂所吸收的能量,因此加成反应往往是一个放热反应。例如:

$$
\underset{sp^2}{
\begin{array}{c}
H \quad\quad H \\
C=C \\
H \quad\quad H
\end{array}}
\quad + \quad Cl—Cl \quad \longrightarrow \quad
\underset{sp^3}{
\begin{array}{c}
H \quad H \\
H—C—C—H \\
Cl \quad Cl
\end{array}}
$$

$$264 \text{ kJ·mol}^{-1} \quad\quad 243 \text{ kJ·mol}^{-1} \quad\quad 2\times339 \text{ kJ·mol}^{-1}$$

$$\Delta H = (264+243-678)\text{kJ·mol}^{-1} = -171 \text{ kJ·mol}^{-1}$$

因为加成反应往往是放热反应,且许多加成反应只需较低的活化能,所以烯烃容易发生加成反应,这是烯烃的一个特征反应。

### 4.3.1 亲电加成反应

烯烃具有双键,在分子平面双键位置的上方和下方都有较大的 π 电子云。碳原子核对 π 电子云的束缚较小,所以 π 电子云容易流动,容易极化,因而使烯烃具有给电子性能,容易受到带正电荷或带部分正电荷的分子或离子的攻击而发生反应。在反应中,具有亲电性能的试剂叫做**亲电试剂**。由亲电试剂的作用而引起的加成反应叫做**亲电加成反应**(electronphilic additional reaction)。其通式为

$$
\underset{\delta-\quad\delta+}{-\mathrm{C}=\mathrm{C}-} \quad + \quad \overset{\delta+\quad\delta-}{\mathrm{E}-\mathrm{X}} \quad \longrightarrow \quad \underset{\mathrm{E}\quad\mathrm{X}}{-\mathrm{C}-\mathrm{C}-}
$$

能与烯烃发生亲电加成反应的试剂主要有:H—Cl,H—Br,H—I,Br—OH,Cl—OH,H—OSO$_3$H,H—OH,Cl—Cl,Br—Br。

1. 与 HX 的加成

烯烃可与卤化氢在双键处发生加成作用,生成相应的卤代烷,其反应通式如下:

$$
\underset{\text{烯烃}}{-\mathrm{C}=\mathrm{C}-} \quad + \quad \mathrm{H:X} \quad \longrightarrow \quad \underset{\underset{\text{卤代烷}}{\mathrm{H}\quad\mathrm{X}}}{-\mathrm{C}-\mathrm{C}-} \quad (\mathrm{HX}=\mathrm{HCl,HBr,HI})
$$

将干燥的卤化氢气体直接通入烯烃,即可发生加成反应。有时也可在具有适度极性的溶剂如醋酸中进行,因为极性的卤化氢和非极性的烯烃都可溶于这些溶剂。

工业上氯乙烷的生产是用乙烯和氯化氢在氯乙烷溶液中,以无水氯化铝为催化剂进行的。氯化铝起了促进氯化氢解离的作用,因而加速了此反应的进行。

$$
\mathrm{AlCl_3 + HCl \longrightarrow AlCl_4^- + H^+}
$$

烯烃和卤化氢(及其他酸性试剂如 H$_2$SO$_4$,H$_3^+$O 等,见后)的加成反应历程包括两个步骤。第一步是烯烃分子与 HX 相互极化,π 电子云偏移而极化,使一个双键碳原子上带有部分负电荷,更易于受极化分子 HX 的带正电荷部分( $\overset{\delta+}{\mathrm{H}}{\to}\overset{\delta-}{\mathrm{X}}$ )或 H$^+$ 的攻击,结果生成带正电荷的中间体**碳正离子**(carbocation)和 HX 的共轭碱 X$^-$。

$$
\underset{\delta-\quad\delta+}{-\mathrm{C}{=}\mathrm{C}-} \quad + \quad \overset{\delta+\quad\delta-}{\mathrm{H}-\mathrm{X}} \quad \longrightarrow \quad \underset{\mathrm{H}}{-\overset{}{\mathrm{C}}-\overset{+}{\mathrm{C}}-} \quad + \quad \mathrm{X}^-
$$

第二步是碳正离子迅速与 X$^-$ 结合成卤代烷。

$$
\underset{\mathrm{H}}{-\overset{}{\mathrm{C}}-\overset{+}{\mathrm{C}}-} \quad + \quad \mathrm{X}^- \quad \longrightarrow \quad \underset{\mathrm{H}\quad\mathrm{X}}{-\mathrm{C}-\mathrm{C}-}
$$

第一步反应是由亲电试剂的进攻而发生的,所以与 HX 的加成反应叫做亲电加成反应。第一步的反应速率慢,整个加成反应的速率取决于第一步反应的快慢。

图 4-4 为异丁烯和 HBr 亲电加成反应的反应过程。

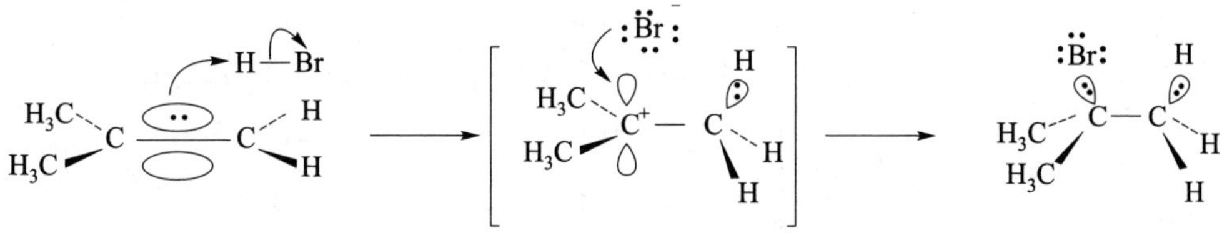

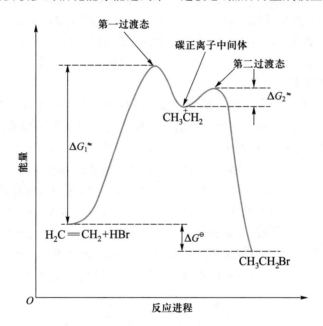

图 4-4 异丁烯和 HBr 的亲电加成反应

图 4-5 表示乙烯和 HBr 反应过程中能量的变化和中间体碳正离子的生成。从图中可以看出,需要较多的活化能才能达到第一过渡态,然后再生成碳正离子。

图 4-5 乙烯和 HBr 反应过程及能量变化

当卤化氢与不对称烯烃(两个双键碳原子上的取代基不相同的烯烃)加成时,可以得到两种不同的产物。例如:

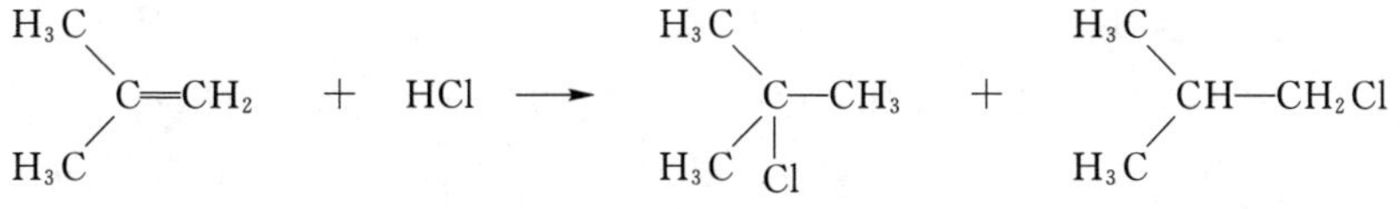

2-甲基丙烯 　　　　　(Ⅰ)主要产物 　　　　　(Ⅱ)

在此反应中主要生成(Ⅰ),即加成时以氢原子加到含氢较多的双键碳原子上,而卤素原子加在含氢较少的双键碳原子上的那种产物为主。这是一个在 1869 年就发现的经验规律,叫做马尔科夫尼科夫(Markovnikov)规则(简称马氏规则)。这一规律可以由反应过程中碳正离子的结构与稳定性得到解释。

不对称烯烃和质子的加成,可以有两种方式,即质子和不同的双键碳原子相结合,形成不同的碳正离子,然后碳正离子再和卤素原子结合,得到两种加成产物:

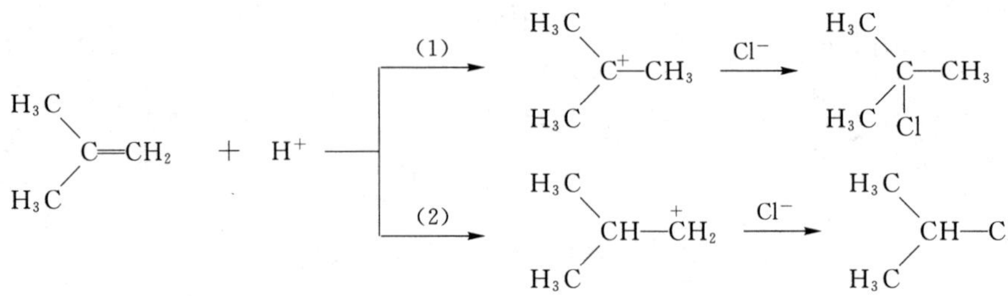

第一步加成究竟采用哪种途径取决于生成碳正离子的难易程度(活化能大小)和稳定性(能量高低)。实际上碳正离子的稳定性越大,就越容易生成,所以,可以只从碳正离子的稳定性来判断反应途径。在上述反应中,途径(1)形成的是连有三个甲基的叔碳正离子,途径(2)形成的是连有一个异丙基和两个氢原子的伯碳正离子。显然伯碳正离子的稳定性不如叔碳正离子,所以加成主要采取途径(1),先生成叔碳正离子,最后产物以叔丁基氯为主。

此外,和 $sp^2$ 杂化碳原子相连的甲基及其他烷基都有给电子性(和相连的氢原子相比较)。这是分子内各原子间因静电的诱导作用而形成电子云偏移的结果,电子云偏移往往使共价键的极性也发生变化。这种因某一原子或基团的电负性而引起电子云沿着键链向某一方向移动的效应叫做**诱导效应**。由于诱导效应,三个甲基都将电子云推向碳正离子,从而降低了碳正离子的正电性,或者说,它的正电荷并不是集中在碳正离子上,而是分散到三个甲基上。按照静电学,一个带电荷体系的稳定性决定于电荷的分布情况,电荷越分散,体系越稳定。与此相比,由途径(2)生成的伯碳正离子只有一个给电子性的异丙基与碳正离子相连,显然它的稳定性不如叔碳正离子。所以此反应主要采取途径(1),先生成叔碳正离子,最后产物以叔丁基氯为主。

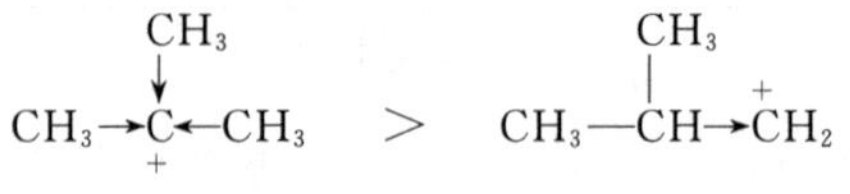

比较伯、仲、叔碳正离子和甲基碳正离子的构造式可以看出,带正电荷的碳原子上取代基越多,正电荷越分散,因而越稳定。因此它们的稳定性顺序如下所示:

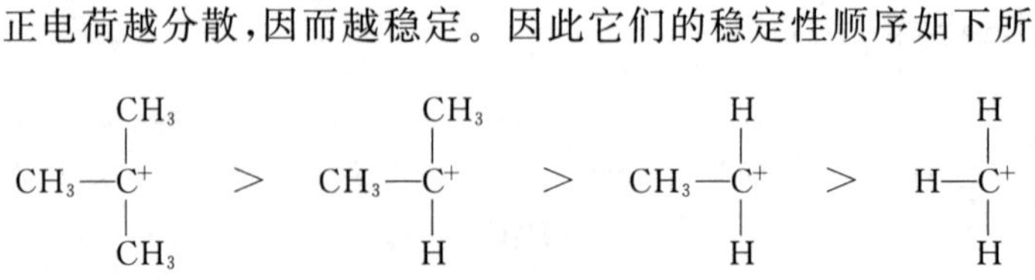

即叔(3°)R$^+$ > 仲(2°)R$^+$ > 伯(1°)R$^+$ > $\overset{+}{C}H_3$。

由此可见,当 HX 和烯烃加成时,根据马氏规则,H$^+$ 总是加在具有较少烷基取代的双键碳原子上,而 $X^-$ 总是加在具有较多烷基取代的双键碳原子上,这是生成更稳定的活性中间体碳正离子的需要。例如:

$$\text{（环戊烯基-CH}_3） \xrightarrow{\text{HCl}} \text{（1-甲基-1-氯环戊烷）}$$

思考题 4-2　比较下列烯烃与 HBr 加成的活性。

(1) $CH_3O{-}\langle\text{苯环}\rangle{-}CH{=}CH_2$ 　　　　(2) $\langle\text{苯环}\rangle{-}CH{=}CH_2$

(3) $O_2N{-}\langle\text{苯环}\rangle{-}CH{=}CH_2$

### 2. 与 $H_2SO_4$ 的加成

烯烃与浓硫酸加成得到烷基硫酸氢酯。

$$CH_2{=}CH_2 \ + \ HO{-}SO_2{-}OH \longrightarrow CH_3CH_2OSO_3H$$

反应历程与 HX 的加成一样,第一步是乙烯与质子的加成,生成碳正离子,然后碳正离子再和硫酸氢根结合。不对称烯烃与硫酸的加成,也符合马氏规则。例如:

$$\begin{matrix} H_3C \\ \phantom{H_3}C{=}CH_2 \\ H_3C \end{matrix} \ + \ H_2SO_4 \ \longrightarrow \ \begin{matrix} H_3C \\ \phantom{H_3}C{-}CH_3 \\ H_3C \quad OSO_3H \end{matrix}$$

由于异丁烯与质子加成形成的是比较稳定的叔丁基正离子,所以这个反应比较容易进行。与异丁烯发生反应需要 63% 的硫酸,与丙烯发生反应需要 80% 的硫酸,与乙烯发生反应则需要加热的 98% 浓硫酸。

烷基硫酸氢酯和水共热,水解得到醇。例如:

$$CH_3{-}CH_2{-}OSO_3H \ + \ H_2O \longrightarrow CH_3CH_2OH \ + \ H_2SO_4$$

上述两个反应的结果是烯烃分子中加了一分子水。这是早期工业制备醇的一种方法,称为烯烃的间接水合法。但是该反应过程对设备腐蚀较严重,且产生大量不易处理的稀硫酸,故现在已很少应用了。

因为烷烃不与硫酸作用,因此在工业上,常将烷烃通入硫酸,以除去烷烃中的少量烯烃。

### 3. 与 $H_2O$ 的加成

一般情况下,烯烃与水不能直接发生加成反应。这是因为水是一个很弱的酸,其解离生成的质子的浓度很低,难以对烯烃双键进行亲电加成,要使反应进行,必须加入 $H_2SO_4$ 或 HCl,即反应需在酸催化下进行。

$$\begin{matrix} C{=}C \end{matrix} + H_3O^+ \longrightarrow \begin{matrix} CH{-}\overset{+}{C} \end{matrix} \underset{H_2O}{\rightleftharpoons} \begin{matrix} CH{-}C \\ \overset{+}{O}H_2 \end{matrix} \underset{-H^+}{\rightleftharpoons} \begin{matrix} CH{-}C \\ OH \end{matrix}$$

在工业上称此为直接水合法制醇。该方法工艺相对简单,也无强酸的腐蚀问题,但转化率不高。这是因为在实际反应过程中,第一步生成的碳正离子也可以和水溶液中其他物质起作用,生成不少副产物。工业上乙烯直接水合生成乙醇。

$$CH_2=CH_2 + H_2O \xrightarrow[300\ ℃,7\sim8\ MPa]{H_3PO_4/硅藻土} CH_3-CH_2OH$$

$$CH_3CH=CH_2 + H_2O \xrightarrow{H^+} CH_3\underset{\underset{OH}{|}}{C}HCH_3$$

$$(CH_3)_2C=CHCH_3 + H_2O \xrightarrow{50\%H_2SO_4} (CH_3)_2\underset{\underset{OH}{|}}{C}CH_2CH_3 \qquad (90\%)$$

### 4. 与 $X_2$ 的加成

烯烃容易与氯或溴发生加成反应。碘一般不与烯烃发生反应。氟与烯烃的反应太剧烈,往往得到碳碳键断裂的各种产物,无实用意义。

烯烃与溴通常以四氯化碳为溶剂,在室温下即可发生反应。溴的四氯化碳溶液原来是黄色的,它和烯烃加成形成二溴化物后,即转变为无色。这个褪色反应非常迅速,容易观察,它是验证碳碳双键是否存在的一个特征反应。

$$CH_3CH=CH_2 + Br_2 \xrightarrow{CCl_4} CH_3-\underset{\underset{Br}{|}}{C}H-\overset{\overset{Br}{|}}{C}H_2$$

上述反应是亲电加成反应,但进一步研究发现,烯烃和溴的加成产物主要是反式加成的产物,即两个溴原子是分别从双键所在平面的两边加上去的。为此人们提出了一个溴鎓离子(bromonium ion)中间体的机理过程,具体如下:

由于 $\pi$ 键的存在,烯烃具有给电子性,当溴分子接近烯烃分子时,由于烯烃 $\pi$ 电子的影响,使溴分子发生了极化,即一个溴原子带有部分正电荷,而另一个溴原子则带有部分负电荷。溴的正电荷进一步接近烯烃时,溴的极化程度加深,结果溴分子发生了不均等的异裂,带正电荷的溴原子就和烯烃的一对 $\pi$ 电子结合成 $\sigma$ 单键而成为一个碳正离子,形成的碳正离子缺电子,而另一个碳原子上的溴原子有未共用电子对,它们有可能相互结合而生成环状的溴鎓离子。

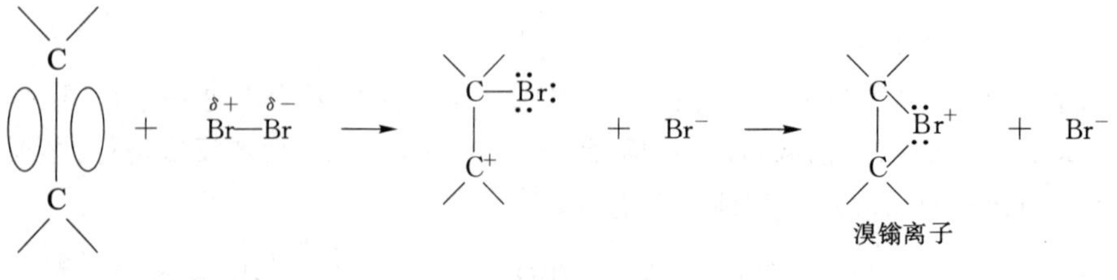

$$\text{（结构式）} + \overset{\delta+}{Br}-\overset{\delta-}{Br} \longrightarrow \text{（结构式）} + Br^- \longrightarrow \text{（结构式）}_{溴鎓离子} + Br^-$$

由于环状离子的存在,考虑空间位阻使第二步溴负离子只能从环的反面和碳原子结合,导致反式加成产物的生成。

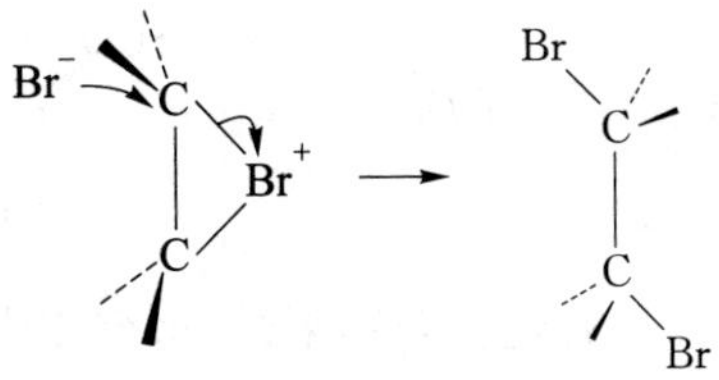

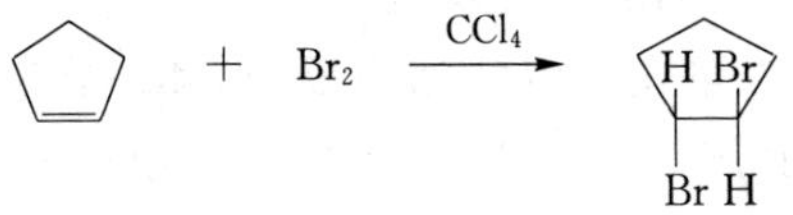

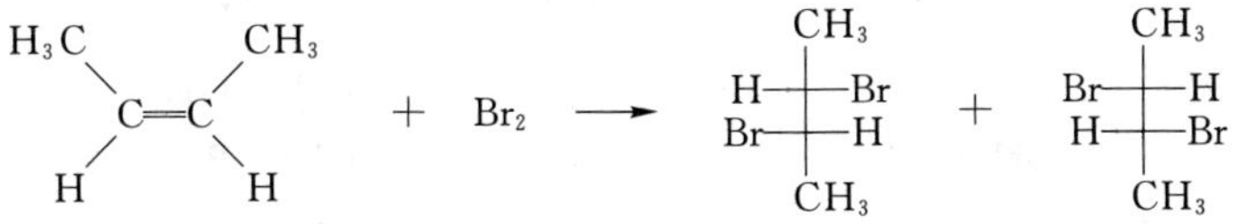

顺-丁-2-烯 　　　　　　　　　　　　　　　　外消旋体

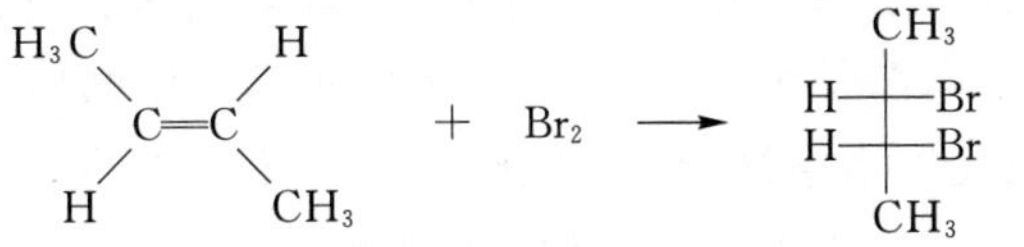

反-丁-2-烯 　　　　　　　　　　　　　　　　内消旋体

另外,由于氯的反应活性较强,与烯烃反应的立体选择性较差,不能得到立体专一的产物,也就是烯烃与氯加成产物中顺式、反式产物都有。氟与烯烃反应相当剧烈,反应中烃会发生分解,碘与烯烃的反应生成的二碘化物极不稳定,在室温下容易脱 $I_2$ 而使反应逆向进行。

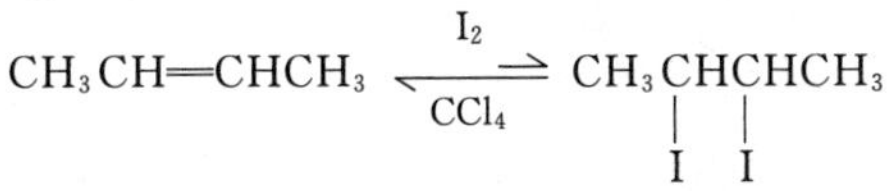

$$CH_3CH\!=\!\!CHCH_3 \underset{CCl_4}{\overset{I_2}{\rightleftharpoons}} CH_3CHCHCH_3$$

｜  ｜<br>I   I

### 5. 与 HOX 的加成

烯烃和卤素(溴或氯)在水溶液中可起加成反应,生成卤代醇,同时也有相当多的二卤代物生成。

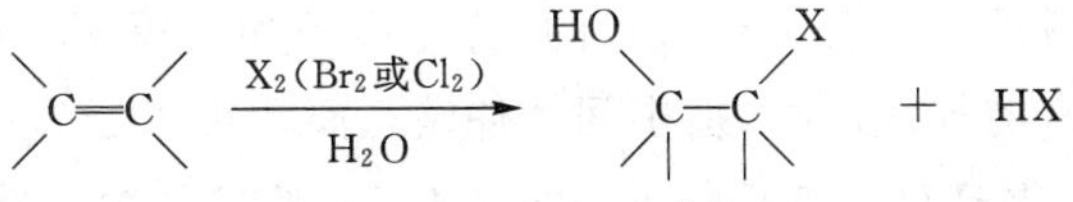

卤代醇

这个加成反应的结果使双键上加上了一分子次溴酸或一分子次氯酸,所以也叫做和次卤酸加成,但是实际上反应只是烯烃和卤素在水溶液中进行的结果,这个反应也是一个亲电加成反应。反应的第一步不是质子的加成,而是卤素正离子的加成,所以当不对称烯烃发生"次卤酸加成"时,按照马氏规则,带正电荷的卤素加到连有较多氢原子的双键碳原子上,羟基则加在连有较少氢原子的双键碳原子上。

$$\underset{\substack{| \\ H_3C}}{\overset{\substack{H_3C \\ |}}{C}}=CH_2 \quad + \quad HOCl \quad \longrightarrow \quad \underset{\substack{| \\ H_3C \quad OH}}{\overset{\substack{H_3C \\ |}}{C}}-CH_2-Cl$$

对于不溶于水的烯烃或其他有机化合物来说,这个加成反应需在某些具有极性的有机溶剂中进行,以便于它们的溶解和反应。

烯烃和溴在有机溶剂中可发生溴的加成反应,和溴在有水存在的有机溶剂中,则发生 HO—Br 加成,得到的产物除溴代醇外,还有二溴代物。如果在溴的氯化钠水溶液中,得到的产物更为混杂,除以上两种产物外,还有一氯代物生成。例如:

$$CH_2=CH_2 \quad \xrightarrow[H_2O,NaCl]{Br_2} \quad \begin{cases} Br-CH_2-CH_2-OH \\ Br-CH_2-CH_2-Br \\ Br-CH_2-CH_2-Cl \end{cases}$$

在氯化钠水溶液中,乙烯不发生任何加成,所以上述的混杂加成,特别是一氯代加成产物的生成,表明它们都是亲电加成,先生成碳正离子中间体,第二步才是负离子的反式加成。在溴的氯化钠水溶液中,溴离子、氯离子和水分子并存,彼此竞争,它们都有机会加到碳原子上去,所以得到了各种加成产物。

值得重视的是上述烯烃的各种亲电加成反应(与 HX,H₂O,X₂,H₂SO₄ 等)中生成的活性中间体(activated intermediate)都是碳正离子,碳正离子在有机反应中常常会有重排现象(rearrangement)产生。例如:

$$\underset{CH_3-\overset{\substack{CH_3 \\ |}}{C}HCH=CH_2}{} \quad + \quad HBr \quad \xrightarrow{CCl_4} \quad \underset{\substack{| \\ Br \\ 主要产物}}{\overset{\substack{CH_3 \\ |}}{CH_3-C}-CH_2CH_3} \quad + \quad \underset{\substack{| \\ Br}}{\overset{\substack{CH_3 \\ |}}{CH_3-CHCHCH_3}}$$

$$\underset{\substack{| \\ CH_3}}{\overset{\substack{CH_3 \\ |}}{CH_3-C}CH=CH_2} \quad + \quad HCl \quad \longrightarrow \quad \underset{\substack{| \\ Cl \\ 83\%}}{(CH_3)_2CCH(CH_3)_2} \quad + \quad \underset{\substack{| \\ Cl \\ 17\%}}{(CH_3)_3CCHCH_3}$$

烯烃的亲电加成反应是分两步进行的,首先质子加成得到仲碳正离子,该碳正离子与 Br⁻ 结合得正常的加成产物,但中间体仲碳正离子可以通过相邻碳原子上的 H⁻ 或 R⁻ 迁移(即重排)得到稳定性更好的叔碳正离子,然后与 Br⁻ 结合得到经重排的主要产物。

$$\underset{\substack{| \\ H}}{\overset{\substack{CH_3 \\ |}}{CH_3-\overset{+}{C}-CHCH_3}} \quad \xrightarrow[\text{(重排)}]{H^-1,2-迁移} \quad \underset{}{\overset{\substack{CH_3 \\ |}}{CH_3-C-\overset{+}{C}H_2CH_3}} \quad \xrightarrow{Br^-} \quad \underset{\substack{| \\ Br \\ 主要产物}}{\overset{\substack{CH_3 \\ |}}{CH_3-C-CH_2CH_3}}$$

同理,3,3-二甲基丁烯与 HCl 的加成,也发生了重排。

$$CH_3-\overset{\underset{\displaystyle CH_3}{|}}{\underset{\underset{\displaystyle CH_3}{|}}{C}}-CH=CH_2+H^+ \longrightarrow CH_3-\overset{\underset{\displaystyle CH_3}{|}}{\overset{+}{C}}-CHCH_3 \xrightarrow[\text{(重排)}]{CH_3^-1,2-迁移} \overset{CH_3\,CH_3}{\underset{\overset{+}{C}}{CH_3C-CHCH_3}}$$

$$\xrightarrow{Cl^-} (CH_3)_2\underset{\underset{\displaystyle Cl}{|}}{CH}CH(CH_3)_2$$

$$\xrightarrow{Cl^-} (CH_3)_3C-\underset{\underset{\displaystyle Cl}{|}}{CH}-CH_3$$

　　碳正离子重排在有机反应中会时常碰到,常见的重排发生在相邻碳原子上,即 1,2-迁移,经重排后的碳正离子有更好的稳定性。

　　碳正离子重排有时还能使环状化合物发生扩环或缩环。例如:

$$\text{环丁基} \xrightarrow{H^+} \text{环丁基}^+ \longrightarrow \text{环戊基}^+ \xrightarrow{Br^-} \text{产物}$$

### 4.3.2　自由基加成反应

在日光或过氧化物的存在下,烯烃和 HBr 加成的产物正好和马氏规则相反。

$$CH_3-CH=CH_2 + HBr \longrightarrow \begin{cases} \xrightarrow[\text{符合马氏规则}]{\text{无日光或无过氧化物}} CH_3-\underset{\underset{\displaystyle Br}{|}}{CH}-CH_3 \\[2mm] \xrightarrow[\text{反马氏规则}]{\text{有日光或有过氧化物}} CH_3-CH_2-CH_2-Br \end{cases}$$

　　反马氏规则的加成,又叫做烯烃与 HBr 加成的**过氧化物效应**(peroxide effect),它不是离子型的亲电加成,而是自由基加成。因为过氧化物可分解为烷氧自由基 RO·,这个自由基又可以和 HBr 作用,就引发了溴自由基的生成。

　　链生成:　　　　　　RO:OR $\longrightarrow$　2RO·

　　　　　　　　　　　　RO· + HBr $\longrightarrow$　ROH + Br·

溴自由基加到烯烃双键上,形成了烷基自由基。烷基自由基又可以从溴化氢分子中夺取氢原子,再生成一个新的溴自由基。如此循环,这就是链反应的传递阶段。

　　链增长:　　　　　RCH=CH$_2$　+　Br· $\longrightarrow$　R$\overset{\cdot}{C}$HCH$_2$Br

　　　　　　　　R$\overset{\cdot}{C}$HCH$_2$Br　+　HBr $\longrightarrow$　RCH$_2$CH$_2$Br　+　Br·

因而反应周而复始,直至两个自由基相互结合使链反应终止为止。

　　链终止:　　　　　Br·　+　Br· $\longrightarrow$　Br$_2$

　　　　　R$\overset{\cdot}{C}$HCH$_2$Br　+　R$\overset{\cdot}{C}$HCH$_2$Br $\longrightarrow$　$\underset{\displaystyle RCH-CH_2Br}{RCH-CH_2Br}$

　　　　　R$\overset{\cdot}{C}$HCH$_2$Br　+　Br· $\longrightarrow$　$\underset{\underset{\displaystyle Br}{|}}{RCH}-CH_2Br$

光也能使溴化氢解离为自由基,所以也是一个自由基加成反应,它们的第一步都是溴自由基的加成。丙烯反应后会有两种不同的反应途径。

$$CH_3-CH=CH_2 \ + \ Br\cdot \ \begin{array}{l} \xrightarrow{(1)} \ CH_3\overset{\bullet}{C}HCH_2Br \\[2ex] \xrightarrow{(2)} \ \underset{\underset{Br}{|}}{CH_3CHCH_2\cdot} \end{array}$$

在前面的章节中,已经讨论过自由基的稳定顺序,即

$$叔(3°)\overset{\bullet}{R} > 仲(2°)\overset{\bullet}{R} > 伯(1°)\overset{\bullet}{R} > \overset{\bullet}{C}H_3$$

$$\underset{\overset{|}{CH_3}}{\overset{\overset{CH_3}{|}}{CH_3-C\cdot}} \ > \ \underset{\overset{|}{CH_3}}{\overset{\overset{H}{|}}{CH_3-C\cdot}} \ > \ \underset{\overset{|}{H}}{\overset{\overset{H}{|}}{CH_3-C\cdot}} \ > \ \underset{\overset{|}{H}}{\overset{\overset{H}{|}}{H-C\cdot}}$$

仲碳自由基的稳定性大于伯碳自由基,所以丙烯和溴自由基加成主要采取(1)途径。得到的仲碳自由基再和 HBr 作用,最后生成的是反马氏规则的溴代产物。

$$CH_3-\overset{\bullet}{C}H-CH_2Br \ + \ HBr \longrightarrow CH_3CH_2CH_2Br \ + \ Br\cdot$$

由此可知,自由基加成总是倾向于获得更稳定的烷基自由基。这就是为什么烯烃和溴化氢的自由基加成产物是反马氏规则的。

烯烃不能和 HI 发生自由基加成,这是因为 C—I 键较弱,碘自由基和烯烃的加成是个吸热反应:

$$RCH=CH_2 \ + \ I\cdot \longrightarrow \overset{\bullet}{R}CHCH_2I \qquad \Delta H=39.7 \ kJ\cdot mol^{-1}$$

进行上述加成时,必须克服较大的活化能,这就使链的增长比较困难,所以自由基反应不易进行。烯烃和 HCl 也不发生自由基加成是因为 H—Cl 键太强,均裂 H—Cl 键需要较高的能量,以致 HCl 和烷基自由基的反应也是个吸热反应:

$$\overset{\bullet}{R}CHCH_2Cl \ + \ HCl \longrightarrow RCH_2CH_2Cl \ + \ Cl\cdot \qquad \Delta H=33.5 \ kJ\cdot mol^{-1}$$

此反应进行也需要克服较大的活化能,这就使链的增长不能进行。所以 HI 和 HCl 都不能和烯烃发生自由基加成,只有 HBr 才有过氧化物效应。例如:

### 4.3.3 硼氢化反应

烯烃与乙硼烷($B_2H_6$)作用,可以得到三烷基硼,然后将氢氧化钠水溶液和过氧化氢($H_2O_2$)加到反应混合液中,可以得到醇,这一反应称为**硼氢化反应**(hydroboration reaction),是由美国科学家布朗(Brown C H)首先提出的,布朗因此获得 1979 年诺贝尔化学奖。

由于 $BH_3$ 中硼原子的外层只有六个价电子,分子中有一个未占轨道,可以接受一对电子,是个 Lewis 酸,故可以与烯烃的 π 电子结合,硼原子加在取代基较少因而空间位阻较小的碳原子上,氢原子加在含氢较少的双键碳原子上,加成产物是反马氏规则的。

$$R-CH=CH_2 \; + \; HBH_2 \longrightarrow \underset{\text{一烷基硼}}{RCH_2CH_2BH_2} \longrightarrow \longrightarrow \underset{\text{三烷基硼}}{(RCH_2CH_2)_3B}$$

硼氢化反应的产物可以直接进行氧化反应,氧化剂一般是过氧化氢的氢氧化钠溶液,烷基硼即被氧化和水解为相应的醇。烯烃的硼氢化反应和氧化-水解反应的总结果是双键上加上一分子水,值得注意的是反应的加成产物是反马氏规则的。最终是氢原子加在含氢较少的双键碳原子上,羟基加在了含氢较多的双键碳原子上,因此它是制备醇特别是伯醇的一个好方法。

$$(RCH_2CH_2)_3B \xrightarrow{H_2O_2/OH^-} RCH_2CH_2OH$$

该反应并未检测到有重排产物的生成,因此碳正离子不是反应中间体。

此外,硼氢化反应还是一步完成的一个**顺式加成**(syn-addition)过程,顺-1,2-二甲基环戊烯经硼氢化反应后生成顺-1,2-二甲基环戊醇。

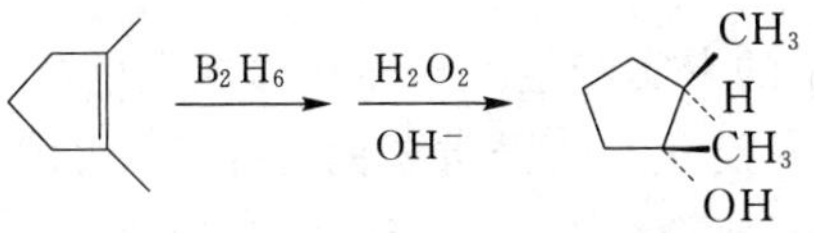

硼烷中的硼原子是缺电子原子,要进攻双键的 π 电子,因此硼原子会加到更富电子的双键碳原子上,缺电子的碳原子立即和硼原子上的氢原子相连,硼原子与氢原子几乎是同时加到双键碳原子上,即一步协同反应,形成一个四中心过程,此时,硼原子和氢原子在双键的同一面作用,得到的是顺式加成产物。

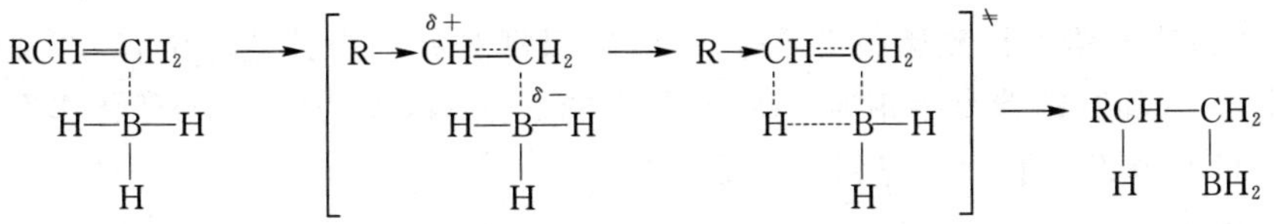

除了电子因素外,硼氢化反应中的立体位阻也是一个重要的因素,硼原子较易和双键上位阻小的碳原子作用。在硼氢化反应中,电子效应和立体效应的方向正好是一

致的。因此,硼氢化反应表现出很好的位置选择性和反马氏规则性。例如:

$$(CH_3)_2C=CHCH_3 \xrightarrow[\text{(2) } H_2O_2,OH^-]{\text{(1) } (BH_3)_2}$$

$$
\begin{array}{c}
CH_3 \\
H \underline{\quad\quad} OH \\
CH(CH_3)_2
\end{array}
\quad + \quad
\begin{array}{c}
CH_3 \\
HO \underline{\quad\quad} H \\
CH(CH_3)_2
\end{array}
$$

(以Fischer投影式表示)

### 4.3.4  与卡宾的反应

卡宾(carbene)是中性的二价碳化合物 $R_2C$:,卡宾中的碳原子只用了两个成键轨道和两个基团结合,碳原子上还有两个电子,因此,这是一个极为活泼仅瞬间存在的活性中间体,比一般的离子或自由基更不稳定。卡宾系列中最简单的是亚甲基卡宾 $H_2C$:,其他卡宾可看成取代的亚甲基卡宾。根据 IUPAC 的命名规则,卡宾用 ylidene 来命名,如 $X_2C$:,dihaloylidene(二卤卡宾);$CH_3CH$:,ethylidene(甲基卡宾)等,通常所称的卡宾即指亚甲基卡宾 $H_2C$:。

卡宾可由重氮甲烷 $CH_2N_2$(参见 12.5)或乙烯酮 $CH_2CO$ 光解产生。

$$CH_2=\overset{+}{N}=\overset{-}{N} \xrightarrow{h\nu} H_2C\text{:} + N_2$$

$$CH_2=C=O \xrightarrow{h\nu} H_2C\text{:} + CO$$

氯仿在强碱如叔丁醇钾等的作用下可以产生二氯卡宾,反应中,H 和 Cl 在同一碳原子上消去,故又称此消除反应为 1,1-消除反应或 $\alpha$-消除反应。

$$HCCl_3 \xrightarrow{t-\text{BuOK}} Cl_2C\text{:}$$

在烯烃存在下,缺电子的卡宾产生后立即和烯烃发生反应,生成环丙烷,故该反应称为环加成反应。这是卡宾类化合物最重要的一个反应,即对碳碳双键的加成反应。卡宾和烯烃的加成反应是最重要的制备三元环的反应之一。

$$\text{环己烯} \xrightarrow[\text{NaOH/TEBA}]{CHCl_3} \text{双环产物(Cl,Cl)}$$

### 4.3.5  $\alpha$-H 的反应

虽然碳碳双键远比碳碳单键活泼,但碳碳双键对分子中其他部位有一定的影响,特别对 $\alpha$-C(和双键碳直接相连的碳原子)上的 $\alpha$-H(碳上的氢原子)活化作用十分明显。$\alpha$-H 容易发生取代反应和氧化反应。

**1. 卤化**

含有 $\alpha$-H 的烯烃,在高温条件下,可以被卤素($Cl_2$,$Br_2$)取代,得到 $\alpha$-卤代烯烃。反应经过自由基取代过程。

$$CH_2{=}CHCH_3 + Br_2 \xrightarrow{\displaystyle \text{CCl}_4} \begin{array}{c} CH_2{-}CH{-}CH_3 \\ | \quad | \\ Br \quad Br \end{array}$$

$$\xrightarrow{400\ ℃} CH_2{=}CH{-}CH_2Br + HBr$$

烯烃 $\alpha$-H 自由基取代反应历程如下：

$$Br_2 \xrightarrow{\triangle} 2Br\cdot$$

$$CH_2{=}CH{-}CH_3 + Br\cdot \longrightarrow CH_2{=}CH{-}\overset{\cdot}{C}H_2 + HBr$$

$$CH_2{=}CH{-}\overset{\cdot}{C}H_2 + Br_2 \longrightarrow CH_2{=}CH{-}CH_2Br + Br\cdot$$

在高温气相中，卤素容易发生均裂得到卤素自由基，然后夺取一个 $\alpha$-H，形成烯丙基自由基（依前面所学，稳定性次序：烯丙基自由基＞叔碳自由基＞仲碳自由基＞伯碳自由基＞甲基自由基），最后与一分子卤素作用，得到取代产物和新的卤素自由基。

为什么卤素自由基不与烯烃双键发生自由基加成呢？这是因为在高温条件下，卤素自由基与烯烃双键的加成是可逆过程，而高温下 C—H $\sigma$ 键的破裂却是一个不可逆过程。

$$Br\cdot + CH_3CH{=}CH_2 \underset{\text{高温}}{\overset{\text{高温}}{\rightleftharpoons}} CH_3\overset{\cdot}{C}HCH_2Br \qquad \text{可逆}$$

$$\downarrow \text{高温}$$

$$\overset{\cdot}{C}H_2CH{=}CH_2 \xrightarrow{Br_2} BrCH_2CH{=}CH_2 \qquad \text{不可逆}$$

从丁-1-烯与氯发生 $\alpha$-H 取代反应，可以得到一定量的 1-氯丁-2-烯异构体，这能说明烯丙基自由基存在很强的共轭效应，这一现象称为 **烯丙位重排**。

$$CH_2{=}CHCH_2CH_3 \xrightarrow{Cl\cdot} CH_2{=}CH\overset{\cdot}{C}HCH_3 \underset{\text{重排}}{\longleftrightarrow} \overset{\cdot}{C}H_2CH{=}CHCH_3$$

$$\downarrow Cl_2 \qquad\qquad\qquad\qquad\qquad \downarrow Cl_2$$

$$CH_2{=}CHCHClCH_3 \qquad\qquad ClCH_2CH{=}CHCH_3$$

有些烯烃需要在溶液中进行 $\alpha$-H 取代反应，可以采用 N-溴代丁二酰亚胺

（ N—Br ，NBS）作为溴代试剂进行反应。

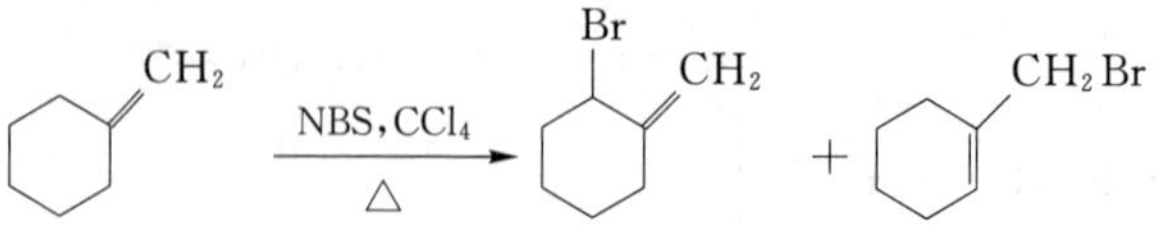

2. 氧化

烯烃的 α－H 易被氧化，丙烯在一定条件下可被空气催化氧化为丙烯醛。但在不同条件下，丙烯还可被氧化为丙烯酸。

$$CH_2{=}CH{-}CH_3 + \frac{3}{2}O_2 \xrightarrow[400\ ^\circ C]{MoO_3} CH_2{=}CH{-}COOH + H_2O$$

丙烯的另一个特殊的氧化反应是在氨存在下的氧化反应，叫做氨氧化反应，由此可以得到丙烯腈。

$$CH_2{=}CH{-}CH_3 + \frac{3}{2}O_2 + NH_3 \xrightarrow[470\ ^\circ C]{\text{磷钼酸铋}} CH_2{=}CH{-}CN + 3H_2O$$

丙烯醛、丙烯酸和丙烯腈的分子中仍具有双键，它们可以作为高分子材料的单体进行聚合反应（参见 4.3.9），得到不同性质和用途的高聚物，所以它们都是重要的有机合成原料。

**思考题 4－3** 下列反应中，哪一个反应涉及碳正离子中间体，哪一个反应涉及碳自由基中间体？

（1）

（2）

（3）$CH_3CH{=}CH_2 \xrightarrow[ROOR]{HBr} CH_3CH_2CH_2Br$

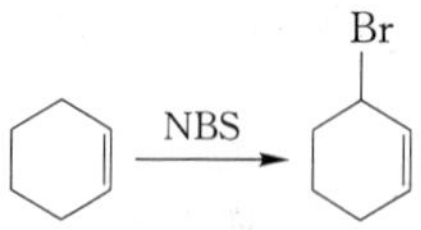

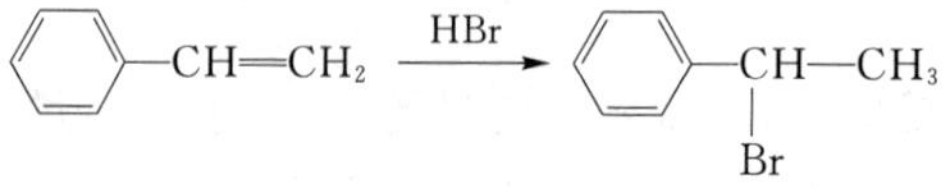

### 4.3.6 氧化反应

烯烃可被多种氧化剂氧化，按所用氧化剂和反应条件的不同，主要在双键位置上发生反应，得到各种氧化物。

1. 用空气催化氧化

工业上，在银或氧化银催化剂的存在下，乙烯可被空气催化氧化为它的环氧化物——**环氧乙烷**。

$$CH_2{=}CH_2 + \frac{1}{2}O_2 \xrightarrow[250\ ^\circ C]{Ag} \underset{\diagdown O \diagup}{CH_2{-}CH_2}$$

以空气催化氧化丙烯（含 α－H 的烯烃）则得到的是丙烯的甲基被氧化的产物，即丙烯醛（参见 4.3.5）。

$$CH_2{=}CH{-}CH_3 + O_2 \xrightarrow[370\ ℃]{CuO} CH_2{=}CH{-}CHO + H_2O$$

用过氧酸氧化烯烃生成环氧化物,过氧酸是一类含有过氧羧基 $-\overset{\overset{\displaystyle O}{\|}}{C}-O-OH$ 的化合物。过氧酸和烯烃加成时产生的两个碳氧键是同时形成的,因此产物仍然保持烯烃原来的构型,顺式或反式的烯烃生成顺式或反式的环氧乙烷,而且过氧酸是从位阻较小的一面进攻烯烃的,多取代的烯烃双键电荷密度大,更易反应。

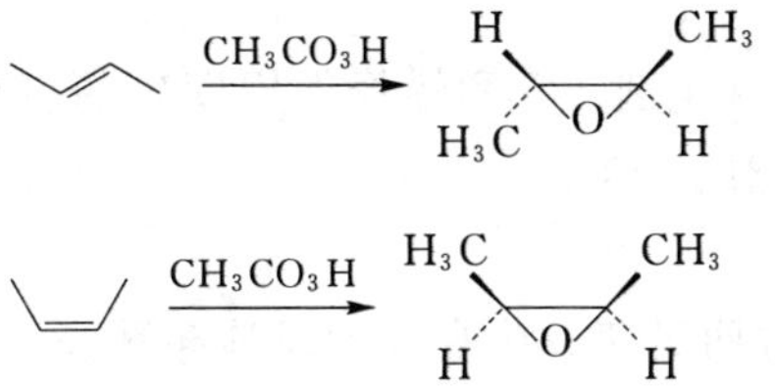

### 2. 用稀、冷高锰酸钾氧化

烯烃在碱性或中性条件下,用稀、冷高锰酸钾溶液氧化,可以得到双键被两个羟基加成的二元醇产物。相似的反应可以用四氧化锇($OsO_4$)与烯烃反应,然后用 $Na_2SO_3$ 或 $NaHSO_3$ 处理。

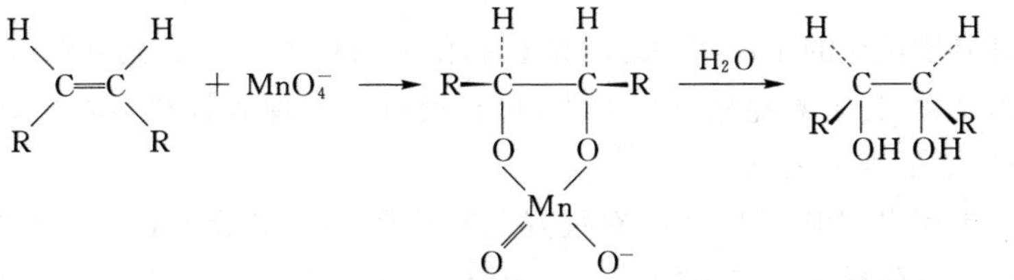

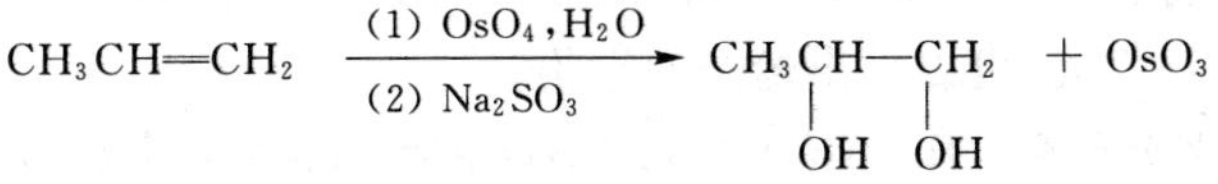

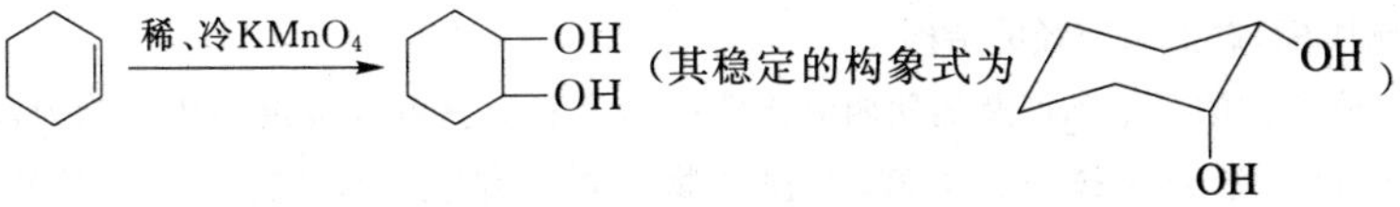

$$CH_3CH{=}CH_2 \xrightarrow[(2)\ Na_2SO_3]{(1)\ OsO_4,H_2O} \underset{\underset{OH\ \ OH}{}}{CH_3CH{-}CH_2} + OsO_3$$

上述反应生成的二元醇均为顺式产物。高锰酸钾碱性水溶液由紫色变为无色,同时产生 $MnO_2$ 褐色沉淀。

烯烃的氧化反应是制备邻二醇最重要的方法,可以根据产物顺反构型的要求选择不同的试剂来控制反应的立体化学。例如:

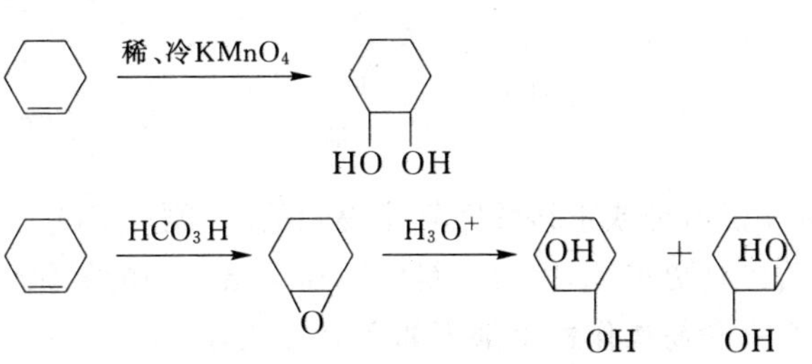

### 3. 用酸性高锰酸钾氧化

在酸性高锰酸钾存在下,第一步生成的邻二醇会继续氧化,发生烯烃碳碳双键的断裂,生成羧酸、酮或 $CO_2$。

**实验视频:** 苯乙烯与高锰酸钾反应

$$CH_3CH_2CH{=\!=}CH_2 \xrightarrow[H^+]{KMnO_4} CH_3CH_2COOH + CO_2 + H_2O$$

$$\text{（环己烯）}{-}CH_3 \xrightarrow[H^+]{KMnO_4} CH_3\overset{O}{\overset{\|}{C}}CH_2CH_2CH_2CH_2COOH$$

重铬酸钾也是一种强氧化剂。它和烯烃作用发生的氧化断裂反应与用酸性高锰酸钾氧化一样生成羧酸、酮或 $CO_2$。

### 4. 用臭氧氧化

烯烃和臭氧($O_3$)定量而迅速发生臭氧化反应生成臭氧化物(ozonide),臭氧化物不稳定,易爆炸,不经分离而直接水解,生成醛或酮及过氧化氢。

$$\underset{H}{\overset{R}{\diagdown}}C{=\!=}C\underset{R''}{\overset{R'}{\diagup}} + O_3 \longrightarrow \underset{H}{\overset{R}{\diagdown}}C{=\!=}O + O{=\!=}C\underset{R''}{\overset{R'}{\diagup}} + H_2O_2$$

因为臭氧化反应的水解产物之一是过氧化氢($H_2O_2$),过氧化氢在溶液中可以将刚生成的醛氧化,为了避免副反应发生,可在反应液中加入锌粉或在催化剂(Pt,Pd,Ni)存在下向溶液通入氢气。

烯烃结构和臭氧化反应产物有很好的对应关系。烯烃上 $H_2C{=\!=}$ 将转化为甲醛 HCHO,$RCH{=\!=}$ 将转化为醛 RCHO,而 $RR'C{=\!=}$ 将转化为酮 $RR'C{=\!=}O$。因此,根据臭氧化物的水解产物组成,可以推出烯烃的结构。

例题 4-1 某烃分子式 $C_6H_{12}$,能使四氯化碳的溴溶液褪色,经臭氧化水解反应可得到一分子丙酮和一分子丙醛,试推测该烃的结构。

解:依据分子式的不饱和度及能使四氯化碳的溴溶液褪色可以确定该化合物为烯烃。经臭氧化水解反应得到一分子酮和一分子醛,根据产物与烯烃结构的对应关系,可推知烯烃结构为

$$\underset{R'}{\overset{R}{\diagdown}}C{=\!=}C\underset{H}{\overset{R''}{\diagup}}$$

,结合臭氧化分解产物可得出原烯烃的结构式为

$$\underset{H_3C}{\overset{H_3C}{\diagdown}}C{=\!=}C\underset{H}{\overset{CH_2CH_3}{\diagup}}$$

2-甲基戊-2-烯

虽然也可以从高锰酸钾或重铬酸钾氧化得到的酸、酮或 $CO_2$ 来测定烯烃的结构,但是,用臭氧的方法更好更单纯,因为高锰酸钾和重铬酸钾的氧化性太强,对其他不少官能团也有作用,产率和易操作性也都不如臭氧方法好。

### 4.3.7 还原反应(催化加氢)

烯烃加氢生成烷烃,这是制备烷烃的一个方法。氢化反应是放热反应,但反应的活化能比较大,因此仅将烯烃和氢混合,还不能使反应发生,反应需在催化剂(Pt,Pd,Ni 等)作用下,通过降低反应的活化能才能进行。

$$CH_3CH\!=\!CHCH_3 \ + \ H_2 \ \xrightarrow{\ Pt/C\ } \ CH_3CH_2CH_2CH_3$$

$$\bigodot \xrightarrow{\ H_2/Ni\ } \bigodot$$

不饱和化合物氢化反应后放出的热称为氢化热,催化剂只是降低了反应的活化能,对氢化热无任何影响。下列三种烯烃异构体,经加氢后得到的是相同的产物,可以分别测出它们的氢化热(heat of hydrogenation)$\Delta H^{\ominus}$ 的大小,判断不同烯烃异构体的能量高低,进一步推知各类烯烃的稳定性。

$$CH_3\!\!-\!\!\overset{\overset{\displaystyle CH_3}{|}}{C}HCH\!=\!CH_2 \ + \ H_2 \ \xrightarrow{\ Pt/C\ } \ CH_3\!\!-\!\!\overset{\overset{\displaystyle CH_3}{|}}{C}HCH_2CH_3 \qquad \Delta H^{\ominus}=-126.8 \ \text{kJ·mol}^{-1}$$

$$CH_2\!\!=\!\!\overset{\overset{\displaystyle CH_3}{|}}{C}CH_2CH_3 \ + \ H_2 \ \xrightarrow{\ Pt/C\ } \ CH_3\!\!-\!\!\overset{\overset{\displaystyle CH_3}{|}}{C}HCH_2CH_3 \qquad \Delta H^{\ominus}=-119.3 \ \text{kJ·mol}^{-1}$$

$$CH_3\!\!-\!\!\overset{\overset{\displaystyle CH_3}{|}}{C}\!\!=\!\!CHCH_3 \ + \ H_2 \ \xrightarrow{\ Pt/C\ } \ CH_3\!\!-\!\!\overset{\overset{\displaystyle CH_3}{|}}{C}HCH_2CH_3 \qquad \Delta H^{\ominus}=-112.5 \ \text{kJ·mol}^{-1}$$

从上述反应不难看出,双键碳原子连接的烷基越多,烯烃的氢化热就越低,相应的烯烃稳定性就越高。

以同样方式,可以得出反式烯烃比顺式烯烃稳定的结论。

$$\underset{H}{\overset{H_3C}{}}C\!=\!C\underset{CH_3}{\overset{H}{}} \ + \ H_2 \ \longrightarrow \ CH_3CH_2CH_2CH_3 \qquad \Delta H^{\ominus}=-115.5 \ \text{kJ·mol}^{-1}$$

$$\underset{H}{\overset{H_3C}{}}C\!=\!C\underset{H}{\overset{CH_3}{}} \ + \ H_2 \ \longrightarrow \ CH_3CH_2CH_2CH_3 \qquad \Delta H^{\ominus}=-119.7 \ \text{kJ·mol}^{-1}$$

通过对烯烃氢化热的比较,可以得出各类烯烃的稳定性大小顺序:

$$\underset{R}{\overset{R}{}}C\!=\!C\underset{R}{\overset{R}{}} > \underset{R}{\overset{R}{}}C\!=\!C\underset{H}{\overset{R}{}} > \underset{H}{\overset{R}{}}C\!=\!C\underset{R}{\overset{H}{}} > \underset{R}{\overset{R}{}}C\!=\!C\underset{H}{\overset{H}{}} > \underset{R}{\overset{R}{}}C\!=\!CH_2$$

$$> RCH\!=\!CH_2 \ > \ CH_2\!=\!CH_2$$

关于烯烃催化加氢的过程,一般认为该还原反应是在催化剂表面进行的。金属Pt,Pd,Ni 对氢气有很好的吸附作用,金属提供电子,与氢原子结合形成金属-氢键,使氢气分子中的 H—H 键断裂。当烯烃分子靠近金属催化剂表面时,与被吸附的氢原子接触,双键被同时加氢,因此氢化产物以顺式加成产物为主。

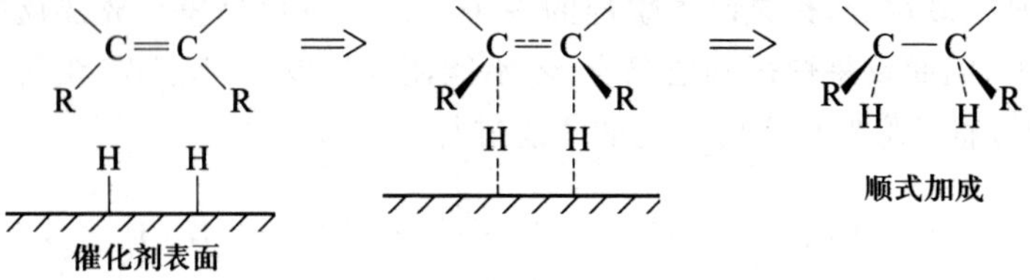

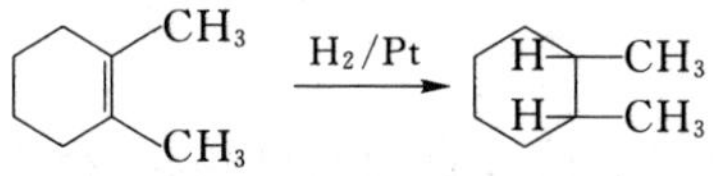

烯烃双键上的取代基越少,氢化反应速率越快,这与空间位阻有关。因此可以对有不同取代程度的含多个双键的烯烃化合物进行选择性还原。

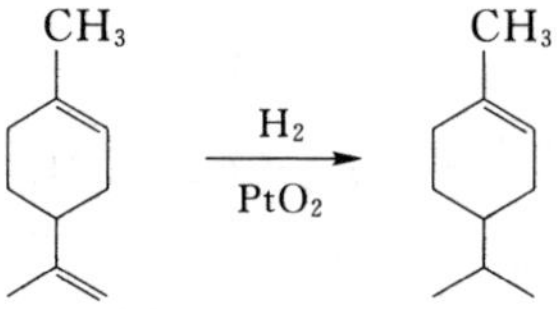

**思考题 4-4**  将下列化合物按稳定性由大到小的顺序排列。

(1)   (2) 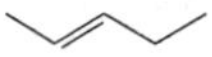  (3)

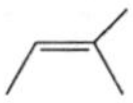

### 4.3.8  复分解反应

选读内容:复分解反应

### 4.3.9  聚合反应

由小分子化合物经过相互作用生成高分子化合物的反应称为**聚合反应**(polymerization),所得到的产物称为**高聚物**。聚合反应的发现导致了一门新学科——高分子化学的诞生,而高聚物的应用改变了人类生活的世界。聚合反应按反应类型可分为两大类:一类为**缩合聚合**(简称缩聚),属逐步聚合反应;另一类为**加成聚合**(简称加聚),属链式聚合反应。聚合反应中,参加反应的最小单位——小分子化合物称为**单体**。烯烃单体通过双键断裂而相互加成形成高分子,称为**加聚反应**。由加聚反应生成的**聚合物**称为**加聚物**。**聚乙烯**(PE)、**聚丙烯**(PP)是目前最大宗、最典型的加聚物。

$$n\ CH_2\!=\!CH_2 \longrightarrow \begin{array}{c} \left[ CH_2\!-\!CH_2 \right]_n \end{array}$$

乙烯　　　　　　　　　聚乙烯

$$n\ CH_2\!=\!CH\!-\!CH_3 \longrightarrow \begin{array}{c} \left[ CH_2\!-\!CH \right]_n \\[2pt] \quad\quad\ \ | \\[1pt] \quad\quad\ CH_3 \end{array}$$

丙烯　　　　　　　　　聚丙烯

　　烯烃在聚合过程中，$\pi$ 键断裂，断裂的 $\pi$ 键相互连接在一起，生成 $\sigma$ 键。由于 $\pi$ 键键能小于 $\sigma$ 键键能，故总体上是放热反应，一经引发，反应即容易进行。反应的结果是生成相对分子质量达几十万、几百万的高分子化合物。在阐述高聚物相对分子质量的时候，必须将其与小分子相对分子质量的概念严格区分。高分子的相对分子质量是一组同系物相对分子质量的平均值。因为在聚合反应中生成的大分子实际上是许多相对分子质量不同的聚合物的混合物。相同的单体，不同的反应条件，所得到的"混合物"的平均相对分子质量不同，"混合物"中各种相对分子质量聚合物的相对数量也不同（相对分子质量分布）。因此，所得到的聚合物材料的性能存在差异。

　　以聚乙烯为例，工业上有低密度聚乙烯（LDPE）和高密度聚乙烯（HDPE）两大类产品。低密度聚乙烯是由高纯度乙烯单体，在微量氧（或空气）、有机或无机过氧化物等引发剂作用下，于 $98\sim343$ MPa 和 $150\sim330$ ℃条件下，经自由基聚合反应而成。低密度聚乙烯的平均相对分子质量为 $25\,000\sim50\,000$，密度为 $0.92\sim0.94$ g·cm$^{-3}$，比较柔软。高密度聚乙烯是由高纯度乙烯单体，在金属有机络合物或金属氧化物为主要组分的载体型或非载体型催化剂作用下，于常压至几兆帕下，采用溶液法、淤浆法或气相流化床法进行聚合而成，密度为 $0.914\sim0.965$ g·cm$^{-3}$，比较坚硬，平均相对分子质量为 $10\,000\sim300\,000$。聚乙烯耐酸、耐碱、耐腐蚀，具有优良的电绝缘性能。低密度聚乙烯主要用于制造薄膜，而高密度聚乙烯主要用于制造中空硬制品。

　　聚丙烯也是工业上大宗的塑料产品，生产量仅次于聚乙烯。聚丙烯比聚乙烯有更好的耐热性，由于其结晶性，可制成纤维丙纶。

　　乙烯和丙烯还可共同聚合发生共聚反应，生成优质价廉的弹性体乙丙橡胶。

$$n\ CH_2\!=\!CH_2 + n\ CH_2\!=\!CH\!-\!CH_3 \longrightarrow \begin{array}{c} \left[ CH_2\!-\!CH_2\!-\!CH\!-\!CH_2 \right]_n \\[2pt] \qquad\qquad\qquad | \\[1pt] \qquad\qquad\quad CH_3 \end{array}$$

乙烯　　　　　丙烯　　　　　　　　　　乙烯丙烯共聚物（乙丙橡胶）

　　常见烯烃类高聚物有聚氯乙烯（PVC）、聚丁二烯（PB）和聚苯乙烯，它们可分别制成合成橡胶或塑料制品。

　　（1）聚氯乙烯（PVC）

$$n\ \begin{array}{c} CH_2\!=\!CH \\[2pt] \quad\ | \\[1pt] \quad Cl \end{array} \longrightarrow \begin{array}{c} \left[ CH_2\!-\!CH \right]_n \\[2pt] \qquad\ | \\[1pt] \qquad Cl \end{array}$$

（2）聚丁二烯（PB）

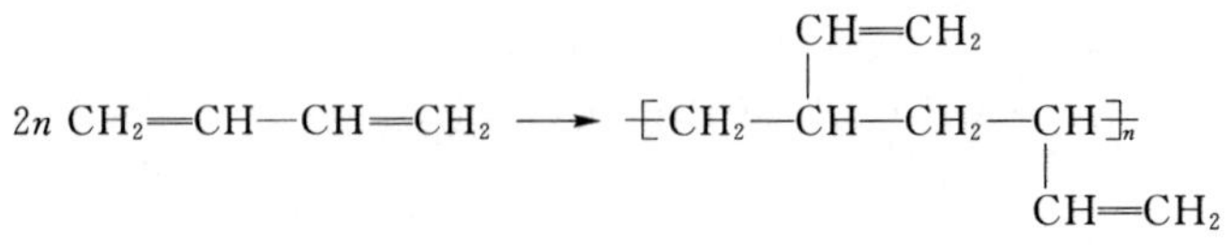

$$2n\ CH_2=CH-CH=CH_2 \longrightarrow \begin{matrix} CH=CH_2 \\ | \\ \{CH_2-CH-CH_2-CH\}_n \\ | \\ CH=CH_2 \end{matrix}$$

（3）聚苯乙烯

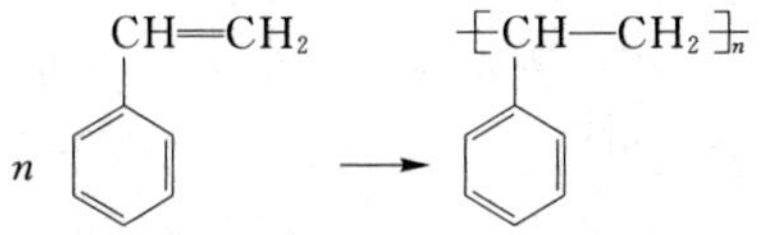

在一定条件下，烯烃还可以进行由两个、三个或少数分子进行的聚合，得到的聚合物叫二聚体、三聚体……它们属于小分子化合物。例如，异丁烯被 50% 的硫酸吸收，100 h 后可得二聚体。

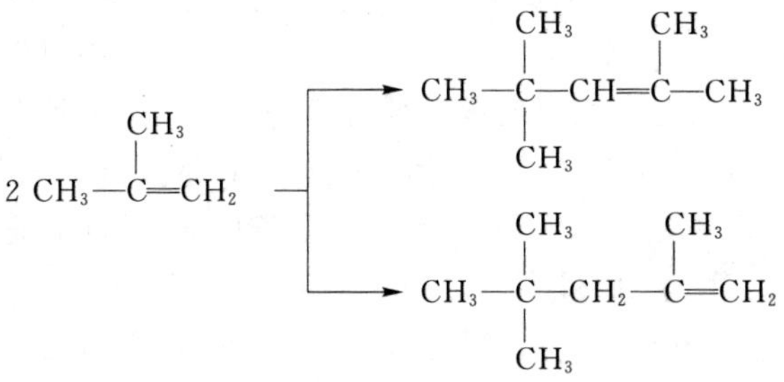

## 4.4 烯烃的制备

### 4.4.1 烯烃的工业制备

乙烯、丙烯和丁烯等低级烯烃都是化学工业的重要原料。过去它们主要是从石油炼制过程中产生的炼厂气和热裂气中分离得到，随着石油化学工业迅速的发展，现在低级烯烃主要是通过石油的各种馏分裂解和原油直接裂解得到。例如：

$$C_6H_{14} \xrightarrow{700\sim900\ ℃} CH_4 + CH_2=CH_2 + CH_3-CH=CH_2 + 其他$$
$$\quad\quad\quad\quad\ 15\%\quad\quad 40\%\quad\quad\quad 20\%\quad\quad\quad 25\%$$

原料不同或裂解条件不同，得到各种烯烃的比例也不同。

### 4.4.2 烯烃的实验室制备

实验室制备烯烃主要是由醇脱水或卤代烃脱卤化氢制得。

**1. 醇脱水**

醇和酸（如硫酸、磷酸、草酸）一起加热，脱去一分子水而生成烯烃。例如：

$$CH_3CH_2OH \xrightarrow[160\sim170\ ℃]{H_2SO_4} CH_2=CH_2 + H_2O$$

硫酸在反应中既是脱水剂又是催化剂。氢离子首先和醇作用生成锌盐,脱水形成碳正离子,与碳正离子相邻的碳原子再失去一个质子,进而生成烯烃。

$$CH_3CH_2OH \underset{}{\overset{H^+}{\rightleftharpoons}} CH_3CH_2\overset{+}{O}H_2 \underset{}{\overset{-H_2O}{\rightleftharpoons}} CH_3\overset{+}{C}H_2 \overset{-H^+}{\longrightarrow} CH_2{=}CH_2$$

将醇蒸气在高温下通过氧化铝等催化剂也可得到烯烃。例如:

$$CH_3CH_2OH \xrightarrow[350\sim360\,\text{℃}]{Al_2O_3} CH_2{=}CH_2 + H_2O$$

### 2. 卤代烃脱卤化氢

卤代烷在强碱存在下,脱去一分子卤化氢得到烯烃(参见 8.3.2)。例如:

$$\underset{\underset{H\quad Br}{|\quad\ |}}{CH_3CH-CHCH_2CH_3} \xrightarrow[CH_3CH_2OH]{KOH} CH_3CH{=}CHCH_2CH_3$$

除上面两个方法外,邻二卤代物在金属 Zn,Mg 等作用下,失去两个卤原子可生成烯烃。炔烃加氢、季铵盐的裂解(参见 12.2.3)、Wittig(参见 10.4.1)反应等也都是实验室制备烯烃的方法。

小资料:
诺贝尔化学奖
简介(2001 年)

# 习　题

**4-1** 写出下列化合物的结构式。

(1) 2,3-二甲基戊-2-烯

(2) 顺-2,5-二甲基己-3-烯

(3) 反-1,6-二溴己-3-烯

(4) (Z)-4-异丙基-3-甲基辛-3-烯

(5) (E)-2-环己基-3-乙基己-2-烯

(6) 6-氯-3-乙基-7-甲基-环庚-1,4-二烯

**4-2** 用系统命名法命名下列化合物。

(1)
$$\underset{\underset{CH_3}{|}}{CH_3CH_2CHCH_2}\underset{\underset{CH_2CH_2CH_2CH_3}{|}}{C}=\overset{\overset{CH_3}{|}}{C}CH_3$$

(2)

(3)
$$\underset{H_3CH_2CH_2C}{\overset{H_3CH_2C}{\diagdown}}C=C\underset{\diagdown CH_2CH_3}{\overset{\diagup CH_3}{}}$$

(4)

**4-3** 填写下列各反应式的反应条件。

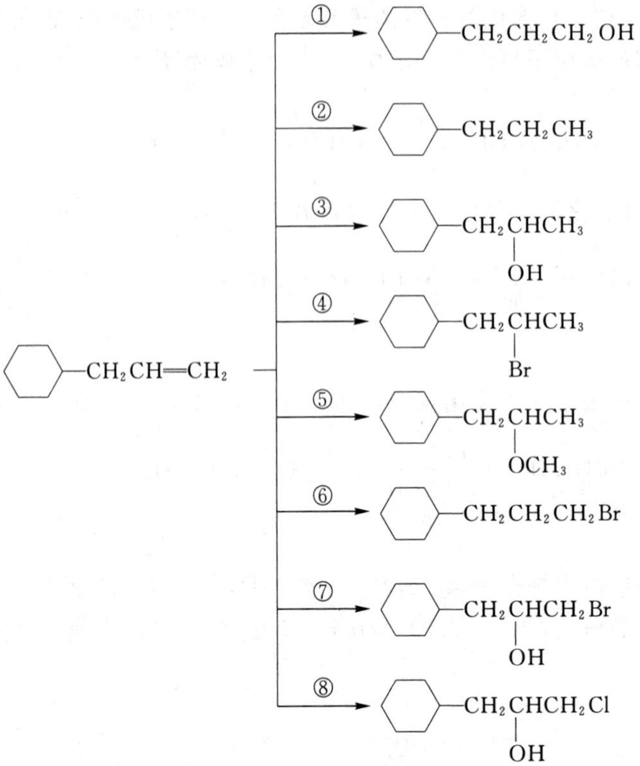

① 〈cyclohexyl〉—CH$_2$CH$_2$CH$_2$OH

② 〈cyclohexyl〉—CH$_2$CH$_2$CH$_3$

③ 〈cyclohexyl〉—CH$_2$CHCH$_3$
　　　　　　　　　　|
　　　　　　　　　OH

④ 〈cyclohexyl〉—CH$_2$CHCH$_3$
　　　　　　　　　　|
　　　　　　　　　Br

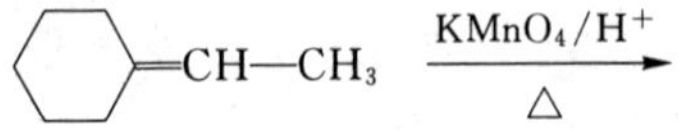

⑤ 〈cyclohexyl〉—CH$_2$CHCH$_3$
　　　　　　　　　　|
　　　　　　　　　OCH$_3$

⑥ 〈cyclohexyl〉—CH$_2$CH$_2$CH$_2$Br

⑦ 〈cyclohexyl〉—CH$_2$CHCH$_2$Br
　　　　　　　　　　|
　　　　　　　　　OH

⑧ 〈cyclohexyl〉—CH$_2$CHCH$_2$Cl
　　　　　　　　　　|
　　　　　　　　　OH

〈cyclohexyl〉—CH$_2$CH=CH$_2$

**4-4** 完成下列反应式。

(1) 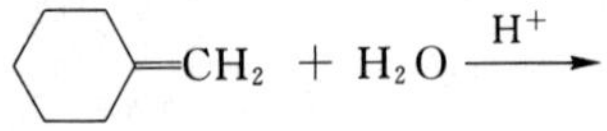 〈cyclohexylidene〉=CH$_2$ + H$_2$O $\xrightarrow{H^+}$

(2) 〈cyclohexylidene〉=CH—CH$_3$ $\xrightarrow[\triangle]{KMnO_4/H^+}$

(3) 〈bicyclic alkene〉 $\xrightarrow[(2)\ Zn,H_2O]{(1)\ O_3}$

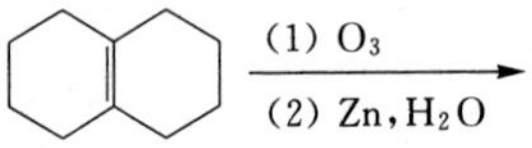

(4)  〈cyclopentene〉 + NBS $\xrightarrow{CCl_4}$

(5) 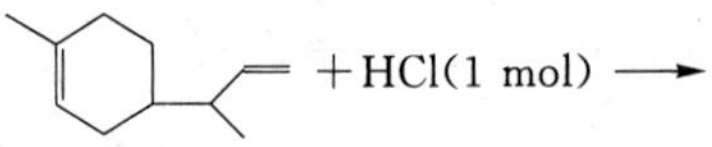 〈methylcyclohexene with isopropenyl〉 + HCl(1 mol) $\longrightarrow$

(6) CH$_3$CH$_2$CH=CH$_2$ $\xrightarrow{H_2SO_4}$ $\xrightarrow{H_2O}$

(7) 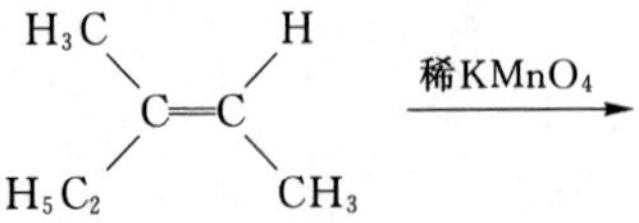 
$$\begin{array}{c} H_3C \\ H_5C_2 \end{array}C=C\begin{array}{c} H \\ CH_3 \end{array} \xrightarrow{稀KMnO_4}$$

(8) (CH$_3$)$_2$CHC=CHCH$_3$ + O$_3$ $\longrightarrow$ $\xrightarrow[Zn]{H_2O}$
　　　　　　　　|
　　　　　　　CH$_3$

(9) 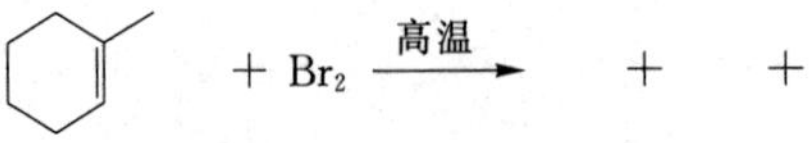 〈methylcyclohexene〉 + Br$_2$ $\xrightarrow{高温}$ ＋ ＋

$$(10) \quad \underset{\text{（环己烯-OCH}_3\text{）}}{} \quad \xrightarrow{\text{HBr}}$$

(11) $n\,H_2C=C(CH_3)CO_2CH_3 \xrightarrow{\text{聚合}}$

**4-5** 简答下列各题。

(1) 指出分子式为 $C_5H_{10}$ 的烯烃的同分异构体中,哪些含有乙烯基、丙烯基、烯丙基、异丙烯基,哪些含有顺反异构体。

(2) 将下列烯烃按照它们相对稳定性大小的次序排列。

反-己-3-烯　　　2-甲基-戊-2-烯　　　顺-己-3-烯　　　2,3-二甲基丁-2-烯　　　己-1-烯

(3) 指出下列化合物中哪一个与 HBr 加成反应速率快,简述理由。

A. 丙烯和 2-甲基丙-1-烯　　　　B. （环己烯） 和 （甲基环己烯）

**4-6** 解释下列反应结果。

(1) $(CH_3)_2CHCH=CH_2 + HBr \longrightarrow \underset{\underset{Br}{|}}{(CH_3)_2CCH_2CH_3} + \underset{\underset{Br}{|}}{(CH_3)_2CHCHCH_3}$

(2) 在甲醇溶液中,溴与乙烯加成不仅产生 1,2-二溴乙烷,而且还产生 2-溴乙基甲醚 $(BrCH_2CH_2OCH_3)$。试以反应式写出反应历程,并说明之。

(3) 下面两个反应位置选择性不同:

A. $CF_3CH=CH_2 \xrightarrow{\text{HCl}} CF_3CH_2CH_2Cl$

B. $CH_3OCH=CH_2 \xrightarrow{\text{HCl}} CH_3OCHClCH_3$

(4) （环戊基异丙烯） $\xrightarrow{\text{HCl}}$ （二甲基氯代环己烷）

**4-7** 推测下列化合物结构。

(1) 某化合物 A,分子式为 $C_{10}H_{18}$,经催化加氢得化合物 B,B 的分子式为 $C_{10}H_{22}$。化合物 A 与过量 $KMnO_4$ 溶液作用,得到三个化合物:

$$\underset{\underset{O}{\|}}{CH_3CCH_3} \qquad \underset{\underset{O}{\|}}{CH_3CCH_2CH_2COH} \qquad \underset{\underset{O}{\|}}{CH_3COH}$$

试写出 A 可能的构造式。

(2) 某烯烃,分子式为 $C_{10}H_{14}$,可以吸收 2 mol $H_2$,臭氧化后得到一个产物:

$$OHCCH_2CH_2CH_2\overset{O}{\overset{\|}{C}}{-}\overset{O}{\overset{\|}{C}}CH_2CH_2CH_2CHO$$

试写出烯烃 $C_{10}H_{14}$ 的构造式。

**4-8** 用反应方程式表示如何从所给的原料得到产物。

(1) 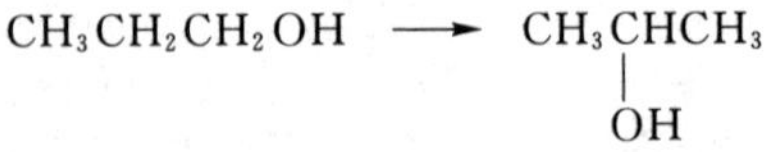 $CH_3CH_2CH_2OH \longrightarrow CH_3CHCH_3$
                                     $|$
                                     $OH$

(2) $CH_3CH{=}CH_2 \longrightarrow CH_3CH_2CH_2OH$

(3)  $CH_3CH{=}CH_2 \longrightarrow CH_2CH{-}CH_2$
                                $|$    $\diagdown O \diagup$
                                $Cl$

本章思考题答案

本章小结

# 第5章 炔烃 二烯烃

炔烃是含有碳碳三键的不饱和烃,二烯烃是含有两个碳碳双键的不饱和烃。炔烃和二烯烃都含有两个不饱和度,通式都为 $C_nH_{2n-2}$。

## 5.1 炔烃的异构和命名

炔烃的构造异构现象也是由于碳链不同和三键位置不同所引起的,但由于在碳链分支的地方不可能有三键存在,所以炔烃的构造异构体比碳原子数目相同的烯烃少。又由于炔烃是线形结构,因此炔烃不存在顺反异构现象。戊炔有三种构造异构体,它比戊烯的构造异构体数目(五个)少。

$$CH_3CH_2CH_2C{\equiv}CH \qquad CH_3CH_2C{\equiv}CCH_3 \qquad CH_3CHC{\equiv}CH$$
$$\phantom{CH_3CH_2CH_2C{\equiv}CH \qquad CH_3CH_2C{\equiv}CCH_3 \qquad CH_3}\overset{|}{C}H_3$$

戊-1-炔              戊-2-炔              3-甲基丁-1-炔
(1-戊炔)              (2-戊炔)             (3-甲基-1-丁炔)

一些简单的炔烃可以作为乙炔的衍生物来命名。例如:

$$CH_2{=}CHC{\equiv}CH \qquad CH_3CH_2C{\equiv}CH \qquad CH_3C{\equiv}CCH_3 \qquad CH_2{=}CHCH_2C{\equiv}CH$$

乙烯基乙炔           乙基乙炔          二甲基乙炔          烯丙基乙炔

复杂炔烃的命名规则与烯烃类似。选择最长的碳链为主链。若主链中包含三键,按主链中所含碳原子数命名为"某炔"。编号从最靠近三键的一端开始。三键位次写在"炔"字之前,用半字线相连。若三键包含在支链中,则该支链作为取代基命名。

$$\overset{Cl}{\underset{|}{\phantom{C}}}\ \overset{CH_3}{\underset{|}{\phantom{C}}} \qquad\qquad\qquad\qquad\qquad C{\equiv}CH$$
$$CH_3CHCHCH_2C{\equiv}CCH_3 \qquad\qquad CH_3CH_2CH_2CHCH_2CH_2CH_3$$

6-氯-5-甲基庚-2-炔                 4-乙炔基庚烷
(5-甲基-6-氯-2-庚炔)                (3-正丙基-1-己炔)

主链中同时存在双键和三键的分子命名为"烯炔"。编号从最靠近双键或三键的一端开始。若双键和三键的编号相同,则使双键具有最小的位次。书写时先烯后炔。

$$CH_3CH{=}CHC{\equiv}CH \qquad\qquad CH{\equiv}CCH_2CH_2CH{=}CH_2$$

戊-3-烯-1-炔                  己-1-烯-5-炔
(3-戊烯-1-炔)                (1-己烯-5-炔)

由炔烃导出的烃基有

$$CH\equiv C-$$

乙炔基(ethynyl)

$$CH_3C\equiv C-$$

丙-1-炔基(prop-1-ynyl)
(或丙炔基)

$$CH\equiv CCH_2-$$

丙-2-炔基(prop-2-ynyl)
(或炔丙基)

**思考题 5-1** 写出 $C_6H_{10}$ 的炔烃异构体,并用系统命名法命名。

## 5.2 炔烃的结构

炔烃的结构特征是分子中含有碳碳三键。X 射线衍射和电子衍射等物理方法测定,乙炔分子是一个线形分子,四个原子都排布在同一条直线上,分子中各键的键长与键角如下所示:

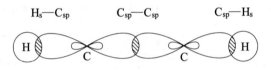

乙炔分子的结构

在乙炔分子中,两个碳原子各形成了两个对称的 $\sigma$ 键,它们分别是 $C_{sp}-C_{sp}$ 键和 $C_{sp}-H_s$ 键,如图 5-1 所示。

$$H_s-C_{sp} \qquad C_{sp}-C_{sp} \qquad C_{sp}-H_s$$

图 5-1 乙炔分子中的 $\sigma$ 键

乙炔分子的每个碳原子还各有两个相互垂直的 p 轨道,不同碳原子的 p 轨道又是相互平行的,这样,一个碳原子的两个 p 轨道与另一个碳原子相对应的两个 p 轨道,在侧面重叠形成了两个碳碳 $\pi$ 键,如图 5-2 所示,两个 $\pi$ 键的电子云对称分布于碳碳 $\sigma$ 键键轴的周围,类似圆筒形状,如图 5-3 所示。

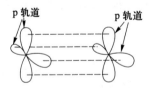

图 5-2 乙炔分子中的 $\pi$ 键

图 5-3 乙炔分子中的圆筒形状的 $\pi$ 电子云

由此可见,碳碳三键是由一个 $\sigma$ 键和两个 $\pi$ 键组成的。乙炔的碳碳三键的键能最大,但仍比单键键能的三倍数值要低得多。

和 p 轨道相比较,s 轨道上的电子更接近原子核。一个杂化轨道的 s 成分越多,则在此杂化轨道上的电子也越接近原子核。由于乙炔分子中的 C—H 键是 $\sigma_{sp-s}$ 键,而 sp 杂化轨道的 s 成分大(占 50%),与 $sp^2$,$sp^3$ 杂化轨道相比较,由 sp 杂化轨道参加组成的 $\sigma$ 共价键,其电子也更靠近碳原子核,所以乙炔的 C—H 键的键长比乙烷和乙烯的 C—H 键的键长要短一些。

与碳碳双键和单键相比较,碳碳三键键长最短。除了由于碳碳三键由两个 $\pi$ 键形成这一原因之外,由 sp 杂化轨道参与碳碳 $\sigma$ 键的组成,也是使碳碳三键键长缩短的一个原因。

## 5.3　炔烃的物理性质

简单炔烃的熔点、沸点和密度一般比相同碳原子数的烷烃和烯烃高一些,这是由于炔烃分子较短小、细长,在液态、固态时,分子可以彼此很靠近,分子间的范德华力强。炔烃的极性比烯烃略高,不溶于水,但易溶于极性小的有机溶剂,如石油醚(石油中的低沸点馏分)、苯、乙醚、四氯化碳等。一些常见炔烃的物理常数见表 5–1。

表 5–1　一些常见炔烃的物理常数

| 名称 | 熔点/℃ | 沸点/℃ | 相对密度($d_4^{20}$) |
|---|---|---|---|
| 乙炔 | −80.8(压力下) | −84.0(升华) | 0.618 1(−32 ℃) |
| 丙炔 | −101.5 | −23.2 | 0.706 2(−50 ℃) |
| 丁−1−炔 | −125.7 | 8.1 | 0.678 4(0 ℃) |
| 丁−2−炔 | −32.3 | 27.0 | 0.691 0 |
| 戊−1−炔 | −90.0 | 40.0 | 0.690 1 |
| 戊−2−炔 | −101.0 | 56.1 | 0.710 7 |
| 3−甲基丁−1−炔 | −89.7 | 29.3 | 0.666 |
| 己−1−炔 | −132.0 | 71.3 | 0.715 5 |
| 庚−1−炔 | −81.0 | 99.7 | 0.732 8 |
| 辛−1−炔 | −79.3 | 125.2 | 0.747 |
| 壬−1−炔 | −50.0 | 150.8 | 0.760 |
| 癸−1−炔 | −36.0 | 174.0 | 0.765 |

## 5.4　炔烃的化学性质

炔烃的化学性质主要表现在官能团——碳碳三键的反应上。炔烃的主要性质是三键的加成反应和三键碳原子上氢原子的弱酸性。

### 5.4.1　三键碳原子上氢原子的弱酸性

三键碳原子上的氢原子具有活泼性,这是因为三键的碳氢键是碳原子的 sp 杂化轨道和氢原子的 s 轨道形成的 $\sigma$ 键。和单键及双键碳原子相比较,三键碳原子的电负性比较强,使C—H $\sigma$ 键的电子云更靠近碳原子,也就是说,这种 $\equiv$C—H 键的极化,使炔烃易解离为质子和比较稳定的炔基负离子(—C$\equiv$C$^-$)。图 5–4 所示为甲基负离子、乙烯基负离子和乙炔基负离子的稳定性和碱性的比较。

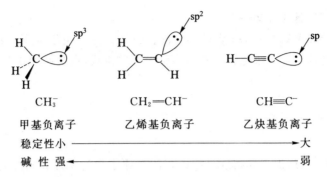

图 5-4  甲基负离子、乙烯基负离子和乙炔基负离子的稳定性和碱性比较

由于稳定的碳负离子容易生成,因此乙炔比乙烷和乙烯更容易形成碳负离子,即乙炔的酸性比乙烷和乙烯强,但应该指出,炔烃具有酸性,只是与烷烃和烯烃相比较而言,从下列的 p$K_a$ 数值可以看出炔烃的酸性比水还弱。

| 化合物 | $H_3C$—$CH_3$ | $CH_2$=$CH_2$ | $NH_3$ | $CH$≡$CH$ | $CH_3CH_2OH$ | $H_2O$ |
|---|---|---|---|---|---|---|
| p$K_a$ | 42 | 36.5 | 34 | 25 | 15.9 | 15.74 |

由于三键碳原子上的氢原子的弱酸性,炔烃的这种氢原子容易被碱金属原子如钠或锂等取代,生成金属炔化物,简称炔化物(acetylide)。例如,将乙炔通过加热熔融的金属钠时,就可以得到乙炔钠和乙炔二钠。

$$CH≡CH \xrightarrow{Na} CH≡CNa \xrightarrow{Na} NaC≡CNa$$
乙炔钠          乙炔二钠

乙炔的一烷基取代物和氨基钠作用时,它的三键碳原子上的氢原子也可以被钠原子取代:

$$RC≡CH + NaNH_2 \xrightarrow{液NH_3} RC≡CNa + NH_3$$

金属炔化物既是强碱,也是很强的亲核试剂,它能和伯卤代烷发生亲核取代反应,可制备碳链增长的取代乙炔,因此炔化物是有用的有机合成中间体。

具有活泼氢原子的炔烃也容易和硝酸银的氨溶液或氯化亚铜的氨溶液发生作用,迅速生成白色的炔化银沉淀或红色的炔化亚铜沉淀。

$$HC≡CH + 2Ag(NH_3)_2NO_3 \longrightarrow AgC≡CAg↓ + 2NH_4NO_3 + 2NH_3$$
乙炔银

$$HC≡CH + 2Cu(NH_3)_2Cl \longrightarrow CuC≡CCu↓ + 2NH_4Cl + 2NH_3$$
乙炔亚铜

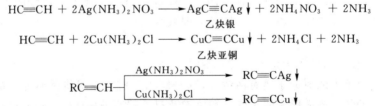

这些反应很容易进行,现象也便于观察,因此常用于炔烃的定性检验。不含活泼氢原子的炔烃(RC≡CR)就没有这种反应。炔化物和无机酸(如稀硝酸)作用后,可分解为原来的炔烃。因此也可以利用这些反应,从含有各种炔烃的混合物中分离出末端炔

烃。乙炔银和乙炔亚铜等重金属炔化物,在润湿时还比较稳定,但在干燥状态下受热或受撞击时,易发生爆炸。为了避免发生爆炸意外,实验室中不拟再利用的重金属炔化物,应立即加酸予以处理。

思考题 5-2  用化学方法鉴别己烷、己烯和己炔。

### 5.4.2 加成反应

炔烃可与不同种类的试剂发生不同类型的加成——催化加氢、亲电加成和亲核加成,两个 $\pi$ 键可逐步加成。

$$-C\equiv C- \ + \ YZ \ \longrightarrow \ \underset{\underset{Y}{|}}{-}C=C\underset{\underset{Z}{|}}{-} \ \longrightarrow \ \underset{\underset{Y}{|}}{\overset{\overset{Y}{|}}{-C}}-\underset{\underset{Z}{|}}{\overset{\overset{Z}{|}}{C}}-$$

#### 1. 催化加氢

在不同催化剂条件下,炔烃可部分氢化生成相应的烯烃或完全氢化生成烷烃。当使用一般的氢化催化剂如铂、钯、镍等,在氢气过量的情况下,反应往往不容易停止在烯烃阶段而使炔烃完全氢化。

$$CH_3C\equiv CCH_3 \xrightarrow[\text{Pt,Pd或Ni}]{H_2} CH_3CH_2CH_2CH_3$$

如果只希望得到烯烃,就应该使用活泼性较低的催化剂,而且可通过选用不同的催化剂得到所需要的不同立体结构的产物。如将天然的硬脂炔酸,在林德拉(Lindlar)催化剂存在下氢化,可得到与天然顺式的油酸完全相同的产物。

$$CH_3(CH_2)_7C\equiv C(CH_2)_7COOH \xrightarrow[\text{Lindlar催化剂}]{H_2} \underset{H}{\overset{H_3C(H_2C)_7}{\phantom{a}}}\!\!C=C\!\!\underset{H}{\overset{(CH_2)_7COOH}{\phantom{a}}}$$

硬脂炔酸       油酸(顺式)

Lindlar 催化剂是一种将金属钯沉淀于碳酸钙上,然后用醋酸铅处理而得到的加氢催化剂。铅盐可以降低钯催化剂的活性,使生成的烯烃不再加氢,而对炔烃加氢仍然有效,因此加氢反应可停留在烯烃阶段。由于催化加氢是炔烃分子吸附在金属催化剂表面上发生的,因此得到的是顺式加成产物。例如:

$$CH_3CH_2C\equiv CCH_2CH_3 \xrightarrow[\text{Lindlar催化剂}]{H_2} \underset{H}{\overset{H_3CH_2C}{\phantom{a}}}\!\!C=C\!\!\underset{H}{\overset{CH_2CH_3}{\phantom{a}}}$$

(Z)-己-3-烯

液氨溶液中的碱金属则将炔烃还原为较稳定的反式烯烃。例如:

$$CH_3CH_2C{\equiv}CH_2CH_3 \xrightarrow{\text{Na,液}NH_3} \begin{array}{c} H_3CH_2C \qquad\qquad H \\ C{=}C \\ H \qquad\qquad CH_2CH_3 \end{array}$$

$(E)$-己-3-烯

### 2. 亲电加成

（1）与卤素加成　炔烃可以和卤素加成。与氟的加成过于剧烈而难于控制；与碘的加成则比较困难；炔烃和氯、溴加成，先生成一分子反式加成产物，再继续加成，得到两分子加成产物——四卤代烷烃。例如：

$$CH{\equiv}CH + Cl_2 \xrightarrow[\text{或}SnCl_2]{FeCl_3} \begin{array}{c} Cl \qquad H \\ C{=}C \\ H \qquad Cl \end{array} \xrightarrow{Cl_2} CHCl_2CHCl_2$$

炔烃和氯、溴的加成，有时可控制反应条件，使反应停止在一分子反式加成产物上。例如：

$$CH_3{-}C{\equiv}C{-}CH_3 \xrightarrow[-20\ ℃]{Br_2,\text{乙醚}} \begin{array}{c} H_3C \qquad\qquad Br \\ C{=}C \\ Br \qquad\qquad CH_3 \end{array}$$

$$CH_3{-}C{\equiv}C{-}CH_3 \xrightarrow[25\ ℃]{2Br_2} CH_3CBr_2CBr_2CH_3$$

和炔烃相比，烯烃与卤素的加成更易进行，因此当分子中兼有非共轭的双键和三键时，首先在双键上发生卤素的加成。例如，在低温和缓慢地加入溴的条件下，双键先进行加成反应。

$$CH_2{=}CH{-}CH_2{-}C{\equiv}CH + Br_2 \xrightarrow{\text{低温}} CH_2BrCHBrCH_2C{\equiv}CH$$

炔烃与卤素加成的反应机理，与烯烃类似。例如，对下列反应提出了类溴鎓离子中间体，用来解释生成反式加成产物的原因。

$$C_2H_5C{\equiv}CC_2H_5 \xrightarrow[-Br^-]{Br_2,\text{乙酸}} \begin{array}{c} Br \\ \overset{+}{C}{=}C \\ H_5C_2 \qquad\qquad C_2H_5 \end{array} \xrightarrow{Br^-} \begin{array}{c} H_5C_2 \qquad\qquad Br \\ C{=}C \\ Br \qquad\qquad C_2H_5 \end{array}$$

80%　　　　　　　　　　　　　　　　$(E)$-3,4-二溴己-3-烯

炔烃与卤素加成的反应活性比烯烃小，一般认为是由于两者中间体的稳定性不同所致。炔烃形成的三元环中间体有较大的角张力，稳定性较烯烃中间体低，因此炔烃反应较烯烃困难。

（2）与氢卤酸加成　与烯烃相同，炔烃可与 HX 发生加成反应，并遵循马氏规则。反应也分两步进行，控制得当可以停留在加一分子 HX 的阶段。例如：

$$R{-}C{\equiv}C{-}H \xrightarrow{HX} \begin{array}{c} R{-}C{=}CH_2 \\ | \\ X \end{array} \xrightarrow{HX} \begin{array}{c} X \\ | \\ R{-}C{-}CH_3 \\ | \\ X \end{array}$$

同碳二卤化合物

选择合适的反应条件,炔烃与卤化氢可进行反式加成。例如:

$$CH_3CH_2C{\equiv}CCH_2CH_3 + HCl \xrightarrow[\text{乙酸,25℃}]{(CH_3)_4N^+Cl^-}$$

（Z）- 3 - 氯己 - 3 - 烯
97%

当有过氧化物存在时,炔烃与 HBr 的加成是自由基加成,得到反马氏规则的产物。

$$n-C_4H_9C{\equiv}CH + HBr \begin{cases} \longrightarrow n-C_4H_9CBr{=}CH_2 + n-C_4H_9CBr_2CH_3 \\ \\ \xrightarrow{\text{过氧化物}} n-C_4H_9CH{=}CHBr + n-C_4H_9CHBrCH_2Br \end{cases}$$

（3）与水加成　炔烃和水的加成也不如烯烃容易进行,必须在稀酸水溶液（10% $H_2SO_4$）中,用汞盐催化,才发生

$$CH{\equiv}CH + H_2O \xrightarrow[\text{HgSO}_4]{\text{H}_2\text{SO}_4} \left[ \begin{array}{c} H\ddot{O} \\ H_2C{=}CH \end{array} \right] \xrightarrow{\text{重排}} CH_3{-}C{\begin{array}{c}H\\ \\O\end{array}}$$

乙醛

$$RC{\equiv}CH + H_2O \xrightarrow[\text{HgSO}_4]{\text{H}_2\text{SO}_4} \left[ \begin{array}{c} O\ddot{H} \\ R{-}C{=}CH_2 \end{array} \right] \xrightarrow{\text{重排}} R{-}\overset{O}{\underset{}{C}}{-}CH_3$$

酮

三键先与一分子水加成,生成具有双键及在双键碳原子上连有羟基的化合物,即烯醇式（enol form）化合物。烯醇式化合物不稳定,羟基上的氢原子能迁移到另一个双键碳原子上。与此同时,组成共价键的电子云也发生转移,使碳碳双键变成碳碳单键,而碳氧单键则成为碳氧双键,最后得到酮式（keto form）化合物。

$$\overset{|}{\underset{}{C}}{=}\overset{|}{\underset{}{C}}{-}OH \rightleftharpoons \overset{|}{\underset{H}{C}}{-}\overset{|}{\underset{}{C}}{=}O$$

烯醇式　　　　酮式

某些化合物中的一种官能团改变结构后成为另一种官能团异构体,并且迅速地相互转换,成为处于动态平衡的两种异构体的混合物,这种现象叫做**互变异构**（tautomerism）现象,涉及的异构体叫做**互变异构体**（tautomers）。上述互变异构体彼此间的区别仅在于双键和氢原子的位置不同。由于异构体中一种为酮式,另一种为烯醇式,所以这种互变异构现象又叫做**酮-烯醇互变异构**（keto-enol tautomerism）现象。由于酮式比烯醇式稳定,所以在平衡体系中,绝大多数是酮式化合物。

在酸性介质中,这种机理可表示如下:

$$\overset{|}{\underset{}{C}}{=}\overset{|}{\underset{}{C}}{-}OH \underset{}{\overset{H^+}{\rightleftharpoons}} \left[ \overset{|}{\underset{H}{C}}{-}\overset{|}{\underset{}{C}}{^+}{\frown}O{-}H \right] \underset{}{\overset{-H^+}{\rightleftharpoons}} \overset{|}{\underset{H}{C}}{-}\overset{|}{\underset{}{C}}{=}O$$

烯醇式　　　　　　　　　　　　　　酮式

不对称炔烃与水的加成反应遵从马氏规则,因此端基炔烃可转化为甲基酮。例如:

$$(CH_3)_2CHC\equiv CH + H_2O \xrightarrow{Hg^{2+}} (CH_3)_2CH-\underset{\underset{O}{\|}}{C}-CH_3$$

3-甲基丁-2-酮

(4) 与乙硼烷加成 与烯烃相似,炔烃也可以发生硼氢化反应。该反应的区域选择性是反马氏规则的。炔烃的硼氢化可停留在生成烯基硼烷的一步,烯基硼烷在碱性过氧化氢中氧化水解后得烯醇,再异构化生成醛或酮。例如:

$$6RC\equiv CH + B_2H_6 \longrightarrow 2\left[\underset{H}{\overset{R}{\phantom{|}}}C=C\underset{CH_3}{\overset{H}{\phantom{|}}}\right]_3 B \xrightarrow[OH^-]{H_2O_2} 6\left[\underset{H}{\overset{R}{\phantom{|}}}C=C\underset{OH}{\overset{H}{\phantom{|}}}\right] \Longleftrightarrow 6RCH_2\overset{\overset{O}{\|}}{C}-H$$

$$C_2H_5C\equiv CC_2H_5 \xrightarrow{BH_3-THF} \left[\underset{H}{\overset{H_5C_2}{\phantom{|}}}C=C\underset{CH_3}{\overset{C_2H_5}{\phantom{|}}}\right]_3 B \xrightarrow{H_2O_2,OH^-} \underset{H}{\overset{H_5C_2}{\phantom{|}}}C=C\underset{OH}{\overset{C_2H_5}{\phantom{|}}}$$

$$\Updownarrow$$

$$C_2H_5CH_2COC_2H_5$$

己-3-酮

烯基硼烷和醋酸反应,生成顺式烯烃,反应条件温和。例如:

$$6CH_3C\equiv CCH_3 + B_2H_6 \longrightarrow 2\left[\underset{H}{\overset{H_3C}{\phantom{|}}}C=C\underset{H}{\overset{CH_3}{\phantom{|}}}\right]_3 B \xrightarrow[0\,℃]{CH_3COOH} 6\underset{H}{\overset{H_3C}{\phantom{|}}}C=C\underset{H}{\overset{CH_3}{\phantom{|}}}$$

**思考题 5-3** 判断戊-2-炔与下列试剂有无反应,如有反应,写出主要产物的结构式。

(1) $Br_2$(1 mol)　　　　　(2) HCl(1 mol)　　　　　(3) $H_2O$,$H_2SO_4$/$HgSO_4$

(4) 硝酸银的氨溶液　　　(5) $CH_3CH_2MgBr$　　　(6) ① $B_2H_6$; ② $H_2O_2$,$OH^-$

(7) $H_2$/Lindlar Pd　　　　(8) $Na+NH_3$(l)

### 3. 亲核加成

乙炔或一取代乙炔可与一些带活泼氢原子的化合物(如 HCN,ROH,RCOOH,$RNH_2$,RSH,$RCONH_2$ 等)发生亲核加成反应,生成含双键的产物。例如:

$$HC\equiv CH \begin{cases} \xrightarrow[Zn(OAc)_2/C,170\sim210\,℃]{CH_3COOH} CH_2=CHOCOCH_3 \quad \text{乙酸乙烯酯} \\ \\ \xrightarrow[CuCl_2,70\,℃]{HCN} CH_2=CHCN \quad \text{丙烯腈} \\ \\ \xrightarrow[碱,150\sim180\,℃]{C_2H_5OH} CH_2=CHOC_2H_5 \quad \text{乙基乙烯基醚} \end{cases}$$

从反应结果看,亲核加成和亲电加成一样,但两者的反应机理有本质的区别。上述反应通常是在催化剂作用下,带活泼氢原子的化合物生成相应的负离子(如 $CN^-$,$RO^-$,$RCOO^-$ 等)进攻乙炔,这些负离子能供给电子,因而有亲近正电荷的倾向。或者说它具有亲核的倾向,所以它是一种亲核试剂。由亲核试剂进攻而引起的加成反应叫做**亲核加成**(nucleophilic addition)反应。例如,炔烃在碱性溶液中和醇的加成,有下列反应发生:

$$CH_3OH + KOH \rightleftharpoons CH_3O^-K^+ + H_2O$$

醇钾 $CH_3OK$ 具有盐的性质,可以强烈解离为甲氧基负离子和钾离子。一般认为,是带负电荷的甲氧基负离子 $CH_3O^-$ 作为亲核试剂首先和炔烃作用,生成碳负离子中间体,然后再和一分子醇作用,获得一个质子而生成甲基乙烯基醚。

$$HC{\equiv}CH + CH_3O^- \longrightarrow CH_3O—CH{=}CH \xrightarrow{CH_3OH} CH_3O—CH{=}CH_2 + CH_3O^-$$

利用上述反应可分别制备醋酸乙烯酯、丙烯腈和乙烯基醚,它们可以看成乙烯的衍生物,这类反应统称**乙烯基化反应**(vinylation)。这些乙烯的衍生物加成聚合能得到工业上有用的高分子化合物,因此甲基乙烯基醚也是工业上有用的单体。由于石油化学工业的发展,醋酸乙烯酯和丙烯腈的生产,已被其他方法所代替。

### 5.4.3 氧化反应

炔烃和臭氧、高锰酸钾等氧化剂反应,往往可以使碳碳三键断裂,生成相应的羧酸或二氧化碳。

$$HC{\equiv}CH \xrightarrow[H_2O]{KMnO_4} CO_2 + H_2O$$

$$RC{\equiv}CR' \xrightarrow[100\,℃]{KMnO_4} RCOOH + R'COOH$$

$$CH_3CH_2CH_2C{\equiv}CCH_2CH_3 \begin{Bmatrix} O_3 & H_3^+O \\ KMnO_4 & H^+ \end{Bmatrix} CH_3CH_2CH_2COOH + HOOCC_2H_5$$

在比较缓和的氧化条件下,二取代炔烃的氧化可停止在二酮阶段。例如:

$$CH_3(CH_2)_7C{\equiv}C(CH_2)_7COOH \xrightarrow[\substack{H_2O \\ pH=7.5}]{KMnO_4} CH_3(CH_2)_7\overset{O}{\overset{\|}{C}}\overset{O}{\overset{\|}{C}}(CH_2)_7COOH$$
$$92\%{\sim}96\%$$

这些反应的产率一般都比较低,因而不适宜作为羧酸或二酮的制备方法,但可以利用炔烃的氧化反应,检验分子中是否存在三键,以及确定三键在炔烃分子中的位置。

### 5.4.4 聚合反应

乙炔也可发生聚合反应,根据催化剂和反应条件的不同,乙炔可生成链状或环状的聚合物。乙炔的二聚物和氯化氢加成,得到 2-氯丁-1,3-二烯。它是氯丁橡胶(一种合成橡胶)的单体。

$$2HC\equiv CH \xrightarrow[\text{NH}_4\text{Cl}]{\text{Cu}_2\text{Cl}_2} CH_2=CHC\equiv CH \xrightarrow{\text{HCl}} CH_2=CHC=CH_2$$

$$\underset{\text{Cl}}{|}$$

乙烯基乙炔          2-氯丁-1,3-二烯

乙炔在高温下可以发生环形三聚合作用生成苯。这个反应为苯结构的研究提供了有力的线索。

$$3HC\equiv CH \xrightarrow[\text{60~70 ℃,1.5 MPa}]{\text{500 ℃或(Ph}_3)_3\text{PNi(CO)}_2}$$

乙炔的环形四聚合产物环辛四烯虽然在合成上还无重大用途,但其结构对认识芳香族化合物起着很大的作用。

$$4HC\equiv CH \xrightarrow[\text{50 ℃,1.5~2.0 MPa}]{\text{Ni(CN)}_2/\text{THF}}$$

80%

在齐格勒(Ziegler K)-纳塔(Natta G)催化剂[如 $TiCl_4-Al(C_2H_5)_3$]的作用下,乙炔也可以直接聚合成聚乙炔。

$$n\ CH\equiv CH \longrightarrow \ \vdash CH=CH\dashv_n$$

20 世纪 70 年代白川英树(Shirakawa H)等人成功地以乙炔为原料,在 Ziegler-Natta 催化剂作用下合成出具有高弹性并具铜色光泽的顺式共轭聚乙炔薄膜和具银色光泽的反式共轭聚乙炔薄膜,后又通过掺杂施主杂质(如 Li,Na,K 等)或受主杂质(如 Cl,Br,I,AsF,PF,BCI 等)后发现高聚物也具有导电性。导电高聚物既具有金属的高导电率,又具有聚合物的可塑性,质量又轻,是一类具有广阔应用前景的新材料。高聚物导电性的发现拓宽了人类对导体材料的认识及应用领域。白川英树、麦克迪尔米德(MacDiarmid A G)和黑格(Heeger A J)三人因发现高聚物的金属导电性而获得2000 年诺贝尔化学奖。

## 5.5 炔烃的制备

### 5.5.1 乙炔的生产

工业上可用煤、石油或天然气作为原料生产乙炔。其合成法主要有以下几种。

#### 1. 碳化钙(电石)法

焦炭和石灰在高温电炉中反应,得到碳化钙(电石)。需要乙炔时,在现场使电石与水反应,即得到乙炔:

$$3C + CaO \xrightarrow{\text{2 000 ℃}} CaC_2 + CO$$

$$CaC_2 + 2H_2O \longrightarrow CH\equiv CH + Ca(OH)_2$$

此方法在工业上使用已久,耗电量大,但生产工艺比较简单。

2. 甲烷法(电弧法)

甲烷是天然气的主要成分,在 1 500 ℃ 的电弧中经极短时间(0.01~0.1 s)加热后通过一系列的反应生成乙炔。这是一个强烈的吸热反应。因此工业上又使一部分甲烷同时被氧化(加入氧气),用由此产生热量来供给甲烷合成乙炔所需要的大量热量。所以此法又叫做甲烷的部分氧化法。反应的产物包括乙炔、一氧化碳和氢气。

$$2CH_4 \xrightarrow[\text{0.01~0.1 s}]{\text{1 500 ℃}} HC\equiv CH + 3H_2$$

$$4CH_4 + O_2 \longrightarrow CH\equiv CH + 2CO + 7H_2$$

在天然气资源丰富的国家,此方法的成本较低,适宜大规模生产。

3. 等离子法(plasma 法)

这是近年来发展的一种用石油和极热的氢气一起热裂制备乙炔的新方法。即把氢气在 3 500~4 000 ℃ 的电弧中加热,然后部分离子化的等离子体氢(正、负离子相等)于电弧加热器出口的分离反应室中与气态的或汽化了的石油气反应,生成乙炔、乙烯(二者的总产率在 70% 以上),以及甲烷和氢气。

由于乙炔的生产成本相当高,近几十年来,许多使用乙炔为原料生产化学品的生产路线已逐渐改用其他原料(特别是乙烯或丙烯)。

乙炔是有麻醉作用并带乙醚气味的无色气体,燃烧时火焰明亮,可用于照明。乙炔稍溶于水,易溶于有机溶剂。乙炔与一定比例的空气混合,可形成爆炸性的混合物。乙炔的爆炸极限为 3%~80%(体积分数)。为避免爆炸危险,一般可用浸有丙酮的多孔物质(如石棉、活性炭)吸收乙炔后一起储存在钢瓶中,以便于运输和使用。乙炔在氧气中燃烧所形成的氧炔焰的最高温度可达 3 000 ℃,因此被广泛地用于熔接或切割金属。

### 5.5.2 由二元卤代烷制备炔烃

在碱性条件下,邻二卤代烷或偕二卤代烷首先失去一分子卤化氢生成乙烯基卤代烃,然后在剧烈的条件(如强碱、高温)下,再失去一分子卤化氢生成炔烃。$NaNH_2$/石油醚、$NaOH$ 或 $KOH$/醇溶液为常用的碱。

$$R-CH=CH-R \xrightarrow{X_2} \underset{\underset{X}{|}\ \underset{X}{|}}{R-CH-CH-R} \xrightarrow{KOH/\text{醇溶液}} \underset{\underset{X}{|}}{R-C=CH-R} \xrightarrow{KOH/\text{醇溶液}} R-C\equiv C-R$$

$$RCX_2-CH_2R \xrightarrow{NaNH_2} R-C\equiv C-R$$

例如:

$$(CH_3)_3CCH_2CHCl_2 \xrightarrow[\triangle]{NaNH_2} \underset{\text{不分离}}{[(CH_3)_3CC\equiv CNa]} \xrightarrow{H_2O} \underset{50\%~60\%}{(CH_3)_3CC\equiv CH}$$

$$\underset{\underset{Br}{|}}{CH_3(CH_2)_7CHCH_2Br} \xrightarrow[\triangle]{NaNH_2} [CH_3(CH_2)_7C\equiv CNa] \xrightarrow{H_2O} \underset{54\%}{CH_3(CH_2)_7C\equiv CH}$$

### 5.5.3 由金属炔化物制备炔烃

金属炔化物是很好的碳负离子供给源,可以与伯卤代烷发生亲核取代反应生成炔烃。乙炔和端位炔烃与 $NaNH_2$(或 $KNH_2$,$LiNH_2$ 均可)在液氨中形成乙炔化钠,然后与卤代烷发生亲核取代反应,可将低级炔烃转变为较高级炔烃。

$$HC\equiv CH + NaNH_2 \xrightarrow[-33\,℃]{液NH_3} HC\equiv CNa \xrightarrow{RX(1°)} HC\equiv CR \xrightarrow[(2)\ R'X]{(1)\ NaNH_2/液NH_3} R'C\equiv CR$$

例如:

$$NaC\equiv CNa + 2CH_3(CH_2)_2Br \xrightarrow[液NH_3]{-33\,℃} CH_3(CH_2)_2C\equiv C(CH_2)_2CH_3 + 2NaBr$$
$$60\%\sim66\%$$

$$CH_3CH_2C\equiv CNa + CH_3CH_2Br \xrightarrow[液NH_3]{-33\,℃,6\ h} CH_3CH_2C\equiv CCH_2CH_3 + NaBr$$
$$75\%$$

炔烃也可与有机锂化合物或格氏试剂作用制得含有三键的锂化物或格氏试剂,再与一级卤代烷的醚溶液反应,形成二元取代乙炔。

$$RC\equiv CH + R'Li \longrightarrow RC\equiv CLi \xrightarrow{R''X} RC\equiv CR''$$

$$RC\equiv CH + R'MgX \xrightarrow{(C_2H_5)_2O} RC\equiv CMgX \xrightarrow{R''X} RC\equiv CR''$$

例如:

$$CH_3C\equiv CH \xrightarrow{CH_3CH_2MgBr,(CH_3CH_2)_2O,20\,℃} CH_3C\equiv CMgBr \xrightarrow{CH_3I} CH_3C\equiv CCH_3$$

**思考题 5-4 完成下列转换。**

(1) $CH_3CH=CHCH_3 \longrightarrow CH_3C\equiv CCH_3$

(2) $CH_3CH_2\overset{\underset{\textstyle |}{Br}}{C}HCH_3 \longrightarrow$

(3) 1-溴丙烷 $\longrightarrow$ 己-2-炔

(4) $CH\equiv CH \longrightarrow CH_3C\equiv CCH_2CH_3$

## 5.6 二烯烃的分类和命名

开链烯烃按含有双键数目的多少,可分别叫做二烯烃、三烯烃……直至多烯烃。二烯烃又称双烯烃(alkadiene),是炔烃的同分异构体。

按分子中两个双键相对位置的不同,二烯烃又可分为下列三类。

（1）累积二烯烃（cumulated diene） 两个双键连接在同一碳原子上，这类化合物数量少、不稳定。例如：

$$H_2C=C=CH_2$$
丙二烯

（2）共轭二烯烃（conjugated diene） 两个双键之间，有一个单键相隔。共轭二烯烃具有特殊的结构和性质，它除了具有烯烃双键的性质外，还具有特殊的稳定性和加成规律，在理论研究和工业应用上都有重要地位。例如：

$$H_2C=CH-CH=CH_2$$
丁-1,3-二烯

（3）孤立二烯烃（isolated diene） 两个双键之间，有两个或两个以上的单键相隔，其性质与单烯烃相似。例如：

$$H_2C=CH-CH_2-CH=CH_2$$
戊-1,4-二烯

二烯烃的命名与烯烃相似，如果含有双键最多的碳链最长则为主链，从离双键最近的一端开始编号，双键的位置由小到大排列，写在母体二烯之前，中间用一短线隔开；取代基写在前，母体写在后。有顺、反异构体时，两个双键的 $Z$ 或 $E$ 构型则要在整个名称之前逐一标明。例如：

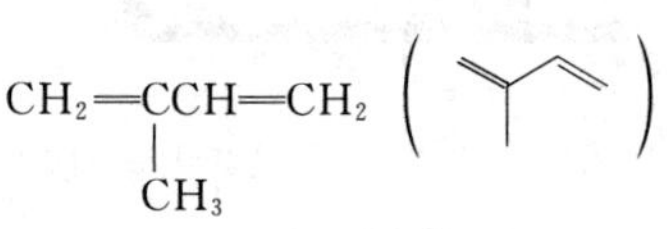

2-甲基丁-1,3-二烯
（异戊二烯）

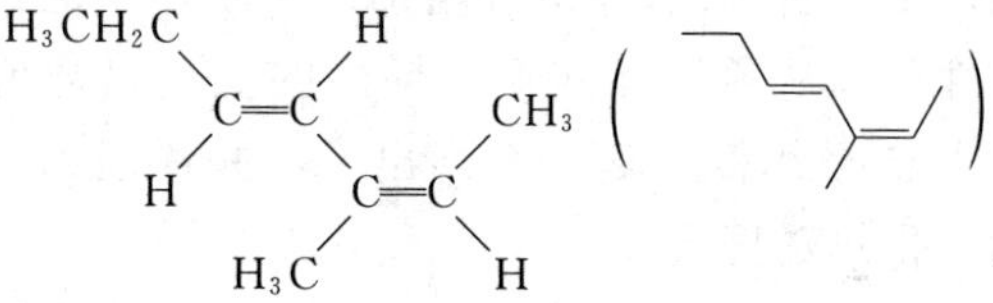

(2Z,4E)-3-甲基庚-2,4-二烯

有的复杂天然产物，含有多个共轭双键，一般用俗名，如胡萝卜素、维生素 A 等。

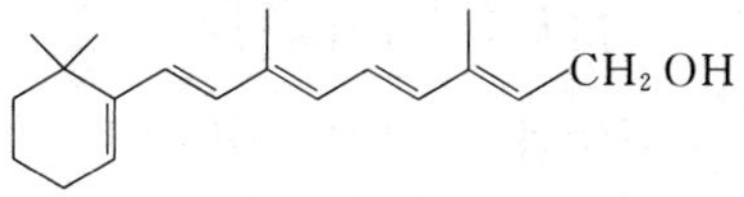

维生素A

思考题 5-5 用 IUPAC 规则命名下列化合物。

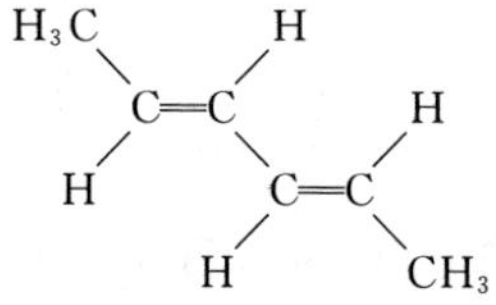

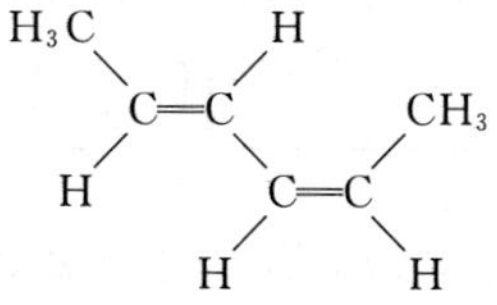

## 5.7 共轭二烯烃的结构及特性

丁-1,3-二烯是最简单的共轭二烯烃，下面即以它为例来说明共轭二烯烃的结构。由物理方法测得的丁-1,3-二烯的分子中，四个碳原子和六个氢原子都处在同一

平面上,键角都接近120°。丁-1,3-二烯的 C2—C3 键的键长为 0.146 nm,而乙烷碳碳单键的键长为 0.154 nm,即 C2—C3 键之间的共价键也具有部分双键的性质,乙烯双键的键长是 0.133 nm,而这里 C1—C2 键,C3—C4 键的键长却增长为 0.134 nm。这种现象称为键长平均化,是共轭二烯的共性。

在丁-1,3-二烯分子中,每个碳原子都是 $sp^2$ 杂化的,它们以 $sp^2$ 杂化轨道与相邻碳原子相互重叠形成碳碳 $\sigma$ 键,与氢原子的 1s 轨道重叠形成碳氢 $\sigma$ 键。$sp^2$ 杂化碳原子的三个 $\sigma$ 键指向三角形的三个顶点,三个 $\sigma$ 键相互之间的夹角都接近 120°。由于每一个碳原子的三个 $\sigma$ 键都排列在一个平面上,所以就形成了分子中所有的 $\sigma$ 键都在一个平面上的结构。此外,每一个碳原子都还有一个未参与杂化的 p 轨道,它们都和丁-1,3-二烯分子所在的平面相垂直,因此这四个 p 轨道都相互平行,不仅在 C1—C2 键,C3—C4 键之间发生了 p 轨道的侧面重叠,而且在 C2—C3 键之间也发生了一定程度的 p 轨道侧面重叠,但比 C1—C2 键或 C3—C4 键之间的重叠要弱一些,因此 C2—C3 键之间的电子密度要比一般 $\sigma$ 键增大,键长也比一般烷烃中的单键短,分子中原来的两个碳碳双键的键长也发生了增长。由此可见,丁-1,3-二烯分子中双键的 $\pi$ 电子云,并不是像结构式所示那样"定域"在 C1—C2 键和 C3—C4 键之间,而是扩展到整个共轭双键的所有碳原子周围,即发生了键的"离域",如图 5-5 所示。

由于电子离域的结果,丁-1,3-二烯共轭体系的能量有所降低,稳定性增加。共轭体系的这种稳定性可以从烯烃和共轭二烯烃的氢化热数值的比较中显示出来。表 5-2 列出了一些烯烃和二烯烃的氢化热数据。

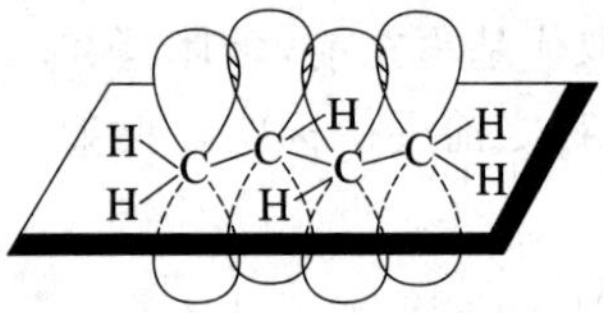

图 5-5 丁-1,3-二烯大 $\pi$ 键的构成示意图

表 5-2 一些烯烃和二烯烃的氢化热

| 化合物 | 构造式 | $\Delta H/(kJ \cdot mol^{-1})$ |
|---|---|---|
| 丁烯 | $CH_3—CH_2—CH=CH_2$ | -127 |
| 戊烯 | $CH_3—CH_2—CH_2—CH=CH_2$ | -125 |
| 戊-1,4-二烯 | $CH_2=CH—CH_2—CH=CH_2$ | -254 |
| 己烯 | $CH_3—CH_2—CH_2—CH_2—CH=CH_2$ | -126 |
| 丁-1,3-二烯 | $CH_2=CH—CH=CH_2$ | -239 |
| 戊-1,3-二烯 | $CH_3—CH=CH—CH=CH_2$ | -226 |

戊-1,3-二烯和戊-1,4-二烯都氢化为戊烷,但从表 5-2 中可以看出具有共轭双键结构的戊-1,3-二烯的氢化热比不是共轭体系的戊-1,4-二烯的氢化热低 28 $kJ \cdot mol^{-1}$。丁-1,3-二烯和丁烯的两倍氢化热比较,低 15 $kJ \cdot mol^{-1}$。这些差值都是因共轭体系分子中键的离域而导致分子更稳定的能量,称为离域能(delocalization energy),也称为共轭能(conjugation energy)或共振能(resonance energy)。离域能越大,表示这个共轭体系越稳定,如图 5-6 所示。

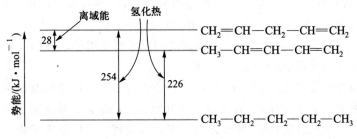

图 5-6　戊-1,3-二烯的离域能

形成 π-π 共轭体系的 π 键也可以是三键,组成共轭体系的原子也不限于碳原子,如氧原子、氮原子均可。例如:

$$CH_2=CH-CH=O \qquad CH_2=CH-C\equiv N \qquad CH_2=CH-C\equiv C-CH=CH_2$$

进一步比较各种烯烃和共轭二烯烃的氢化热(见表 5-3),可以发现双键上有取代基的烯烃或共轭二烯烃的氢化热都分别比没有取代基的烯烃或共轭二烯烃的氢化热要小些。这就说明有取代基的烯烃或共轭二烯烃更为稳定。

表 5-3　一些烯烃和共轭二烯烃的氢化热的比较

| 化合物 | $\Delta H/(kJ\cdot mol^{-1})$ |
|---|---|
| $CH_2=CH_2$ | $-137$ |
| $CH_3-CH=CH_2$ | $-126$ |
| $\begin{matrix} H_3C & & CH_3 \\ & C=C & \\ H_3C & & CH_3 \end{matrix}$ | $-112$ |
| $CH_2=CH-CH=CH_2$ | $-239$ |
| $CH_3-CH=CH-CH=CH_2$ | $-226$ |
| $\begin{matrix} & CH_3\ CH_3 & \\ CH_2=C-C=CH_2 & \end{matrix}$ | $-226$ |

双键碳原子上因烷基取代而引起的稳定作用,一般认为也是由于电子的离域而导致的一种效应,但这是双键的 π 电子云和相邻的 σ 键电子云相互重叠而引起的离域效应。以丙烯为例(见图5-7),丙烯的 π 轨道与甲基 C—H 键的 σ 轨道的重叠,使原来基本上定域于两个原子周围的 π 电子云和 σ 电子云发生离域而扩张到更多原子的周围,因而降低了分子的能量,增加了分子的稳定性。从离域这个意义上讲,它与共轭二烯烃的共轭效应是一致的。但和一般共轭效应不同的是,它涉及的是 σ 轨道与 π 轨道之间的

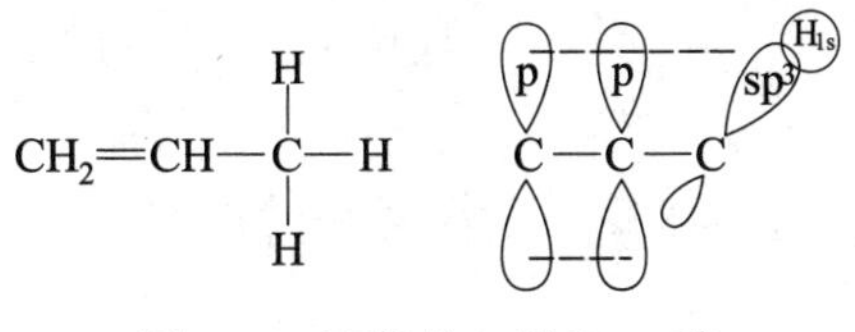

图 5-7　丙烯的 π 键和 α-碳
氢 σ 键的超共轭效应

相互作用,这种作用比 $\pi$ 轨道之间的作用要弱得多,这种离域效应叫做超共轭效应,也叫做 $\sigma - \pi$ 共轭效应($\sigma-\pi$ conjugative effect)。

由于 $\sigma$ 电子的离域,上式中 C—C 单键之间电子密度增加,丙烯 C—C 单键的键长缩短为 0.150 nm(一般烷烃的 C—C 单键键长为 0.154 nm)。

在上一章中讨论碳正离子的相对稳定性时(参见 4.3.1),曾提及叔碳正离子的稳定性是甲基具有给电子性所致,其实也是超共轭效应的结果。碳正离子的带正电荷的碳原子具有三个 $sp^2$ 杂化轨道,此外还有一个空 p 轨道。与碳正离子相连烷基的碳氢 $\sigma$ 键可以和此空 p 轨道有一定程度的相互重叠,这就使 $\sigma$ 电子离域并扩展到空 p 轨道上。这种超共轭的结果使碳正离子的正电荷有所分散(分散到烷基上),从而增加了碳正离子的稳定性。

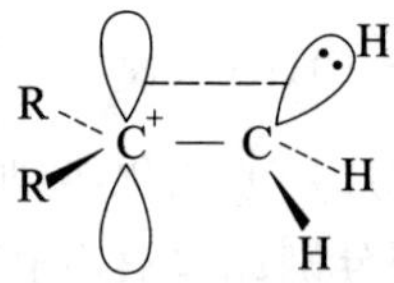

和碳正离子相连的 $\alpha$-碳氢键越多,也就是能起超共轭效应的碳氢 $\sigma$ 键越多,越有利于碳正离子上正电荷的分散,就可使碳正离子的能量更低,更趋于稳定,所以碳正离子的稳定性次序是

$$3°R^+ > 2°R^+ > 1°R^+ > H_3C^+$$

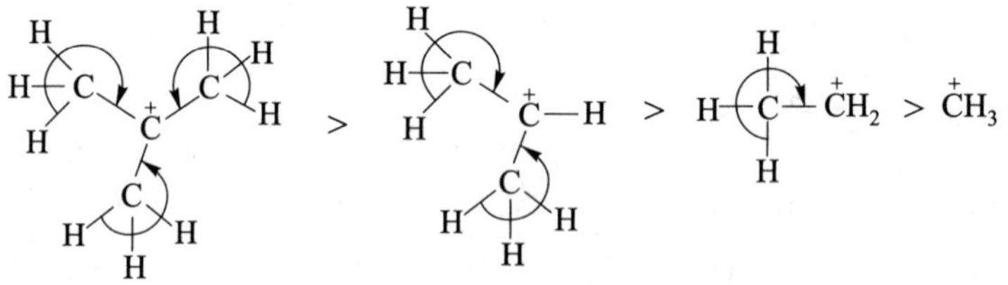

与碳正离子相似,烷基自由基中也存在着 $\sigma$-p 共轭,和自由基相连的 $\alpha$-碳氢键越多,也就是能起超共轭效应的碳氢 $\sigma$ 键越多,自由基越稳定,所以自由基的稳定性次序是:

$$3°\dot{R} > 2°\dot{R} > 1°\dot{R} > \dot{C}H_3$$

思考题 5-6 在分子 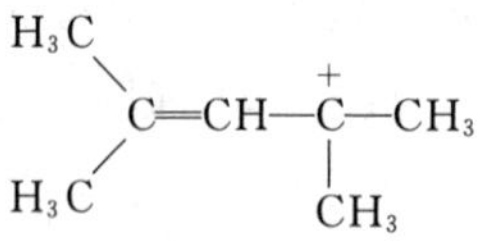 中存在哪些类型的共轭?

## 5.8 共轭二烯烃的性质

共轭二烯烃的物理性质和烷烃、烯烃相似。碳原子数较少的二烯烃为气体,如丁-1,3-二烯为沸点 -4 ℃ 的气体。碳原子数较多的二烯烃为液体,如 2-甲基丁-1,

3-二烯为沸点 34 ℃的液体。它们都不溶于水而溶于有机溶剂。

共轭二烯烃具有烯烃的通性,但由于是共轭体系,故又具有共轭二烯烃的特有的性质。

### 5.8.1 1,2-加成和 1,4-加成

共轭二烯烃和卤素、氢卤酸都容易发生亲电加成反应,但可产生两种加成产物,如下式所示。

$$CH_2=CH-CH=CH_2 + Br_2 \longrightarrow CH_2-CH-CH=CH_2 + CH_2-CH=CH-CH_2$$
$$\underset{Br\quad Br}{|\quad\ |} \qquad \underset{Br\qquad\qquad Br}{|\qquad\qquad\ |}$$
1,2-加成产物 　　　　 1,4-加成产物

$$CH_2=CH-CH=CH_2 + HBr \longrightarrow CH_2-CH-CH=CH_2 + CH_2-CH=CH-CH_2$$
$$\underset{H\quad Br}{|\quad\ |} \qquad \underset{H\qquad\qquad Br}{|\qquad\qquad\ |}$$
1,2-加成产物 　　　　 1,4-加成产物

**1,2-加成**(1,2-addition)产物是一分子试剂在同一个双键的两个碳原子上的加成。**1,4-加成**(1,4-addition)产物则是一分子试剂加在共轭双键的两端碳原子上即 C1 和 C4 上,这种加成结果使共轭双键中原来的两个双键都变成了单键,而原来的 C2—C3 单键则变成了双键。

丁-1,3-二烯之所以有这两种加成方式,是和它的共轭体系的结构密切相关的,因此可以用共轭效应进行解释。例如,丁-1,3-二烯与 HBr 的加成是分两步进行的,第一步反应是亲电试剂 H⁺ 的进攻,加成可能发生在 C1 或 C2 上,各生成相应的碳正离子(Ⅰ)或(Ⅱ):

$$\underset{4\quad\ 3\quad\ 2\quad\ 1}{CH_2=CH-CH=CH_2} + HBr \underset{C2\ 加成}{\overset{C1\ 加成}{\Big\langle}} \begin{array}{l} \longrightarrow CH_2=CH-\overset{+}{CH}-CH_3 + Br^- \\ \qquad\qquad\qquad\qquad\quad (Ⅰ) \\ \longrightarrow CH_2=CH-CH_2-\overset{+}{CH_2} + Br^- \\ \qquad\qquad\qquad\qquad\quad (Ⅱ) \end{array}$$

碳正离子(Ⅰ)是烯丙基型碳正离子,烯丙基正离子的每一个碳原子上都有 p 轨道,其中两个是组成双键的 p 轨道,一个是带正电荷碳原子的空 p 轨道。这些 p 轨道可以相互重叠,发生键的离域而使这个碳正离子趋向稳定。这种由 π 键的 p 轨道和碳正离子中 sp² 杂化碳原子的空 p 轨道互相平行重叠而成的离域效应,叫做 **p-π 共轭效应**。

可以在构造式中以箭头来表示 π 电子的离域。在下式中可以看到,由于离域的结果,原来带正电荷的碳原子 C2,虽然正电荷分散,但仍带有部分正电荷,而双键碳原

子 C4 也因此而带了部分正电荷：

$$\overset{\frown}{CH_2}\!\!=\!\!CH\!\!-\!\!\overset{+}{CH}\!\!-\!\!CH_3 \longrightarrow \overset{\delta+}{CH_2}\!\!=\!\!CH\!\!-\!\!\overset{\delta+}{CH}\!\!-\!\!CH_3$$
4　3　2　1

由于碳正离子（Ⅱ）不存在这样的离域效应，所以碳正离子（Ⅰ）要比碳正离子（Ⅱ）稳定。丁-1,3-二烯的第一步加成总是要生成稳定的碳正离子（Ⅰ）。也就是说，第一步反应总是发生在末端碳原子 C1 上，生成碳正离子（Ⅰ）。在加成反应的第二步中，带负电荷的溴离子就加在 C2 或 C4 上，分别生成 1,2-加成产物或 1,4-加成产物。

$$\overset{\delta+}{CH_2}\cdots CH\cdots\overset{\delta+}{CH}\!-\!CH_3 + Br^-$$
4　3　2　1

- C2 加成 → $CH_2\!\!=\!\!CH\!\!-\!\!CH\!\!-\!\!CH_3$ （Br）　1,2-加成产物
- C4 加成 → $CH_2\!\!-\!\!CH\!\!=\!\!CH\!\!-\!\!CH_3$ （Br）　1,4-加成产物

　　共轭二烯烃的亲电加成产物中，1,2-加成产物和 1,4-加成产物之比，取决于反应物的结构、产物的稳定性及反应条件如溶剂、温度、反应时间等。例如，丁-1,3-二烯与 HBr 的加成，在不同温度下进行反应，可得到不同的产物比：

$$CH_2\!\!=\!\!CH\!\!-\!\!CH\!\!=\!\!CH_2 + HBr$$

- 0 ℃ → $CH_3\!\!-\!\!CH\!\!-\!\!CH\!\!=\!\!CH_2$ （Br） + $CH_3\!\!-\!\!CH\!\!=\!\!CH\!\!-\!\!CH_2Br$
  1,2-加成(71%)　　　　　1,4-加成(29%)
- 40 ℃ → $CH_3\!\!-\!\!CH\!\!-\!\!CH\!\!=\!\!CH_2$ （Br） + $CH_3\!\!-\!\!CH\!\!=\!\!CH\!\!-\!\!CH_2Br$
  1,2-加成(15%)　　　　　1,4-加成(85%)

反应说明，在 0 ℃时可生成较多的 1,2-加成产物，40 ℃下反应时，生成的 1,4-加成产物比较多。如将 0 ℃时反应所得到的产物，再在 40 ℃下较长时间加热，也可获得 40 ℃时反应的产物比例，85% 是 1,4-加成产物，15% 是 1,2-加成产物。即低温下主要生成 1,2-加成产物，升高温度则有利于生成 1,4-加成产物。

　　在有机反应中，如果产物的组成分布是由各产物的相对生成速率所决定，如上述低温时的加成反应那样，这个反应就称为受动力学控制（kinetic control）的反应。如果产物的组成是由各产物的相对稳定性所决定的（即由各产物的生成反应的平衡常数之比所决定的），如上述高温时的加成反应那样，这个反应就称为受热力学控制（thermodynamic control）的反应。

思考题 5-7　*写出下列反应式的主要产物。*

(1) $CH_2\!\!=\!\!CH\!\!-\!\!CH\!\!=\!\!CH_2 + Br_2 \xrightarrow[CS_2]{-15\,℃}$

$(2)\ \underset{\underset{\displaystyle CH_3}{|}}{CH_2}{=}C{-}CH{=}CH_2 \ +\ Br_2 \ \xrightarrow[\text{CHCl}_3]{20\ ℃}$

### 5.8.2 双烯合成(Diels-Alder 反应)与电环化反应

#### 1. 双烯合成

1928 年德国化学家狄尔斯(Diels O)和其助手阿尔德(Alder K)发现丁-1,3-二烯与顺丁烯二酸酐在苯溶液中加热,可定量地生成环己烯的衍生物:

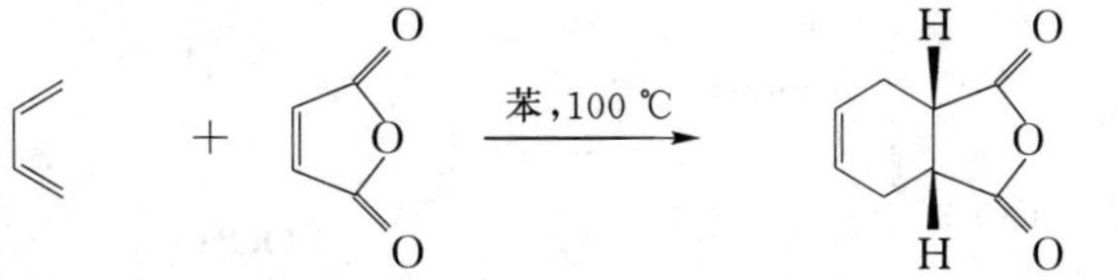

丁-1,3-二烯　顺丁烯二酸酐　　　　环己-4-烯-1,2-二甲酸酐

这种共轭二烯烃与含烯键或炔键的化合物作用,生成六元环状化合物的反应称为双烯合成,又叫狄尔斯-阿尔德(Diels-Alder)反应。Diels-Alder 反应的应用范围非常广泛,在有机合成中有非常重要的作用。因此,狄尔斯和阿尔德获得了 1950 年诺贝尔化学奖。

双烯合成中,就反应物的结构而言,最简单的是丁-1,3-二烯和乙烯的反应,但这个反应需要的反应条件比较高,一般需要高温高压,产率也比较低。例如:

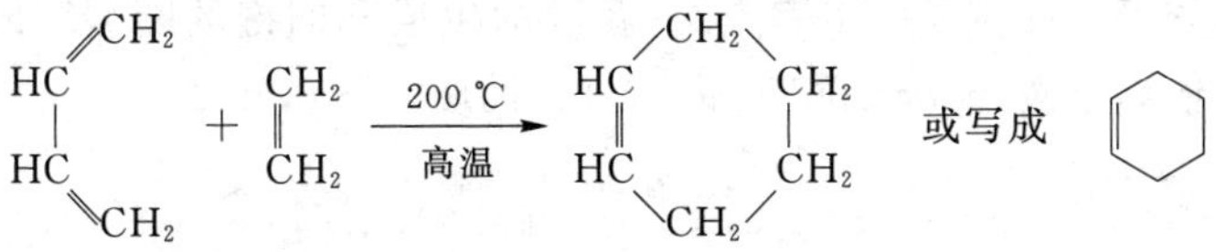

环己烯

在双烯合成中,通常将共轭二烯烃及其衍生物称为双烯体(diene),与之反应的重键化合物常叫做亲双烯体(dienophile),当亲双烯体的双键碳原子上连有吸电子基团(如—CHO,—COR,—COOR,—CN,—NO$_2$ 等)时,反应比较容易进行。例如:

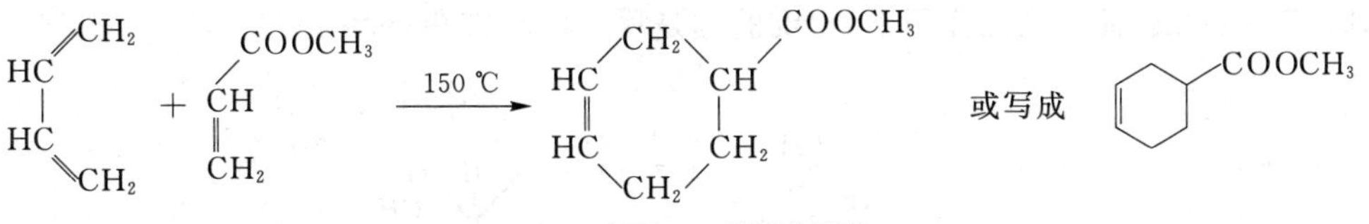

丙烯酸甲酯　　　　　环己-3-烯甲酸甲酯

丁-1,3-二烯有两种构象式,两个双键在单键的同侧和异侧:

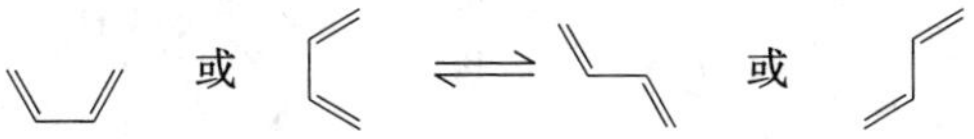

$s$-顺丁-1,3-二烯　　　　　　$s$-反丁-1,3-二烯

室温时的分子热运动足以提供丁-1,3-二烯的两种构象式变化所需的能量,因此两种

构象迅速转换。Diels-Alder 反应要求双烯体必须取 $s$-顺式构象，$s$-反式构象不能发生协同反应。

Diels-Alder 反应是立体专一性的反应。反应产物保留了反应物共轭二烯烃与亲双烯体原来的构型。例如：

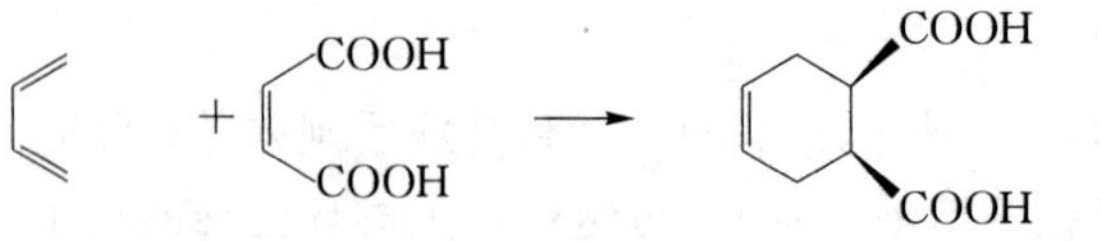

丁-1,3-二烯 马来酸 顺环己-4-烯-1,2-二甲酸

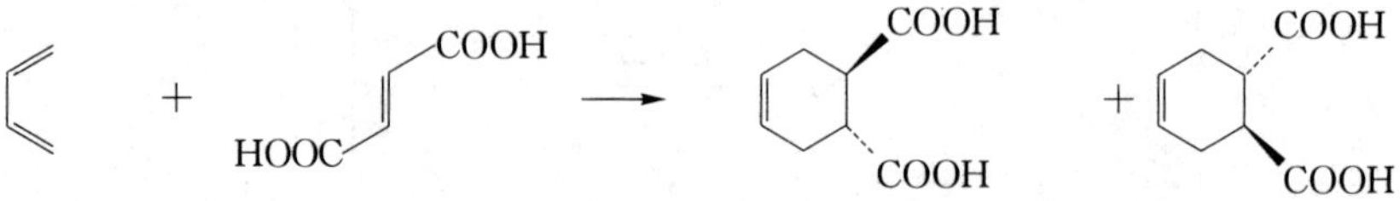

丁-1,3-二烯 富马酸 反环己-4-烯-1,2-二甲酸

Diels-Alder 反应是可逆反应。加成产物在较高温度下加热又可转变为双烯和亲双烯。

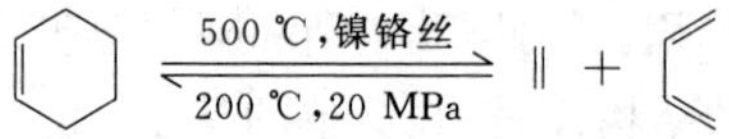

进行 Diels-Alder 反应时，反应物分子彼此靠近，互相作用，形成环状过渡态，然后转化为产物分子。反应是一步完成的，新键的生成和旧键的断裂同时完成，这种类型的反应称为协同反应(concerted reaction)。机理如下：

### 2. 电环化反应

在光或热的条件下，直链共轭多烯烃分子自身可发生分子内的环合反应生成环烯烃，这类反应及其逆反应统称为电环化反应(electrocyclic reaction)。电环化反应具有高度的立体专一性。例如，$(2E,4E)$-己-2,4-二烯在光的作用下，得到顺-3,4-二甲基环丁-1-烯，而在热的作用下，得到的则是反-3,4-二甲基环丁-1-烯。

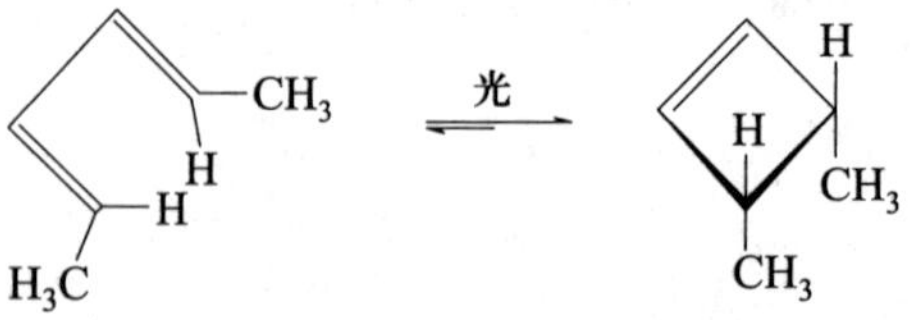

$(2E,4E)$-己-2,4-二烯 顺-3,4-二甲基环丁-1-烯

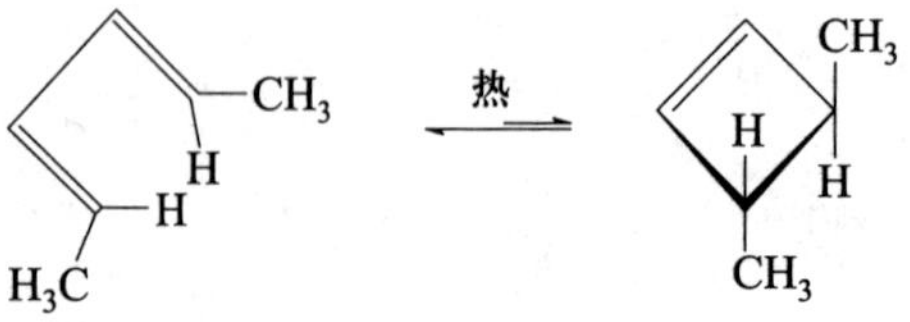

$(2E,4E)$-己-2,4-二烯 反-3,4-二甲基环丁-1-烯

电环化反应发生时也经过环状过渡态,新键的生成和旧键的断裂同时完成,也是一种协同反应。

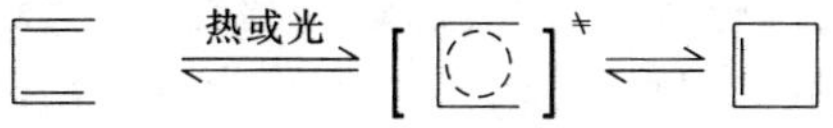

丁-1,3-二烯　　　　过渡态　　　　环丁烯

**思考题 5-8**　用化学方法鉴别庚-1,5-二炔、庚-1,3-二炔和庚-1-炔。

### 5.8.3　二烯烃的聚合——合成橡胶

橡胶是具有高弹性的高分子化合物。橡胶分为天然橡胶(natural rubber)和合成橡胶(synthetic rubber)。天然橡胶是由橡胶树得到的白色胶乳,经脱水加工凝结成块状的生橡胶。20 世纪初,天然橡胶的化学成分被测定为顺-1,4-聚异戊二烯,从结构上看是由异戊二烯单体 1,4-加成聚合而成。

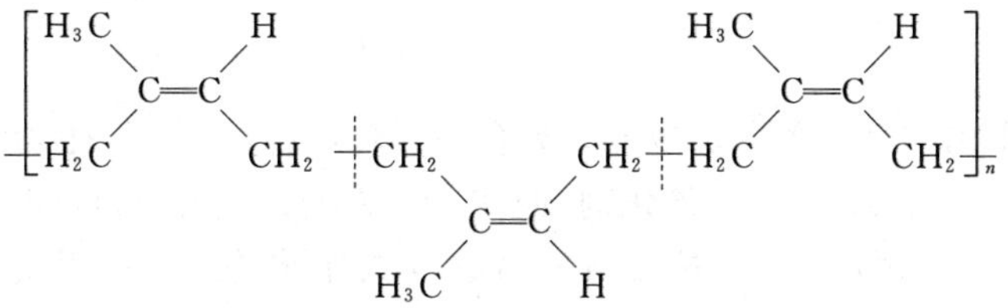

顺-1,4-聚异戊二烯

纯粹的天然橡胶,质软且发黏,必须经过"硫化"(vulcanization)处理后才能进一步加工为橡胶制品。所谓"硫化"就是将天然橡胶与硫或某些复杂的有机硫化合物一起加热,发生反应,使天然橡胶的线状高分子链被硫原子所连接(交联)。硫桥可以发生在线型高分子链的双键处,也可以发生在双键旁的 $\alpha$-碳原子上。硫化后的结构如下所示:

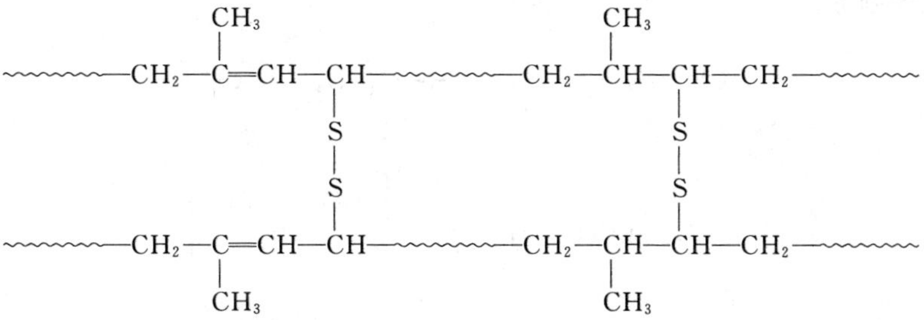

硫化使线型高分子通过硫桥交联成相对分子质量更大的体型分子,这样就克服了原来天然橡胶黏软的缺点,产物不仅硬度增加,而且仍保持弹性。

进入 20 世纪后,工业的发展使天然橡胶供不应求,化学家们千方百计地寻求方法发展合成橡胶。合成橡胶不仅在数量上弥补了天然橡胶的不足,而且各种合成橡胶往往有它自己的独特优异性能,如耐磨、耐油、耐寒或不同的透气性等,更能适应工业上对各种橡胶制品的不同要求。

1910 年,丁-1,3-二烯在金属钠催化下,成功聚合成聚丁二烯,它是最早的合成橡胶,又称为丁钠橡胶。丁钠橡胶于 1932 年实现了工业化生产。

$$n \, CH_2\text{=}CH\text{—}CH\text{=}CH_2 \xrightarrow[60\,℃]{Na} \text{—}[CH_2\text{—}CH\text{=}CH\text{—}CH_2]_n\text{—}$$

此后,合成橡胶的品种越来越多,产量也已远远超过天然橡胶。用于合成橡胶的重要原料主要有丁-1,3-二烯和异戊二烯。丁-1,3-二烯聚合时,可以进行1,2-加成聚合,也可以进行1,4-加成聚合,1,4-加成聚合生成顺式或反式聚合物,还可生成1,2-加成聚合与1,4-加成聚合同时存在的聚合物。

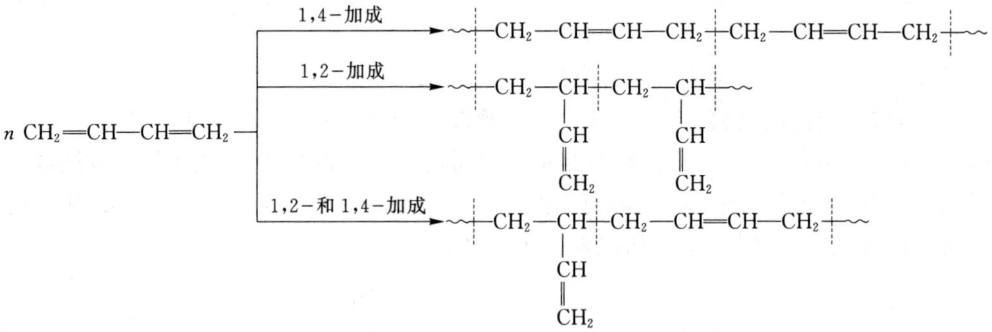

由于最终得到的是以各种加成方式聚合的混合产物,这种丁钠橡胶的性能并不理想。工业上使用 Ziegler-Natta 催化剂[如 $TiCl_4$-$Al(C_2H_5)_3$]可以使丁-1,3-二烯或2-甲基丁-1,3-二烯基本上按 1,4-加成方式定向聚合,所得的聚丁二烯称为顺-1,4-聚丁二烯或顺-1,4-聚异戊二烯。顺-1,4-聚丁二烯简称顺丁橡胶(国际通用代号 BR),具有优异的耐低温性、良好的耐磨性和较高的回弹性,广泛应用于制造各种轮胎,也可作为塑料的增韧补强改性剂。顺-1,4-聚异戊二烯简称异戊橡胶,其结构与天然橡胶相同,主要物理机械性能也相似,因此又称合成天然橡胶。异戊橡胶几乎可以应用在一切使用天然橡胶的领域,具有优异的综合性能,主要用于制造轮胎和其他橡胶制品。

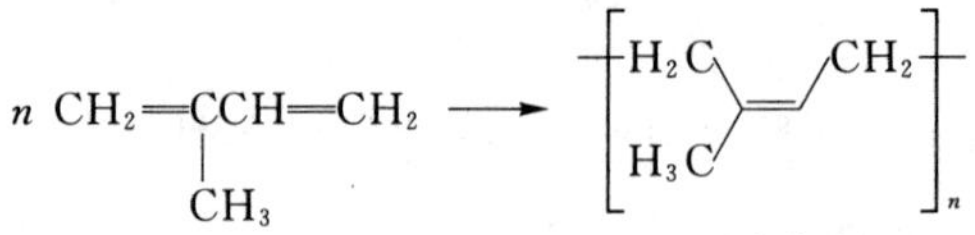

2-氯丁-1,3-二烯聚合得到氯丁橡胶,氯丁橡胶具有良好的耐燃、耐酸碱、耐氧化和耐油性能,用于制造海底电缆的绝缘层、耐油胶管、垫圈、耐热运输带和电缆外皮等。

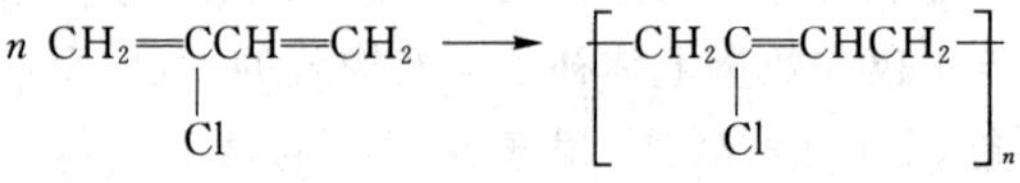

共轭二烯烃还可以和其他双键化合物共同聚合(共聚)成高分子聚合物,例如,丁-1,3-二烯与苯乙烯共聚可制得丁苯橡胶(SBR)。丁苯橡胶是合成橡胶的第一大

品种,目前产量约占合成橡胶总量的 50%。丁苯橡胶具有较好的综合性能,在耐磨性、耐老化性等方面优于天然橡胶,其缺点是不耐油和有机溶剂,约 80% 用于轮胎,还适用于制造运输皮带、胶鞋、雨衣、气垫船等。

$$n\ CH_2{=}CHCH{=}CH_2 + n\ CH_2{=}\underset{\underset{Ph}{|}}{CH} \xrightarrow{\text{共聚}} \left[CH_2CH{=}CHCH_2CH_2\underset{\underset{Ph}{|}}{CH}\right]_n$$

丁苯橡胶

丁腈橡胶(NBR)是由丁-1,3-二烯和丙烯腈在乳液中共聚生成的弹性体共聚物。它具有优良的耐油、耐有机溶剂的特点,缺点是电绝缘性和耐寒性差。主要用于制造汽车、飞机等需要的耐油零件。

$$n\ CH_2{=}CHCH{=}CH_2 + n\ CH_2{=}CHCN \xrightarrow{\text{共聚}} \left[CH_2CH{=}CHCH_2CH_2\underset{\underset{CN}{|}}{CH}\right]_n$$

丁腈橡胶

## 5.9 周环反应

双烯合成在有机合成中被广泛应用,在理论研究上也有一定的意义。已知这类反应并不是离子型反应,也不是自由基反应,因为在反应过程中,不存在活性中间体,而只是通过一个环状的过渡态,原有的一些化学键断裂和新的化学键形成同步完成得到产物。同步完成的反应称为协同反应,通过环状过渡态进行的协同反应又称为周环反应(pericyclic reaction)。按反应的特点,周环反应主要有电环化反应、环加成反应和 $\sigma$-迁移反应三种类型。

周环反应的反应条件一般为加热或光照,溶剂、催化剂、引发剂等没有多大影响;反应有明显的立体化学属性,反应产物的异构具有高度的立体化学专一性,即在一定的条件下(热或光)反应,一种构型的反应物只得到某一特定构型的化合物。

小资料:
碳正离子研究的新突破
(2018 年)

### 5.9.1 分子轨道对称守恒原理

选读内容: 分子轨道对称守恒原理

### 5.9.2 电环化反应

选读内容: 电环化反应

### 5.9.3  环加成反应

选读内容：环加成反应

# 习　　题

**5-1**  用系统命名法或衍生命名法命名下列化合物。

(1)  $(CH_3)_3C-C\equiv C-CH_2CH_3$

(2)  $CH_2=CH-CH_2-CH_2-C\equiv CH$

(3)  $CH_3-C\equiv C-\overset{\displaystyle CH=CH_2}{\underset{\displaystyle |}{C}}-CHCH_2CH_3$

(4)  $\underset{H}{\overset{H_2C=CH}{\diagdown}}C=C\underset{CH_2CH_3}{\overset{H}{\diagup}}$

(5)  $\underset{H}{\overset{H_3C}{\diagdown}}C=C\underset{H}{\overset{H}{\diagup}}C=C\underset{CH_3}{\overset{H}{\diagup}}$

(6)  $CH_2ClCH=CHCH=CH_2$

(7)  ⌇⌇

**5-2**  写出下列化合物的构造式。

(1) 4-苯基戊-1-炔

(2) 3-甲基戊-3-烯-1-炔

(3) 乙基叔丁基乙炔

(4) (2E)-4-乙炔基-5-甲基庚-2-烯

(5) 异戊二烯

(6) (2E,4E)-己-2,4-二烯

(7) 丁苯橡胶

**5-3**  写出丁-1-炔与下列试剂作用的反应式。

(1) 热 $KMnO_4$ 溶液

(2) $H_2$/Pd-$BaSO_4$喹啉

(3) Na-液 $NH_3$

(4) 1 mol $Br_2$/$CCl_4$,低温

(5) $B_2H_6$;$H_2O_2$/$OH^-$

(6) $AgNO_3$ 氨溶液

(7) $H_2SO_4$,$H_2O$,$Hg^{2+}$

**5-4**  用反应式表示以丙炔为原料并选用必要的无机试剂合成下列化合物。

(1) 丙酮

(2) 2-溴丙烷

(3) 2,2-二溴丙烷

(4) 丙醇

(5) 正己烷

**5-5**  完成下列反应式。

(1)  ⬡$-C\equiv C-CH_3$  $\xrightarrow[\text{Lindlar催化剂}]{H_2}$

(2) —C≡C—CH₃  $\xrightarrow[\text{液NH}_3]{\text{Na}}$

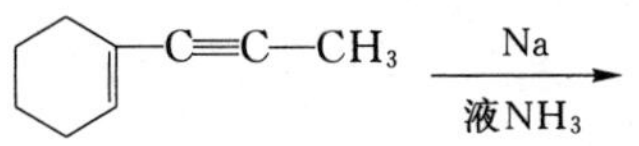

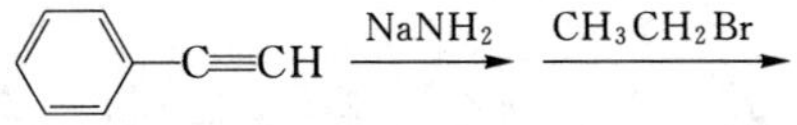

(3) —C≡CH  $\xrightarrow{\text{NaNH}_2}$  $\xrightarrow{\text{CH}_3\text{CH}_2\text{Br}}$

(4) CH₂=C—CH=CH₂ + HBr(1 mol) ⟶
　　　　|
　　　CH₃

(5) CH₂=C—CH=CH₂  $\xrightarrow{\text{聚合}}$
　　　|
　　　Cl

(6) CH₂=CH—CH=CH₂ + CH₂=CH—CHO  $\xrightarrow{\triangle}$

(7) 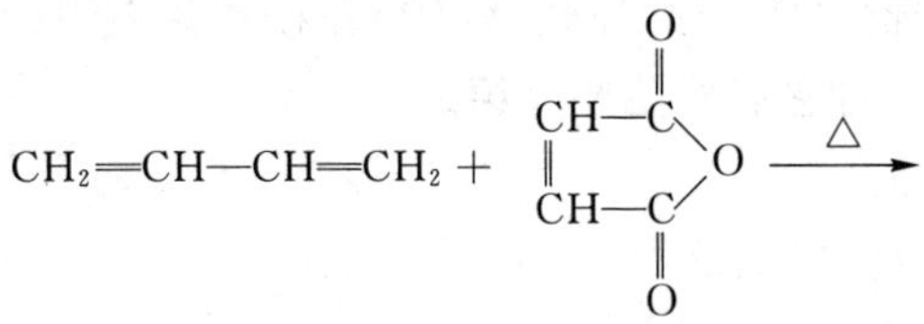 CH₂=CH—CH=CH₂ +  $\begin{matrix} \text{CH—C} \\ \parallel \quad\quad \\ \text{CH—C} \end{matrix}$ 〉O  $\xrightarrow{\triangle}$

**5-6** 指出下列化合物可由哪些原料通过双烯合成制得。

(1)   〔六元环〕　　　(2) 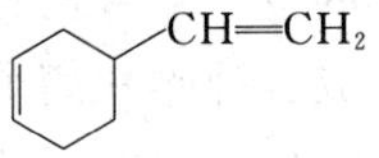  〔环己烯 CH=CH₂〕　　　(3) 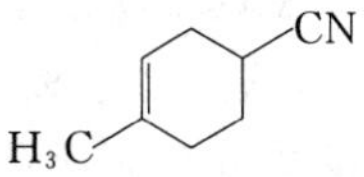  H₃C—〔环己烯〕—CN

**5-7** 用反应式表示以乙炔为原料并选用必要的无机试剂合成下列化合物。

(1) CH₃CH₂—CH—CH₃
　　　　　　　|
　　　　　　OH

(2) CH₃CH₂—C—CH₃
　　　　|　 Cl　|
　　　　 Cl 下 Cl

(2) CH₃CH₂—C(Cl)₂—CH₃

(3) CH₃CH₂CH₂CH₂Br

**5-8** 某化合物 A(C₈H₁₂)有旋光活性,在 Pt 催化下氢化得 B(C₈H₁₈),B 无旋光活性。A 可用 Lindlar 催化剂氢化得 C(C₈H₁₄),C 有旋光活性。A 和 Na 在液 NH₃ 中反应得 D(C₈H₁₄),D 无旋光活性。试推测 A,B,C,D 的结构式。

本章思考题答案　　　　本章小结

# 第6章 有机化合物的结构鉴定

目前常用于鉴定有机化合物结构的方法是波谱分析法。它快速、准确,样品用量少,为化学工作者从微观角度认知物质世界提供了重要手段,有力推动了近代有机化学的发展。其中,质谱(MS)、紫外光谱(UV)、红外光谱(IR)和核磁共振谱(NMR)这四大谱应用得最为广泛。本章将逐一对它们作简要介绍。

## 6.1 质谱

在真空状态下,用一定能量的电子束轰击样品的蒸气,使之形成带正电荷的分子离子,这些分子离子还可能断裂成各种碎片离子。这些离子在电场和磁场的作用下按质量与电荷之比(质荷比,$m/z$)的大小依次排列,得到离子强度随质荷比(mass to charge ratio)变化的图谱,称为质谱(mass spectrum,MS)。作为能得到未知化合物相对分子质量的工具,质谱除了可确定元素的组成和分子式外,还可以依照谱图所提供的碎片离子信息,进一步判断分子的结构式。

### 6.1.1 基本原理
质谱仪的种类较多,普通质谱仪的工作原理如图 6-1 所示。

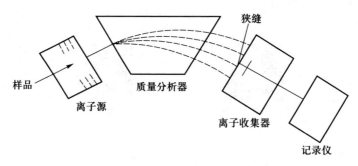

图 6-1 普通质谱仪的工作原理

普通质谱仪由真空系统、进样系统、离子源、质量分析器、离子收集器和记录仪等部分组成。在离子源内用高能量电子束轰击汽化样品分子。被测样品分子发生电子击出反应,即电离反应生成分子离子,分子离子进一步发生裂解反应形成碎片离子和中性碎片。产生的具有不同质量的分子离子和碎片离子,经电场加速后进入质量分析器。

　　质量分析器的作用是将从离子源产生的离子按质量大小分离排序,以便进行质谱检测。扇形磁场质量分析器由一个可变磁场构成。不同质荷比的离子进入质量分析器后,在磁场作用下按不同曲率半径做曲线运动得以分离。通过有规律地改变磁场强度或离子源的加速电压(分别称为磁场扫描和电压扫描),具有不同质荷比的离子将有序地到达离子收集器并被收集、检出和记录下来。

　　质谱图的构成:在一般有机质谱中,是用线谱来表示。质谱图中的横坐标是质荷比,表示具有不同质荷比离子的位点;纵坐标为离子流的强度,通常以相对强度来表示。设强度最大的离子的相对强度为100%,并称为**基峰**(base peak),其他离子的相对强度以百分数表示。图 6-2 为甲烷的质谱图,图 6-3 为 3,3-二甲基庚烷的质谱图。

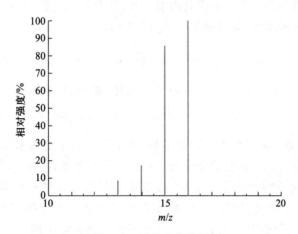

图 6-2　甲烷的质谱图

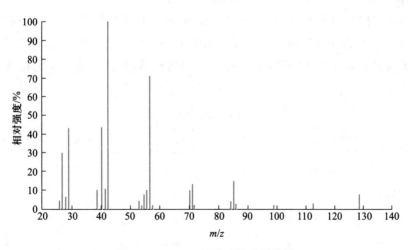

图 6-3　3,3-二甲基庚烷的质谱图

### 6.1.2　分子离子峰

分子被一定能量的电子束轰击失去一个电子而形成的离子称为分子离子,与分子离子相对应的峰称分子离子峰(molecular ion peak)。

$$M \xrightarrow{-e^-} M^+$$
电中性

$$\text{H}-\overset{\overset{\displaystyle H}{|}}{\underset{\underset{\displaystyle H}{|}}{C}}-\text{H} \left( \text{H}-\overset{\overset{\displaystyle H}{|}}{\underset{\underset{\displaystyle H}{|}}{C}} \colon \text{H} \right) \xrightarrow{-e^-} \text{H}-\overset{\overset{\displaystyle H}{|}}{\underset{\underset{\displaystyle H}{|}}{\overset{+}{C}}}\text{H}(\text{CH}_4^{\overset{+}{\cdot}})$$

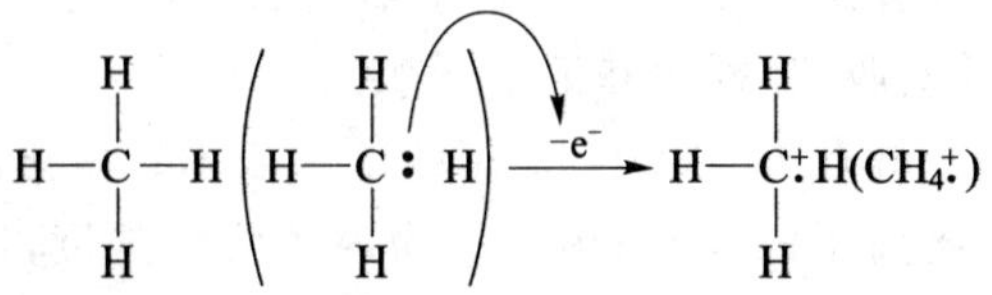

甲烷　　　　　　　　　　　　甲烷分子离子

分子中哪个部位的电子易被击出而成为分子离子取决于分子中电子被击出的难易,最易失去电子的通常是杂原子上的未共用电子对,其次是 π 电子,再次是 σ 电子。

发生电离反应的难易:非键电子($n$ 电子)＞π 电子＞σ 电子。

$$R-\overset{..}{\underset{..}{O}}-R' \xrightarrow{-e^-} R-\overset{..}{\overset{+}{O}}-R' \; (R-\overset{..}{O}-R')$$

$$RCH{=\!=}CH_2 \xrightarrow{-e^-} R\overset{\cdot}{C}H\overset{+}{-}CH_2 (\text{或 } R\overset{+}{CH}-\overset{\cdot}{CH_2})$$

$$RCH_2 \colon CH_2R' \xrightarrow{-e^-} RCH_2^{+} \overset{\cdot}{C}H_2R'$$

在质谱图中,分子离子峰不一定是基峰,如果分子离子迅速裂解(fragmentation)成碎片离子(fragment ion),它的分子离子峰相对强度很小,甚至无显示。

在组成有机化合物的常见元素中,许多元素都有稳定的同位素,重同位素往往比轻同位素重 1~2 个质量单位。各种元素的同位素基本上按其天然丰度(natural abundance)出现在质谱图中(见表 6-1)。分子离子峰是由丰度最大的轻同位素组成的,因此在质谱图中出现比分子离子峰 $m/z$ 值大一个或两个单位的离子峰,用 $M+1$ 或 $M+2$ 表示,称同位素离子峰(isotopic ion peak)。如 $^{35}Cl \colon {}^{37}Cl = 3 \colon 1$, $^{79}Br \colon {}^{81}Br = 1 \colon 1$,因此这也可以用来判断分子中是否含有 Cl 或 Br 原子。表 6-2 为二氯甲烷的分子离子及其相应的同位素离子。可以利用同位素离子峰辅助确定化合物的分子式。

表 6-1　常见元素同位素天然丰度

| 元素 | | 天然丰度/% | | 天然丰度/% | | 天然丰度/% |
|---|---|---|---|---|---|---|
| 碳 | $^{12}$C | 98.893 | $^{13}$C | 1.107 | | |
| 氢 | $^{1}$H | 99.985 | $^{2}$H | 0.015 | | |
| 氮 | $^{14}$N | 99.634 | $^{15}$N | 0.366 | | |
| 氧 | $^{16}$O | 99.759 | $^{17}$O | 0.037 | $^{18}$O | 0.204 |
| 硫 | $^{32}$S | 95.0 | $^{33}$S | 0.76 | $^{34}$S | 4.22 |
| 氯 | $^{35}$Cl | 75.77 | | | $^{37}$Cl | 24.23 |
| 溴 | $^{79}$Br | 50.537 | | | $^{81}$Br | 49.463 |

表 6-2 二氯甲烷的分子离子及其相应的同位素离子

| | 分子离子 | 同位素离子 | | | | |
|---|---|---|---|---|---|---|
| 组成 | $^{12}CH_2{}^{35}Cl_2^{+}$ * | $^{13}CH_2{}^{35}Cl_2^{+}$ | $^{12}CH_2{}^{35}Cl^{37}Cl^{+}$ | $^{13}CH_2{}^{35}Cl^{37}Cl^{+}$ | $^{12}CH_2{}^{37}Cl_2^{+}$ | $^{13}CH_2{}^{37}Cl_2^{+}$ |
| 质荷比 $(m/z)$ | 84 | 85 | 86 | 87 | 88 | 89 |

\* 分子式$^{+}$表示难以确定正电荷位置的分子离子。

从图 6-4 可以看出,甲烷质谱图中有 $m/z=16$、相对强度为 $100\%$(基峰)和 $m/z=17$、相对强度为 $1.15\%$ 两个离子峰,前者为分子离子峰($M^{+}$)即基峰,后者为同位素离子峰($M+1$)。按自然界中 $^{13}C$ 的天然丰度和 $^2H$ 的天然丰度,100 个甲烷分子含有 1 个 $^{13}C$ 和 4 个 $^2H$,同位素离子峰($M+1$)的相对强度为

$$1.107\% + 4 \times 0.015\% = 1.167\%$$

其计算数值与图 6-4 中数据值(1.15)基本符合。

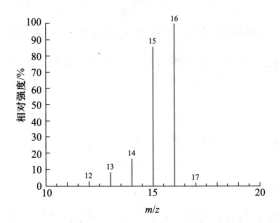

| $m/z$ | 相对强度/% |
|---|---|
| 12 | 2.6 |
| 13 | 8.6 |
| 14 | 17.1 |
| 15 | 85.6 |
| 16 | 100.0 |
| 17 | 1.15 |

图 6-4 甲烷的质谱图及其数据

一般来说,确定了质谱中的分子离子峰,就能确定该化合物的相对分子质量。但是有些物质的分子离子峰不易判断。此时可以借助氮规则等依据来辅助判别。所谓氮规则是指"分子中含有奇数个氮原子则其相对分子质量为奇数;分子中含有偶数(零为偶数)个氮原子则其相对分子质量为偶数"。这是由于一般有机化合物含有的元素主要同位素的相对原子质量和化合价均同为奇数或同为偶数,唯独 $^{14}N$ 是偶数的相对原子质量却具有奇数的化合价。因此,如果某化合物不含氮原子,则其相对分子质量必定为偶数。如果从质谱分析该可能的分子离子峰为奇数,说明该分析是错的。

有机化合物的分子离子峰与相应的同位素离子峰的强度之比可以用二项式 $(a+b)^n$ 的展开系数来估算。式中,$a$ 是常见同位素的相对丰度;$b$ 是其同位素的相对丰度;$n$ 是分子中含有该元素的个数。展开后的各项的数值比即为各峰的强度比。

例如,从表 6-1 可以看出,$^{35}Cl$ 的天然丰度为 $75.77\%$,$^{37}Cl$ 的天然丰度为 $24.23\%$。那么,在含一个氯原子的 $CH_3Cl$ 中,$a=75.77\%$,$b=24.23\%$,$n=1$;代入上

述二项式：$(a+b)^n=(a+b)^1=a+b$，所以展开后的两项比值为 $75.77 : 24.23 \approx 3 : 1$。即 $M : (M+2)=3 : 1$。

### 6.1.3　分子离子的碎裂

高能电子束不仅能把电子从分子中击出，而且赋予分子离子极大的能量。这种能量远大于共价键裂解所需的能量（$200 \sim 400$ kJ·$mol^{-1}$）。分子离子一旦形成，它们大多数还会进一步发生裂解反应，形成各种碎片离子。

分子离子是自由基正离子，裂解后形成碎片离子并丢失合理的中性碎片（自由基、中性分子）。发生裂解的方式有简单裂解（single cleavage）、$\alpha$-裂解及诱导裂解（$i$-裂解）。

在碳碳 $\sigma$ 键上形成的自由基正离子易发生简单裂解：

$$CH_3CH_2^+CH_3 \longrightarrow CH_3CH_2^+ + \dot{C}H_3$$

$$\text{或}\quad CH_3CH_2^{\cdot} + \overset{+}{C}H_3 \quad \text{（相对强度很小，仅 } 5.6\%\text{）}$$

定域在分子中某一位置上的自由基正离子"$\overset{+}{\underset{\cdot}{}}$"能引发它邻近的化学键发生均裂或异裂，它们分别被称为 $\alpha$-裂解和 $i$-裂解。如甲醇分子离子的 $\alpha$-裂解和丙酮分子离子的 $i$-裂解：

$$\overset{H}{\underset{CH_2}{|}}\!\!-\!\!\overset{+}{\ddot{O}H} \xrightarrow{\ \alpha\text{-裂解}\ } CH_2\!\!=\!\!\overset{+}{O}H + H\cdot$$

$$CH_3\overset{\overset{O^+}{\|}}{C}CH_3 \xrightarrow{\ i\text{-裂解}\ } CH_3^+ + CH_3\overset{\overset{O\cdot}{\|}}{C}$$

此外，在裂解过程中还会伴随重排及转位形成多种碎片离子和中性碎片。虽然裂解方式多样，但仍有一定裂解规律可循。

**规律 1**：无支链的长碳链中部，易发生简单裂解，特别是 C3，C4 的碳离子上易发生简单裂解，生成 $C_nH_{2n+1}$ 离子，而难以发生末位裂解。

从正壬烷的质谱图（见图 6-5）来看，$m/z=43$（基峰）和 $m/z=57$ 的两个峰相对强度都很大，说明易于发生生成 C3 和 C4 离子的裂解，无 $m/z=15$ 的峰，即难以发生末位裂解：

$$CH_3CH_2CH_2^+CH_2CH_2CH_2CH_2CH_2CH_3 \longrightarrow CH_3CH_2CH_2^+ + C_6H_{13}\cdot$$
$$(M^{\cdot}) \qquad\qquad\qquad\qquad\qquad m/z=43$$

$$CH_3CH_2CH_2CH_2^+CH_2CH_2CH_2CH_2CH_3 \longrightarrow CH_3CH_2CH_2CH_2^+ + C_5H_{11}\cdot$$
$$m/z=57$$

$$CH_3^+CH_2CH_2CH_2CH_2CH_2CH_2CH_2CH_3 \xrightarrow{\quad\times\quad} CH_3^+ + C_8H_{17}\cdot$$
$$m/z=15$$

这是因为碳正离子的稳定性不同的缘故。

$$3°C^+ > 2°C^+ > 1°C^+ > CH_3^+$$

$CH_3^+$ 稳定性差,所以难以发生生成 $CH_3^+$ 的裂解。$CH_3CH_2CH_2^+$ 和 $CH_3CH_2CH_2CH_2^+$ 虽稳定性较低,但裂解的同时立即发生重排生成稳定性较大的重排离子 $2°C^+$ 和 $3°C^+$ 。

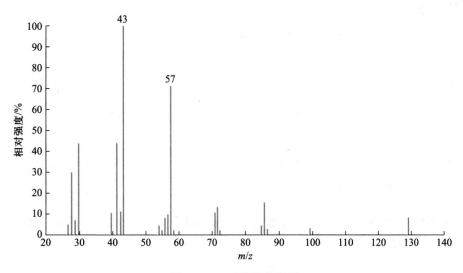

图 6-5　正壬烷的质谱图

**规律 2**:具有支链的碳链,在其支化点上易于发生裂解。

从 3,3-二甲基庚烷的质谱图(图 6-3)中可以看出,$m/z = 113$(相对强度较弱),99 和 71 三个离子峰都是从支化点发生裂解生成的碳正离子。

$$\left[ \begin{array}{c} CH_3 \\ | (a) \\ CH_3CH_2 \dashleftarrow C \dashrightarrow CH_2CH_2CH_2CH_3 \\ (b)| (c) \\ CH_3 \end{array} \right]^{+\cdot}$$

$(a) | -CH_3\cdot \qquad\qquad (b) | -CH_3CH_2\cdot \qquad\qquad (c) | -CH_3CH_2CH_2CH_2\cdot$

$$CH_3CH_2\overset{+}{C}H_2CH_2CH_2CH_3 \qquad \overset{CH_3}{\underset{CH_3}{\overset{|}{\underset{|}{\overset{+}{C}}CH_2CH_2CH_2CH_3}}} \qquad CH_3CH_2\overset{+}{C}CH_3$$
$$\underset{CH_3}{|}$$

$$m/z=113 \qquad\qquad m/z=99 \qquad\qquad m/z=71$$

**规律 3：** 具有双键(C=C,C=O)及含有杂原子(N,O,S)的化合物易于发生 $\alpha$ -裂解。

烯烃最特征的裂解反应是 $\alpha$ -裂解,生成稳定性较大的烯丙基型正离子。引起 $\alpha$ -裂解的根本原因是由于电荷中心强烈的电子配对倾向：

$$R \frown CH_2 \frown \overset{\cdot}{C}H \frown \overset{+}{C}H_2 \longrightarrow R\cdot + \overset{+}{C}H_2CH=CH_2$$

$$\downarrow \text{离域化}$$

$$\overset{\delta+}{CH_2} = CH = \overset{\delta+}{CH_2}$$

烯丙基型正离子电荷离域化,使其稳定性大为增加。烯烃的长链烷基部分,也可以发生简单裂解。

$$\left[ CH_3CH_2CH_2 \dashleftarrow CH_2CH_2CH=CH_2 \right]^{+\cdot}$$

$$\overset{\cdot}{-}CH_2CH_2CH=CH_2 \qquad\qquad \overset{\cdot}{-}CH_2CH_2CH_3$$

$$CH_3CH_2\overset{+}{C}H_2 \qquad\qquad\qquad \overset{+}{C}H_2CH_2CH=CH_2$$
$$m/z=43 \qquad\qquad\qquad \downarrow$$
$$CH_3\overset{+}{C}HCH=CH_2$$
$$m/z=55$$
$$（烯丙基型正离子）$$

羰基化合物、烷基苯、碳碳单键键合杂原子的化合物都易发生 $\alpha$ -裂解生成稳定的碳正离子。例如：

$$\overset{R}{\underset{R}{\overset{|}{C}}=O} \xrightarrow{-e^-} \overset{R}{\underset{R}{\overset{|}{C}}=\overset{\cdot+}{O}:} \longrightarrow R\overset{+}{C}\equiv O: + R\cdot$$

$$\updownarrow$$

$$R\overset{+}{C}=\overset{\cdot\cdot}{O}:$$

$$酰基离子（具有共振稳定性）$$

**规律 4**: 丢失合理中性分子($H_2$、$H_2O$、乙烯等)的裂解。

例如,醇丢失水分子生成 $M^+ - 18$ 的离子峰:

$$R-\underset{\underset{H}{|}}{CH}-\underset{\underset{\ddot{O}H}{|}}{CH_2} \xrightarrow{i-裂解+H转移} R\dot{C}H\overset{+}{-}CH_2 + H_2O$$

生成的 $[RCHCH_2]^{+\cdot}$ 可以进一步发生 $i$-裂解及 H 转移反应,生成新的 $[R'CHCH_2]^{+\cdot}$ 并丢失乙烯分子。

$$RCH_2-\underset{\underset{H}{|}}{CH}-\overset{+}{CH}-\dot{C}H_2 \xrightarrow{i-裂解+H转移} R'CH_2-\overset{+}{CH}\cdot + CH_2=CH_2$$
$$\downarrow$$
$$R'\overset{+}{CH}-\dot{C}H_2$$
$$(C_n H_{2n}^+)$$

烷基可以发生消除中性分子($H_2$、烯烃等)的裂解。

$$RCH_2\overset{+}{C}H_2 \left( \underset{\underset{R-CH}{|}}{\overset{\overset{H}{|}}{}} \underset{\underset{\overset{+}{C}H}{|}}{\overset{\overset{H}{|}}{}} \right) \longrightarrow RCH\overset{+}{=}CH + H_2$$

$$CH_3CH_2-\underset{\underset{CH_3}{|}}{\overset{+}{C}}-CH_3 \left( \underset{\underset{CH_3}{|}}{\overset{\overset{H}{|}}{CH_2}}-CH_2-\overset{+}{C}-CH_3 \right) \longrightarrow CH_3\overset{+}{C}HCH_3 + CH_2=CH_2$$

### 6.1.4 质谱在结构测定中的应用

质谱图主要提供下列几方面的信息:

(1) 确认分子离子峰获取相对分子质量和分子式。根据氮规则推测分子中是否含有氮原子;根据同位素离子峰的强度,推测分子中是否含有氯、溴及硫原子。从元素组成及相对分子质量可初步给出分子式。

(2) 根据碎片离子峰及分子离子峰与碎片离子峰的差值推测分子结构中可能存在的结构单元。

例题 6-1 图 6-6 为十二碳-1-烯的质谱图,说明 $m/z = 41, 56, 69$ 的离子峰是怎样形成的?

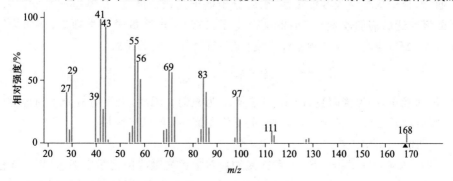

图 6-6 十二碳-1-烯的质谱图

解: $m/z=41$ 由 $\alpha$-裂解形成:

$$C_9H_{19}-CH_2CH=CH_2 \longrightarrow \overset{+}{C}H_2CH=CH_2 + C_9H_{19}^{\cdot}$$
$$m/z=41$$

$m/z=56$ 为 $C_4H_8^{+\cdot}$,由十二碳-1-烯的分子离子经四步丢失 $CH_2=CH_2$ 裂解而成。

$m/z=69$ 为 $C_5H_9^{+\cdot}$,由十二碳-1-烯长链烷基部分简单裂解,进而发生重排反应形成。

**思考题 6-1**    分别写出 $CH_3Br,CH_2Br_2$ 这两种化合物的同位素峰的类型及相应的峰强度的比值。

**思考题 6-2**    下表为某未知化合物的质谱数据,试求其分子式。

| $m/z$ | 27 | 28 | 29 | 39 | 41 | 42 | 43 | 44 | 72 | 73 | 74 |
|---|---|---|---|---|---|---|---|---|---|---|---|
| 相对强度/% | 59.0 | 15.0 | 54.0 | 23.0 | 60.0 | 12.0 | 79.0 | 100.0 (基峰) | 73.0 ($M^{+\cdot}$) | 3.3 | 0.2 |

## 6.2    紫外光谱

某些有机化合物可吸收紫外和可见光区的能量。研究化合物在该波段内光的吸收和波长的关系,称为紫外光谱(ultraviolet spectroscopy,UV)。它是由分子中价电子的跃迁产生的,也可称为电子光谱。从紫外光谱中可得到有关共轭体系和发色团方面的结构信息。

### 6.2.1    基本原理

紫外-可见光是 $100\sim800$ nm 波段电磁波,其中 $100\sim200$ nm 波段称为远紫外区或真空紫外区,大气中的氧在这一区域有吸收。$200\sim400$ nm 波段称为近紫外区,许多化合物在这一区域产生特征吸收,有些共轭体系可延伸至可见光波段($400\sim800$ nm)。一般紫外光谱仪所用的波长范围为 $200\sim800$ nm 或 $200\sim1\,000$ nm,即包括近紫外及可见光区。这些吸收峰的位置和强度能提供有用的结构信息。

通常,分子从外界吸收能量后,引起分子电子能级的跃迁,从基态向激发态跃迁。电子能级跃迁所需的能量在 $1\sim20$ eV(电子伏特)。根据量子力学理论,相邻能级间的能级差($\Delta E$)与电磁波的频率($\nu$)、波长($\lambda$)符合如下的关系式:

$$\Delta E = h\nu = h \times c/\lambda$$

式中,$E$ 为能量;$h$ 为普朗克(Planck)常量;$c$ 为光速。因此,许多有机分子的价电子跃迁,需吸收波长 $200\sim1\,000$ nm 的光,主要落在紫外-可见光区域。

1. 朗伯-比尔定律

朗伯-比尔(Lambert-Beer)定律是物质对单色光吸收的定量定律,是紫外光谱的基本定律。该定律表示波长一定时,吸光度与溶液浓度和液层厚度的乘积成正比。

$$A = \lg \frac{I_0}{I} = \lg \frac{1}{T} = \kappa c l$$

式中，$A$ 为吸光度；$I_0$ 为入射光强度；$I$ 为透射光强度；$T$ 为透射率；$l$ 为样品池厚度（cm）；$c$ 为吸光物质的浓度（mol·L$^{-1}$）；$\kappa$ 为摩尔吸收系数（即浓度为 1 mol·L$^{-1}$ 的溶液，于 1 cm 吸光池中，在一定波长下测得的吸光度）。

由上式可见，吸光度 $A$ 表示单色光通过溶液时被吸收的程度，为入射光强度（$I_0$）与透射光强度（$I$）比值的对数；透射率为透射光强度与入射光强度的比值。$\kappa$ 为摩尔吸收系数，它表示物质对光能的吸收程度，是各种物质在一定波长下的特征常数。

2. 紫外光谱的构成

当入射光波长范围处于紫外光区时，一定波长的光子被样品吸收，使透射光的强度发生改变。以吸光度或透射率为纵坐标，以波长为横坐标作图即为紫外光谱图。所得光谱称为紫外光谱，又称吸收曲线。最大吸收值所对应的波长称为最大吸收波长（$\lambda_{max}$）。图 6-7 为 2,5-二甲基己-2,4-二烯的紫外光谱图。

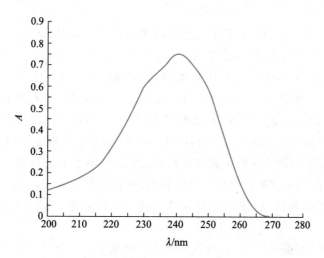

图 6-7  2,5-二甲基己-2,4-二烯的紫外光谱

在一般文献资料中，紫外吸收最大波长（$\lambda_{max}$）位置及摩尔吸收系数表示如下：

2,5-二甲基己-2,4-二烯    $\lambda_{max}^{MeOH} = 242.5$ nm（$\kappa = 13\ 100$ L·cm$^{-1}$·mol$^{-1}$）

此式表示样品在甲醇溶液中，最大吸收波长为 242.5 nm；摩尔吸收系数为 13 100 L·cm$^{-1}$·mol$^{-1}$。

### 6.2.2　紫外光谱与分子结构的关系

一般情况下，有机分子主要有三种电子，即：形成单键的 $\sigma$ 电子，形成双键的 $\pi$ 电子和未成对的孤对电子（$n$ 电子）。电子跃迁主要有 $\pi \rightarrow \pi^*$，$n \rightarrow \pi^*$，$\sigma \rightarrow \sigma^*$ 和 $n \rightarrow \sigma^*$ 四种类型。产生紫外吸收的根本原因是由于分子在入射光作用下发生价电子跃迁产生的。以丙酮为例：

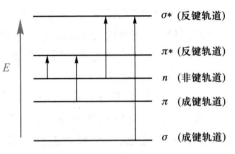

丙酮可吸收 154 nm,190 nm 和 280 nm 的紫外光。其对应的电子跃迁为 $n \to \sigma^*$,$\pi \to \pi^*$ 和 $n \to \pi^*$,只有 $n \to \pi^*$ 在近紫外区才有吸收。

各种电子跃迁所需能量($\Delta E$)不同,其紫外吸收频率(或波长)亦不同:$\Delta E_{\sigma \to \sigma^*} > \Delta E_{n \to \sigma^*} > \Delta E_{\pi \to \pi^*} > \Delta E_{n \to \pi^*}$。图 6-8 为电子能级跃迁示意图。

电子跃迁过程中吸收光的频率取决于电子的能级差,具有单个 $\pi$ 键的化合物在远紫外区(<200 nm)才产生吸收,只有含杂原子不饱和键的基团,其 $n \to \pi^*$ 跃迁在近紫外区即通称的紫外区

图 6-8　电子能级跃迁示意图

(>200 nm)才有吸收。这种跃迁在光谱学上称为 **R 带**(radikalartig)。R 带在 270~350 nm 间有吸收,但 $\kappa$ 值较小,通常在 100 $\text{L·cm}^{-1}\text{·mol}^{-1}$ 以内。具有杂原子不饱和键的基团,即具有 R 带紫外吸收的基团,称为**发色团**(chromophore),羰基的 $\lambda_{\max}$ 为 280 nm,故属于发色团。$C = C,C \equiv C,C = O,C \equiv N$ 等也均为发色团。

在 200 nm 以上无紫外吸收,但能使发色团红移(向长波方向移动)的基团,称为**助色团**(auxochrome)。$-NH_2$,$-OH$,$-F$ 和 $-Cl$ 等具有非键电子的基团为助色团。助色团的非键电子与发色团的 $\pi$ 系统相联系,其 $p-\pi$ 共轭效应降低了 $\pi \to \pi^*$ 跃迁所需的能量,使发色团吸收波长向长波方向移动,这种现象称为**红移**(red shift)。另外,由于取代基或溶剂的影响,使最大吸收波长向短波方向移动的现象称为**蓝移**(blue shift)。

在紫外光谱中,孤立烯烃、非共轭二烯或多烯的 $\lambda_{\max} < 200$ nm,即在远紫外区才产生最大吸收,但共轭二烯或共轭多烯在波长较长的紫外区就可产生吸收。

表 6-3　乙烯和共轭烯烃的紫外吸收

| 烯烃 | $\lambda_{\max}/\text{nm}$ | $\kappa_{\max}/(\text{L·cm}^{-1}\text{·mol}^{-1})$ |
| --- | --- | --- |
| = | 165 | 15 000 |
| | 217 | 21 000 |
| | 268 | 34 600 |
| | 364 | 138 000 |

由表 6-3 可见,随着共轭链的增长,紫外吸收向长波方向移动,即向低频(能量)方向移动。用分子轨道理论能很好地解释这一问题。按分子轨道理论,电子跃迁过程

中吸收光的频率取决于最高已占轨道(HOMO)和最低未占轨道(LUMO)的能级差。随着共轭链的增长,$\pi$ 电子从 HOMO 跃迁到 LUMO 的能级差($\Delta E$)越小,所以紫外吸收向低频即向长波方向移动。

共轭体系由于跃迁形成的紫外吸收光谱带称为 **K 带**(konjuierte)。K 带的 $\lambda_{max}$ 出现在 $210 \sim 250$ nm 处;$\kappa_{max} > 10^4$ L·cm$^{-1}$·mol$^{-1}$(或 $\lg \kappa > 4$)的紫外吸收谱带称为强带。

当具有 $n \to \pi^*$ 跃迁的基团与 C=C 相连接并形成共轭链时,其紫外吸收进一步红移,但吸收仍然很弱。例如:

$$CH_2=CH-\underset{\underset{CH_3}{|}}{C}=O$$

$$n \to \pi^*: \lambda_{max}=324 \text{ nm} \quad \kappa_{max}=24 \text{ L·cm}^{-1}·\text{mol}^{-1}$$

$$\pi \to \pi^*: \lambda_{max}=219 \text{ nm} \quad \kappa_{max}=3\,600 \text{ L·cm}^{-1}·\text{mol}^{-1}$$

这种由含杂原子双键形成的共轭体系,其紫外吸收既有 K 带又有 R 带。

**例题 6-2** 下列两组 $\lambda_{max}$ 值,试问哪一组属于(a) $CH_3COCH_2CH_3$ 的紫外吸收?哪一组属于(b) $CH_3COCH=CH_2$ 的紫外吸收?并指出电子跃迁类型。

(1) 277 nm,185 nm     (2) 324 nm,219 nm

解:(a) 为非共轭体系,(b) 为共轭体系。(b) 的吸收谱带向长波方向移动,故②组 $\lambda_{max}$ 属于(b);① 组 $\lambda_{max}$ 属于(a)。在每组中,较大 $\lambda_{max}$ 的谱带为 $n \to \pi^*$ 跃迁,较小 $\lambda_{max}$ 的谱带为 $\pi \to \pi^*$ 跃迁。

随着共轭双键的增加,分子的最大吸收波长增大。每增加一个共轭双键,其 $\lambda_{max}$ 红移 $30 \sim 50$ nm。

$\lambda_{max}$ 还受共轭二烯构型的影响,$s$-顺型共轭二烯的 $\lambda_{max}$ 大于 $s$-反型共轭二烯的 $\lambda_{max}$。

$s$-反型            $s$-顺型
$\lambda_{max}=227$ nm       $\lambda_{max}=256$ nm

共轭双键上的氢原子被烷基取代,烷基和共轭链产生 $\sigma$-$\pi$ 共轭,$\sigma$-$\pi$ 共轭导致 $\pi$ 电子能级提高,即降低了 $\pi \to \pi^*$ 跃迁所需的能量,从而使紫外吸收红移。描述这种影响的经验规则称为 **Woodward 规则**。可用来估算二烯烃、多烯烃等化合物的紫外吸收 $\lambda_{max}$ 的大致位置。

在 Woodward 规则中,共轭二烯最大吸收波长为 217 nm,链上再增加一个烷基,红移5 nm;环外双键红移 5 nm。

**例题 6-3** 试指出下列化合物的 $\lambda_{max}$ 值。

解:基准 217 nm。

(a)

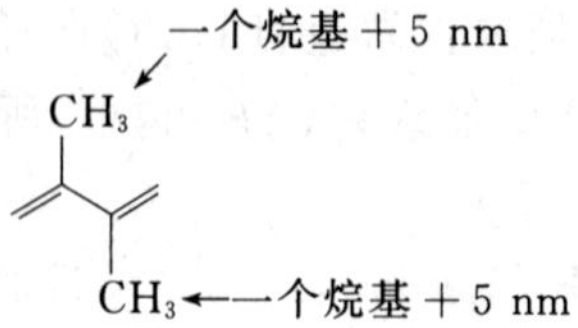

→一个烷基＋5 nm

CH₃

CH₃ ←——一个烷基＋5 nm

217 nm
＋5×2 nm
_____
227 nm（计算值）
226 nm（试验值）

(b)

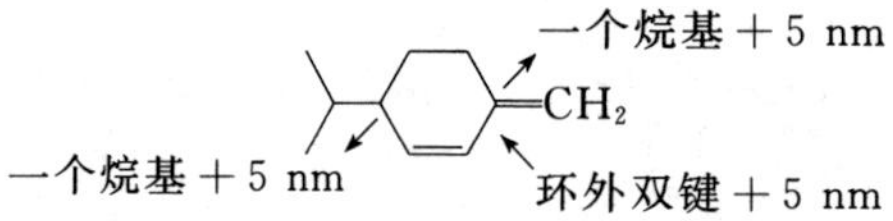

一个烷基＋5 nm

＝CH₂

一个烷基＋5 nm

环外双键＋5 nm

217 nm
＋5×3 nm
_____
232 nm（计算值）
232 nm（试验值）

**思考题 6-3**　当体系的共轭双键增多时,紫外光谱会发生什么变化,解释其原因。

**思考题 6-4**　CH₃CN 的最低能量跃迁是什么跃迁,请判断 CH₃CN 是否有发色团。

## 6.3　红外光谱

　　红外光谱(infrared spectroscopy,IR)是研究分子运动的吸收光谱,红外光谱分析具有测试方法简单、迅速,所需样品量少,获得信息量大,仪器价格较低等特点。因此,红外光谱在结构分析中得到了广泛的应用。

### 6.3.1　基本原理

**1. 红外光的特点**

　　红外光是波长处于 0.78～500 $\mu m$ 的低能量的电磁波,一般可分为近红外光(0.78～2.5 $\mu m$)、中红外光(2.5～25 $\mu m$)和远红外光(25～500 $\mu m$),一般红外光谱研究的是 2.5～25 $\mu m$ 的中红外波段。

　　电磁波一般以频率($\nu$)和波长($\lambda$)来描述。电磁辐射的能量($E$)与频率成正比,与波长成反比:

$$E = h\nu = h\,\frac{c}{\lambda}$$

式中,$h$ 为普朗克(Planck)常量;$c$ 为光速。通常红外光谱以波数表示频率,波数是指每厘米所含波的数目,以 $\sigma$ 表示。波长、波数和频率的关系是 $\sigma = 1/\lambda = \nu/c$。

　　通过计算可得出红外光波长、波数与能量的关系如下:波长为 2.5～25 $\mu m$,波数为 4 000～400 $cm^{-1}$,能量为 48～4.8 $kJ \cdot mol^{-1}$。

显然,红外光是一种较低能量光。这种低能量光不像紫外光那样使分子中的电子发生跃迁,更不像高能电子束那样可以把电子从分子中击出,并导致分子裂解,但是红外辐射可使分子中的价键发生变化。

2. 红外吸收的产生

键连任何两个原子的共价键,犹如两端具有质量的卷曲的弹簧。以一定的伸缩频率作**伸缩振动**(stretching vibration,$\nu$)。

当红外光照射化合物时,化学键吸收相应振动能级的红外光,从而产生共振。当入射红外光的能量恰好等于化学键从低能量的振动态(基态)跃迁到振幅增大的高能量的振动态(激发态),这个能量才被化学键吸收产生红外光谱。或者说,当入射红外光的频率恰好等于振动跃迁的频率,则产生红外吸收光谱。

振动吸收频率是某个化学键的特征吸收频率。它与两个因素有关:一是键合的原子的相对原子质量,原子的相对原子质量越轻,振动频率越高;另一个是键的相对强度。这些因素符合物理学上的**虎克(Hooke)定律**。三键比双键牢固,因此它在较高的频率下振动;双键比单键牢固,其振动频率比单键高。键连相对原子质量较小的氢原子的键(Y—H),其振动在相当高的频率下才能产生。

并非所有振动都能产生红外辐射能量的吸收,只有在偶极矩发生变化的振动才能产生红外辐射能量的吸收。

多原子分子除共价键的伸缩振动外,还有**弯曲振动**(bending vibration,$\delta$)。弯曲振动是离开键轴进行前、后、左、右的振动,其特点是振动时键长不发生变化。弯曲振动是量子化的,当吸收某一波长红外光的能量时,才由基态跃迁到某一激发态。因此,弯曲振动也有特征吸收频率。图 6-9 为亚甲基弯曲振动示意图。

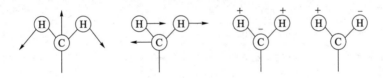

图 6-9 亚甲基的弯曲振动示意图

3. 谱图的强度

红外光谱谱带的强度与跃迁概率成正比,通常从基态到第一激发态跃迁概率最大,故吸收峰最强,而跃迁到其他激发态概率较小,其吸收峰为弱峰。

4. 红外光谱的构成

红外光谱通常以波数为横坐标,也有以波数和波长两者为横坐标的,纵坐标以透射率($T$)表示。记录得到的红外吸收曲线,即为红外光谱图(见图 6-10)。由于是以 $T$ 为纵坐标,吸收峰(特征吸收峰)是向下的。吸收峰的形状有:宽峰(broad peak)、尖峰(sharp peak)、肩峰和双峰等类型。

文献中常用下列符号定性的描述红外光谱吸收峰的强度:s＝strong(强);m＝mediem(中强);w＝weak(弱)。

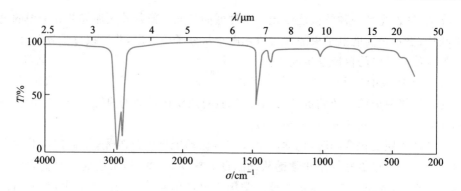

图 6-10 正己烷的红外光谱

### 6.3.2 红外光谱与分子结构的关系

红外吸收显示明显的区域性特征,官能团的特征吸收在高频区,高频区($\sigma >$ $1\,350\ \mathrm{cm}^{-1}$)又称为特征区。$\sigma = 1\,350 \sim 650\ \mathrm{cm}^{-1}$ 称为指纹区。在该区域虽然一些吸收也对应一些官能团,但大量吸收峰并不与特定官能团相对应,仅显示化合物的红外特征,犹如人的指纹,故称为指纹区。不同化合物的指纹吸收是不同的,因此可以通过比对化合物的指纹峰形和峰强度来鉴别它们是否为同一化合物。

红外吸收频率通常分为四个区:氢键区、三键区、双键区和单键区。

1. 氢键区($4\,000 \sim 2\,500\ \mathrm{cm}^{-1}$)

该区为含氢单键的伸缩振动频率区。表 6-4 为含氢单键伸缩振动频率。

表 6-4 含氢单键伸缩振动频率

| 基团 | $\sigma/\mathrm{cm}^{-1}$ | 基团 | $\sigma/\mathrm{cm}^{-1}$ |
|---|---|---|---|
| —O—H(醇) | $3\,600 \sim 3\,200$ | $\equiv$C—H | $3\,320 \sim 3\,310$ |
| —O—H(羧酸) | $3\,600 \sim 2\,500$ | $=$C—H | $3\,100 \sim 3\,000$ |
| $\diagdown$N—H$\diagup$ | $3\,500 \sim 3\,350$ | $\mid$—C—H$\mid$ | $2\,950 \sim 2\,850$ |
| —S—H | $2\,500$ | —CH$_3$ | $2\,960 \pm 10$ |
| | | | $2\,872 \pm 10$ |
| | | —CH$_2$ | $2\,926 \pm 5$ |
| | | | $2\,853 \pm 5$ |
| | | O$=$C—H | $2\,715, 2\,820$ |

$3\,000\ \mathrm{cm}^{-1}$ 是区分饱和与不饱和 C—H 键伸缩振动频率的一个分界线。—CH$_3$,—CH$_2$ 均有两个吸收峰。

例题 6-4 饱和烃 C—H 键伸缩振动频率与不饱和烃 C—H 键伸缩振动频率存在一定差别,而且随着不饱和度的增加,伸缩振动频率亦增加,试说明其原因。

解:这是由于饱和烃与烯烃碳原子、炔烃碳原子上的杂化状态不同而产生的,它们的 C—H 键键能随不饱和度增加而增加。键能越大,振动所需能量越大,故其伸缩振动频率也逐渐向高频方向移动。

**2. 三键区($2\,500\sim2\,000\ cm^{-1}$)**

该区为三键和累积双键伸缩振动频率区。对称结构的炔烃振动时,偶极矩没有改变,故无红外吸收活性。

| | | |
|---|---|---|
| 末端 C≡C | $2\,140\sim2\,100\ cm^{-1}$ | ($\nu$)尖峰 |
| 中间 C≡C | $2\,260\sim2\,190\ cm^{-1}$ | ($\nu$)尖峰 |
| C=C=C | $1\,950\pm50\ cm^{-1}$ | ($\nu$)m |

**3. 双键区($2\,000\sim1\,500\ cm^{-1}$)**

该区为双键的伸缩振动频率区。此区的羰基(C=O)最为重要,大部分羰基集中在 $1\,900\sim1\,650\ cm^{-1}$,见表6-5。

表 6-5  羰基伸缩振动频率

| $\diagdown$C=O$\diagup$ | $\sigma/cm^{-1}$ |
|---|---|
| 醛、酮 | $1\,750\sim1\,710$ |
| 羧酸 | $1\,725\sim1\,700$ |
| 酸酐 | $1\,850\sim1\,800$ |
| | $1\,790\sim1\,740$ |
| 酰卤 | $1\,815\sim1\,770$ |
| 酯 | $1\,750\sim1\,730$ |
| 酰胺 | $1\,700\sim1\,680$ |

开链烯烃伸缩振动频率列于表 6-6 中。

表 6-6  开链烯烃伸缩振动频率

| 烯烃 | $\sigma/cm^{-1}$ | 吸收强度 | 振动类型 |
|---|---|---|---|
| $CH_2=CH_2$ | 0 | | |
| $RCH=CH_2$ $R_2C=CH_2$ | $1\,680\sim1\,620$ | m | $\nu$ |
| 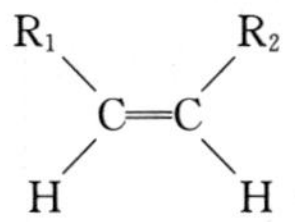 $\underset{H}{\overset{R_1}{C}}=\underset{H}{\overset{R_2}{C}}$ | $1\,660\sim1\,630$ | m | $\nu$ |
| 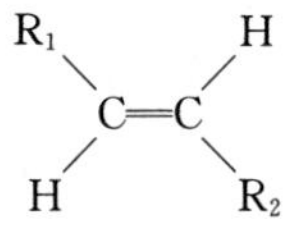 $\underset{H}{\overset{R_1}{C}}=\underset{R_2}{\overset{H}{C}}$ | $1\,680\sim1\,665$ | w | $\nu$ |
| 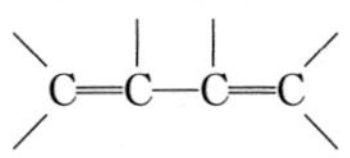 C=C—C=C | $1\,600$ $1\,650$ | s w | $\nu$ $\nu$ |

烯烃的 C=C 双键伸缩振动中，端位烯烃双键的伸缩振动较强，随着双键向分子中心移动(分子对称性增加)，吸收强度逐渐减弱，完全对称的反式化合物中 C=C 双键不产生伸缩振动的红外吸收，这是因为对称分子没有偶极矩的变化。共轭使吸收稍移向低频方向，并使吸收强度增加。

在推导结构时，如果已知分子式，先算出化合物的不饱和度，然后在红外光谱双键区、三键区寻找对应红外吸收频率，有利于更迅速地确定其结构。

4. 单键区(1 500~600 cm$^{-1}$)

该区为 C—C 键、C—O 键、C—N 键等单键伸缩振动频率区。例如：

$$=C-O \qquad 1\ 200\ cm^{-1}$$

$$-\underset{|}{\overset{|}{C}}-O \qquad 1\ 200 \sim 1\ 025\ cm^{-1}$$

表 6-7 列出了烃类弯曲振动频率。

表 6-7　烃类弯曲振动频率

| | —CH₃ | ＼CH₂／ | —CH(CH₃)₂ | —C(CH₃)₃ |
|---|---|---|---|---|
| 烷烃 $\sigma/cm^{-1}$ | 1 470~1 420<br>1 375 | 1 470~1 430 | 1 370(s), 1 385(s)<br>1 170 | 1 370(s) |
| 烯烃<br>(面外弯曲)<br>$\sigma/cm^{-1}$ | RCH=CH₂<br>920~910<br>1 000~990 | R₂C=CH₂<br>900~880 | RCH=CHR<br>顺：730~675<br>反：975~965 | |
| 芳烃<br>(面外弯曲)<br>$\sigma/cm^{-1}$ | 单取代<br>710~690<br>770~730 | 二取代<br>$o-$<br>770~735 | $m-$<br>710~690<br>810~750 | $p-$<br>840~810 |

例题 6-5　图 6-11 为己-1-炔的红外光谱图，试指出各主要吸收峰的归属。

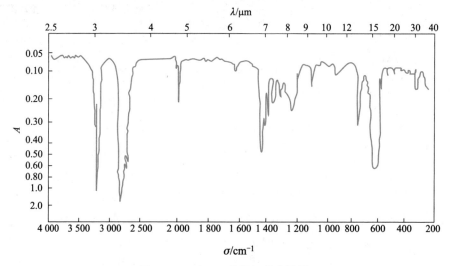

图 6-11　己-1-炔的红外光谱图

解：

| | | | | |
|---|---|---|---|---|
| $3\,320\sim3\,310\ \mathrm{cm}^{-1}$： | $C\!\equiv\!C\!-\!H$ | $H\!-\!C_{sp}$ | $\nu,s$ | 尖峰 |
| $2\,140\sim2\,100\ \mathrm{cm}^{-1}$： | $C\!\equiv\!C$ | | $\nu,w$ | 尖峰 |
| $2\,950\sim2\,850\ \mathrm{cm}^{-1}$： | $CH_3,CH_2$ | | $\nu,s$ | 肩峰 |
| $1\,470\sim1\,420\ \mathrm{cm}^{-1}$： | $CH_3$ | | $\delta,m$ | |

**例题 6-6** 化合物 A,B,C 分子式均为 $C_5H_6$，在催化剂作用下，均可吸收 3 mol $H_2$；化合物 B,C 的红外光谱 $\sigma$ 为 3 300 $\mathrm{cm}^{-1}$，而 A 在此区域无吸收；化合物 A 和 B 的紫外光谱 $\lambda_{max}$ 为 230 nm，而 C 在 200 nm 以上无吸收，试推导出 A,B,C 的结构式。

解：（1）根据可吸收 3 mol $H_2$ 和分子式，可知三个化合物不饱和度均为 3。

（2）根据在 3 300 $\mathrm{cm}^{-1}$ 有红外吸收，表明 B,C 含有炔氢，而 A 则无。

（3）根据 A,B 的紫外光谱数据 $\lambda_{max}$ 为 230 nm，说明化合物分子中存在 K 带，而 C 则无。

故 A 为　　$CH_2\!=\!CHC\!\equiv\!CCH_3$

　　B 为　　$CH_2\!=\!CC\!\equiv\!CH$　或　$CH_3CH\!=\!CHC\!\equiv\!CH$

　　　　　　　　　|
　　　　　　　　$CH_3$

　　C 为　　$CH_2\!=\!CHCH_2C\!\equiv\!CH$

### 6.3.3 影响官能团红外特征吸收频率的因素

影响有机化合物官能团红外特征吸收频率的因素有诱导效应、共轭效应和氢键效应等，它们都是通过影响分子中电子分布，从而引起化学键力常数的变化而改变官能团的特征吸收。

**诱导效应**：乙醛的羰基吸收在 1 720 $\mathrm{cm}^{-1}$，而乙酰氯中的羰基吸收在 1 800 $\mathrm{cm}^{-1}$，这是因为 Cl 原子有较强的吸电子能力，使电子云由 O 原子移向双键，增加了 $C\!=\!O$ 双键中的电子密度，使力常数增加，吸收向高波数方向移动。

**共轭效应**：丙酮的 $C\!=\!O$ 双键吸收在 1 720 $\mathrm{cm}^{-1}$，而丁-3-烯-2-酮分子的 $C\!=\!O$ 双键吸收在 1 685 $\mathrm{cm}^{-1}$，这是因为共轭效应使体系中的电子平均化，降低了电子密度，力常数减少，吸收向低波数方向移动。

**氢键效应**：缔合的氢键使分子中的 $O\!-\!H$ 键和 $N\!-\!H$ 键减弱，使 $O\!-\!H$ 键和 $N\!-\!H$ 键的吸收向低波数方向移动。

**思考题 6-5** 判断 2,3-二甲基丁-2-烯是否有双键的红外吸收，解释其原因。

**思考题 6-6** 比较乙酸乙酯、乙酰氯、乙酰胺三个化合物的羰基伸缩振动峰的大小。

## 6.4 核磁共振谱

核磁共振谱（nuclear magnetic resonance spectroscopy，NMR）是由原子核的自旋运动引起的，是近几十年发展起来的测定化合物结构的最有效的方法之一。从发现核磁共振到其成像的 70 年间，先后有 7 人因该领域的相关研究获得诺贝尔奖，涵盖物理学、化学、生理学与医学等奖项。如今，它不仅是物质微观结构研究中不可或缺的工具，而且已成为医学临床诊断的重要手段。

### 6.4.1　$^1$H NMR 基本原理

氢原子核($^1$H,质子)是一种带正电荷且质子数为奇数的原子核。质子自旋运动产生一个微小的磁场,自旋产生的磁场用一个矢量(磁矩)来表示。在一般情况下,原子核的磁矩可任意取向。若将原子核放入外加磁场中,磁矩相对磁场方向采取一定的量子化取向。其磁量子数 $I = \pm 1/2$,$I = +1/2$ 是顺磁场方向排列,$I = -1/2$ 是反磁场方向排列(见图 6—12)。

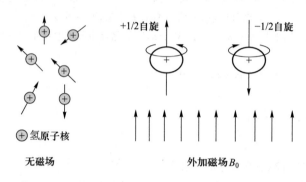

图 6-12　氢原子核取向示意图

根据电磁理论,磁矩 $\mu$ 与磁感应强度的作用能 $E$ 之间的关系如下:

$$E = \mu B_0$$

因此,自旋顺磁场排列($+1/2$)处于低能态($E_1$),反磁场排列($-1/2$)处于高能态($E_2$)。外加磁场的磁感应强度越强,能级裂分越大,高低能量的能级差($\Delta E$)也越大(图 6—13)。

改变自旋核自旋取向,即使自旋核由顺磁场的低能态,进入反磁场的高能态,需要外加能量。在核磁共振仪中,由无线电波区电磁辐射来提供这种能量。当能量被吸收时,氢核($^1$H)与电磁辐射处于共振状态之中,这种现象称为核磁共振。引发核磁共振的电磁辐射频率,称为共振频率。

由氢核($^1$H)产生的核磁共振称为氢核磁共振($^1$H NMR)或质子核磁共振(PMR)。

核磁共振仪由外加磁场、样品管、射频发生器(提供电磁辐射)、射频接收器、扫描发生器和记录仪组成,如图 6—14 所示。

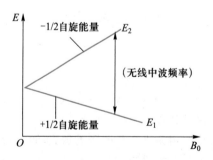

图 6-13　两种自旋状态与外磁
场的磁感应强度之间的关系

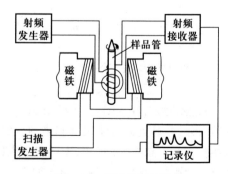

图 6-14　核磁共振仪结构

在进行核磁共振测定时,若固定射频波频率,由扫描发生器线圈连续改变磁场的磁感应强度,由低场至高场扫描,称为扫场;若固定磁场的磁感应强度,通过改变射频频率的方式进行扫描,称为扫频。

分子中的氢核(质子)在同一外加磁场中,其共振吸收频率似乎应一样。事实上化合物中的氢核有的共振频率相同,有的共振频率不同。这是因为化合物中不同氢核的化学结构环境不同造成的。

### 6.4.2 化学位移

分子中氢原子核的核外面包围着不同密度的电子云。在磁感应强度作用下核外电子云形成环电子流,产生感应磁场。感应磁场的磁感应强度($B_感$)的方向与外磁场相反。这样使自旋核实际受到的外磁场的磁感应强度($B_实$)减小(见图 6-15)。

$$B_实 = B_0 - B_感$$

氢核周围电子密度越大,产生的感应磁场强度越大。核外电子对氢核的这种作用称为屏蔽(shielding)作用。受屏蔽的氢核需在较高外磁场下,才能产生共振吸收。核外电子密度不同,屏蔽作用不同,共振频率(共振吸收峰)也不同。

同种核由于在分子中的化学环境不同,而在不同的共振频率强度下显示出的吸收峰,被称为化学位移(chemical shift),化学位移用 $\delta$ 来表示。

电子屏蔽作用很小,要测定其绝对值比较困难。通常在测试样品中,加入一种参比物质四甲基硅烷[$(CH_3)_4Si$, TMS]。TMS 中的 12 个氢核化学结构环境相同,核外电子密度较大(因 Si 电负性较小),屏蔽作用较大,设其共振频率为 0.0 Hz(原点),其他氢核化学位移定义为

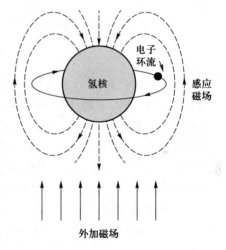

图 6-15 核外电子环流与感应磁场

$$\delta = \frac{\nu_{样品} - \nu_{TMS}}{\nu_0} \times 10^6$$

式中,$\nu_{TMS}$ 为参比物 TMS 中氢核共振频率(Hz);$\nu_{样品}$ 为样品中氢核信号频率(Hz);$\nu_0$ 为使用仪器频率[如 60 MHz 或 300 MHz(1 MHz = $10^6$ Hz)]。

由于化学位移是一个相对值,因此,无论在多强的外磁场的磁感应强度下发生共振,某个氢核的化学位移是不会变的。例如,在 60 MHz 仪器上,测得苯中氢核的信号频率为 436 Hz,其化学位移为

$$\delta = \frac{436\ Hz - 0}{60 \times 10^6\ Hz} \times 10^6 = 7.27$$

若在 300 MHz 仪器上,测得苯中氢核的信号频率为 2181 Hz,其化学位移为

$$\delta = \frac{2\,181\ \text{Hz} - 0}{300 \times 10^6\ \text{Hz}} \times 10^6 = 7.27$$

图 6-16 为三氯甲烷的 $^1$H NMR 谱图。

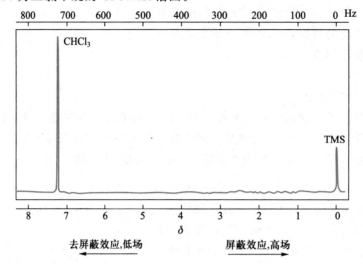

图 6-16　三氯甲烷的 $^1$H NMR 谱图

　　大多数化合物的 $^1$H 共振吸收信号出现在 TMS 左侧,规定为正值,少数化合物的信号出现在 TMS 右侧,用负号表示。四甲基硅烷的 12 个氢原子受到硅原子的强屏蔽作用在高场(upfield)区出现一个单峰,三氯甲烷的 1 个质子由于受到 3 个氯原子的去屏蔽作用在低场(downfield)区出现一个吸收峰。

　　化学位移不仅受屏蔽作用影响,还受分子内诱导效应、各向异性效应、氢键效应等多种因素的影响。下面简述影响化学位移的因素。

　　1. 取代基的诱导效应

　　取代基电负性大,使该基团核外电子密度降低,产生去屏蔽作用而发生低场位移。例如:

| 化合物 | $C\underline{H}_3F$ | $C\underline{H}_3OH$ | $C\underline{H}_3Cl$ | $C\underline{H}_3Br$ | $C\underline{H}_3I$ | $C\underline{H}_3$—H |
|---|---|---|---|---|---|---|
| $\delta$ | 4.26 | 3.40 | 3.05 | 2.68 | 2.16 | 0.23 |

　　2. 双键、三键、单键上质子的各向异性效应

　　烯烃双键上质子的化学位移比烷烃中质子的化学位移大得多,这是因为烯烃受到与双键平面垂直的外磁场作用时,双键 π 电子环电流产生一个与外磁场相反的感应磁场。在双键上、下区域为磁屏蔽区,用"+"表示;其他区域为去屏蔽(deshielding)区,用"−"表示。烯烃双键上的氢核,位于磁去屏蔽区,故在较低磁场共振,如图 6-17(a)所示。

　　三键和单键都具柱形电子云,在外磁场作用下,在 —C≡C— 键轴方向产生磁屏蔽。炔烃质子位于屏蔽区,乙炔氢化学位移($\delta = 2.8$)明显比乙烯氢化学位移($\delta = 5.3$)在高场出现。但由于炔烃杂化轨道 s 成分高,C—H 键电子云更靠近碳原子,质子周围电子密度低,因此炔烃氢化学位移值比烷烃氢大[见图 6-17(b),(c)]。

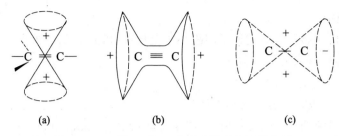

(a)　　　　　　　　(b)　　　　　　　　(c)

图 6-17　乙烯、乙炔、乙烷的去屏蔽和屏蔽作用

### 3. 氢键效应

与电负性大的原子(O,N 等)连接的氢原子易形成氢键。氢键质子受到的屏蔽作用较小,产生低场位移。表 6-8 列出了一些典型结构单元质子的化学位移范围。

表 6-8　质子的化学位移

| 特征质子 | $\delta$ | 特征质子 | $\delta$ |
|---|---|---|---|
| ▷$\underline{H}$ | 0.2 | $R_2C\underline{H}_2$ | 1.3 |
| $RC\underline{H}_3$ | 0.9 | $R_3C\underline{H}$ | 1.5 |
| —C=C—$C\underline{H}_3$ | 1.7 | HO—C—$\underline{H}$ | 4~3.4 |
| I—C—$\underline{H}$ | 4.0~2.0 | F—C—$\underline{H}$ | 4~4.5 |
| $\underline{H}$—C—C=O（OR） | 2.2~2.0 | R—C=O（O—C—$\underline{H}$） | 4.1~3.7 |
| $\underline{H}$—C—C=O（OH） | 2.6~2.0 | R—N$\underline{H}_2$ | 5.0~1.0 |
| —C=O（—C—$\underline{H}$） | 2.7~2.0 | RO—$\underline{H}$ | 5.5~1.0 |
| —C≡C—$\underline{H}$ | 3~2 | —C=C—$\underline{H}$ | 5.9~4.6 |
| C₆H₅—C—$\underline{H}$ | 3~2.2 | C₆H₅—$\underline{H}$（Ar—$\underline{H}$） | 8.5~6.0 |
| R—O—C—$\underline{H}$ | 3.3~4.0 | —C=O（$\underline{H}$） | 10.0~9.0 |
| Br—C—$\underline{H}$ | 4~2.5 | R—C=O（O—$\underline{H}$） | 12.0~10.5 |
| Cl—C—$\underline{H}$ | 4~3 | C₆H₅—O—$\underline{H}$ | 12.0~4.0 |
| | | —C=C—O—$\underline{H}$ | 15.0~17.0 |

### 4. 空间效应

当所研究的氢核和邻近的原子间距小于范氏半径时,氢的核外电子被排斥,电子密度下降,化学位移向低场移动。

### 6.4.3    ¹H NMR 积分曲线和峰面积

¹H NMR 中吸收峰强度(面积)与产生该峰的等位(homotopic)氢原子数目成正比。化学位移、化学结构、立体结构相同的氢原子称为等位氢原子。例如:

|  | CH₃CH₃ | CH₃CH₂Cl | CH₃CH₂OH | (H₃C/Cl)C=C(H/H) |
|---|---|---|---|---|
| 等位氢原子数 | 1 | 2 | 3 | 3 |

在 ¹H NMR 中,各个吸收峰面积可用积分高度来表示。峰面积越大,积分曲线(integral curve)高度越高。峰面积经电子计算机处理,也可直接得出相对值,从而得到不同环境氢原子的相对数目。如分子式已知,能够换算出分子中的氢原子数目。现代的核磁共振仪可以直接将各个峰面积的相对积分值在谱图上用数字显示出来。如果将含一个质子的峰面积指定为 1,那么谱图上的数字与化合物所含质子的数目正好相符。图 6-18 即为对甲氧基苯甲醛的 ¹H NMR 谱图。

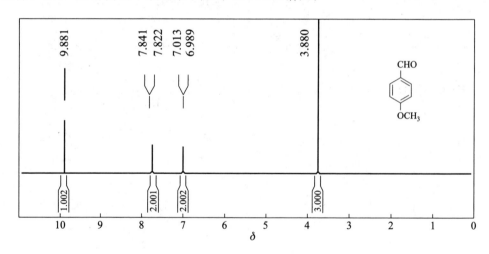

图 6-18    对甲氧基苯甲醛的 ¹H NMR 谱图

### 6.4.4    ¹H NMR 自旋耦合和自旋裂分

除了核外电子云的作用以外,自旋核还受到邻近碳原子上自旋核两种自旋态的小磁场的作用。在外磁场中,每种自旋核有两种自旋态,即 ±1/2。如用 $B_\alpha$ 和 $B_\beta$ 分别表示 +1/2 和 -1/2 产生的磁感应强度,则相邻自旋核感受到 $B+B_\alpha$ 和 $B-B_\beta$ 的磁感应强度,分别在原共振频率的低场和高场发生共振吸收,这样信号裂分成等强度的双峰。分子中相邻碳原子上等位氢原子自旋相互作用称为自旋-自旋偶合(spin-spin coupling)。由于自旋偶合作用使一种氢核的信号频率发生裂分,称为自旋裂分(spin-spin splitting)。自旋裂分产生多重峰,峰间距称为偶合常数 $J$(单位 Hz)。$J$ 的大小反映核自旋相互干扰的强弱。图 6-19 为自旋裂分示意图。

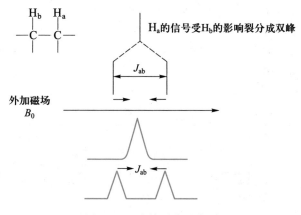

图 6-19 自旋裂分示意图

图 6-20 为 1,1,2-三氯乙烷分子中两组等位氢原子的频率信号自旋裂分。

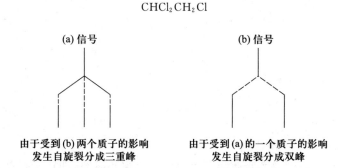

图 6-20 1,1,2-三氯乙烷的自旋裂分

非邻位碳原子上的氢原子或邻位碳原子上等位氢原子之间均不发生自旋裂分。

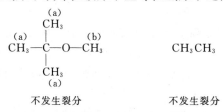

裂分规律:相同的磁核所具有的裂分峰数目,由邻近磁核的数目($n$)决定。裂分峰数遵从 $n+1$ 规律,各裂分峰强度与二项式 $(a+b)^n$ 展开式各项系数相同。裂分峰数目与强度列于表 6-9 中。

相互偶合的质子间的偶合常数相等,由偶合常数可以判断哪些质子间相互偶合。常见质子间的偶合常数列于表 6-10 中。

表 6-9 裂分峰数目与强度

| 峰的名称 | 峰的数目 | 强度 |
|---|---|---|
| 单峰(singlet,s) | 1 | 1 |
| 二重峰(doublet,d) | 2 | 1:1 |
| 三重峰(triplet,t) | 3 | 1:2:1 |
| 四重峰(quartet,q) | 4 | 1:3:3:1 |
| 五重峰(pentet,p) | 5 | 1:4:6:4:1 |
| …… | …… | …… |
| 多重峰(multiplet,m) | 多重 | 不成比例 |

表 6-10 常见质子间的偶合常数

| 质子的类型 | $J/Hz$ |
|---|---|
| H—C—C—H | ≈7 |
| 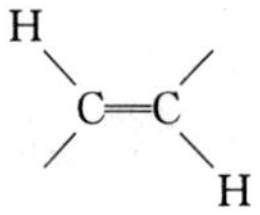 (反式) | 13～18 |
| 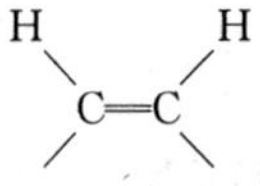 (顺式) | 7～12 |
| 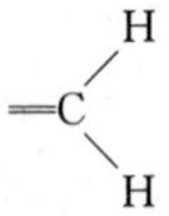 =C | 0～3 |

### 6.4.5 ¹H NMR 谱图的解析

从 ¹H NMR 谱图的每个吸收峰可以得到三个主要参数,即化学位移、自旋裂分和偶合常数、积分高度,利用这些参数可以解析图谱。

(1) 从化学位移(吸收峰)的数目推测氢的类型数(确定溶剂峰位置,常见溶剂化学位移如 $CDCl_3$ 为 7.26)。

(2) 根据峰面积或积分高度和分子式中氢原子的数目,找出每组峰所代表的氢原子数目。

(3) 从峰的裂分数和偶合常数,找出相互偶合的信号,从而确定相邻碳原子上氢原子的数目。

(4) 根据各吸收峰的化学位移值来判断氢的类型。

例题 6-7 图 6-21 为溴乙烷的 ¹H NMR 谱图,左上方是放大的峰形。试指出图中质子的归属,并阐述其原因。

解:(a) $\delta$ 3.37～3.46(q,2H)

—$CH_2$—上的两个 ¹H 受 Br 的诱导效应影响,移向低场,受邻位 $CH_3$—上三个 ¹H 自旋影响,裂分为四重峰(q)。

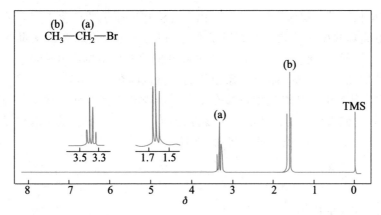

图 6-21 溴乙烷的 $^1$H NMR 谱图(300 MHz)

(b) $\delta$ 1.62～1.68(t,3H)

$CH_3$—上三个 $^1$H 所受屏蔽作用较大,吸收峰出现在较高场,受邻近两个 $^1$H 自旋影响,裂分为三重峰(t)。

### 6.4.6 $^{13}$C NMR

在自然界中由于碳元素相对丰度最大的同位素 $^{12}$C(98.9%)自旋量子数 $I=0$,没有核磁共振现象,而碳的同位素 $^{13}$C 自旋量子数 $I=1/2$,有核磁共振现象,故测定 $^{13}$C 核磁共振谱($^{13}$C NMR)对研究有机化合物的结构具有重要意义。

1. $^{13}$C NMR 的特点

(1) 灵敏度低 由于 $^{13}$C 核的天然丰度低,仅 1.1%,故 $^{13}$C NMR 的信号灵敏度较 $^1$H NMR 低。

(2) 化学位移范围宽 $^1$H NMR 的化学位移值通常在 0～15,而 $^{13}$C NMR 的化学位移值常用范围为 0～230,比 $^1$H NMR 宽约 15 倍。

(3) 分辨能力高 化学位移的幅度较宽,几个核磁宽度的峰在宽谱带中成了一条一条的线,吸收峰很少重叠,几乎每种化学环境不同的碳原子都可以得到特征谱线。因此 $^{13}$C NMR 的分辨能力比 $^1$H NMR 高。

(4) 峰面积与碳数目无定量关系 常规的 $^{13}$C NMR 是质子全去偶谱,又称质子宽带去偶谱或质子噪声去偶谱,$^{13}$C NMR 的峰面积不一定与碳的数目成正比,即峰面积不能像 $^1$H NMR 那样用于确定质子数。因此在 $^{13}$C NMR 中主要参数是化学位移。

2. $^{13}$C NMR 的化学位移

从 $^{13}$C NMR 的化学位移可初步推测碳核的类型(见表 6-11)。

表 6-11 几种不同碳原子的化学位移范围

| 化合物 | 烷烃 | 烯烃 | 炔烃 | 芳烃 | 醛酮 | 羧酸及其衍生物 | 腈 |
|---|---|---|---|---|---|---|---|
| $\delta_{\mathrm{C}}$ | 0～55 | 100～165 | 65～90 | 125～150 | 180～220 | 150～185 | 115～125 |

影响 $^{13}$C NMR 化学位移的因素如下:

(1) 结构因素对 $^{13}$C NMR 化学位移的影响规律大致与 $^1$H NMR 相似。碳原子上缺电子,使碳核显著去屏蔽,处于低场。化学位移和碳原子的杂化类型有关,$sp^3$ 杂化的碳原子在高场共振,$sp^2$ 杂化的碳原子在低场共振,$sp$ 杂化的碳原子共振信号介于二者之间。对于烃类化合物来说,$sp^3$ 杂化碳原子的 $\delta$ 值范围在 $0 \sim 60$,$sp^2$ 杂化碳原子的 $\delta$ 值范围在 $100 \sim 150$,$sp$ 杂化碳原子的 $\delta$ 值范围在 $60 \sim 95$。

（2）取代基的电负性对化学位移有影响。当电负性大的元素或基团与碳原子相连时,诱导效应使碳原子的核外电子密度降低,有去屏蔽作用。随着取代基的电负性增加,去屏蔽作用增加,$\delta$ 值向低场移动。例如:

| 化合物 | $CH_3Br$ | $CH_3Cl$ | $CH_2Cl_2$ | $CHCl_3$ | $CCl_4$ |
|---|---|---|---|---|---|
| $\delta_C$ | 10.2 | 25.1 | 52 | 77 | 96 |

3. $^{13}C$ NMR 的应用

（1）从 $^{13}C$ NMR 的质子宽带去偶谱中谱峰的数目估计化合物中所含的碳原子数。一般一条谱线代表一个碳原子,如果谱线数小于分子式中的碳原子数,或谱图中某一条或几条谱线强度异常大,说明分子中有对称因素或化学环境相似的碳原子。

（2）分析谱线的化学位移,区分各种碳原子。饱和烃碳原子:$\delta = 0 \sim 44$;有氧、氮等相连的碳原子:$\delta = 40 \sim 90$;芳烃、烯烃碳原子:$\delta = 100 \sim 150$;羰基碳原子和叠烯烃碳原子:$\delta = 170 \sim 200$。

最后,从分子式和可能的结构单元,推出化合物分子可能的结构式。

小资料:
诺贝尔生理学
或医学奖简介
（2003 年）

# 习　题

**6-1**　化合物 A,B 的质谱数据列于表中,试确定其分子式。

化合物 A

| $m/z$ | 相对强度/% |
|---|---|
| 14 | 8.0 |
| 15 | 38.6 |
| 18 | 16.3 |
| 28 | 39.7 |
| 29 | 23.4 |
| 42 | 46.6 |
| 43 | 40.7 |
| 44 | 100（基峰） |
| 73 | 86.1（M$^{\ddagger}$） |
| 74 | 3.2 |
| 75 | 0.2 |

化合物 B

| $m/z$ | 相对强度/% |
|---|---|
| 27 | 34 |
| 39 | 11 |
| 41 | 100（基峰） |
| 43 | 26 |
| 63 | 8 |
| 65 | 26 |
| 78 | 24 |
| 79 | 0.8（M$^{\ddagger}$） |
| 80 | 8 |

**6-2**　试说明己-2-烯质谱中 $m/z = 41, 55$ 和 84 的离子峰是怎样形成的。

**6-3**　试解释下列化合物 $\lambda_{max}$ 不同的原因,并估计哪一个化合物的 $\kappa$ 值最大。

（1） 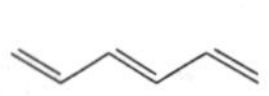　　　　（$\lambda_{max} = 250$ nm）　　（2） 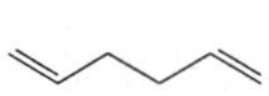　　　　（$\lambda_{max} = 185$ nm）

**6-4**　试计算下列化合物的 $\lambda_{max}$ 值。

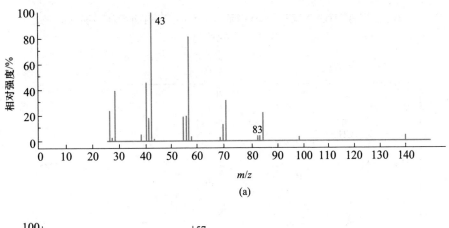

(1) [环己烯基]CH=CH₂

(2) [环己烯基]C(CH₃)=H ... 

(3) $C_2H_5CH=CHCH=CHC_2H_5$

(4) [环己烯基]CH=CH—CH₃

**6-5** 图 6-22(a)为正癸烷的质谱图,图 6-22(b)为 2,2,5,5-四甲基己烷的质谱图。试说明图 6-22(a)中 $m/z=83,43$ 和图 6-22(b)中 $m/z=71,57$ 的离子峰是怎样形成的。

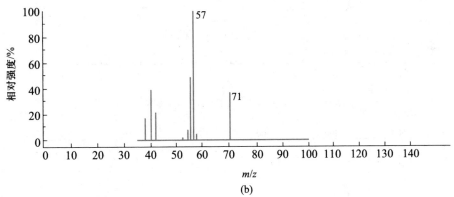

图 6-22 正癸烷(a)和 2,2,5,5-四甲基己烷(b)的质谱图

**6-6** 写出分子式为 $C_6H_{12}$,其核磁共振谱中只有一个单峰的化合物的结构式。

**6-7** 化合物 $C_6H_{12}O_2$ 在 1 749 cm⁻¹,1 250 cm⁻¹,1 060 cm⁻¹ 处有强的红外吸收峰,在 2 950 cm⁻¹ 以上无红外吸收。其核磁共振谱图上有两个单峰 $\delta=3.4(3H),1.0(9H)$。请写出该化合物的结构式。

**6-8** 图 6-23 为己-1-烯的红外光谱图,试辨认并指出主要红外吸收谱带的归属。

**6-9** 如何用 ¹H NMR 谱图区别顺-1-溴丙烯和反-1-溴丙烯两种异构体。

**6-10** 图 6-24 为 1,1,2-三氯乙烷的 ¹H NMR 谱图(300 MHz)。试指出图中质子的归属,并说明其原因。

**6-11** 某化合物分子式为 $C_4H_{10}O$,结合图 6-25 确定其结构。

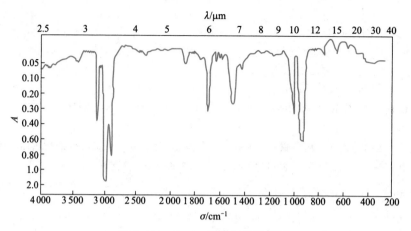

图 6-23　己-1-烯的红外光谱图

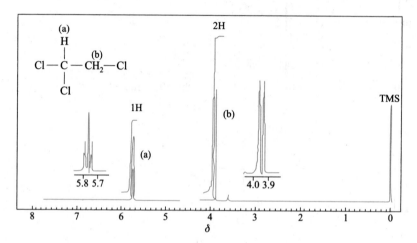

图 6-24　1,1,2-三氯乙烷的${}^1$H NMR 谱图

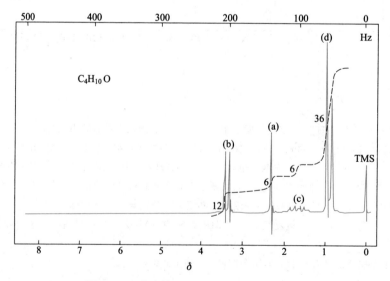

图 6-25　化合物 $C_4H_{10}O$ 的${}^1$H NMR 谱图

6-12 比较甲苯、顺丁二烯、环己烷和乙醇分子离子的稳定性。

本章思考题答案

本章小结

# 第7章 芳烃及非苯芳烃

烃类化合物可分为脂肪族和芳香族两大类,前者指开链化合物,后者是从天然产物中获得的具有芳香气味的物质,结构上都具有环状不饱和的特点。**芳烃**(aromatic hydrocarbon)即是芳香族化合物的简称,通常是指**苯**(benzene)及其衍生物,以及具有类似苯环结构和性质的一类化合物。虽然后来的研究表明,并非所有含有苯环结构的化合物都具有芳香气味,但由于习惯的原因,人们仍然以芳香族化合物来泛指这类具有独特结构和性质的化合物。

根据是否含有苯环,以及所含苯环的数目和连接方式的不同,芳烃可分为以下四类。

(1) 单环芳烃:分子中只含有一个苯环,如苯、甲苯等(参见 7.2)。

(2) 多环芳烃:分子中含有两个或两个以上的苯环,如联苯、萘、蒽等(参见 7.7,7.8)。

(3) 非苯芳烃:分子中不含苯环,但含有结构及性质与苯环相似的芳环,并具有芳香族化合物的共同特性,如环戊二烯负离子、环庚三烯正离子、薁等(参见 7.9.1)。

(4) 杂环芳烃:分子中含有杂原子的具有一定芳香族化合物性质的环状化合物,如呋喃、噻吩、吡咯、吡啶等(参见 7.10)。

## 7.1 苯的结构和芳香性

苯的分子式为 $C_6H_6$。显然,从苯的碳氢比来看,这是一种高度不饱和的结构。根据价键理论,碳原子为四价,$C_6H_6$ 可能的链状结构中必具有三键和双键。

研究表明,苯并不发生典型的烯烃或炔烃反应。例如,苯不与溴发生加成反应,也不与高锰酸钾发生氧化反应。但是,在催化剂作用下,苯像饱和烷烃那样可以发生取代反应。

苯在结构上的不饱和性与其性质上的饱和性发生了矛盾,给当时的有机化学家提出了严峻的挑战:苯究竟具有什么样的结构? 苯为什么像饱和烷烃那样会发生取代反应?

### 7.1.1 凯库勒结构式[①]

从苯分子的碳氢比来看,它应该显示出高度的不饱和性。但是苯的特征反应是

---

① 凯库勒(Kekulé F,1829—1896) 德国有机化学家。主要研究有机化合物的结构理论。早期学习建筑学,由于一次偶然的事件受到化学家李比希的影响,转而开始研究化学。1865 年凯库勒提出了苯的环状结构学说,他认为苯环中六个碳原子是由单键与双键交替相连以保持碳原子为四价,正如他在梦中梦到的那样,像一条蛇首尾相连。不过,近年来有人提出,奥地利出生的罗斯米德曾于 1861 年出版名著《化学的困惑》,书中描述苯的环状结构,比凯库勒早 4 年。更有人对凯库勒的梦提出质疑,因为有证据表明凯库勒在提出苯环结构前,曾经读过罗斯米德的《化学的困惑》(详见《大学化学》1997,2)。无论上述背景如何,苯环结构的诞生是有机化学发展史上的一个重要的里程碑,它极大地促进了芳香族化学的发展和有机化学工业的进步。

**亲电取代反应**(electrophilic substitution reaction)。例如,苯可以发生硝化、磺化、卤化等亲电取代反应,分别生成硝基苯、苯磺酸、溴苯、氯苯等。在这些取代反应中,苯始终保持原来的六元环状结构。苯具有不易发生加成反应,不易氧化,容易发生亲电取代反应的特性,这种性质被称为**芳香性**(aromaticity)。

苯经过高压催化加氢可以生成环己烷,这表明苯具有六碳环的结构;苯的一元取代产物只有一种,这说明碳环上六个碳原子和六个氢原子是等同的。因此 1865 年**凯库勒**(Kekulé F)提出,苯的结构是一个对称的六碳环(**1**),每个碳原子上都连有一个氢原子。为了满足碳原子的四价,Kekulé 把苯的结构写成 **2** 式或 **3** 式。现在,结构式 **2** 就叫做苯的 Kekulé 式。

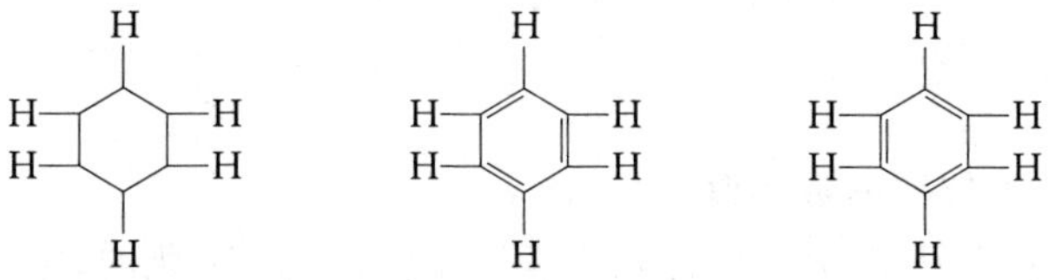

苯的环状结构说明了为什么苯只存在一种邻位二元取代产物,因为下面两个苯二元取代物的结构 **2a** 和 **2b** 是等同的。

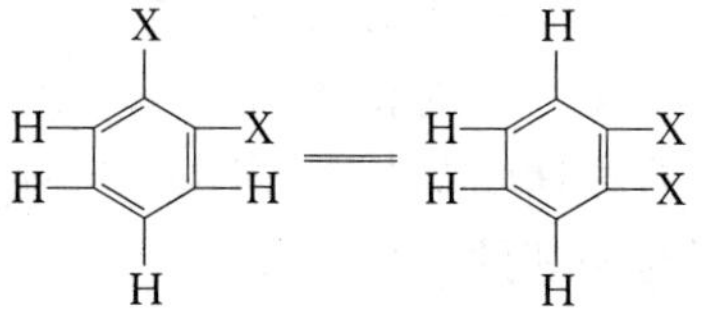

此外,苯的稳定性还表现在它具有低氢化热值。已知环己烯催化加氢时,一个双键加上两个氢原子变为一个单键,释放出 120 kJ·mol$^{-1}$ 的热量。如果苯分子含有普通的三个双键,由苯加氢转变为环己烷时,释放出来的热量应为 120 kJ·mol$^{-1}$×3＝360 kJ·mol$^{-1}$。但事实上,苯经过氢化后转变为环己烷所释放出的热量只有 208 kJ·mol$^{-1}$。

由此可知,按普通的烯烃氢化热理论得到的计算值和实测值相差 360 kJ·mol$^{-1}$－208 kJ·mol$^{-1}$＝152 kJ·mol$^{-1}$,这说明苯比设想中的环己三烯要稳定 152 kJ·mol$^{-1}$。氢化反应是放热反应,而脱氢反应是吸热反应。脱去两个氢原子形成一个普通双键时一般需要 117～126 kJ·mol$^{-1}$ 的热量。但是 1,3-环己二烯脱去两个氢原子成为苯时,不仅不吸热,反而还释放热量:

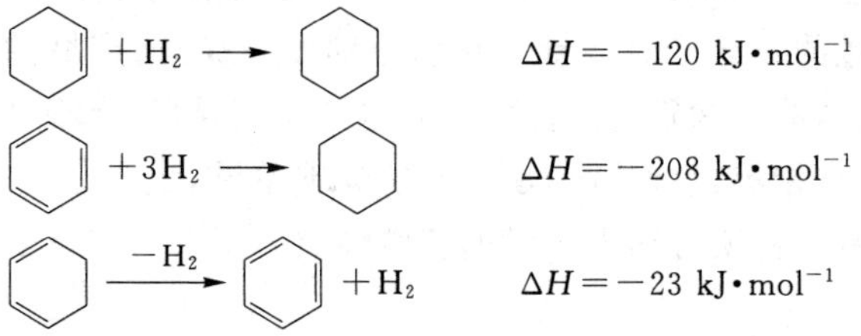

$$\Delta H = -120 \text{ kJ·mol}^{-1}$$

$$\Delta H = -208 \text{ kJ·mol}^{-1}$$

$$\Delta H = -23 \text{ kJ·mol}^{-1}$$

这说明当 1,3-环己二烯脱去一分子氢后,其分子结构变成了一个非常稳定的体系。

　　按照 Kekulé 式,苯分子中有交替的碳碳单键和碳碳双键,而单键和双键的键长是不相等的,那么苯分子应该是一个不规则六边形的结构,但事实上苯分子中碳碳键的键长完全等同,都是 0.139 nm,即比一般的碳碳单键短,比一般的碳碳双键长一些,苯分子是一个正六边形。显然,单双键相间的 Kekulé 式并不能代表苯分子的真实结构。

**思考题 7-1**　苯具有什么结构特征? 它与早期的有机化学理论有什么矛盾?

**思考题 7-2**　早期的有机化学家对苯的芳香性的认识与现代有机化学家对苯的芳香性的认识有什么不同?

### 7.1.2　苯分子结构的近代概念

　　现代价键理论认为,苯分子中的六个碳原子都是 $sp^2$ 杂化的,每个碳原子都以 $sp^2$ 杂化轨道与相邻碳原子相互交盖重叠形成六个碳碳 $\sigma$ 键,每个碳原子又以 $sp^2$ 杂化轨道与氢原子的 s 轨道相互重叠形成碳氢 $\sigma$ 键。每个碳原子的三个 $sp^2$ 杂化轨道的对称轴都分布在同一平面上,而且两个对称轴之间的夹角为 120°。此外,每个碳原子都有一个垂直于六元碳环平面的 p 轨道,它们的对称轴都相互平行。每个 p 轨道都能以侧面与相邻的 p 轨道相互重叠,这样就形成了一个包含六个碳原子在内的闭合共轭体系(见图 7-1)。

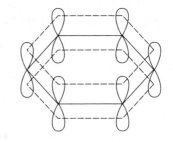

图 7-1　苯中碳原子的 p 轨道示意图

　　根据物理方法测定,苯分子的确是一个平面的正六边形环状结构。苯分子的六个碳原子和六个氢原子分布在同一个平面上。这样就形成了正六边形的碳架,所有的碳原子和氢原子都处在同一平面上。

　　根据分子轨道理论,六个 p 轨道可以通过线性组合,组成六个分子轨道。这六个分子轨道如图 7-2 所示,其中三个是**成键轨道**(bonding orbitals),以 $\psi_1$、$\psi_2$ 和 $\psi_3$ 表示,三个是**反键轨道**(antibonding orbitals),以 $\psi_4$、$\psi_5$ 和 $\psi_6$ 表示。图中虚线表示节面。三个成键轨道中,$\psi_1$ 是能量最低的,没有节面,而 $\psi_2$ 和 $\psi_3$ 都具有一个节面,能量相等,称为**简并**(degenerate)**轨道**,其能量比 $\psi_1$ 高。反键轨道 $\psi_4$ 和 $\psi_5$ 各有两个节面,它们是能量相等的一组简并轨道,其能量比成键轨道要高。$\psi_6$ 有三个节面,是能量最高的反键轨道。在基态时,苯分子的六个 $\pi$ 电子都处在成键轨道上,具有闭壳层的电子构型。这六个离域的 $\pi$ 电子总能量和它们分别处在孤立、定域的 $\pi$ 轨道中的能量相比要低得多,因此苯的结构很稳定。由于 $\pi$ 电子是离域的,苯分子中所有碳碳键都完全相同,键长也完全相等,它们既不是一般的碳碳单键,也不是一般的碳碳双键,而是每个碳碳键都具有这种闭合的大 $\pi$ 键的特殊性质。图 7-3 为苯的离域 $\pi$ 分子轨道示意图。

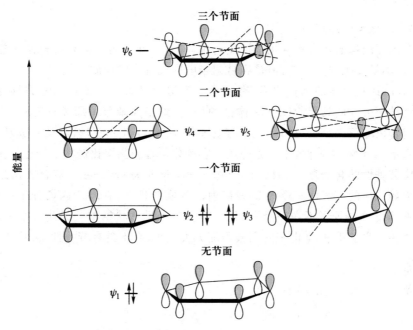

图 7-2 苯的 π 分子轨道能量示意图

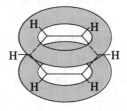

图 7-3 苯的离域 π 分子轨道示意图

综上所述,苯环中并没有像 Kekulé 所描述的那样,有可以相互变换的碳碳单键和碳碳双键。因此,Kekulé 式并不能确切地表示出苯的真实结构,因此又有许多人采用下式来描述苯的结构式,即在正六边形中画一个圆圈来表示大 π 键和离域的概念:

应该指出,虽然同时用六边形和圆圈可以在一定程度上表示和反映出苯的大 π 键的特殊结构,但是在有机化学教学与研究中,有许多情况下用苯的价键结构式描述要显得更方便、更直观。因此,事实上在一般文献资料或教科书中,这两种苯的描述方式都存在,但 Kekulé 式用得更广泛一些。

如前所述,苯环的价键结构式并不能准确地描述苯环结构的特征,它不能反映出苯环离域的大 π 键概念。根据 Pauling 提出的共振理论,苯的每一个 1,3,5-环己三烯 **2** 或 **3** 价键结构式(参见 7.1.1)都是一种共振结构式,每一单个共振结构式都不能代表其真实结构,苯的真实结构是由这两种共振结构式叠加而成的共振杂化体。

### 7.1.3 休克尔规则[①]

含有苯环结构的化合物从化学性质上讲,其芳香性指的是含有共轭大 $\pi$ 键,不易被氧化,也不易发生加成反应,但是容易起亲电取代反应的性质。

自 Kekulé 提出苯的结构式后,有机化学家努力探索不含苯环的芳香族化合物。人们曾经试图去合成具有封闭共轭体系的烃,特别是像苯分子那样具有对称结构的烃。人们合成的第一个目标分子是环丁二烯(cyclobutadiene),然而没有成功。因为它并不稳定,它没有芳香性,不是芳香烃。它的化学性质甚至比链状烯烃还活泼,被称为具有反芳香性的化合物。1911 年,环辛四烯(cyclooctatetraene)被合成出来了,它具有和烯烃一样的活泼性。经 X 射线衍射法等实验证明,在环辛四烯分子中碳碳键的键长不等,8 个碳原子不在一个平面上,整个分子呈盆状结构。因此 8 个 p 轨道不能很好地相互交盖重叠,$\pi$ 电子的离域程度大大减小,它不具有芳香性,被称为非芳香性化合物。

环丁二烯　　　　　　环辛四烯

德国化学家休克尔(Hückel E)在研究中发现:如果一个单环化合物具有同平面的离域体系,且其 $\pi$ 电子数为 $4n+2(n=0,1,2,\cdots)$,就具有芳香性,这就是 Hückel 规则,也称为 Hückel $4n+2$ 规则。例如,苯为具有 6 个 $\pi$ 电子的六元碳环结构,符合 Hückel $4n+2$ 规则(即当 $n=1$ 时),所以它具有芳香性,而 1,3,5-己三烯虽然有 6 个 $\pi$ 电子,但不是环状封闭的共轭体系,因此不具有芳香性。还有环丁二烯、环辛四烯分别有 4 个 $\pi$ 电子和 8 个 $\pi$ 电子,都不满足 Hückel $4n+2$ 规则,因此它们都不具有芳香性。

### 7.1.4 芳香性的判断

根据 Hückel 规则,凡具有 $4n+2$ 个 $\pi$ 电子数,且为封闭共平面的离域体系,就具有芳香性。除了苯环结构外,Hückel 规则也适用于许多其他的环状结构。

环状共轭烯烃的通式为 $C_nH_n$。苯($C_6H_6$)也可看成环状共轭烯烃中的一种。当一个环状共轭烯烃分子所有的碳原子处在(或接近)同一个平面上时,每个碳原子上具有的一个与该平面垂直的 p 轨道可以组成 $n$ 个分子轨道。部分环状共轭烯烃的 $\pi$ 分子轨道能级及基态 $\pi$ 电子构型见图 7-4。这种能级关系也可简便地用图 7-5 所示顶角朝下的各种正多边形来表示。

---

[①] 休克尔(Hückel E,1896—1980)　德国物理化学家。主要研究结构化学和电化学。1923 年和德拜一起推导出强电解质稀溶液中离子活度系数的数学表达式,即德拜-休克尔极限定律。1931 年提出了主要用于 $\pi$ 电子体系的分子轨道近似计算法——休克尔分子轨道法,并在此期间,总结出休克尔规则,即 $\pi$ 电子数符合 $4n+2$ 的平面环状共轭多烯化合物具有芳香性。

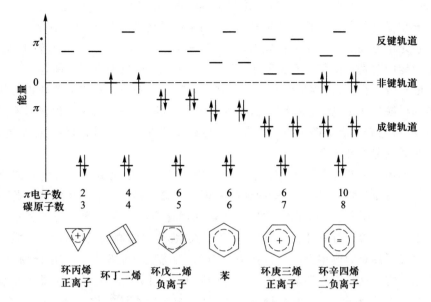

图 7-4 部分环状共轭烯烃的 $\pi$ 分子轨道能级和基态电子构型

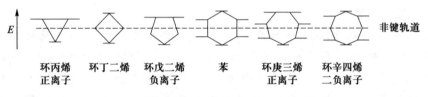

图 7-5 部分环状共轭烯烃 $\pi$ 分子轨道能级图

图 7-5 中,每一个分子轨道的能级可以由正多边形的每一个顶角来表示,正多边形最下边的一个顶角位置,表示一个能量最低的成键轨道,横坐标上位于正多边形中心的水平线表示未成键的原子轨道,即非键轨道的能级,中心水平线以下的顶角位置表示成键轨道的能级,中心水平线以上的顶角位置表示反键轨道的能级。对于六元碳环化合物,$\pi$ 电子数为 6,正六边形的三个顶角在中心水平线以下,这相当于三个成键轨道;另外三个顶角则在中心水平线以上,这相当于三个反键轨道。只有当所有的 $\pi$ 电子都分布在成键轨道上时,其结构才可能具有芳香性。

从图 7-4 和图 7-5 可以看出,当环上的 $\pi$ 电子数为 2,6,10,…(即 $4n+2$)时,$\pi$ 电子正好填满成键轨道(有些也填满非键轨道),即都具有闭壳层的电子构型。例如,苯含有 6 个 $\pi$ 电子,基态下 4 个 $\pi$ 电子占据了一组简并的成键轨道,另 2 个 $\pi$ 电子占据能量最低的成键轨道。又如,环辛四烯二负离子,它含有 10 个 $\pi$ 电子,其中有一组简并的成键轨道和一组简并的非键轨道($n=2$),这四个轨道上填满了 8 个 $\pi$ 电子,另 2 个 $\pi$ 电子则占据能量最低的成键轨道。因而它们都具有稳定的闭壳层电子构型,所以这些环状共轭烯烃或环状共轭烯烃离子的能量都比相应的直链多烯烃的能量低,它们都是相当稳定的。

按照 Hückel 规则,环丁二烯没有芳香性。因为环丁二烯只有 4 个 $\pi$ 电子,不符合 Hückel $4n+2$ 规则。它有一组简并的非键轨道($n=1$)和一个成键轨道,基态下其中 2 个 $\pi$ 电子占据能量最低的成键轨道,但两个简并的非键轨道中只有 2 个 $\pi$ 电子,就是说它是半充满的。按照洪特规则,这 2 个 $\pi$ 电子分别占据一个非键轨道,这是一个极不稳定的双基自由基。实验证实,环丁二烯只能在极低温度下才能存在。

凡电子数符合 $4n$ 的离域的平面环状体系,基态下它们的 $N$ 组简并轨道都如同环丁二烯那样缺少两个电子,也就是说,都含有半充满的电子构型,这类化合物不但没有芳香性,而且它们的能量都比相应的直链多烯烃要高得多,即它们的稳定性很差,通常将它们叫做反芳香性化合物。

环辛四烯分子有 8 个 $\pi$ 电子。它具有一组简并的成键轨道和一组简并的非键轨道($n=2$),属 $4n$ 体系。因而环辛四烯应和环丁二烯一样是个极不稳定的反芳香性化合物。但环辛四烯却是一个稳定的环状共轭烯烃化合物。它的沸点为 152 ℃。环辛四烯也不显示一般反芳香性化合物(如环丁二烯)那样异常高的反应活性,却能发生一般的单烯烃所具有的典型反应。也就是说,环辛四烯既不是反芳香性化合物,也不是芳香性化合物。这是因为环辛四烯的八个碳原子不在同一个平面上,这说明环辛四烯不是一个平面的分子。它具有烯烃的性质,是一个非芳香性的化合物。同样是 $4n$ 电子构型,为什么环丁二烯表现得更不稳定的呢? 这可能是由于环丁二烯分子结构中存在有较大张力的缘故。

按照 Hückel 规则,如果非苯芳香性的环烯烃通过得失电子,变成具有 $4n+2$ 个 $\pi$ 电子的离子时,应当是稳定的,就应该具有芳香性。例如,环丙烯(cyclopropene)失去一个氢负离子($H^-$)后,得到环丙烯正离子,它只有 2 个 $\pi$ 电子,符合 Hückel $4n+2$ 规则,即 $n=0$。因此环丙烯正离子具有芳香性,它是最小的具有芳香性的环状化合物。

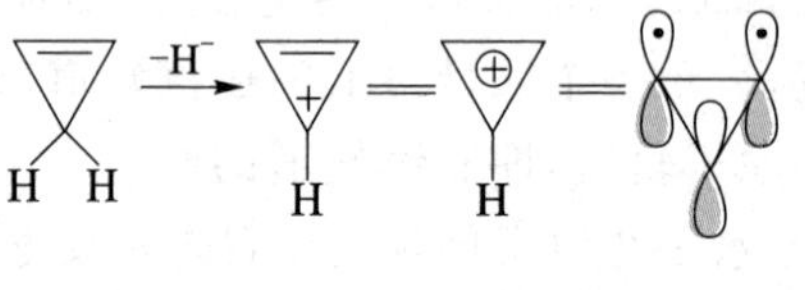

物理测定表明,环丙烯正离子的三元环中,碳碳键的长度都是 0.140 nm,这和苯环中碳碳键的键长(0.139 nm)十分接近。因此,环丙烯正离子就像苯环结构一样,2 个 $\pi$ 电子呈离域状态均匀分布在三个碳原子上。从图 7-4 可以看出,它有三个分子轨道,其中一个是成键轨道,两个是反键轨道。基态下 2 个 $\pi$ 电子正好填满一个成键轨道。由此可见,环丙烯正离子应该具有芳香性。

事实上,人们已经合成出一些稳定的含有取代基的环丙烯正离子的盐。例如:

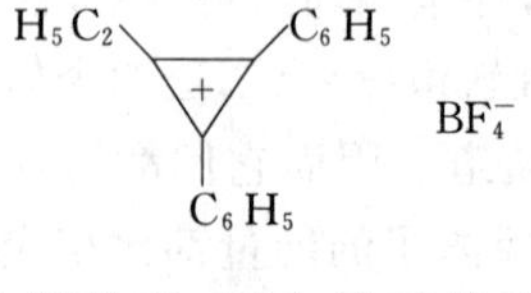

环戊二烯不是一个连续的共轭体系,原本并无芳香性,但是当用强碱如叔丁醇钾与它作用后,亚甲基上的一个氢原子被攫取,原来的环戊二烯转变为环戊二烯负离子:

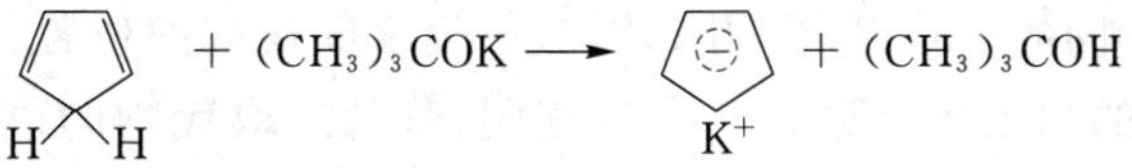

环戊二烯负离子具有 6 个 $\pi$ 电子,它们呈离域状态均匀地分布在五个碳原子上。基态下三个成键轨道正好被 6 个电子填满(见图 7-4)。所以环戊二烯负离子虽然不是六元环,但它具有 6 个 $\pi$ 电子,满足 Hückel $4n+2$ 规则,因此它具有芳香性。和苯相似,它也可以发生亲电取代反应。

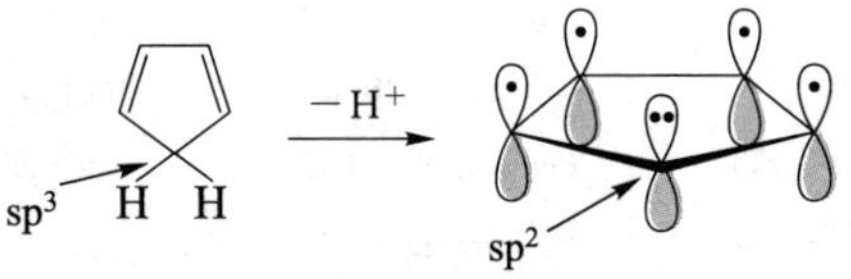

环庚三烯正离子也称䓬正离子,由环庚三烯失去一个氢负离子而成:

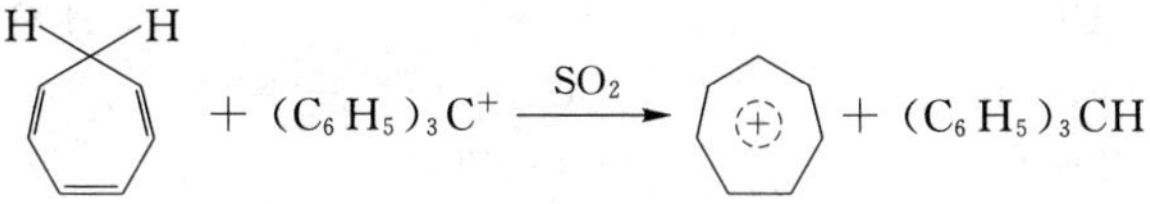

环庚三烯正离子

环庚三烯正离子也有 6 个 $\pi$ 电子,它们呈离域状态分布在七个碳原子上。与环戊二烯负离子一样,它也满足 Hückel $4n+2$ 规则,因此具有芳香性。

环辛四烯没有芳香性。但在四氢呋喃(THF)溶剂中与金属钾反应,生成的环辛四烯双负离子转变为平面结构,具有 10 个 $\pi$ 电子,满足 Hückel $4n+2$ 规则,因此具有芳香性。

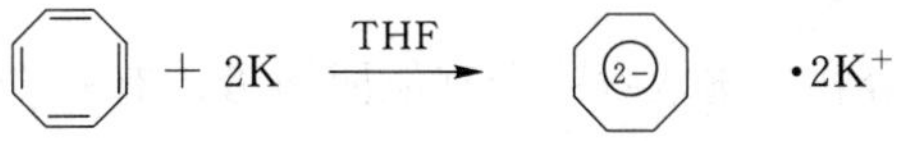

环辛四烯双负离子

综上所述,对于平面的单环分子,其 $\pi$ 电子数符合 Hückel $4n+2$ 规则的就具有芳香性,符合 $4n$ 的为反芳香性化合物,其中非平面的环状共轭烯烃分子则为非芳香性化合物。随着结构理论的发展,芳香性概念还在不断深化发展。

思考题 7-3 什么是 Hückel 规则?如何利用 Hückel 规则判别有机分子的芳香性?

## 7.2 单环芳烃的构造异构和命名

单环芳香烃中最简单的是苯。单环芳香烃的命名,以苯环为母体,取代原子或原子团作为取代基。一元取代苯的命名,在"苯"字前加上表示原子或基团的前缀。如果苯环上连有不饱和烃基,或是连有较复杂基团时,也可把苯作为取代基来命名。例如:

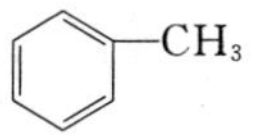

甲苯 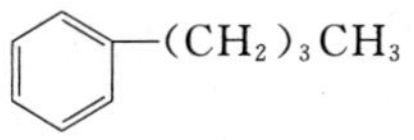      正丁苯 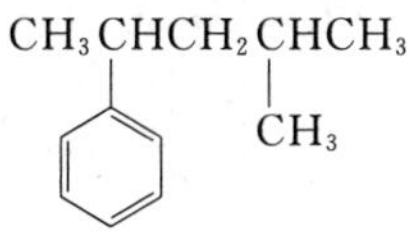      2-甲基-4-苯基戊烷 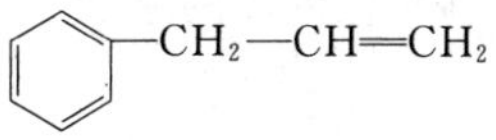      3-苯基丙-1-烯

如果苯环上连有不同的取代基,常用 1,2,3,…表示取代基的位置,按习惯选择母体来命名,环上取代基的列出次序原则与链烃相同,苯的二取代物的位次常用邻($o-$)、间($m-$)、对($p-$)来表示,苯的三元取代物有时用连、偏、均来表示。例如:

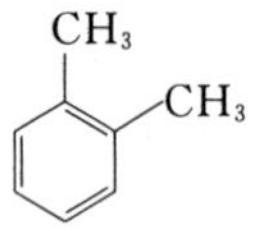

1,2-二甲苯
($o-$或邻二甲苯)

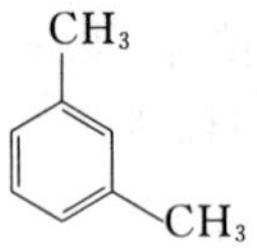

1,3-二甲苯
($m-$或间二甲苯)

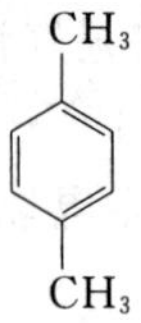

1,4-二甲苯
($p-$或对二甲苯)

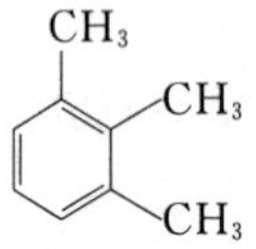

1,2,3-三甲苯
(连三甲苯)

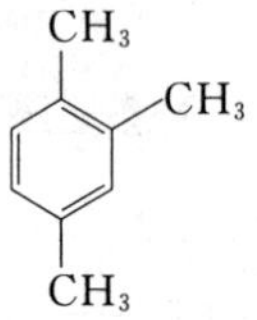

1,2,4-三甲苯
(偏三甲苯)

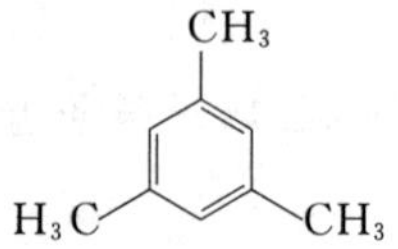

1,3,5-三甲苯
(均三甲苯)

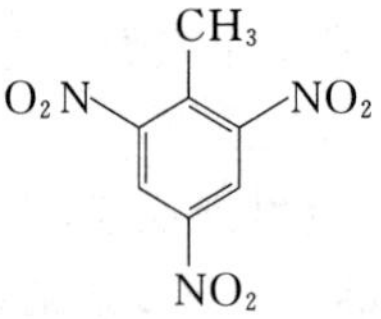

2-甲基-1,3,5-三硝基苯
(最低序列规则)

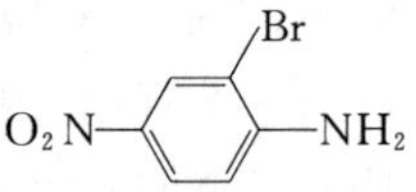

2-溴-4-硝基苯胺

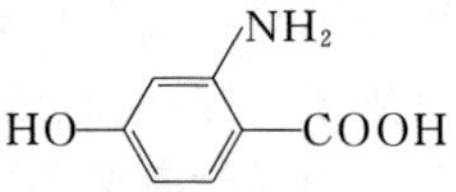

2-氨基-4-羟基苯甲酸

多官能团芳香族化合物中选取哪一个官能团为母体有一个优先次序问题。通常它们依如下次序命名:—$CO_2H$(酸)、—$SO_3H$(磺酸)、—$CO_2R$(酯)、—COX(酰卤)、—$CONH(R)_2$(酰胺)、—CN(腈)、—CHO(醛)、—OH(酚)、—SH(硫酚/醇)、—$NH_2$(胺)。其他基团(如烯、炔、烷基、卤素、硝基等)按照取代基英文首字母排序。例如,2-氯-4-硝基苯胺不称 4-氨基-3-氯硝基苯;4-氨基-2-羟基苯甲酸不称 4-羧基-3-羟基苯胺。

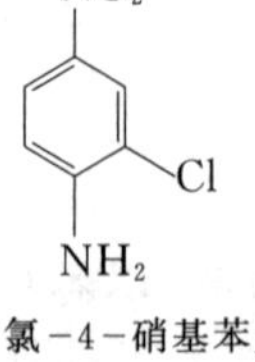

2-氯-4-硝基苯胺

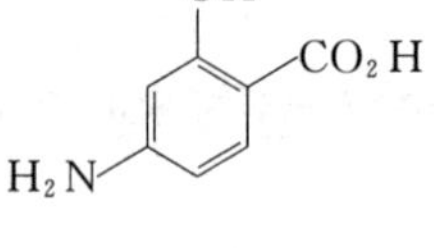

4-氨基-2-羟基苯甲酸

以芳环作取代基叫芳基,一价芳基可用"Ar—"表示,最常见的芳基有 $C_6H_5$—,称为苯基(phenyl),苯基也可用"Ph—"来表示。苄基($C_6H_5CH_2$—,benzyl)也是一种常见的带有芳环的基团。

## 7.3 单环芳烃的来源和制备

### 7.3.1 煤的干馏

在隔绝空气的情况下,煤在炼焦炉里加热至 1 000~1 300 ℃,即分解得到固态、液态和气态产物。固态产物是焦炭;液态产物有氨水和煤焦油;气态产物是焦炉气,也就是煤气。

工业上,通过对煤焦油分馏可以得到各种芳烃。其中,在低沸点馏分(轻油)中主要是苯及其同系物。由于在煤干馏时,苯和甲苯等一部分轻油馏分未能立即冷凝成液态,而仍以气体状态被煤气带走,因此要用重油洗涤煤气,这样可以吸收其中的苯和甲苯等。再蒸馏此重油,就可以从中又取得苯和甲苯。煤焦油的分馏产物如表 7-1 所示。

表 7-1 煤焦油的分馏产物

| 馏分 | 沸点范围/℃ | 产率/% | 主要成分 |
|---|---|---|---|
| 轻油 | <180 | 0.5~1.0 | 苯、甲苯、二甲苯 |
| 酚油 | 180~210 | 2~4 | 苯酚、甲苯酚、二甲酚 |
| 萘油 | 210~230 | 9~12 | 萘 |
| 洗油 | 230~300 | 6~9 | 萘、苊、芴 |
| 蒽油 | 300~360 | 20~24 | 蒽、菲 |
| 沥青 | >360 | 50~55 | 沥青、游离碳 |

### 7.3.2 石油的芳构化

除了从煤焦油及煤气中分离芳烃以外,石油的芳构化也是获取芳烃的重要途径。

石油的芳构化是将轻油馏分中含 6~8 个碳原子的烃类化合物,在催化剂铂或钯等的存在下,于 450~500 ℃进行脱氢、环化和异构化等一系列复杂的化学反应而转变为芳烃。工业上这一过程称为**铂重整**(platforming),在铂重整中所发生的化学变化称为**芳构化**(aromatization)。芳构化的成功使石油成为芳烃的主要来源之一。尤其是随着有机合成工业,特别是塑料、合成纤维和合成橡胶三大合成材料工业的发展,化学工业对芳烃的需求量日益增加,发展以石油为原料来制取芳烃的方法也越来越受到关注。芳构化主要有下列几种反应。

(1)环烷烃催化脱氢。例如:

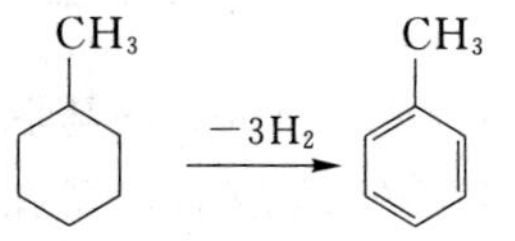

（2）烷烃脱氢环化再脱氢。例如：

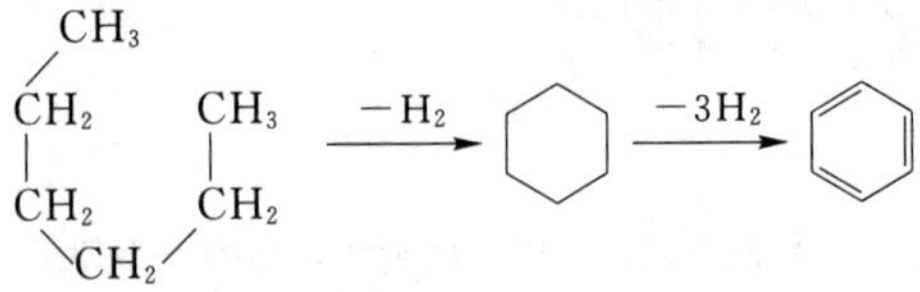

$$\text{（结构式）} \quad -H_2 \rightarrow \bigcirc \quad -3H_2 \rightarrow \bigcirc$$

（3）环烷烃异构化再脱氢。例如：

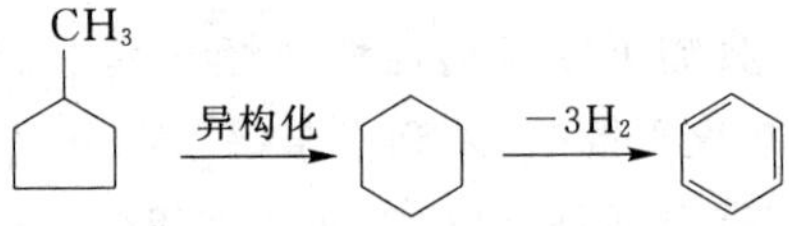

$$\text{（结构式）} \quad \xrightarrow{\text{异构化}} \bigcirc \quad -3H_2 \rightarrow \bigcirc$$

另外，在生产乙烯的石油裂解过程中，也有一定量的芳烃生成。由于生产乙烯的石油裂解工厂较多，规模也很庞大，所以产生副产物芳烃的量也大，已成为芳烃的重要来源之一。

## 7.4  单环芳烃的物理性质

单环芳烃一般为无色液体，比水轻，溶于汽油、乙醚和四氯化碳等有机溶剂。苯、甲苯、二甲苯也常用做溶剂。一般单环芳烃的沸点随其相对分子质量增加而升高，对位异构体的熔点一般比邻位和间位异构体的高，这是由于对位异构体分子对称性好、排列致密、晶格能较大的缘故。

芳烃在空气中燃烧时产生带黑烟的火焰。苯及其同系物有毒，长期吸入它们的蒸气，会引起肝的损伤，损坏造血系统及神经系统，可导致白血病。表 7-2 列出了一些常见单环芳烃的物理常数。

表 7-2　一些常见单环芳烃的物理常数

| 化合物 | 熔点/℃ | 沸点/℃ | 相对密度($d_4^{20}$) |
|---|---|---|---|
| 苯 | 5.5 | 80.1 | 0.879 |
| 甲苯 | −95 | 111.6 | 0.867 |
| 邻二甲苯 | −25.5 | 144.4 | 0.880 |
| 间二甲苯 | −47.9 | 139.1 | 0.864 |
| 对二甲苯 | 13.2 | 138.4 | 0.861 |
| 乙苯 | −95 | 136.2 | 0.867 |
| 正丙苯 | −99.6 | 159.3 | 0.862 |
| 异丙苯 | −96 | 152.4 | 0.862 |
| 苯乙烯 | −33 | 145.8 | 0.906 |

芳烃的质谱上通常有较强的分子离子峰，烷基取代的芳烃有强的苄基碎片离子峰。芳烃的红外光谱中芳环骨架的伸缩振动表现在 1 625～1 576 cm$^{-1}$ 和 1 525～

1 475 cm$^{-1}$处有两个吸收峰。芳环的 C—H 键伸缩振动在 3 100～3 010 cm$^{-1}$。苯的取代物及其异构体在 900～650 cm$^{-1}$处具有特殊的 C—H 键面外弯曲振动。例如,图7-6 是邻二甲苯的红外光谱图。

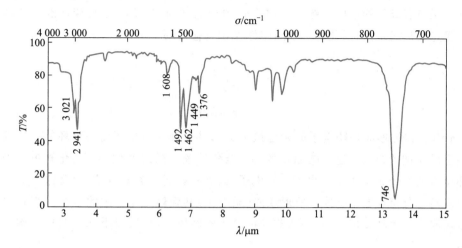

图 7-6　邻二甲苯的红外光谱图

芳环 C═C 键伸缩振动:1 608 cm$^{-1}$,1 493 cm$^{-1}$;芳环 C═C 键伸缩振动和甲基 C—H 键弯曲振

动:1 462 cm$^{-1}$,1 449 cm$^{-1}$;芳环═C—H 键伸缩振动:3 021 cm$^{-1}$;甲基 C—H 键伸缩振动:

2 941 cm$^{-1}$;甲基 C—H 键弯曲振动:1 376 cm$^{-1}$;苯的 1,2-二元取代:746 cm$^{-1}$

苯的紫外光谱在 180 nm、204 nm 和 255 nm 处有吸收,它们分别被称为 E1 带、E2 带和 B 带。取代基的种类和酸化位置使吸收带的峰值产生变化,尤其对 B 带的影响更大,故 B 带又被称为精细结构带。

苯的$^1$H NMR 在 $\delta$ 7.27 处有一个单峰,取代苯上的苯环氢的 $\delta$ 在 6～9 处,与取代基的性质、取代基的位置等有关,它们的峰形呈多重峰。邻位、间位氢的偶合常数各为 6～9 Hz 和 1～3 Hz。芳烃的$^{13}$C NMR 在 $\delta$ 120～150 处有吸收峰。

## 7.5　苯的化学性质

芳烃分子是一个封闭的环状共轭体系,π 电子离域程度大,体系稳定,因此在一般化学反应中,芳环不开环。芳环上下被离域的 π 电子云所笼罩,属于电子给予体,容易与亲电试剂发生取代反应。在特定条件下,共轭体系也可以发生加成反应,生成脂环化合物。

芳环上可以带侧链。当苯环带有烷基时,则该芳烃具有烷烃的化学性质;当苯环带有烯基等不饱和烃基时,则芳烃具有不饱和链烃的化学性质。

### 7.5.1　亲电取代反应

芳烃重要的取代反应有**卤化**(halogenation)、**硝化**(nitration)、**磺化**(sulfonation)、**烷基化**(alkylation)和**酰基化**(acylation)等。

在苯的取代反应中,与芳烃反应的试剂大都是缺电子或带正电荷的亲电试剂 (electrophilic agent),因此这些反应都是亲电取代反应。发生在亲电取代反应中,亲电试剂 $E^+$ 首先进攻苯环,进而和苯环的 $\pi$ 电子形成 $\pi$ 络合物($\pi$ complex)。$\pi$ 络合物仍然还保持着苯环的结构。然后 $\pi$ 络合物中亲电试剂 $E^+$ 进一步与苯环的一个碳原子直接连接形成 $\sigma$ 键,因此这个中间体称为 $\sigma$ 络合物($\sigma$ complex)。

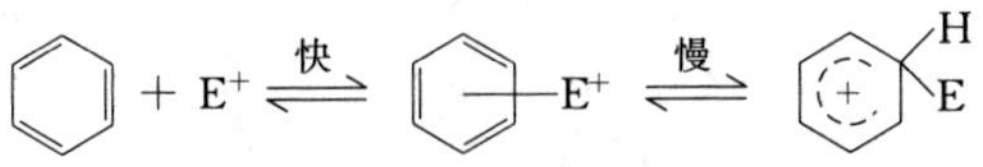

$$\pi\,络合物 \qquad \sigma\,络合物$$

$\sigma$ 络合物的形成是缺电子的亲电试剂 $E^+$,从苯环获得电子而与苯环的一个碳原子结合成 $\sigma$ 键的结果。这个碳原子的 $sp^2$ 杂化轨道也随之变成 $sp^3$ 杂化轨道。由于碳环原有的 6 个 $\pi$ 电子中给出了一对电子,因此只剩下 4 个 $\pi$ 电子,而且这 4 个 $\pi$ 电子只是离域分布在五个碳原子所形成的(缺电子)共轭体系中。因此这个 $\sigma$ 络合物已不再是原来的苯环结构,它是环状的碳正离子中间体,可以用以下三个共振结构式来表示:

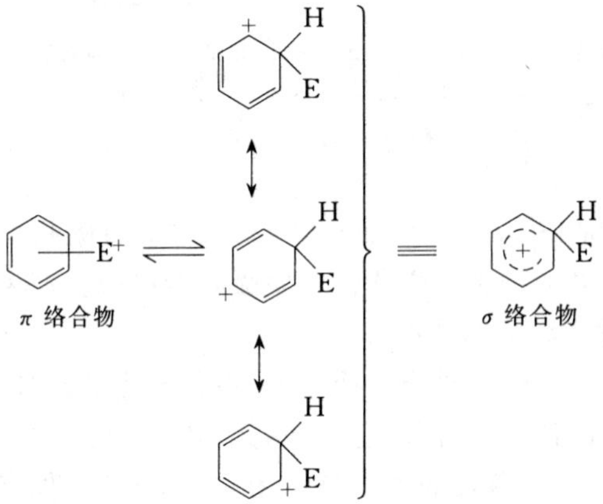

$$\pi\,络合物 \qquad\qquad\qquad \sigma\,络合物$$

也可以用五个碳原子旁画以虚线和正号来表示 $\sigma$ 络合物的结构。从 $\sigma$ 络合物的三个共振结构式中可以看出,五个碳原子仍是共轭体系,而且在取代基的邻位和对位碳原子上带更多的正电荷。

生成 $\sigma$ 络合物的这一步反应速率比较慢,它是决定整个反应速率的一步。与烯烃加成反应不同的是,由烯烃生成的碳正离子接着迅速地和亲核试剂(nucleophilic reagent)结合而形成加成产物;而由芳烃生成的 $\sigma$ 络合物却是随即迅速失去一个质子,重新恢复为稳定的苯环结构,最后形成了取代产物(见图 7-7)。由于生成物的能量比反应物的能量低,所以这一步是放热反应。

如果 $\sigma$ 络合物接着不是失去一个质子,而是和亲核试剂结合生成加成产物(环己二烯衍生物),由于加成产物不再具有稳定的苯环结构,其能量比苯的能量高,故整个反应将是吸热反应。

$$CH_2{=}CH_2 + Br_2 \longrightarrow BrCH_2{-}CH_2Br \qquad \Delta H = -122.06 \text{ kJ·mol}^{-1}$$

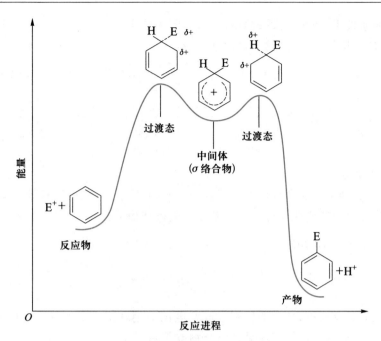

图 7-7 苯亲电取代反应过程的能量变化示意图

+ Br$_2$ ⟶ （图） $\Delta H = 8.36 \text{ kJ·mol}^{-1}$

+ Br$_2$ $\xrightarrow{\text{FeBr}_3}$ （图） + HBr $\Delta H = -45.14 \text{ kJ·mol}^{-1}$

由此可见,芳烃发生取代反应要比加成反应容易得多。事实上,芳烃并不发生上述加成反应。显然,芳烃不易加成而容易发生亲电取代反应的特性,是由苯环的稳定性所决定的。

**1. 卤化反应**

氯或溴在室温下,以 FeX$_3$,AlX$_3$ 等为催化剂,与苯发生卤化反应,生成氯苯或溴苯。

+ Br$_2$ $\xrightarrow{\text{FeBr}_3}$ （图）—Br

在苯的溴化反应中,增加反应时间或增大反应物中卤素的比例,可形成以邻二溴苯和对二溴苯为主的产物。

用铁粉做催化剂也可以实现甲苯卤化反应。铁与卤素反应生成 FeX$_3$,随后甲苯在 FeX$_3$ 的催化下卤化,主要生成邻卤甲苯和对卤甲苯,反应比苯卤化快。例如:

（图）+ Cl$_2$ $\xrightarrow{\text{FeCl}_3}$ （图）+ （图）

在光照条件下,使氯与沸腾的甲苯作用,不用催化剂 Fe 或 $FeX_3$,卤化反应发生在甲基上,反应比甲烷容易,这属于自由基反应。

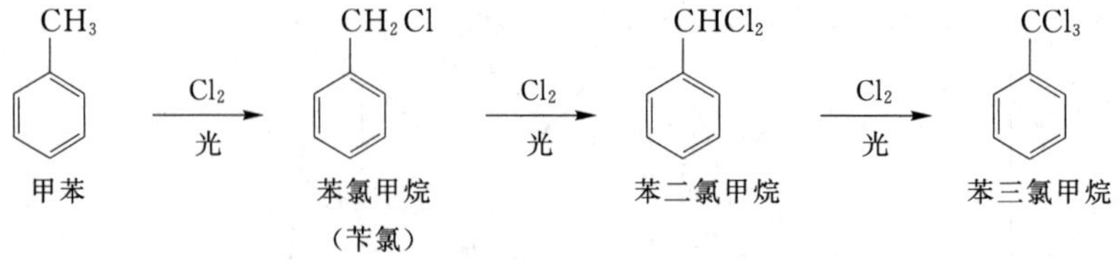

CH₃ 甲苯 → (Cl₂, 光) → CH₂Cl 苯氯甲烷(苄氯) → (Cl₂, 光) → CHCl₂ 苯二氯甲烷 → (Cl₂, 光) → CCl₃ 苯三氯甲烷

**2. 硝化反应**

苯与混酸,即浓硫酸和浓硝酸的混合物在 60 ℃反应,可制得硝基苯。苯环上的氢被硝基取代的反应叫硝化反应。苯的硝化反应机理如下:

$$HONO_2 + 2H_2SO_4 \rightleftharpoons NO_2^+ + H_3O^+ + 2HSO_4^-$$

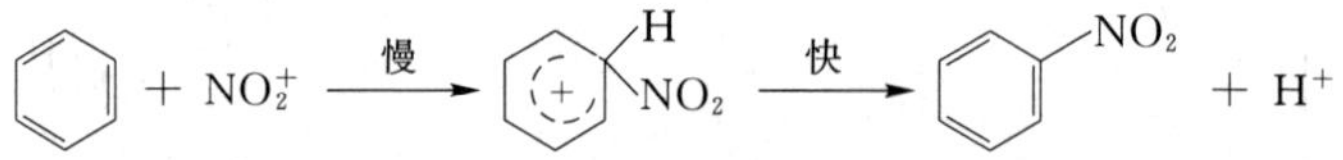

硫酸在硝化反应中,与硝酸作用生成亲电试剂硝基正离子 $NO_2^+$,也称硝酰离子。反应分两步,反应的活性中间体是 $\sigma$ 络合物或芳基正离子。

硝基苯不容易继续硝化,但是如果硝化试剂过量,反应温度较高或反应时间过长,生成的硝基苯还会继续硝化生成间二硝基苯。不过制备多硝基苯需要用发烟硝酸、发烟硫酸等苛刻的反应试剂。

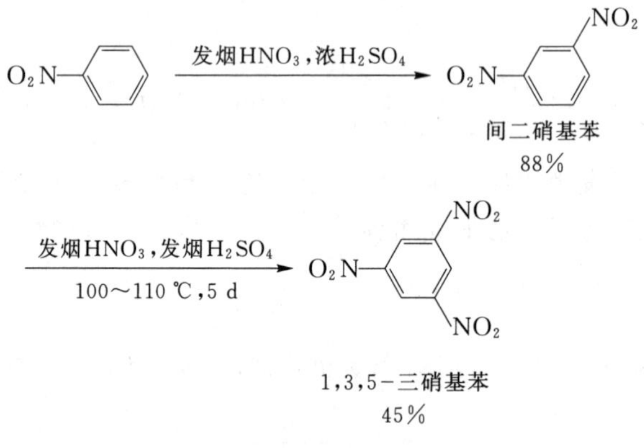

间二硝基苯
88%

1,3,5-三硝基苯
45%

烷基苯在混酸的作用下,会发生环上取代反应,反应比苯容易,而且主要生成邻位和对位的取代产物。例如:

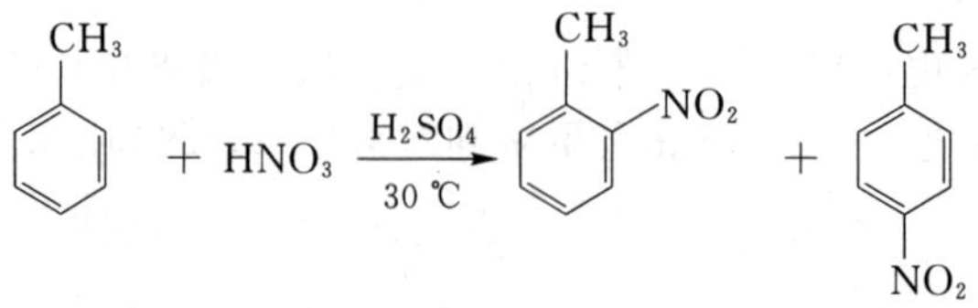

如果继续二硝化或三硝化,可以由甲苯制得炸药 2,4,6-三硝基甲苯(简称 TNT)。

芳烃的硝化反应在工业上具有重要意义。

3. 磺化反应

苯与浓硫酸回流或与发烟硫酸一起微热至 35～50 ℃,则芳环上的氢被磺酸基取代,该反应称为磺化反应。

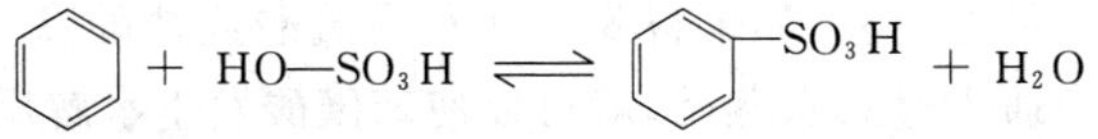

$$\text{苯} + \text{HO—SO}_3\text{H} \rightleftharpoons \text{苯—SO}_3\text{H} + \text{H}_2\text{O}$$

苯的磺化产物是苯磺酸,它与硫酸酯不同。硫酸酯的烃基与氧原子直接相连,如 $ROSO_3H$;磺酸的烃基与硫原子直接相连,如 $R—SO_3H$。与卤化反应和硝化反应不同,磺化反应是可逆反应。苯磺酸在硫酸中也可以水解,因此苯在磺化时要用发烟硫酸作磺化剂。

苯磺酸如果在更高的温度下继续磺化,可以生成间苯二磺酸。

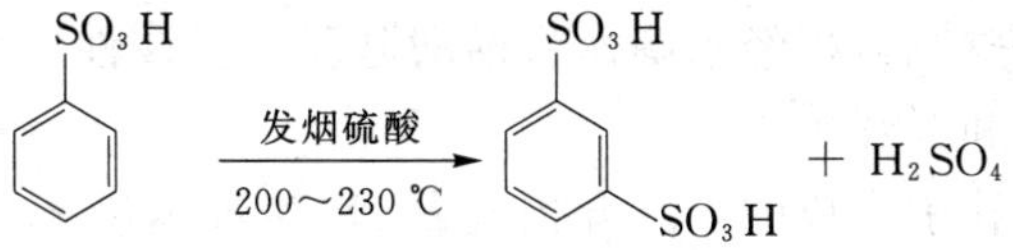

$$\text{苯磺酸} \xrightarrow[200～230\ ℃]{\text{发烟硫酸}} \text{间苯二磺酸} + \text{H}_2\text{SO}_4$$

间苯二磺酸

与苯相比,甲苯更容易磺化。甲苯在常温下就可以与浓硫酸进行反应,主要产物是邻甲苯磺酸和对甲苯磺酸:

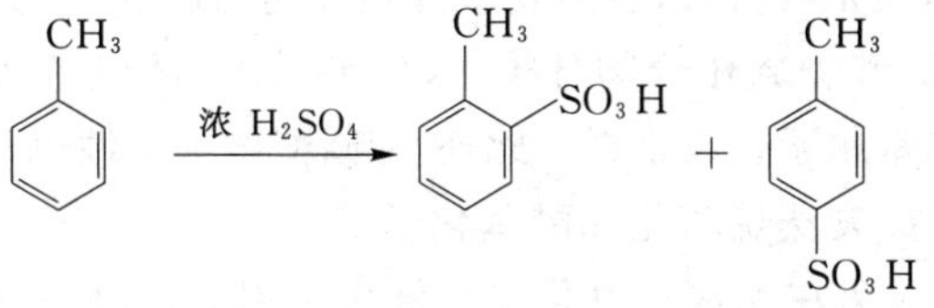

$$\text{甲苯} \xrightarrow{\text{浓 H}_2\text{SO}_4} \text{邻甲苯磺酸} + \text{对甲苯磺酸}$$

邻甲苯磺酸　　对甲苯磺酸
32%　　　　　62%

常用的磺化剂除浓硫酸、发烟硫酸外,还有三氧化硫和氯磺酸($ClSO_3H$)等。如果氯磺酸过量,得到的是苯磺酰氯:

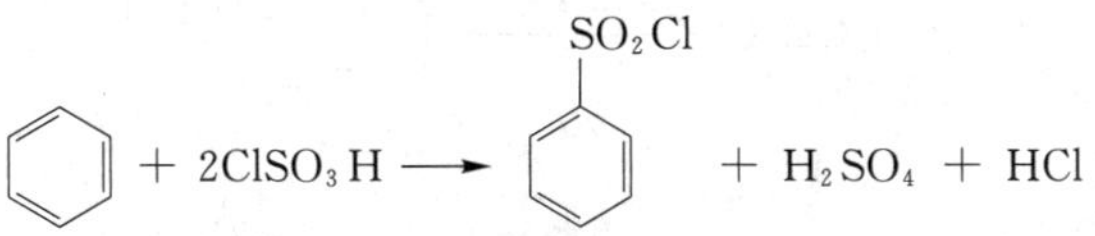

$$\text{苯} + 2ClSO_3H \longrightarrow \text{苯磺酰氯} + H_2SO_4 + HCl$$

苯磺酰氯

上述反应是在苯环上引入一个氯磺酰基($—SO_2Cl$),因此也称为氯磺化反应。氯磺酰基非常活泼,通过它可以制取芳磺酰胺 $ArSO_2NH_2$、芳磺酸酯 $ArSO_2OR$ 等一系列芳磺酰衍生物,在制备染料、农药和医药上具有广泛的用途。

在磺化反应中,亲电试剂三氧化硫是通过下式生成的:

$$2H_2SO_4 \rightleftharpoons SO_3 + H_3O^+ + HSO_4^-$$

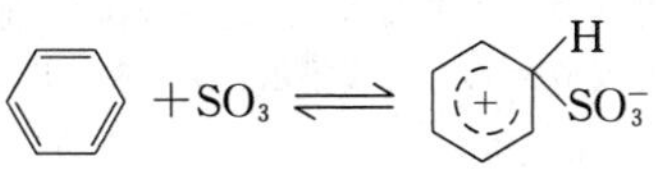

$$\text{苯} + SO_3 \rightleftharpoons \text{中间体}SO_3^-$$

$$\underset{H}{\bigoplus}SO_3^- + HSO_4^- \rightleftharpoons \bigcirc\!\!\!\!-SO_3^- + H_2SO_4$$

$$\bigcirc\!\!\!\!-SO_3^- + H_3O^+ \rightleftharpoons \bigcirc\!\!\!\!-SO_3H + H_2O$$

由于苯的磺化反应是可逆反应,如果将苯磺酸和稀硫酸或盐酸在一定压力下加热,或在磺化所得混合物中通入过热水蒸气,就可以使苯磺酸发生水解反应又转变成苯。

$$\bigcirc + H_2SO_4 \rightleftharpoons \left[\underset{H}{\bigoplus}\overset{SO_3^-}{}\right] + H_2O \xrightarrow{H^+} \bigcirc\!\!\!\!-SO_3H + H_2O$$

磺化反应的逆反应称为水解,该反应的亲电试剂是质子,因此又称为质子化反应,也称去磺酸基反应。在有机合成上,由于磺酸基容易除去,所以可利用磺酸基暂时占据环上的某些位置,使这个位置不再被其他基团取代,或利用磺酸基的存在,影响其水溶性等,待其他反应完毕后,再经水解而将磺酸基脱去。该性质被广泛用于有机合成及有机化合物的分离和提纯。

苯在磺化反应过程中生成的 $\sigma$ 络合物脱去 $H^+$ 生成苯磺酸和脱去 $SO_3$ 生成苯这两步的活化能相差不大,因此无论是正反应还是逆反应都有可能。相对而言,在硝化或卤化反应中,从相应的 $\sigma$ 络合物脱 $NO_2^+$ 或 $X^+$ 的活化能比较高,即脱去 $NO_2^+$ 或 $X^+$ 的反应速率比脱去质子的反应速率慢得多,因此反应是不可逆的。

芳磺酸是强酸,虽然是有机酸,但是其酸性强度与硫酸相当;芳磺酸不易挥发,极易溶于水。在难溶于水的芳香族化合物分子中,如果引入磺酸基后就得到易溶于水的物质。因此,磺化反应也常用于合成染料。此外,芳磺酸的强酸性也常被用做酸性催化剂。

**4. 傅瑞德尔－克拉夫茨烷基化和酰基化反应[1][2]**

芳烃与卤代烷或酰卤在无水三氯化铝的催化作用下,芳环上的氢被烷基或酰基取代。这种在有机化合物分子中引入烷基或酰基的反应,分别称为傅－克烷基化反应和傅－克酰基化反应。芳环上的烷基化和酰基化反应是法国化学家傅瑞德尔(Friedel C)和美国化学家克拉夫茨(Crafts J M)发现的,所以也简称为傅－克反应。例如:

$$\bigcirc + CH_3CH_2Cl \xrightarrow{\text{无水}AlCl_3} \bigcirc\!\!\!\!-CH_2CH_3 + HCl \qquad (1)$$

$$\bigcirc + CH_3\overset{O}{\underset{\|}{C}}-Cl \xrightarrow{\text{无水}AlCl_3} \bigcirc\!\!\!\!-\overset{O}{\underset{\|}{C}}-CH_3 + HCl \qquad (2)$$

---

[1] 傅瑞德尔(Friedel C,1832—1899) 法国化学家。1877 年他和克拉夫茨共同发现傅瑞德尔－克拉夫茨反应。曾于 1876 年在巴黎索邦学院担任矿物学教授,主要研究含硅有机化合物,1892 年在日内瓦主持著名的有机化学名称命名系统化会议。

[2] 克拉夫茨(Crafts J M,1839—1917) 美国化学家。1858 年毕业于哈佛大学,毕业后前往德国进修,曾任教于康奈尔大学和马萨诸塞理工学院。1877 年克拉夫茨和傅瑞德尔一起研究金属铝对某些含氯有机化合物的作用时发现,该反应的发生要先经过纯化作用并生成氯化氢气体。经进一步研究,他们发现钝化期间生成了氯化铝,正是氯化铝的催化作用导致反应。此后将此反应命名为傅瑞德尔－克拉夫茨反应,它是有机化学反应库中的重要反应之一。

在反应(1)中,三氯化铝作为一个 Lewis 酸和卤代烷起酸碱反应,生成有效的亲电试剂烷基碳正离子:

$$RCl + AlCl_3 \longrightarrow R^+ + AlCl_4^-$$

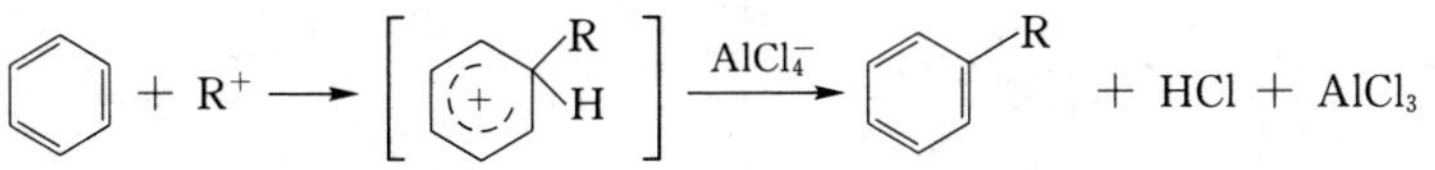

烷基化反应中常用的催化剂是三氯化铝,此外 $FeCl_3$,$SnCl_4$,$ZnCl_2$,$BF_3$,$HF$,$H_2SO_4$ 等均可作为催化剂。除卤代烷以外,由于烯烃或醇在酸性条件下也可以生成碳正离子,因此也可作为烷基化试剂。工业上,采用乙烯和丙烯作为烷基化试剂来制取乙苯和异丙苯:

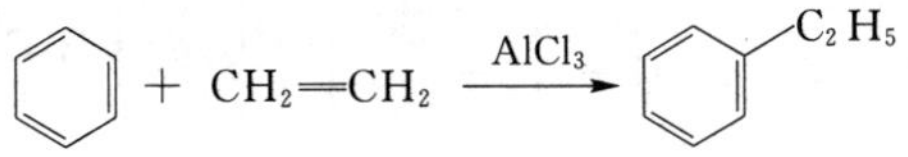

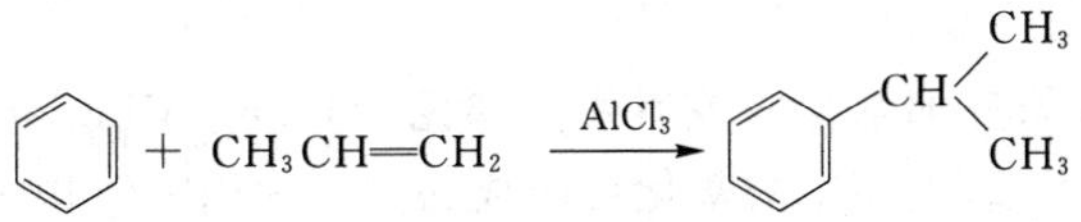

乙苯经过催化脱氢可得到苯乙烯。苯乙烯是很重要的高分子单体,在合成橡胶、塑料及离子交换树脂等高分子工业中应用很广泛。

当烷基化试剂有较长的直碳链时,在反应过程中会发生异构化。例如:

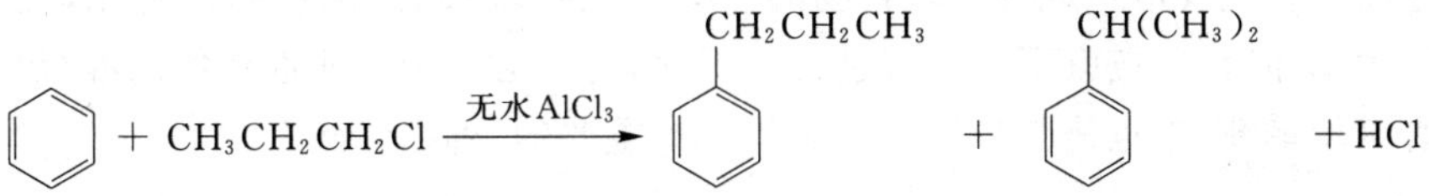

丙苯 31%～35%　　异丙苯 65%～69%

上述异构化反应中得到的主要产物是异丙苯。这是因为反应过程中先形成伯碳正离子,由于伯碳正离子可以形成稳定的仲碳正离子,从而导致异构化产物的生成。反应历程如下:

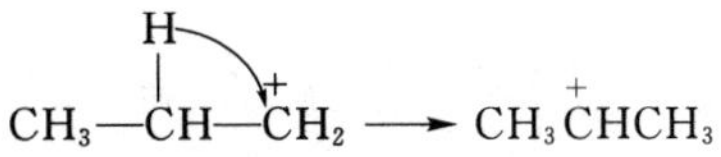

$$CH_3 - CH - CH_2 \longrightarrow CH_3 \overset{+}{C}HCH_3$$

苯和 1-氯-2-甲基丙烷反应,生成物只有叔丁基苯。

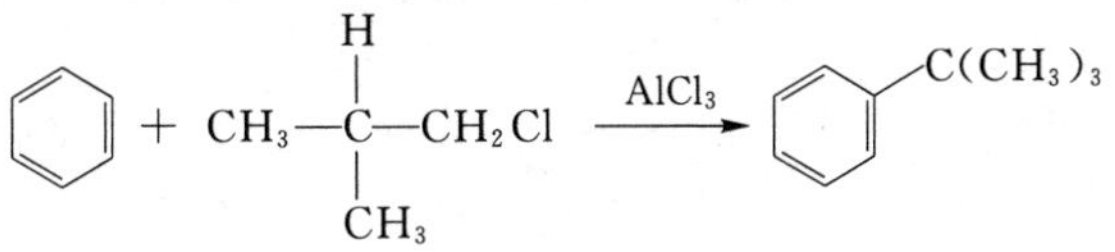

如果苯环上有强的间位定位基存在时,烷基化反应就不容易进行。例如,硝基苯就不能发生烷基化反应。由于芳烃和三氯化铝都能溶于硝基苯中,因此烷基化反应可以用硝基苯作为溶剂。

傅-克酰基化反应与烷基化反应很相似。进攻的亲电试剂是酰基化试剂与催化剂作用所生成的酰基正离子:

$$RCOCl + AlCl_3 \rightleftharpoons R—\overset{+}{C}=O + AlCl_4^-$$

反应历程如下：

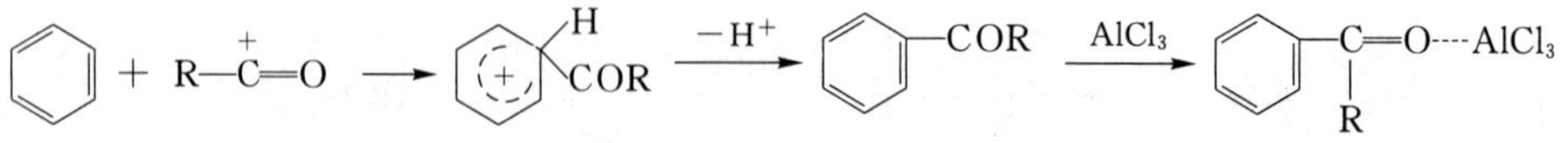

由于反应后生成的酮还会与 $AlCl_3$ 相络合，因此需要再加稀酸处理，才能得到游离的酮。所以傅-克酰基化反应与烷基化反应有一个显著的不同，三氯化铝的用量必须过量。其次，酰基化反应不发生重排反应。例如：

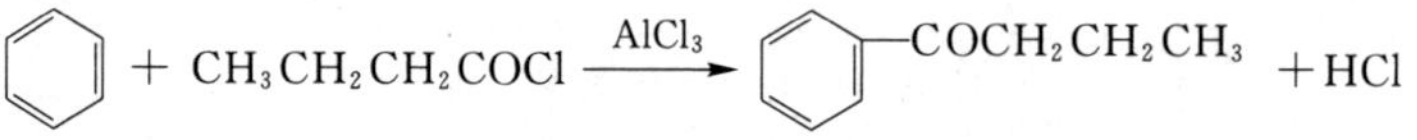

苯丁酮

生成的酮可以用锌汞齐加浓盐酸或者用黄鸣龙（Huang Minglong）改良还原法（参见 10.4.4）还原为亚甲基，这使得酰基化反应成为芳环上引入正构烷基的一个重要方法。

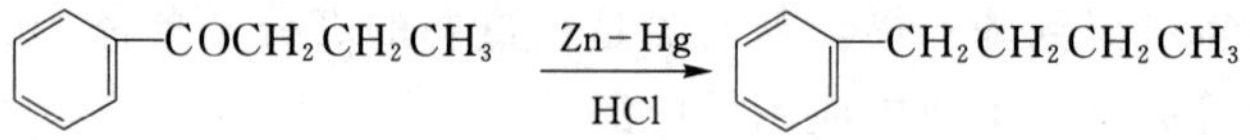

正丁苯

芳烃酰基化反应生成一元取代物的产率一般比较高，酰基使苯环钝化，当第一个酰基取代苯环后，反应就不再继续进行。因此，它不会产生多元取代物的混合物，得到的产物比较单纯，这也是与烷基化反应的一个重要的不同之处。

### 7.5.2 加成反应

和不饱和烃相比，芳烃要稳定得多，只有在特殊的条件下才发生加成反应。

1. 加氢

苯在铂或镍催化剂存在下，于较高温度或加压下才能加氢生成环己烷。

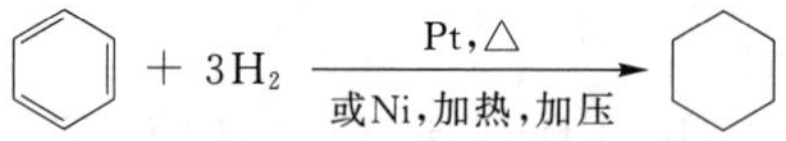

2. 加氯

在紫外线照射下，苯与氯反应生成六氯环己烷（1,2,3,4,5,6-六氯环己烷），这是一个典型的自由基反应：

$$Cl_2 \xrightarrow{\text{紫外线}} 2Cl\cdot$$

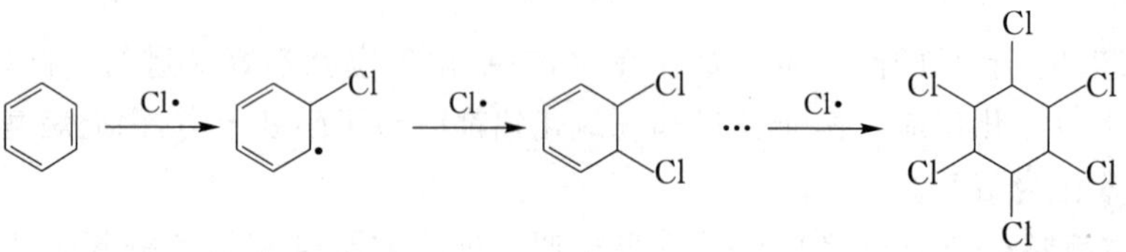

六氯环己烷

六氯环己烷也称六六六,是一种杀虫剂。有意思的是,在已知的六氯环己烷八种异构体中,只有 $\gamma$-异构体具有显著的杀虫活性,它在混合物中占 18% 左右。其化学性质稳定,由于残存毒性大,我国早在 1983 年已禁用。

**思考题 7-4** 什么是亲电取代反应?为什么苯环上容易发生亲电取代反应而不是亲核取代反应?

**思考题 7-5** 什么是傅-克反应?傅-克烷基化反应和傅-克酰基化反应有什么区别?

### 7.5.3 芳烃侧链反应

#### 1. 氧化反应

由于苯特有的稳定性,许多氧化剂如高锰酸钾、重铬酸钾加硫酸、稀硝酸等都不能使苯环氧化。烷基苯在这些氧化剂作用下,只有支链发生氧化;如果氧化剂过量,无论苯环上支链长短如何,最后都氧化生成苯甲酸。例如:

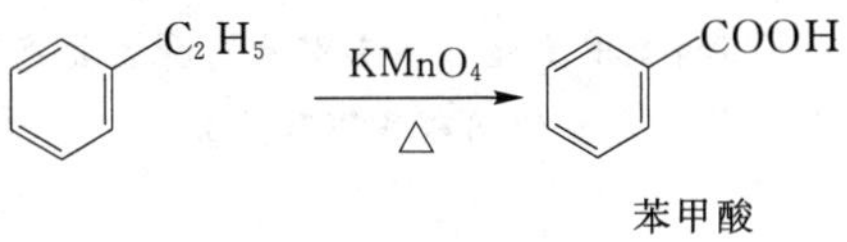

苯甲酸

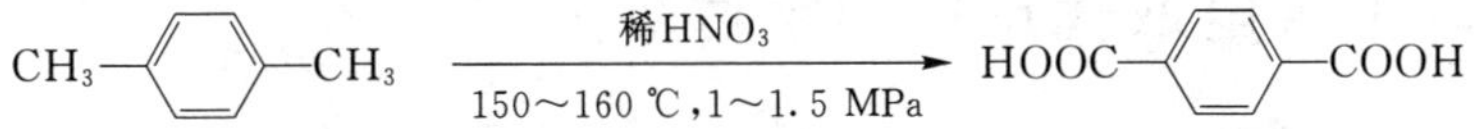

对苯二甲酸

发生在苯环侧链上的氧化反应,一方面说明苯环有特别的稳定性,另一方面,也说明由于苯环的影响,和苯环直接相连的 $\alpha$-碳原子上的氢原子(即 $\alpha$-H)活泼性增加,因此氧化反应首先发生在 $\alpha$ 位,这就导致了烷基都氧化为羧基的情形。

虽然苯环在一般条件下不被氧化,但在特殊条件下,也能发生氧化而使苯环破裂。例如,在催化剂存在下,于高温时,苯可被空气催化氧化而生成顺丁烯二酸酐。

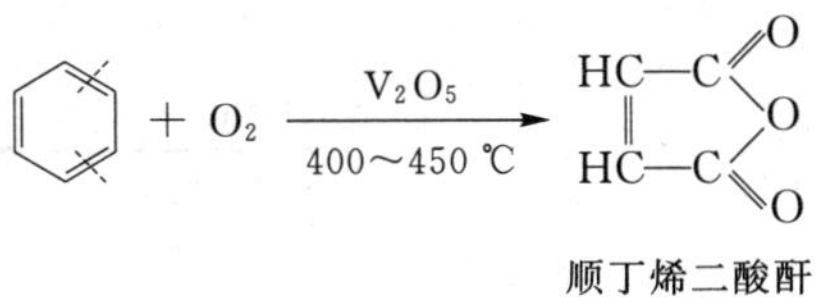

顺丁烯二酸酐

#### 2. 氯化反应(chloration)

在高温或光照条件下,烷基苯与氯气发生反应,在苄基位进行氯代。反应与甲烷的氯化相似,生成稳定的苄基自由基中间体。但乙苯氯化时,反应容易停留在生成苯基氯乙烷阶段。

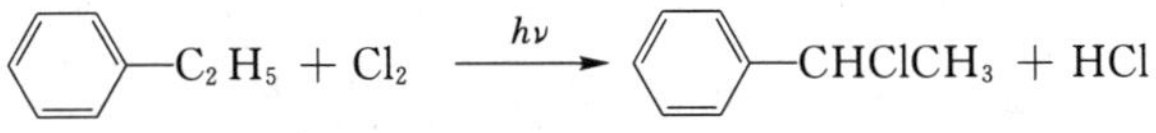

$N$-溴代丁二酰亚胺(NBS)试剂常用于苄基位上的溴代反应。反应也经过苄基自由基中间体过程。

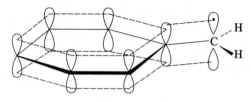

苄基自由基之所以稳定是由于它的亚甲基碳原子(sp² 杂化)上的 p 轨道与苯环上的大 π 键是共轭的,这就导致亚甲基上 p 轨道的离域,所以这个自由基就比较稳定(见图 7-8)。

图 7-8 苄基自由基亚甲基碳原子上 p 轨道的离域示意图

**思考题 7-6** 在傅-克烷基化反应中,碳亲电试剂都有哪些类型?请举例说明。

**思考题 7-7** 甲苯的硝化可得到邻硝基甲苯和对硝基甲苯两种主要产物。试分析为什么在工业生产中,可以利用甲苯的硝化反应生产一定量的间硝基甲苯产品。

## 7.6 苯环上亲电取代反应的定位规则

甲苯硝化比苯容易,而硝基苯硝化比苯难。这说明苯环上的取代基对苯环再发生取代反应的难易产生影响。前者称为致活,后者称为致钝。能增加苯环上氢原子活泼性的基团称活化基团(activating group);使苯环上氢原子变得更稳定的基团,称为钝化基团(passivating group)。

研究表明,当硝基苯再继续硝化时,主要产物为间二硝基苯。但如果对甲苯进行硝化,主要产物则为邻硝基甲苯和对硝基甲苯。这说明苯环上原有的取代基对新引入的取代基的位置产生显著影响。

　　苯环上的取代基会影响苯环上的电子云分布,使苯环上氢原子的活泼性产生差异,取代基的这个作用,称为**定位作用**(orientation),原有的取代基称为定位基。在苯环上的取代基如果能使新导入的基团进入邻、对位的,就称为邻对位定位基;在苯环上的取代基如果能使新导入的基团进入间位的,就称为间位定位基。一般情况下,活化基团都是邻对位定位基,致活作用强弱与定位效应强弱相一致。间位定位基都是钝化基团,致钝作用强弱也与定位效应强弱相一致。卤素是邻对位定位基,但属于钝化基团,所以钝化基团不都是间位定位基,而邻对位定位基也不都是活化基团。表 7-3 是苯环上部分取代基在亲电取代反应中的定位效应。

表 7-3　苯环上部分取代基在亲电取代反应中的定位效应

| 取代基 | | | 定位效应 | | | 硝化速率(以苯＝1 为标准) | |
|---|---|---|---|---|---|---|---|
| | | | 邻位含量/% | 对位含量/% | 间位含量/% | 致活 | 致钝 |
| 邻对位定位基 | 致活 | —NH$_2$ | 邻位 | 对位 | 痕量 | 强烈 | |
| | | —OH | 55 | 45 | 痕量 | 强烈 | |
| | | —NHCOCH$_3$ | 19 | 79 | 微量 | 中等 | |
| | | —OCH$_3$ | 74 | 11 | 4 | ～$2\times10^5$ | |
| | | —C$_6$H$_5$ | 邻位 | 对位 | 11.5 | 弱 | |
| | | —CH$_3$ | 59 | 37 | | 24.5 | |
| | | C(CH$_3$)$_3$ | 16 | 73 | | 15.5 | |
| | 致钝 | —F | 12 | 88 | 痕量 | | 0.03 |
| | | —Cl | 30 | 70 | 痕量 | | 0.03 |
| | | —Br | 36 | 62.9 | 1.1 | | 0.03 |
| | | —I | 38 | 60 | 2 | | 0.18 |
| 间位定位基 | 致钝 | —COOC$_2$H$_5$ | 24 | 4 | 72 | | $3.67\times10^{-3}$ |
| | | —COOH | 19 | 1 | 80 | | $<10^{-3}$ |
| | | —CHO | 19 | 9 | 72 | | 中等 |
| | | —SO$_3$H | 21 | 7 | 72 | | 中等 |
| | | —NO$_2$ | 6 | 痕量 | 93 | | ～$10^{-7}$ |
| | | —$\overset{+}{N}$(CH$_3$)$_3$ | 0 | 11 | 89 | | ～$10^{-8}$ |
| | | —CN | 17 | 2 | 81 | | 慢 |

### 7.6.1　定位规则

　　不同的一元取代苯在进行再取代反应时,可以把苯环上的取代基分为邻对位定位基和间位定位基两类。

　　1. 邻对位定位基

　　除卤素外,邻对位定位基属于活化基团,常见的邻对位定位基有:—NH$_2$,

—NHR，—NR₂，—OH，—OCH₃，—NHCOCH₃，—OCOR，—C₆H₅，—CH₃，—X 等。
这些取代基与苯环直接相连的原子上通常只有单键或带负电荷。这类取代基使第
二个取代基主要进入它们的邻位和对位，即它们具有邻对位定位效应，除了卤代苯外，
它们的反应比苯容易进行，因此，除卤素外，其他定位基能使苯环活化。

这类定位基为什么产生邻对位的定位作用呢？这可以从取代基所产生的电子效
应来讨论。例如，甲基在甲苯中是给电子基团，甲基的给电子诱导效应可使苯环电子
密度增大。另一方面，甲基与苯环还存在超共轭效应，这也会导致苯环电子密度增大。
显然，这种使苯环电子密度增大的影响对于亲电取代反应是起到促进作用的，因而这
类定位基团就具有致活效应。

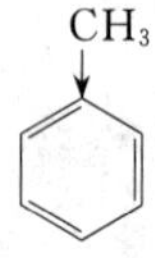

诱导效应 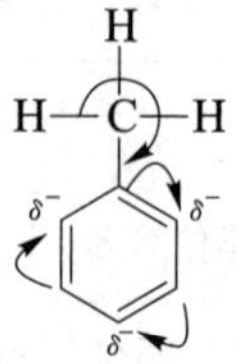　　　　　　　　超共轭效应

另外，从苯环上发生亲电反应的机理看，当亲电试剂 $E^+$ 进攻甲苯的不同位置时，可
分别得到稳定性不同的碳正离子中间体（σ 络合物）。当取代反应发生在邻位和对位时，
形成的中间体碳正离子正好是甲基与苯环上带部分正电荷的碳原子直接相连，由于甲基
的给电子作用，使苯环上的正电荷得到很好的分散。电荷越分散，体系越稳定，也越易形
成。当取代反应发生在甲苯的间位时，由于甲基的给电子作用恰好与苯环上富电子部位
相连，因而不利于苯环上电荷的分散，从而使间位取代的中间体不稳定，因此取代产物以
邻位和对位为主。

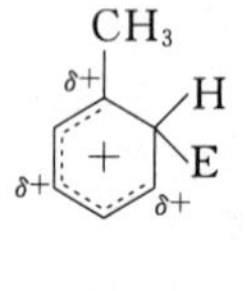

邻位取代 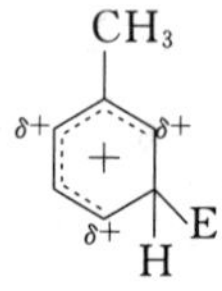　　　　　　间位取代 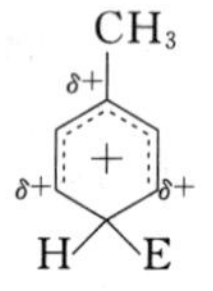　　　　　　对位取代

和甲基不同，在苯酚结构中，羟基是吸电子基团，负诱导效应使苯环电子密度减小，
这样看来，羟基应该起致钝作用。但事实上，苯酚在亲电取代反应中羟基却起着活化作
用，这是为什么呢？首先分析一下羟基氧原子 p 轨道上电子的分布情况，在氧原子 p 轨
道上存在着一对孤对电子与苯环上大 π 键产生 p-π 共轭效应，其结果是 p 电子流向苯
环，使苯环上的电子密度增大。显然，在这里共轭效应与诱导效应方向相反，但共轭效应
起着主导作用，因此羟基仍具有致活作用。这种共轭效应特别使其邻、对位电子密度增
大，所以羟基和甲基一样，属于邻对位定位基。羟基的 p-π 共轭效应作用如下：

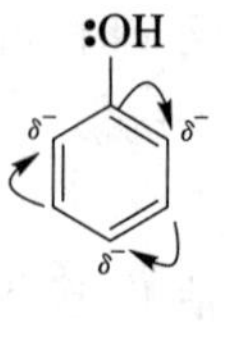

**2. 间位定位基**

间位定位基属于钝化基团,常见的间位定位基有:$\overset{+}{—N}(CH_3)_3$,$—NO_2$,$—CN$,$—COOH$,$—SO_3H$,$—CHO$,$—COR$ 等。这些取代基与苯环相连接的原子上,通常具有重键或带正电荷。苯环上连有间位定位基会使新导入的取代基主要进入它们的间位,即它们具有间位定位效应。由于间位定位基的钝化作用,与苯相比,带有这类定位基的芳烃进行取代反应时都比较困难。

间位定位基都是吸电子基,具有吸电子效应,可使苯环电子密度减小。因此,取代苯在亲电取代反应中,所带间位定位基起着钝化作用。

和甲苯类似,当硝基苯进一步硝化时,也可能生成三种碳正离子中间体($\sigma$ 络合物)。

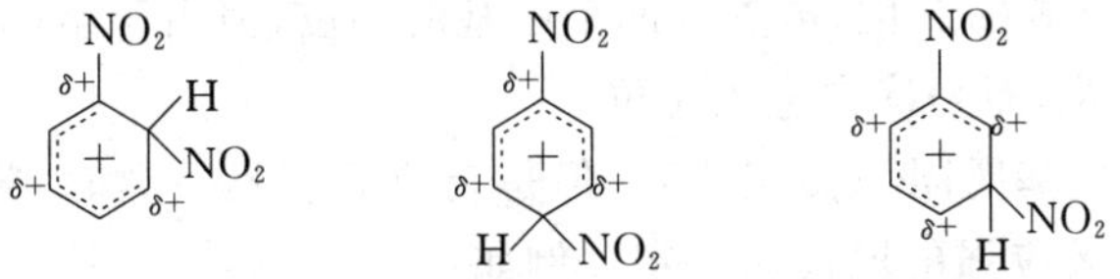

邻位硝代　　　　对位硝代　　　　间位硝代

与甲苯不同的是,在这三种中间体中,间位硝化产物更稳定一些,因为在邻位和对位硝化产物中,吸电子的硝基和带部分正电荷的碳原子直接相连,使邻、对位碳原子上的缺电子程度更高。相比而言,间位硝化产物要稳定一些,更容易发生亲电取代反应,因此亲电取代反应主要发生在硝基苯的间位。磺酸基、羧酸酯基等其他间位定位基的定位原理与此相同。

应该指出,卤素的定位效应有些特别,它具有致钝作用,但是属于邻对位定位基。例如,氯苯硝化时,其产物主要是邻、对位产物。

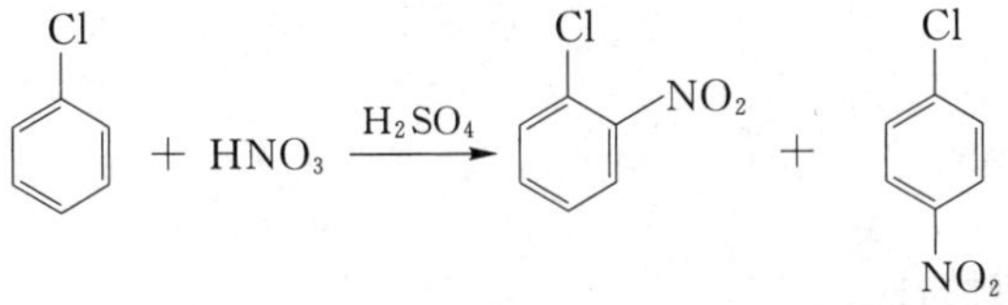

由于氯原子具有较强的电负性,因此它具有较强的负诱导效应,氯原子的诱导效应降低了苯环上的电子密度,因而对亲电取代反应而言具有致钝作用。同时又由于氯原子上未共用电子对和苯环上的大 $\pi$ 键共轭而向苯环离域,因此又产生了给电子的 p–$\pi$ 共轭效应,使邻、对位的电子密度较间位大,所以氯原子属于邻对位定位基。

应该指出,除了诱导效应、p–$\pi$ 共轭效应及超共轭效应以外,还有许多其他因素也会对苯环产生一定的定位效应。例如,试剂的性质、反应的温度、催化剂的影响、溶剂及空间效应都会对定位产生影响。

### 7.6.2 二取代苯的定位规则

当苯环上有两个取代基时,第三个基团进入苯环的位置,主要由原有两个取代基的定位效应来决定。

（1）当两个取代基的定位效应一致时,第三个取代基进入的位置由上述取代基的定位规则来决定(参见7.6.1)。例如：

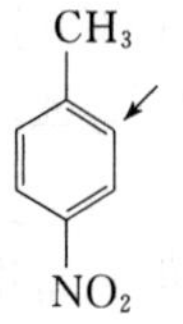

（箭头表示取代基进入的位置）

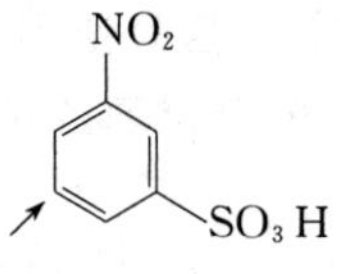

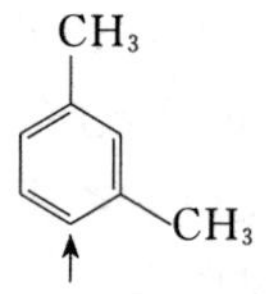

当然,新导入的基团进入到苯环的什么位置有时也要受到其他一些因素的影响,如 **3** 式所示,1,3-二甲基苯的2位,虽然是两个甲基的邻位,但由于空间效应的影响,新的取代基很难进入4位,而是优先进入4位。

（2）当两个取代基属同一类定位基,但是定位效应不一致时,第三个取代基进入的位置主要由定位效应强的取代基决定。例如：

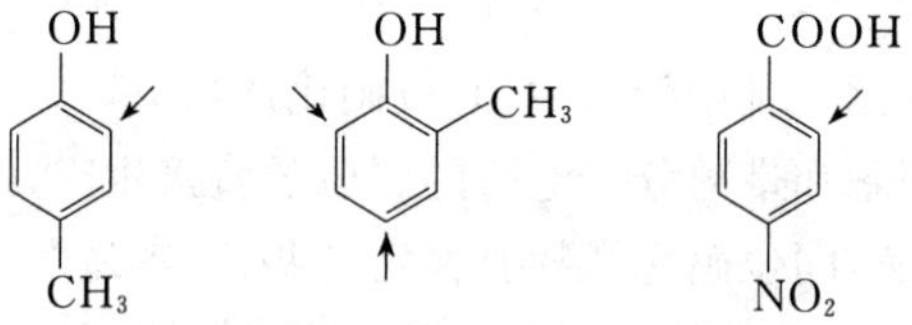

（3）当两个取代基属于不同类定位基时,第三个取代基进入的位置一般由邻对位定位基决定。例如：

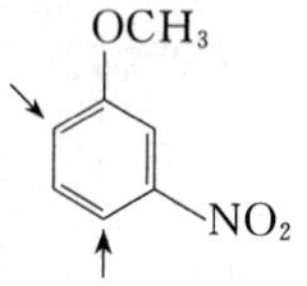

### 7.6.3  定位规则的应用

根据定位规则,可以有选择地按照合理的路线来合成目标分子。例如,以甲苯为原料要分别合成对硝基苯甲酸和间硝基苯甲酸时,先进行硝化反应,分离异构体后再进行氧化反应时可得到对硝基苯甲酸,改变反应次序将只能得到间硝基苯甲酸。

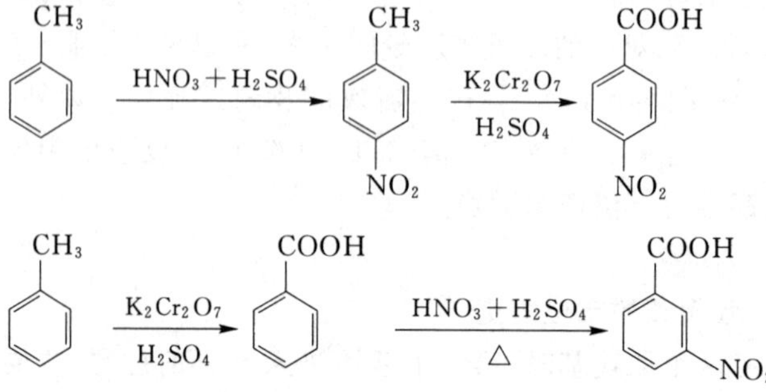

又如,以甲苯为原料合成 2-氯对硝基苯甲酸时,先硝化再氯化,最后进行氧化反应是合理的合成路线。

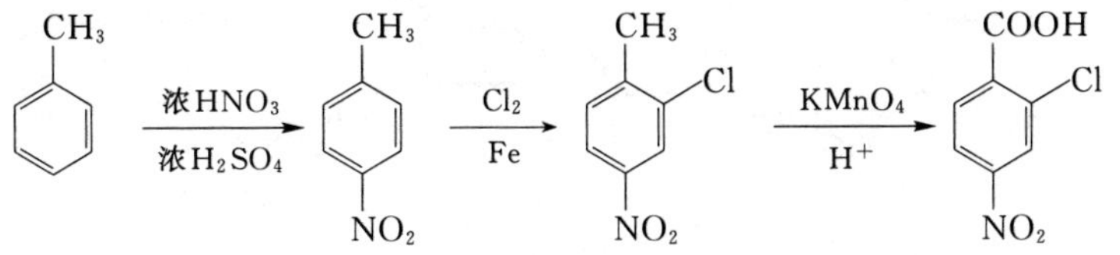

## 7.7 联苯及其衍生物

联(二)苯(biphenyl)及其衍生物类芳烃是指芳环与芳环以单键直接相连的一类化合物。例如:

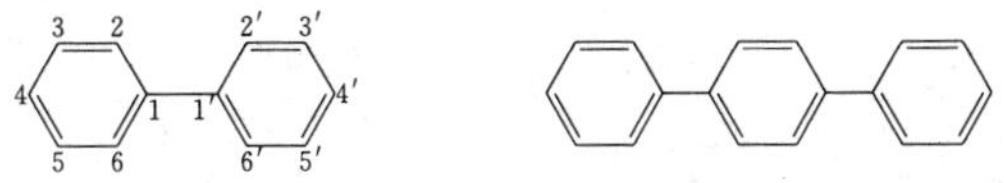

联苯　　　　　　　　　　联三苯

工业上,利用苯蒸气通过在 700 ℃ 以上高温的红热铁管热解可以得到联苯;实验室中,碘苯与铜粉共热可制得联苯。

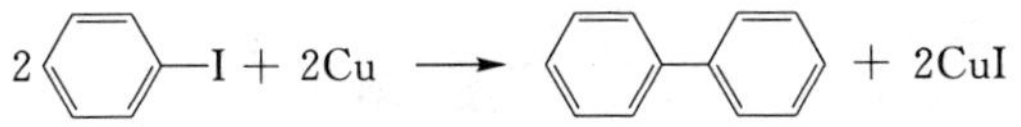

联苯为无色晶体,熔点 70 ℃,沸点 254 ℃,不溶于水,易溶于有机溶剂。与苯类似,联苯的两个苯环上都可以发生磺化、硝化等取代反应。在亲电取代反应中,联苯可以看成苯的一个氢原子被另一个苯基所取代,而苯基是邻对位定位基。事实上,当联苯发生亲电取代反应时,新的取代基主要进入到苯环的对位,邻位产物并不多,这是由于苯基作为取代基,体积比较大,空间效应的影响比较明显的缘故。

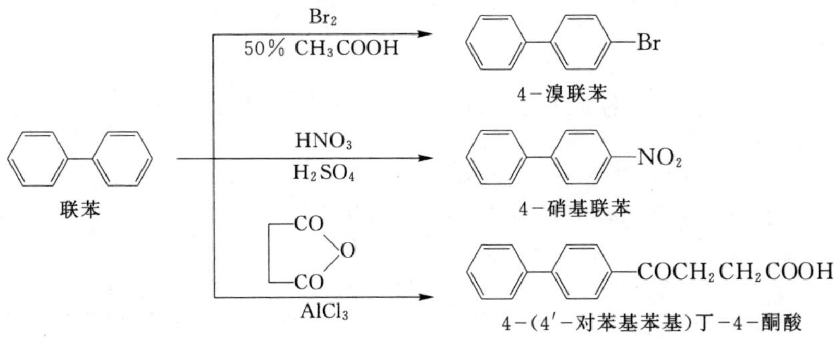

在联苯分子中,由于两个苯环是通过碳碳单键相连接,因此,两个苯环可以围绕两环间的单键作相对旋转。但是,当这两个环的邻位有较大的取代基存在时,如在 6,6′-二硝基-2,2′-联苯二甲酸分子中,由于这些取代基的空间位阻效应比较大,联苯分子两环间的自由旋转受到限制,从而使两个环平面不在同一平面上,这样就有可

能形成以下两种对映异构体。这是没有手性碳原子的手性分子。

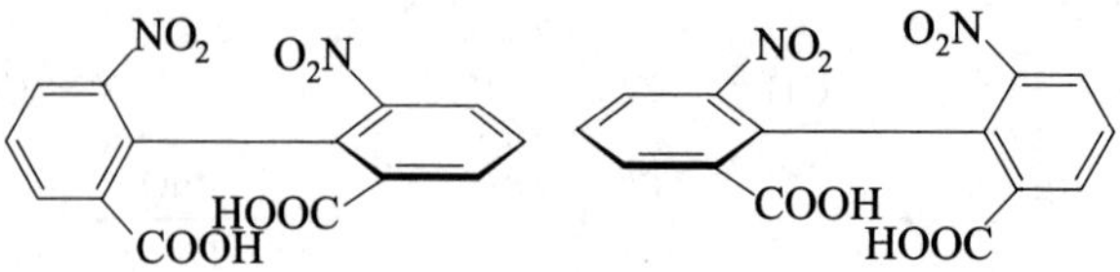

## 7.8 稠环芳烃

两个或两个以上的苯环通过共用两个相邻碳原子稠合而成的化合物,称为**稠环芳烃**(polycyclic aromatic hydrocarbon,PAH)。

稠环芳烃的母体采用单译名,芳环中各个碳原子位次也有固定编号。例如:

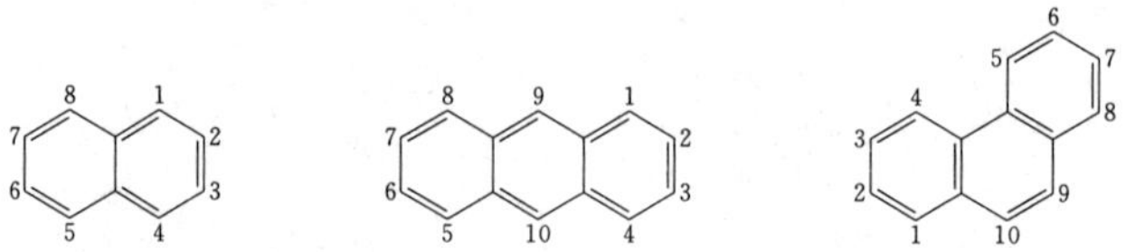

萘的 1,4,5,8 位也称为 $\alpha$ 位;2,3,6,7 位称为 $\beta$ 位。当萘环上只有一个取代基时,位次既可用阿拉伯数字表示,也可用 $\alpha$ 或 $\beta$ 表示。例如:

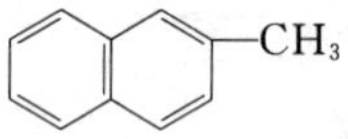

2-甲基萘或 $\beta$-甲基萘

如果几个苯环通过共用两个相邻碳原子稠合而成横排线形的芳烃,除萘、蒽用特定名称外,一般命名为并几苯。例如:

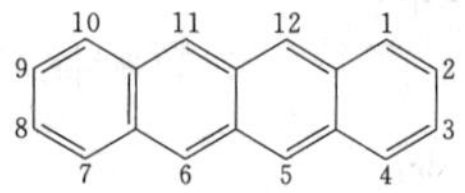

并四苯

部分含 4 个以上苯环的非线形稠环芳烃的结构和名称如下:

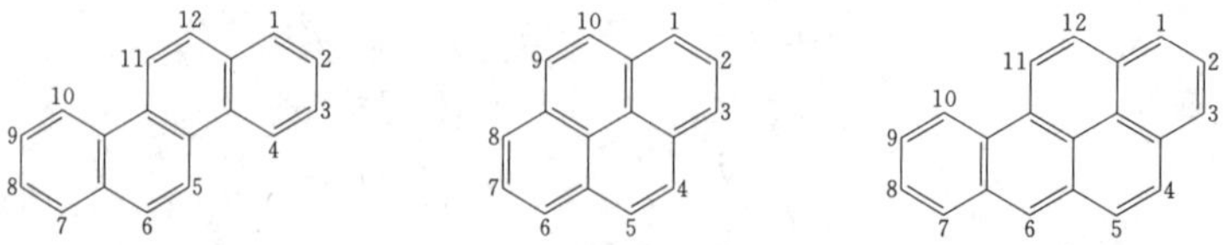

苖　　　　　　芘　　　　　　苯并[$a$]芘

### 7.8.1 萘的结构和性质

萘(naphthalene)在稠环芳烃中是最简单的一种,分子式为 $C_{10}H_8$。它是煤焦油中含量最多的化合物,约占 6%,可以从煤焦油中提炼得到。

1. 萘的结构

和苯类似，萘的结构是一个平面状分子。萘分子中每个碳原子以 $sp^2$ 杂化轨道与相邻的碳原子及氢原子的原子轨道相互重叠而形成 $\sigma$ 键。十个碳原子都处在同一平面上，连接成两个稠合的六元环，八个氢原子也在同一平面上。每个碳原子还有一个 p 轨道，这些对称轴平行的 p 轨道侧面相互重叠，形成包含十个碳原子在内的 $\pi$ 分子轨道。在基态时，10 个 $\pi$ 电子分别处在五个成键轨道上，所以萘分子中没有一般的碳碳单键，也没有一般的碳碳双键，而是特殊的大 $\pi$ 键。由于 $\pi$ 电子的离域，萘具有 255 $kJ \cdot mol^{-1}$ 的共振能（离域能）。

萘的一元取代物有两种，例如：

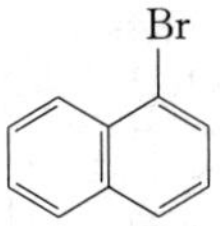


$\alpha$－溴萘

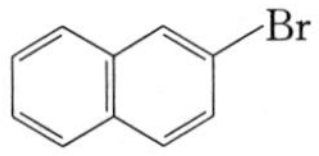


$\beta$－溴萘

与一元取代萘相比，萘的二元取代物的异构体多得多。两个取代基相同的二元取代物就有 10 种可能的异构体，两个取代基不同时则更多，有 14 种。萘的二元取代物的命名如下例：

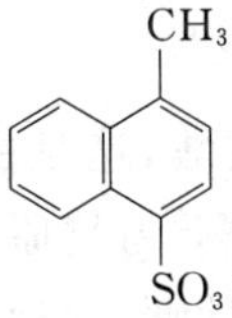


对甲萘磺酸

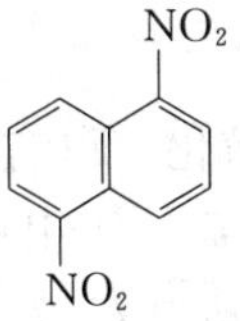


1,5－二硝基萘

2. 萘的性质

萘是白色晶体，熔点 80.5 ℃，沸点 218 ℃，有特殊的气味，容易升华。萘不溶于水，易溶于热的乙醇及乙醚。常用做防蛀剂。萘在染料合成中应用很广，也常用于制造邻苯二甲酸酐。

从结构上来看，萘由两个苯环稠合而成，然而，它的共振能并不是苯的共振能的两倍。从化学反应来看，萘比苯更容易发生加成和氧化反应，萘的取代反应也比苯容易。显然，萘的芳香性没有苯的芳香性强，在其性质上显现出一定的不饱和烃类化合物的性质。

（1）亲电取代反应　萘可以发生卤化、硝化、磺化等亲电取代反应。萘的 $\alpha$ 位活性比 $\beta$ 位活性大，在亲电取代反应中一般得到 $\alpha$ 位取代产物。

**卤化**　用三氯化铁或碘作催化剂，将氯气通入萘的苯溶液中可以得到萘的氯化产物。其主要产物为 $\alpha$－氯萘。

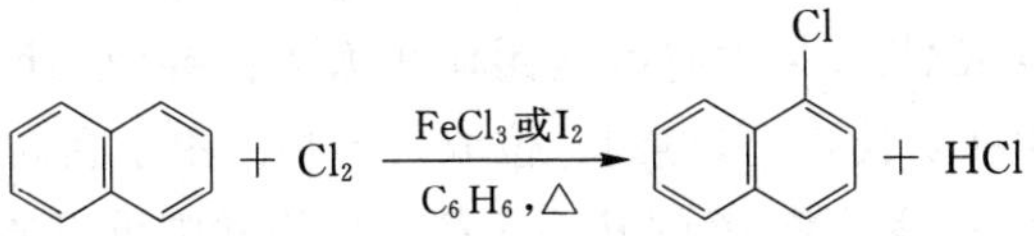


萘　　$\alpha$－氯萘 >92%

**硝化**　萘的硝化可以用混酸作硝化试剂,在稍热条件下即可进行,与萘的氯化类似,主要生成 α-硝基萘。

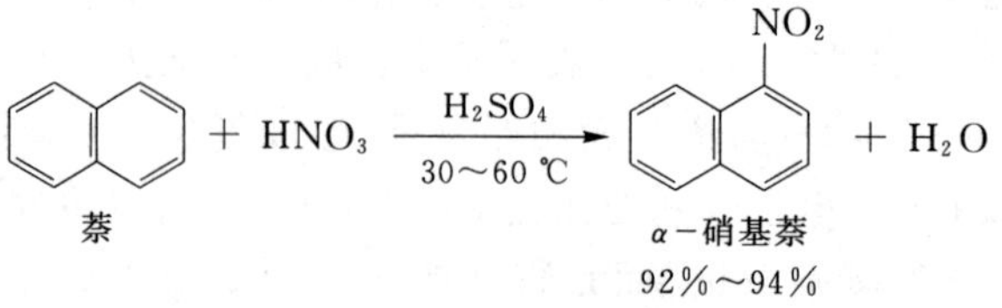

**磺化**　萘在较低的温度(60 ℃)下用浓硫酸作磺化剂进行磺化,其主要产物为 α-萘磺酸,如果在较高的温度(165 ℃)下磺化,主要产物为 β-萘磺酸。

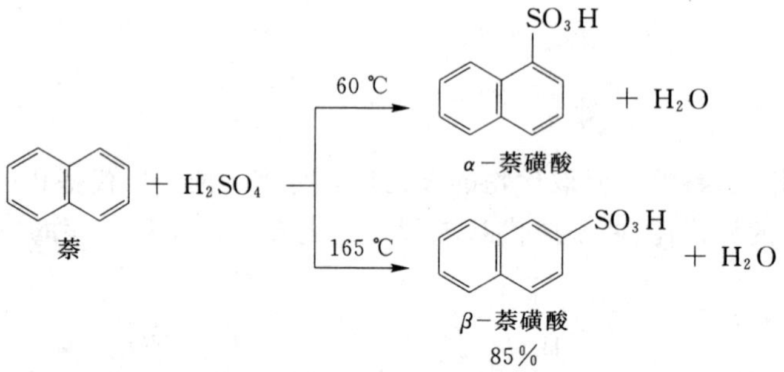

萘在较低温度下磺化,反应产物主要是 α-萘磺酸,这是由于萘的 α 位活性比 β 位大。但是,由于磺酸基的体积比较大,与异环 α 位上的氢原子发生空间拥挤,从而导致 α-萘磺酸的稳定性比较差。当温度比较低的时候,这种拥挤作用不是太明显。而且,从可逆反应的角度来看,在较低的磺化温度下,α-萘磺酸的生成速率快,而逆反应并不显著。因此,当温度较低时,α-萘磺酸在生成后不易转变成其他异构体,所以仍可以得到 α 位取代产物。当磺化温度升高后,原先生成的 α-萘磺酸可发生逆反应而转变为萘,即它的脱磺酸基反应的速率也增加。此外,当温度较高时,由于分子内原子振动加剧,α- 氢原子的空间拥挤作用加强,对邻环磺酸基产生显著干扰。另一方面,在较高温度下磺化时,β-萘磺酸生成后不易脱去磺酸基,即它的逆反应不显著,因此 β-萘磺酸是高温磺化时的主要产物。

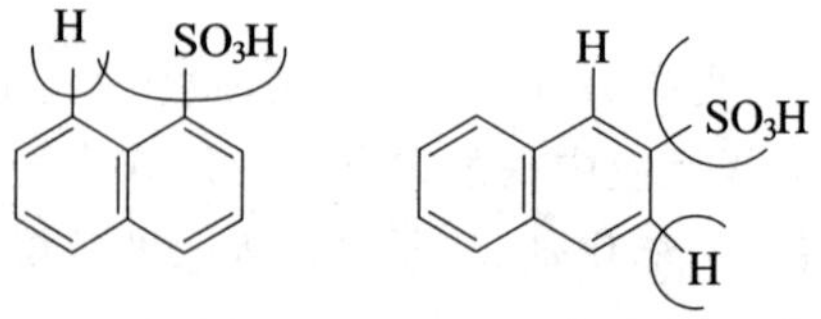

对于一般的亲电试剂,如果没有因基团体积太大而导致的明显空间效应,萘的亲电取代反应一般发生在 α 位,主要得到 α 位取代产物。由于在高温下萘的磺化容易得到 β 位取代产物,即 β- 萘磺酸,萘的其他 β 位衍生物常常可以通过 β-萘磺酸来制取。例如,由 β- 萘磺酸碱熔可得到 β-萘酚。

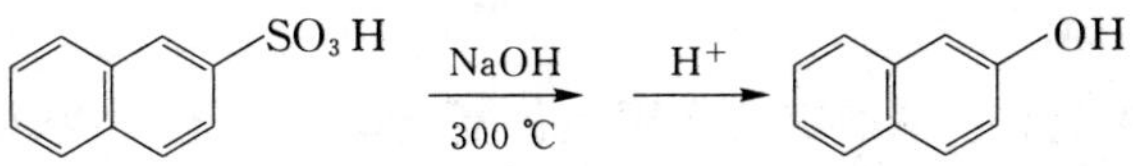


由 α－萘酚也可以转变为 α－萘胺。萘酚和萘胺都是合成偶氮染料的重要中间体，因此萘的磺化反应，尤其是高温磺化，在有机合成上，特别是合成染料方面有着重要的应用。

(2) 加氢　萘环比苯环容易加氢。

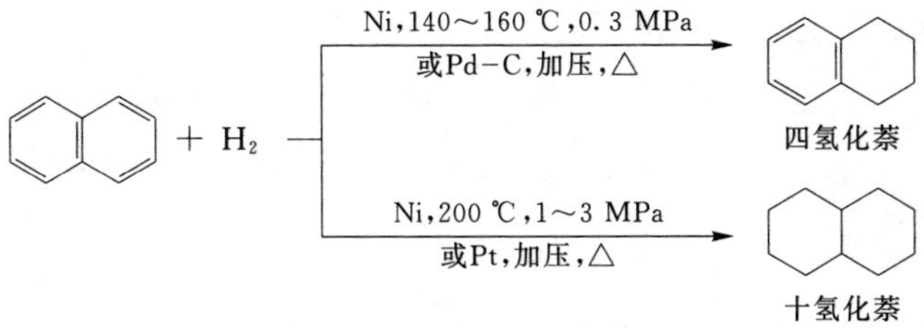


萘在液氨和乙醇的混合液中与金属钠作用，或者用金属钠和戊醇（沸点为 138 ℃）在回流条件下作用，都可以发生还原反应，生成 1，4－二氢萘。

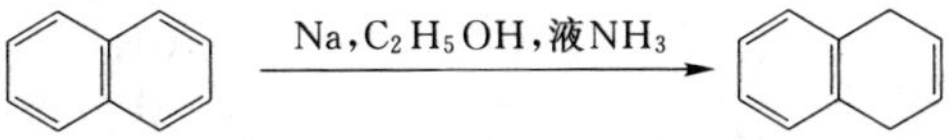


1，4－二氢萘

也可以将萘还原成四氢化萘。

四氢化萘也称萘满，常温下为液态，沸点 270.2 ℃。十氢化萘也称萘烷，常温下也是液态，沸点 191.7 ℃。它们都可以作为高沸点溶剂。

(3) 氧化反应　萘比苯容易氧化。在不同氧化条件下，萘被氧化成不同的产物。例如，在乙酸溶液中用氧化铬对萘进行氧化，萘的一个环被氧化成醌，生成 1，4－萘醌（也叫 α－萘醌）：

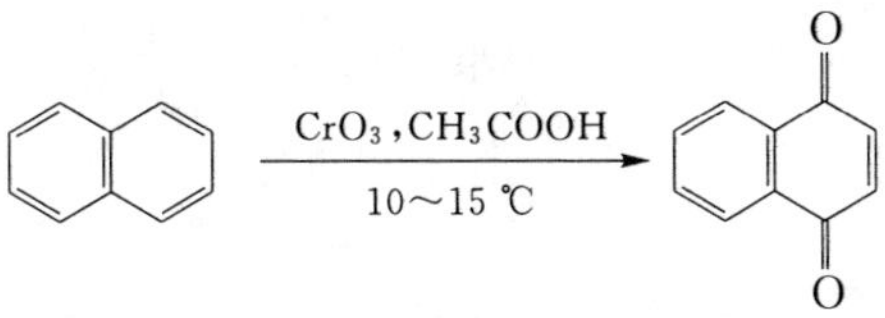


1，4－萘醌

在更强烈的氧化条件下，萘的一个环发生破裂，生成邻苯二甲酸酐：

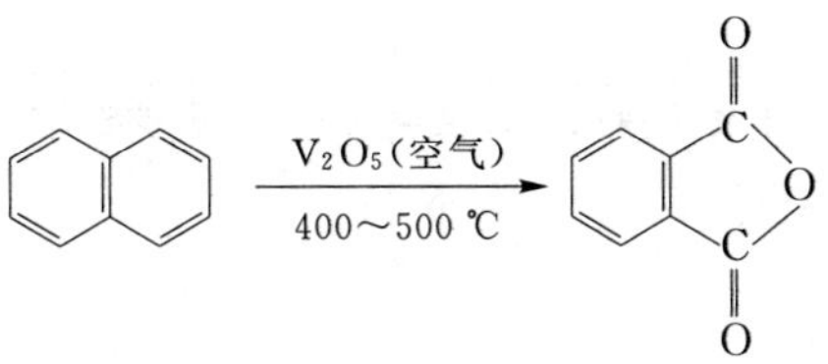


邻苯二甲酸酐在化学工业上有广泛的用途，它可以作为许多树脂、增塑剂、染料的合成原料。

### 3. 萘环的取代规律

与苯相比,萘环上取代基的定位作用显得复杂些。一般来说,由于萘环上 α 位的活性高,新导入的取代基容易进入 α 位。环上的原有取代基主要决定是发生同环取代还是异环取代。第二个取代基进入的位置与萘环上原有取代基的性质、位置及反应条件都有关系。

如果萘环上原有取代基是邻对位定位基,它对自身所在的环具有活化作用,因此第二个取代基就进入该环,即发生"同环取代"。如果原来取代基是在 α 位,则第二个取代基主要进入同环的另一 α 位。例如:

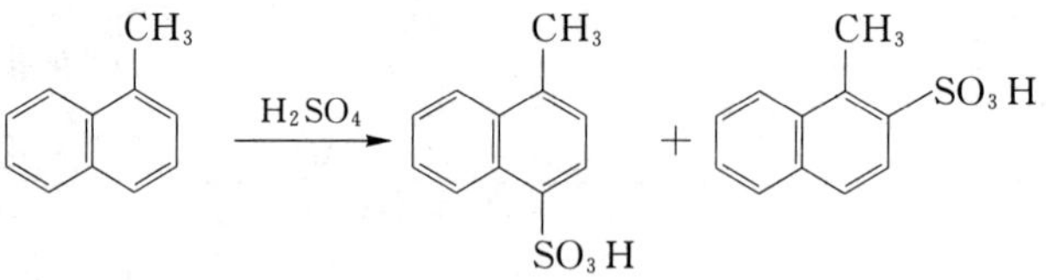

（主要产物）

如果原有取代基是在 β 位,则第二个取代基主要进入与它相邻的 α 位。例如:

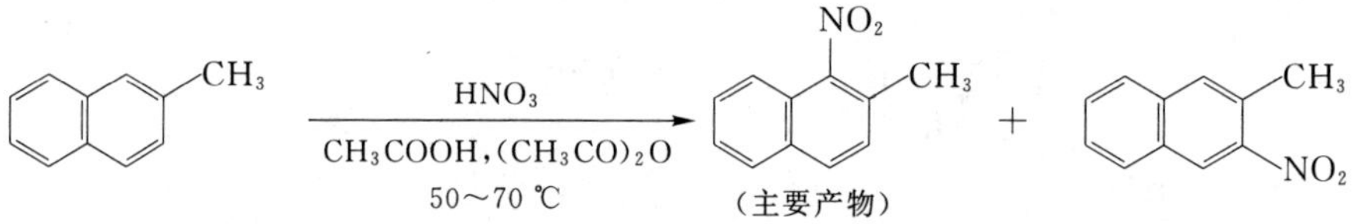

（主要产物）

10 ： 1

如果第一个取代基是间位定位基,它就会使其所连接的环钝化,第二个取代基便进入另一环上,发生"异环取代"。此时,无论原有取代基是在 α 位还是 β 位,第二个取代基通常都是进入另一环上的 α 位。例如:

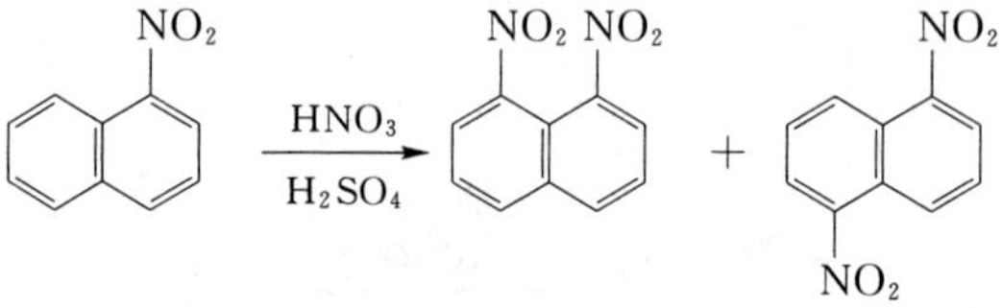

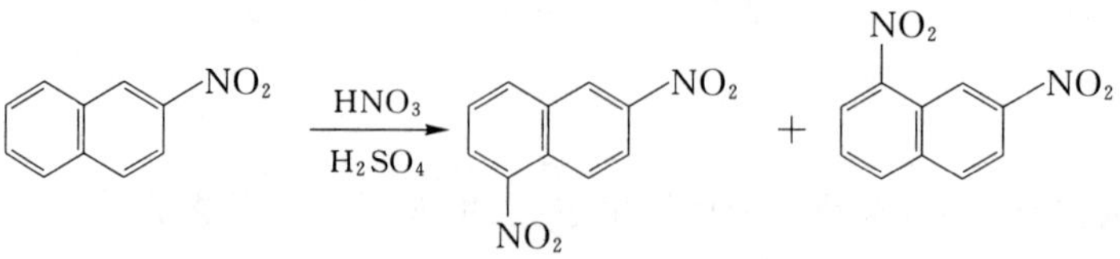

思考题 7-8 *为什么萘在低温下发生磺化反应主要生成 α-萘磺酸,而在高温下反应主要生成 β-萘磺酸?*

### 7.8.2 其他稠环芳烃

#### 1. 蒽

（1）蒽的结构 蒽(anthracene)存在于煤焦油中,分子式为 $C_{14}H_{10}$。它可以从分馏煤焦油的蒽油馏分中提取。

蒽分子由三个苯环稠合而成。X 射线衍射法表明,蒽分子中所有的原子都在同一平面上。环上每一个碳原子都以 $sp^2$ 杂化轨道与相邻的碳原子及氢原子的原子轨道相互重叠而形成 $\sigma$ 键,相邻碳原子的 p 轨道彼此侧面相互重叠,形成了包含 14 个碳原子的 $\pi$ 分子轨道。与萘相似,蒽的碳碳键键长也并不完全相同。蒽的结构和碳原子的编号如下式所示:

$$
\begin{array}{ccc}
8\alpha & 9\gamma & 1\alpha \\
\beta 7 & & 2\beta \\
\beta 6 & & 3\beta \\
5\alpha & 10\gamma & 4\alpha
\end{array}
$$

从化学反应活性来看,蒽分子中的各碳原子活性表现并不完全等同,其中 1,4,5,8 位等同,称为 $\alpha$ 位;2,3,6,7 位等同,称为 $\beta$ 位;9,10 位等同,称为 $\gamma$ 位,或称中位。因此蒽的一元取代物有 $\alpha$,$\beta$ 和 $\gamma$ 三种异构体。

(2) 蒽的性质 蒽为白色晶体,具有蓝色的荧光,熔点 126 ℃,沸点 340 ℃。蒽不溶于水,难溶于乙醇和乙醚,溶于苯。

与萘相比,蒽更容易发生化学反应。蒽的 $\gamma$ 位最活泼,所以反应大多发生在 $\gamma$ 位。蒽的共振能是 351 kJ·mol$^{-1}$。如果与苯、萘的共振能比较,可以看出,随着分子中稠合环的数目增加,环的平均共振能数值逐渐下降。显然,虽然蒽有芳香性,但不及苯和萘。事实上,随着稠合环数的增加,芳香性逐步减弱,稳定性逐渐下降。因此,它们也越来越容易进行氧化和加成反应。

(a) 加成反应 由于蒽环不如苯环和萘环稳定,容易发生加成反应,反应部位在 9,10 位上。它不仅可以催化加氢和还原,而且能与卤素加成,也可以作为双烯供体进行 Diels-Alder 反应。例如:

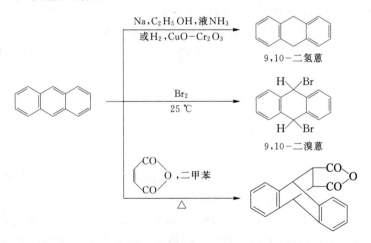

(b) 亲电取代反应 蒽发生亲电取代反应时,取代基主要进入 $\gamma$ 位;当进行磺化反应时,磺酸基主要进入蒽环的 $\alpha$ 位。应该指出,蒽容易发生亲电取代反应,但由于取代产物往往都是混合物,故在有机合成上实用意义不大。

(c) 氧化反应 蒽在重铬酸盐或铬酐氧化下,可转变为蒽醌。

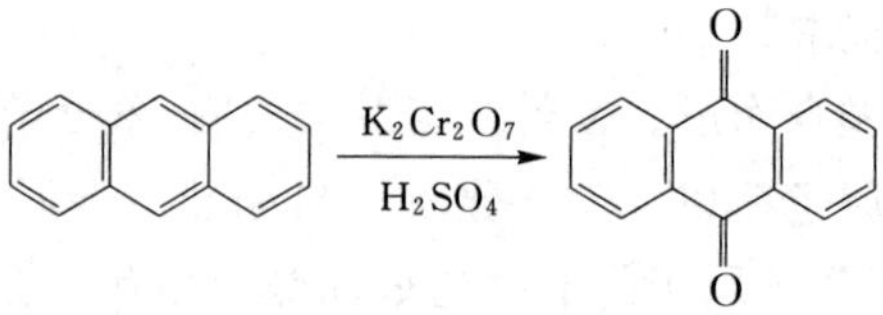

9,10-蒽醌

在工业上,通常以 $V_2O_5$ 作催化剂,采取 $300\sim500\ ℃$ 空气催化氧化法制造蒽醌。通过傅-克酰基化反应也可以将苯和邻苯二甲酸酐转变为蒽醌。

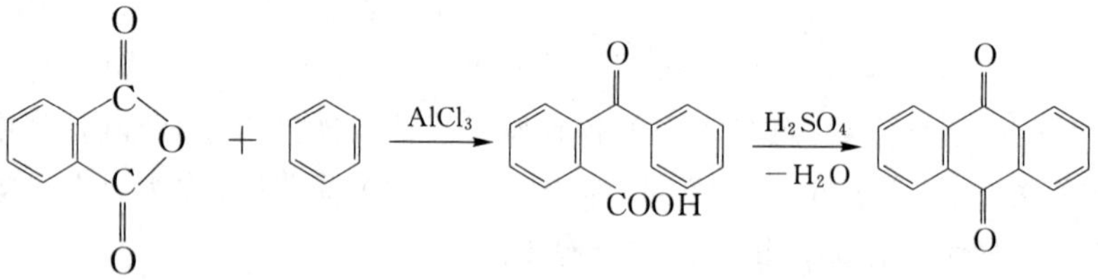

蒽醌为浅黄色结晶,熔点 $275\ ℃$。蒽醌难溶于多数有机溶剂,不溶于水,但易溶于浓硫酸。蒽醌衍生物是许多蒽醌类染料的重要原料,其中 $\beta$-蒽醌磺酸作为染料中间体应用最为广泛,它可由蒽醌磺化得到。

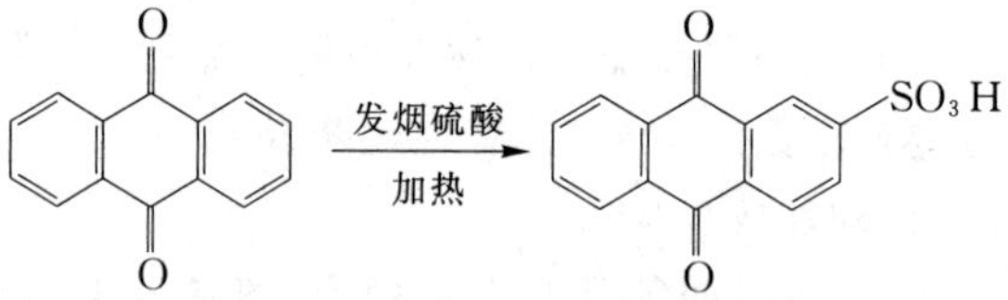

$\beta$-蒽醌磺酸

2. 菲

菲(phenanthrene)存在于煤焦油的蒽油馏分中,分子式为 $C_{14}H_{10}$,与蒽是同分异构体。菲的结构与蒽相似,它也是由三个苯环稠合而成的,不同的是,三个六元环并不是连成一条直线,而是形成一个弯角。菲的结构和碳原子的编号如下式所示:

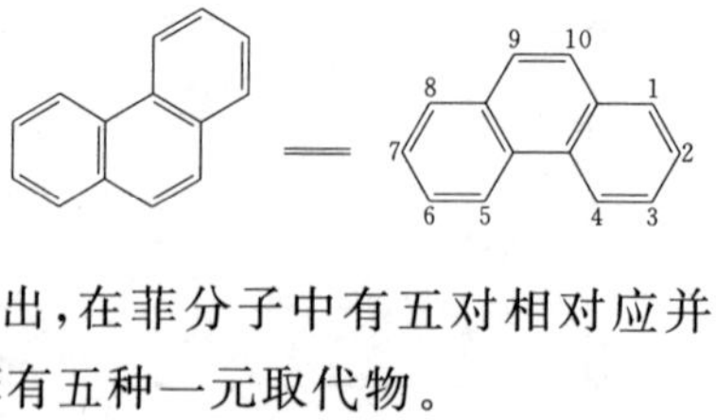

从菲的结构式可以看出,在菲分子中有五对相对应并等同的位置,即 1、8,2、7,3、6,4、5 和 9、10。因此,菲有五种一元取代物。

菲是白色片状晶体,熔点 $100\ ℃$,沸点 $340\ ℃$,易溶于苯和乙醚,溶液呈蓝色荧光。菲的共振能为 $381.6\ kJ\cdot mol^{-1}$,比蒽的共振能大。因此菲的芳香性比蒽强,稳定性也比蒽大,化学反应易发生在 9,10 位。例如,在三氧化铬氧化剂作用下,菲可转变为 9,10-菲醌。菲醌是一种农药,可防治小麦莠病、红薯黑斑病等。

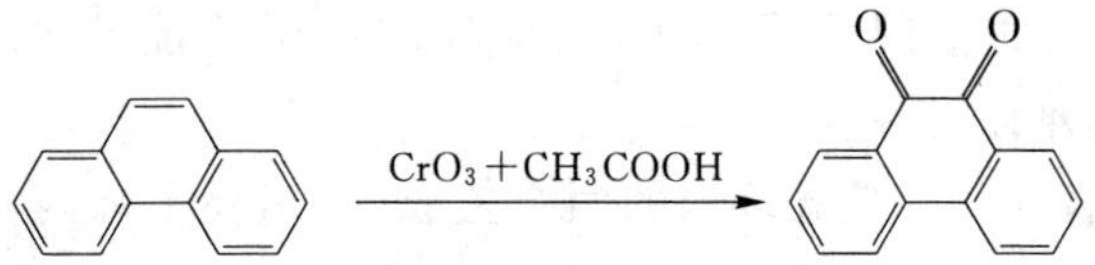

$$\text{菲} \xrightarrow{CrO_3 + CH_3COOH} \text{9,10-菲醌}$$

9,10-菲醌

## 7.9 非苯芳烃

如前所述,芳烃都是一类含有苯环结构的化合物,具有不同程度的芳香性。除了苯以外,还有许多其他环状化合物也具有芳香性,它们也符合 Hückel 规则。

### 7.9.1 薁

薁(azulene)为天蓝色晶体,故也称蓝烃,熔点 99 ℃,偶极矩 $\mu = 3.60 \times 10^{-30}$ C·m,和萘是同分异构体,由一个七元环和一个五元环稠合而成。

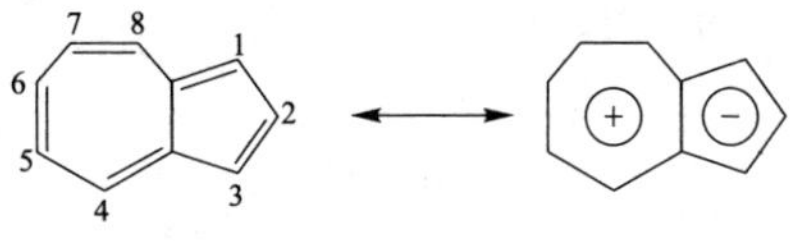

薁

薁分子中有 10 个 $\pi$ 电子,满足 Hückel $4n+2$ 规则,具有芳香性。观察薁分子结构可以看出,它能具有环庚三烯正离子或环戊二烯负离子的芳香性特点。其芳香性表现在:它不发生双烯特有的 Diels-Alder 反应,但容易发生亲电取代和亲核取代反应。在薁分子中,由于五元环上电子密度大,亲电取代反应一般发生在五元环的 1,3 位。相对而言,七元环的电子密度要比五元环低,所以亲核取代反应主要发生在七元环的 4,8 位。

### 7.9.2 轮烯

轮烯(annulene)是一类单双键交替的单环共轭烯烃。命名时以轮烯为母体,将环上碳原子总数以阿拉伯数字表示,并加方括号放在母体名称前称为某轮烯。例如:

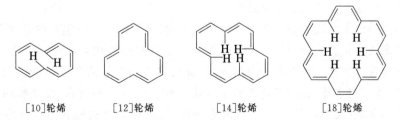

[10]轮烯     [12]轮烯     [14]轮烯     [18]轮烯

轮烯可分为两类,$(4n+2)\pi$ 电子轮烯和 $4n\pi$ 电子轮烯。后一类都无芳香性,是一类不稳定的化合物。

[10]轮烯和[14]轮烯 $\pi$ 电子数虽然符合 Hückel $4n+2$ 规则,但由于分子中环内

氢原子之间具有较强的空间位阻作用,使成环碳原子不能共平面,故也无芳香性。[10]轮烯极不稳定,难以存在。

如果用亚甲基替代[10]轮烯环内的两个氢原子,消除了环内氢原子的排斥作用,形成的周边共轭化合物就具有芳香性。

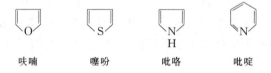

[18]轮烯分子中具有 18 个 $\pi$ 电子,符合 Hückel $4n+2$ 规则。X 射线衍射表明,环内碳碳键键长完全平均化,整个分子基本处于同一平面,由于环内有足够大的空间,从而环内六个氢原子的斥力较小,因此具有芳香性,可发生溴代等反应。

**思考题 7-9** 为什么薁具有芳香性?请说明在薁分子结构中的五元环更容易发生亲电取代反应,而七元环更容易发生亲核取代反应的原因。

## 7.10 杂环化合物

杂环化合物(heterocylic compound)是指除碳原子外,成环原子还包含 N,O,S 等杂原子的环状化合物。例如:

| 呋喃 | 噻吩 | 吡咯 | 吡啶 |

环系中可以含一个、两个或更多的相同的或不同的杂原子。环可以是三元环、四元环或更大的环,也可以是各种稠合的环。杂环化合物中的吡咯、吡啶、喹啉等,它们环周边的 $\pi$ 电子数符合 $4n+2$,具有一定的芳香性,被称为芳香杂环化合物。

按照杂环化合物的定义,丁二酸酐、环氧乙烷、己内酰胺等也都属于杂环化合物。但是由于这类化合物容易开环,不具有芳香性,其性质与相应的开链化合物类似,因此本章中不讨论这些化合物的化学性质。

由不同杂原子组成的杂环化合物种类很多,根据环的大小及稠合的方式不同又可衍生出许多杂环化合物,数目十分可观,约占全部已知有机化合物的三分之一。已知杂环化合物有许多都广泛存在于自然界中,如植物中的叶绿素和动物体内的血红素,石油、煤焦油中有含硫、含氮及含氧的杂环化合物。还有许多药物,如止痛的吗啡、抗菌消炎的小檗碱(又名黄连素)、抗结核的异烟肼、抗癌的喜树碱和不少维生素、抗生素、染料,以及近年来出现的耐高温聚合物如聚苯并噁唑等都是杂环化合物。许多杂环化合物的结构相当复杂,而且不少具有重要的生理作用。因此,杂环化合物在理论研究和实际应用方面都很重要。

### 7.10.1 杂环化合物的分类和命名

杂环化合物可按环的大小分类,其中最重要的是五元杂环和六元杂环两大类;又可按杂环中杂原子数目的多少分为含有一个杂原子的杂环及含有两个或两个以上杂原子的杂环;还可按环的形式分为单杂环和稠杂环等。上述分类方法是以杂环的骨架为基础的。

杂环化合物的命名多用习惯名称,我国主要采用译音命名,选用同音汉字,并以"口"字旁来表示这些化合物有环结构。例如:

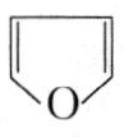

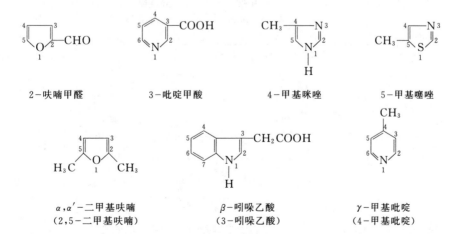

|  | 呋喃 | 噻吩 | 吡咯 | 吡啶 | 喹啉 |
|  | furan | thiophene | pyrrole | pyridine | quinoline |

| 噻唑 | 嘧啶 | 吲哚 |
| thiazole | pyrimidine | indole |

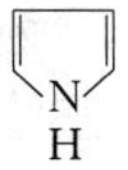

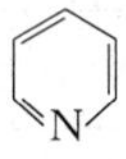

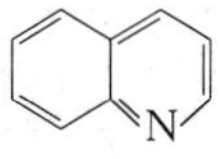

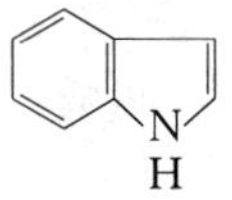

对于环上有取代基的杂环化合物,命名时以杂环为母体,将杂环上的原子编号。杂环编号原则如下:

(1) 杂原子编号最小,即从杂原子开始,顺环编号;

(2) 环上含有两个相同杂原子时,按取代基的位号最小顺序编号;

(3) 环上含有不同杂原子时,按 O,S,N 的顺序编号;

(4) 编号有几种可能时,选择使连有取代基的原子编号最小的顺序编号。

环上的位次,可用阿拉伯数字 1,2,3,… 表示。有时也可用 $\alpha,\beta,\gamma,\cdots$ 来表示,杂原子相邻的位置是 $\alpha$ 位,其次为 $\beta$ 位,再次为 $\gamma$ 位……

| 2-呋喃甲醛 | 3-吡啶甲酸 | 4-甲基咪唑 | 5-甲基噻唑 |

| $\alpha,\alpha'$-二甲基呋喃 | $\beta$-吲哚乙酸 | $\gamma$-甲基吡啶 |
| (2,5-二甲基呋喃) | (3-吲哚乙酸) | (4-甲基吡啶) |

如果含有两个或两个以上相同杂原子的单杂环衍生物,编号从连有取代基的那个杂原子开始,依序编号,使另一杂原子的位次保持最小。例如:

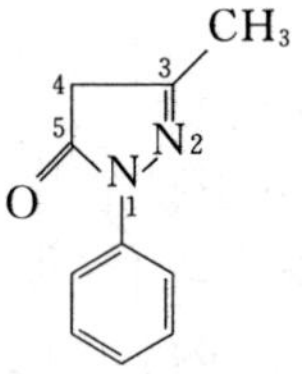

3-甲基-1-苯基-5-吡唑酮

表 7-4 中列出了一些杂环化合物的结构、分类及命名。

表 7-4　杂环化合物的结构、分类及命名

| 杂环的分类 | | 重要的杂环 |
|---|---|---|
| 单杂环 | 五元杂环 | 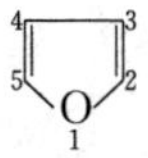 呋喃 furan 　　噻吩 thiophene 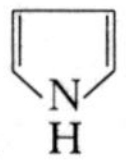　　吡咯 pyrrole 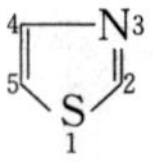　　噻唑 thiazole 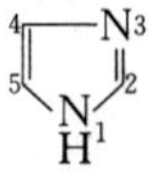　　咪唑 imidazole |
| | 六元杂环 |  吡啶 pyridine 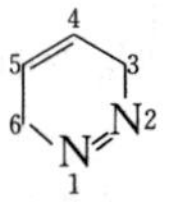　　哒嗪 pyridazine 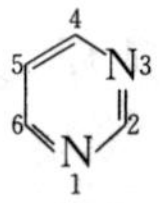　　嘧啶 pyrimidine 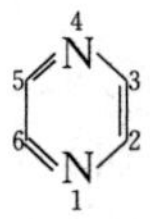　　吡嗪 pyrazine |
| 稠杂环 | | 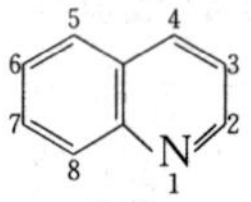 喹啉 quinoline 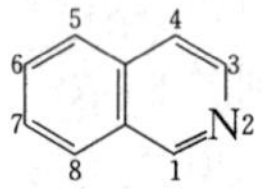　　异喹啉 isoquinoline |
| | | 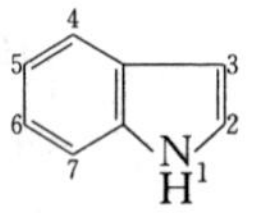 吲哚 indole 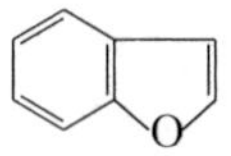　　苯并呋喃 benzofuran 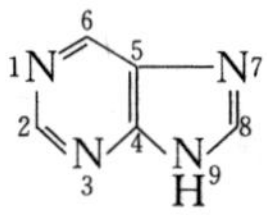　　嘌呤 purine |
| | | 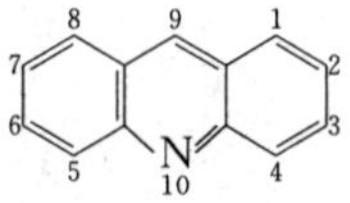 二苯并[*b*、*e*]吡啶（吖啶） acridine |

### 7.10.2 杂环化合物的结构与芳香性

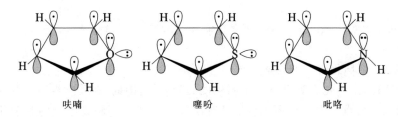

呋喃　　　　　　噻吩　　　　　　吡咯

#### 1. 五元杂环化合物

五元杂环化合物如呋喃、噻吩、吡咯同属五元芳环。环内各原子以 $\sigma$ 键相连接；每一个碳原子有一个电子在 p 轨道上，杂原子上有两个电子在 p 轨道上，这五个 p 轨道垂直于环所在的平面重叠形成大 $\pi$ 键，从而像苯一样形成一个封闭的共平面的共轭体系。在这个共轭体系中，6 个 $\pi$ 电子分布在包括环上五个原子在内的分子轨道中。显然，呋喃、噻吩及吡咯都符合 Hückel $4n+2$ 规则，它们都具有芳香性。在核磁共振谱中，环上的氢的核磁共振信号和苯类似，都出现在低场，它们都位于芳香族化合物的区域内。这些也是它们具有芳香性的一种标志。

|      |              | $\delta$ |              | $\delta$ |
| ---- | ------------ | -------- | ------------ | -------- |
| 呋喃 | $\alpha-$H   | 7.42     | $\beta-$H    | 6.37     |
| 噻吩 | $\alpha-$H   | 7.30     | $\beta-$H    | 7.10     |
| 吡咯 | $\alpha-$H   | 6.68     | $\beta-$H    | 6.22     |

呋喃、噻吩、吡咯这三种杂环化合物的杂原子上未共用电子对参与环的共轭体系，属五原子六 $\pi$ 电子的共轭体系，使环上的电子密度增大，称为富电子的芳杂环。因此这三种杂环化合物的反应性能都比苯活泼，它易发生亲电取代反应，并且亲电取代反应首先发生在 $\alpha$ 位。

#### 2. 六元杂环化合物

在六元杂环化合物中，吡啶是最常见的。吡啶环与苯环十分相似，氮原子与碳原子处在同一平面上，原子间是以 $sp^2$ 杂化轨道相互重叠形成六个 $\sigma$ 键，键角为 120°。环上每一原子有一个电子在 p 轨道上，p 轨道与环平面垂直，相互重叠形成有六个原子参与的分子轨道。$\pi$ 电子分布在环的上、下两方。每个碳原子的第三个 $sp^2$ 杂化轨道与氢原子的 s 轨道重叠形成 $\sigma$ 键。氮原子的第三个 $sp^2$ 杂化轨道上有一对未共用电子对。

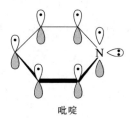

吡啶

在吡啶的共轭体系中含有 6 个 $\pi$ 电子，满足 Hückel $4n+2$ 规则($n=1$)，因此它具有芳香性。由于氮原子的电负性比碳原子的电负性大，所以吡啶环上的电子密度并不像苯那样均匀分布。氮原子上的电子密度要高一些,环上碳原子的电子密度相对有所降低,因而称为缺电子的芳杂环。

思考题 7-10　请用 Hückel $4n+2$ 规则解释呋喃、噻吩、吡咯和吡啶的芳香性。

### 7.10.3　杂环化合物的化学性质

如上所述,杂环化合物都具有不同程度的芳香性,因此,在化学性质上和芳香烃有着极为相似的特点。由于杂环化合物具有缺电子的芳杂环和富电子的芳杂环两种不同类型的芳杂环体系,在化学性质上表现出明显的差异。

**1. 亲电取代反应**

和一般芳香族化合物一样,芳杂环可以进行卤化反应、硝化反应、磺化反应和傅-克反应等亲电取代反应。五元杂环是富电子芳杂环,亲电取代反应比苯容易,其亲电取代反应通常发生在电子密度较大的 $\alpha$ 位。比较而言,吡咯进行亲电取代反应的活性最强,类似苯胺和苯酚;噻吩活性较弱,但比苯的活性强。五元杂环化合物发生亲电取代反应的活性顺序为

$$吡咯 > 呋喃 > 噻吩 >(苯)$$

六元杂环吡啶是缺电子芳杂环,与硝基苯类似,其亲电取代反应通常发生在 $\beta$ 位,不发生傅-克反应,也难于发生其他亲电取代反应,但它容易发生亲核取代反应,取代基主要进入 $\alpha$ 位。例如:

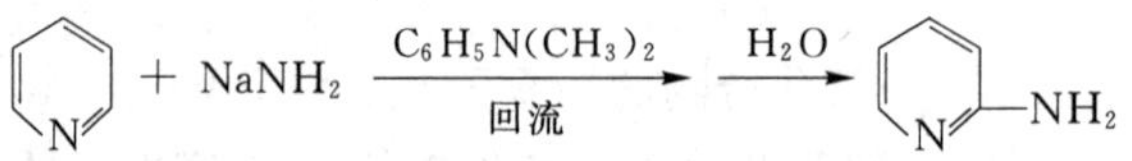

与吡啶相反,五元杂环属于富电子芳杂环,它容易发生亲电取代反应,不容易发生亲核取代反应。

**2. 加成反应**

许多杂环化合物虽然具有一定的芳香性,但是它们的芳香性一般都没有苯的芳香性强,因此无论是缺电子的还是富电子的芳杂环通常比苯更容易发生催化加氢反应,也可以用还原剂在缓和条件下进行还原,可得部分加氢产物。例如:

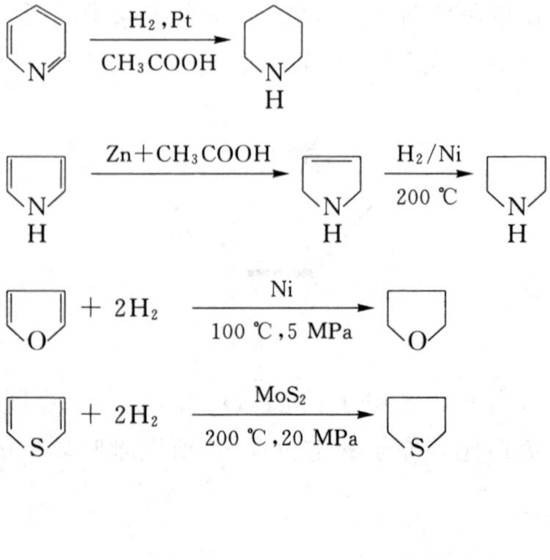

经过加氢还原后,生成的四氢吡咯、四氢呋喃和六氢吡啶都不再具有芳香性,其性质与相应的脂肪族化合物一样。噻吩经氢化为四氢噻吩后,也表现出一般硫醚的性质。

### 3. 氧化反应

五元杂环属于富电子的芳杂环,容易发生氧化反应,从而导致环的破裂或发生聚合反应得到焦油状聚合物;在酸性条件下,五元杂环更容易发生氧化。吡咯杂环在空气中就会发生氧化而变黑,其性质和苯胺相似。

六元杂环属于缺电子的芳杂环,不容易发生氧化反应。例如,吡啶对氧化剂的作用比苯要稳定;吡啶有侧链时,侧链可被氧化,类似甲苯的性质;吡啶环与苯环稠合在一起时,与酸性氧化剂作用,被氧化的是苯环而吡啶环被保留下来。

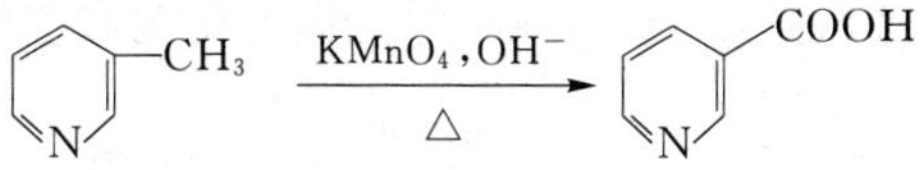

3-吡啶甲酸(烟酸)

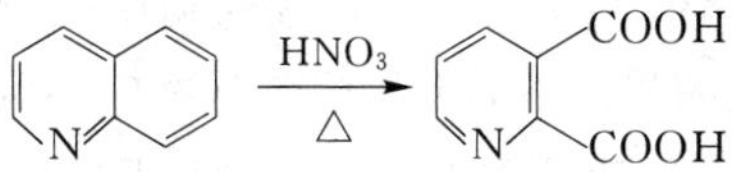

### 4. 酸碱性

从分子结构上看,吡咯和吡啶的杂环中,氮原子上都有孤对电子,它们可以接受质子而显一定的碱性,其碱性的强弱取决于氮原子上孤对电子对质子的吸引能力。

吡咯分子中氮原子上的孤对电子参与环上的共轭体系,使氮原子上的电子密度降低,从而减弱了对质子的吸引力,因此吡咯的碱性很弱。吡咯与酸不能形成稳定的盐,而是聚合成树脂状物质。相反,由于氮原子的电负性比较强,其吸电子作用使得氮原子上的氢原子能以质子的形式解离,因此吡咯表现出一定的弱酸性,与强碱可以形成不稳定的盐,遇水会分解。

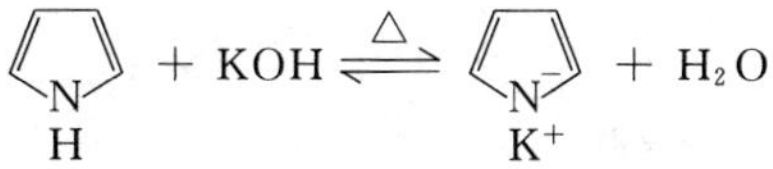

吡啶分子中氮原子上的孤对电子没有参与环上的共轭体系,因而对质子有较强的结合能力,所以吡啶的碱性比较强,能与盐酸形成盐。

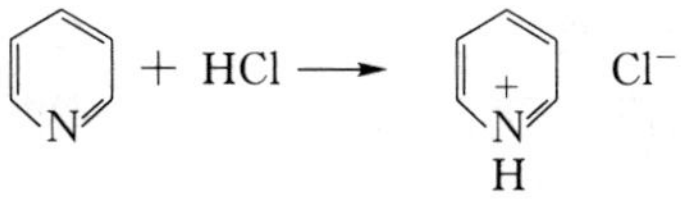

吡啶盐酸盐

**思考题 7-11** 请说明五元芳杂环与苯相比更容易发生亲电取代反应的原因。

### 7.10.4 五元杂环化合物

**1. 呋喃**

呋喃(furan)为无色液体,存在于松木焦油中,沸点 32 ℃,相对密度 0.933 6,难溶于水,易溶于有机溶剂。呋喃的蒸气遇到被盐酸浸湿过的松木片时,会显绿色,这种现象称为松木反应,早期用来鉴定呋喃的存在。

工业上常常采用 $\alpha$-呋喃甲醛(俗称糠醛)脱去羰基的方法制备呋喃,即将糠醛和水蒸气在气相条件下通过加热至 400～415 ℃ 的催化剂($ZnO$-$Cr_2O_3$-$MnO_2$)。

$$\underset{O}{\boxed{\phantom{xx}}}-CHO + H_2O \xrightarrow[400\sim415\,℃]{催化剂} \underset{O}{\boxed{\phantom{xx}}} + CO_2 + H_2$$

实验室中则采用糠酸脱羧法制取呋喃,即在铜催化剂和喹啉介质中对糠酸加热。

$$\underset{O}{\boxed{\phantom{xx}}}-COOH \xrightarrow[\triangle]{Cu,喹啉} \underset{O}{\boxed{\phantom{xx}}} + CO_2$$

许多天然产物中都存在呋喃衍生物结构。合成药物中呋喃类化合物也不少,如抗生素药物呋喃唑酮(痢特灵)、呋喃妥因等,维生素类药物中称为新 $B_1$(长效 $B_1$)的呋喃硫胺等。另外,呋喃经催化加氢可生成四氢呋喃。四氢呋喃为无色液体,沸点 65 ℃,是一种优良的溶剂和重要的合成原料,常用以制取己二酸、己二胺、丁二烯等产品。阿拉伯糖、木糖等五碳糖也都是四氢呋喃的衍生物。

**2. 糠醛**

糠醛(furfural),即 $\alpha$-呋喃甲醛,是呋喃衍生物中最重要的一种,它最初由米糠与稀酸共热制得,故而得名糠醛。

工业上,除了利用米糠外,其他农副产品如麦秆、玉米芯、棉籽壳、甘蔗渣、花生壳、高粱秆、大麦壳等都可用来制取糠醛。这些物质中都含有糖类——多缩戊糖,在稀硫酸或稀盐酸作用下,多缩戊糖水解成戊糖,戊糖分子内再失水环化就可得到糠醛。

$$(C_5H_8O_4)_n + nH_2O \xrightarrow{H_2SO_4} nC_5H_{10}O_5$$

多缩戊糖                       戊糖

糠醛为无色液体,沸点 162 ℃,熔点 -36.5 ℃,相对密度 1.160,可与醇、醚混溶,也溶于水。在酸性或铁离子催化下易被空气氧化。糠醛经氧化其颜色会逐步变深:由无色变黄色,继而变棕色直至黑褐色。加入少量氢醌作为抗氧剂,再用碳酸钠中和游离酸,可以防止糠醛的氧化。糠醛具有还原性,可发生银镜反应。糠醛在乙酸存在下与苯胺作用显红色,可用来检验糠醛。

糠醛所发生的氧化还原反应举例：

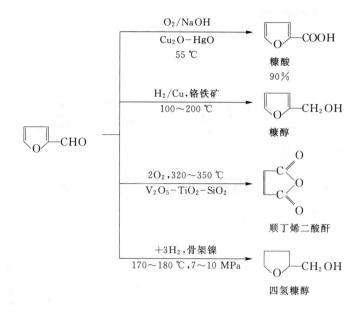

由糠醛通过反应转变而得的一些化合物也都是有用的化工产品。例如，糠醇（呋喃甲醇）为无色液体，沸点 170～171 ℃，也是优良的溶剂，是制造糠醇树脂的原料，糠醇树脂可用做防腐蚀涂料及制玻璃钢；糠酸（呋喃甲酸）为白色结晶，熔点 133 ℃，可作为防腐剂及制造增塑剂的原料；四氢糠醇是无色液体，沸点 177 ℃，是一种优良溶剂和合成原料。糠醛本身就是常用的优良溶剂，也是重要的有机合成原料，与苯酚缩合可生成类似电木的酚糠醛树脂。

3. 噻吩

噻吩（thiophene）可以从煤焦油中提取，它存在于煤焦油的粗苯中，含量约占 0.5%，石油和页岩油中也含有噻吩及其同系物。由于噻吩及其同系物的沸点与苯及其同系物的沸点非常接近，故难以用一般的分馏法将它们分开。如果将煤焦油中取得的粗苯在室温下反复用浓硫酸提取，噻吩即被磺化而溶于浓硫酸中。将噻吩磺酸去磺化即可得到噻吩。

拓展阅读：
噻吩

工业上以丁烷、丁烯或丁二烯和硫为原料制取噻吩。另外，用乙炔通过加热至 300 ℃ 的黄铁矿（分解出 S），或与硫化氢在 $Al_2O_3$ 存在下加热至 400 ℃ 均可制取噻吩。

噻吩的衍生物中有许多是重要的药物，如维生素 H（又称生物素）及半合成头孢菌素——先锋霉素等。

4. 吡咯

吡咯（pyrrole）为无色油状液体，沸点 131 ℃，有微弱的类似苯胺的气味，难溶于水，易溶于醇或醚中，在空气中颜色逐渐变深。吡咯的蒸气或其醇溶液，能使浸过浓盐酸的松木片变成红色，这个反应可用来检验吡咯及其低级同系物的存在。吡咯及其同系物主要存在于骨焦油中，煤焦油中存在的量很少。吡咯可由骨焦油分馏提取，经过稀碱处理，再用酸酸化后分馏提纯。

工业上以呋喃和氨为原料,以 $Al_2O_3$ 为催化剂,在气相中反应制得吡咯。乙炔与氨通过红热的管子也可以合成出吡咯。

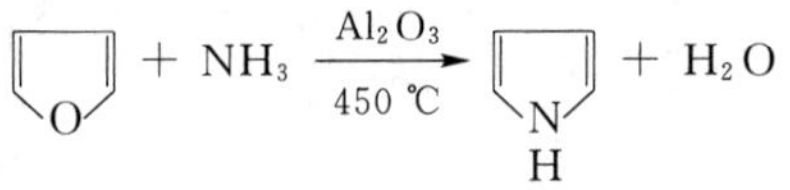

$$\text{（呋喃）} + NH_3 \xrightarrow[450\ ℃]{Al_2O_3} \text{（吡咯）} + H_2O$$

吡咯的衍生物在自然界分布很广,植物中的叶绿素和动物体内的血红素都是吡咯的衍生物。此外,胆红素、维生素 $B_{12}$ 等天然物质的分子中都含有吡咯或四氢吡咯环,它们在动植物的生理上起着重要的作用。

5. 吲哚

吲哚(indole)是由苯环和吡咯环稠合而成,也称为苯并吡咯。苯并吡咯类化合物有吲哚和异吲哚两类。

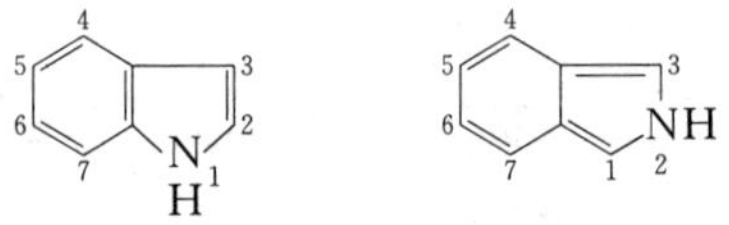

吲哚　　　　　异吲哚

吲哚及其衍生物在自然界分布很广,常存在于动植物体中,如素馨花香精油及蛋白质的腐败产物中。在动物粪便中,也含有吲哚及其同系物 $\beta$-甲基吲哚。天然植物激素 $\beta$-吲哚乙酸,一些生物碱如利舍平、麦角碱等都是吲哚的衍生物,它们在动植物体内起着重要的生理作用。吲哚为片状结晶,熔点 52 ℃,具有粪臭味,但纯吲哚的极稀溶液则有香味,可用于制造茉莉型香精。吲哚与吡咯相似,几乎无碱性,也能与钾作用生成吲哚钾。吲哚的亲电取代反应发生在 $\beta$ 位上,加成和取代都在吡咯环上进行。吲哚也能使浸有盐酸的松木片显红色。

在实验室内,常由邻甲苯胺制备吲哚。

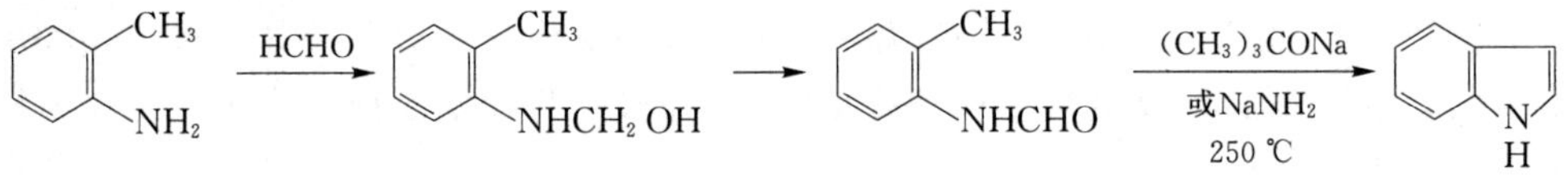

### 7.10.5　六元杂环化合物

1. 吡啶

吡啶(pyridine)主要存在于煤焦油中。工业上,常从煤焦油中提取吡啶。从煤焦油分馏出的轻油部分用硫酸处理,使吡啶生成硫酸盐而溶解,再用碱中和,吡啶即游离出来,然后蒸馏精制。

吡啶是无色、具有特殊臭味的液体,沸点 115 ℃,熔点 $-42$ ℃,相对密度 0.982,可与水、乙醇、乙醚等混溶,它不仅可以溶解许多有机化合物,而且还能溶解许多无机盐类,是优良的溶剂。由于吡啶能与无水氯化钙络合,因此吡啶不能用无水氯化钙来干燥,通常用固体氢氧化钾或氢氧化钠进行干燥。

　　吡啶经催化氢化或用乙醇和钠还原,可得六氢吡啶。六氢吡啶又称哌啶,为无色、具有特殊臭味的液体,沸点 106 ℃,熔点 −7 ℃,易溶于水。它的碱性比吡啶大,化学性质和脂肪族仲胺相似,常用做溶剂及有机合成原料。

　　吡啶和哌啶的衍生物在自然界分布很广,也是许多药物的前体。例如,维生素 $B_6$ 及吡啶环系生物碱中的烟碱(尼古丁)、毒芹碱和颠茄碱(又名阿托品)等。维生素 $B_6$ 是维持蛋白质正常代谢的必要维生素。烟碱是有效的农业杀虫剂,也能氧化成烟酸。毒芹碱极毒,毒芹碱盐酸盐在小量使用时可以抗痉挛。颠茄碱硫酸盐有镇痛及解痉挛等作用,常用做麻醉前给药、扩大瞳孔药及抢救有机磷中毒用药。

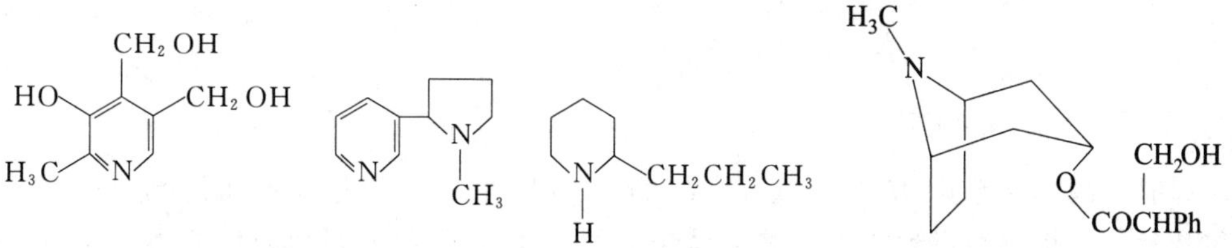

| 维生素 $B_6$ | 烟碱 | 毒芹碱 | 颠茄碱 |

### 2. 喹啉和异喹啉

　　喹啉(quinoline)和异喹啉(isoquinoline)是由苯环与吡啶环稠合而成,它们互为同分异构体,存在于煤焦油和骨焦油中,可以用稀硫酸从中提取,也可以通过合成方法制得。

　　斯克洛浦(Skraup Z H)合成法常用来合成喹啉及其衍生物,即以苯胺、甘油为原料,与浓硫酸和硝基苯(或 $As_2O_5$ 等缓和氧化剂)一起共热制得喹啉。此反应一步完成,反应过程如下:

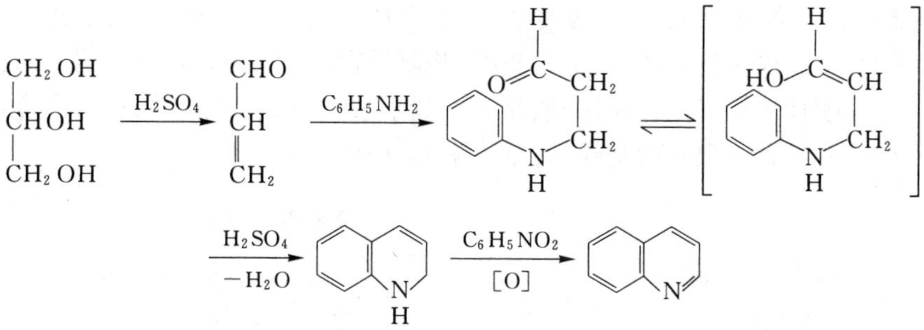

　　通过选用其他芳胺或不饱和醛代替苯胺和丙烯醛,可以制备各种喹啉的衍生物。例如,用邻氨基苯酚代替苯胺,可制得 8−羟基喹啉。苯胺环上间位有给电子基时,主要得到 7 位取代喹啉,有吸电子基时,则主要得到 5 取代喹啉。

　　喹啉为无色油状液体,有特殊臭味,沸点 238 ℃,相对密度 1.095,难溶于水,易溶于有机溶剂,也可作为高沸点溶剂。喹啉与吡啶有相似之处,它是一个弱碱,与酸可以成盐。喹啉与卤代烷可生成季铵盐。

　　喹啉环广泛存在于天然产物及合成产物中,如抗疟药奎宁(又名金鸡纳碱)、氯喹、抗癌药喜树碱、抗风湿病药阿托方(又名辛可芬)等。

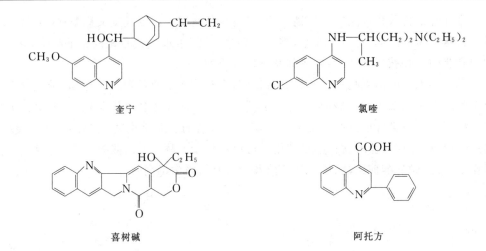

奎宁

氯喹

喜树碱

阿托方

异喹啉具有香味,熔点 24 ℃,沸点 243 ℃,微溶于水,易溶于有机溶剂,可随水蒸气挥发。从煤焦油得到的粗喹啉中异喹啉约占 1%,两者可利用碱性的不同来分离。异喹啉的碱性比喹啉强。

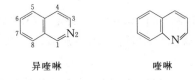

异喹啉          喹啉

拓展阅读:
嘧啶、嘌呤
及其衍生物

拓展阅读:
富勒烯

拓展阅读:
石墨烯

拓展阅读:
碳纳米管

工业上常利用喹啉的酸性硫酸盐溶于乙醇,而异喹啉的酸性硫酸盐则不溶的性质来进行分离。

异喹啉的衍生物比较重要的有罂粟碱、小檗碱(又名黄连素)等。

叶绿素和血红素的基本结构是由四个吡咯环的 $\alpha$-碳原子通过四个次甲基(—CH=)相连而成的共轭体系,称为卟吩,其取代物称为卟啉。卟吩本身在自然界并不存在,但卟啉环系却广泛存在,一般是和金属形成配合物。在叶绿素中配合的金属原子是镁,在血红素中配合的是铁,在维生素 $B_{12}$ 中则为钴。

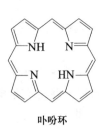

卟吩环

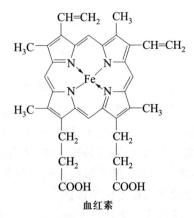

血红素

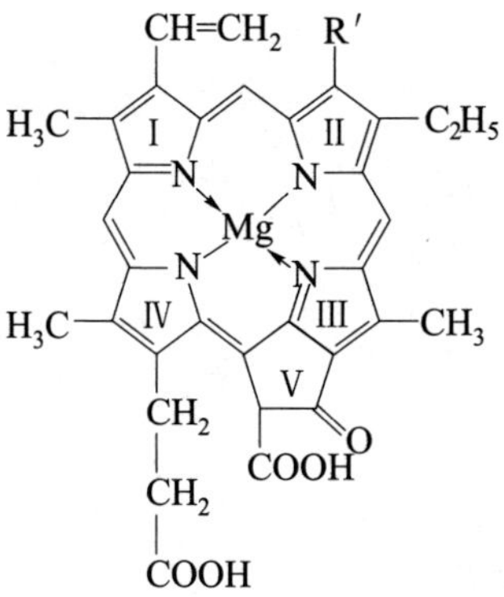

$R' = CH_3$ 为叶绿素 a

$R' = CHO$ 为叶绿素 b

$R' = C_{20}H_{39}$ —— =

**思考题 7-12** 为什么吡啶更容易发生亲核取代反应?

**思考题 7-13** 虽然吡啶和吡咯都是含氮原子的杂环化合物,但是吡啶的碱性要强得多,为什么?

# 习　题

**7-1** 写出分子式为 $C_9H_{12}$ 的单环芳烃的所有异构体,并命名之。

**7-2** 写出下列化合物的构造式。

(1) 对溴硝基苯　　　　　(2) 间碘苯酚　　　　　(3) 对羟基苯甲酸

(4) 2-甲基-1,3,5-三硝基苯　(5) 对氯苄氯　　　　　(6) 3,5-二硝基苯磺酸

(7) $\beta$-萘胺　　　　　　(8) $\beta$-蒽醌磺酸　　　　(9) 9-溴菲

(10) 六氢吡啶　　　　　(11) 2-溴呋喃　　　　　(12) 3-甲基吲哚

(13) 2-氨基噻吩　　　　(14) $N$-甲基吡咯

**7-3** 命名下列化合物。

(1)

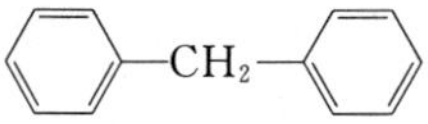

(2)

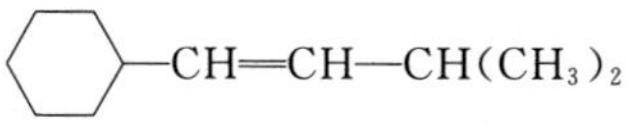

(3)

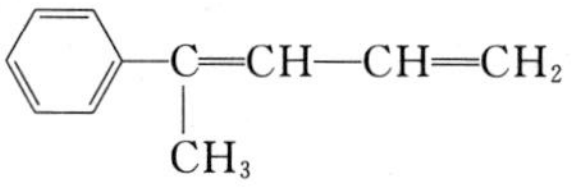

(4)

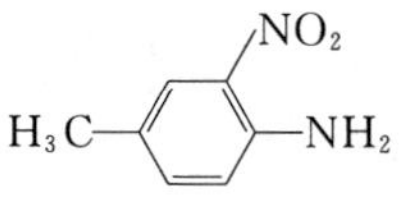

(5)

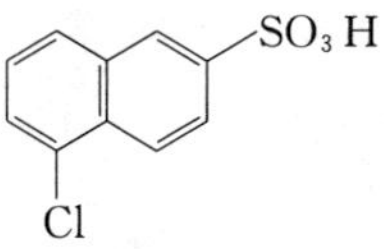

(6)

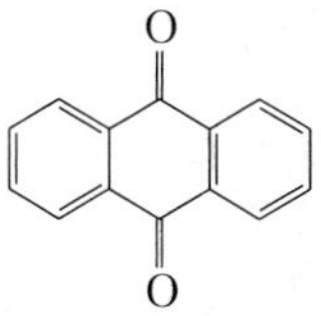

**7-4** 以构造式表示下列各化合物经硝化后可能得到的主要一硝基化合物(一个或几个)。

(1) $C_6H_5Br$　　　　　　(2) $C_6H_5NHCOCH_3$

(3) $C_6H_5C_2H_5$　　　　　(4) $C_6H_5COOH$

(5) $o$-$C_6H_4(OH)COOH$　　(6) $p$-$CH_3C_6H_4COOH$

(7) $m$-$C_6H_4(OCH_3)_2$　　　(8) $m$-$C_6H_4(NO_2)COOH$

(9) $o$-$C_6H_4(OH)Br$

**7-5** 完成下列各反应式。

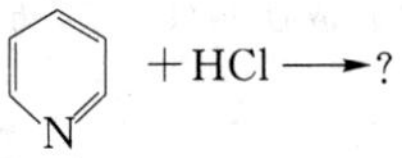

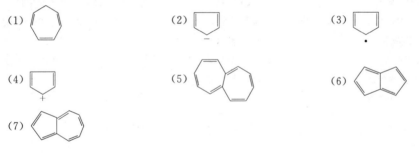

**7-6** 试将下列各组化合物按环上硝化反应的活泼性顺序排列。

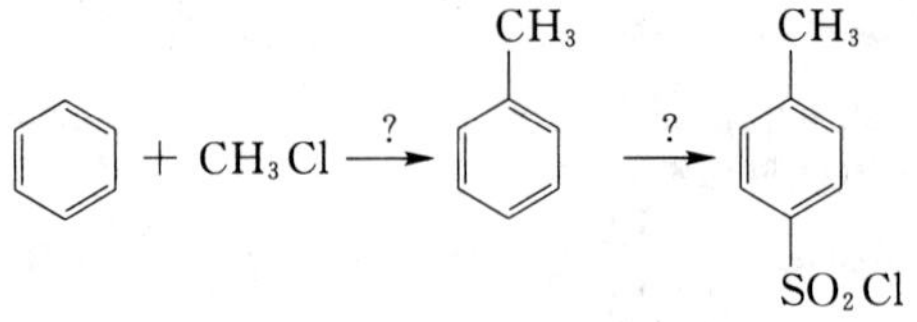

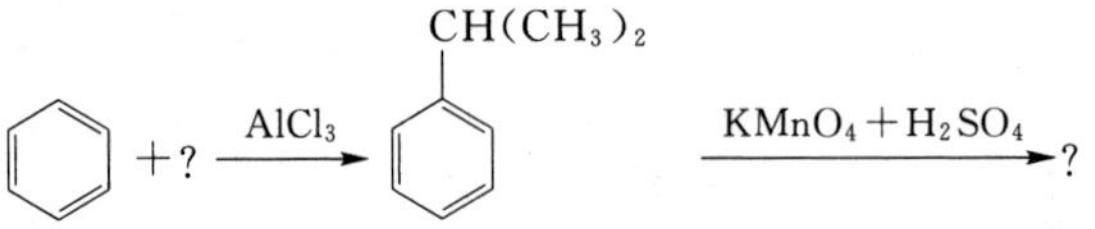

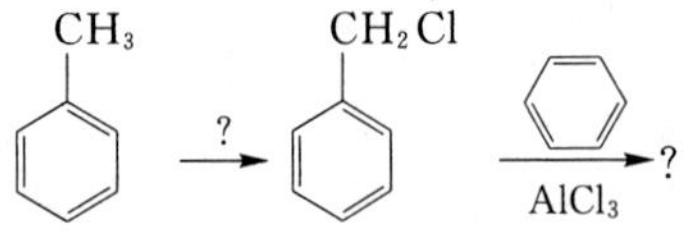

(1) 苯、甲苯、间二甲苯、对甲基苯酚

(2) 对苯二甲酸、甲苯、对甲苯甲酸、对二甲苯

**7-7** 指出下列化合物中哪些具有芳香性。

(1)                      (2)                  (3)

(4)                      (5)                  (6)

(7)

**7-8** 试扼要写出下列合成步骤,所需要的脂肪族化合物或无机试剂可任意选用。

(1) 甲苯 ⟶ 2-溴-4-硝基苯甲酸,4-溴-3-硝基苯甲酸

(2) 间二甲苯 ⟶ 5-硝基-1,3-苯二酸

**7-9** 以苯为原料合成下列化合物(用反应式表示)。

(1) 对氯苯磺酸      (2) 间溴苯甲酸      (3) 对硝基苯甲酸      (4) 对苄基苯甲酸

**7-10** 用简单的化学方法区别下列各组化合物。

(1) 苯、环己-1,3-二烯、环己烷                  (2) 己烷、己-1-烯、己-1-炔

(3) 戊-2-烯、1,1-二甲基环丙烷、环戊烷      (4) 甲苯、甲基环己烷、3-甲基环己烯

**7-11** 三种三溴苯经过硝化后,分别得到三种、二种和一种一元硝基化合物。试推测原来三溴苯的结构并写出它们的硝化产物。

**7-12** A,B,C 三种芳香烃的分子式同为 $C_9H_{12}$。把三种烃氧化时,由 A 得一元酸,由 B 得二元酸,由 C 得三元酸。但硝化时,A 和 B 都得两种一硝基化合物,而 C 只得到一种一硝基化合物。试推导出 A,B,C 三种化合物的结构式。

**7-13** 命名下列有机化合物。

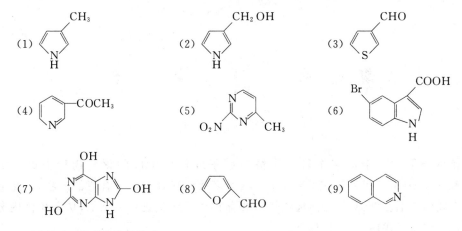

**7-14** 写出下列化合物的结构式。

(1) 六氢吡啶    (2) 2-溴呋喃    (3) 3-甲基吲哚    (4) 2-氨基噻吩

**7-15** 完成下列反应方程式。

$$(1) \quad \underset{H}{\overset{}{N}} \quad \xrightarrow[-10\ ℃]{CH_3CONO_2}$$

$$(2) \quad \underset{N}{\overset{}{}} \quad \xrightarrow[\triangle]{HNO_3(浓),H_2SO_4(浓)}$$

$$(3) \quad \underset{N}{\overset{}{}} \quad \xrightarrow[H^+]{KMnO_4} \quad \xrightarrow[\triangle]{P_2O_5}$$

$$(4) \quad \underset{O}{\overset{}{}} CH_3 \quad + \quad \underset{O}{\overset{}{}}\underset{O}{\overset{}{}}O \quad \longrightarrow$$

**7-16** 将下列化合物按碱性强弱顺序排列。

(1) 六氢吡啶  吡啶  吡咯  苯胺    (2) 甲胺  苯胺  氨  四氢吡咯

**7-17** 用简单的化学方法区别下列化合物。

吡啶    $\gamma$-甲基吡啶    苯胺

**7-18** 用简单的化学方法将下列混合物中的杂质除去。

(1) 吡啶中混有少量六氢吡啶    (2) $\alpha$-吡啶乙酸乙酯中混有少量吡啶

**7-19** 合成下列化合物(无机试剂任选)。

(1) 由呋喃合成己二胺    (2) 由 $\beta$-甲基吡啶合成 $\beta$-吡啶甲酸苄酯

(3) 由 $\gamma$-甲基吡啶合成 $\gamma$-氨基吡啶

**7-20** 化合物 A 的分子式为 $C_{12}H_{13}NO_2$,经稀酸水解得到产物 B 和 C。B 可发生碘仿反应而 C 不能,C 能与 $NaHCO_3$ 作用放出气体而 B 不能。C 为一种吲哚类植物生长激素,可与盐酸松木片反应呈红色。试推导 A,B,C 的构造式。

本章思考题答案        本章小结

# 第 8 章  卤　代　烃

　　烃类分子中一个或多个氢原子被卤原子取代后生成的化合物称为卤代烃（halohydrocarbon），可用通式 RX 表示。绝大多数卤代烃是人工合成的产物，自然界中卤代烃种类不多，已知的天然卤代烃主要存在于海洋生物中。例如，从海兔体内分离得到一种多卤代烯，其结构如下：

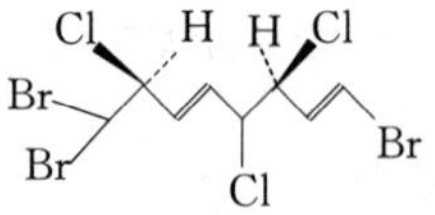

　　卤代烃有很多独特的性质和作用，如氯霉素、金霉素等具有杀菌的作用。

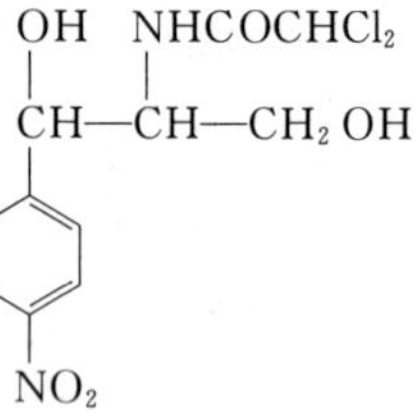

氯霉素 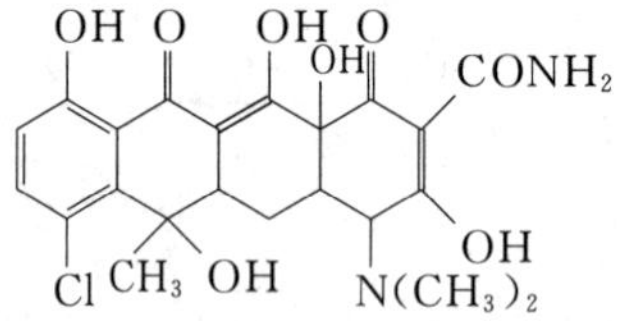　　　　　　　　　　　　　　金霉素

　　一些多卤代烃，如 DDT 和六六六等都是强力杀虫剂，由于它累积毒性大，现已禁止使用。

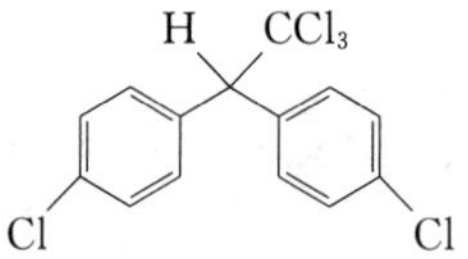

DDT 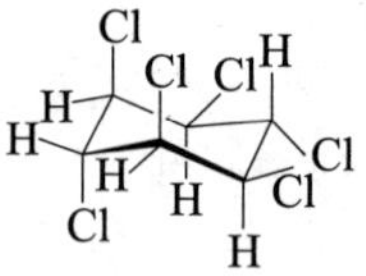　　　　　　　　　　　　　　六六六

　　几乎所有的卤代烃都具有毒性，长时间吸入会造成肝中毒。但是，很多卤代烃是重要的反应中间体，应用很广，在有机合成中占有重要地位。

## 8.1　卤代烃的分类和命名

　　根据分子中卤素的不同，卤代烃可分为氟代烃（RF）、氯代烃（RCl）、溴代烃（RBr）和碘代烃（RI）。由于氟代烃的性质和制备方法比较特殊，通常把它和其他三种卤代烃分开讨论。

　　根据分子中卤素的数目，卤代烃可分为一卤代烃、二卤代烃和多卤代烃。

根据分子中与卤原子相连的母体烃的类别,卤代烃又可分为卤代烷烃、卤代烯烃和卤代芳烃等。根据分子中与卤素相连的碳原子的不同类型(伯、仲、叔碳),卤代烃又可分为伯卤代烃(一级卤代烃)、仲卤代烃(二级卤代烃)和叔卤代烃(三级卤代烃)。

$$RCH_2X \qquad R_2CHX \qquad R_3CX$$

伯卤代烃          仲卤代烃          叔卤代烃

卤代烃的命名分为普通命名法和系统命名法两种。

简单的卤代烃可用普通命名法命名。一卤代烃可根据与卤原子相连的烃基称为"某基卤"。例如:

$$CH_3CH_2CH_2CH_2Br \qquad \text{（苯基）}—CH_2Br \qquad CH_2{=}CHCH_2Cl$$

正丁基溴          苄基溴          烯丙基氯

某些卤代烃常使用俗名,如氯仿($CHCl_3$)、碘仿($CHI_3$)等。

卤代烃的系统命名法是选择最长的碳链作为主链,把卤素和支链都当成取代基,按照主链上所含的碳原子数目称为"某烷",主链上碳原子编号从靠近取代基一端开始;主链上的支链和卤原子根据其英文字母顺序排列。当有两个或多个相同卤素时,在卤素前冠以二、三……。例如:

$$CH_3CHCH_2CH_2CH_3 \qquad\qquad BrCH_2CHFCHCH_2I$$

$$\underset{|}{CH_2Br} \qquad\qquad\qquad \underset{|}{CH_3}$$

1-溴-2-甲基戊烷(2-甲基-1-溴戊烷)     1-溴-2-氟-4-碘-3-甲基丁烷
(2-甲基-3-氟-4-溴-1-碘丁烷)

$$CH_3CH_2CH_2CH_2Cl \qquad CH_3CH_2\underset{|}{C}H\underset{|}{C}HCH_2CH_3 \qquad ClCH_2CH_2Cl$$

$$\qquad\qquad\qquad\qquad Br \quad Cl$$

1-氯丁烷      3-溴-4-氯己烷      1,2-二氯乙烷
(3-氯-4-溴己烷)

如果含有不饱和键,编号应使不饱和键的位次最低。若有立体构型,应把立体构型符号写在化合物名称的最前面。例如:

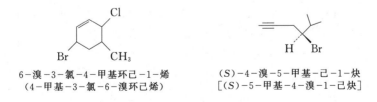

6-溴-3-氯-4-甲基环己-1-烯      ($S$)-4-溴-5-甲基-己-1-炔
(4-甲基-3-氯-6-溴环己烯)      [($S$)-5-甲基-4-溴-1-己炔]

**思考题 8-1** 写出下列化合物的结构式。

(1) 5-氯-1-环戊基-3,4-二甲基己烷      (2) 顺-3,6-二氯环己烯

**思考题 8-2** 命名下列化合物。

(1) 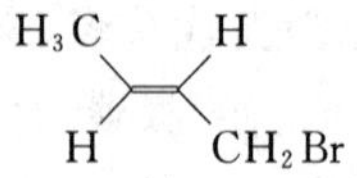
$$\begin{array}{c} H_3C \quad H \\ \diagdown \diagup \\ C=C \\ \diagup \diagdown \\ H \quad CH_2Br \end{array}$$

(2) 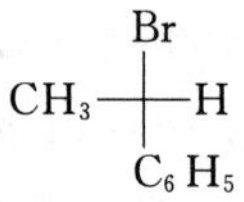
$$\begin{array}{c} Br \\ | \\ CH_3 - \overset{}{C} - H \\ | \\ C_6H_5 \end{array}$$

## 8.2 卤代烃的物理性质

在常温常压下,除四个碳原子以下的氟代烷、两个碳原子以下的氯代烷及溴甲烷外,大部分卤代烃为液体,十五个碳原子以上的卤代烷为固体。

卤代烃的沸点不仅随碳原子数的增加而升高,而且随着卤原子数的增多而升高。同一烃基的卤代烷,以碘代烷沸点最高,其次是溴代烷和氯代烷。另外,在卤代烃的同分异构体中,直链异构体的沸点最高,支链越多,沸点越低。

所有卤代烃均不溶于水,但能溶于醇、醚、烃等有机溶剂。一卤代烃的相对密度大于含相同碳原子数的烃,且随着碳原子数的增加而降低。同一烃基的卤代烃其相对密度按 Cl,Br,I 的次序升高,一氯代烷的相对密度小于 1,一溴代烷和一碘代烷的相对密度大于 1。

纯净的卤代烃是无色的,但碘代烷易分解产生游离的碘,久放后逐渐变成棕红色。大部分卤代烃蒸气有毒,应防止吸入体内。卤代烃在铜丝上燃烧能产生绿色火焰,这是鉴定卤素的简便方法。一些卤代烃的物理常数见表 8-1。

表 8-1 一些卤代烃的物理常数

| 卤代烃的结构式 | 氯化物 | | 溴化物 | | 碘化物 | |
|---|---|---|---|---|---|---|
| | 沸点/℃ | $\rho(20\ ℃)$ / $g \cdot mL^{-1}$ | 沸点/℃ | $\rho(20\ ℃)$ / $g \cdot mL^{-1}$ | 沸点/℃ | $\rho(20\ ℃)$ / $g \cdot mL^{-1}$ |
| $CH_3 - X$ | −24 | | 3.6 | | 42 | 2.279 |
| $CH_3CH_2 - X$ | 12 | | 38 | 1.440 | 72 | 1.933 |
| $CH_3CH_2CH_2 - X$ | 47 | 0.890 | 71 | 1.353 | 102 | 1.747 |
| $(CH_3)_2CH - X$ | 37 | 0.860 | 60 | 1.310 | 89 | 1.705 |
| $CH_3(CH_2)_2 - X$ | 78 | 0.884 | 102 | 1.276 | 130 | 1.617 |
| $(CH_3)_2CHCH_2 - X$ | 69 | 0.875 | 91 | 1.264 | 121 | 1.605 |
| $(CH_3)_3C - X$ | 51 | 0.842 | 73 | 1.222 | 100 分解 | |
| $CH_3(CH_2)_4 - X$ | 108 | 0.883 | 130 | 1.223 | 157 | 1.517 |
| $CH_3(CH_2)_5 - X$ | 134 | 0.882 | 156 | 1.173 | 180 | 1.441 |
| $CH_2X_2$ | 40 | 1.336 | 99 | 2.490 | 180 分解 | 3.325 |
| $CHX_3$ | 61 | 1.489 | 151 | 2.89 | 升华 | 4.008 |
| $CX_4$ | 77 | 1.597 | 189 | 3.42 | 升华 | 4.32 |

在卤代烃质谱图中,分子离子峰强度随 F,Cl,Br,I 顺序增大,丰度随碳链增长和 $\alpha$-支链的存在而变小。分子离子峰的同位素峰对推断分子的元素组成有重要作用,氯代物和溴代物有典型的同位素峰,氯的同位素之间比值$^{35}$Cl:$^{37}$Cl=3:1,溴的同位

素之间比值 $^{79}Br : {}^{81}Br = 1 : 1$，在质谱图中很容易判别。

由于卤素电负性较强，使与之直接相连的碳原子和邻近碳原子上的质子的屏蔽效应降低，质子的化学位移向低场移动。卤素的电负性越大，这种影响越强。例如：

$$CH_3-CH_2-CH_2-Cl$$
$$\gamma \quad \beta \quad \alpha$$
$$\delta_{H\alpha} = 3.47 \quad \delta_{H\beta} = 1.81 \quad \delta_{H\gamma} = 1.06$$

| 化合物 | $CH_3F$ | $CH_3Cl$ | $CH_3Br$ | $CH_3I$ | $CH_2Cl_2$ | $CHCl_3$ |
|---|---|---|---|---|---|---|
| $\delta_H$ | 4.26 | 3.05 | 2.68 | 2.16 | 5.33 | 7.24 |

## 8.3 卤代烃的化学性质

卤代烃的许多化学性质是由卤素引起的。在卤代烃分子中，由于卤原子电负性较大，C—X 键为极性共价键，卤素带部分负电荷，且随着卤素电负性的增大，C—X 键的极性也增大。此外，C—X 键比 C—C 键、C—H 键具有更大的可极化性，具有更强的反应性能。

C—X 键的键能较小，因此，卤代烃的化学性质比较活泼，可以与多种物质反应，生成各类有机化合物，因此在有机合成中具有重要意义。

### 8.3.1 亲核取代反应

卤代烃分子中，与卤原子成键的碳原子带部分正电荷，是一个缺电子中心，易受负离子或具有孤对电子的中性分子如 $OH^-$，$RNH_2$ 的进攻，使 C—X 键发生异裂，卤素以负离子形式离去，称为 **离去基团**（leaving group，简写为 L）；这种类型的反应是由亲核试剂引起的，故又称为 **亲核取代反应**（nucleophilic substitution，简写为 $S_N$）。其通式为

$$Nu^- + R-X \longrightarrow R-Nu + X^-$$

亲核取代反应中，亲核试剂的一对电子与碳原子形成新的共价键，而离去基团是能够稳定存在的弱碱性分子或离子。

卤代烃可以与很多种亲核试剂如 $RNH_2$，$OH^-$，$CN^-$，$RO^-$，$X^-$ 等反应，常见的亲核取代反应如下。

1. 水解得醇

伯卤代烷与氢氧化钠的水溶液作用得到相应的醇，该反应也称为水解反应。

$$CH_3X + NaOH \xrightarrow{\triangle} CH_3OH + NaX$$

通常情况下，卤代烃的直接 **水解**（hydrolysis）为可逆反应，而且很慢，为了加快反应速率和使反应进行完全，可将卤代烃和强碱的水溶液共热或用乙醇水溶液来进行水解。

在卤代烃与水的反应中，因溶剂水同时又是亲核试剂，故这种反应又叫 **溶剂解**（solvolysis）。

**2. 与氰化钠作用得腈**

卤代烃与氰化钠在乙醇水溶液中回流,生成腈:

$$RX + NaCN \longrightarrow RCN + NaX$$

通过该反应可得到增加一个碳原子的产物,腈通过水解等方法可转变为含羧基(—COOH)、酰氨基(—CONH$_2$)等官能团的化合物(参见 12.7)。

**3. 与醇钠作用得醚**

伯卤代烃与醇钠在相应醇为溶剂情况下反应可得到相应的醚,该反应称为威廉姆森(Williamson A W)合成法,该反应较适用于伯卤代烃,如用叔卤代烃得到的主要是消除产物烯烃,如采用仲卤代烃,取代反应产率较低。该反应可用于制备单醚和混合醚(参见 9.16.1)。

$$\underset{\text{卤代烷}}{RX} + \underset{\text{醇钠}}{NaOR'} \longrightarrow \underset{\text{醚}}{ROR'} + NaX$$

**4. 与氨作用**

氨比水或醇具有更强的亲核性,卤代烃与过量的氨作用可制备伯胺(参见 12.2)。

$$\underset{\text{卤代烷}}{RX} + NH_3 \longrightarrow \underset{\text{伯胺}}{RNH_2} + HX$$

**5. 与硝酸银-乙醇溶液作用**

卤代烃与硝酸银-乙醇溶液作用可得到卤化银沉淀和烷基硝酸酯。不同结构的卤代烃的反应活性次序为:叔卤代烷>仲卤代烷>伯卤代烷,因此,利用这一反应可鉴别不同结构的卤代烃。

$$\underset{\text{卤代烷}}{RX} + \underset{\text{硝酸银}}{AgNO_3} \longrightarrow \underset{\text{硝酸酯}}{RONO_2} + AgX\downarrow$$

**6. 与炔化钠作用**

卤代烃与炔化钠反应生成炔烃,此反应可用于由简单的炔烃来制备碳链较长的炔烃。

$$RX + NaC\equiv CR' \longrightarrow R-C\equiv C-R' + NaX$$

**7. 与碘化钠作用**

一些不易制备的碘代烷可由氯代烃或溴代烃与碘化钠(钾)在丙酮溶液中反应得到。

$$RBr + NaI \xrightarrow{\text{丙酮}} RI + NaBr\downarrow$$

思考题 8-3　如何鉴别苄氯、氯苯和氯代环己烷。

### 8.3.2　消除反应

卤代烃的消除反应和取代反应同样重要,卤代烃和强碱的乙醇溶液在加热的条件下反应,会在邻近的碳原子上消去一分子 HX,并形成双键。这种从分子中失去一个简单分子生成不饱和键的反应称为消除反应(elimination reaction,简写为 E)。

从卤代烃中脱去一分子或两分子卤化氢是制备烯烃或炔烃的重要的方法(参见 4.4)。

在一卤代烃分子中与卤素直接相连的碳原子称为 $\alpha$-碳原子,再相连的碳原子依次分别称为 $\beta$-,$\gamma$-,…碳原子。由卤代烃生成烯烃的反应中,脱去卤原子和 $\beta$-碳原子上的氢,因此,这种消除又称为 $\beta$-消除反应。

$$\overset{\overset{\beta}{|}\ \overset{\alpha}{|}}{\underset{\underset{H\ \ X}{|}\ \underset{}{|}}{-C-C-}} + CH_3CH_2ONa \xrightarrow{CH_3CH_2OH} \Large\diagdown\hspace{-0.3em}=\hspace{-0.3em}\diagup \normalsize + CH_3CH_2OH + NaX$$

卤代烃脱卤化氢的难易与烃基结构有关,叔卤代烃最易脱卤化氢,仲卤代烃次之,伯卤代烃最难。另外,在仲卤代烃和叔卤代烃脱卤化氢时,有可能得到两种不同的产物。例如,2-溴丁烷与氢氧化钾的乙醇溶液反应,生成的烯烃含有 81% 的丁-2-烯和 19% 的丁-1-烯,同样,2-溴-2-甲基丁烷与乙醇钠的乙醇溶液反应得到 71% 的 2-甲基丁-2-烯和 29% 的 2-甲基丁-1-烯。

$$\underset{\underset{Br}{|}}{CH_3CH_2CHCH_3} + KOH \xrightarrow{CH_3CH_2OH} \underset{81\%}{CH_3CH=CHCH_3} + \underset{19\%}{CH_3CH_2CH=CH_2}$$

卤代烃的消除反应常和取代反应同时进行,相互竞争,究竟哪一种反应占优势,则与反应物的结构和反应条件有关。

### 8.3.3 与金属反应

卤代烃与 Mg,Li,Na 等金属反应生成的一类金属直接与碳原子相连的化合物叫金属有机化合物(organometallic compound)。这类化合物的一个共同性质就是具有很强的亲核性,可以与很多有机化合物发生一些重要的反应,在有机合成领域占有重要的地位。

1. 与钠作用

卤代烃可直接与钠反应生成有机钠化合物(RNa),RNa 容易进一步与 RX 反应生成烷烃,此反应称为 Wurtz 反应。

$$RX + 2Na \longrightarrow NaX + \underset{烷基钠}{RNa}$$

$$RNa + RX \longrightarrow R\!-\!R + NaX$$

这个反应常用来合成碳原子数比原来的卤代烃碳原子数多一倍的对称烷烃,产率很好。

2. 与镁作用

1900 年法国化学家格利雅[①](Grignard V)发现卤代烃在无水乙醚或 THF 中与镁

---

① 格利雅(Grignard V,1871—1935) 法国化学家。在里昂大学,格利雅得到了有机化学家巴比埃的培养,开始研究烷基卤化镁。1901 年他出色地完成了"格氏试剂"的研究论文,获得了里昂大学博士学位。1906 年他被聘为里昂大学教授,1910 年被聘为南希大学教授。在第一次世界大战期间,他主要从事有关光气和芥子气的研究。1912 年,由于格利雅在发明"格氏试剂"和"格氏反应"中所作的重大贡献而获得诺贝尔化学奖。

屑作用生成烃基卤化镁 RMgX,这一产物常被称为**格氏试剂**。格氏试剂是一种重要的试剂,在有机合成中被广泛地应用。格利雅因发明该试剂而获得 1912 年诺贝尔化学奖。

$$RX + Mg \xrightarrow{\text{无水乙醚}} R—Mg—X$$
$$\text{烃基卤化镁}$$

卤代烃与镁的反应活性与卤代烃结构及卤素种类有关,一般而言,RI>RBr>RCl>RF,三级>二级>一级。

格氏试剂非常活泼,在制备和保存格氏试剂时,要求严格干燥且隔绝空气。

（1）格氏试剂与含活泼氢化合物的反应  格氏试剂非常活泼,遇到含活泼氢原子化合物就分解为烷烃。例如:

$$
R—MgX +
\begin{cases}
H—OH \\
H—OR' \\
H—OOCR' \\
H—NH_2 \\
H—C{\equiv}CR'
\end{cases}
\longrightarrow R—H +
\begin{cases}
MgX(OH) \\
MgX(OR') \\
MgX(OOCR') \\
XMg—NH_2 \\
XMg—C{\equiv}CR'
\end{cases}
$$

由于此类反应是定量完成的,所以在有机分析中,常用一定量的甲基碘化镁($CH_3MgI$)和一定数量的含活泼氢原子化合物作用,通过反应中生成甲烷的体积,可定量分析活泼氢原子的含量,称为活泼氢测定法。

（2）格氏试剂与其他试剂的作用  格氏试剂与 $CO_2$、醛、酮等多种试剂作用,生成羧酸、醇等一系列化合物,这是一类极为重要且有价值的合成方法。其中格氏试剂与 $CO_2$ 作用生成羧酸的反应常用来制备比卤代烃多一个碳原子的羧酸。

$$RMgX \xrightarrow{CO_2} RCOOMgX \xrightarrow[H_2O]{H^+} RCOOH$$

## 8.4  亲核取代反应机理

亲核取代反应是卤代烃的一种重要反应,通过这类反应卤代烃可以转化为多种类型的化合物,在有机合成中具有广泛的应用。1937 年英国化学家 Ingold C 和 Hughes E D 系统研究了卤代烃反应动力学、立体化学和影响反应的各种因素,提出了两种亲核取代的反应机理。一种是亲核试剂进攻卤代烃与碳卤键的断裂同时进行,其反应速率不仅与卤代烃的浓度有关,还与亲核试剂(如碱)的浓度有关,称为双分子亲核取代($S_N2$)。另一种过程是反应底物先解离成碳正离子,然后碳正离子再与试剂结合生成产物,其反应速率只与卤代烃的浓度有关,称为单分子亲核取代($S_N1$)。

### 8.4.1  单分子亲核取代反应

在反应机理的研究中要用到多种实验技术,其中很重要的一种是反应动力学研究,由反应动力学研究得到的数据可以推测反应的本质和过程。例如:

$$CH_3-\underset{\underset{CH_3}{|}}{\overset{\overset{CH_3}{|}}{C}}-Cl + OH^- \xrightarrow[H_2O]{丙酮} CH_3-\underset{\underset{CH_3}{|}}{\overset{\overset{CH_3}{|}}{C}}-OH + Cl^-$$

动力学研究表明,叔丁基氯在碱性的丙酮水溶液中水解的速率仅与叔丁基氯的浓度成正比,而与亲核试剂的浓度无关,在动力学上表现为一级反应:

$$v = k[(CH_3)_3CCl]$$

这是由于叔丁基氯在碱性溶液中水解的反应是分两步进行的:第一步是叔丁基氯在溶液中首先经过一个 C—Cl 键将断未断的能量较高的过渡态,然后解离成叔丁基碳正离子和氯负离子:

$$CH_3-\underset{\underset{CH_3}{|}}{\overset{\overset{CH_3}{|}}{C}}-Cl \xrightarrow{慢} \left[ CH_3-\underset{\underset{CH_3}{|}}{\overset{\overset{CH_3}{|}}{C}}\cdots Cl \right]^{\neq} \longrightarrow CH_3-\underset{\underset{CH_3}{|}}{\overset{\overset{CH_3}{|}}{C^+}} + Cl^-$$
$$\text{过渡态}$$

第二步是生成的碳正离子迅速与 OH⁻ 作用生成产物叔丁醇。

$$CH_3-\underset{\underset{CH_3}{|}}{\overset{\overset{CH_3}{|}}{C^+}} + OH^- \xrightarrow{快} \left[ CH_3-\underset{\underset{CH_3}{|}}{\overset{\overset{CH_3}{|}}{C}}\cdots OH \right]^{\neq} \longrightarrow CH_3-\underset{\underset{CH_3}{|}}{\overset{\overset{CH_3}{|}}{C}}-OH$$
$$\text{过渡态}$$

在上述反应中,第一步反应是决定整个反应速率的步骤,而这一步的反应速率仅仅与反应底物卤代烃的浓度成正比,所以整个反应的速率只与卤代烃的浓度有关,而与试剂浓度(OH⁻)无关。即在决定反应速率的步骤里发生共价键变化的只有叔丁基氯一种分子,所以称为**单分子亲核取代反应**(unimolecular nucleophilic substitution,简写为 $S_N1$)。单分子亲核取代反应($S_N1$)的通式为

$$R\overset{\frown}{-}X \xrightarrow{慢} R^+ + X^- \xrightarrow{快} R-Nu$$

单分子亲核取代反应过程中能量变化如图 8-1 所示。图中,C—X 键解离需要活化能 $\Delta E_1$,能量最高点 B 对应的是第一过渡态,然后能量降低,C—X键解离成活性中间体碳正离子,能量位于 C 点。当亲核试剂与碳正离子接触形成新键时需要活化能 $\Delta E_2$,能量点 D 对应的是第二过渡态,然后释放能量,得到产物。从活化能可以判断反应的难易,$\Delta E_1 > \Delta E_2$,故第一步反应困难,反应速率较小,是决定整个反应

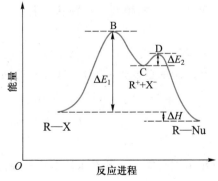

图 8-1 单分子亲核取代反应能量曲线图

速率的一步。

在 $S_N1$ 反应中第一步叔丁基氯首先解离成叔丁基碳正离子,碳正离子是由 $sp^3$ 杂化四面体结构转化为 $sp^2$ 杂化三角形平面结构,带正电荷的碳原子上有一个空的 p 轨道,当亲核试剂与碳正离子作用时,从前后两面进攻的机会是相等的:

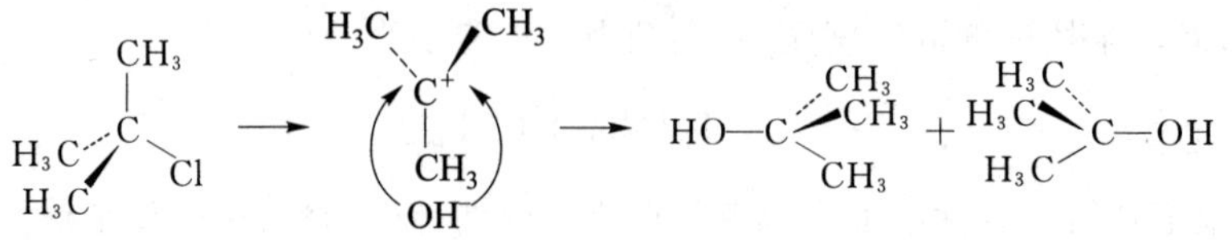

因此,如果一个卤素连在手性碳原子上的卤代烃发生 $S_N1$ 水解反应,就会得到"构型保持"和"构型反转"几乎等物质的量的两种化合物,即外消旋体。

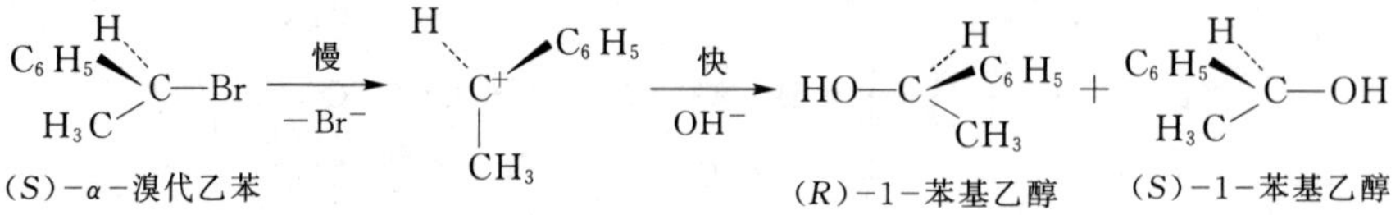

(S)-α-溴代乙苯    (R)-1-苯基乙醇    (S)-1-苯基乙醇
                    51%              49%
                  构型反转           构型保持

$S_N1$ 反应时还经常观察到重排产物的生成:

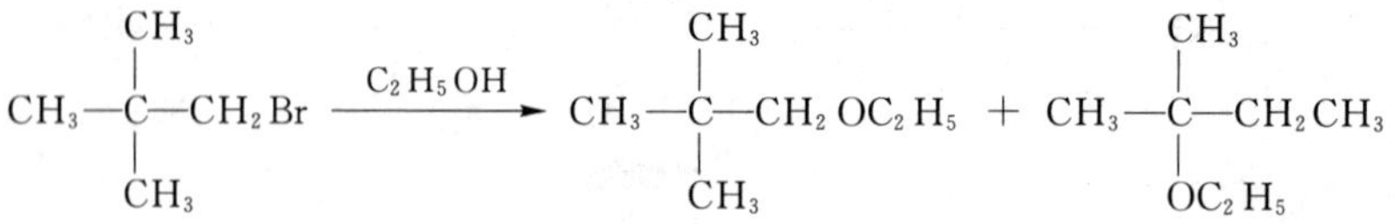

产物 **2** 是由反应中生成的伯碳正离子重排为更稳定的叔碳正离子所形成的。

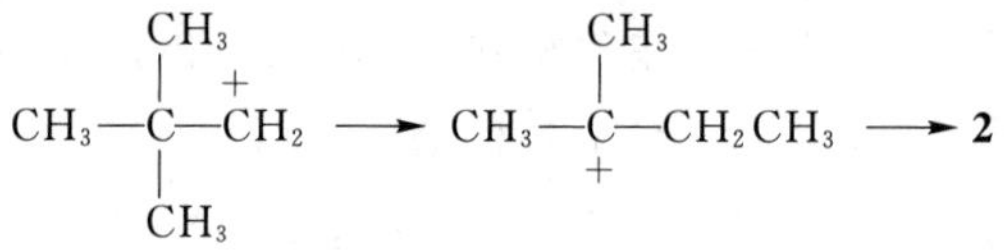

综上所述,$S_N1$ 反应的特点是:反应分两步进行,反应速率只与反应底物的浓度有关,而与亲核试剂无关,反应过程中有活性中间体碳正离子的生成,如果碳正离子连接的三个基团不同,得到的产物基本上是外消旋体。

### 8.4.2　双分子亲核取代反应

双分子亲核取代反应机理($S_N2$)的通式为

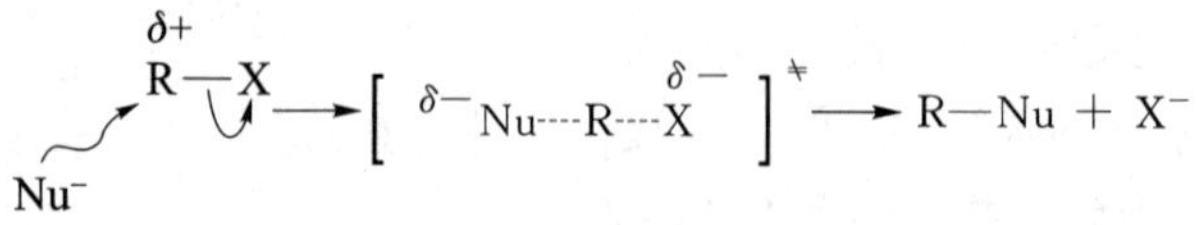

现以氯甲烷与氢氧化钠在水溶液中的反应为例予以说明。

$$CH_3-Cl + OH^- \xrightarrow[\ H_2O\ ]{60\ ℃} CH_3-OH + Cl^-$$

在这个反应中反应速率不仅与卤代烷的浓度成正比,也与碱的浓度成正比,该反应为二级反应,即在该反应中 $CH_3Cl$ 和 $OH^-$ 发生碰撞,反应才能发生,因此该反应为双分子反应,称为**双分子亲核取代反应**(bimolecular nucleophilic substitution,简写为 $S_N2$)。

$$v = k[CH_3Cl][OH^-]$$

$S_N2$ 反应为一步反应过程,进攻氯甲烷中碳原子的 $OH^-$ 在 $Cl^-$ 完全脱离氯甲烷之前就已经与碳原子部分成键,在反应的过渡状态中氧原子和氯原子都与碳原子相连,即新键的生成和旧键的断裂是同时进行的:

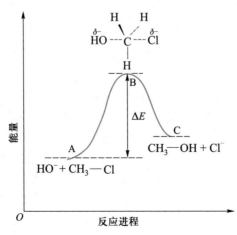

该反应是亲核试剂 $HO^-$ 从离去基团(氯)的后面进攻带正电荷的碳原子,在接近碳原子的过程中,逐渐部分形成 $O—C$ 键,同时 $C—Cl$ 键由于受到 $HO^-$ 的影响而逐渐伸长和变弱,$Cl$ 带一对电子逐渐离开碳原子,与此同时中心碳原子上的三个氢原子由于受到亲核试剂的排斥向 $Cl$ 方向偏转。到达过渡态时,$O—C$ 键部分形成,$C—Cl$ 键部分断裂,亲核试剂、中心碳原子和离去基团处在一条直线上,而三个氢原子则处在垂直于这条直线的平面上,$HO^-$ 和 $Cl^-$ 分别在平面的两边;$OH^-$ 继续接近碳原子,$Cl^-$ 继续远离碳原子;最后,$HO^-$ 与中心碳原子形成 $O—C$ 键,$C—Cl$ 键断裂,碳原子的构型反转。

氯甲烷碱性水解进程的能量曲线如图 8-2 所示。由图可见,在反应进程中体系的能量不断变化,到达过渡态 B 点时,五个原子同时挤在碳原子的周围,能量达到最高点。

图 8-2　氯甲烷碱性水解反应的能量曲线

因为在 $S_N2$ 反应中取代基团从离去基团的背后进攻碳原子,如果卤素连在手性碳原子上的卤代烃发生完全的 $S_N2$ 反应,则得到的产物和原来的底物构型相反,就像伞被吹翻了一样,该过程又称为瓦尔登(Walden P)反转。

$$\underset{\underset{Br}{\overset{C_6H_{13}}{\underset{|}{\overset{|}{\underset{\text{H}_3\text{C}}{\text{H}}}}}}{\overset{S}{H}} + NaOH \longrightarrow \underset{\underset{CH_3}{\overset{C_6H_{13}}{HO}}}{\overset{R}{H}} + NaBr$$

综上所述,$S_N2$ 反应的特点是:反应速率不仅与反应底物的浓度有关,还与亲核试剂有关;反应中旧键的断裂和新键的形成是同步进行的,共价键的变化发生在两种分子之间,称为双分子亲核取代。手性卤代烃发生 $S_N2$ 反应得到的产物通常发生构型反转。

### 8.4.3 影响亲核取代反应历程的因素

为什么 $CH_3Cl$ 发生 $S_N2$ 反应,而 $(CH_3)_3CCl$ 发生 $S_N1$ 反应? 实验表明,很多因素影响亲核取代反应的历程,其中最重要的有底物结构、亲核试剂的浓度和活性、溶剂、离去基团等。

**1. 底物结构的影响**

选用不同烃基的卤代烃在极性很强的甲酸水溶液中进行水解,这些反应是按 $S_N1$ 机理进行的,其相对反应速率为

$$R\text{—}Br + H_2O \xrightarrow{\text{HCOOH}} R\text{—}OH + HBr$$

| | $CH_3Br$ | $CH_3CH_2Br$ | $(CH_3)_2CHBr$ | $(CH_3)_3CBr$ |
|---|---|---|---|---|
| 相对反应速率: | 1.0 | 1.7 | 45 | $10^8$ |

在 $S_N1$ 反应中,生成碳正离子的第一步是决速步骤,因为碳正离子的稳定性 3°>2°>1°>甲基,所以卤代烃进行 $S_N1$ 反应的活性顺序为叔卤代烷>仲卤代烷>伯卤代烷>卤甲烷。

卤代烃在极性较小的丙酮中与碘化钾生成碘代烷的反应都是按照 $S_N2$ 机理进行的,其相对反应速率为

$$R\text{—}Br + I^- \xrightarrow{\text{CH}_3\text{COCH}_3} R\text{—}I + Br^-$$

| | $CH_3Br$ | $CH_3CH_2Br$ | $(CH_3)_2CHBr$ | $(CH_3)_3CBr$ |
|---|---|---|---|---|
| 相对反应速率: | 150 | 1 | 0.01 | 0.001 |

在 $S_N2$ 反应中,反应是一步完成的,反应速率的快慢取决于反应活化能的大小,即活化过渡态稳定性的大小。亲核试剂要进攻带有离去基团的碳原子,该碳原子周围大的基团会起到很大的阻碍作用,提高了反应的活化能,影响了反应速率。因此,卤代烃的 $\alpha$ 位和 $\beta$ 位的碳原子上的取代基增多,都会使反应的空间位阻增大,反应速率降低。因此,$S_N2$ 反应的活性如下:卤甲烷>伯卤代烷>仲卤代烷>叔卤代烷。卤甲烷 $S_N2$ 反应很快,而叔卤代烷不能进行 $S_N2$ 反应。另外,尽管新戊烷是一级卤代烃,但因 $\beta$ 位的位阻很大,也非常不活泼。

苄基卤、烯丙基卤在 $S_N1$ 和 $S_N2$ 反应中都很活泼。苄基卤、烯丙基卤在 $S_N2$ 反应

中很活泼,这是因为它们在过渡态时有了初步的共轭体系结构,使过渡态的负电荷得到分散,所以过渡态比较稳定,易于到达。烯丙基碳正离子和苄基碳正离子因 $p-\pi$ 共轭而较易生成,故也有利于 $S_N1$ 反应的进行。

$S_N2$ 过渡态

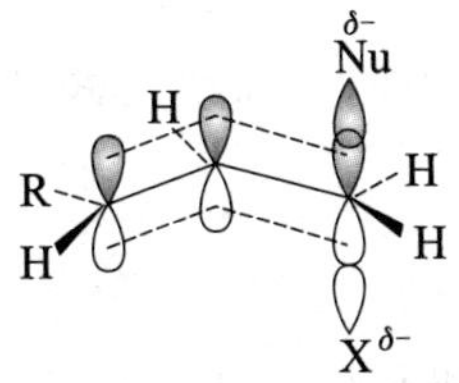

$$RCH{=}CH{-}\overset{+}{C}H_2 \longleftrightarrow R\overset{+}{C}H{-}CH{=}CH_2$$

$S_N1$ 中间体

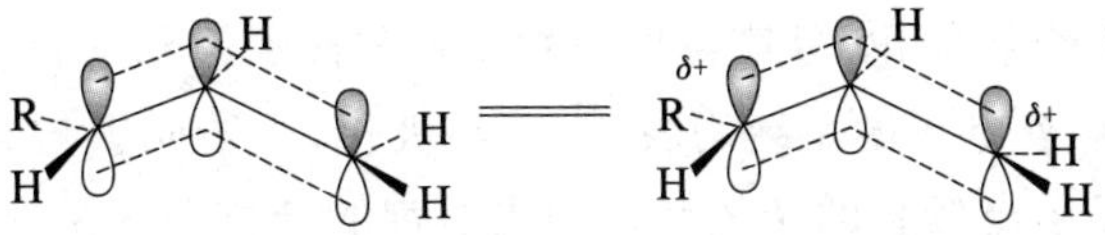

氯苯和氯乙烯在 $S_N1$ 和 $S_N2$ 反应中都不活泼,这是因为在氯苯和氯乙烯中卤素与双键或大 $\pi$ 键发生 $p-\pi$ 共轭,电子云分布平均化,C—Cl 键之间电子密度增大,结合更紧密,具有部分双键特征,键能增高,氯原子难以离去。另一方面,即使卤素离去以后,氯苯和氯乙烯形成的烯基碳正离子也高度不稳定;而在 $S_N2$ 反应中双键和苯环排斥亲核试剂从后面进攻带部分正电荷的碳原子,故氯苯和氯乙烯难以发生亲核取代反应。

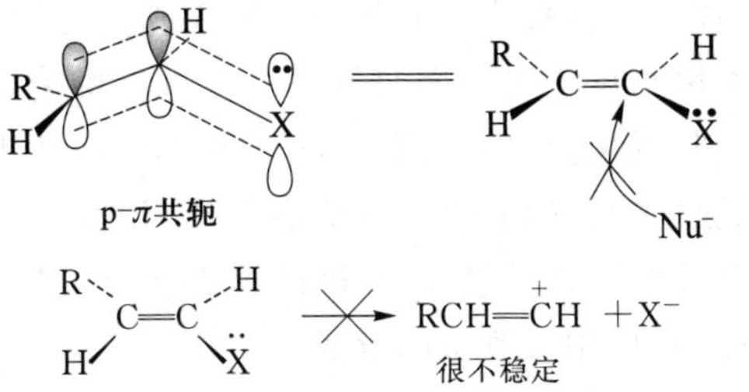

从上述讨论可以看出,卤代烷分子中烃基的结构对反应按何种机理进行有很大影响。叔卤代烷易于失去卤原子而形成稳定的碳正离子,所以,它主要按 $S_N1$ 机理进行亲核取代反应;伯卤代烷则反之,主要按 $S_N2$ 机理进行亲核取代反应;仲卤代烷处于二者之间,反应可同时按 $S_N1$ 和 $S_N2$ 两种机理进行。

2. 亲核试剂的浓度和活性的影响

$S_N1$ 反应的决速步骤中没有亲核试剂的参与,故 $S_N1$ 反应的反应速率不受亲核试剂的影响。在 $S_N2$ 反应中反应速率随亲核试剂浓度和亲核能力的增加而增加。那么,亲核试剂的亲核性又受哪些因素影响呢?一般来说,亲核试剂的亲核性与它的碱性、可极化性等有关。

(1)亲核试剂的亲核性与碱性　亲核性与碱性有关,但它们并不完全相同。试剂的亲核性是指试剂与带正电荷碳原子结合的能力,它是根据试剂对取代反应速率的影响来衡量的;而碱性是用 $pK_a$ 来表示的,它是指试剂与质子或 Lewis 酸结合的能力。一般来讲,亲核试剂都是 Lewis 碱,碱性强的试剂亲核性也强。当亲核试剂的亲核原子相同时,则其亲核性和碱性是一致的。例如:

$$RO^- > HO^- > RCO_2^- > ROH > H_2O$$

当试剂的亲核原子是元素周期表中同一周期元素时,则其亲核性和碱性也成对应关系。例如:

$$R_3C^- > R_2N^- > RO^- > F^-$$

(2)亲核试剂的亲核性与可极化性　试剂的亲核性除与碱性有关外,还与可极化性有关。卤素原子的碱性强弱顺序为 $F^- > Cl^- > Br^- > I^-$,而在质子性溶剂中,亲核性强弱顺序与碱性正好相反,为 $I^- > Br^- > Cl^- > F^-$。这是由于离子半径小的负离子如 $F^-$,电荷集中,不容易极化,尽管碱性强却很难与碳原子结合;而离子半径大的负离子如 $I^-$,原子核对核外电子的束缚力较差,容易极化,当碳原子与它靠近时,变形的电子云伸向碳原子,显示出较强的亲核性。即当试剂的亲核原子是元素周期表中同一族的元素时,从上到下,体积依次增大,亲核性也依次增强。例如:

$$F^- < Cl^- < Br^- < I^-$$

在质子性溶剂中一些常用的亲核试剂的相对亲核性如下:

$$RS^- > CN^- > I^- > NH_3 > OH^- > N_3^- > Br^- > CH_3CO_2^- > Cl^- > H_2O > F^-$$

### 3. 溶剂的影响

在 $S_N1$ 反应中,由原来极性较小的底物 R—X 变成极性较大的过渡态 $R^+$ 和 $X^-$,极性较大的质子溶剂可以与反应中产生的负离子通过氢键溶剂化,这样负电荷分散,使负离子更加稳定,有利于解离反应,从而有利于 $S_N1$ 反应的进行。而在 $S_N2$ 反应中形成过渡态时,由原来极性较大的电荷分离状态变成极性较小的过渡态,极性大的质子性溶剂会使亲核试剂被溶剂分子包围,亲核试剂必须脱去溶剂才能与底物接触并发生反应,因此不利于 $S_N2$ 反应中过渡态的形成。

非质子极性溶剂,如二甲基亚砜(DMSO)、$N,N$-二甲基甲酰胺(DMF)和六甲基磷酰三胺(HMPT)对 $S_N2$ 反应是有利的。它们的偶极负端暴露在外,正极隐蔽在内,因此不会对富电子的亲核试剂溶剂化,较少溶剂化的亲核试剂有更强的亲核性,因此 $S_N2$ 反应在这些溶剂中进行比在质子性溶剂中进行要快得多。

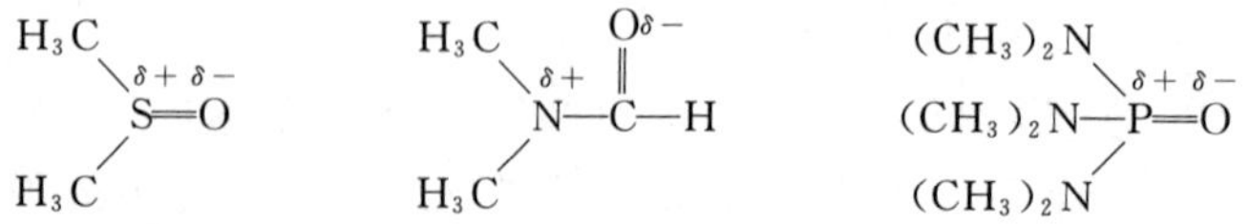

### 4. 离去基团的影响

亲核取代反应中离去基团的离去倾向越大,反应越容易进行,反应速率也越快。亲核取代反应决定反应速率的步骤中都涉及 C—X 键的断裂,因此离去基团的离去对

$S_N1$ 反应和 $S_N2$ 反应都很重要。C—X 键弱，$X^-$ 容易离去，C—X 键强，$X^-$ 不容易离去。C—X键的强弱主要与 X 的电负性即碱性有关。离去基团的碱性越弱，形成的负离子就越稳定，这样的离去基团就是好的离去基团，如 $I^-$，$Br^-$，$Cl^-$ 都是弱碱，很稳定，容易离去，所以都是好的离去基团。卤素负离子离去能力的大小次序为 $I^- > Br^- > Cl^-$。而 $OH^-$，$OR^-$，$NH_2^-$，$NHR^-$ 等碱性较强，一般不容易被置换，是差的离去基团。

总之，有利于 $S_N1$ 反应的因素包括能形成稳定的碳正离子的反应底物、弱的亲核试剂及强极性溶剂等。有利于 $S_N2$ 反应的因素包括位阻小的卤代烃、强的亲核试剂及弱极性质子溶剂或极性的非质子溶剂等。在 $S_N1$ 反应和 $S_N2$ 反应中离去基团的影响相同，离去基团的碱性越弱，离去能力越强，因此，RI 反应最快。另外，烯丙基卤代烃和苄基卤代烃在 $S_N1$ 反应和 $S_N2$ 反应中都很活泼，而苯基和乙烯基卤代烃都不活泼。

**思考题 8-4** 比较烯丙基卤代烃和正丙基卤代烃发生 $S_N1$ 反应或 $S_N2$ 反应的速率大小。

## 8.5 消除反应机理

卤代烃消除反应也可分为单分子消除反应（E1）和双分子消除反应（E2）两种。

### 8.5.1 单分子消除反应

单分子消除反应（unimolecular elimination）是分两步进行的，和 $S_N1$ 反应相似，卤代烃首先解离为碳正离子，然后 $\beta$-碳原子脱去一个质子，同时在 $\beta$-碳原子和 $\alpha$-碳原子之间形成一个双键。反应机理如下：

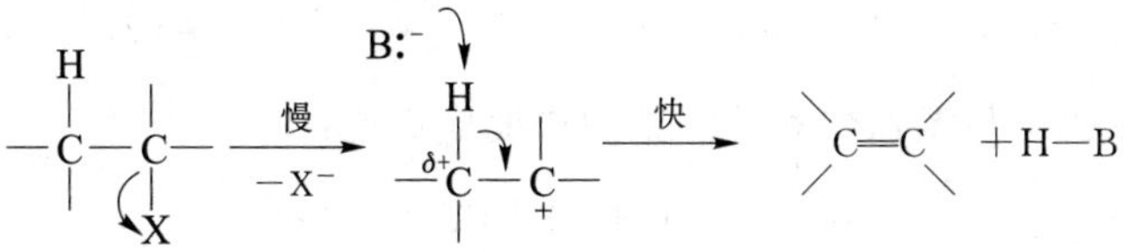

该反应的第一步为慢反应，决速步骤，第二步为快反应。在决速步骤中，只有一种分子参与反应，即其反应速率取决于卤代烃的浓度，而与碱试剂无关。故该反应称为单分子消除反应，以 E1 表示。

E1 反应和 $S_N1$ 反应相似，都是首先形成碳正离子，在第二步中如果亲核试剂或碱进攻 $\beta$-氢原子，则发生消除反应；如果进攻 $\alpha$-碳原子，则发生亲核取代反应。因此，E1 反应和 $S_N1$ 反应常常同时发生，相互竞争，哪种反应占优势，与反应条件、底物结构等有关。

另外，和 $S_N1$ 反应一样，因为 E1 反应的中间体也是碳正离子，故也常有重排产物生成。例如：

$$H_3C-\underset{\underset{Br}{|}}{\overset{\overset{CH_3}{|}}{C}}-\underset{\underset{CH_3}{|}}{CH}-CH_3 \xrightarrow{C_2H_5OH} H_3C-\underset{\underset{CH_3}{|}}{C}=C-CH_3 + H_2C=\underset{\underset{CH_3}{|}}{C}-\underset{}{CH}-CH_3$$

3         4

产物 **3,4** 的生成过程如下：

$$H_3C-\underset{\underset{CH_3}{|}}{\overset{\overset{CH_3}{|}}{C}}-\underset{\underset{Br}{|}}{CH}-CH_3 \xrightarrow{-Br^-} H_3C-\underset{\underset{CH_3}{|}}{\overset{\overset{CH_3}{|}}{C}}-\overset{+}{CH}-CH_3 \xrightarrow{-CH_3迁移} H_2C-\underset{\underset{H}{}}{\overset{\overset{CH_3 H}{|}}{\underset{+}{C}}}-\underset{\underset{CH_3}{|}}{C}-CH_3$$

$$H_3C-\underset{\underset{CH_3}{|}}{C}=C-CH_3 \qquad H_2C=\underset{\underset{CH_3}{|}}{C}-CH-CH_3$$

3               4

由于碳正离子的形成与发生重排反应有密切关系，所以通常把重排反应作为 E1 或 $S_N1$ 机理的标志。

### 8.5.2 双分子消除反应

双分子消除反应(bimolecular elimination)是指碱性的亲核试剂进攻卤代烃分子中的 $\beta$-氢原子，使氢原子成为质子和试剂结合而离去，同时分子中的卤原子在溶剂的作用下带着一对电子离去，在 $\beta$-碳原子和 $\alpha$-碳原子之间形成双键。例如，溴乙烷和乙醇钠在乙醇溶液中反应，除生成取代产物外还生成消除产物——乙烯。

$$CH_3CH_2O^- + H-CH_2-CH_2-Br \xrightarrow{C_2H_5OH} CH_2=CH_2 + Br^-$$

烯烃的生成速率与溴乙烷和乙醇钠的浓度成正比：

$$v = k[CH_3CH_2O^-][CH_3CH_2Br]$$

反应机理如下：

$$Z^- + H-\underset{\underset{R}{|}}{CH}-CH_2-X \longrightarrow \left[\overset{-}{Z}\cdots H-\underset{\underset{R}{|}}{CH}-CH_2\cdots\overset{-}{X}\right]^{\neq} \longrightarrow RCH=CH_2 + X^-$$

在上述反应中，新键的形成和旧键的断裂是同时进行的，而且 $\beta$-氢原子与离去基团是反式共平面的。反应速率与反应底物及碱的浓度有关，表明该反应的决速步骤为双分子反应，因此这种类型的反应叫双分子消除反应，以 E2 表示。

从反应机理可以看出 E2 反应的过渡态与 $S_N2$ 反应相似，亲核试剂或碱如果进攻 $\beta$-氢原子，则发生消除反应；如果进攻 $\alpha$-碳原子，则发生亲核取代反应。

### 8.5.3 影响消除反应机理的因素

1. 反应底物结构的影响

单分子消除反应机理的决速步骤是碳卤键(C—X)的断裂,反应的快慢取决于碳正离子的稳定性,所以不同烃基结构的卤代烃发生 E1 反应的活性顺序为叔>仲>伯。而在双分子消除反应中,碱性试剂进攻的是 $\beta$-氢原子,与 $\alpha$-碳原子所连基团数目所引起的空间障碍关系不大,反而因 $\alpha$-碳原子上烃基增多而增加了 $\beta$-氢原子数目,对碱进攻更有利,并且 $\alpha$-碳原子上烃基增多对产物烯烃的稳定性也是有利的。所以,E2 反应的活性顺序与 E1 反应是一致的,即叔>仲>伯。同理,伯卤代烷发生消除反应较难,但当伯卤烷的 $\beta$-碳原子上支链增多时,则 E2 反应活性也可相应增大。

2. 试剂的影响

对于 E1 反应来说,在反应的决速步骤中没有亲核试剂的参加,故 E1 反应的反应速率不受试剂的影响。而对 E2 反应来说,反应速率与反应底物及碱试剂的浓度成正比,因此,增加碱试剂的强度和浓度对 E2 反应有利。

3. 溶剂的影响

一般来说,极性大的溶剂有利于 E1 反应,而不利于 E2 反应,因为极性大的溶剂有利于 E1 反应过渡态中的电荷集中,而不利于 E2 反应过渡态的电荷分散。极性小的溶剂,则反之。

### 8.5.4 消除反应的取向

当卤代烃分子中的两个 $\beta$-碳原子上都有氢原子时,消除反应可以有不同的取向,消除反应的择向规律与其反应机理有关。例如,2-溴-2-甲基丁烷的 E1 反应:

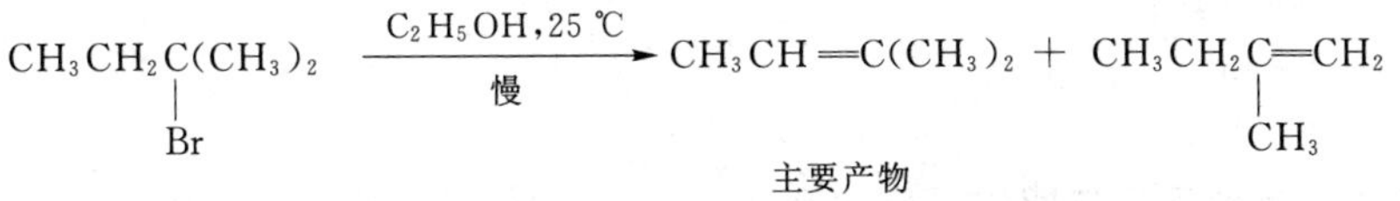

$$CH_3CH_2C(CH_3)_2 \xrightarrow[\text{慢}]{C_2H_5OH,25\,℃} CH_3CH{=}C(CH_3)_2 + CH_3CH_2C{=}CH_2$$
$$\underset{Br}{|} \qquad\qquad\qquad\qquad \underset{CH_3}{|}$$
主要产物

在 E1 反应中,生成产物的组成与产物的稳定性有关,烯烃双键上的烷基越多,烯烃越稳定,相应达到过渡态所需的活化能越低,反应速率越快,产物所占的比例也越大,因此卤代烃的消除反应一般遵守 **Saytzeff 规则**,即脱去含氢原子较少的碳原子上的 $\beta$-氢原子,生成含取代基较多的烯烃。

卤代烃的 E2 反应一般也遵守 Saytzeff 规则,生成取代基较多的烯烃。例如,2-溴丁烷与乙醇钾的 E2 反应:

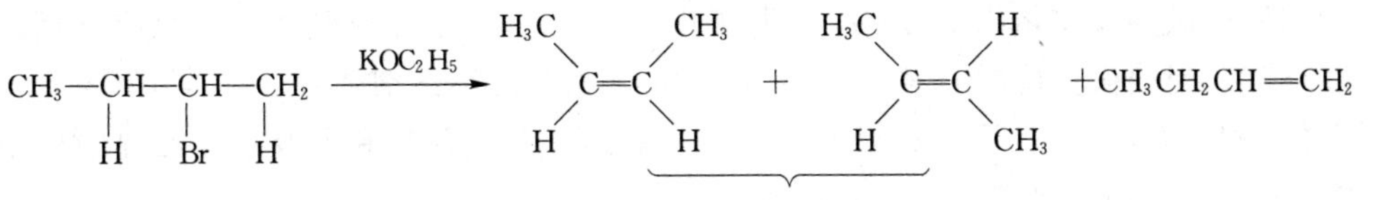

$$CH_3{-}CH{-}CH{-}CH_2 \xrightarrow{KOC_2H_5}$$

4 : 1

当卤代烃分子中含有的不饱和键能与新生成的双键形成共轭时,消除反应以形成稳定共轭烯烃为主。例如：

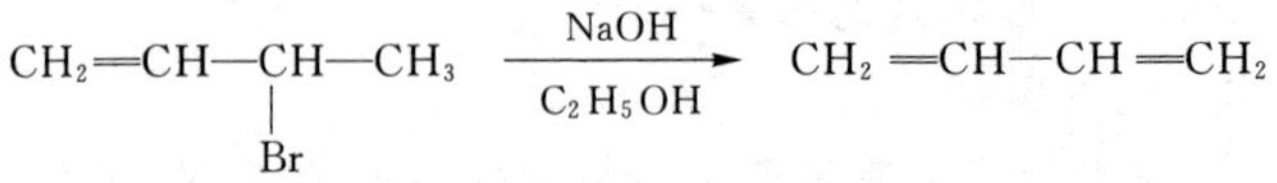

$$CH_2=CH-\underset{\underset{Br}{|}}{CH}-CH_3 \xrightarrow[C_2H_5OH]{NaOH} CH_2=CH-CH=CH_2$$

另外，用体积大的强碱作试剂有利于末端双键的形成，这时 Saytzeff 规则也不再适用。这是因为仲碳原子和叔碳原子上的烷基对体积大的碱接近仲氢原子和叔氢原子有阻碍作用，因此试剂优先进攻没有位阻的伯氢原子，生成 1-烯烃。

E1 反应是完全没有立体选择性的，生成两种构型的烯烃几乎相等。

在 E2 反应中双键的形成和基团的离去是协同进行的。反应过程中 $\alpha$-碳原子和 $\beta$-碳原子的杂化轨道由 $sp^3$ 杂化转换为 $sp^2$ 杂化，要使它们之间形成 $\pi$ 键，必须使新形成的 p 轨道相互平行，即消去的 H 和 X 必须在同一平面上，才能满足逐渐生成的 p 轨道最大限度的重叠。符合此要求的构象只能是对位交叉式和重叠式构象。以交叉式构象进行的消除反应为反式消除，以重叠式构象进行的消除反应为顺式消除。由于重叠式构象不如交叉式构象稳定，并且重叠式构象消除时，进攻的碱试剂与离去基团处于同一侧，对反应不利，所以 E2 反应主要采用反式消除。例如：

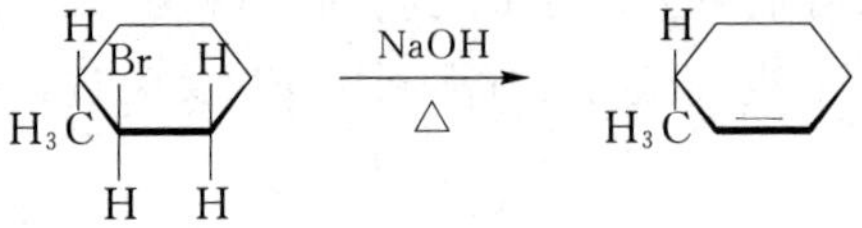

思考题 8-5　写出 $C_2H_5OK$ 的乙醇溶液与下列化合物发生 E2 反应的产物。

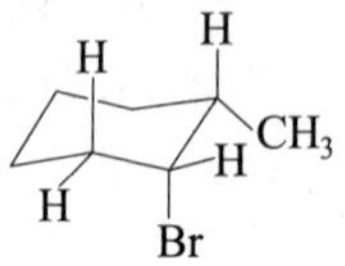

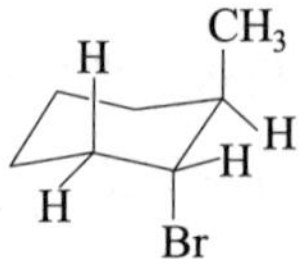

### 8.5.5　消除反应与取代反应的竞争

卤代烃既可以与亲核试剂发生亲核取代反应，又可以与碱发生消除反应，而且亲核试剂和碱都是富电子试剂，亲核试剂具有碱性，碱也具有亲核性。因此，消除反应和取代反应常常同时发生并相互竞争。消除反应和取代反应的竞争主要和反应底物结构、试剂、溶剂、温度等因素有关。

1. 反应底物结构的影响

没有支链的伯卤代烷与位阻小的强亲核试剂作用，主要发生 $S_N2$ 反应，而如果伯卤代烷 $\alpha$-碳原子支链增加，对 $\alpha$-碳原子进攻的位阻增大，则不利于 $S_N2$ 反应，而利于 E2 反应。当伯卤代烷的 $\beta$-碳原子上有支链时也会妨碍试剂从背后进攻 $\alpha$-碳原子，同样不利于 $S_N2$ 反应，而有利于 E2 反应。例如，一些溴代烃和乙醇钠在乙醇中作用，得到取代产物和消除产物的产率见表 8-2。

叔卤代烃在没有强碱存在时存在 $S_N1$ 和 E1 两种反应；有强碱如 $RO^-$ 存在时，以 E2 反应为主。

表 8-2 一些溴代烃结构对取代产物和消除产物产率的影响

| 溴代烃 | 温度/℃ | 取代产物产率/% | 消除产物产率/% |
|---|---|---|---|
| $CH_3CH_2Br$ | 55 | 99 | 1 |
| $(CH_3)_2CHBr$ | 25 | 19.7 | 80.3 |
| $(CH_3)_3CBr$ | 25 | <3 | >97 |
| $CH_3CH_2CH_2Br$ | 55 | 91 | 9 |
| $(CH_3)_2CHCH_2Br$ | 55 | 40.4 | 59.6 |

仲卤代烃反应情况介于伯卤代烃和叔卤代烃之间,当 $\beta$-碳原子上烷基增加时,利于消除反应而不利于亲核取代反应。

总的来说,卤代烃在亲核取代反应中反应倾向为 $CH_3X > RCH_2X > R_2CHX > R_3CX$,而在消除反应中反应倾向为 $CH_3X < RCH_2X < R_2CHX < R_3CX$。

2. 试剂的影响

$S_N1$ 反应和 E1 反应的反应速率都不受亲核试剂的影响。

在 $S_N2$ 反应中反应速率随亲核试剂浓度和亲核能力的增加而增加,而且亲核性强的试剂有利于取代反应,亲核性弱的试剂有利于消除反应,碱性强的试剂有利于消除反应,碱性弱的试剂有利于取代反应。如果试剂碱性加强或碱的浓度增大,消除反应产物增加。例如,$RO^-$ 和 $OH^-$ 都是亲核试剂,也都是碱,但 $RO^-$ 的碱性比 $OH^-$ 强,所以,当伯卤代烷或仲卤代烷用 NaOH 水解时,得到取代和消除两种产物;而当卤代烷与 NaOH 的醇溶液作用时,由于试剂是碱性更强的 $RO^-$,故主要产物为烯烃。另外,碱的浓度增加,消除产物的量也相应增加。

$$CH_3\text{—}\underset{\underset{CH_3}{|}}{\overset{\overset{CH_3}{|}}{C}}\text{—}Br \;+\; NaOH \;\xrightarrow[55\ ℃]{C_2H_5OH}\; CH_3\text{—}\underset{\underset{CH_3}{|}}{\overset{\overset{CH_3}{|}}{C}}\text{=}CH_2 \;+\; CH_3\text{—}\underset{\underset{CH_3}{|}}{\overset{\overset{CH_3}{|}}{C}}\text{—}OC_2H_5$$

| $OH^-$ 浓度/(mol·L$^{-1}$) | 消除产物产率/% | 取代产物产率/% |
|---|---|---|
| 0 | 28(E1) | 72 |
| 0.05 | 34(E1+E2) | 66 |
| 2.00 | 93(E2) | 7 |

另外,试剂分子的大小对反应也有影响,分子体积大的碱如叔丁氧基负离子,它的大位阻阻止了亲核取代,而利于消除反应。例如:

| 卤代烃 | 碱试剂 | 取代产物产率/% | 消除产物产率/% |
|---|---|---|---|
| $CH_3(CH_2)_{15}CH_2CH_2Br$ | $CH_3O^-$ | 99 | 1 |
| | $(CH_3)_3CO^-$ | 15 | 85 |

3. 反应物温度的影响

因为消除反应比取代反应需要断裂的键多,反应的活化能更高,因此高温有利于消除反应。

总之,卤代烃可以发生亲核取代反应,也可以发生消除反应,这些反应可以是双分子的,也可以是单分子的。一般来说,直链的一级卤代烃,很容易发生 $S_N2$ 反应,消除反应很少。$\beta$-碳原子上有侧链的一级卤代烃和二级卤代烃,$S_N 2$ 反应速率较慢,低极性溶剂和强亲核试剂有利于 $S_N 2$ 反应,而低极性溶剂和强碱有利于 E2 反应。叔卤代烃一般不发生 $S_N 2$ 反应,在没有强碱存在时主要为 $S_N 1$ 和 E1 两种单分子反应的混合物,且低温利于 $S_N 1$ 反应;强碱(如 $RO^-$)存在时,以 E2 反应为主,且增加碱的浓度,E2 消除产物增加。

## 8.6  卤代烃的制备

卤代烃的主要制法有两类:一是直接向烃类分子中引入卤原子;二是将分子中其他官能团转化为卤原子。常用的制备方法有以下几种。

### 8.6.1  烃类的卤化反应

**1. 烷烃和环烷烃的卤化**

在光照和加热的条件下,烷烃和环烷烃可以直接和卤素(主要为 $Cl_2$,$Br_2$,与 $I_2$ 反应困难)作用,产物通常为一元和多元卤代物的混合物。此法主要用于工业生产,调节原料比例可使其中某一化合物成为主要产物(参见 2.5.4)。

烷烃的溴代比氯代困难,碘代反应更难。

**2. $\alpha$-H 的卤化**

烯烃 $\alpha$-H 特别活泼,可以发生自由基取代反应,生成 $\alpha$-卤代烯烃(参见 4.3.5)。例如:

$$CH_2 = CH - CH_3 + Cl_2 \xrightarrow[\text{或高温}]{h\nu} CH_2 = CH - CH_2 Cl$$

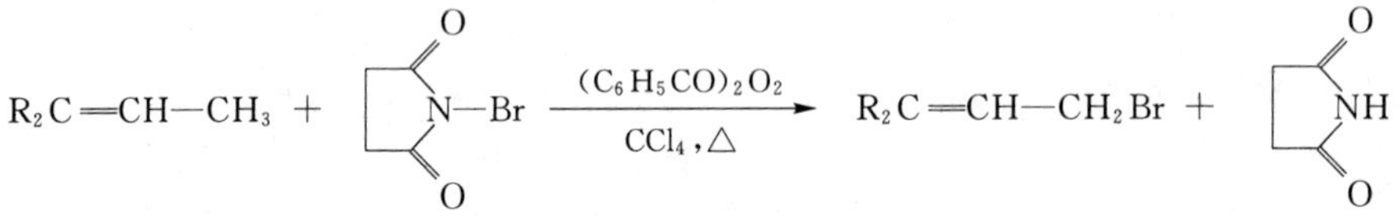

$$R_2 C = CH - CH_3 + \underset{\text{N-Br}}{} \xrightarrow[CCl_4, \triangle]{(C_6 H_5 CO)_2 O_2} R_2 C = CH - CH_2 Br + \underset{\text{NH}}{}$$

**3. 芳烃的卤化**

在 $FeCl_3$ 或 $AlCl_3$ 等 Lewis 酸的催化下,苯与氯、溴等作用生成苯基氯或苯基溴。需要指出的是用该法制备一卤代苯时,常有邻位和对位二取代物的生成(参见 7.5.1)。

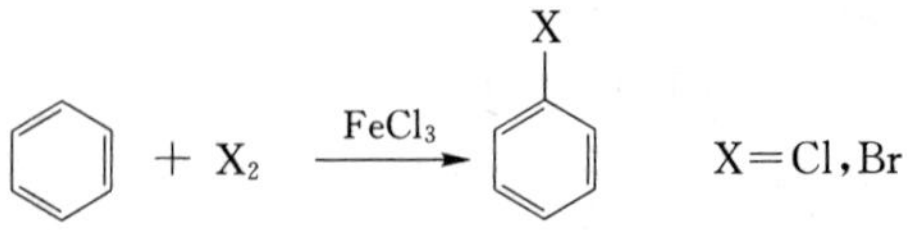

$$\underset{}{\bigcirc} + X_2 \xrightarrow{FeCl_3} \underset{}{\bigcirc}^X \qquad X = Cl, Br$$

### 8.6.2  由醇制备

醇与氢卤酸反应,分子中羟基被卤原子取代得到相应的卤代烃,这是制备卤代烃的最常用方法,实验室和工业上都可采用。

$$R\text{—}OH + HCl \rightleftharpoons RCl + H_2O$$

各种醇的反应活性是叔＞仲＞伯。氢卤酸的反应活性是 $HI > HBr > HCl$。伯醇与浓盐酸反应需在无水氯化锌存在下才能进行。除氢卤酸外，其他常用的卤化剂有卤化磷和氯化亚砜等(参见 9.3.2)。

### 8.6.3　不饱和烃与卤化氢或卤素的加成

不饱和烃与卤化氢或卤素加成得到卤代烃，这也是制备卤代烃的一种常用方法，可用于制备一卤代物和多卤代物(参见 4.3.1 和 5.4.2)。

### 8.6.4　卤素的置换

氯代烷或溴代烷与 NaI 或 KI 在无水丙酮中共热，生成碘代烷。碘化钠能溶于丙酮，而生成的氯化钠和溴化钠不溶，所以碘离子可以取代氯代烷或溴代烷的氯或碘，得到碘代烷。

$$RCl + NaI \xrightarrow{\text{无水丙酮}} RI + NaCl$$

## 8.7　重要的卤代烃

### 8.7.1　三氯甲烷

三氯甲烷(chloroform)，商品名氯仿，为无色有甜味的透明液体，不溶于水，是一种不燃性的有机溶剂。三氯甲烷溶解性很好，纯的三氯甲烷还是一种麻醉剂，但对肝有严重伤害，现已很少使用。

三氯甲烷在光照下能产生剧毒物——光气，故应保存在封闭的棕色瓶中，以防止和空气接触，也可在三氯甲烷中加入 1‰乙醇，乙醇可与光气生成无毒的碳酸二乙酯。

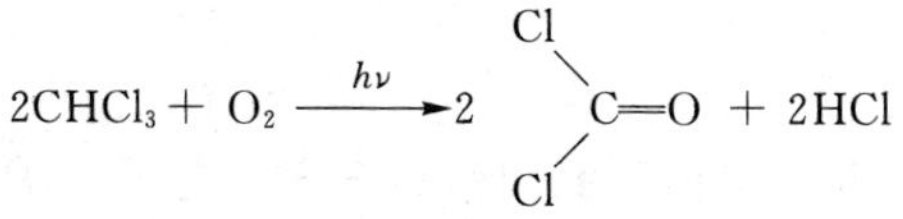

$$2CHCl_3 + O_2 \xrightarrow{h\nu} 2\ \underset{\text{光气}}{\overset{Cl}{\underset{Cl}{\diagdown}}C{=}O} + 2HCl$$

$$\underset{Cl}{\overset{Cl}{\diagdown}}C{=}O + 2HOC_2H_5 \longrightarrow O{=}C\underset{OC_2H_5}{\overset{OC_2H_5}{\diagup}} + 2HCl$$

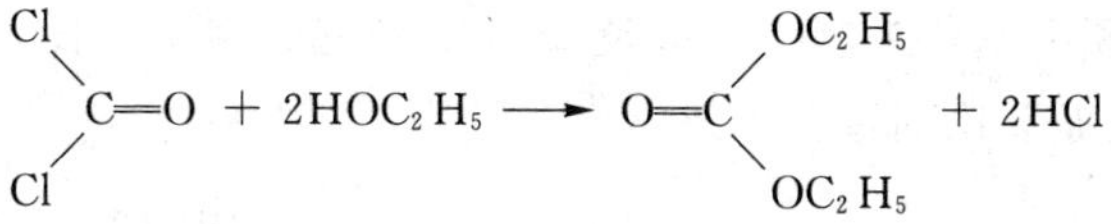

碳酸二乙酯

工业上三氯甲烷是通过甲烷氯代或四氯化碳还原制取的。

### 8.7.2　四氯化碳

四氯化碳(carbon tetrachloride)不燃烧，不导电，且其蒸气比空气重，能阻绝燃烧物与空气的接触，适宜扑灭油类的燃烧和电源附近的火灾。但它在高温下能与水反应，产生毒性极大的光气，现在已经禁用。

四氯化碳是一种良好的有机溶剂,能溶解脂肪、油漆、合成橡胶等。四氯化碳又是一种干洗剂,但其对肝毒性较大,应慎用。

四氯化碳是甲烷氯化的最终产物,工业上用甲烷和氯混合,在 440 ℃下制备四氯化碳,产率可达到 96%。此外,也可以通过二硫化碳和氯在 $SbCl_5$ 或 $AlCl_3$ 等催化下制取。

### 8.7.3 氯乙烯

氯乙烯(vinyl chloride)是无色液体,由于氯乙烯分子中的双键和氯原子之间存在 $p-\pi$ 共轭作用,氯乙烯分子中的氯原子不能发生亲核取代反应;它与卤化氢的加成及脱去卤化氢也都比一般烯烃困难。

氯乙烯在少量过氧化物的作用下,能聚合成白色粉状固体高聚物——聚氯乙烯,简称 PVC。聚氯乙烯化学性质稳定,耐酸,耐碱,不易燃烧,不被空气氧化,不溶于一般溶剂,常用来制备塑料制品、合成纤维、薄膜等,在工业上具有广泛应用。

$$n\ CH_2=CHCl \xrightarrow{\text{过氧化物}} \left[ CH_2-\underset{\underset{Cl}{|}}{CH} \right]_n$$

氯乙烯可由乙烯或乙炔来制备。

### 8.7.4 氯苯

氯苯(chlorobenzene)为无色液体,常用做溶剂和有机合成原料。氯苯分子中的氯原子与氯乙烯分子中的氯原子很相似,也是不活泼的,一般情况下不进行亲核取代反应。

氯苯可由苯直接氯化来制备。工业上用苯蒸气、空气及氯化氢通过氯化铜催化剂来制备。

### 8.7.5 氯化苄

氯化苄(benzyl chloride)又称苯氯甲烷或苄氯。它是一种催泪性的液体,不溶于水,沸点为 179 ℃。工业上制备氯化苄是在日光或较高温度下把氯气通入沸腾的甲苯中,也可以由苯的氯甲基化来制备。该反应将苯和三聚甲醛、HCl 溶液在氯化锌或氯化铝、氯化锡、硫酸等催化剂存在下进行。

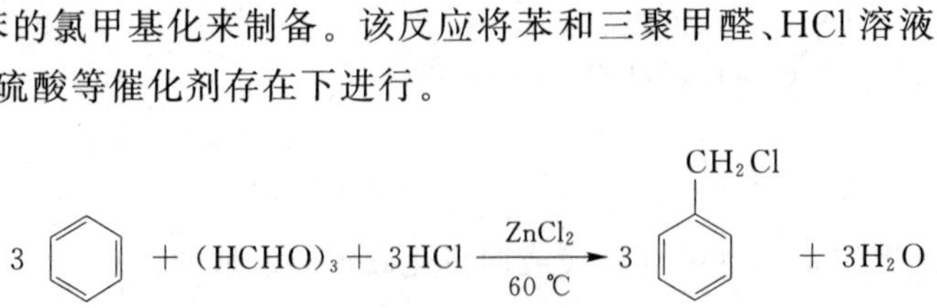

$$3\ \bigcirc + (HCHO)_3 + 3HCl \xrightarrow[60\ ℃]{ZnCl_2} 3\ \bigcirc^{CH_2Cl} + 3H_2O$$

氯化苄容易水解为苯甲醇,是工业上制备苯甲醇的方法之一。氯化苄分子中的氯原子和烯丙基氯分子中的氯原子地位十分相似,具有较大的活泼性,容易进行 $S_N1$ 和 $S_N2$ 反应。苯氯甲烷可发生水解、醇解、胺解等反应,在室温下与硝酸银的乙醇溶液作用立即出现氯化银沉淀。

## 8.8 有机氟化物

选读内容：有机氟化物

## 8.9 金属有机化合物

金属有机化合物是指卤代烃与 Mg，Li，K，Na，Zn，Al，Cd 等金属反应生成的一类金属直接与碳原子相连的化合物。

### 8.9.1 有机锂化合物

有机锂化合物(organolithium compound)是一类重要的碱金属有机化合物，近年来在有机合成、高分子合成等方面有很多重要的应用。

卤代烃与金属 Li 在惰性气体保护下反应得到烷基锂，烷基锂的化学活性高于格氏试剂。它更容易被氧化或与活泼氢结合，所以制备应在惰性气体保护下进行，所用溶剂如乙醚、石油醚、苯、环己烷等必须特别干燥。例如：

$$C_4H_9Cl + 2Li \xrightarrow[\text{石油醚}]{-10\ ℃} C_4H_9Li + LiCl$$

该反应还必须在低温下进行，否则生成的 RLi 又与 RX 作用，发生副反应而生成 R—R。

除甲基锂和乙基锂是结晶固体外，其他烷基锂都是无色低挥发性的液体。它们在空气中能自燃，通常保存在充有惰性气体的溶液中。有机锂试剂的性质与格氏试剂类似，但活性大于格氏试剂，还能发生一些格氏试剂不能发生的反应。

与格氏试剂类似，有机锂试剂可以与醛、酮发生加成反应，其产物经水解后生成仲醇和叔醇。但由于有机锂试剂的活性大于格氏试剂，故有机锂试剂能与有较大空间位阻的羰基化合物反应，而格氏试剂很难进行。不过由于有机锂试剂价格较贵，通常用得较少。

有机锂试剂还可以与羧酸作用,先生成锂盐,继续反应生成酮。

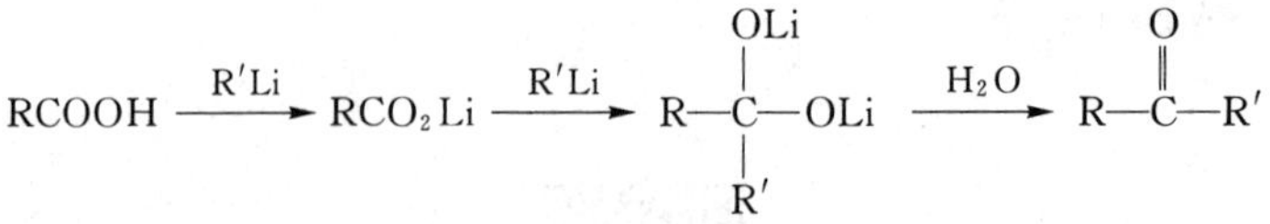

$$
RCOOH \xrightarrow{R'Li} RCO_2Li \xrightarrow{R'Li} R-\overset{\overset{\displaystyle OLi}{|}}{\underset{\underset{\displaystyle R'}{|}}{C}}-OLi \xrightarrow{H_2O} R-\overset{\overset{\displaystyle O}{\|}}{C}-R'
$$

有机锂试剂与金属卤化物反应生成二烷基铜锂,即铜锂试剂,二烷基铜锂的烃基可以是烷基、烯基和芳基。

$$
2RLi + CuI \longrightarrow R_2CuLi + LiI
$$

铜锂试剂可与卤代烃发生交叉偶联反应,制备各种烃类化合物。

$$
R_2CuLi + R'-X \longrightarrow R-R' + RCu + LiX
$$

小资料:
诺贝尔化学奖
简介(2010 年)

### 8.9.2　二茂铁

选读内容:二茂铁

### 8.9.3　有机铝化合物

选读内容:有机铝化合物

## 8.10　有机磷化合物

选读内容:有机磷化合物

## 8.11　有机硅化合物

选读内容:有机硅化合物

# 习　　题

**8-1** 命名下列各化合物,若有构型确定的手性中心,指出其绝对构型。

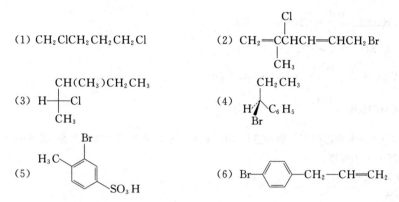

(1) $CH_2ClCH_2CH_2CH_2Cl$

(2) $CH_2=CCHCH=CHCH_2Br$ (附 Cl, CH_3)

(3) $H$—$C$—$Cl$ ($CH(CH_3)CH_2CH_3$ 上, $CH_3$ 下)

(4) (手性碳: $CH_2CH_3$, $H$, $C_6H_5$, $Br$)

(5) (苯环: $H_3C$, $Br$, $SO_3H$)

(6) $Br$—〈苯环〉—$CH_2$—$CH=CH_2$

**8-2** 写出下列各化合物的构造式。

(1) ($R$)-2-溴丁烷

(2) 新戊基溴

(3) 聚四氟乙烯

(4) ($Z$)-1-溴-3-苯基-丁-2-烯

**8-3** 写出1-溴丁烷与下列试剂反应的主要产物。

(1) Mg(无水醚)

(2) Na

(3) $NH_3$

(4) NaI/丙酮溶液

(5) NaCN

(6) 乙炔钠

(7) $(CH_3)_2CHONa$

**8-4** 写出正丙基溴化镁与下列试剂反应的主要产物。

(1) $NH_3$

(2) $H_2O$

(3) $C_2H_5OH$

(4) HBr

(5) $CH_3CH_2CH_2C≡CH$

**8-5** 将下列各组化合物按反应速率的大小顺序排列。

(1) 按 $S_N1$ 反应

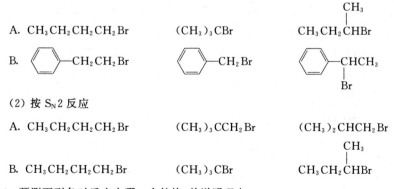

A. $CH_3CH_2CH_2CH_2Br$　　$(CH_3)_3CBr$　　$CH_3CH_2CHBr$ (上带 $CH_3$)

B. 〈苯环〉—$CH_2CH_2Br$　　〈苯环〉—$CH_2Br$　　〈苯环〉—$CHCH_3$ (下带 $Br$)

(2) 按 $S_N2$ 反应

A. $CH_3CH_2CH_2CH_2Br$　　$(CH_3)_3CCH_2Br$　　$(CH_3)_2CHCH_2Br$

B. $CH_3CH_2CH_2CH_2Br$　　$(CH_3)_3CBr$　　$CH_3CH_2CHBr$ (上带 $CH_3$)

**8-6** 预测下列各对反应中哪一个较快,并说明理由。

(1) $CH_3CH_2CHCH_2Br + CN^- \longrightarrow CH_3CH_2CHCH_2CN + Br^-$ (两处均带 $CH_3$)

$$CH_3CH_2CH_2CH_2Br + CN^- \longrightarrow CH_3CH_2CH_2CH_2CN + Br^-$$

(2) $(CH_3)_3CBr \xrightarrow[\triangle]{H_2O} (CH_3)_3COH + HBr$

$(CH_3)_2CHBr \xrightarrow[\triangle]{H_2O} (CH_3)_2CHOH + HBr$

(3) $CH_3I + NaOH \xrightarrow{H_2O} CH_3OH + NaI$

$CH_3I + NaSH \xrightarrow{H_2O} CH_3SH + NaI$

(4) $(CH_3)_2CHCH_2Cl \xrightarrow[\triangle]{H_2O} (CH_3)_2CHCH_2OH$

$(CH_3)_2CHCH_2Br \xrightarrow[\triangle]{H_2O} (CH_3)_2CHCH_2OH$

**8−7** 卤代烷与 NaOH 在水和乙醇混合物中进行反应,根据下述所观察到的实验现象,指出哪些属于 $S_N2$ 机理,哪些属于 $S_N1$ 机理。

(1) 产物构型完全反转。

(2) 有重排产物。

(3) 碱浓度增加,反应速率增加。

(4) 叔卤代烷反应速率大于仲卤代烷。

(5) 增加溶剂的含水量,反应速率明显增加。

(6) 反应不分阶段,一步完成。

(7) 试剂亲核性越强,反应速率越快。

**8−8** 下列三个化合物与硝酸银的乙醇溶液反应,其反应速率大小顺序如何? 为什么?

(1) 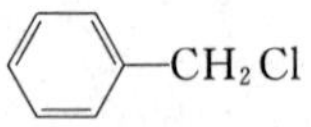 ⟨⟩—$CH_2Cl$    (2) $CH_3CH_2CH_2CH_2Cl$    (3) 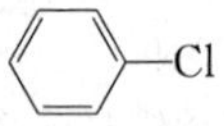 ⟨⟩—$Cl$

**8−9** 不管反应条件如何,新戊基卤[$(CH_3)_3CCH_2X$]在亲核取代反应中,反应速率都很小,为什么?

**8−10** 从指定的原料合成下列化合物。

(1) $CH_3CHCH_3 \longrightarrow CH_3CH_2CH_2Br$
　　　|
　　　$Br$

(2) $CH_3-CH-CH_3 \longrightarrow CH_2-CH-CH_2$
　　　　　|　　　　　　　　|　　|　　|
　　　　　$Br$　　　　　　$Cl$　$Cl$　$Cl$

(3) $CH_2ClCH_2Cl \longrightarrow Cl_2CHCH_3$

(4)

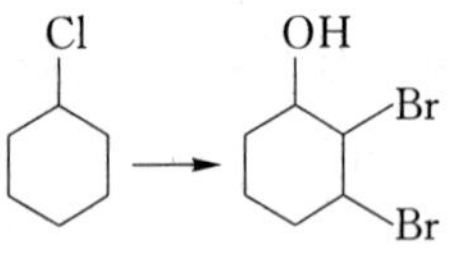

(5)

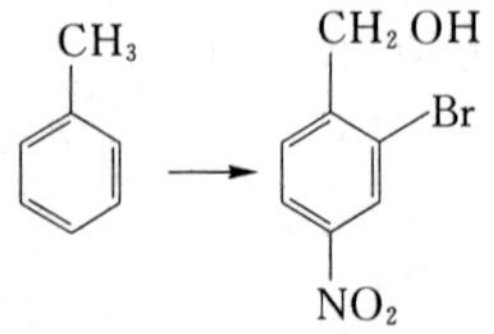

**8−11** 试用简便的化学方法区别下列化合物。

$$CH_3CH\!=\!CHCl \qquad CH_2\!=\!CHCH_2Cl \qquad CH_3CH_2CH_2Cl$$

**8-12** 化合物 A 分子式为 $C_3H_7Br$，A 与氢氧化钾（KOH）醇溶液作用生成 $B(C_3H_6)$，用高锰酸钾氧化 B 得到 $CH_3COOH$，$CO_2$ 和 $H_2O$，B 与 HBr 作用得到 A 的异构体 C。写出 A，B，C 的构造式及各步反应式。

**8-13** 化合物 A 具有旋光性，能与 $Br_2/CCl_4$ 反应，生成三溴化物 B，B 亦具有旋光性；A 在热碱的醇溶液反应生成化合物 C；C 能使溴的四氯化碳溶液褪色，经测定 C 无旋光性；C 与丙烯醛反应可生成

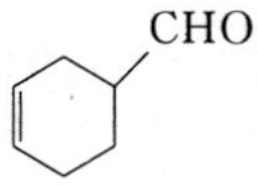

。试写出 A，B，C 的构造式。

**8-14** 下列各步反应中有无错误？如有错误，试指出其错误的地方。

(1) $CH_3CH{=}CH_2 \xrightarrow[\text{(A)}]{\text{HOBr}} CH_3\underset{\underset{Br}{|}}{CH}{-}\underset{\underset{OH}{|}}{CH_2} \xrightarrow[\text{(B)}]{\text{Mg，无水醚}} CH_3{-}\underset{\underset{MgBr}{|}}{CH}{-}\underset{\underset{OH}{|}}{CH_2}$

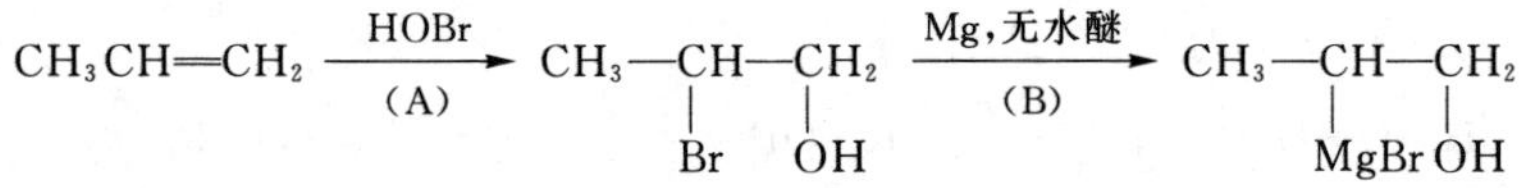

(2) $CH_2{=}C(CH_3)_2 + HCl \xrightarrow[\text{(A)}]{\text{过氧化物}} (CH_3)_3CCl \xrightarrow[\text{(B)}]{\text{NaCN}} (CH_3)_3CCN$

(3)

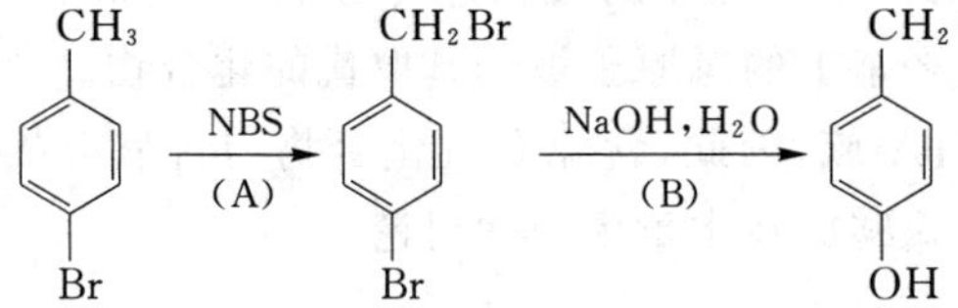

(4) $\underset{\overset{|}{Br}}{\text{（环戊烯基）}}{-}CH_2CHCH_2CH_3 \xrightarrow[\text{(A)}]{\text{KOH，醇}} \text{（环戊烯基）}{-}CH_2CH{=}CHCH_3$

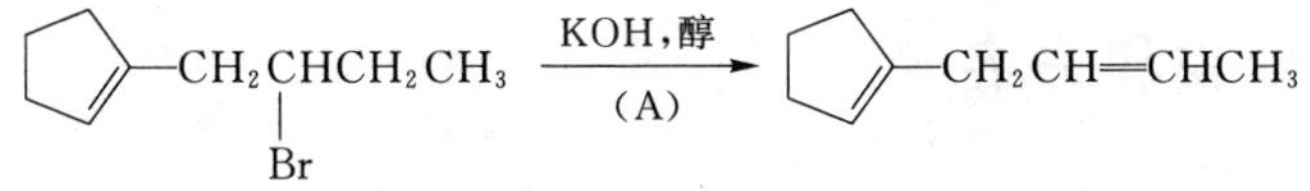

本章思考题答案　　　　　本章小结

# 第9章 醇、酚和醚

醇和醚都是烃的含氧衍生物。它们可以看成水分子中的氢原子被烃基取代的化合物。

$$H—O—H \qquad\qquad R—OH \qquad\qquad R—O—R'$$
$$\text{水} \qquad\qquad\qquad \text{醇} \qquad\qquad\qquad \text{醚}$$

醇和酚的官能团均为羟基(—OH),羟基和脂肪烃相连为醇,和芳香烃相连为酚,醚是醇或酚的衍生物,可看成醇或酚羟基上的氢原子被烃基取代的化合物。

硫和氧同属于元素周期表中第ⅥA族,因此,含硫有机化合物与含氧有机化合物有一些相似的性质,所以也把硫醇和硫醚放在本章中一并讨论。

## 9.1 醇的结构、分类和命名

### 9.1.1 醇的结构

醇分子中的氧原子采取不等性 $sp^3$ 杂化,O—H 键是氧原子以一个 $sp^3$ 杂化轨道与氢原子的1s轨道相互重叠成键的,C—O 键是氧原子的另一个 $sp^3$ 杂化轨道与碳原子的一个 $sp^3$ 杂化轨道相互重叠而成,此外,氧原子还有两对孤对电子分别占据其他两个 $sp^3$ 杂化轨道,具有四面体结构。图 9-1 是甲醇的结构示意图。

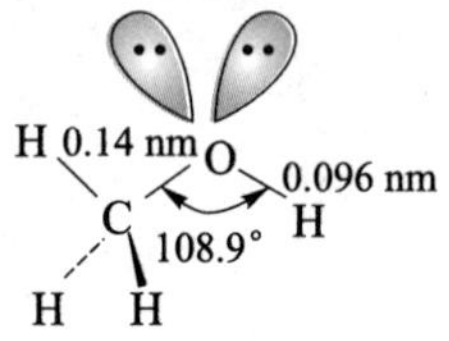

由于氧的电负性大于碳,醇分子中的 C—O 键是极性键,故醇是极性分子。醇的偶极矩约为 $6.67 \times 10^{-30}$ C·m。

图 9-1 甲醇的结构示意图

当—OH 与 $sp^2$ 杂化的碳原子相连时则形成烯醇(enols),烯醇极不稳定,很容易异构化为醛(酮)。

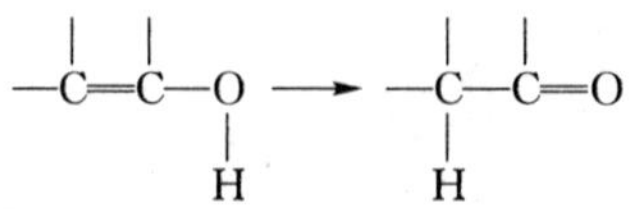

$$-\overset{|}{C}=C-O \longrightarrow -\overset{|}{C}-\overset{|}{C}=O$$

当碳原子上同时连有两个—OH,或同时连有—OH 和—X 时,其化合物不稳定,很容易失去一个小分子转化成羰基化合物。

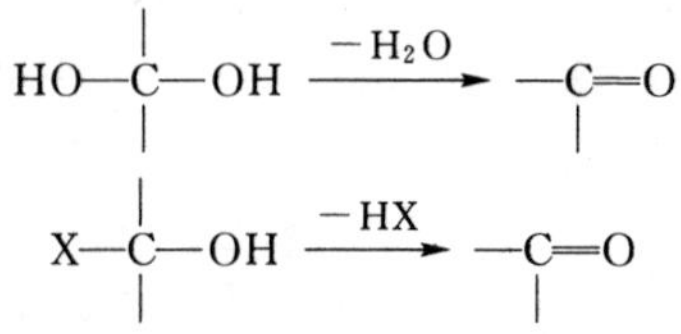

$$HO-\overset{|}{C}-OH \xrightarrow{-H_2O} -C=O$$

$$X-\overset{|}{C}-OH \xrightarrow{-HX} -C=O$$

### 9.1.2 醇的分类

醇可以根据羟基所连的烃基不同分为脂肪醇、脂环醇和芳香醇;根据羟基所连烃基的饱和程度,又可把醇分为饱和醇和不饱和醇。例如:

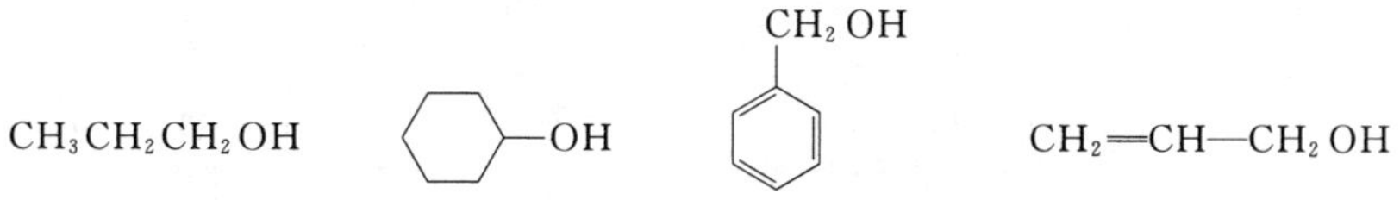

$CH_3CH_2CH_2OH$      ⬡—OH      (苯)$CH_2OH$      $CH_2{=}CH{-}CH_2OH$

丙醇      环己醇      苯甲醇(苄醇)      烯丙醇

根据羟基所连的碳原子的类型(伯碳、仲碳和叔碳)分为伯醇($RCH_2OH$)、仲醇($RR'CHOH$)和叔醇($RR'R''COH$)。根据醇分子中所含的羟基数目的不同又可分为一元醇、二元醇和多元醇。

### 9.1.3 醇的命名

醇的命名有普通命名法和系统命名法。

**1. 普通命名法**

低级的一元醇可按烃基的传统命名法后加醇字来命名,有时也可把其他醇看成甲醇的烷基衍生物来命名。例如,丁醇的四种构造异构体的习惯命名如下:

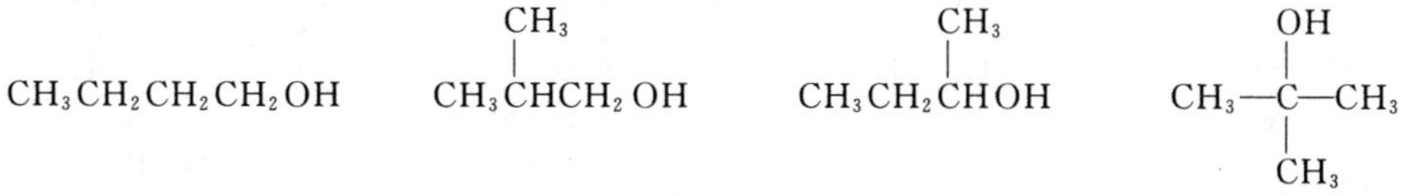

$CH_3CH_2CH_2CH_2OH$      $CH_3CHCH_2OH$(| $CH_3$)      $CH_3CH_2CHOH$(| $CH_3$)      $CH_3{-}C{-}CH_3$(上 $OH$, 下 $CH_3$)

正丁醇      异丁醇      仲丁醇      叔丁醇(三甲基甲醇)

有的醇则采用俗名命名。例如:

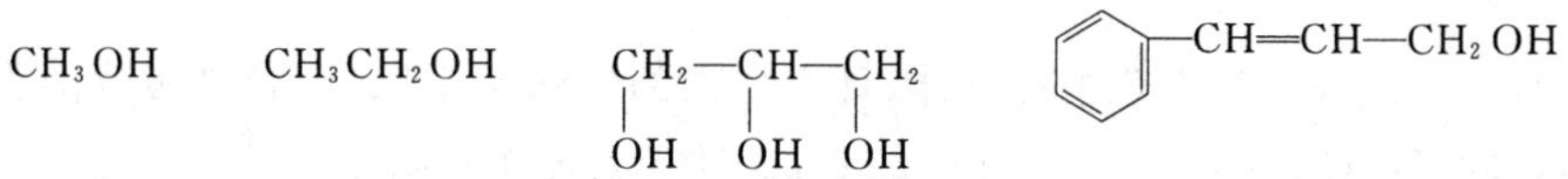

$CH_3OH$      $CH_3CH_2OH$      $CH_2{-}CH{-}CH_2$(下 $OH$ $OH$ $OH$)      (苯)$CH{=}CH{-}CH_2OH$

木醇(甲醇)      酒精(乙醇)      甘油(丙三醇)      3-苯基丙-2-烯-1-醇(肉桂醇)
     (3-苯基烯丙醇)

**2. 系统命名法**

对于结构复杂的醇则采用系统命名法,其原则如下:

(1) 选择连有羟基的碳原子在内的最长的碳链为主链,其他支链看成取代基。

(2) 从靠近羟基的一端将主链的碳原子依次用阿拉伯数字编号,使羟基所连的碳原子的位次尽可能小,羟基的位次是"几",则称为"某-几-醇",作为母体。

(3) 命名时把取代基的位次及名称写在母体名称的前面。不同取代基按照英文首字母顺序依次列出。例如:

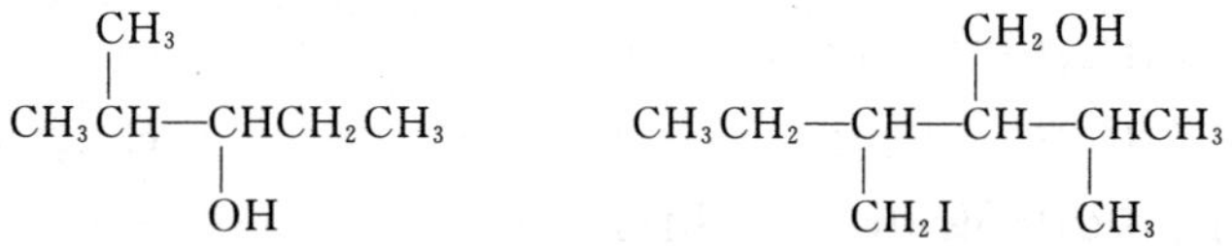

$CH_3CH{-}CHCH_2CH_3$(上 $CH_3$, 下 $OH$)      $CH_3CH_2{-}CH{-}CH{-}CHCH_3$(上 $CH_2OH$, 下 $CH_2I$ $CH_3$)

2-甲基戊-3-醇      3-碘甲基-2-异丙基戊-1-醇
(2-甲基-3-戊醇)      (2-异丙基-3-碘甲基-1-戊醇)

（4）不饱和醇命名时，选主链同一般醇一样，如遇到等长碳链时，则选择含不饱和键在内的碳链，命名时先烯（炔）后醇。例如：

$$CH_3CH_2CH_2CHCH_2CH_2CH_2OH$$
$$|$$
$$CH=CH_2$$

4-乙烯基庚-1-醇
（4-丙基-5-己烯-1-醇）

环己-2-烯-1-醇
（2-环己烯-1-醇）

（5）命名芳香醇时，可将芳基作为取代基加以命名。例如：

1-苯乙醇（α-苯乙醇）

2-苯乙醇（β-苯乙醇）

2-甲基-3-苯基丁-1-醇
（2-甲基-3-苯基-1-丁醇）

（6）多元醇的命名应选择包括连有尽可能多的羟基的碳链做主链，依羟基的数目称二醇（eiols）、三醇（triols）等，并在名称前面标上羟基的位次。因羟基是连在不同的碳原子上，所以当羟基数目与主链的碳原子数目相同时，可不标明羟基的位次。例如：

$$\begin{matrix} CH_2-CH_2 \\ | \quad\quad | \\ OH \quad OH \end{matrix}$$
乙二醇

$$\begin{matrix} CH_2-CH-CH_2 \\ | \quad\quad | \quad\quad | \\ OH \quad OH \quad OH \end{matrix}$$
丙三醇（甘油）

$$\begin{matrix} CH_2-CH-CH_3 \\ | \quad\quad | \\ OH \quad OH \end{matrix}$$
丙-1,2-二醇
（1,2-丙二醇）

$$\begin{matrix} CH_2-CH_2-CH_2 \\ | \quad\quad\quad\quad | \\ OH \quad\quad\quad OH \end{matrix}$$
丙-1,3-二醇
（1,3-丙二醇）

## 9.2 醇的物理性质

低级一元饱和醇为无色中性液体，具有特殊的气味和辛辣味，较高级的醇为黏稠的液体，高级醇（$C_{12}$ 以上）为无色无味的蜡状固体（见表 9-1）。

表 9-1 醇的物理常数

| 名称 | 结构式 | 熔点/℃ | 沸点/℃ | 相对密度 ($d_4^{20}$) | 溶解度 g·(100 g $H_2O$)$^{-1}$ |
|---|---|---|---|---|---|
| 甲醇 | $CH_3OH$ | −97 | 64.7 | 0.792 | ∞ |
| 乙醇 | $CH_3CH_2OH$ | −114 | 78.3 | 0.789 | ∞ |
| 丙醇 | $CH_3CH_2CH_2OH$ | −126 | 97.2 | 0.804 | ∞ |
| 异丙醇 | $(CH_3)_2CHOH$ | −88 | 82.3 | 0.786 | ∞ |
| 丁醇 | $CH_3CH_2CH_2CH_2OH$ | −90 | 117.7 | 0.810 | 7.90 |
| 异丁醇 | $CH_3CH(CH_3)CH_2OH$ | −108 | 108.0 | 0.802 | 10.0 |
| 仲丁醇 | $CH_3CH_2CH(OH)CH_3$ | −114 | 99.5 | 0.808 | 12.5 |
| 叔丁醇 | $(CH_3)_3COH$ | 25 | 82.5 | 0.789 | ∞ |

续表

| 名称 | 结构式 | 熔点/℃ | 沸点/℃ | 相对密度 ($d_4^{20}$) | 溶解度 g·(100 g $H_2O$)$^{-1}$ |
|------|--------|--------|--------|------------------|--------------------|
| 戊醇 | $CH_3(CH_2)_3CH_2OH$ | −78.5 | 138 | 0.817 | 2.4 |
| 己醇 | $CH_3(CH_2)_4CH_2OH$ | −52 | 156.5 | 0.819 | 0.6 |
| 庚醇 | $CH_3(CH_2)_5CH_2OH$ | −34 | 176 | 0.822 | 0.2 |
| 辛醇 | $CH_3(CH_2)_6CH_2OH$ | −15 | 195 | 0.825 | 0.05 |
| 壬醇 | $CH_3(CH_2)_7CH_2OH$ | −5 | 212 | 0.827 | |
| 癸醇 | $CH_3(CH_2)_8CH_2OH$ | 6 | 228 | 0.829 | |
| 十二醇 | $CH_3(CH_2)_{10}CH_2OH$ | 24 | 259 | 0.831(熔点时) | |
| 烯丙醇 | $CH_2=CHCH_2OH$ | −129 | 97 | 0.855 | ∞ |
| 环己醇 | ⬡—OH | 24 | 161.5 | 0.962 | 3.6 |
| 苯甲醇 | ⬡—$CH_2OH$ | −15 | 205 | 1.046 | 4 |
| 乙二醇 | $CH_2OHCH_2OH$ | −16 | 197 | 1.113 | ∞ |
| 丙-1,2-二醇 | $CH_3CHOHCH_2OH$ | −59.5 | 187 | 1.040 | ∞ |
| 丙-1,3-二醇 | $CH_2OHCH_2CH_2OH$ | | 215 | 1.060 | ∞ |
| 丙三醇 | $CH_2OHCHOHCH_2OH$ | 18 | 290 | 1.261 | ∞ |
| 季戊四醇 | $C(CH_2OH)_4$ | 260 | 276 (3 999.6 Pa) | 1.050 | |

　　由于低级醇分子与水分子之间可以形成氢键(见图9-2),使得低级醇能与水无限混溶,四个碳原子到十一个碳原子的醇是油状液体,部分溶于水。随着相对分子质量的增大,烃基部分比重增大,使醇中羟基与水形成氢键的能力下降,溶解度也随之下降。

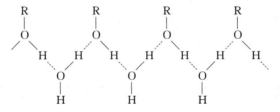

图9-2　醇和水分子间氢键

　　直链饱和一元醇的熔点和密度除甲醇、乙醇、丙醇外,其余均随相对分子质量的增加而升高,且相对密度比水小,比烷烃大(见图9-3)。醇的沸点比相应的烃的沸点高得多,这是由于醇分子间有氢键,使液态醇汽化时,不仅要破坏醇分子间的范德华力,而且还需额外的能量破坏氢键。多元醇分子中含有两个以上的羟基,可以形成更多的氢键,沸点更高。

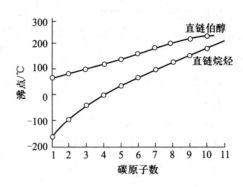

图 9-3　直链伯醇和直链烷烃的沸点比较

　　低级醇与无机盐如 $CaCl_2$，$MgCl_2$，$CuSO_4$ 等能形成结晶的分子化合物，这些结晶醇叫做**醇化物**，如 $MgCl_2 \cdot 6CH_3OH$，$CaCl_2 \cdot 4CH_3CH_2OH$。结晶醇能溶于水，不溶于有机溶剂。因此，醇类产品不能用这些无机盐干燥。但也可以根据这一性质将醇与其他有机化合物分开或除去醇类杂质，如乙醚中含少量乙醇，可加入 $CaCl_2$ 使醇从乙醚中沉淀出来。

　　醇的质谱中分子离子峰峰强度很小，出现 $M^+ - 18$ 特征峰。

　　醇的红外光谱在 $3\,650 \sim 3\,590$ cm$^{-1}$ 区域有典型的 O—H 键伸缩振动峰，氢键缔合的羟基在 $3\,520 \sim 3\,100$ cm$^{-1}$ 区域有 O—H 键伸缩振动吸收峰。从图 9-4 可以看到氢键缔合的羟基吸收峰（$3\,333$ cm$^{-1}$），1％乙醇 $CCl_4$ 溶液的红外光谱（见图 9-5）上除了游离羟基的吸收峰（$3\,650$ cm$^{-1}$）外，还有氢键缔合的羟基的吸收峰（$3\,333$ cm$^{-1}$）。

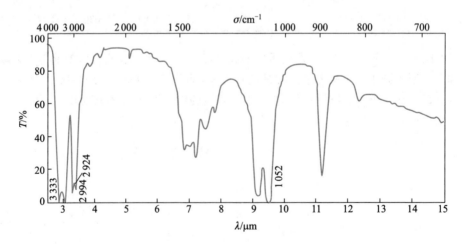

图 9-4　乙醇的红外光谱图（液膜法）

　　羟基活泼氢的化学位移与溶剂、温度、浓度和氢键都有很大关系，因而在一个比较宽的范围内变化，$\delta$ 值一般在 0.5 ～ 5.5。加入重水后，羟基峰消失。

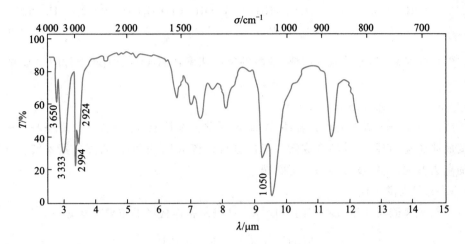

图 9-5　1%乙醇 CCl₄ 溶液的红外光谱图

3 650 cm⁻¹:O—H 键伸缩振动,游离羟基

## 9.3　醇的化学性质

　　醇分子中的 C—O 键和 O—H 键都是较强极性键,对醇的性质起着决定性的作用。此外由于羟基的影响使 $\alpha$ 位和 $\beta$ 位上的氢原子也具有一定的活性。因此醇的化学反应主要发生在以下几个部位:O—H 键断裂,氢原子被取代;C—O 键断裂,羟基被取代;$\alpha$-H 的氧化反应和 $\beta$-H 的消除反应。

### 9.3.1　醇的酸性

　　醇和水都含有羟基,它们都是极性化合物,且具有相似的化学性质。如均可与活泼金属反应放出氢气,羟基氢原子被金属所取代。

$$ROH + Na \longrightarrow RONa + H_2 \uparrow$$

$$(CH_3)_2CHOH \xrightarrow{\ Al\ } [(CH_3)_2CHO]_3Al + H_2 \uparrow$$

　　醇与活泼金属的反应速率比水慢,说明它的酸性比水弱,则其共轭碱烷氧基负离子($RO^-$)的碱性比 $OH^-$ 强,所以醇盐遇水会分解为醇和金属氢氧化物:

$$RCH_2ONa + H_2O \rightleftharpoons RCH_2OH + NaOH$$

　　醇钠具有强碱性,可溶于过量的醇中,常被当做碱性试剂或亲核试剂使用。工业上生产乙醇钠时,为了避免使用昂贵的金属钠,就利用上述反应原理,采用乙醇和氢氧化钠反应,并加入苯形成苯-乙醇-水共沸物,带走反应生成的水,以促使平衡向产物方向移动。

$$CH_3CH_2OH + NaOH \longrightarrow CH_3CH_2ONa + H_2O \uparrow (苯带走水)$$

　　不同的醇和金属反应的活性取决于醇的酸性,酸性越强,反应速率越快。

| | $(CH_3)_3COH$ | $CH_3CH_2OH$ | $H_2O$ | $CH_3OH$ | $CF_3CH_2OH$ | $(CF_3)_3COH$ | HCl |
|---|---|---|---|---|---|---|---|
| p$K_a$ | 18.00 | 16.00 | 15.74 | 15.54 | 12.43 | 5.4 | −7.0 |

取代烷基越多,醇的酸性越弱,故醇的反应速率:$CH_3OH$>伯醇>仲醇>叔醇。

### 9.3.2 生成卤代烃

醇羟基是一个极差的离去基团,不能直接发生亲核取代反应,一般是将醇在强酸下变成质子化的羟基,或转变成磺酸酯再进行亲核取代,把极差的离去基团转换成较好的离去基团,使碳氧键容易发生断裂。

1. 与氢卤酸反应

醇与氢卤酸反应生成相应的卤代烃。这是制备卤代烃的重要方法之一。

$$ROH + HX \rightleftharpoons RX + H_2O$$

这个反应为可逆反应,通常使一种反应物过量或将一种生成物从平衡混合物中移去,使反应向有利于生成卤代烃的方向进行,以提高产率。

酸的性质和醇的结构都影响这个反应的速率,由于卤素的亲核能力 $I^->Br^->Cl^-$,且 HX 的酸性 HI>HBr>HCl,故 HX 的反应活性为 HI>HBr>HCl,醇的反应活性为烯丙醇、苄醇>叔醇>仲醇>伯醇。

HI 是强酸,很容易与伯醇反应;HBr 需要加入硫酸增强酸性,浓盐酸需用无水 $ZnCl_2$ 催化,用无水 $ZnCl_2$ 和浓盐酸配成的溶液称卢卡斯(Lucas)试剂。叔醇容易反应,将 HCl 或 HBr 气体在 0 ℃通过叔醇,反应可在几分钟内完成,此法可用于制备叔卤代烃。由伯醇制备伯溴代烃时常用溴化钠和硫酸代替氢溴酸来反应。

大多数伯醇 ROH 和氢卤酸反应按 $S_N2$ 反应机理进行,在强酸下把醇羟基质子化后以水分子的形式离去。

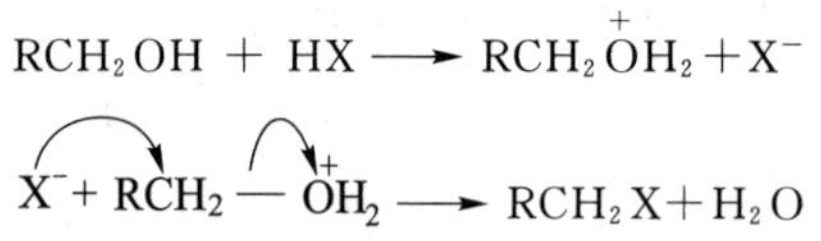

$$RCH_2OH + HX \longrightarrow RCH_2\overset{+}{O}H_2 + X^-$$

$$X^- + RCH_2 - \overset{+}{O}H_2 \longrightarrow RCH_2X + H_2O$$

仲醇、叔醇和空间位阻大的伯醇按 $S_N1$ 反应机理进行,反应会有重排产物生成(参见 8.4.1)。

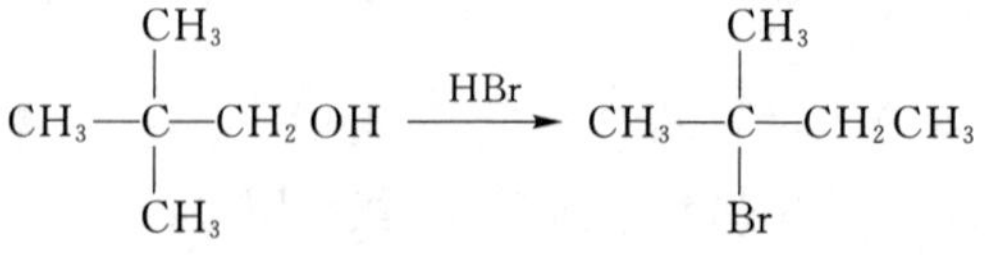

Lucas 试剂与伯、仲、叔醇反应的速率不同,这个性质可用于鉴别醇。当试剂加入醇中,开始形成单一的均相,一旦形成卤代烃,则分离为两相,现象非常明显。在室温下,与 Lucas 试剂作用,叔醇、烯丙醇和苄醇几乎是立即反应,仲醇片刻发生反应,伯醇则需要加热后反应。

$$叔醇\quad R_3COH$$

$$烯丙醇\quad \overset{\displaystyle\phantom{|}}{\underset{\displaystyle OH}{C=C-C}}$$

$$苯醇\quad \underset{\displaystyle}{\bigcirc}-\overset{\phantom{|}}{\underset{\phantom{|}}{C}}-OH$$

$$\left.\vphantom{\begin{array}{c}a\\b\\c\end{array}}\right\}\xrightarrow[\text{室温}]{\text{浓盐酸,无水 ZnCl}_2}\ 立即变浑浊或分层$$

$$仲醇\quad R_2CHOH\quad\xrightarrow[\text{室温}]{\text{浓盐酸,无水 ZnCl}_2}\ 片刻出现浑浊$$

$$伯醇\quad RCH_2OH\quad\xrightarrow[\text{室温}]{\text{浓盐酸,无水 ZnCl}_2}\ 不反应(加热后变浑浊)$$

**思考题 9-1**　如何用简单的化学方法区别下列各组化合物? 并说明所观察到的现象。

(1) 异丙醇、叔丁醇和乙醇　　(2) 苄醇、环己醇和正己醇

拓展阅读:
邻基参与

**2. 与卤化磷反应**

醇与三卤化磷(三溴化磷或三碘化磷)或五氯化磷反应生成相应的卤代烃。

$$3C_2H_5OH + PX_3\,(X=Br,I)\longrightarrow 3C_2H_5X + H_3PO_3$$

由于生成的亚磷酸沸点较高,故和三卤化磷反应常用于制备低沸点的卤代烃。

在实际操作中,常用赤磷与溴或碘代替三卤化磷。例如:

$$C_2H_5OH + I_2/P\longrightarrow C_2H_5I$$

醇与五氯化磷反应生成的三氯氧磷沸点较低,故常用于制备高沸点卤代烃。

$$ROH + PCl_5\longrightarrow RCl + HCl + POCl_3$$

**3. 与氯化亚砜(亚硫酰氯)反应**

醇与氯化亚砜反应是得到氯代烷的一个好方法:

$$ROH + SOCl_2\longrightarrow RCl + SO_2\uparrow + HCl\uparrow$$

该反应条件温和,反应速率快,产率高,副产物是气体,产物构型保持。若在体系中加入吡啶,则得到构型反转的氯代物。这是由于中间物氯代亚硫酸酯和反应中生成的氯化氢均可与吡啶作用生成自由的氯离子,它从离去基团的背面进攻碳原子,而使碳原子的构型反转。

**思考题 9-2**　怎样将反-4-乙基环己醇转化成下列化合物?

(1) 反-1-氯-4-乙基环己烷　　(2) 顺-1-氯-4-乙基环己烷

### 9.3.3　生成酯

醇与含氧的无机酸、有机酸及它们的酰卤、酸酐反应都生成酯（esters）。例如：

$$
ROH \longrightarrow
\begin{cases}
\xrightarrow{HNO_3} RONO_2 \\
\xrightarrow{H_2SO_4} ROSO_3H \xrightarrow{ROH} (RO)_2SO_2 \\
\xrightarrow[\text{吡啶}]{CH_3-\!\!\!\bigcirc\!\!\!-SO_2Cl} p\text{-}CH_3C_6H_4SO_2OR \\
\xrightarrow{CH_3COOH/H^+} CH_3COOR
\end{cases}
$$

$$CH_3O\!-\!\boxed{H+HO}\!-\!SO_2OH \rightleftharpoons CH_3OSO_2OH + H_2O$$
硫酸氢甲酯（酸性酯）

如将硫酸氢甲酯加热减压蒸馏，即得硫酸二甲酯。

$$CH_3OSO_2OH + HOSO_2OCH_3 \rightleftharpoons CH_3OSO_2OCH_3 + H_2SO_4$$
硫酸二甲酯（中性酯）

　　硫酸和乙醇作用，也可得硫酸氢乙酯和硫酸二乙酯。硫酸二甲酯和硫酸二乙酯都是常用的烷基化试剂，因有剧毒，使用时应注意安全。高级醇的酸性硫酸酯钠盐，如 $C_{12}H_{25}OSO_2ONa$ 是一种合成洗涤剂。磷酸三丁酯用做萃取剂和增塑剂。

$$3C_4H_9OH + \begin{matrix}HO\\HO\end{matrix}\!\!>\!\!P\!\!=\!\!O \rightleftharpoons (C_4H_9O)_3PO + 3H_2O$$
磷酸三丁酯

　　羟基不是一个好的离去基团，故不易发生亲核取代反应，当羟基质子化后就变成了好的离去基团，如醇和氢溴酸反应。还有一个方法是把醇转化为磺酸酯，磺酸酯中的酸根部分是很好的离去基团，和卤代烃类似，通过磺酸酯可发生各种亲核取代反应：

$$
p\text{-}CH_3C_6H_4SO_2OR \longrightarrow
\begin{cases}
\xrightarrow{OH^-} ROH + p\text{-}CH_3C_6H_4SO_2O^- \\
\xrightarrow{^-CN} RCN + p\text{-}CH_3C_6H_4SO_2O^- \\
\xrightarrow{X^-} RX + p\text{-}CH_3C_6H_4SO_2O^- \\
\xrightarrow{R'O^-} ROR' + p\text{-}CH_3C_6H_4SO_2O^- \\
\xrightarrow{NH_3} RNH_2 \\
\xrightarrow{LiAlH_4} RH
\end{cases}
$$
对甲苯磺酸酯

反应机理通常为 $S_N2$ 反应。例如：

$$CH_3CH_2CH_2\!-\!\underset{D}{\overset{H}{C}}\!-\!OH + CH_3\!-\!\bigcirc\!-\!SO_2Cl \xrightarrow{\text{构型保持}} CH_3CH_2CH_2\!-\!\underset{D}{\overset{H}{C}}\!-\!O\!-\!\underset{O}{\overset{O}{S}}\!-\!\bigcirc\!-\!CH_3$$

$$\xrightarrow[\text{构型反转}]{NaI} CH_3CH_2CH_2\!-\!\underset{D}{\overset{H}{C}}\!\cdots\!I$$

思考题 9-3 写出下列反应的主要产物。

(1) 对甲苯磺酸异丁酯 + 碘化钠

(2) (*R*)-对甲苯磺酸-2-己酯 + NaCN

(3) 对甲苯磺酸正丁酯 + HC≡CNa

### 9.3.4 脱水反应

按反应条件的不同,醇可以发生分子内或分子间的脱水(dehydration),形成烯烃或醚。

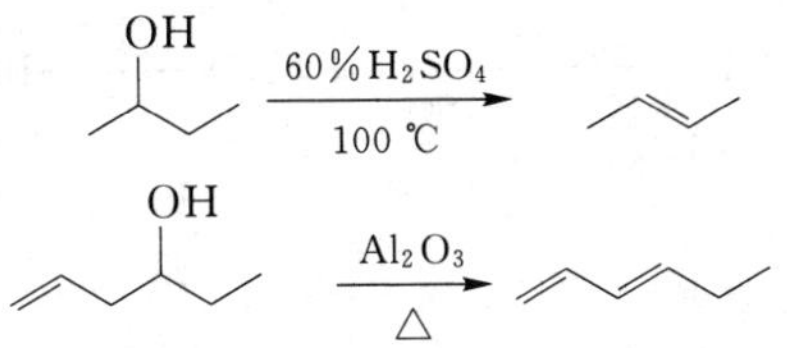

$$2CH_3CH_2OH \xrightarrow[350\sim400\ ℃]{Al_2O_3} CH_3CH_2OCH_2CH_3 + H_2O$$

醇脱水的反应活性为叔醇>仲醇>伯醇。当有多个不同的β-H时,主要产物符合 Saytzeff 规则(参见 8.5.4),即生成双键碳原子上连有较多取代基的烯烃或共轭烯烃。如果醇失水生成的烯烃有顺、反异构体时,主要得到反式烯烃。

醇分子内脱水反应通过碳正离子中间体进行(E1 反应机理),因此当伯醇或仲醇酸催化下失水时常常会发生重排。

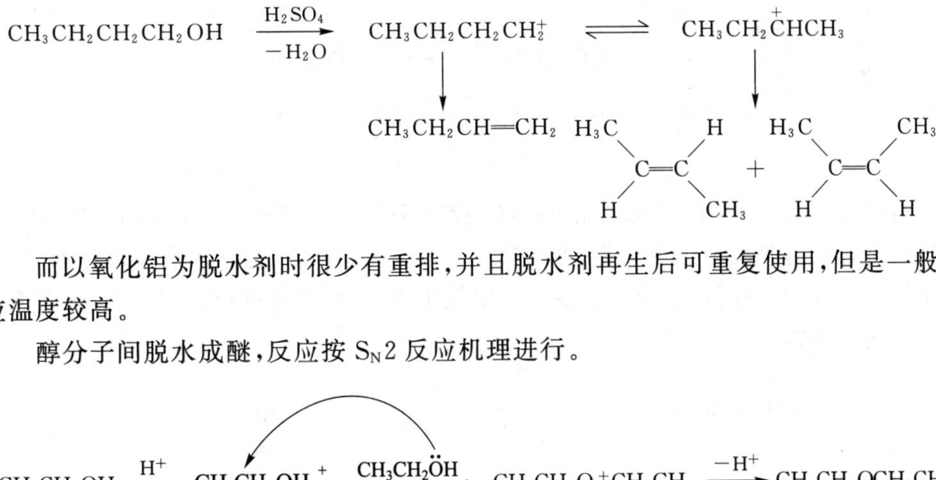

而以氧化铝为脱水剂时很少有重排,并且脱水剂再生后可重复使用,但是一般反应温度较高。

醇分子间脱水成醚,反应按 $S_N2$ 反应机理进行。

$$CH_3CH_2OH \xrightarrow{H^+} CH_3CH_2OH_2^+ \xrightarrow[-H_2O]{CH_3CH_2\ddot{O}H} CH_3CH_2\underset{H}{O^+}CH_2CH_3 \xrightarrow{-H^+} CH_3CH_2OCH_2CH_3$$

醇脱水成烯或成醚的反应是一对竞争反应,较低温度有利于成醚,较高温度有利于成烯。叔醇消除倾向大,主要生成烯烃。

思考题 9-4 推测下列醇在硫酸催化下脱水反应的主要产物。

(1) 1-甲基环己醇 (2) 新戊醇 (3) 正戊醇

### 9.3.5 氧化和脱氢

在有机反应中,氧化(oxidation)和脱氢(dehydrogenation)从广义上讲都是氧化反应。在伯醇和仲醇分子中与羟基直接相连的碳原子都连有氢原子,这些氢原子由于受到相邻羟基的影响,比较活泼易被氧化,生成不同的氧化产物。伯醇先氧化为醛,醛继续氧化生成羧酸。仲醇氧化则生成酮。这些产物的碳原子数与原来的醇相同。叔醇由于和羟基相连的碳原子上无氢原子,不易被氧化,在剧烈氧化条件下(如在硝酸作用下),则碳链断裂,形成含碳原子数较少的产物。

$$RCH_2OH \xrightarrow[KMnO_4/H_2SO_4]{[O]} RCHO \xrightarrow{[O]} RCOOH$$
羧酸

$$R-\overset{R'}{\underset{|}{C}}HOH \xrightarrow{[O]} R-\overset{R'}{\underset{|}{C}}=O$$
酮

常用的氧化剂有高锰酸钾、二氧化锰、重铬酸钠或重铬酸钾、铬酸、硝酸等,以及其他特殊的氧化试剂与脱氢试剂,如异丙醇铝/丙酮、二甲亚砜/二环己基碳二亚胺(DCC)、铜铬氧化物等。

在酸性溶液或碱性溶液中,伯醇先被高锰酸钾氧化成醛,醛很容易被氧化成羧酸;仲醇被氧化成酮,反应有二氧化锰沉淀析出,因此可用于鉴别醇。

新制得的二氧化锰可选择性地氧化 $\alpha,\beta$-不饱和伯醇成醛,仲醇成酮,双键不被氧化,其他位置的—OH 也不被氧化。

$$CH_2=CHCH_2OH \xrightarrow{MnO_2} CH_2=CHCHO$$

$$CH_3CH_2CH=CHCH_2OH \xrightarrow{MnO_2} CH_3CH_2CH=CHCHO$$
$$\underset{|}{OH} \qquad\qquad\qquad \underset{|}{OH}$$

重铬酸盐酸性溶液的氧化性能与高锰酸钾相同。铬酐($CrO_3$)与吡啶形成的铬酐-吡啶络合物是易吸潮的红色结晶,称为沙瑞特(Sarett)试剂,它可将伯醇氧化为醛,仲醇氧化为酮,产率很高。反应一般在二氯甲烷中于 25 ℃左右进行,分子中的碳碳重键不受影响。例如:

$$CH_3(CH_2)_4C\equiv CCH_2OH \xrightarrow[CH_2Cl_2,25\,℃]{CrO_3\cdot Py} CH_3(CH_2)_4C\equiv CCHO$$
84%

**PCC**(pyridinium chlorochromate)试剂是三氧化铬和吡啶盐酸盐的络合物,氧化反应性能和 Sarett 试剂类似。

不饱和的二级醇也可用琼斯(Jones)试剂氧化成相应的酮而双键不受影响,该试剂是将铬酐溶于稀硫酸中,然后滴加到要被氧化的醇的丙酮溶液中,反应在 15~20 ℃进行,产率也较高。例如:

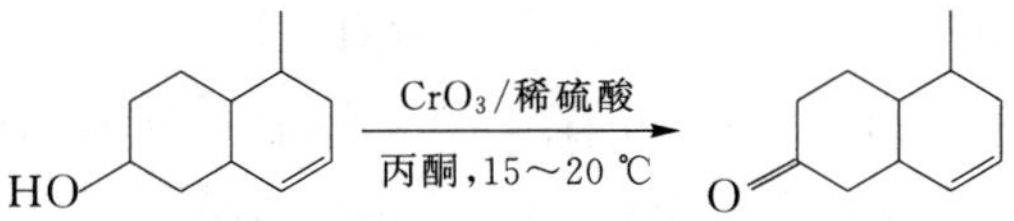

伯醇可被稀硝酸氧化成羧酸，仲醇和叔醇需在较浓的硝酸中氧化，同时发生碳碳键的断裂，生成小分子羧酸。例如：

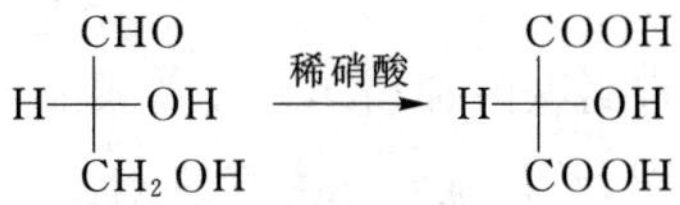

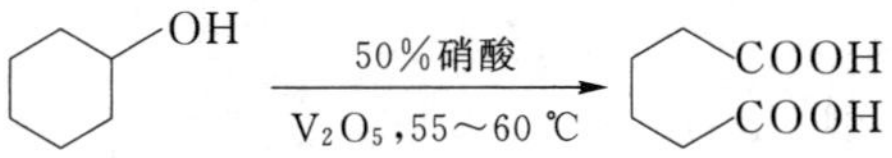

在叔丁醇铝或异丙醇铝的存在下，二级醇被丙酮(或甲乙酮、环己酮)氧化成酮，丙酮被还原成异丙醇，这一反应称为欧芬脑尔(Oppenauer P V)氧化反应，这是一种选择性地氧化仲醇成酮的方法。反应只在醇和酮之间发生氢原子的转移，不涉及分子其他部分，所以在分子中含有碳碳双键或其他对酸不稳定的基团时，利用此法较为适宜。Oppenauer 氧化反应是一个可逆反应，为使反应向生成酮的方向进行，需加入过量的丙酮。

$$CH_3CH_2CH_2CH{=}CH\underset{}{C}H(OH)CH_3 + CH_3COCH_3 \xrightleftharpoons{Al[OCH(CH_3)_2]_3} CH_3CH_2CH_2CH{=}CHC(=O)CH_3 + CH_3CH(OH)CH_3$$

伯醇、仲醇可以在脱氢试剂的作用下，失去氢原子形成羰基化合物，醇的脱氢一般用于工业生产，常用铜或铜铬氧化物等作脱氢剂，在 300 ℃下使醇蒸气通过催化剂即可生成醛或酮。

$$2CH_3CH_2OH + O_2 \xrightleftharpoons[550\ ℃]{Cu或Ag} 2CH_3CHO + 2H_2O$$

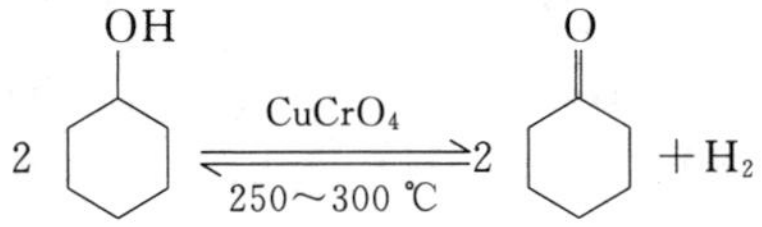

思考题 9-5 写出实验室中合成下列化合物的最适合的方法。

(1) 正丁醇⟶丁醛 (2) 正丁醇⟶丁酸 (3) 丁-2-烯-1-醇⟶丁-2-烯醛

## 9.4 多元醇的反应

多元醇(polyol)具有醇羟基的一般性质，邻位二醇具有一些特殊的性质。

### 9.4.1 螯合物的生成

如甘油和氢氧化铜反应生成蓝色的甘油铜。

$$
\begin{array}{ccc}
CH_2-OH & & CH_2-O \\
| & & | \quad\quad \diagdown \\
CH-OH & + Cu(OH)_2 \longrightarrow & CH-O \quad Cu + 2H_2O \\
| & & | \quad\quad \diagup \\
CH_2-OH & & CH_2-OH
\end{array}
$$

甘油铜(蓝色)

### 9.4.2 氧化反应

邻二醇被高碘酸($HIO_4$)、高碘酸钾($KIO_4$)、高碘酸钠($NaIO_4$)或四醋酸铅氧化,邻羟基之间的碳碳键发生断裂,醇羟基转化为醛或酮。

$$
\begin{array}{c}
-C-OH \\
| \\
-C-OH
\end{array}
\xrightarrow{HIO_4}
\diagup \!\! C\!=\!O + O\!=\!C \!\! \diagdown + H_2O + HIO_3
$$

这一反应是定量进行的,因此,可根据氧化剂的消耗量推知邻二醇的量。例如:

$$
\underset{OH}{\overset{OH}{\bigcirc}} \xrightarrow[20\sim25\,℃]{(CH_3COO)_4Pb} OHCCH_2CH_2CH_2CHO
$$

戊二醛

在上面反应中顺式二醇的反应速率远远大于反式二醇,因顺式可形成环状中间体。

在有少量水或醇存在时,$\alpha$-羟基醛或酮、1,2-二酮及 $\alpha$-氨基酸也能发生氧化断裂反应。

### 9.4.3 频哪醇重排

邻二醇在酸的作用下发生重排生成酮的反应称频哪醇重排(pinacol rearrangement)。

$$
\underset{\underset{OH\ OH}{|\quad|}}{(CH_3)_2C-C(CH_3)_2} \xrightarrow{H^+} \underset{\underset{O}{\|}}{(CH_3)_3C-C-CH_3}
$$

频哪醇             频哪酮

反应机理如下:

$$
\underset{\underset{OH\ OH}{|\quad|}}{\overset{\overset{CH_3CH_3}{|\quad|}}{CH_3-C-C-CH_3}}
\xrightarrow{H_2SO_4}
\underset{\underset{HO\quad OH_2}{|\quad\ \ |}}{\overset{\overset{CH_3CH_3}{|\quad|}}{CH_3-C-C-CH_3}}
\xrightarrow{-H_2O}
\underset{\underset{OH}{|}}{\overset{\overset{CH_3CH_3}{|\quad|}}{CH_3-C-C-CH_3}}
\xrightarrow{CH_3-迁移}
$$

$$
\underset{\underset{OCH_3}{|}}{\overset{\overset{CH_3}{|}}{CH_3-C-C-CH_3}}
\longleftrightarrow
\underset{\underset{+OCH_3}{|}}{\overset{\overset{CH_3}{|}}{CH_3-C-C-CH_3}}
\xrightarrow{-H^+}
\underset{\underset{O\ CH_3}{|\quad|}}{\overset{\overset{CH_3}{|}}{CH_3-C-C-CH_3}}
$$

**思考题 9-6** 写出下列反应的机理。

(1) 　　　　 $\xrightarrow{H_2SO_4}$ 　　　　　 (2) 　　　　 $\xrightarrow{H_2SO_4}$

## 9.5 醇的制备

醇的制备方法有以下几种。

### 9.5.1 由烯烃制备

烯烃经直接或间接水合法(hydration)或通过硼氢化氧化法生成醇(参见 4.3.1 和 4.3.3)。例如:

$$CH_2\!=\!CH_2 + H_2O \xrightarrow[280\sim300\ ℃,8\ MPa]{H_3PO_4-硅藻土} CH_3\!-\!CH_2\!-\!OH$$
乙醇

$$CH_3\!-\!\overset{\underset{\displaystyle |}{CH_3}}{C}\!=\!CH_2 \xrightarrow{H_2SO_4} CH_3\!-\!\overset{\underset{\displaystyle OSO_3H}{CH_3}}{\underset{}{C}}\!-\!CH_3 \xrightarrow{H_2O} CH_3\!-\!\overset{\underset{\displaystyle OH}{CH_3}}{\underset{}{C}}\!-\!CH_3$$
叔丁醇

不对称烯烃如 3,3-二甲基丁-1-烯在酸催化下水合,往往由于中间体碳正离子可发生重排而生成叔醇。

$$(CH_3)_3CCH\!=\!CH_2 \xrightarrow{H^+} CH_3\!-\!\overset{CH_3}{\underset{CH_3}{C}}\!-\!\overset{+}{C}H\!-\!CH_3 \rightleftharpoons \xrightarrow{重排} \ \ \ \ \overset{H_3C}{\underset{H_3C}{}}\overset{+}{C}\!-\!\overset{CH_3}{C}\!-\!CH_3$$

$$\xrightarrow[②-H^+]{①H_2O} \ \ \ \overset{H_3C}{\underset{H_3C}{}}C\overset{OH}{\underset{CH(CH_3)_2}{}}$$

$$\overset{}{\underset{CH_3}{\bigtriangledown}} \xrightarrow{B_2H_6} \xrightarrow[OH^-]{H_2O_2} \ \ \overset{OHH}{\underset{H\ \ CH_3}{\bigtriangledown}}\ 顺式加成$$

烯烃与醋酸汞在水存在下反应,首先生成羟烷基汞盐,然后用硼氢化钠还原,脱汞生成醇,该方法被称为羟汞化-还原脱汞法(oxymercuration-demercuration)。例如:

$$CH_3CH_2CH_2CH\!=\!CH_2 \xrightarrow[H_2O]{Hg(OAc)_2} CH_3CH_2CH_2\underset{OH}{\underset{|}{C}}H\!-\!\underset{HgOAc}{\underset{|}{C}}H_2 \xrightarrow{NaBH_4} CH_3CH_2CH_2\underset{OH}{\underset{|}{C}}HCH_3$$
93%

总反应相当于烯烃与水按马氏规则进行加成。此反应具有条件温和、反应速率快、不重排和产率高的特点,是实验室制备醇的好方法。

### 9.5.2　由格氏试剂制备

格氏试剂法是制备醇的重要方法。格氏试剂和甲醛或环氧乙烷反应可以分别合成增加一个碳原子和两个碳原子的伯醇。

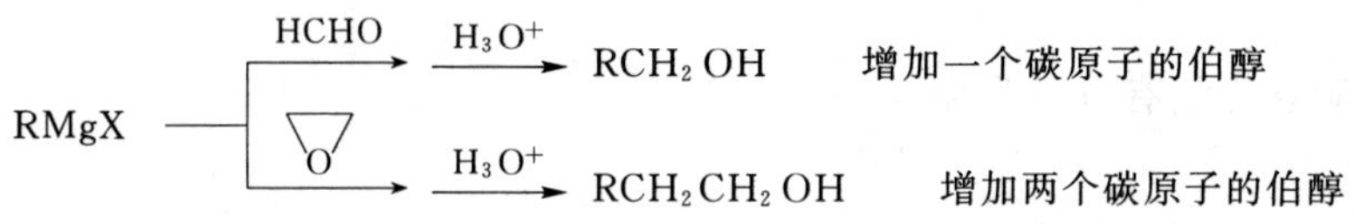

$$RMgX \xrightarrow{\begin{array}{c} HCHO \\ \\ \\ \triangle_O \end{array}} \xrightarrow{H_3O^+} RCH_2OH \quad \text{增加一个碳原子的伯醇}$$
$$\xrightarrow{H_3O^+} RCH_2CH_2OH \quad \text{增加两个碳原子的伯醇}$$

例如:

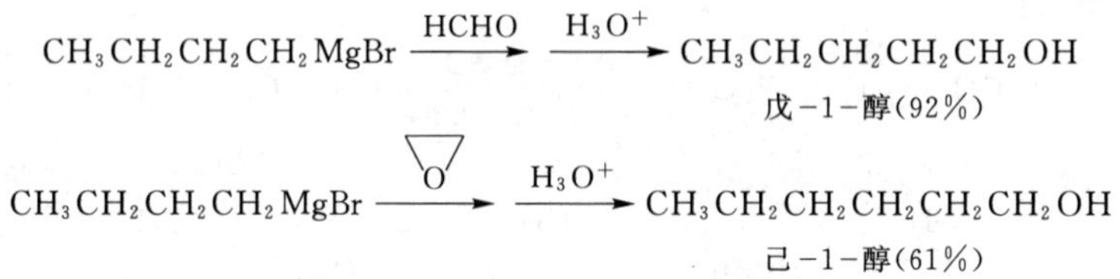

$$CH_3CH_2CH_2CH_2MgBr \xrightarrow{HCHO} \xrightarrow{H_3O^+} CH_3CH_2CH_2CH_2CH_2OH$$
戊-1-醇(92%)

$$CH_3CH_2CH_2CH_2MgBr \xrightarrow{\triangle_O} \xrightarrow{H_3O^+} CH_3CH_2CH_2CH_2CH_2CH_2OH$$
己-1-醇(61%)

格氏试剂与醛、取代环氧乙烷或甲酸酯反应生成仲醇。

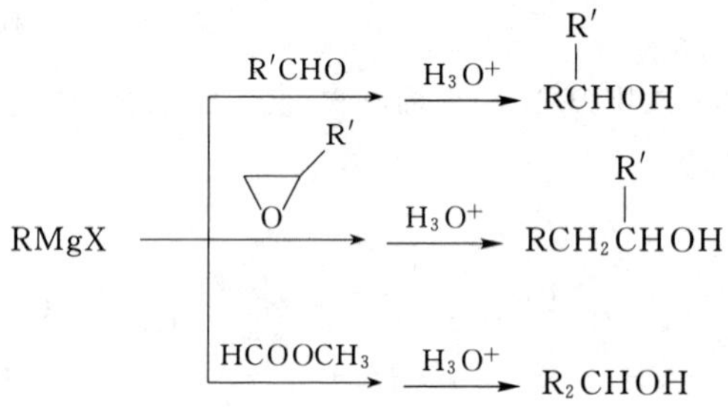

$$RMgX \begin{cases} \xrightarrow{R'CHO} \xrightarrow{H_3O^+} RCHOH \ (R') \\ \xrightarrow{\triangle_O^{R'}} \xrightarrow{H_3O^+} RCH_2CHOH \ (R') \\ \xrightarrow{HCOOCH_3} \xrightarrow{H_3O^+} R_2CHOH \end{cases}$$

例如:

$$CH_3CH_2MgBr + CH_3CHO \xrightarrow[(2)H_3O^+]{(1)\ 干醚} CH_3CH_2CHOH \ (CH_3)$$
乙醛　　　　　　　　　　　丁-2-醇(85%)

格氏试剂与酮或酯反应生成叔醇。

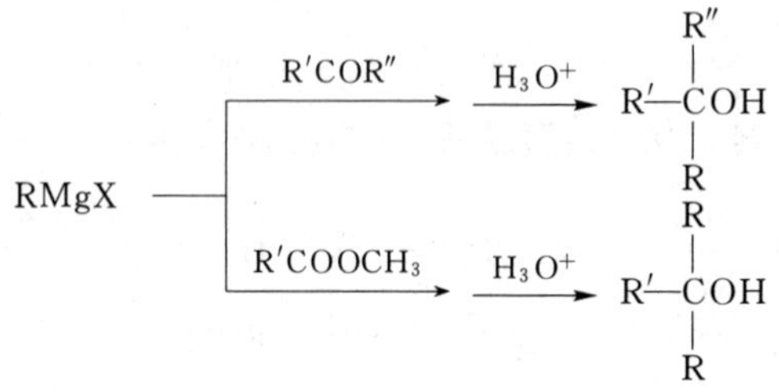

$$RMgX \begin{cases} \xrightarrow{R'COR''} \xrightarrow{H_3O^+} R'\underset{R}{\overset{R''}{-}COH} \\ \xrightarrow{R'COOCH_3} \xrightarrow{H_3O^+} R'\underset{R}{\overset{R}{-}COH} \end{cases}$$

例如:

$$CH_3CH_2MgBr + CH_3CH_2CH_2COCH_3 \xrightarrow[\text{(2) } H_3O^+]{\text{(1) 干醚}} CH_3CH_2-\underset{\underset{CH_3}{|}}{\overset{\overset{CH_2CH_2CH_3}{|}}{C}}-OH$$

戊-2-酮 ⇊ 3-甲基己-3-醇(90%)

因为卤代烃常常由醇来制备,故格氏试剂法提供了一条由简单醇和卤代烃合成复杂醇的有效路线。

思考题 9-7　完成下列转化(无机试剂和小于 $C_4$ 的有机化合物任选)。
(1) 由乙醇合成丙醇和丁醇　　(2) 由氯苯合成二苯甲醇

### 9.5.3　由卤代烃制备

卤代烃一般由醇制备,所以只有在相应的卤代烃容易得到时才采用此法。由于烯丙基氯和苄氯很容易从丙烯和甲苯分别经高温氯化得到,所以烯丙基氯、苄氯可用来制备烯丙醇和苄醇。例如:

$$CH_2{=}CHCH_2Cl \xrightarrow[H_2O]{Na_2CO_3} CH_2{=}CHCH_2OH$$

$$\underset{}{\text{C}_6\text{H}_5}{-}CH_2Cl \xrightarrow[\text{加热}]{\text{NaOH水溶液}} \underset{}{\text{C}_6\text{H}_5}{-}CH_2OH$$

### 9.5.4　由羰基化合物还原制备

醛、酮、羧酸和酯的分子中都含有羰基,可经化学还原或催化加氢还原成相应的醇,催化氢化常用的催化剂为 Ni,Pt 和 Pd 等。醛、羧酸和酯还原得伯醇,酮还原得仲醇。

$$\left.\begin{array}{l} RCHO \\ RCOOH \\ RCOOR' \end{array}\right\} \xrightarrow[\text{还原剂}]{[H]} RCH_2OH \quad \text{伯醇}$$

$$\underset{}{R}{-}\overset{\overset{O}{\|}}{C}{-}R' \xrightarrow[\text{还原剂}]{[H]} R{-}\overset{\overset{OH}{|}}{C}H{-}R' \quad \text{仲醇}$$

金属氢化物 $LiAlH_4$ 和 $NaBH_4$ 也可以还原羰基化合物,如有不饱和键一般不被还原。$NaBH_4$ 的还原能力较弱,一般只还原醛、酮,常用溶剂为醇,$LiAlH_4$ 还原能力较强,所有羰基化合物都可以被还原,常用非质子性溶剂。例如:

$$CH_3CH_2CH_2CHO \xrightarrow[\text{(2) } H_2O]{\text{(1) } NaBH_4} CH_3CH_2CH_2CH_2OH$$

丁醛 ⇊ 丁醇(85%)

$$CH_3CH_2COCH_3 \xrightarrow[\text{(2) } H_2O]{\text{(1) } NaBH_4} CH_3CH_2\underset{\underset{OH}{|}}{C}HCH_3$$

丁-2-酮 ⇊ 丁-2-醇(87%)

羧酸只能被 LiAlH$_4$ 还原生成醇。例如：

$$CH_3-\underset{\underset{CH_3}{|}}{\overset{\overset{CH_3}{|}}{C}}-COOH \xrightarrow[\text{(2) } H_3O^+]{\text{(1) } LiAlH_4} CH_3-\underset{\underset{CH_3}{|}}{\overset{\overset{CH_3}{|}}{C}}-CH_2OH$$

酯可以在高温、高压下催化氢化,用化学还原剂还原,最常用的是金属钠和醇,也可被 LiAlH$_4$ 还原生成醇。例如：

$$RCOOC_2H_5 \xrightarrow[C_2H_5OH]{Na} RCH_2OH+C_2H_5OH$$

当用 NaBH$_4$ 或 Al$[OCH(CH_3)_2]_3$（异丙醇铝）作还原剂时,可使不饱和醛、酮还原为不饱和醇而不影响碳碳双键。例如：

$$CH_3CH=CHCHO \quad \begin{cases} \xrightarrow{Ni/H_2} CH_3CH_2CH_2CH_2OH \quad \text{正丁醇} \\ \\ \xrightarrow[(CH_3)_2CHOH]{Al[OCH(CH_3)_2]_3} CH_3CH=CHCH_2OH \quad \text{巴豆醇} \end{cases}$$

$$\text{巴豆醛}$$

**思考题 9-8**　推测下列化合物与 NaBH$_4$ 及 LiAlH$_4$ 反应的产物。

(1) 环己酮　(2) 环己烯酮　(3) $CH_3COCH_2COOC_2H_5$

## 9.6　重要的醇

工业上除甲醇外的其他简单饱和一元醇多数是以石油裂解气中的烯烃为原料合成的,有的是用**发酵法**(fermentation)生产的。

### 9.6.1　甲醇

甲醇最早用木材干馏制得,故俗称**木醇**(wood alcohol)。近代工业上以合成气(CO+2H$_2$)或天然气(甲烷)为原料,在高温、高压和催化剂存在下合成。

$$CO + 2H_2 \xrightarrow[250\,℃,5\sim10\text{ MPa}]{ZnO/Cr_2O_3/CuO} CH_3OH$$

$$CH_4 + \frac{1}{2}O_2 \xrightarrow[10\text{ MPa},200\,℃]{通过铜管} CH_3OH$$

甲醇是无色可燃液体,与有机溶剂互溶。从水中分馏甲醇,纯度可达 99%,要除去 1% 的水分可加入适量的镁,再经蒸馏得 99.9% 以上的无水甲醇。甲醇溶于水,毒性强,误饮后会导致失明甚至死亡。

甲醇是重要的工业原料,也是常用的溶剂,可用于制备甲醛和甲基化试剂等。另外还可混入汽油中或单独用做汽车或喷气式飞机的燃料。

### 9.6.2 乙醇

乙醇为无色液体,具特殊气味,易燃。目前工业上大量生产是采用乙烯为原料,用直接水合或间接水合法生产的。此法优点是乙醇产率高,但要用大量的硫酸,存在对设备有强烈的腐蚀作用和对废酸的回收利用等问题。乙醇的另一种生产方法是发酵法。发酵法所用原料为含有大量淀粉的物质(如甘薯、谷物)或制糖工业的副产物——糖蜜。发酵是一个复杂的通过微生物进行的生物化学过程,大致步骤如下:

$$(C_8H_{10}O_5)_n \xrightarrow{糖化酶} C_{12}H_{22}O_{11} \xrightarrow{麦芽糖酶} C_6H_{12}O_6 \xrightarrow{酒化酶} C_2H_5OH + CO_2$$
淀粉      麦芽糖      葡萄糖

发酵液含 10%~15% 的乙醇,分馏最高可得 95.6% 的乙醇,主要因为乙醇与水形成沸点为 78.15 ℃ 的共沸混合物(95.6% 的乙醇和 4.4% 的水),因此不能采用蒸馏法得到无水乙醇。工业上通常加入一定量的苯与之形成共沸物蒸馏,先蒸出苯、乙醇和水的三元共沸物(沸点 64.85 ℃,含苯 74.1%、乙醇 18.5%、水 7.4%),然后蒸出苯和乙醇的共沸物(沸点 68.25 ℃,含苯 67.59%、乙醇 32.41%),最后再用镁处理得到无水乙醇。实验室中要制备无水乙醇,可将 95.6% 的乙醇先与生石灰(CaO)共热,蒸馏得 99.5% 的乙醇,再用镁或分子筛处理除去微量的水而得 99.95% 的乙醇。检验乙醇中是否有水,可加入少量无水硫酸铜,如呈蓝色(生成五水硫酸铜),则表明有水存在。

乙醇的用途很广,是各种有机合成工业的重要原料,也是常用的溶剂。70%~75% 的乙醇的杀菌能力最强,可用做消毒剂、防腐剂。乙醇也是酒类的原料,为了防止将工业廉价的乙醇用于配制酒类,常加入少量有毒、有臭味或有色物质(如甲醇、吡啶或染料),掺有这些物质的乙醇,叫做变性酒精(denatured alcohol)。

乙醇对人体的作用是先兴奋,后麻醉,大量乙醇对人体有毒。在实验室中可通过碘仿反应(参见 10.6.2)鉴定乙醇。

### 9.6.3 丙醇

工业上生产丙醇是将乙烯、一氧化碳和氢气在高压及加热下,用钴为催化剂进行反应得到丙醛(此反应称羰基合成),在催化剂作用下丙醛进一步还原为丙醇。这也是在工业上生产醛和醇的极为重要的方法。

$$CH_2{=}CH_2 + CO + H_2 \xrightarrow[15\ MPa,100\sim115\ ℃]{Co} \underset{72\%}{CH_3CH_2CHO} \xrightarrow[Pt]{H_2} CH_3CH_2CH_2OH$$

若用羰基合成反应生产高级醛和醇,则得到两种异构体。

$$RCH{=}CH_2 + CO + H_2 \xrightarrow[15\ MPa,130\ ℃]{Co} \xrightarrow[Pt]{H_2} \underset{主要产物}{RCH_2CH_2CH_2OH} + \underset{次要产物}{R\underset{\overset{|}{CH_2OH}}{-}CH{-}CH_3}$$

这种高级醇($C_{12}\sim C_{18}$)是制备洗涤剂$[CH_3(CH_2)_nCH_2OSO_3^-Na^+]$的一种原料。

### 9.6.4 乙二醇

乙二醇是无色具有甜味的黏稠液体,由于分子中有两个羟基存在氢键,其熔点与沸点比一般碳原子数相同的碳氢化合物高得多,常用做高沸点溶剂。它在乙醚中几乎不溶,但能与水混溶,可降低水的冰点。如 40%(体积分数)的乙二醇水溶液冰点为 $-25\ ℃$,60%的乙二醇水溶液冰点为 $-49\ ℃$,因此可用于汽车发动机的防冻剂。由于乙二醇的吸水性能好,还可用于染色等。乙二醇也是合成树脂、合成纤维和涤纶等的重要原料,如聚对苯二甲酸乙二醇酯,缩写为 PET,具有刚性好、耐高温、延伸度小等优点。乙二醇的一甲醚、二甲醚、一乙醚、二乙醚等均是很有用的溶剂。

工业上生产乙二醇的方法是由环氧乙烷加压水合或酸催化水合。

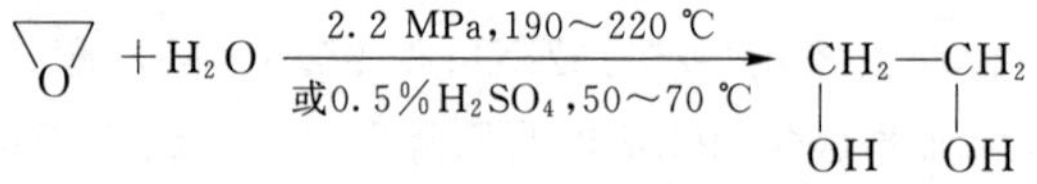

$$\overset{\triangle}{O} + H_2O \xrightarrow[\text{或}0.5\%H_2SO_4,50\sim70\ ℃]{2.2\ MPa,190\sim220\ ℃} \underset{OH\quad OH}{CH_2-CH_2}$$

在微量 $H^+$ 或 $OH^-$ 存在下,乙二醇可与环氧乙烷作用生成一缩二乙二醇(二甘醇)和二缩三乙二醇(三甘醇)。如再继续与多个环氧乙烷分子反应,则生成更多乙二醇分子缩合而成的高聚体的混合物,称为**聚乙二醇**(polyethylene glycol)。

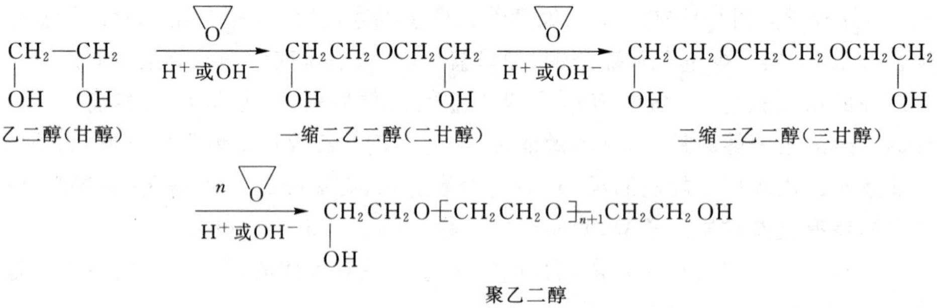

乙二醇(甘醇)　　　一缩二乙二醇(二甘醇)　　　二缩三乙二醇(三甘醇)

聚乙二醇

按反应条件的不同,得到的聚乙二醇的平均相对分子质量也不同。聚乙二醇在工业上用途很广,可以用做乳化剂、软化剂,以及气体净化剂(脱硫、脱二氧化碳)等。聚乙二醇醚则是一类非离子型表面活性剂。

### 9.6.5 丙三醇

丙三醇俗称**甘油**(glycerol),以成酯的形式广泛存在于自然界中。油脂的主要成分就是丙三醇的高级脂肪酸酯,丙三醇最早是由油脂水解来制备。近代工业上以石油热裂气中的丙烯为原料,用氯丙烯法(氯化法)或丙烯氧化法(氧化法)来生产。例如:

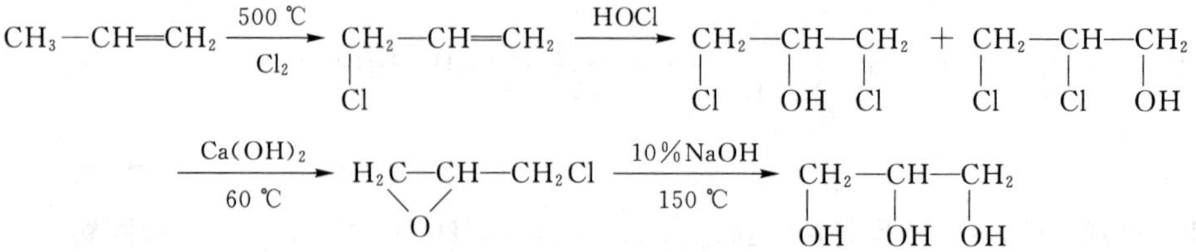

$$CH_3-CH=CH_2 \xrightarrow[350\ ℃,0.2\sim0.6\ MPa]{Cu_2O,O_2} CH_2=CHCHO$$

$$\xrightarrow[MgO/ZnO,400\ ℃]{(CH_3)_2CHOH} CH_2=CH-CH_2OH\ +(CH_3)_2C=O$$

$$CH_2=CH-CH_2OH \xrightarrow[H_2WO_4,60\sim70\ ℃]{H_2O_2(或过氧醋酸)} H_2C\underset{O}{\overset{}{\diagdown\!\!\diagup}}CH-CH_2OH \xrightarrow[H_2O]{H^+} \underset{OH}{CH_2}-\underset{OH}{CH}-\underset{OH}{CH_2}$$

甘油是高黏度的无色液体,因分子中三个羟基都可形成氢键,所以它的沸点比乙二醇更高。甘油易溶于水,吸水性强,能吸收空气中的水分,不溶于乙醚、氯仿等有机溶剂。甘油在工业上用途极为广泛,可用来合成三硝酸甘油酯,后者用做炸药或药物;也可用来合成树脂;在印刷、化妆品等工业上用做润湿剂。

$$\underset{CH_2-OH}{\overset{CH_2-OH}{\underset{\phantom{x}}{CH-OH}}} \xrightarrow{HNO_3} \underset{CH_2-ONO_2}{\overset{CH_2-ONO_2}{\underset{\phantom{x}}{CH-ONO_2}}} \xrightarrow{\triangle} \frac{3}{2}N_2\ +\ 3CO_2\ +\ \frac{1}{2}O_2$$

三硝酸甘油酯为无色、有毒的油状液体,经加热或撞击立即发生强烈爆炸,产生大量的气体,由于大量气体迅速膨胀而产生极大的爆炸力。将三硝酸甘油酯吸入硅藻土中,即可避免因撞击而爆炸,只有用引爆剂才能使之爆炸。三硝酸甘油酯中溶入 10% 的硝化纤维,可形成爆炸力更强的炸药,称为爆炸胶;20%~30% 的三硝酸甘油酯与 70%~80% 的硝化纤维混合物,称为硝酸甘油火药,能用做枪弹的弹药。

### 9.6.6 苯甲醇

苯甲醇俗称苄醇,存在于茉莉等香精油中。工业上可从苄氯在碳酸钾或碳酸钠存在下水解而得。

$$\underset{苄氯}{\underset{}{\overset{CH_2Cl}{\bigcirc}}}\ +\ H_2O \xrightarrow{12\%Na_2CO_3} \underset{苯甲醇(苄醇)}{\underset{}{\overset{CH_2OH}{\bigcirc}}}\ +\ HCl$$

苯甲醇为无色液体,微溶于水,溶于乙醇、甲醇等有机溶剂,具有芳香味。苯甲醇具有脂肪族醇羟基的一般性质,但因分子中的羟基连接在苯环侧链上,受苯环的影响性质比一般醇活泼,易发生取代反应。苯甲醇具有微弱的麻醉作用,在医药上用于医药针剂中的添加剂,如青霉素稀释液就含有 2% 的苄醇,可减轻注射时的疼痛。此外还用于调配香精;用做尼龙丝、合成纤维及塑料薄膜的干燥剂,药膏或药液的防腐剂,以及染料、纤维素酯的溶剂。

## 9.7 硫醇

醇分子中的氧原子被硫原子取代而形成的化合物叫硫醇(thiol)。硫醇(R—SH)也可以看成是烃分子中的氢原子被巯基—SH 取代的产物。

由于硫原子的价电子层和氧原子类似,所以硫原子可以形成与氧原子相类似的共价型化合物。在硫醇中,硫采取 $sp^3$ 杂化,硫原子的两个孤对电子各占据一个 $sp^3$ 杂化轨道,剩下两个 $sp^3$ 杂化轨道一个与碳原子形成 $\sigma$ 键,另一个与氢原子形成 $\sigma$ 键,键角 $\angle CSH$ 为 96°。

硫醇命名与醇相似,只需在"醇"前面加上"硫"字。例如:

$$CH_3SH \qquad C_2H_5SH \qquad CH_3{-}\underset{\underset{SH}{|}}{CH}{-}CH_3 \qquad CH_3CH_2CH_2CH_2SH$$

甲硫醇    乙硫醇    异丙硫醇    正丁硫醇

### 9.7.1 硫醇的性质

选读内容:硫醇的性质

### 9.7.2 硫醇的制备

选读内容:硫醇的制备

## 9.8 酚的结构、分类和命名

羟基直接连在芳环上的化合物称为酚(phenol),按酚类分子中所含羟基数目的多少,可分为一元酚和多元酚。苯酚是酚类中最简单、最重要的一个。酚类命名时,一般以苯酚作为母体,苯环上连接的其他基团作为取代基。但当取代基的序列优先于酚羟基时,则按取代基的排列次序的先后(见 7.2)来选择母体(例如,—SO$_3$H 在 —OH 之前,所以 HO—〈 〉—SO$_3$H 称为对羟基苯磺酸)。羟基直接连在稠环上的化合物,它们的命名与苯酚类相似(见表 9-2)。

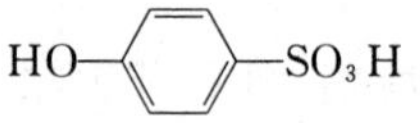

## 9.9 酚的物理性质

酚因能形成分子间氢键,大多为低熔点固体或高沸点的液体。酚具有杀菌防腐作用。由于邻硝基苯酚易形成分子内的氢键,因此分子间不发生缔合,沸点相对较低。一些酚的物理常数见表 9-2。

酚的红外光谱与醇相似,有羟基的特征吸收峰,在极稀溶液中测定,未缔合羟基在 3 640～3 600 cm$^{-1}$ 区域有一尖锐的伸缩振动吸收峰,缔合羟基在 3 500～3 200 cm$^{-1}$ 区域有一宽的吸收峰。

表 9-2 酚的物理常数

| 名称 | 结构 | 熔点/℃ | 沸点/℃ | 溶解度 g·(100 g H₂O)⁻¹ | pKₐ |
|------|------|--------|--------|----------------------|------|
| 苯酚 | 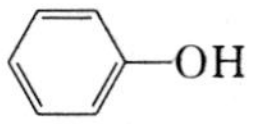 | 41 | 182 | 9.3 | 10 |
| 邻甲苯酚 | 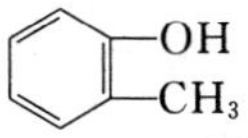 | 31 | 191 | 2.5 | 10.29 |
| 间甲苯酚 | 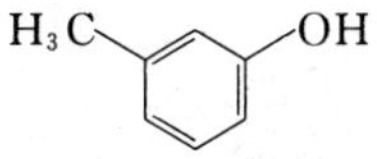 | 12 | 202 | 2.6 | 10.09 |
| 对甲苯酚 | 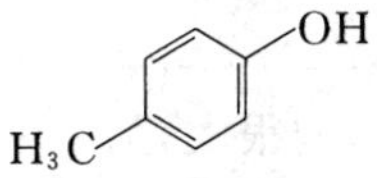 | 35 | 202 | 2.3 | 10.26 |
| 邻氯苯酚 | 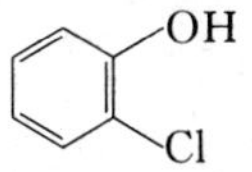 | 9 | 173 | 2.3 | 8.48 |
| 间氯苯酚 | 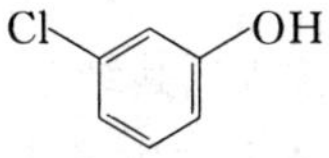 | 33 | 214 | 2.5 | 9.02 |
| 对氯苯酚 | 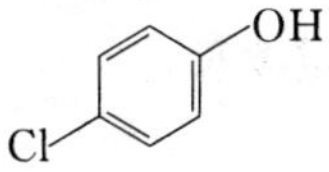 | 43 | 217 | 2.6 | 9.38 |
| 邻硝基苯酚 | 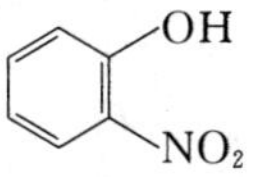 | 45 | 214 | 0.2 | 7.22 |
| 间硝基苯酚 | 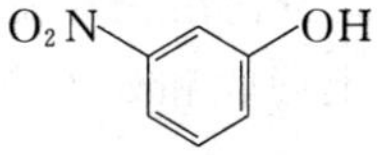 | 96 | 194/9.3×10³ Pa | 1.4 | 8.39 |
| 对硝基苯酚 | 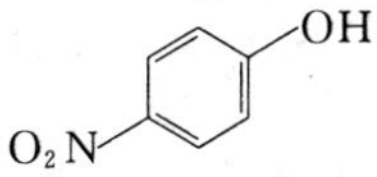 | 114 | 279/分解 | 1.7 | 7.15 |
| 2,4-二硝基苯酚 | 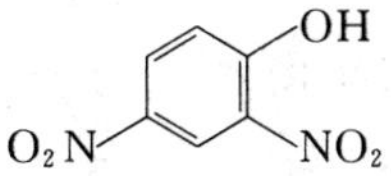 | 113 | 分解 | 0.6 | 4.09 |
| 2,4,6-三硝基苯酚 | 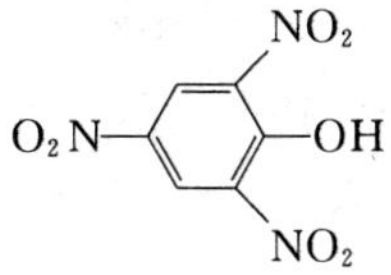 | 122 | 分解(300 ℃爆炸) | 1.4 | 0.25 |
| α-萘酚 | 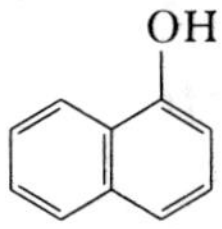 | 94 | 279 | 难 | 9.31 |
| β-萘酚 | 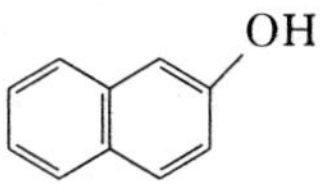 | 123 | 286 | 0.1 | 9.55 |

续表

| 名称 | 结构 | 熔点/℃ | 沸点/℃ | 溶解度<br>g·(100 g $H_2O$)$^{-1}$ | $pK_a$ |
|------|------|--------|--------|--------|--------|
| 邻苯二酚 | OH<br>OH | 105 | 245 | 45.1 | 9.48 |
| 间苯二酚 | OH<br>OH | 110 | 281 | 111 | 9.44 |
| 对苯二酚 | HO—〇—OH | 170 | 286 | 8 | 9.96 |

酚羟基氢的化学位移值受温度、浓度、溶剂的影响很大,为 4~8。

## 9.10　酚的化学性质

羟基与芳环相连,羟基氧与苯环共轭,两者相互影响,其结果是芳环使羟基酸性增强,酚羟基使其邻、对位电子密度增大,故酚的芳环易于发生亲电取代,且主要发生在羟基的邻、对位。酚的衍生物还能发生一些特殊的重要反应。

### 9.10.1　酸性

酚具有酸性,其 $pK_a$ 值约为 10,介于水(15.7)和碳酸(6.4)之间。当在浑浊的苯酚水溶液中加入 5% NaOH 溶液,则溶液澄清,在此澄清溶液中通入 $CO_2$ 后,溶液又变浑浊。利用这一现象可鉴别苯酚,还可用于工业上回收和处理含酚污水。

〇—OH $\xrightarrow{\text{NaOH}}$ 〇—ONa + $H_2O$ $\xrightarrow{CO_2}$ 〇—OH + $NaHCO_3$

酚羟基的氧原子处于 $sp^2$ 杂化状态,氧上有两对孤对电子,一对占据 $sp^2$ 杂化轨道,另一对占据 p 轨道,p 电子云正好能与苯环的大 π 键电子云发生侧面重叠,形成 p-π 共轭体系(见图 9-6),结果增加了苯环上的电子密度和羟基上氢的解离能力。

苯酚的羟基对苯环有吸电子诱导和给电子共轭作用,偶极矩为 $5.34 \times 10^{-30}$ C·m。苯酚的共振式表示如下:

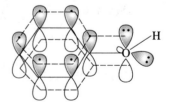

图 9-6　苯酚的结构

共振的结果使酚羟基容易解离出 $H^+$:

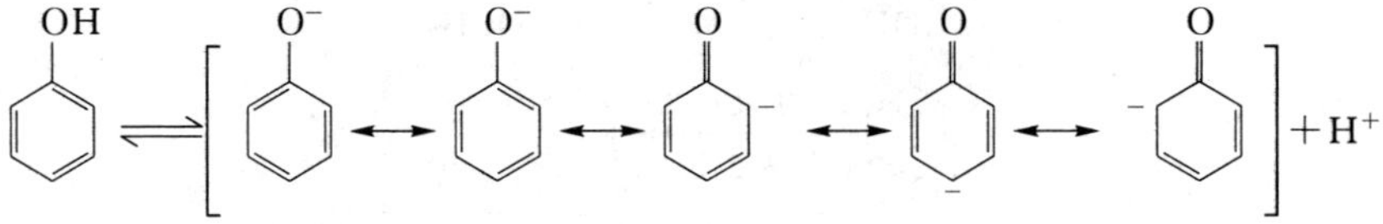

不同的苯酚衍生物有不同的酸性，影响因素主要有以下两方面。

（1）取代基的电子效应（参见 12.1.3）　例如：

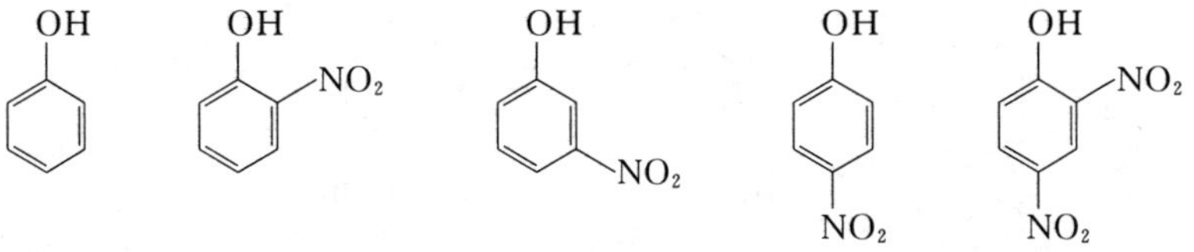

| pKa | 9.94 | 7.22 | 8.39 | 7.15 | 4.09 |

| pKa | 0.25 | 9.02 | 9.38 | 9.65 | 10.21 |

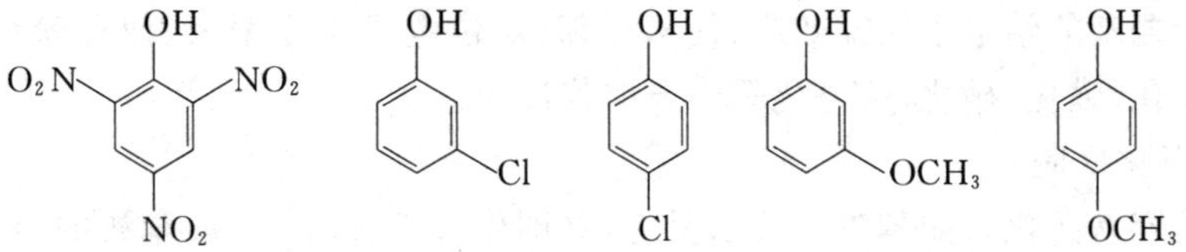

　　苯环上的吸电子基减少了苯环上的电子密度，酚解离后形成的负离子电荷可以得到有效的分散而稳定；而给电子基团则增大了苯环上的电子密度，使酚解离后形成的负离子电荷不能有效分散，酚盐负离子不稳定，氢不易于解离，酸性减弱。

　　（2）酚羟基邻位取代基的空间位阻　酚羟基邻位有空间位阻很大的取代基时，由于酚氧负离子 ArO⁻ 的溶剂化受阻而使其酸性减弱，如 2,4,6-三新戊基苯酚的酸性很弱，不能与强碱 Na/NH₃ 溶液反应。

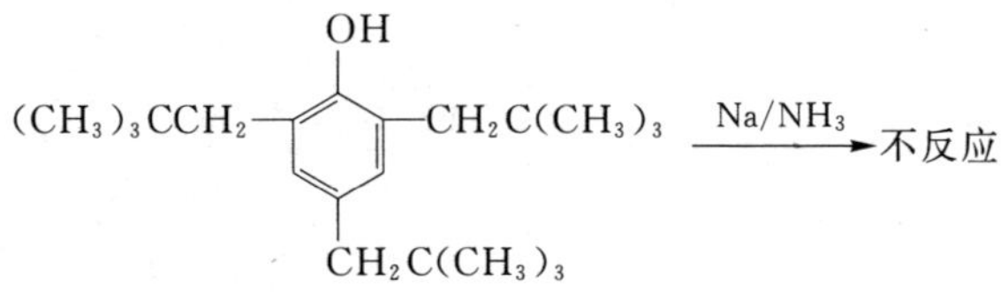

**思考题 9-9**　比较下列酚类化合物的酸性大小，并加以解释。

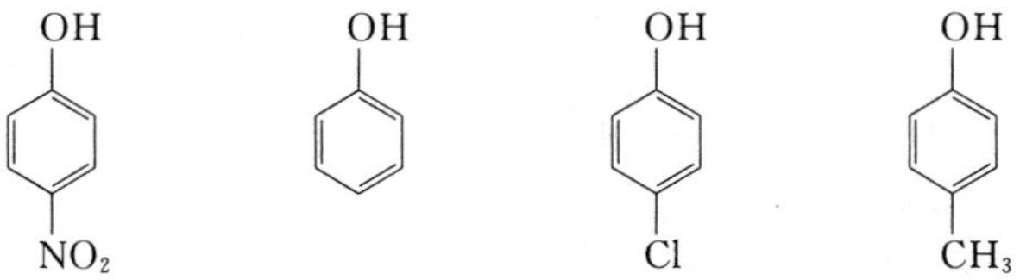

### 9.10.2　酯化反应和 Fries 重排

　　与醇不同，酚需在酸、碱催化下，与活泼的酰化试剂（酰卤或酸酐）反应形成酯。例如：

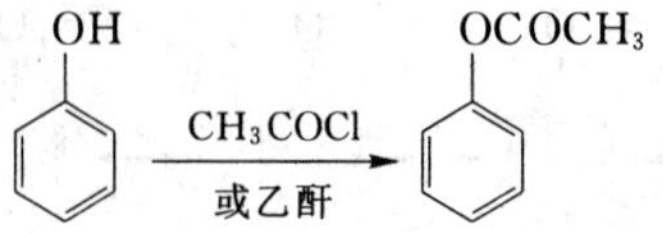

酚酯类化合物在 $AlCl_3$，$ZnCl_2$，$FeCl_3$ 等 Lewis 酸催化下，发生酰基重排，生成邻、对位酚酮的混合物的反应称弗里斯(Fries K)重排。例如：

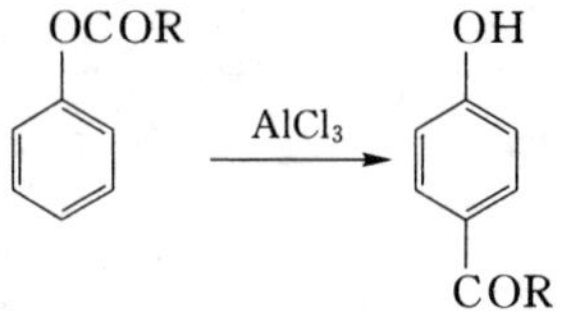

### 9.10.3 亲电取代反应

由于羟基的给电子共轭效应，使苯环邻、对位电子密度增大，使得酚在邻、对位易于发生卤化、磺化、硝化、烷基化等亲电取代反应。

#### 1. 卤化反应

酚很容易卤化。如苯酚与溴水反应，立即生成 2,4,6-三溴苯酚的白色沉淀，邻、对位有磺酸基团存在时，也可同时被取代。如溴水过量，则生成黄色的四溴苯酚衍生物沉淀。三溴苯酚在水中溶解度极小，含有 $10~\mu g \cdot g^{-1}$ 苯酚的水溶液和溴水反应也能生成三溴苯酚而析出。这个反应常用于苯酚的定性检验和定量测定。

实验视频：
苯酚与溴水
反应

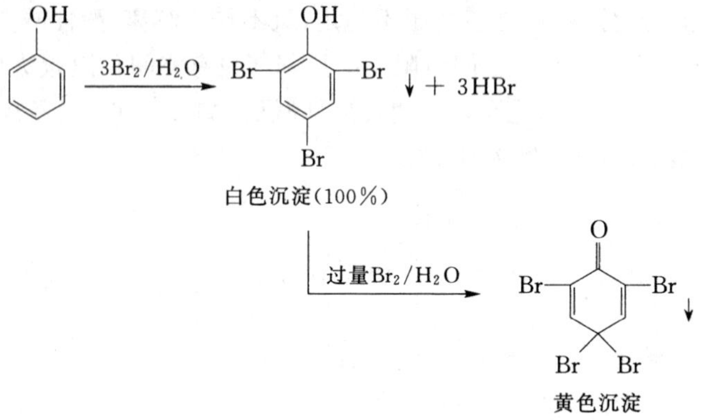

白色沉淀(100%)

黄色沉淀

酚在酸性条件下或在 $CS_2$，$CCl_4$ 等非极性溶液中进行氯化或溴化，可得到一卤代产物。例如：

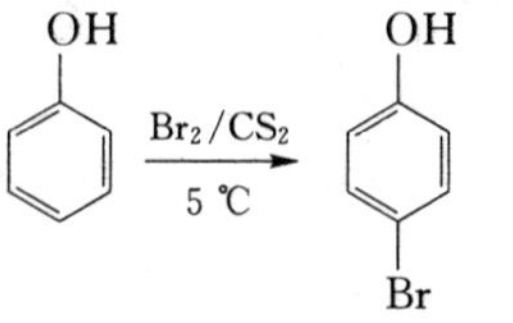

80%～84%

在水溶液中，当 pH＝10 时苯酚氯化能得到 2,4,6-三氯苯酚。在三氯化铁催化下，2,4,6-三氯苯酚能进一步氯化成五氯苯酚。五氯苯酚是一种杀菌剂，也是灭钉螺、防治血吸虫病的药物。

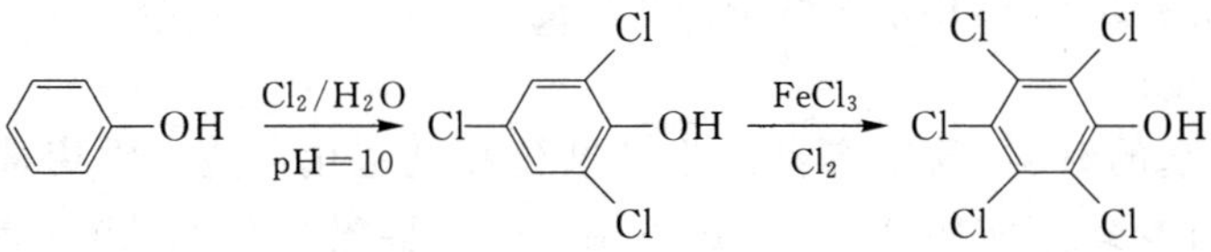

### 2. 磺化反应

苯酚与浓硫酸在较低温度下(15~25 ℃)反应,主要得到邻羟基苯磺酸,在较高温度(80~100 ℃)下反应,主要产物是对羟基苯磺酸。两者均可进一步磺化,得到4-羟基苯-1,3-二磺酸。反应是可逆的,苯磺酸衍生物在稀酸中加热回流可除去磺酸基。苯酚分子中引入两个磺酸基后,苯环因钝化而不易被氧化,再与浓硝酸作用可生成2,4,6-三硝基苯酚(苦味酸)。

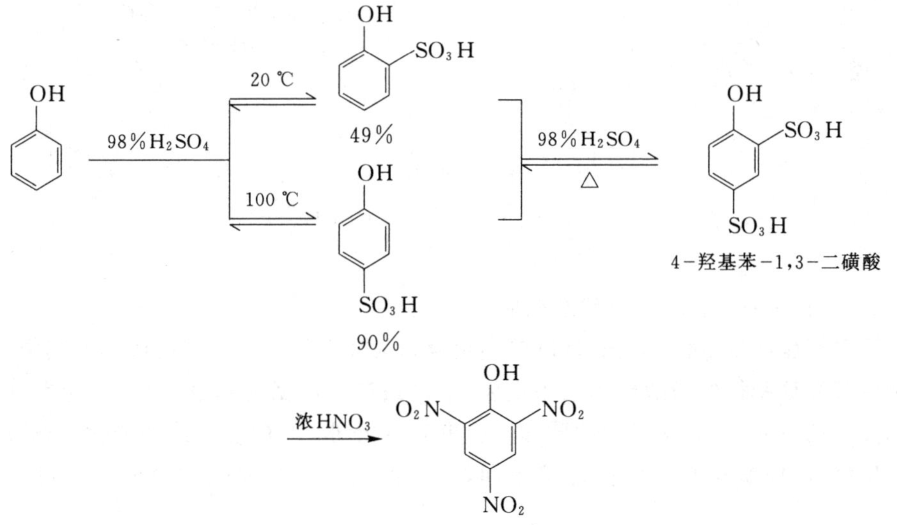

### 3. 硝化反应

苯酚很活泼,用稀硝酸即可硝化,生成邻、对位硝化产物的混合物。如用浓硝酸进行硝化,则生成2,4-二硝基苯酚和2,4,6-三硝基苯酚。但因酚羟基和苯环易被浓硝酸氧化,产率不高。

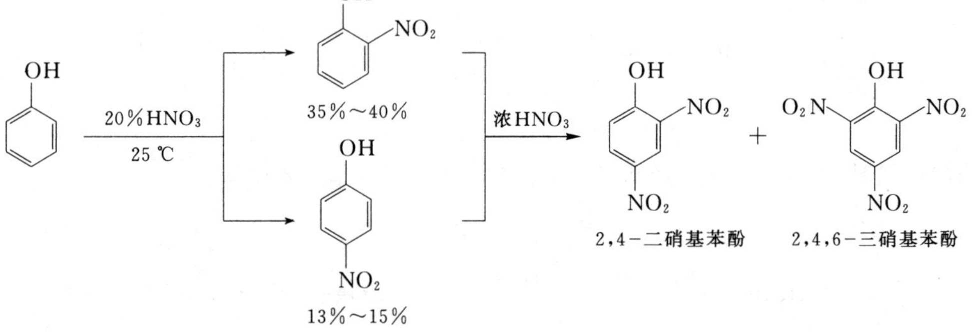

反应所得邻位产物存在分子内氢键,沸点较低;而对位产物存在分子间氢键,沸点较高,因此可利用沸点差异,用水蒸气蒸馏法分离。

### 4. 傅-克反应

由于酚羟基的影响,酚很容易发生烷基化和酰基化反应。常用催化剂有 HF,$H_3PO_4$,$BF_3$ 和多聚磷酸 PPA 等,一般不用 $AlCl_3$,因酚羟基和 $AlCl_3$ 易形成络合物 $PhOAlCl_2$,使催化剂失去催化能力而产率降低。酚的烷基化反应一般是用醇或烯烃作为烷基化试剂。

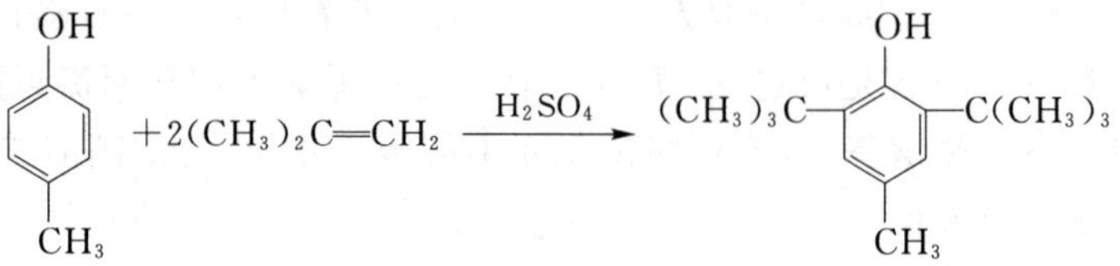

2,6-二叔丁基-4-甲基苯酚
简称:二六四抗氧剂

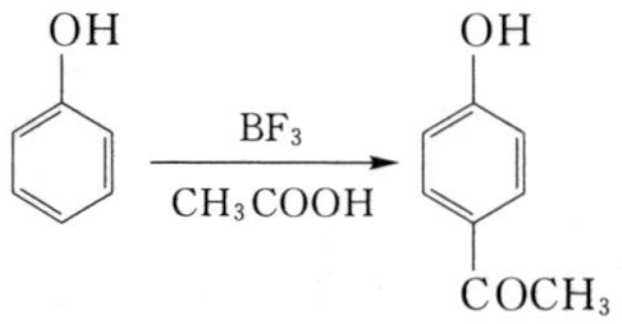

95%

### 5. 与醛的缩合反应——酚醛树脂

酚醛树脂(phenolic resin)是以酚类化合物与醛类化合物缩聚而成的。其中,以苯酚和甲醛缩聚制得的酚醛树脂最为重要,应用最广。根据酚和醛配比、反应条件及催化剂类型的不同,酚醛树脂的性质和用途也各不相同。苯酚在酸或碱催化下均可与甲醛发生缩合,按酚和醛的用量比例不同,可得到不同结构的高相对分子质量的酚醛树脂。

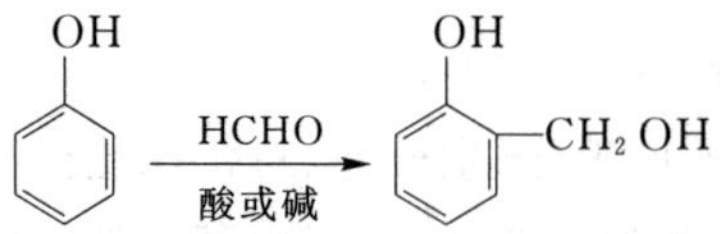

当醛过量时,生成 2,6-二羟甲基苯酚和 2,4-二羟甲基苯酚。

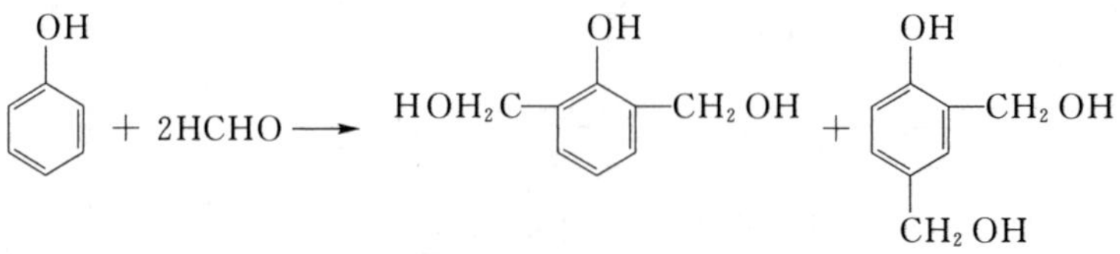

当酚过量时,生成 2,2′-二羟基二苯甲烷和 4,4′-二羟基二苯甲烷。

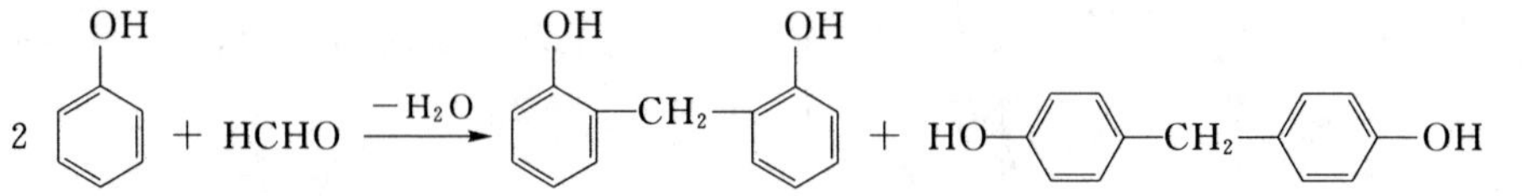

上述中间产物与甲醛、苯酚继续反应并相互缩合,就可得到线型或网状体型的酚醛树脂。

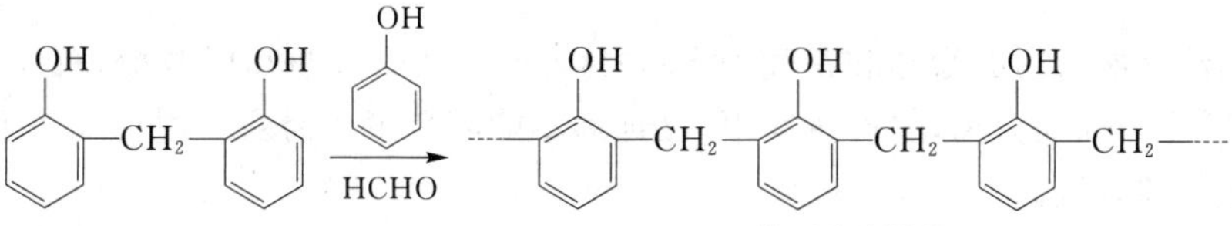

线型酚醛树脂

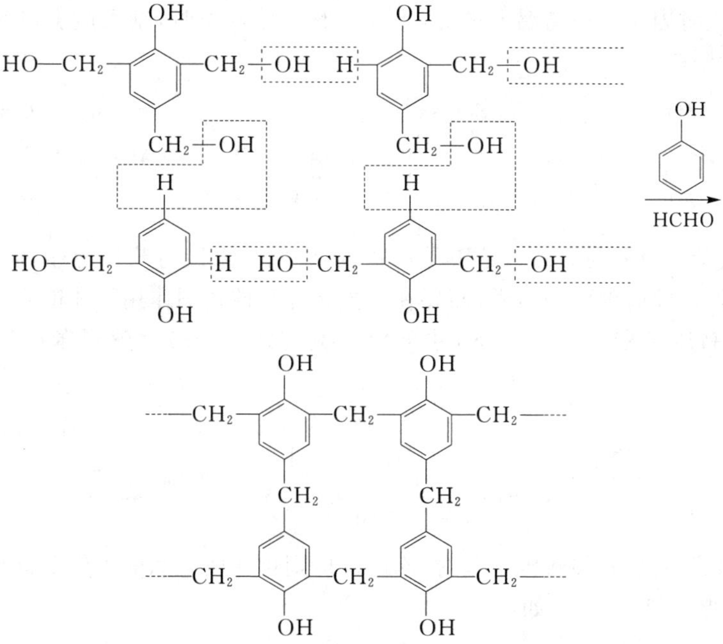

网状体型酚醛树脂

酚醛树脂原料价格便宜,生产工艺简单成熟,制造及加工设备投资少,成型容易。树脂既可混入无机或有机填料制成模塑料,也可湿渍织物制成层压制品,还可作为工业用树脂广泛用于摩擦材料、研磨材料、绝热绝缘材料、壳模铸造、木材加工和涂料等领域。经过改性的酚醛树脂作为耐高温的胶黏剂和基本材料正广泛应用于航空航天及其他尖端技术领域。

### 9.10.4  显色反应

大多数酚或烯醇类化合物能与 $FeCl_3$ 溶液发生 **显色反应**,不同结构的酚呈现不同的颜色。一般认为是生成了配合物,如苯酚与 $FeCl_3$ 溶液反应呈蓝紫色。

$$6PhOH + FeCl_3 \longrightarrow H_3[Fe(OPh)_6] + 3HCl$$

这种特殊的显色反应可用来检验酚羟基或烯醇的存在。

实验视频:
苯酚与三氯
化铁反应

## 9.11 酚的制备

煤焦油分馏所得的酚油和萘油中含有 28%～40% 的苯酚和甲苯酚,可先经碱、酸处理,再减压蒸馏而分离,但产量有限,已远远不能满足工业需要。用合成法生产酚主要有以下几种方法。

**苯磺酸盐碱熔法** 是最早的制酚方法,它的优点是设备简单,产率高,产品纯度好,但污染大,同时因反应在高温下进行,当环上有其他基团时,副反应多,所以此法的应用有一定的限制。

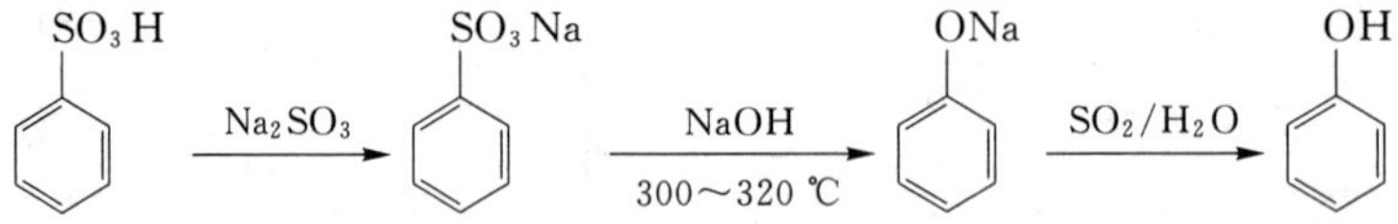

由卤代苯亦可制酚。卤代苯不易水解,因卤原子直接与苯环相连,能与苯环发生共轭作用,使得碳卤键更加牢固,需要在强烈条件和催化剂作用下才能发生。例如,氯苯在高温、高压和催化剂作用下,才可用稀碱(6%～8%)水解得苯酚钠,再酸化得苯酚:

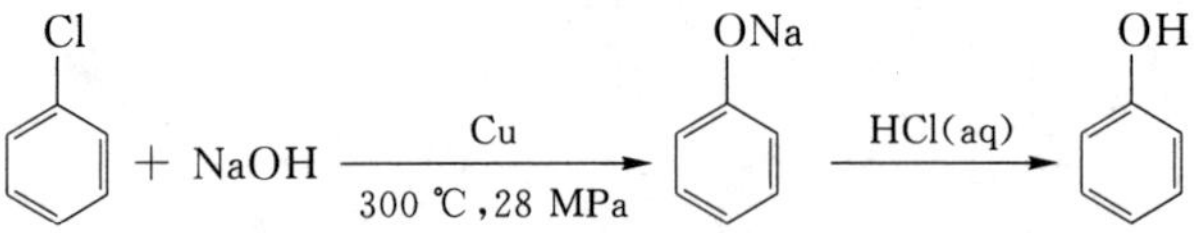

但当卤素的邻、对位有强吸电子基时,水解反应则可在较温和的条件下进行,得到取代的苯酚(参见 12.1.3)。例如:

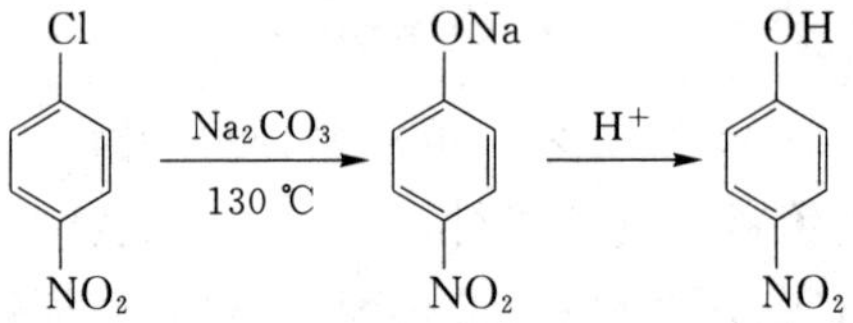

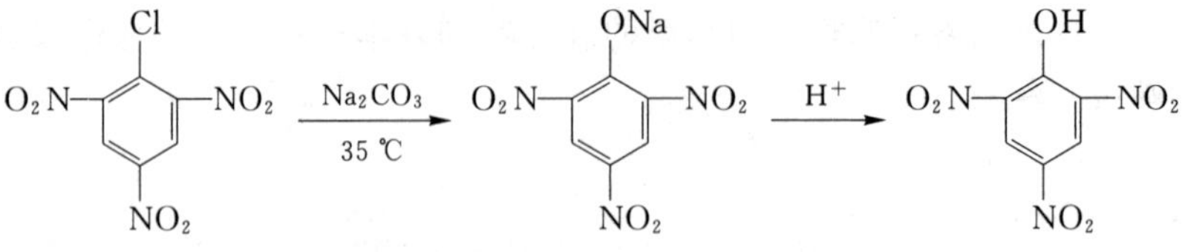

目前工业上大量生产苯酚的方法是以异丙苯在液相中于 100～120 ℃ 通入空气,催化氧化生成过氧化氢异丙苯(CHP),再与稀硫酸作用发生重排,分别生成苯酚和丙酮。

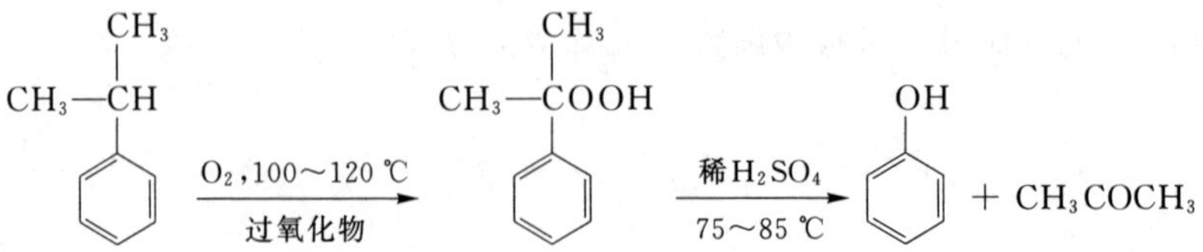

## 9.12 重要的酚

### 9.12.1 苯酚

苯酚是最简单的酚,为无色固体,具有特殊气味,显酸性。该化合物是 1834 年龙格(Lunge F)在煤焦油中发现的,故也叫石炭酸。在空气中放置,因被氧气氧化很快变成粉红色,经长时间放置会变为深棕色。在冷水中的溶解度较低,而与热水可互溶,在醇、醚中易溶。苯酚有强腐蚀性及一定的杀菌能力,用做防腐剂和消毒剂。在工业上可用于制备酚醛树脂及其他高分子材料、染料、药物、炸药等。

### 9.12.2 甲(苯)酚

甲苯酚简称甲酚,它有邻、间、对位三种异构体,煤焦油和城市煤气生产的副产物煤焦油中的酚含邻甲酚 $10\% \sim 13\%$、间甲酚 $14\% \sim 18\%$、对甲酚 $9\% \sim 12\%$。由于它们的沸点相近,不易分离。工业上应用的往往是三种异构体的混合物,目前邻、间甲酚工业上主要采用苯酚甲醇烷基化法进行生产。

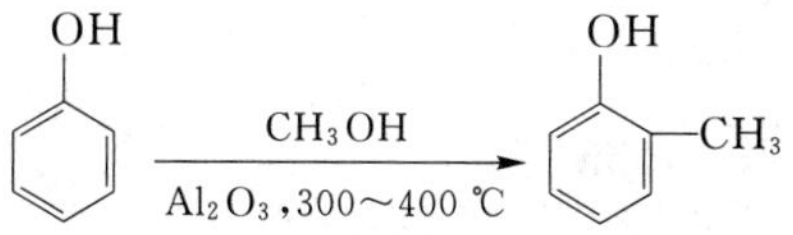

甲酚主要用做合成树脂、农药、医药、香料、抗氧剂等的原料。甲酚的杀菌力比苯酚大,可做木材、铁路枕木的防腐剂,医药上用做消毒剂。

### 9.12.3 对苯二酚

对苯二酚为无色晶体,又称氢醌,溶于水、乙醇、乙醚。它具有还原性,可用做显影剂,也可用做抗氧剂和阻聚剂。

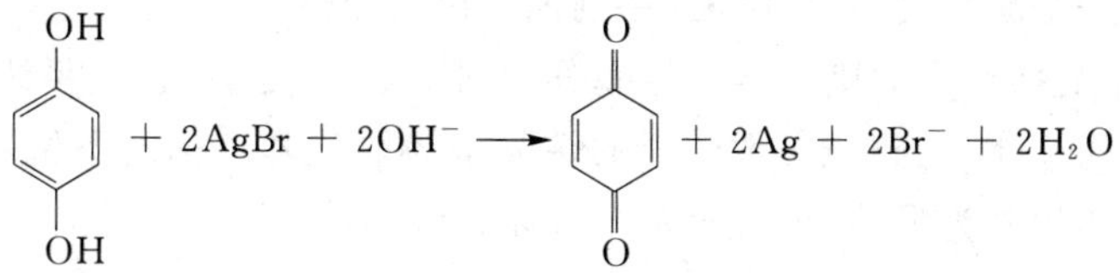

### 9.12.4 萘酚

萘酚有两种异构体:$\alpha$-萘酚和 $\beta$-萘酚,两者都少量存在于煤焦油中,都可用萘磺酸碱熔法制备,$\alpha$-萘酚还可由 $\alpha$-萘胺水解得到。$\alpha$-萘胺可用萘硝化还原得到(参见 7.8.1)。

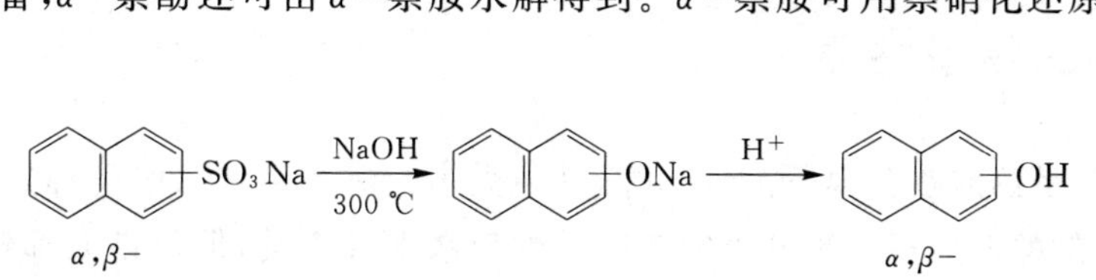

$\alpha$-萘酚为针状结晶,$\beta$-萘酚为片状结晶。萘酚的化学性质与苯酚相似,易发生硝化、磺化等反应。萘酚的羟基比苯酚的羟基活泼,易生成醚和酯。萘酚是重要的染料中间体。$\beta$-萘酚还可用做杀菌剂、抗氧剂。

### 9.12.5 环氧树脂

选读内容: 环氧树脂

### 9.12.6 离子交换树脂

选读内容: 离子交换树脂

## 9.13 醚的结构、分类和命名

醚(ether)可看成水分子中的两个氢原子被烃基取代的化合物,或两分子醇或酚之间失水的生成物。醚的通式为:R—O—R′,Ar—O—R 或 Ar—O—Ar,醚分子中的氧基—O—也叫醚键。图9-7 所示为甲醚的分子结构。

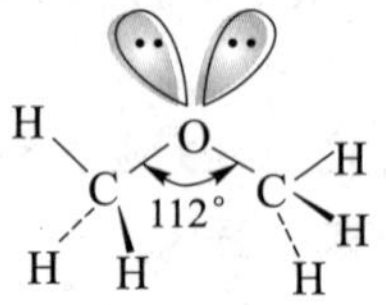

图 9-7 甲醚的分子结构

在醚中的两个烃基相同时称为简单醚,不同时称为混合醚,当氧原子和碳原子成环时称为环醚。

对简单的烷基醚命名时可在"醚"字前面写出两个烃基的名称,混合醚按次序规则将两个烃基分别列出后加"醚"字。按系统命名法命名时选较长的烃基为母体,含碳原子数较少的烷氧基为取代基。如有不饱和烃基,则选不饱和程度较大的烃基为母体,即烷氧基+母体。例如:

CH₃OCH₂CH₂CH₃ 　　CH₃OCH₂CH₂OCH₃

1-甲氧基丙烷 　　1,2-二甲氧基乙烷 　　环戊氧基苯 　　3-甲氧基丙-1,2-二醇

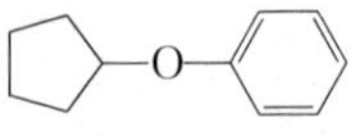

## 9.14 醚的物理性质

除甲醚、甲乙醚在常温下为气体外,其他大多数醚为液体。醚的沸点比具相同相对分子质量的醇低很多。醚分子中氧原子可与水生成氢键,但氢键大都较弱,水溶性

不大,多数醚不溶于水。但四氢呋喃和1,4-二氧六环却能和水完全互溶,常用做溶剂。这是由于四氢呋喃和1,4-二氧六环分子中氧原子裸露在外,容易和水分子中的氢原子形成氢键。乙醚的碳、氧原子数虽和四氢呋喃的相同,但是乙醚中的氧原子"被包围"在乙醚分子之中,难以和水形成氢键,所以乙醚只能稍溶于水,而多数有机化合物易溶于乙醚,故常用乙醚从水溶液中提取易溶于乙醚的物质。

一些醚的名称和物理常数见表9-3所示。

表 9-3 醚的名称和物理常数

| 化合物 | 普通命名法 | 系统命名法 | 沸点/℃ | 相对密度 $(d_4^{20})$ |
|---|---|---|---|---|
| $CH_3OCH_3$ | (二)甲醚 | 甲氧基甲烷 | -24.9 | 0.661 |
| $CH_3OC_2H_5$ | 甲乙醚 | 甲氧基乙烷 | 7.9 | 0.691 |
| $C_2H_5OC_2H_5$ | (二)乙醚 | 乙氧基乙烷 | 34.6 | 0.741 |
| $(CH_3CH_2CH_2)_2O$ | (二)丙醚 | 丙氧基丙烷 | 90.5 | 0.736 |
| $(CH_3)_2CHOCH(CH_3)_2$ | (二)异丙醚 | 2-异丙氧基丙烷 | 68 | 0.735 |
| $CH_3OCH_2CH_2CH_3$ | 甲正丙醚 | 甲氧基丙烷 | 39 | 0.733 |
| $CH_3CH_2OCH=CH_2$ | 乙烯基乙醚 | 乙氧基乙烯 | 36 | 0.763 |
| $CH_3OCH_2CH_2OCH_3$ | 乙二醇二甲醚 | 1,2-二甲氧基乙烷 | 83 | 0.863 |
| $\underset{O}{H_2C{-}CH_2}$ | 氧化乙烯,氧丙环,噁烷 | 环氧乙烷 | 10.7 | 0.897 |
| 四氢呋喃(结构式) | 四氢呋喃 | 氧杂环戊烷 | 66 | 0.889 |
| 1,4-二氧六环(结构式) | 1,4-二氧六环,二噁烷 | 1,4-二氧杂环己烷 | 101 | 1.04 |
| 苯基—OCH₃(结构式) | 茴香醚,苯甲醚 | 甲氧基苯 | 154 | 0.994 |
| 二苯醚(结构式) | 二苯醚 | 苯氧基苯 | 258 | 1.073 |

乙醚是实验室中常用的溶剂,极易挥发、易燃,乙醚气体和空气可形成爆炸性混合气体,使用时应注意消防安全。

醚的红外光谱在 $1275\sim1020\ cm^{-1}$ 区域有 C—O 键的伸缩振动吸收峰,核磁共振谱中与氧原子相连的碳原子上氢的化学位移在 3.54 左右有吸收峰,该峰很易识别。

## 9.15 醚的化学性质

醚的化学性质相对不活泼,分子中无活泼氢原子,在常温下不能与活泼金属反应,对酸、碱、氧化剂和还原剂都十分稳定,但是在一定条件下,醚也能发生反应。

### 9.15.1 醚的自动氧化

许多烷基醚与空气接触或经光照，$\alpha$ 位上的氢原子会慢慢被氧化生成不易挥发的过氧化物。醚的过氧化物有极强的爆炸性，在使用和处理醚类溶剂时要注意安全。

$$CH_3CH_2OCH_2CH_3 \xrightarrow{O_2} CH_3\overset{\overset{\displaystyle OOH}{|}}{C}HOCH_2CH_3$$

氢过氧化乙醚

在蒸馏醚之前，必须检验有无过氧化物存在，以防意外。检验方法如下：

(A) 用 KI-淀粉试纸检验，如有过氧化物存在，KI 被氧化成 $I_2$ 而使含淀粉试纸变为蓝紫色。

(B) 加入 $FeSO_4$ 和 KCNS 溶液，如有红色$[Fe(CNS)_6]^{3-}$配离子生成，则证明有过氧化物存在。

除去过氧化物的方法如下：

(A) 加入还原剂如 $Na_2SO_3$ 或 $FeSO_4$ 后摇荡，以破坏所生成的过氧化物。

(B) 在储藏醚类化合物时，可在醚中加入少许金属钠或铁屑，以避免过氧化物形成。

### 9.15.2 锌盐的形成

醚中的氧原子提供孤对电子，作为路易斯 (Lewis) 碱与其他原子或基团 (Lewis 酸)结合而成的物质称为锌盐 (oxonium salt)。

醚与无机酸和 Lewis 酸能形成锌盐。例如：

$$R_2O \begin{cases} \xrightarrow{HCl} R_2\overset{+}{O}HCl^- \\ \xrightarrow{H_2SO_4} R_2\overset{+}{O}HSO_3H^- \\ \xrightarrow{BF_3} R_2O^+BF_3^- \xrightarrow{R'F} R_2O^+R'BF_4^- \quad 三级锌盐 \\ \xrightarrow{AlCl_3} R_2O^+AlCl_3^- \\ \xrightarrow{R'MgX} R'{-}\underset{\overset{\overset{R}{\diagup}}{\overset{|}{Mg}}\underset{\diagdown}{-}X}{\overset{\overset{\diagup}{\overset{R}{\diagdown}}}{\overset{\cdot\cdot}{O}}} \end{cases}$$

锌盐是强酸弱碱盐，只在强酸中稳定，在水中分解得醚。利用这性质，可将醚从烷烃或卤代烃等混合物中分离出来。锌盐或络合物的形成，使醚的 C—O 键变弱。尤其是三级锌盐极易分解出烷基碳正离子 $R^+$，并与亲核试剂反应，因此是一种很有用的烷基化试剂。例如：

$$(CH_3CH_2)_3O^+BF_4^- + ROH \longrightarrow CH_3CH_2OR + (C_2H_5)_2O + HBF_4$$

### 9.15.3 醚键的断裂

醚虽然很稳定，但与氢碘酸一起加热时，醚键会发生 C—O 键断裂生成醇和碘代烃。醚键断裂的反应机理主要取决于醚的烃基结构,当 R 为一级烷基时,按 $S_N2$ 反应机理进行,三级烷基则容易按 $S_N1$ 反应机理进行。

$$CH_3OCH_3 \xrightarrow{HI} CH_3\overset{+}{\underset{H}{O}}CH_3 \ I^- \xrightarrow{S_N2} CH_3I + CH_3OH$$

$$CH_3OH \xrightarrow{HI} CH_3I$$

$$(CH_3)_3COCH_3 \xrightarrow{HI} (CH_3)_3\overset{+}{\underset{H}{O}}CH_3 \xrightarrow{S_N1} (CH_3)_3C^+ + CH_3OH \xrightarrow{HI} CH_3I$$

$$\xrightarrow{I^-} (CH_3)_3CI$$

HI 常用于断裂醚键,或用 $KI/H_3PO_4$ 代替 HI;HBr 需用浓酸和较高的反应温度;HCl 断裂醚键的效果较差。

混合醚 C—O 键断裂的顺序为:三级烷基＞二级烷基＞一级烷基＞甲基＞芳基,由于 p-π 共轭,Ar—O 键不易断裂,醚键总是优先在脂肪烃基的一边断裂。二芳基醚很难发生断键反应。例如:

$$PhOCH_3 + HI \longrightarrow PhOH + CH_3I$$

环醚在酸作用下开环生成卤代醇,酸过量生成二卤代烷,不对称环醚开环,得到两种产物的混合物。

$$\square_O \xrightarrow{HBr} HOCH_2CH_2CH_2CH_2Br \xrightarrow{HBr} BrCH_2CH_2CH_2CH_2Br$$

### 9.15.4 1,2-环氧化合物的开环反应

一般的醚是较稳定的化合物,故常用做溶剂,尤其对碱很稳定。但环氧乙烷和一般醚完全不同,它不仅可与酸反应,同时还能与不同的碱反应。原因是其三元环结构的分子中存在较强的环张力,极易与多种试剂反应后开环,在有机合成中通过它可以制备多种化合物。

1. 酸催化开环

$$
CH_3CH\!-\!CH_2\underset{O}{}
\begin{cases}
\xrightarrow[H^+]{H_2O} & CH_3\underset{OH}{CH}CH_2OH \\
\xrightarrow[H^+]{CH_3OH} & CH_3\underset{OCH_3}{CH}CH_2OH \\
\xrightarrow[H^+]{PhOH} & CH_3\underset{OPh}{CH}CH_2OH \\
\xrightarrow{HX} & CH_3\underset{X}{CH}CH_2OH \\
\xrightarrow{RCOOH} & CH_3\underset{OCOR}{CH}CH_2OH
\end{cases}
$$

　　亲核能力较弱的亲核试剂需用酸来帮助开环,酸的作用是使氧质子化,氧原子上带正电荷,削弱 C—O 键,并使环碳原子带部分正电荷,增强了与亲核试剂的结合能力。反应是 $S_N2$ 反应,但具有部分 $S_N1$ 的性质,由电子效应控制产物,空间因素不重要,亲核试剂进攻取代基多的环碳原子。

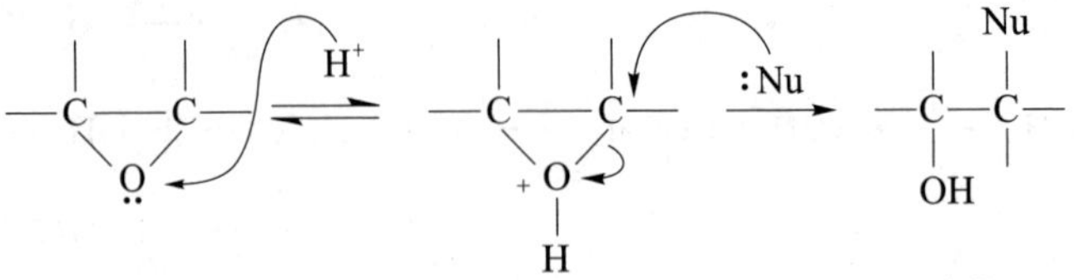

2. 碱催化开环

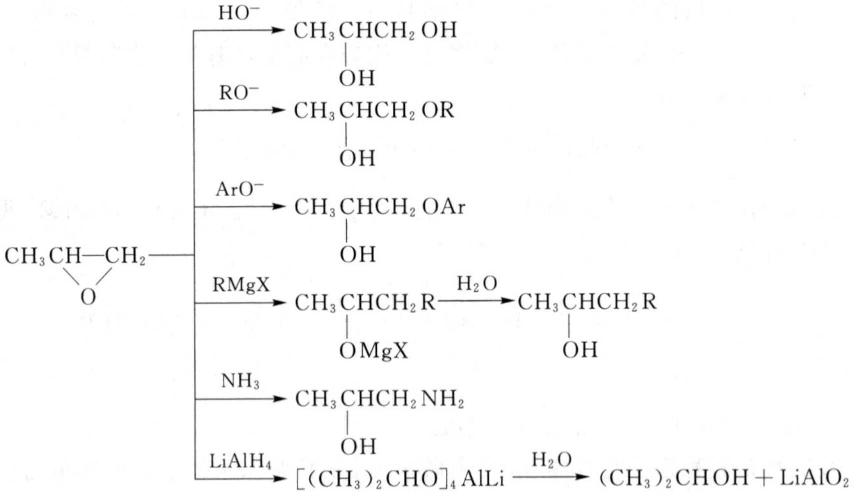

　　碱催化开环是一个 $S_N2$ 反应,C—O 键的断裂与亲核试剂和环碳原子之间键的形成几乎同时进行,试剂选择进攻取代基较少的环碳原子,因为这个碳原子的空间位阻较小。

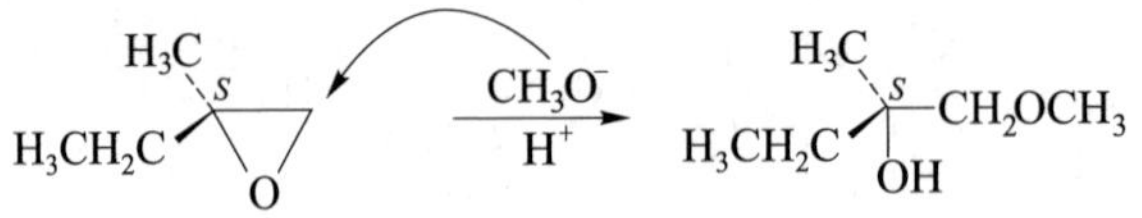

## 9.16　醚的制备

### 9.16.1　Williamson 醚合成

　　威廉姆森(Williamson A W)醚合成法是在无水条件下用卤代烃与醇钠或酚钠反应,从而得到对称或不对称的醚。

$$(CH_3)_3CONa + CH_3I \xrightarrow{S_N2} (CH_3)_3COCH_3 + NaI$$

上述反应如果由甲醇钠和叔丁基溴反应,则得不到醚产物而只是发生消除反应生成烯烃。故制备具有叔烃基的混醚时,应采用叔醇钠与伯卤代烷反应。

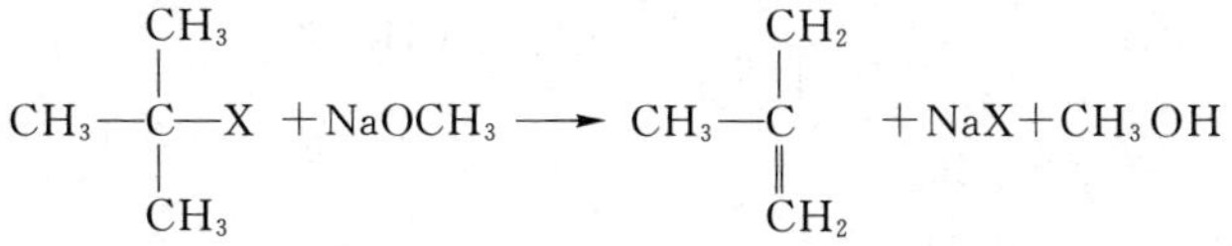

$$CH_3-\underset{\underset{CH_3}{|}}{\overset{\overset{CH_3}{|}}{C}}-X + NaOCH_3 \longrightarrow CH_3-\underset{\underset{CH_2}{\|}}{\overset{\overset{CH_2}{\|}}{C}} + NaX + CH_3OH$$

除卤代烷外,磺酸酯、硫酸酯也可用于合成醚,芳香醚可用苯酚钠与卤代烷或硫酸酯反应制备。

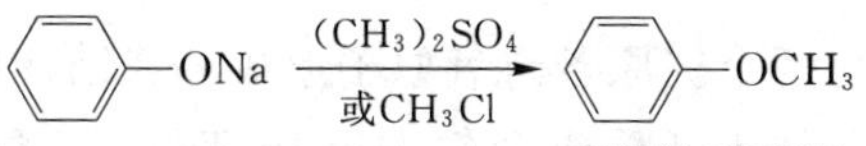

苯甲醚(茴香醚)

**思考题 9-10** 叔丁基丙基醚能用丙醇钠和叔丁基溴来合成吗?为什么?请指出叔丁基丙基醚的一个较好的合成方法。

### 9.16.2 醇分子间失水

将醇和硫酸共热,在控制温度条件下(不超过 150 ℃),两分子醇间脱水生成对称醚。除硫酸外,也可以芳香族磺酸、氯化锌、氯化铝、氟化硼等为催化剂。

$$2ROH \xrightarrow[-H_2O]{H_2SO_4} R-O-R$$

工业上生成乙醚采用 $Al_2O_3$ 为脱水剂。

$$2CH_3CH_2OH \xrightarrow[300\,℃]{Al_2O_3} CH_3CH_2OCH_2CH_3 + H_2O$$

### 9.16.3 酚醚的生成和 Claisen 重排

酚羟基的碳氧键比较牢固,故酚醚一般不能通过酚分子间脱水来制备,通常由酚负离子作为亲核试剂参与反应。例如,与卤代烃或硫酸二烷基酯等反应生成酚醚。

二芳基酚醚可用酚钠与芳卤衍生物在铜催化下加热制备。

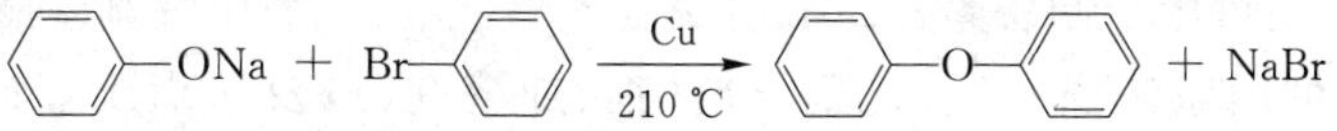

$$\text{PhONa} + \text{Br—Ph} \xrightarrow[210\,℃]{Cu} \text{Ph—O—Ph} + NaBr$$

酚醚化学性质比酚稳定,不易氧化,但易被氢碘酸分解,生成原来的酚和碘代烷。在有机合成上,常利用这一方法来保护酚羟基,以免羟基在反应中被破坏,待反应终了再脱保护恢复原来的酚。

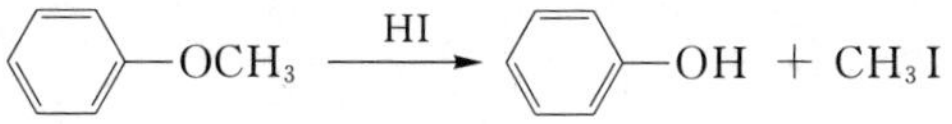

$$\text{Ph—OCH}_3 \xrightarrow{HI} \text{Ph—OH} + CH_3I$$

烯丙基芳基醚在高温下重排为邻烯丙基酚,邻烯丙基酚可以进一步重排为对烯丙基酚,这一重排反应称克莱森(Claisen L)重排。

$$\underset{\text{OCH}_2\text{CH}=\overset{*}{\text{CH}}_2}{\bigcirc} \xrightarrow{200\ ℃} \underset{\text{CH}_2\text{CH}=\text{CH}_2}{\underset{\text{OH}}{\bigcirc}} \xrightarrow{200\ ℃} \underset{\text{CH}_2\text{CH}=\overset{*}{\text{CH}}_2}{\underset{\text{OH}}{\bigcirc}}$$

## 9.17  环醚

碳链两端或碳链中间两个碳原子与氧原子形成环状结构的醚,称为环醚。小的环氧化合物称环氧某烷,较大环可看成含氧杂环的环醚,习惯上按杂环规则命名(见表 9-3)。

五元环和六元环的环醚性质比较稳定。三元环的环醚,由于环易开裂,与不同试剂发生反应而生成各种不同的产物,在合成上应用广泛。

### 9.17.1  环氧乙烷

环氧乙烷为无色、有毒的气体,可与水混溶,与空气形成爆炸混合物。工业上可由乙烯在银催化下用空气氧化得到。

环氧乙烷绝大多数(70%)用来生产乙二醇,乙二醇是制造涤纶——聚对苯二甲酸乙二醇酯的原料。

$$\underset{\text{O}}{\overset{\text{H}_2\text{C}-\text{CH}_2}{\triangle}} + \text{H}_2\text{O} \xrightarrow[\text{或加压}]{\text{H}^+} \underset{\text{OH}\quad\text{OH}}{\text{CH}_2-\text{CH}_2}$$

环氧乙烷在催化剂如四氯化锡及少量水存在下,聚合成水溶性的聚乙二醇(或称聚环氧乙烷)。

$$n\ \underset{\text{O}}{\overset{\text{H}_2\text{C}-\text{CH}_2}{\triangle}} \xrightarrow{\text{SnCl}_4} \xrightarrow{\text{少量 H}_2\text{O}} \text{HO}\text{-}\!\!\left[\text{CH}_2-\text{CH}_2\text{O}\right]_{\overline{n}}\!\!\text{H}$$
$$\text{聚乙二醇}$$

聚乙二醇可用做聚氨酯的原料,聚氨酯可制造人造革、泡沫塑料、医用高分子材料等。

环氧乙烷还可用于制备聚乙二醇甲烷基苯醚,聚乙二醇甲烷基苯醚是非离子性的表面活性剂,可用做洗涤剂、乳化剂、分散剂、加溶剂,以及纺织工业的润湿剂、匀染剂等。

### 9.17.2  环氧丙烷

环氧丙烷是无色、具有醚味的液体,沸点 34 ℃,溶于水。用丙烯与次氯酸加成再失氯化氢成环,即可得到环氧丙烷。

$$\text{CH}_3\text{CH}=\text{CH}_2 + \text{HOCl} \longrightarrow \underset{\text{OH}\quad\text{Cl}}{\text{CH}_3-\text{CH}-\text{CH}_2} \xrightarrow{\text{Ca(OH)}_2} \underset{\text{O}}{\overset{\text{CH}_3-\text{CH}-\text{CH}_2}{\phantom{x}\triangle}}$$

环氧丙烷的性质与环氧乙烷类似,但反应性稍低,主要用于生产丙-1,2-二醇和聚丙-1,2-二醇。

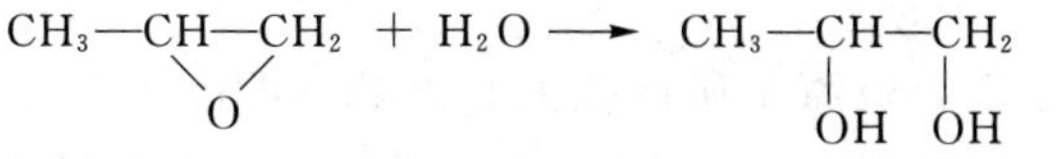

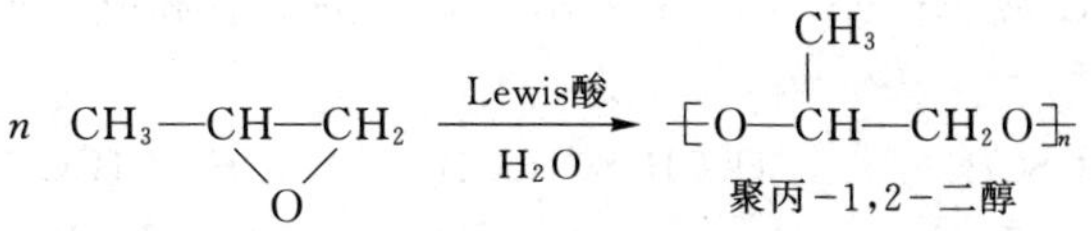

$$CH_3-CH-CH_2 + H_2O \longrightarrow CH_3-CH-CH_2$$
$$\underset{O}{\diagdown\diagup} \qquad\qquad\qquad \underset{OH\ \ OH}{|\ \ \ \ |}$$

$$n\ CH_3-CH-CH_2 \xrightarrow[H_2O]{\text{Lewis酸}} \underset{\substack{CH_3 \\ |}}{\left[O-CH-CH_2O\right]_n}$$
$$\underset{O}{\diagdown\diagup} \qquad\qquad\qquad\qquad \text{聚丙-1,2-二醇}$$

聚丙-1,2-二醇与聚乙二醇类似,也可用做聚氨酯的原料,但产品的硬度较用聚乙二醇的大。

环氧丙烷与丁烯二酸酐反应生成不饱和聚酯,不饱和聚酯可用苯乙烯固化,用于制造塑料(如玻璃钢)、涂料等。

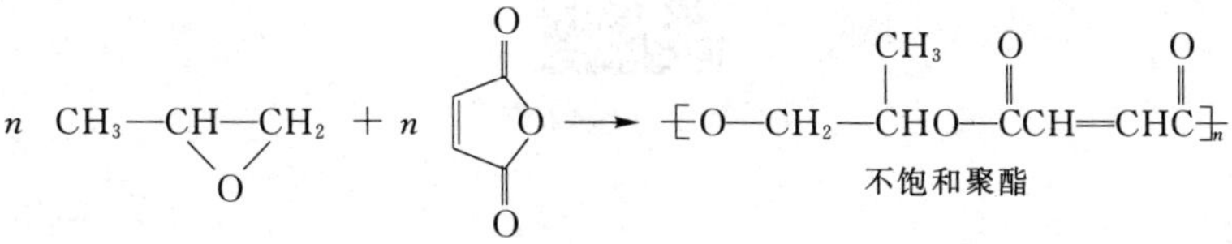

$$n\ CH_3-CH-CH_2 + n\ \underset{\diagdown\diagup}{\overset{O}{\bigcirc}}O \longrightarrow \left[O-CH_2-\underset{CH_3}{\overset{|}{C}}HO-\overset{O}{\overset{||}{C}}CH=CH\overset{O}{\overset{||}{C}}\right]_n$$
$$\underset{O}{\diagdown\diagup} \qquad\qquad\qquad\qquad\qquad\qquad\qquad \text{不饱和聚酯}$$

### 9.17.3 环氧氯丙烷

选读内容: 环氧氯丙烷

### 9.17.4 1,4-二氧六环

1,4-二氧六环又称二噁烷,或1,4-二氧杂环己烷,可由乙二醇或环氧乙烷二聚制备。

1,4-二氧六环为无色液体,能与水和多种有机溶剂混溶,由于它是六元环,故较稳定,是一种优良的有机溶剂。

### 9.17.5 冠醚

选读内容: 冠醚

## 9.18 硫醚

醚分子中的氧原子为硫原子所取代的化合物,叫做硫醚(sulfide)。可以用通式 R—S—R′,R—S—Ar 或 Ar—S—Ar′来表示。硫醚的命名和醚类似,只需在"醚"字前加"硫"字即可。例如:

$$CH_3SCH_3 \qquad CH_3CH_2SCH_2CH_3 \qquad CH_3SCH_2CH_3$$
甲硫醚 乙硫醚 甲乙硫醚

### 9.18.1 硫醚的性质

选读内容:硫醚的性质

### 9.18.2 硫醚的制备

选读内容:硫醚的制备

## 习　　题

**9-1** 命名下列化合物。

(1) $CH_3CH=CH_2OH$
　　　　$|$
　　　　$CH_3$

(2) 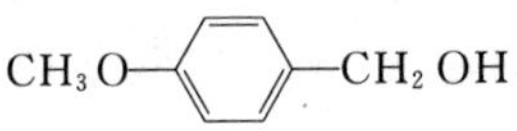 $CH_3O-\langle\ \rangle-CH_2OH$

(3) 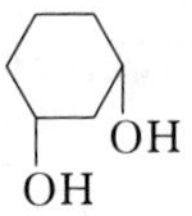 环己烷二醇 OH OH

(4) $C_2H_5OCH_2CH_2OC_2H_5$

(5) 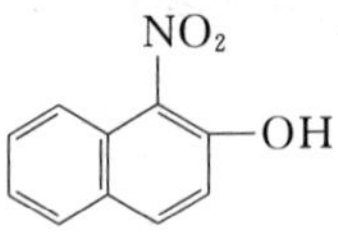 萘 $NO_2$ $OH$

(6) $CH_3CHCHCH_2OH$
　　　　　$|$
　　　　　$I$

**9-2** 写出下列化合物的结构式。

(1) 2-甲基丁-2,3-二醇　　　(2) 2-氯环戊醇　　　(3) 苦味酸
(4) 1,4-二氧六环　　　　　(5) 二苯醚　　　　　(6) 乙硫醚
(7) 2,6-二硝基萘-1-酚　　　(8) 乙二醇二甲醚　　(9) 丁-2-烯-1-醇
(10) 二苯并-12-冠-4

**9-3** 预测下列化合物与 Lucas 试剂反应速率的次序。

(1) 正丙醇　　　　　　　(2) 异丙醇　　　　　　(3) 苄醇

**9-4** 如何分离下列各组化合物?

（1）异丙醇和异丙醚　　　　　（2）乙醇中有少量水　　　（3）苯甲醚和苯酚

**9-5**　用化学方法区别下列各组化合物。

（1）正丁醇　　　丙-1,2-二醇　　　环己烷　　　甲丙醚

（2）溴代正丁烷　　　丙醚　　　烯丙基异丙基醚

（3）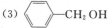　　　　　　　　　　苯—OCH₃　　　　　

（3）$\bigcirc$—CH₂OH　　　$\bigcirc$—CH₂CH₂OH　　　$\bigcirc$—OCH₃　　　$\bigcirc$—OH（CH₃）

**9-6**　比较下列化合物的酸性强弱，并解释之。

（1）环己醇（OH）　　（2）苯酚（OH）　　（3）对甲氧基苯酚（OH, OCH₃）　　（4）对氯苯酚（OH, Cl）

（5）对硝基苯酚（OH, NO₂）　　（6）间硝基苯酚（OH, NO₂）　　（7）2,4-二硝基苯酚（OH, NO₂, NO₂）

**9-7**　完成下列反应，写出主要产物。

（1）C₂H₅—环己基（OH, 苯基）　$\xrightarrow[\triangle]{\text{硫酸}}$

（2）C₆H₅—环己烯　$\xrightarrow{\text{(1) } B_2H_6}{\text{(2) } H_2O_2, OH^-}$

（3）$\bigcirc$—OH ＋ $\bigcirc$—CH₂Cl　$\xrightarrow{\text{NaOH}}$

（4）丙酮（O）$\xrightarrow[\text{无水醚}]{\bigcirc\text{—MgBr}}$ $\xrightarrow{H_3O^+}$

（5）2-甲基环己醇（OH, CH₃）　$\xrightarrow[0\ ℃]{Na_2Cr_2O_7, H_2SO_4}$

（6）$\bigcirc$—CH₂CH₂CH₂OH　$\xrightarrow{SOCl_2}$

（7）环己烷-1,2-二醇（OH, OH）　$\xrightarrow{HIO_4}$

（8）$\bigcirc$—OCH₂CH₃　$\xrightarrow{HI}$

**9-8**　由指定原料合成下列化合物（C₄以下有机化合物和无机试剂任选）。

（1）H₂C—CH₂（O）　$\longrightarrow$　(CH₃)₃CCH₂CH₂OH

（2）环己酮（O）　$\longrightarrow$　2-丙基环己醇（CH₂CH₂CH₃, OH）

（3）5 个碳原子以下的有机化合物 ——

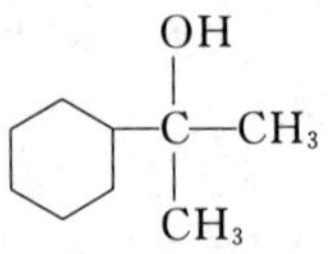

（4）

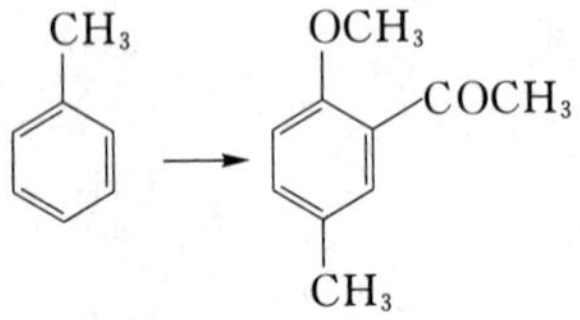

**9-9** 在叔丁醇中加入金属钠，当钠消耗后，在反应混合液中加入溴乙烷，这时可得到 $C_6H_{14}O$。如在乙醇与金属钠反应的混合物中加入 2-溴-2-甲基丙烷，则有气体产生，在留下的混合物中仅有乙醇一种有机化合物。试写出所有的反应式，并解释这两个实验为什么不同。

**9-10** 化合物 A 的分子式为 $C_5H_{10}O$，用 $KMnO_4$ 小心氧化 A 得到化合物 B（$C_5H_8O$）。A 与无水 $ZnCl_2$ 的浓盐酸溶液作用时，生成化合物 C（$C_5H_9Cl$）；C 在 KOH 的乙醇溶液中加热得到唯一的产物 D（$C_5H_8$）；D 再用 $KMnO_4$ 的硫酸溶液氧化，得到一个直链二羧酸。试推导出 A，B，C，D 的结构式，并写出各步反应式。

**9-11** 化合物 A 的分子式为 $C_7H_8O$，A 不溶于 NaOH 水溶液，但在与浓 HI 溶液反应生成化合物 B 和 C；B 能与 $FeCl_3$ 水溶液发生颜色反应，C 与 $AgNO_3$ 的乙醇溶液作用生成沉淀。试推导 A，B，C 的结构式，并写出各步反应式。

本章思考题答案　　　本章小结

# 第 10 章 醛 和 酮

羰基(carbonyl group)是碳原子以双键与氧原子相连的基团( $\overset{\text{O}}{\underset{\text{—C—}}{\parallel}}$ ),醛和酮就是一类含有羰基的化合物。羰基碳原子上连有一个烃基和一个氢原子的是醛(aldehyde),也常将 $\overset{\text{O}}{\underset{\text{H}}{—C\diagdown}}$ (或—CHO)叫做醛基。羰基碳原子上连有两个烃基的是酮(ketone),酮的羰基也称为酮基。

$$\underset{\text{醛}}{R—\overset{\overset{\text{O}}{\parallel}}{C}\diagdown_{\text{H}}} \qquad\qquad \underset{\text{酮}}{R—\overset{\overset{\text{O}}{\parallel}}{C}—R'}$$

醛和酮可以根据与羰基相连的烃基不同而分为脂肪族醛、酮(aliphatic aldehyde and ketone)和芳香族醛、酮(aromatic aldehyde and ketone);又可根据烃基是否饱和而分为饱和(saturated)醛、酮和不饱和(unsaturated)醛、酮;还可根据分子中所含羰基的数目分为一元醛、酮,二元醛、酮,等等。

## 10.1 羰基的结构

羰基的碳氧双键与碳碳双键相似,由一个 $\sigma$ 键和一个 $\pi$ 键组成。羰基碳原子以 $sp^2$ 杂化轨道形成三个 $\sigma$ 键,并且分布在同一个平面上,键角接近 $120°$,其中一个 $sp^2$ 杂化轨道和氧原子形成一个 $\sigma$ 键,另外两个 $sp^2$ 杂化轨道和其他两个原子形成 $\sigma$ 键。羰基碳原子上还剩下的一个 p 轨道和氧原子上的一个 p 轨道垂直于三个 $\sigma$ 键形成的平面,侧面重叠形成 $\pi$ 键。

碳氧双键与碳碳双键不同之处在于碳氧双键是极性键。这是因为氧的电负性较大,有较强的吸电子的能力,$\pi$ 电子云偏向氧原子,氧原子周围的电子密度增加,所以氧原子带有部分负电荷,碳原子周围的电子密度减少,而带有部分正电荷,如图 10-1 所示。由于羰基是一个极性基团,故羰基化合物是一个极性分子,具有一定的偶极矩。

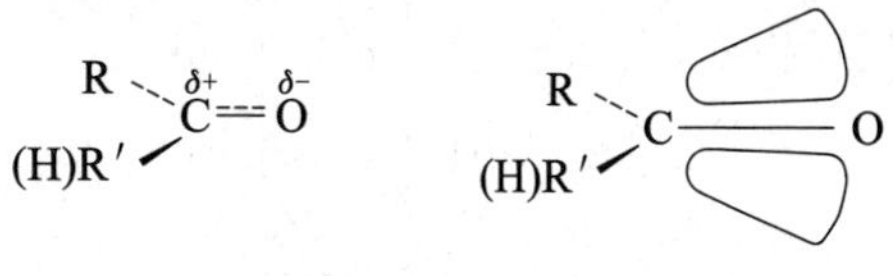

图 10-1 羰基 $\pi$ 电子云示意图

甲醛  H—C=O（上H 下H）

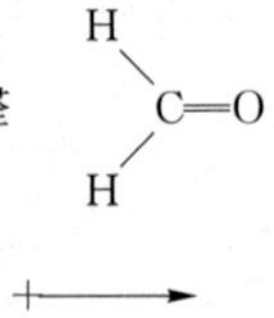

丙酮  H$_3$C—C=O（上H$_3$C 下H$_3$C）

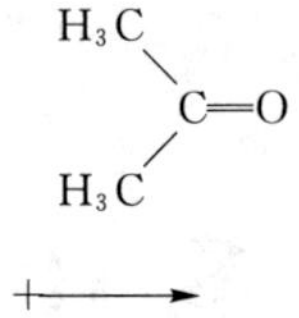

| | | |
|---|---|---|
| 偶极矩/(C·m) | 7.57×10$^{-30}$ | 9.51×10$^{-30}$ |

## 10.2  醛和酮的命名

　　醛酮的命名一般以含有羰基的最长碳链作为主链,再从靠近羰基的一端开始依次标明碳原子的位次。主链中碳原子的位次除用阿拉伯数字表示外,有时也用希腊字母 $\alpha$ 表示靠近羰基的碳原子,其次是 $\beta$,$\gamma$,…。例如:

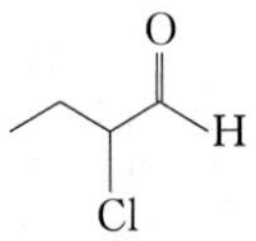

　　2-氯丁醛
　　（或称 $\alpha$-氯丁醛）

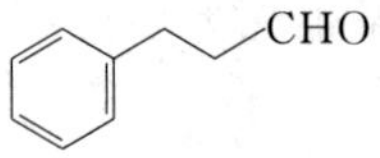

　　3-苯基丙醛
　　（或称 $\beta$-苯基丙醛）

　　简单酮有两种命名方法,一是将羰基官能团作为母体,称甲酮(ketone),加上羰基两旁由小到大的烃基名,称某基某基甲酮(“基”和“甲”字常被省略),此处的酮字含碳、氧原子,指“C=O”;二是将羰基所在碳链(环)加羰基碳原子一并作为母体,称酮(英语用“-one”为后缀),此处的酮字仅含氧原子,不含碳原子,指“=O”。例如:

　　甲(基)乙(基)酮
　　或丁-2-酮(2-丁酮)

　　乙基苯基甲酮
　　或苯丙酮(不称苯乙酮)

　　二苯(甲)酮

　　将羧酸中的羟基除去后,剩余部分称为酰基(acyl group)。常见的 CH$_3$CO—和 C$_6$H$_5$CO—分别称乙酰基(acetyl,简写为 Ac)和苯甲酰基(benzoyl)。醛基或酮基也可作为取代基,以前缀甲酰基(formyl)或氧代(氧亚基,oxo-)表示。例如:

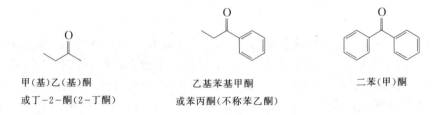

　　CH$_3$—C（上O）—◁

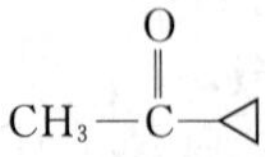

　　乙酰基环丙烷

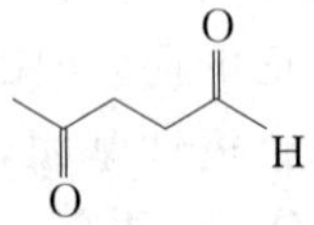

　　戊-4-羰基醛(4-氧亚基戊醛)

　　许多天然醛、酮都有俗名。例如:

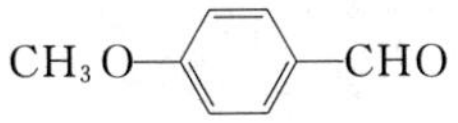

| 茴香醛 | 薄荷酮 | 香芹酮 | 茉莉酮 |

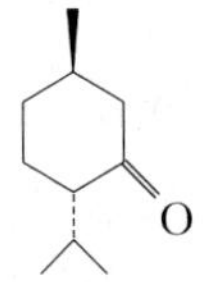

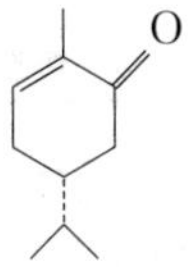

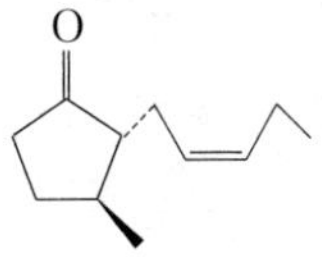

## 10.3 醛和酮的物理性质和谱学解析

常温下除了甲醛是气体外，$C_{12}$ 以下的醛、酮为液体，高级的醛、酮是固体。低级的脂肪族醛具有较强的刺激气味，但中级的醛、酮（$C_8 \sim C_{12}$）则具有果香味，常用于香料工业。

由于羰基是极性基团，所以醛、酮的沸点一般比相对分子质量相近的非极性化合物（如烃类）高；但由于含羰基的分子之间不能形成氢键，所以醛、酮的沸点比相对分子质量相近的醇要低很多。例如，甲醇的沸点为 64.7 ℃，甲醛的沸点为 −21 ℃，乙烷的沸点为 −88.6 ℃。醛、酮沸点上的差距随着分子中碳链的增加而逐渐缩小。

因为醛、酮中的羰基能与水分子中的氢原子形成氢键，所以低级的醛、酮可溶于水，如甲醛、乙醛、丙酮都能与水混溶。但芳香族的醛、酮微溶或不溶于水。醛、酮都能溶于有机溶剂中。有的醛、酮本身就是一个很好的有机溶剂，如丙酮能溶解很多有机化合物。几种常见醛、酮的物理常数见表 10−1。

表 10−1 几种常见醛、酮的物理常数

| 化合物 | 熔点/℃ | 沸点/℃ | 溶解度 g·(100 g$H_2O$)$^{-1}$ | 化合物 | 熔点/℃ | 沸点/℃ | 溶解度 g·(100 g$H_2O$)$^{-1}$ |
|---|---|---|---|---|---|---|---|
| 甲醛 | −92 | −21 | 55 | 丙酮 | −94 | 56 | 8 |
| 乙醛 | −121 | 20 | 8 | 丁酮 | −86 | 80 | 26 |
| 丙醛 | −81 | 49 | 20 | 甲基乙烯基酮 | −6 | 80 | 8 |
| 丙烯醛 | −88 | 53 | 30 | 戊−2−酮 | −78 | 102 | 5.5 |
| 正丁醛 | −99 | 76 | 7.1 | 戊−3−酮 | −41 | 102 | 4.8 |
| 正戊醛 | −91 | 102 | 2.0 | 己−2−酮 | −35 | 150 | 1.6 |
| 己醛 | −56 | 131 | 0.1 | 苯乙酮 | 21 | 202 | 0.5 |
| 苯甲醛 | −26 | 178 | 0.3 | 二苯甲酮 | 48 | 306 | 不溶 |

醛、酮的质谱图上通常可看到分子离子峰，其碎裂峰主要包括 $\alpha$−断裂、$i$−断裂和麦氏重排（McLafferty rearrangement），它们均是由羰基引发的。$R^+$，$R'^+$ 及 $\alpha$−断裂生成的两个酰基正离子的相对强度大小取决于这些离子的相对稳定性。

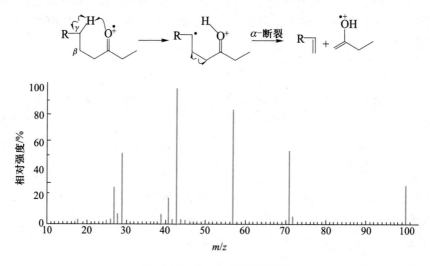

McLafferty F W 发现，一个含有羰基（或其他不饱和官能团）的化合物在质谱分析时，$\gamma$ 位上的氢原子可通过一个六元环过渡态转移到分子离子的羰基氧原子上。过程中一个碳氢键发生了断裂，同时又生成了新的氢氧键和新的游离基。新的游离基发生 $\alpha$-断裂，导致处于羰基 $\alpha,\beta$ 位的碳碳键断裂，失去一个中性碎片分子烯烃（或其他稳定分子），并生成一个可以出现在质谱中的奇电子碎片离子峰。该过程称麦氏重排反应。例如，$\alpha$ 位上没有取代基的脂肪醛和甲基酮分别生成 $m/z$ 为 44 和 $m/z$ 为 58 的特征离子峰。

图 10-2 是己-3-酮的质谱图，可见 $m/z$ 为 $100(M^+)$，72，71，57，43，29 等特征峰，偶数的 $m/z=72$ 即由麦氏重排所产生的碎片峰。

图 10-2　己-3-酮的质谱图

羰基化合物的红外光谱在 1 850～1 680 cm$^{-1}$ 处有一个强的羰基伸缩振动吸收峰，这是羰基化合物的一个特征，是鉴别羰基存在的一个非常有效的方法。醛基（—CHO）的C—H键在 2 720 cm$^{-1}$ 处有一个中等（或偏弱）强度的且尖锐的特征吸收峰，可用来鉴别醛基的存在。羰基的吸收峰位置与其邻近的基团有关，若羰基与邻近的基团发生共轭，则吸收峰的波数向低频移动。例如：

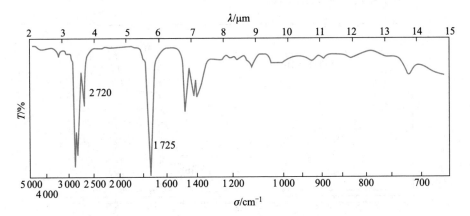

图 10-3 和图 10-4 分别是正辛醛和苯乙酮的红外光谱图。

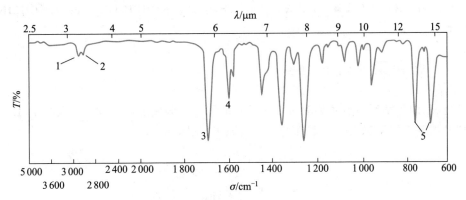

图 10-3 正辛醛的红外光谱图

2 720 cm$^{-1}$:醛基 C—H 键伸缩振动；1 725 cm$^{-1}$:C=O 键伸缩振动

图 10-4 苯乙酮的红外光谱图

1—苯环 C—H 键伸缩振动；2—CH$_3$ 伸缩振动；3—C=O 键伸缩振动；

4—苯环 C=C 键伸缩振动；5——取代苯

　　醛基上的氢原子由于受与该氢原子相连接的羰基的去屏蔽效应的影响,其化学位移在 9～10 的低场里出现特征吸收峰,利用这个特征吸收峰可以鉴别醛基的存在。羰基邻位碳原子上的氢原子也会受到一定的羰基去屏蔽效应的影响,其化学位移通常在 2～3。羰基碳原子的化学位移在 150～180。下面是几种醛、酮化合物上氢原子的化学位移值。

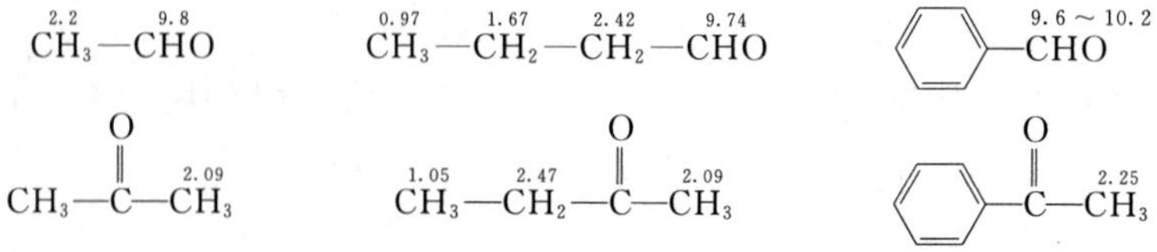

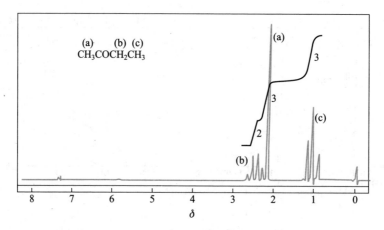

图 10-5 是丁酮的核磁共振谱图。

图 10-5　丁酮的核磁共振谱图

**思考题 10-1**　利用什么波谱分析法可以区别化合物 $PhCH=CHCH_2OH$ 和 $PhCH=CHCHO$？简述原因。

## 10.4　醛和酮的化学性质

醛、酮的化学反应点主要表现在羰基官能团三个区域上：酸性的 $\alpha$-氢原子、Lewis 碱性的羰基氧原子和 Lewis 酸性的羰基碳原子（见图 10-6）。

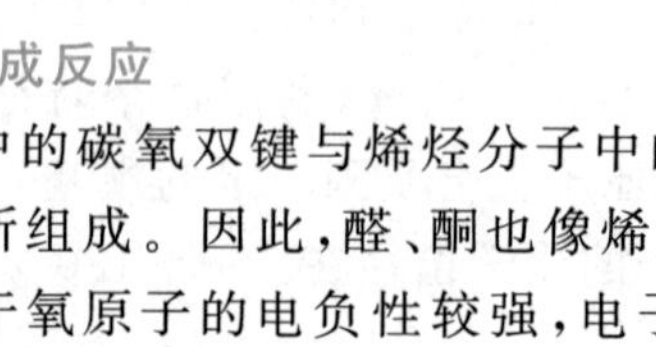

图 10-6　醛酮的反应点

### 10.4.1　羰基的亲核加成反应

如前所述，醛、酮分子中的碳氧双键与烯烃分子中的碳碳双键有相似之处，也是由一个 $\sigma$ 键和一个 $\pi$ 键所组成。因此，醛、酮也像烯烃一样，能够发生一系列加成反应。但是碳氧双键由于氧原子的电负性较强，电子云偏向于氧原子，它是极性的，并且在这个基团中碳原子与氧原子的活性不同，所以醛、酮的加成与烯烃的加成又有明显的区别。

碳是元素周期表ⅣA 族元素，碳负离子 $C^-$、碳正离子 $C^+$ 都是比较不容易形成的，即使在反应过程中形成了这些离子,它们也是比较活泼的,一旦形成就很快与别的试剂作用。然而氧原子却具有较大容纳负电荷的能力,它可以形成比较稳定的氧负离子。所以碳氧双键中带部分正电荷的碳原子与带部分负电荷的氧原子相比,前者要活泼得多。因此碳氧双键容易被带有负电荷或带有未共用电子对的基团或分子所进攻,而不像烯烃那样容易与缺电子的亲电试剂作用。烯烃的加成一般由亲电试剂进攻而发生,是亲电加成;而醛、酮则容易在 HCN,NaHSO₃,ROH,RMgX 等亲核试剂的进攻下发生加成。由亲核试剂进攻而发生的加成反应称为亲核加成反应。

醛、酮羰基上的亲核加成反应的难易程度与羰基碳原子的亲电性大小、亲核试剂亲核性的大小及羰基和试剂的位阻大小密切相关。一般而言,羰基的活性顺序为:HCHO>RCHO>RCOCH₃>RCOR′。这是由于从氢到甲基再到烃基的体积依次变大,使亲核试剂不易接近羰基碳原子。另一方面,给电子性能也是依氢到甲基再到烃基的顺序变大,因此羰基碳原子的电正性依次变小,这自然不利于带负电荷的亲核试剂的进攻。综合这两方面的因素,**羰基的活性**是醛为最大,甲基酮次之,一般酮较小。位阻大的酮是相当稳定的,芳香酮的活性最低。

开链酮中的羰基受到相连烃基较大的体积屏蔽效应的影响。环酮的羰基突出在外,活性也较大。另一方面,反应后中心碳原子由 $sp^2$ 杂化变为 $sp^3$ 杂化,对小环酮而言,角张力得到部分解除而有利于反应,但在产物中又新产生环上非键的扭转张力而不利于反应。故环酮的亲核加成反应的活性受到电子、立体、键角和非键张力等几方面的综合影响。包括环酮在内,各种不同类型醛、酮的羰基亲核加成反应的活性顺序为:甲醛>脂肪醛>环己酮>环丁酮>环戊酮>甲基酮>脂肪酮>芳基脂肪酮>二芳基酮。

亲核试剂对醛、酮碳氧双键的亲核加成反应根据反应条件不同有两种不同的反应过程。在碱性或中性条件下,亲核试剂 $Nu^-$ 进攻羰基碳原子,生成烷氧负离子后,再从溶剂质子化得到产物:

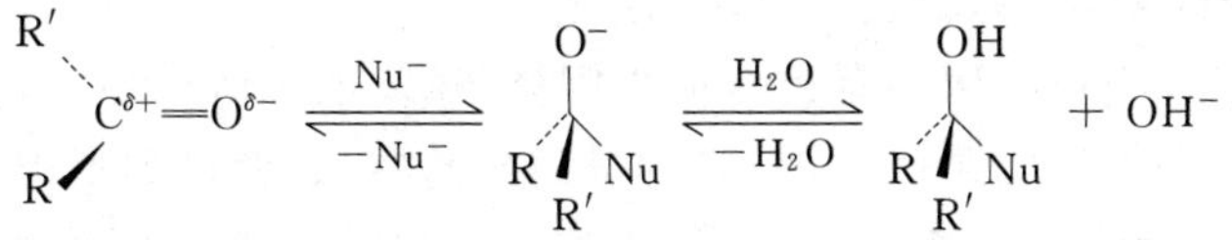

在酸性条件下,羰基氧原子先发生质子化而成为活性很大的亲电物种后接受亲核试剂进攻得到产物:

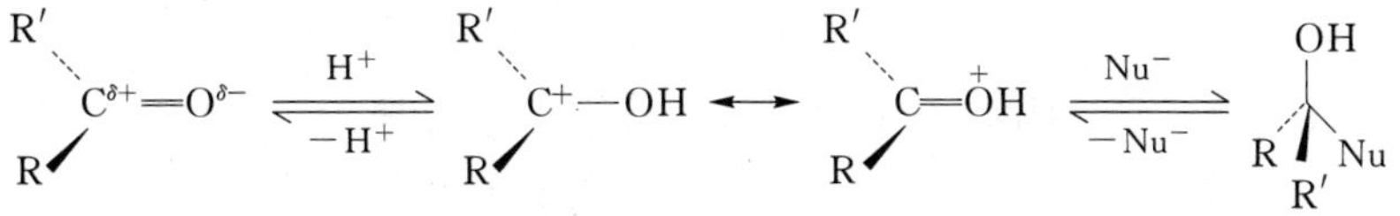

### 1. 与氢氰酸加成

醛、脂肪族的甲基酮,以及 C₈ 以下的环酮都能与氢氰酸发生加成反应,生成 *α-羟基腈*(又名*氰醇*)。腈水解生成羧酸,故这是制备 α-羟基酸和 α,β-不饱和羧酸的主要原料,该反应也是在碳链上增加一个碳原子的方法之一。例如:

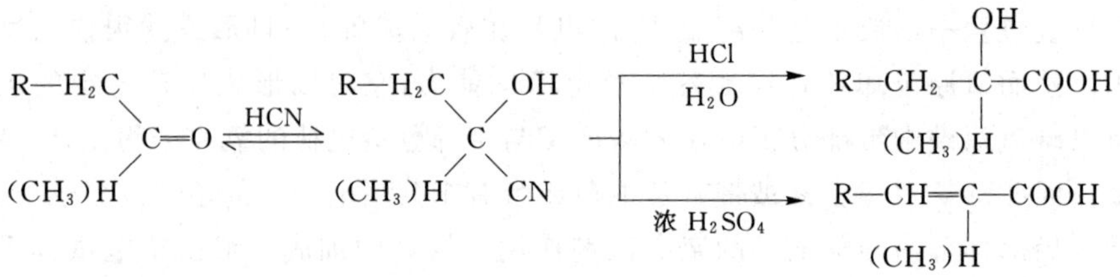

氢氰酸在碱性催化剂的存在下，与醛、酮的反应进行得很快，产率也很高。例如，在氢氰酸与丙酮的反应中，没有催化剂的存在下，3～4 h 只有一半的原料起反应；若加入一滴氢氧化钾溶液，则反应在 2 min 内即完成；如果加入酸，则反应速率减慢，加入大量的酸，则反应几天也不能进行。以上事实表明，在氢氰酸与羰基的加成反应中，关键的亲核试剂是 CN⁻。氢氰酸是弱酸，加碱能促进氢氰酸的解离，增加 CN⁻ 的浓度，有利于反应的进行；加酸则降低 CN⁻ 的浓度，不利于反应的进行。

一般认为碱催化氢氰酸与羰基的加成反应的反应机理如下：

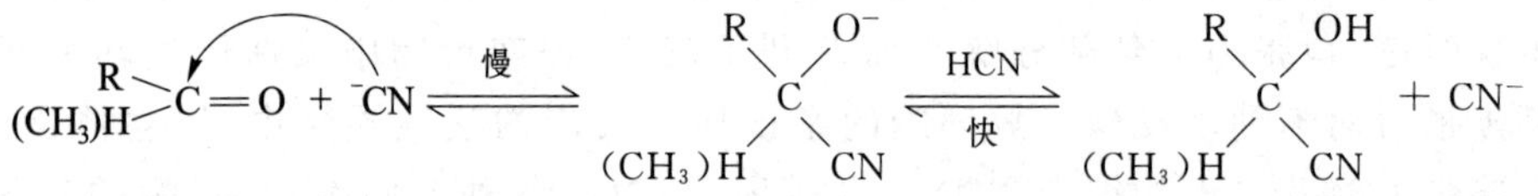

反应分两步进行，首先是亲核试剂 CN⁻ 进攻羰基，是反应中最慢的一步，也是决定反应速率的一步；然后是负离子中间体的质子化过程。

氰化氢有剧毒，且挥发性较大（沸点 26.5℃），故在羰基化合物与氰化氢加成时，为了避免直接使用氰化氢，通常是把无机酸加入醛（或酮）和氰化钠水溶液的混合物中，使氰化氢一生成就立即与醛（或酮）作用。但在加酸时应注意控制溶液的 pH，使之始终偏碱性（pH 约为 8），以利于反应的进行。

$\alpha$-羟基腈是一类很有用的有机合成中间体，氰基能水解成羧基，能还原成氨基。$\alpha$-羟基腈水解时随着反应条件不同，或者得到羟基酸，或者得到不饱和酸。"有机玻璃"——聚 $\alpha$-甲基丙烯酸甲酯的单体 $\alpha$-甲基丙烯酸甲酯就是以丙酮为原料，通过下列反应制得的。

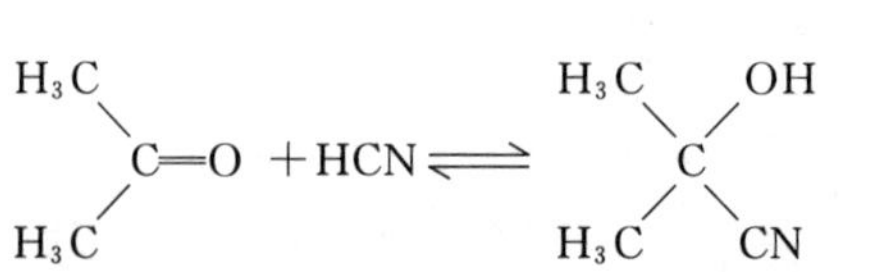

丙酮氰醇（78%）

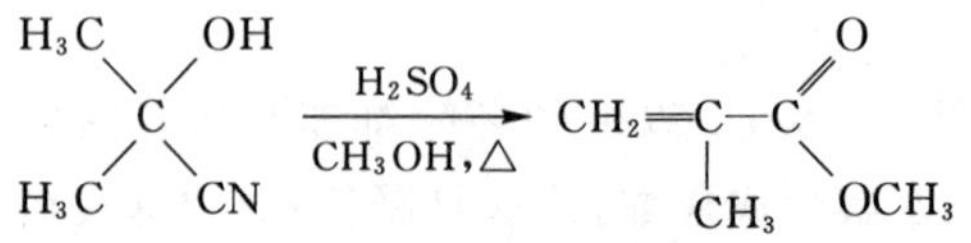

$\alpha$-甲基丙烯酸甲酯（90%）

第一步反应是丙酮与氰化氢的加成,在第二步反应中则包括了水解、酯化和脱水等反应。

2. 与亚硫酸氢钠加成

醛、脂肪族的甲基酮及 $C_8$ 以下的环酮都能与亚硫酸氢钠加成,生成 $\alpha$-羟基磺酸钠。

$$\underset{(CH_3)H}{\overset{R}{C}}{=}O \xrightleftharpoons[]{NaHSO_3} \underset{(CH_3)H}{\overset{R\quad OH}{\underset{SO_3Na}{C}}}$$

实验视频:
苯甲醛和丙酮与亚硫酸氢钠反应

$\alpha$-羟基磺酸钠易溶于水,但不溶于饱和的亚硫酸氢钠溶液。将醛、酮与过量的饱和亚硫酸氢钠水溶液(40%)混合在一起,醛和甲基酮很快就会有结晶析出。所以这个反应可用来鉴别醛、酮。

在加成时,羰基碳原子与亚硫酸氢根中的硫原子相结合,生成磺酸钠。因为亚硫酸氢根离子体积相当大,所以羰基碳原子上所连的基团越小,反应越容易进行,如所连基团太大时,反应就难于进行。因此非甲基酮一般难于和亚硫酸氢钠加成。

$HSO_3^-$ 的亲核性与 $CN^-$ 相近。羰基与 $NaHSO_3$ 的加成反应机理也和与 HCN 的加成相似。可以表示如下:

$$\underset{H}{\overset{R}{C}}{=}O + :\overset{O}{\underset{O^-Na^+}{S}}{-}OH \rightleftharpoons R{-}\overset{O^-\ Na^+}{\underset{H}{C}}{-}SO_3H \rightleftharpoons R{-}\overset{OH}{\underset{H}{C}}{-}SO_3^-\ Na^+$$

这个加成反应是个可逆反应。如果在加成产物的水溶液中加入酸或碱,使反应体系中的亚硫酸氢钠不断分解而除去,则加成产物也不断分解而再变成醛。因此亚硫酸氢钠加成产物的生成和分解,常被用来分离和提纯某些羰基化合物:

$$R{-}\overset{OH}{\underset{H}{C}}{-}SO_3Na \rightleftharpoons RCHO + NaHSO_3 \begin{cases} \xrightarrow[H_2O]{1/2Na_2CO_3} Na_2SO_3 + \frac{1}{2}CO_2 + \frac{1}{2}H_2O \\ \xrightarrow{HCl} NaCl + SO_2 + H_2O \end{cases}$$

将 $\alpha$-羟基磺酸钠与等物质的量的 NaCN 作用生成 $\alpha$-羟基腈,这是由醛、酮间接制备 $\alpha$-羟基腈的很好方法,因为这样可以避免使用有毒的氰化氢,并且产率也比较高。

思考题 10-2　将下述化合物与饱和 $NaHSO_3$ 溶液的反应速率大小进行排序,并解释原因。

(1) $\overset{O}{\underset{}{}}\!\!\diagup\!\!\diagdown_H$　　(2) $\overset{O}{\underset{}{}}$　　(3) $\overset{O}{\underset{}{}}$

3. 与醇加成

在干燥的氯化氢或硫酸的催化作用下,一分子的醛或酮能与一分子的醇发生加成反应,生成半缩醛(hemiacetal)或半缩酮(hemiketal)。

$$\underset{R'(H)}{\overset{R}{C}}{=}O + R''OH \xrightleftharpoons[]{HCl} R{-}\overset{OH}{\underset{R'(H)}{C}}{-}OR''$$

半缩醛(酮)一般是不稳定的,它容易分解成原来的醛(酮),一般很难分离得到,但环状的半缩醛(酮)较稳定,能够分离得到。例如,$\gamma$- 和 $\delta$ - 羟基醛(酮)易发生分子内的半缩醛(酮)反应。

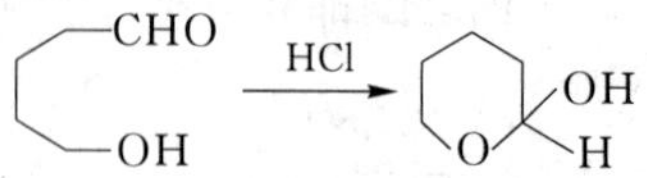

$$\text{（反应式）} \xrightarrow{\text{HCl}} \text{（反应式）}$$

半缩醛(酮)中的羟基很活泼,在酸的催化下能继续与另一分子醇起反应,生成稳定的缩醛(acetal)或缩酮(ketal),并且能从过量的醇中分离得到。所以醛(酮)在酸性的过量醇中反应,得到的是与两分子醇作用的产物——缩醛(酮)。

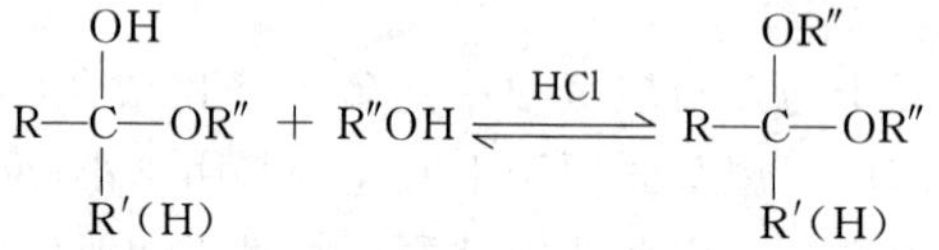

$$\text{R—C(OH)(OR'')—R'(H)} + \text{R''OH} \underset{\text{HCl}}{\rightleftharpoons} \text{R—C(OR'')(OR'')—R'(H)}$$

反应机理如下：

$$\text{（反应机理式）}$$

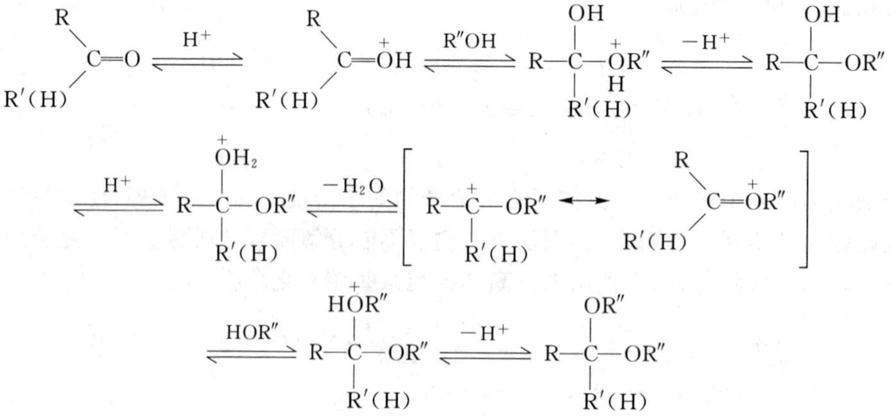

缩醛(酮)可以看成同碳二元醇的醚,性质与醚有相似之处,不受碱的影响,对氧化剂及还原剂也很稳定。但在酸存在下,缩醛(酮)可以水解成原来的醛(酮)。在有机合成中常利用生成缩醛的反应来保护醛、酮的羰基(参见 10.5)。

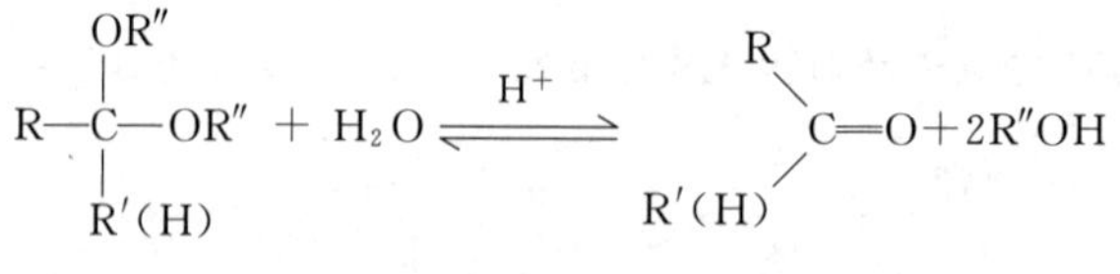

$$\text{R—C(OR'')(OR'')—R'(H)} + \text{H}_2\text{O} \underset{}{\overset{\text{H}^+}{\rightleftharpoons}} \text{R—C(R'(H))=O} + 2\text{R''OH}$$

醛容易与醇反应生成缩醛,但酮与醇反应比较困难,制备缩酮可以采用其他的方法。例如,丙酮缩二乙醇,不是利用两分子乙醇与丙酮的反应,而是采用原甲酸酯和丙酮的反应来得到的。

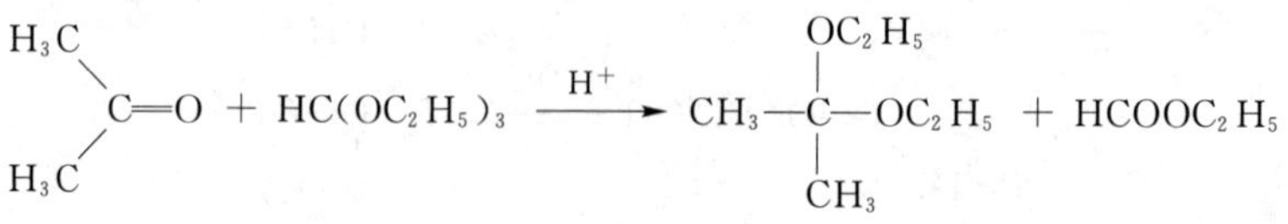

$$\begin{array}{c}\text{H}_3\text{C} \\ \text{H}_3\text{C}\end{array}\text{C=O} + \text{HC(OC}_2\text{H}_5)_3 \xrightarrow{\text{H}^+} \text{CH}_3\text{—C(OC}_2\text{H}_5)(\text{OC}_2\text{H}_5)(\text{CH}_3) + \text{HCOOC}_2\text{H}_5$$

酮在酸的催化下与乙二醇反应,可以得到环状的缩酮。

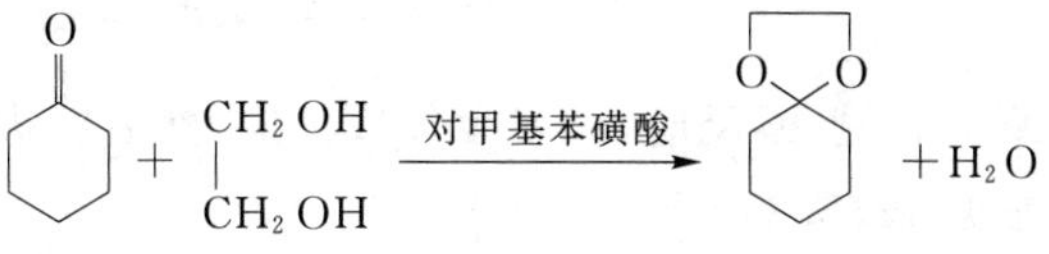

醛(酮)与二醇的缩合产物在工业上有着重要的应用。例如,在制造合成纤维维尼纶时就用甲醛和聚乙烯醇进行缩合反应,使其提高耐水性。

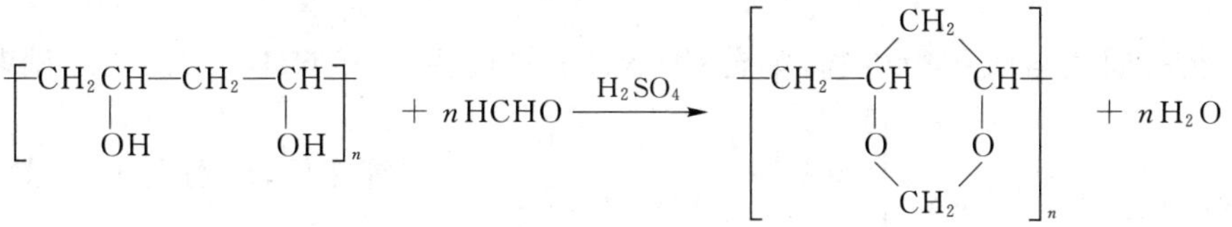

**思考题 10-3** 写出下面反应的机理。

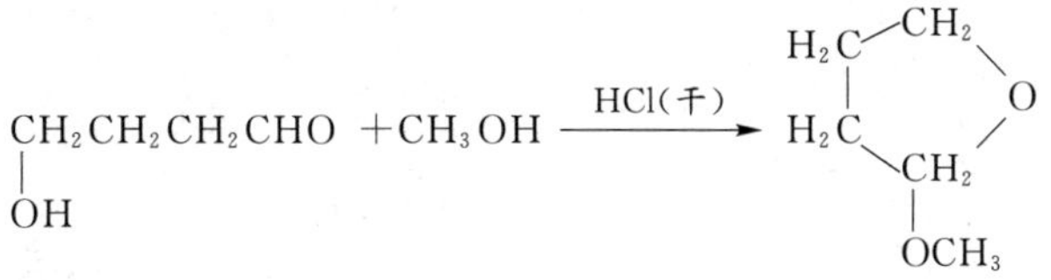

$$CH_2CH_2CH_2CHO + CH_3OH \xrightarrow{HCl(干)}$$ （OH在左侧链上）

### 4. 与氨及其衍生物加成

醛、酮与氨的反应一般比较困难,很难得到稳定的产物,个别的可以分离得到。例如,甲醛与氨的反应,先生成不稳定的甲醛氨,失水并很快聚合生成俗称乌洛托品的笼状化合物六亚甲基四胺,这是一个白色的晶体,常用做消毒剂、有机合成中的氨化剂,以及酚醛树脂的固化剂。

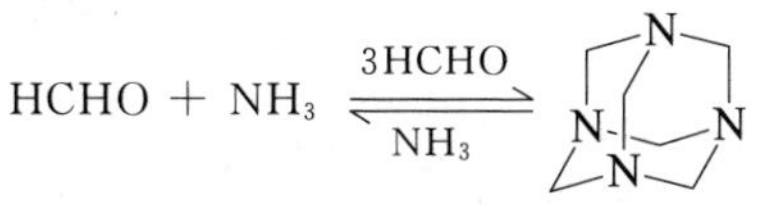

$$HCHO + NH_3 \underset{NH_3}{\overset{3HCHO}{\rightleftharpoons}}$$

这个笼状化合物和金刚烷一样具有相当高的对称性和熔点,用硝酸氧化后可以生成威力巨大的旋风炸药 RDX。

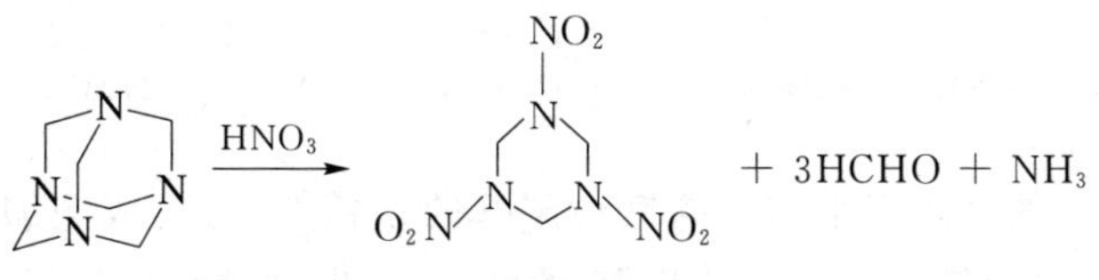

$$\xrightarrow{HNO_3} \quad + 3HCHO + NH_3$$

RDX

如果用伯胺替代 $NH_3$,生成的是取代亚胺,又名希夫碱(Schiff base)。

$$RCHO + R'NH_2 \rightleftharpoons RCH = NR' + H_2O$$

取代亚胺也不太稳定,但若是芳香族的醛和芳香族伯胺生成的希夫碱是稳定的化合物。例如:

$$\text{C}_6\text{H}_5\text{—CHO} + \text{H}_2\text{N—C}_6\text{H}_5 \rightleftharpoons \text{C}_6\text{H}_5\text{—CH=N—C}_6\text{H}_5 + \text{H}_2\text{O}$$

N-苯基苯甲亚胺

仲胺与含 α-氢原子的醛、酮反应,先发生加成反应,然后脱去一分子水生成烯胺,即氨基取代的烯烃(参见 12.2.3)。

$$-\overset{H}{\underset{|}{\text{C}}}-\overset{O}{\underset{|}{\text{C}}}- \xrightarrow[-\text{R}_2\text{NH}]{\text{R}_2\text{NH}} -\overset{H}{\underset{|}{\text{C}}}-\overset{OH}{\underset{|}{\text{C}}}-\text{NR}_2 \xrightarrow[\text{H}_2\text{O}]{-\text{H}_2\text{O}} -\text{C}=\text{C}-\text{NR}_2$$

醛、酮能与氨的衍生物,如羟胺(NH₂OH)、肼(NH₂NH₂)、2,4-二硝基苯肼

、氨基脲 等作用,分别生成肟、腙、2,4-二硝基苯腙和缩氨脲等。例如:

环己酮肟

$$\text{CH}_3\text{CH}_2\text{CHO} + \text{NH}_2\text{NH}\text{—C}_6\text{H}_3(\text{NO}_2)_2 \longrightarrow \text{CH}_3\text{CH}_2\text{CH}=\text{N—NH}\text{—C}_6\text{H}_3(\text{NO}_2)_2 + \text{H}_2\text{O}$$

丙醛-2,4-二硝基苯腙

$$\text{C}_6\text{H}_5\text{—CHO} + \text{NH}_2\text{NH}\overset{O}{\underset{\|}{\text{C}}}\text{NH}_2 \longrightarrow \text{C}_6\text{H}_5\text{—CH=NNHCNH}_2 + \text{H}_2\text{O}$$

苯甲醛缩氨脲

反应通式如下:

$$\overset{\diagup}{\underset{\diagdown}{\text{C}}}=\text{O} + \text{H}_2\text{N—Z} \longrightarrow \left[\overset{\diagup}{\underset{\diagdown}{\text{C}}}\overset{+}{\underset{\underset{OH}{|}}{\overset{|}{\text{N—Z}}}}\right] \xrightarrow[-\text{H}^+]{-\text{H}_2\text{O}} \overset{\diagup}{\underset{\diagdown}{\text{C}}}=\text{N—Z}$$

$$\left(\text{Z}=\text{—OH}, \text{—NH}_2, \text{—NH—C}_6\text{H}_5, \text{—NH—C}_6\text{H}_3(\text{NO}_2)_2, \text{—NHCNH}_2, \cdots\right)$$

上述反应首先发生的是氨衍生物上的氮对羰基的亲核加成,生成的加成产物不稳定,失去一分子的水,得到最终产物。所以醛、酮与氨衍生物的反应实际上是亲核加成-消除反应。氨衍生物与羰基的加成反应一般需要在弱酸(pH=4.5)的催化下进行,其反应历程与醇和羰基的加成类似。

上面所讲的醛、酮的含氮衍生物有着很重要的实际用途,如用于提纯和鉴定。很多醛、酮在提纯时比较困难,在实验室中常把醛、酮制成上述的一种衍生物。因为这些衍生物多半是固体,很容易结晶,并具有一定的熔点,所以经常用来鉴别醛、酮。经提

纯后,再进行酸性水解,就得到原来的醛、酮。

**思考题 10-4** 完成下列反应,写出主要产物。

(1)

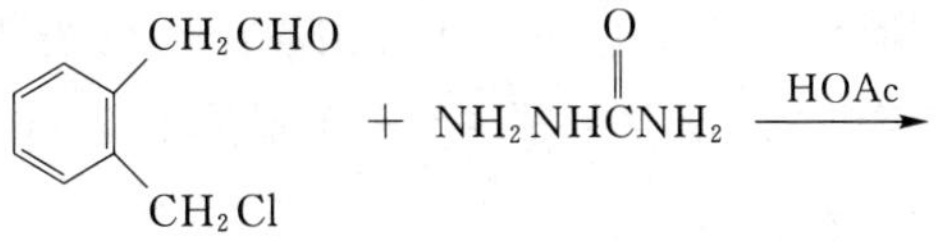

拓展阅读:
肟

(2)

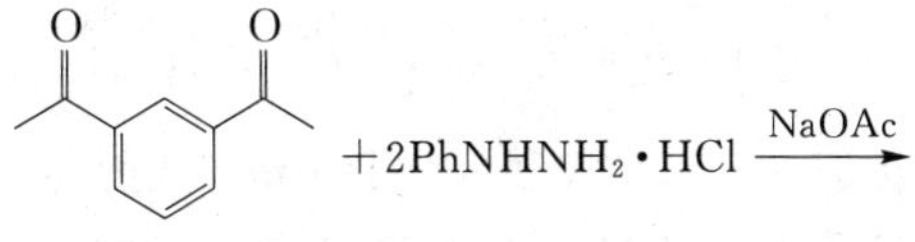

(3)

(4)

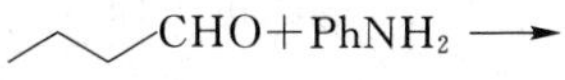

(5)

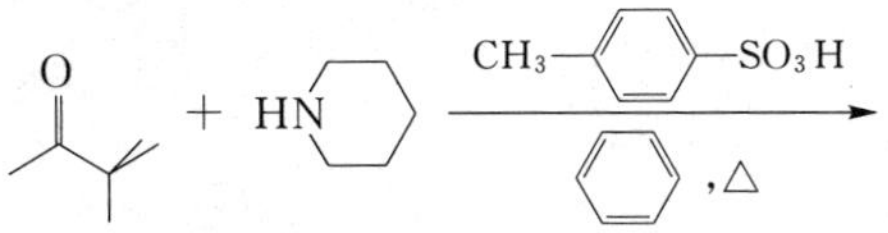

**5. 与金属有机试剂加成**

醛、酮能与格氏试剂加成,加成的产物水解后生成醇(参见 9.5.2)。

有机金属镁化合物中的碳镁键是高度极化的,碳原子带部分负电荷,镁原子带部分正电荷($\overset{\delta-}{C}—\overset{\delta+}{Mg}$)。带部分负电荷的碳原子是很强的亲核试剂。格氏试剂与羰基的反应也是亲核加成反应。

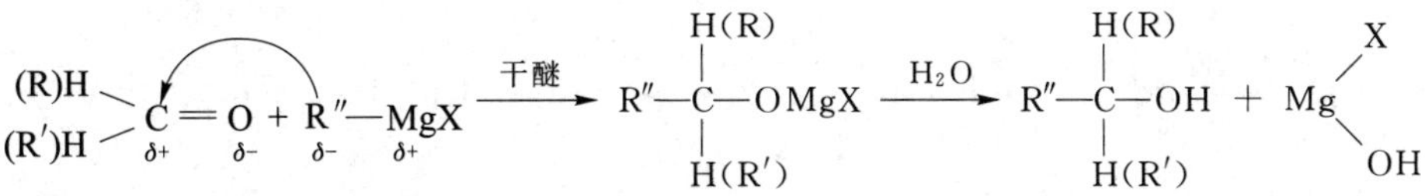

醛、酮还可以与有机锂化合物进行加成反应生成醇,反应机理与格氏试剂相似(参见 8.9)。

醛、酮也可以与炔钠反应,形成炔醇。例如:

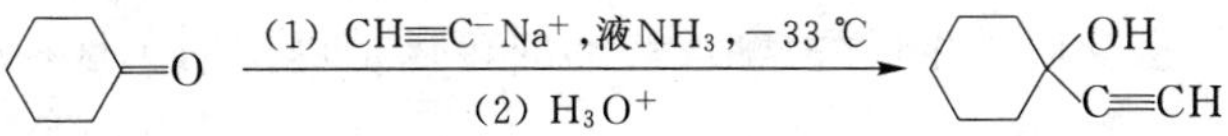

拓展阅读:
Cram 规则

**6. 与 Wittig 试剂加成**

Wittig 试剂(参见 8.10)中存在着较强极性的 $\pi$ 键,可以与醛、酮的羰基发生亲核加成反应生成烯烃,这种反应称为 Wittig 反应。

$$\diagdown C=O + (C_6H_5)_3P=CR_2 \longrightarrow \diagdown C=CR_2 + O=P(C_6H_5)_3$$

Wittig 反应是在醛、酮羰基碳原子所在处形成碳碳双键的一个重要方法,产物中没有双键位置不同的异构体。反应条件温和,产率也较好,但产物双键的构型较难控制。Wittig G 也因该工作而与 Brown H C 共同获得 1979 年诺贝尔化学奖。例如：

$$\text{C}_6\text{H}_{10}{=}\text{O} + (\text{C}_6\text{H}_5)_3\overset{+}{\text{P}}{-}\overset{-}{\text{C}}\text{H}_2 \xrightarrow{\text{DMSO}} \text{C}_6\text{H}_{10}{=}\text{CH}_2$$

另一种类型的磷叶立德试剂是霍纳（Horner L）提出的：用亚磷酸酯为原料来代替三苯基膦与溴代乙酸酯得到的试剂膦酸酯，后者在强碱作用下形成 **Horner 试剂**。

$$\text{P(OC}_2\text{H}_5)_3 + \text{BrCH}_2\text{CO}_2\text{Et} \longrightarrow (\text{C}_2\text{H}_5\text{O})_2\overset{\overset{\text{OC}_2\text{H}_5}{|}}{\underset{}{\text{P}}}{\text{CH}_2\text{CO}_2\text{EtBr}^-} \xrightarrow{-\text{C}_2\text{H}_5\text{Br}} (\text{C}_2\text{H}_5)_2\overset{\overset{\text{O}}{\parallel}}{\text{P}}\text{CH}_2\text{CO}_2\text{Et}$$

Horner 试剂和醛、酮反应可以生成 $\alpha,\beta$ – 不饱和酸酯。Horner 试剂与羰基化合物反应活性较大，较容易反应，而且反应后生成的另一个产物是磷酸酯的盐，溶于水，易去除，分离方便。

$$(\text{C}_2\text{H}_5)_2\overset{\overset{\text{O}}{\parallel}}{\text{P}}\text{CH}_2\text{CO}_2\text{Et} + \text{C}_6\text{H}_{10}{=}\text{O} \xrightarrow{\text{NaH}} \text{C}_6\text{H}_{10}{=}\text{CHCO}_2\text{Et}$$

### 10.4.2　$\alpha$ – 氢原子的活泼性

**1. 酮–烯醇互变异构**

由于羰基的影响，醛、酮的 $\alpha$ – 氢原子具有一定的酸性，容易在强碱的存在下作为质子离去，简单的醛、酮 $pK_a$ 为 17～20，比乙炔的酸性还大。

醛、酮失去一个 $\alpha$ – 氢原子后形成一个负离子。但由此而形成的负离子与烷烃失去一个氢原子所形成的碳负离子不同。由醛、酮失去 $\alpha$ – 氢原子所形成的负离子，其负电荷不完全在 $\alpha$ – 碳原子上。它可以用两个共振结构式来表示：

$$\underset{}{\text{R}-\overset{\overset{\text{O}}{\parallel}}{\text{C}}-\overset{\overset{\text{H}}{|}}{\text{C}}\text{HR}'} \xrightarrow{\text{B}^-} \left[ \underset{\textbf{1}}{\text{R}-\overset{\overset{\text{O}}{\parallel}}{\text{C}}-\overset{-}{\text{C}}\text{HR}'} \longleftrightarrow \underset{\textbf{2}}{\text{R}-\overset{\overset{\text{O}^-}{|}}{\text{C}}{=}\text{CHR}'} \right] {=\!\!=} \text{R}-\overset{\overset{\delta^-\,\text{O}}{\vdots}}{\text{C}}{\cdots}\text{CHR}'$$

这两个共振结构式中，氧原子或 $\alpha$ – 碳原子分别带有负电荷。因氧原子的电负性较大，能更好地容纳负电荷，所以两个共振结构式中 **2** 式的贡献较大。当负电荷接受一个质子时就有两种可能：若碳原子接受质子，就形成醛和酮；若氧原子接受质子，就形成烯醇（enol）。负离子接受质子生成醛、酮或烯醇的转化是可逆的。这种相互的转化可以用下式表示：

$$\underset{\text{酮}}{\text{R}-\overset{\overset{\text{O}}{\parallel}}{\text{C}}-\overset{\overset{\text{H}}{|}}{\text{C}}\text{HR}'} \underset{+\text{H}^+}{\overset{-\text{H}^+}{\rightleftharpoons}} \text{R}-\overset{\overset{\text{O}}{\parallel}}{\text{C}}-\overset{-}{\text{C}}\text{HR}' \longleftrightarrow \text{R}-\overset{\overset{\text{O}^-}{|}}{\text{C}}{=}\text{CHR}' \underset{-\text{H}^+}{\overset{+\text{H}^+}{\rightleftharpoons}} \underset{\text{烯醇}}{\text{R}-\overset{\overset{\text{OH}}{|}}{\text{C}}{=}\text{CHR}'}$$

由此可见，酮失去 $\alpha$ – 氢原子所形成的负离子与烯醇失去羟基氢原子所形成的负离子是同样的，所以常叫这种负离子为**烯醇负离子**（enolate ion）。

酮和相应的烯醇是官能团异构体，可以相互转化。在微量的酸和碱存在下，酮和烯醇互相转变很快就能达到动态平衡，这种能够互相转变而又同时存在的异构体叫**互变异**

构体(tautomerism)。酮和烯醇的这种互变异构体叫**酮－烯醇互变异构**。

含有一个羰基的结构较简单的醛、酮的烯醇式在互变异构的混合物中比例很少。例如：

$$CH_3-\overset{\overset{\displaystyle O}{\|}}{C}-CH_3 \rightleftharpoons CH_2=\overset{\overset{\displaystyle OH}{|}}{C}-CH_2$$

丙酮          0.00015%

对于有两个羰基的,中间只相隔一个饱和碳原子的**β-二羰基化合物**来说,生成的烯醇式有共轭结构,能量较低,稳定性大,所以在互变异构的混合物中含量要高得多。例如：

$$CH_3-\overset{\overset{\displaystyle O}{\|}}{C}-CH_2-\overset{\overset{\displaystyle O}{\|}}{C}-CH_3 \rightleftharpoons CH_3-\overset{\overset{\displaystyle OH}{|}}{C}=CH-\overset{\overset{\displaystyle O}{\|}}{C}-CH_3$$

酮式                  烯醇式

24%                     76%

**2. 羟醛缩合反应**

在稀碱的存在下,一分子醛、酮的 $\alpha$-氢原子加到另一分子醛、酮的羰基氧原子上,其余部分通过 $\alpha$-碳原子加到羰基的碳原子上,生成 $\beta$-羟基醛酮,这类反应称为**羟醛缩合**或**醇醛缩合**。羟醛缩合又常称为 aldol 反应,表示产物包括 ald(英文醛 aldehyde 的词首)和 ol(英文醇 alcohol 的词尾)。以乙醛的羟醛缩合反应为例：

$$CH_3-\overset{\overset{\displaystyle O}{\|}}{C}-H + CH_2-\overset{\overset{\displaystyle O}{\|}}{C}-H \xrightarrow[5\,℃]{10\%\ NaOH} CH_3-\overset{\overset{\displaystyle OH}{|}}{CH}-CH_2-\overset{\overset{\displaystyle O}{\|}}{C}-H$$

其反应机理表示如下：

$$CH_3CHO \xrightarrow{\text{稀}OH^-} {}^-CH_2CHO \xrightarrow{CH_3CHO} CH_3\overset{\overset{\displaystyle O^-}{|}}{CH}CH_2CHO \xrightarrow[-OH^-]{H_2O} CH_3\overset{\overset{\displaystyle OH}{|}}{CH}CH_2CHO$$

反应主要分两步进行:第一步是稀碱夺取一分子乙醛中的 $\alpha$-氢原子,生成碳负离子;第二步是碳负离子作为亲核试剂与另外一分子乙醛发生亲核加成反应,生成烷氧负离子,后者夺取一个质子而生成 $\beta$-羟基醛。

一般来说,凡是 $\alpha$-碳原子上有氢原子的 $\beta$-羟基醛受热都容易失去一分子水,生成 $\alpha,\beta$-不饱和醛,这是因为 $\alpha$-氢原子较活泼,并且失去水后生成的 $\alpha,\beta$-不饱和醛具有共轭双键,比较稳定。例如：

$$CH_3\overset{\overset{\displaystyle OH}{|}}{CH}CH_2CHO \xrightarrow{\triangle} CH_3CH=CHCHO + H_2O$$

含有 $\alpha$-氢原子的酮也能发生类似的羟醛缩合反应,最后生成 $\alpha,\beta$-不饱和酮。例如,两分子丙酮在碱的存在下,可以先生成双丙酮醇,但在平衡体系中,产物的百分比很小。如果能使产物在生成后,立即脱离碱催化剂,也就是使产物脱离平衡体系,最后就可使更多的丙酮转化为双丙酮醇,利用索氏提取器进行反应,产率可达 70% ～ 80%。双丙酮醇受热失水后可生成相应的 $\alpha,\beta$-不饱和酮。

$$\underset{H_3C}{\overset{H_3C}{>}}C=O+H-CH_2-\overset{O}{\overset{\|}{C}}CH_3 \underset{\longleftarrow}{\overset{OH^-}{\rightleftharpoons}} CH_3-\overset{OH}{\underset{CH_3}{\overset{|}{C}}}-\overset{H}{\overset{|}{C}}H-\overset{O}{\overset{\|}{C}}CH_3 \xrightarrow{\text{蒸馏}} CH_3-CH=CH-\overset{O}{\overset{\|}{C}}CH_3$$

双丙酮醇      4-甲基戊-3-烯-2-酮(亚异丙基丙酮)

在酸性介质中亦能进行羟醛缩合。例如,丙酮能由酸催化经过下列途径生成亚异丙基丙酮。

$$CH_3-\overset{CH_3}{\overset{|}{C}}=O \left\{ \begin{array}{l} \xrightarrow{+H^+} CH_3-\overset{CH_3}{\underset{+}{\overset{|}{C}}}-OH \\ \xrightarrow{H^+} CH_2=\overset{|}{\underset{CH_3}{C}}-OH \end{array} \right. \longrightarrow \begin{array}{c} CH_3-\overset{CH_3}{\overset{|}{C}}-OH \\ | \\ CH_2-\overset{+}{\underset{CH_3}{C}}-OH \end{array}$$

$$\xrightarrow{+H^+} \begin{array}{c} CH_3-\overset{CH_3}{\overset{|}{C}}-OH \\ | \\ CH_2-\overset{|}{C}=O \\ | \\ CH_3 \end{array} \xrightarrow[-H_2O]{+H^+} \begin{array}{c} CH_3-\overset{CH_3}{\overset{|}{C}}{}^+ \\ | \\ CH_2-\overset{|}{C}=O \\ | \\ CH_3 \end{array} \xrightarrow{-H^+} \begin{array}{c} CH_3-\overset{CH_3}{\overset{|}{C}} \\ \| \\ CH-\overset{|}{C}-CH_3 \\ \text{O} \end{array}$$

含有 $\alpha$-氢原子的两种不同的羰基化合物之间也能发生羟醛缩合反应,这称为**交叉羟醛缩合**。反应结果是得到四种不同产物的混合物,所以这种交叉羟醛缩合没有实用意义。但是,如果其中一种羰基化合物不含有 $\alpha$-氢原子(如甲醛、三甲基乙醛、苯甲醛等),这些羰基化合物不可能脱去质子成为亲核试剂进行进攻,所以产物的种类减少,在有机合成上仍有着重要的意义。例如,与甲醛反应可以得到增加一个碳原子的相应化合物。

$$\begin{array}{c} CH_3 \\ | \\ CH_3-CHCHO \end{array} + HCHO \xrightarrow{\text{稀}OH^-} \begin{array}{c} CH_3 \\ | \\ CH_3-\overset{|}{C}-CH_2OH \\ | \\ CHO \end{array}$$

苯甲醛与含有 $\alpha$-氢原子的脂肪族醛、酮缩合,可以得到芳香族的 $\alpha,\beta$-不饱和醛、酮。例如,与乙醛缩合后生成**肉桂醛**。

$$C_6H_5CHO + CH_3CHO \xrightarrow{\text{稀}OH^-} C_6H_5CH=CHCHO$$

肉桂醛

$\alpha,\beta$-不饱和醛、酮进一步转化可以制备许多其他的各类芳香族化合物,如肉桂醛进行选择性氧化可以得到肉桂酸;选择性还原可以得到肉桂醇,等等。

**思考题 10-5** 完成下列反应,写出主要产物。

(1) $(CH_3)_2CHCH_2CHO \xrightarrow[H_2O]{NaOH} \quad \xrightarrow[\triangle]{H^+}$

(2) $\underset{\substack{\parallel\\O}}{CH_3C}(CH_2)_4\underset{\substack{\parallel\\O}}{CCH_3}\ \xrightarrow[\triangle]{NaOH,H_2O}$

(3) $(CH_3)_3CCHO\ +\ \underset{\substack{\parallel\\O}}{CH_3CCH}(CH_3)_2\ \xrightarrow[\triangle]{NaOH}$

(4) $(CH_3)_2CH\underset{\substack{\parallel\\O}}{CCH_2}CH_2CHO\ \xrightarrow{OH^-}$

**思考题 10-6**　试由 合成 。

### 3. 卤化反应和卤仿反应

由于 $\alpha$-氢原子的活泼性,醛、酮分子中的 $\alpha$-氢原子容易在酸或碱催化下被卤素取代,生成 $\alpha$-单卤代或多卤代醛、酮。

当用酸作催化剂时,醛、酮的羰基氧原子接受质子变成烯醇是决定反应速率的一步,$\alpha$-卤代后使形成烯醇的反应速率变慢,因而酸催化的醛、酮卤化反应可以停留在一卤代物的阶段。

$$CH_3\underset{\substack{\parallel\\:O:}}{C}CH_3\ \xrightarrow{H:B}\ CH_3\underset{\substack{\parallel\\{}^+OH}}{C}CH_3\ +\ :B^-$$

$$CH_3\underset{\substack{\parallel\\{}^+OH}}{C}CH_2\!\!-\!\!H\ \xrightarrow[慢]{B^-}\ CH_3\underset{\substack{|\\OH}}{C}\!\!=\!\!CH_2\ +\ HB$$

$$CH_3\underset{\substack{|\\:\ddot{O}H}}{C}\!\!=\!\!CH_2\ \xrightarrow{X\!-\!X}\ CH_3\underset{\substack{\parallel\\{}^+OH}}{C}CH_2X\ +\ :X^-$$

$$CH_3\underset{\substack{\parallel\\{}^+OH}}{C}CH_2X\ +\ X^-\ \rightleftharpoons\ CH_3\underset{\substack{\parallel\\O}}{C}CH_2X\ +\ HX$$

在碱催化下,一卤代醛、酮可以继续卤化为二卤代产物和三卤代产物。例如:

$$CH_3CHO\ \xrightarrow[H_2O]{X_2}\ \underset{\substack{|\\X}}{CH_2}CHO\ \xrightarrow{X_2}\ \underset{\substack{|\\X}}{CH}CHO\ \xrightarrow{X_2}\ X\!\!-\!\!\underset{\substack{|\\X}}{\overset{\substack{X\\|}}{C}}CHO$$

碱催化反应的机理是:醛、酮在碱的作用下,先失去一个 $\alpha$-氢原子生成烯醇负离子,然后与卤素作用生成卤代物:

$$CH_3\underset{\substack{\parallel\\O}}{C}CH_2\!\!-\!\!H\ \xrightarrow{OH^-}\ \left[CH_3\underset{\substack{\parallel\\O}}{C}\overset{-}{C}H_2\ \longleftrightarrow\ CH_3\underset{\substack{|\\O^-}}{C}\!\!=\!\!CH_2\right]\ \xrightarrow{X\!-\!X}\ CH_3\underset{\substack{\parallel\\O}}{C}\!\!-\!\!$$

实验视频:
苯乙酮的
碘仿反应

$$CH_2X \xrightarrow{\quad\quad} CH_3\overset{\displaystyle O}{\overset{\|}{C}}CH_3$$

**实验视频:**
乙醇的碘仿
反应

当醛、酮的一个 $\alpha$-氢原子被取代后,由于卤原子是吸电子的,使它所连的 $\alpha$-碳原子上第二个或第三个 $\alpha$-氢原子的酸性更强,在碱的作用下更容易被卤素取代,生成同碳三卤代物。因此,在碱性的条件下,多个 $\alpha$-氢原子的醛、酮的卤化反应难以停留在一卤代物的阶段,得到的产物是多卤代的醛、酮。因此,若要制备一卤代物的 $\alpha$-卤代醛、酮,则选择在酸性条件下用等物质的量的卤素反应;若要得到 $\alpha$-多卤代醛、酮,则选择在碱性条件下用过量的卤素来反应。

具有 $CH_3\overset{\displaystyle O}{\overset{\|}{C}}-$ 结构的醛、酮与卤素的碱溶液(也可用次卤酸盐溶液)作用,则很快地生成同碳三卤代物。例如:

$$CH_3\overset{\displaystyle O}{\overset{\|}{C}}CH_3 + 3NaOX \longrightarrow CH_3\overset{\displaystyle O}{\overset{\|}{C}}CX_3 + 3NaOH$$

由于同碳三个卤原子的吸电子作用,同碳三卤代物在碱的存在下,三卤甲基和羰基碳原子之间的键容易发生断裂,而得到羧酸盐和三卤甲烷。

$$CH_3\overset{\displaystyle O}{\overset{\|}{C}}-CX_3 + OH^- \rightleftharpoons CH_3-\overset{\displaystyle O^-}{\underset{\displaystyle OH}{\overset{\|}{C}}}-CH_3 \rightleftharpoons CH_3COOH + {}^-CX_3 \rightleftharpoons CH_3COO^- + HCX_3$$

上述反应由于有三卤甲烷(俗称卤仿)生成,所以这个反应也称为 **卤仿反应**。卤仿反应的通式如下:

$$(H)R\overset{\displaystyle O}{\overset{\|}{C}}-CH_3 + 3NaOX \longrightarrow HCX_3 + (H)RCOONa + 2NaOH$$

含有 $CH_3\overset{OH}{\overset{|}{CH}}-$ 结构的化合物也能发生卤仿反应。这是因为 $CH_3\overset{OH}{\overset{|}{CH}}-$ 首先被卤素的碱溶液氧化成含有 $CH_3\overset{\displaystyle O}{\overset{\|}{C}}-$ 结构的化合物,然后发生卤仿反应。例如:

$$CH_3CH_2OH \xrightarrow{NaOX} CH_3CHO \xrightarrow{NaOX} HCOOH + CHX_3\downarrow$$

卤仿反应可用于制备其他方法难以制备的比原料醛或酮少一个碳原子的羧酸。碘仿是不溶于水的亮黄色固体,具有特殊的气味,很容易判别,所以碘仿反应可用来鉴别含有 $CH_3\overset{\displaystyle O}{\overset{\|}{C}}-$ 结构的乙醛、甲基酮,以及含有 $CH_3\overset{OH}{\overset{|}{CH}}-$ 结构的醇。

**思考题 10-7** 乙酸中也含有 $CH_3CO-$,但不发生碘仿反应,为什么?

### 4. 曼尼希反应

选读内容：**曼尼希反应**

#### 10.4.3 氧化和还原

**1. 氧化反应**

醛与酮在氧化反应中有很大的差异。由于醛的羰基碳原子上连有一个氢原子，因而醛非常容易被氧化，弱的氧化剂即可将醛氧化成相同碳原子数的羧酸。而酮的羰基碳原子上未连有氢原子，所以一般的氧化剂不能使酮氧化，这样使用弱的氧化剂可以将醛和酮区分开来。常用的弱氧化剂是**斐林**(Fehling)**试剂**及**托仑**(Tollens)**试剂**。

Tollens 试剂是硝酸银的氨溶液，它与醛的反应如下：

$$RCHO + 2Ag(NH_3)_2OH \xrightarrow{\triangle} RCOONH_4 + 2Ag\downarrow + H_2O + 3NH_3$$

醛被氧化成羧酸（实际得到的是羧酸铵盐），银离子则被还原为金属银，如果试管是很干净的，则析出的金属银在试管壁上形成银镜，所以这个反应也称为**银镜反应**。

Fehling 试剂是以酒石酸钾钠作为络合剂的碱性氢氧化铜溶液，二价铜离子为氧化剂，与醛反应时被还原成砖红色的氧化亚铜沉淀。

$$RCHO + 2Cu^{2+} + NaOH + H_2O \xrightarrow{\triangle} RCOONa + Cu_2O\downarrow + 4H^+$$

但 Fehling 试剂不能将芳香醛氧化成相应的酸。

所以上述两个氧化反应可用来鉴别醛、酮，以及脂肪醛和芳香醛。这两种试剂还是很好的有化学选择性的氧化剂，它们对碳碳双键或碳碳三键是不起作用的。例如：

$$CH_3CH_2CH\!=\!CHCHO \xrightarrow{Ag(NH_3)_2OH \atop \triangle} CH_3CH_2CH\!=\!CHCOOH$$

酮不易被氧化，但遇强的氧化剂（如 $K_2Cr_2O_7$，$KMnO_4$，$HNO_3$ 等）则可被氧化而发生羰基与 $\alpha$-碳原子之间的碳碳键断裂，生成多种低级的羧酸混合物。例如：

$$RH_2C\overset{(1)}{-}\overset{\overset{\displaystyle O}{\|}}{C}\overset{(2)}{-}CH_2R' \xrightarrow{[O]} \begin{matrix} (1) \to RCOOH + R'CH_2COOH \\ (2) \to RCH_2COOH + R'COOH \end{matrix}$$

酮的氧化产物复杂，所以一般的酮氧化反应在合成上没有实际意义。但对称的酮，如环己酮的氧化却只生成单一的己二酸，这是制备己二酸的工业方法，己二酸是生产合成尼龙-66 的原料。

$$环己酮 \xrightarrow[\text{铜钒催化剂}]{[O],60\%HNO_3} \begin{array}{l} CH_2CH_2COOH \\ | \\ CH_2CH_2COOH \end{array}$$

环己酮                                    己二酸

**2. 还原反应**

醛、酮可以被还原,在不同的条件下,用不同的还原剂,可以得到不同的产物。

(1) 催化加氢　在金属催化剂 Pt,Ni,Pd,Cu 等存在下,醛或酮与氢气作用,发生加成反应,分别生成伯醇或仲醇。例如:

$$CH_3CH_2CH_2CHO \xrightarrow[Pd]{H_2} CH_3CH_2CH_2CH_2OH$$

$$CH_3CH_2CH_2-\overset{\displaystyle O}{\overset{\|}{C}}-CH_2CH_3 \xrightarrow[Pd]{H_2} CH_3CH_2CH_2\overset{\displaystyle OH}{\overset{|}{C}}HCH_2CH_3$$

醛、酮催化加氢产率高,后处理简单,是工业上常用的加氢方法。但是,如果分子中还有其他不饱和基团,如 $\overset{}{\underset{}{C=C}}$ ,—C≡C— ,—$NO_2$,—CN 等,则这些不饱和基团同时也会被还原。例如:

$$CH_3CH_2CH=CHCHO \xrightarrow[Pd]{H_2} CH_3CH_2CH_2CH_2CH_2OH$$

(2) 用金属氢化物还原　醛、酮可以被金属氢化物硼氢化钠($NaBH_4$)和氢化铝锂($LiAlH_4$)等还原成相应的醇(参见 9.5.4)。

硼氢化钠在水或醇溶液中是一种缓和的还原剂,具有选择性强、还原性好的特点,它只对醛、酮分子中的羰基有还原作用,而不还原分子中其他不饱和基团。例如:

$$CH_3CH_2CH=CHCHO \xrightarrow[(2) H^+]{(1) NaBH_4} CH_3CH_2CH=CHCH_2OH$$

氢化铝锂的还原性比硼氢化钠强,不仅能将醛、酮还原成醇,而且还能还原羧酸、酯、酰胺、腈等化合物。不影响分子中 $\overset{}{\underset{}{C=C}}$ ,—C≡C— ,产率也很高。氢化铝锂能与质子溶剂发生反应,因此要在乙醚等非质子溶剂里使用。

(3) 克莱门森还原法　醛、酮在锌汞齐加盐酸的条件下还原,羰基被还原成亚甲基,这个反应称为克莱门森(Clemmensen E)还原。例如:

$$\overset{\displaystyle O}{\underset{}{\overset{\|}{C}}}-CH_2CH_2CH_2CH_3 \xrightarrow[HCl]{Zn-Hg} \text{（苯环）}-CH_2CH_2CH_2CH_2CH_3$$

这是将羰基还原成亚甲基的较好的方法之一,在有机合成中常用来合成直链烷基苯(参见 7.5.1)。

(4) 沃尔夫-凯惜纳-黄鸣龙反应　沃尔夫(Wolff L)-凯惜纳(Kishner N M)还

原法是先将醛或酮与无水肼反应生成腙,然后在高压釜中将腙和乙醇钠及无水乙醇加热到 180 ℃,得到还原产物烃。这也是一种将醛或酮还原成烃的方法。但是上述还原法条件比较苛刻,不仅需要高压,还要无水条件、无水肼等。我国科学家黄鸣龙对上述反应做了改进:先将醛或酮、氢氧化钠、水合肼和一种高沸点的溶剂(如一缩二乙二醇)一起加热,生成腙,然后在碱性条件下脱氮,结果醛或酮中的羰基还原成亚甲基。例如:

$$\text{⌬—COCH}_2\text{CH}_2\text{CH}_3 \xrightarrow[\text{(HOCH}_2\text{CH}_2)_2\text{O},\triangle]{\text{NH}_2\text{NH}_2\cdot\text{H}_2\text{O},\text{NaOH}} \text{⌬—CH}_2\text{CH}_2\text{CH}_2\text{CH}_3$$

黄鸣龙的改进使反应不再需要高压,在常压下就能反应,并且使用水合肼,不用高价的纯肼,不再需要无水的条件,就能得到较高的产率。这一改进的还原法称为 **Wolff－Kishner－黄鸣龙反应**。

Clemmensen 还原法和 Wolff－Kishner－黄鸣龙反应都是将羰基还原成亚甲基的反应。前者是在酸性条件下的还原,后者是在碱性条件下的还原,两种反应相互补充,可以根据醛、酮分子中所含有其他基团对酸、碱性的要求,有选择地使用还原方法。

3. 康尼扎罗反应

不含 $\alpha$-氢原子的醛在浓碱的存在下,能发生歧化反应,即一分子醛被氧化成羧酸(碱溶液中实际为羧酸盐),另外一分子醛被还原为醇,这种反应叫做 **康尼扎罗 (Cannizzaro S) 反应**。例如:

$$2\text{HCHO} \xrightarrow{\text{浓NaOH}} \text{HCOONa} + \text{CH}_3\text{OH}$$

$$2\ \text{⌬—CHO} \xrightarrow{\text{浓NaOH}} \text{⌬—COONa} + \text{⌬—CH}_2\text{OH}$$

在浓碱的存在下两种不同的不含 $\alpha$-氢原子的醛也能发生 Cannizzaro 反应,称为 **交叉歧化反应**,产物有四种,比较复杂,没有很大的应用价值。但是若其中一种醛是甲醛,则因为甲醛的还原性较强,所以歧化反应结果甲醛总是被氧化成甲酸,而另外一分子醛被还原为醇。因此,有甲醛参与的交叉歧化反应在有机合成上有较好的应用。例如,由甲醛和乙醛制备 **季戊四醇** 的反应中,首先是三分子的甲醛和一分子的乙醛发生交叉羟醛缩合反应,生成的产物再与一分子的甲醛发生交叉 Cannizzaro 反应。

$$3\text{HCHO} + \text{CH}_3\text{CHO} \xrightarrow{\text{Ca(OH)}_2} \begin{array}{c} \text{CH}_2\text{OH} \\ | \\ \text{HOCH}_2\text{—C—CHO} \\ | \\ \text{CH}_2\text{OH} \end{array}$$

$$\begin{array}{c} \text{CH}_2\text{OH} \\ | \\ \text{HOCH}_2\text{—C—CHO} \\ | \\ \text{CH}_2\text{OH} \end{array} + \text{HCHO} \xrightarrow{\text{Ca(OH)}_2} \begin{array}{c} \text{CH}_2\text{OH} \\ | \\ \text{HOCH}_2\text{—C—CH}_2\text{OH} \\ | \\ \text{CH}_2\text{OH} \end{array} + \text{HCOO}^-$$

这是实验室和工业上制备重要的化工原料季戊四醇的方法。

一些难以制备的芳香醇也可利用交叉 Cannizzaro 反应来制备的。例如：

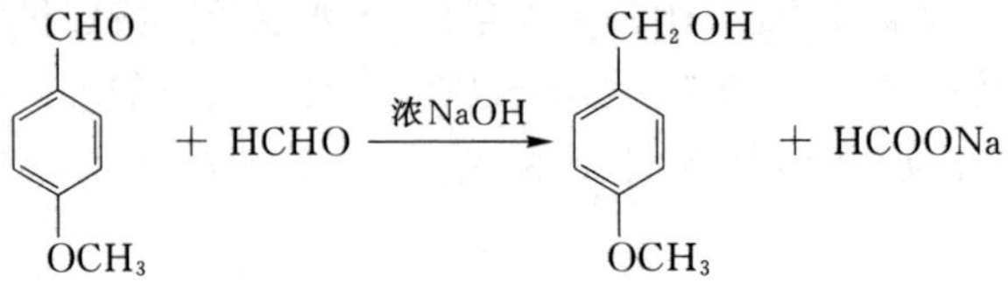

## 10.5 羰基的保护和去保护

从上述醛、酮的化学性质可以知道，羰基是较活泼的基团，当醛、酮分子中还含有其他基团，并且这些基团要发生某些反应时，羰基往往也会随之发生一些反应。所以为保留羰基不变，需要先将羰基保护起来，然后再进行分子中其他基团的转化反应，最后去保护回到醛、酮。常用的羰基保护是将醛或酮转化成缩醛或缩酮，然后水解回到醛或酮。例如，对甲基苯甲醛的氧化，不采取保护的话，则氧化成对苯二甲酸；先对醛基进行保护，则可以保留醛基生成下列化合物：

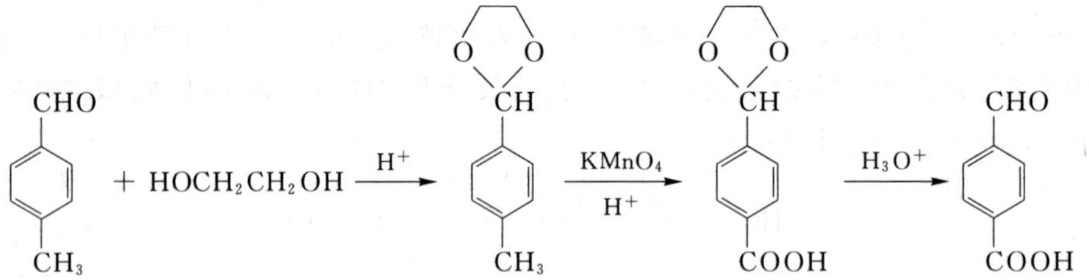

从 3-溴丙醛合成丙烯醛不能采用碱性条件下脱溴化氢的方法，因为丙烯醛在碱性条件下会发生聚合。但如果先保护醛基变成缩醛，用碱脱去溴化氢，再水解，就可以得到丙烯醛。

$$CH_2BrCH_2CHO \xrightarrow[H^+]{CH_3CH_2OH} CH_2BrCH_2CH(OC_2H_5)_2 \xrightarrow{OH^-}$$

$$CH_2{=\!=}CHCH(OC_2H_5)_2 \xrightarrow{H_3O^+} CH_2{=\!=}CHCHO$$

缩醛或缩酮也属醚类化合物，暴露在空气中容易生成易爆炸的过氧化物，故操作与存放时注意安全。

**思考题 10-8** 完成下列合成。

(1) 从

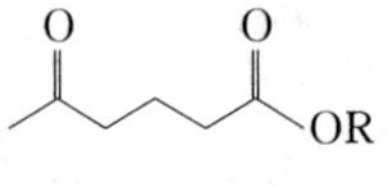

合成

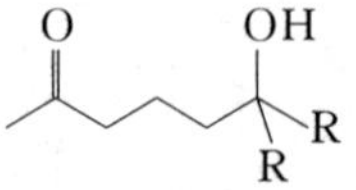

。

(2) 从

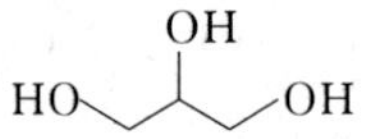

合成

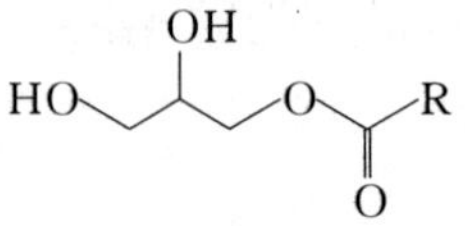

。

## 10.6　不饱和醛、酮

选读内容: 不饱和醛、酮

## 10.7　醛和酮的制备

醛和酮的制备一般有以下几种。

### 10.7.1　炔烃的水合

在汞盐的催化下,炔烃可以与水反应生成羰基化合物(参见 5.4.2)。

$$R-C\equiv C-R + H_2O \xrightarrow[H_2SO_4]{Hg^{2+}} [R-\underset{OH}{C}=CH-R] \xrightarrow{重排} R-\underset{O}{C}-CH_2R$$

乙炔水合生成乙醛,其他炔烃水合都生成酮。例如:

$$CH_3C\equiv CH + H_2O \xrightarrow[H^+]{Hg^{2+}} CH_3-\underset{O}{C}-CH_3$$

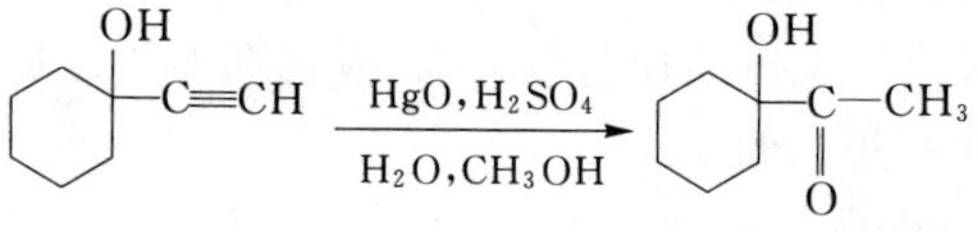

1-羟基环己基甲基甲酮(84%)

虽然炔烃一般都可发生水合反应,但除乙炔外,其他炔烃不易制得,所以在工业上,此法主要用于生产乙醛。

### 10.7.2　羰基合成

在八羰基二钴[Co(CO)$_4$]$_2$ 催化剂作用下,烯烃与一氧化碳、氢可以生成比原烯烃多一个碳原子的醛。此方法称为 羰基合成,也称烯烃的 氢甲酰化 (hydroformylation)反应。例如:

$$CH_3CH=CH_2 + CO + H_2 \xrightarrow[100\sim200\ ℃,20\sim30\ MPa]{[Co(CO)_4]_2} CH_3CH_2CH_2CHO + CH_3\underset{CH_3}{CH}CHO$$

丙烯　　　　　　　　　　　　　　　　　　　丁醛　　　异丁醛
　　　　　　　　　　　　　　　　　　　　　75%　　　25%

### 10.7.3 傅-克酰基化反应

芳烃在无水三氯化铝的催化作用下与酰氯或酸酐发生傅-克酰基化反应生成芳香酮(参见 7.5.1)。例如:

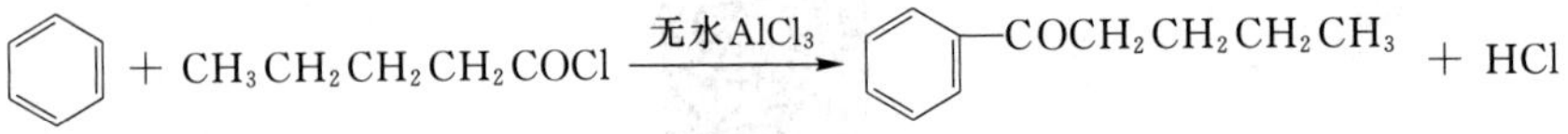

$$\text{⟨⟩} + CH_3CH_2CH_2CH_2COCl \xrightarrow{\text{无水 AlCl}_3} \text{⟨⟩}-COCH_2CH_2CH_2CH_3 + HCl$$

### 10.7.4 Gattermann-Koch 反应

用甲酸的酰氯与芳烃发生酰基化反应,可以得到芳醛。但甲酰氯是不稳定的化合物,所以在反应时直接通入一氧化碳和氯化氢混合物,在催化剂(无水三氯化铝和氯化亚铜的混合物)存在下,与环上带有甲基、甲氧基等活化基团的芳烃反应,可以得到相应的芳醛,这个反应称为盖特曼(Gattermann L)-科赫(Koch J A)反应。例如:

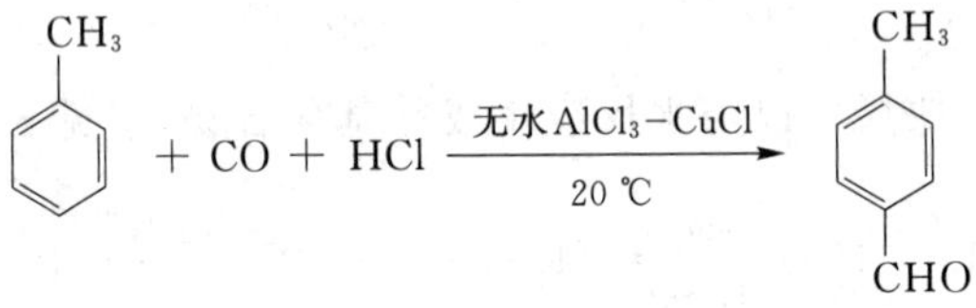

$$\underset{\text{甲苯}}{\text{⟨CH}_3\text{⟩}} + CO + HCl \xrightarrow[20\ ℃]{\text{无水 AlCl}_3-CuCl} \underset{\substack{\text{对甲基苯甲醛}\\50\%\sim55\%}}{\text{⟨CH}_3\text{⟩CHO}}$$

### 10.7.5 芳烃侧链的氧化

芳烃侧链上的 $\alpha$-氢原子受芳环的影响,容易被氧化。由于醛能继续氧化成酸,所以必须选择适当的氧化剂。控制反应条件,则可以使氧化停留在生成芳醛或芳酮的阶段。例如,可以用二氧化锰及硫酸作为氧化剂,氧化剂不能过量,需分批加入且迅速搅拌,硫酸可适当的过量一些。例如:

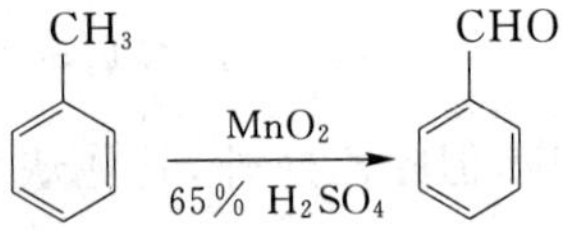

$$\underset{}{\text{⟨CH}_3\text{⟩}} \xrightarrow[65\%\ H_2SO_4]{MnO_2} \text{⟨CHO⟩}$$

也可以用氧化铬和乙酐作为氧化剂。例如:

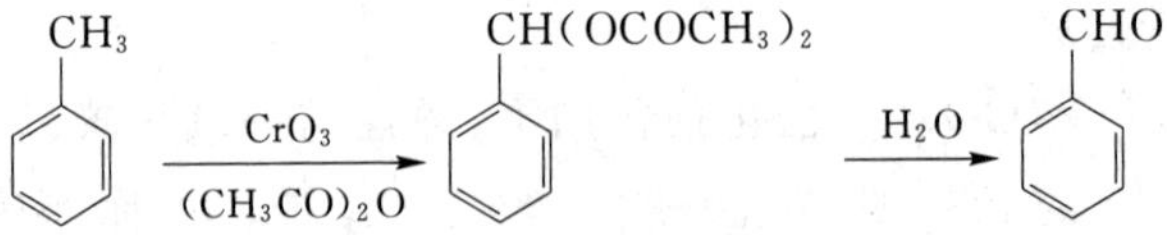

$$\text{⟨CH}_3\text{⟩} \xrightarrow[(CH_3CO)_2O]{CrO_3} \text{⟨CH(OCOCH}_3)_2\text{⟩} \xrightarrow{H_2O} \text{⟨CHO⟩}$$

反应中生成的中间体二乙酸酯不容易继续被氧化,分离后水解就可得到醛。

工业上制备苯乙酮的方法是将乙苯经空气氧化得到。

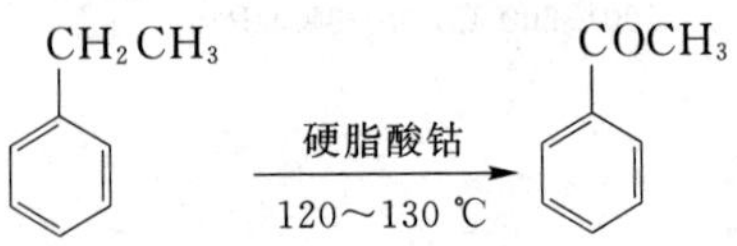

$$\text{⟨CH}_2CH_3\text{⟩} \xrightarrow[120\sim130\ ℃]{\text{硬脂酸钴}} \text{⟨COCH}_3\text{⟩}$$

### 10.7.6　同碳二卤代物的水解

同碳二卤代物水解能生成相应的羰基化合物。例如：

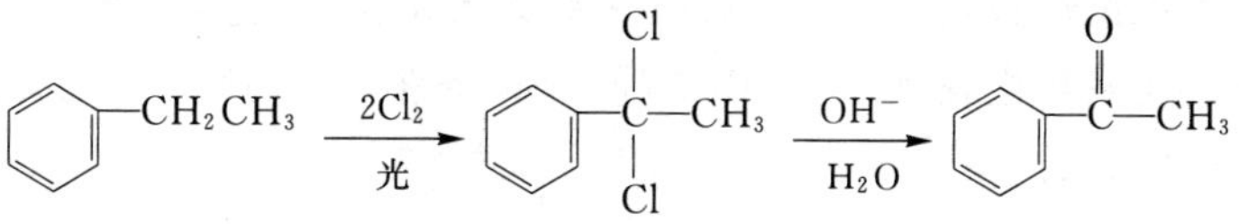

由于芳烃侧链上的 $\alpha$-氢原子容易发生卤素的自由基取代反应，所以这个方法主要用于芳醛或芳酮的制备。

### 10.7.7　醇的氧化与脱氢

伯醇和仲醇通过氧化或脱氢反应，可得到醛和酮（参见 9.3.5）。叔醇分子中由于没有 $\alpha$-氢原子，在相同的条件下是不能被氧化的。实验室里常用的氧化剂是重铬酸钾或重铬酸钠加硫酸，用于对仲醇的氧化，效果较好，产率较高；但用于对伯醇的氧化则产率很低，这是因为生成的醛还容易继续被氧化成羧酸，所以采用相对较弱的氧化剂（三氧化铬和吡啶的络合物）对伯醇进行氧化，能得到较高产率的醛。例如：

$$CH_3CH_2CH_2\underset{}{\overset{OH}{\overset{|}{C}}}HCH_3 \xrightarrow[H_2O]{K_2Cr_2O_7+H_2SO_4} CH_3CH_2CH_2\overset{O}{\overset{\|}{C}}CH_3$$

$$CH_3CH_2CH_2CH_2CH_2OH \xrightarrow[CH_2Cl_2]{CrO_3(C_5H_5N)_2} CH_3CH_2CH_2CH_2CHO$$

如果要从不饱和醇氧化成不饱和醛或酮，常需要采用特殊的氧化剂，如欧芬脑尔（Oppenauer）氧化法。因为常规的氧化剂会将碳碳双键也一起氧化。选用丙酮-异丙醇铝（或叔丁醇铝）或三氧化铬和吡啶的络合物可以完成这个反应。例如：

$$CH_2{=}CHCH_2CH_2\underset{OH}{\underset{|}{C}}HCH_3 + CH_3\underset{O}{\underset{\|}{C}}CH_3 \xrightleftharpoons{\text{异丙醇铝}} CH_2{=}CHCH_2CH_2\underset{O}{\underset{\|}{C}}CH_3 + CH_3\underset{OH}{\underset{|}{C}}HCH_3$$

反应是可逆的。使用过量的丙酮，可以使反应向右进行。在这种氧化条件下，醇羟基被氧化，而分子中的不饱和键保留。虽然伯醇可以用这种方法氧化成相应的醛，但因醛在碱性条件下容易发生羟醛缩合反应，故这种氧化方法更适合于制备酮。

醇在适当的催化剂存在下可以脱去一分子氢。将伯醇或仲醇的蒸气通过加热的铜催化剂，则仲醇脱氢生成醛，仲醇脱氢生成酮。例如：

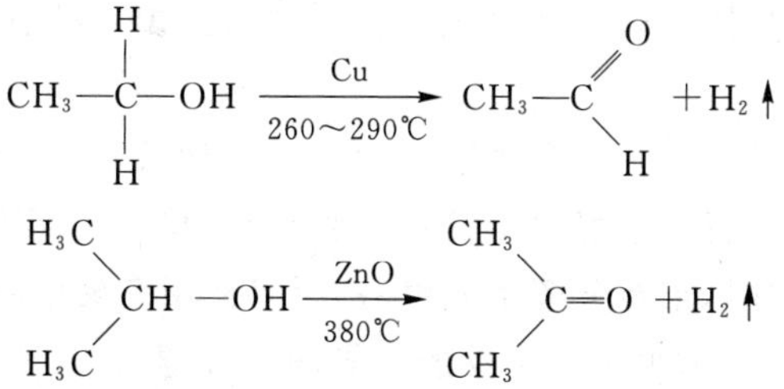

银、镍等也可作为催化剂。

由醇脱氢得到的产品纯度高,但因反应是吸热的,需要供给大量的热,所以工业上常在进行脱氢的同时,通入一定量的空气,使生成的氢与氧结合成水。氢与氧结合时放出的热量可直接供给脱氢反应。这种方法称为氧化脱氢法。

醇的催化脱氢或氧化脱氢需要特殊的装置和条件,所以该法不是实验室制法,主要用于工业生产中。

### 10.7.8 羧酸衍生物的还原

酰氯及酯等羧酸衍生物可以控制还原生成相应的醛,酰氯在胺(吸收放出的卤化氢并阻止产物醛的氧化)存在下以加入少量硫化物而氢化后的钯为催化剂,氢化得到醛,称 Rosenmund 还原法,(参见 11.8.5),这是实验室制备醛的一个重要方法。例如:

$$CH_3CH_2(CH_2)_8COOC_2H_5 \xrightarrow[\text{(2) } H_2O, H^+]{\text{(1) } Al(n\text{−}Bu)_2H,\text{己烷},-78\ ℃} CH_3CH_2(CH_2)_8CHO$$

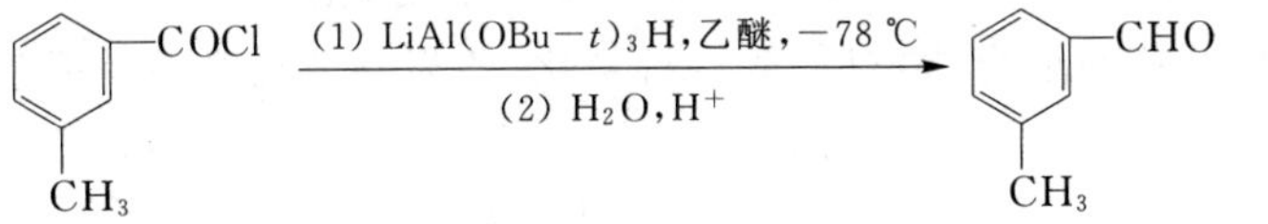

## 10.8 重要的醛和酮

### 10.8.1 甲醛

在常温下,甲醛是带有特殊刺激性气味的气体,无色,沸点−21 ℃,易溶于水。常用的甲醛水溶液叫"福尔马林",其中含 37%～40% 的甲醛和 8% 甲醇,可以作为杀菌剂和防腐剂。甲醛易氧化、易聚合,在室温下,长期放置的甲醛浓溶液(60% 左右)能聚合为三分子的环状聚合物——三聚甲醛:

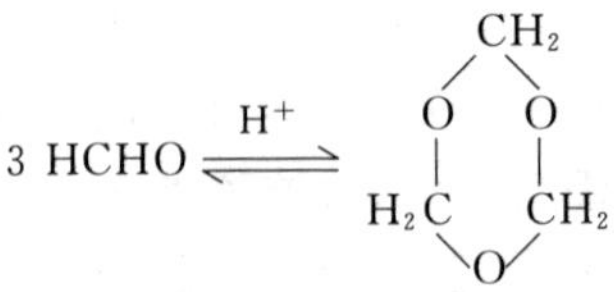

三聚甲醛

三聚甲醛是白色晶体,熔点 62 ℃,沸点 112 ℃,三聚甲醛在酸性介质中加热可以解聚生成甲醛。

甲醛与水加成生成甲醛的水合物甲二醇。甲二醇分子间脱水还可以生成线型聚合物。这就是为什么久置的甲醛水溶液中有白色固体——多聚甲醛存在。多聚甲醛被加热至 180～200 ℃ 时,重新分解生成甲醛,所以常用多聚甲醛作为甲醛的储存和运输形式。$n=500$～5 000 的聚甲醛是性能优异的工程塑料。

$$HCH + H_2O \longrightarrow HO-CH_2-OH \xrightarrow{n\,HCHO} \left[ CH_2O \right]_n$$

拓展阅读：
甲醛

甲醛主要是由甲醇氧化脱氢得到的。甲醛常用于制造酚醛树脂、脲醛树脂、合成纤维、季戊四醇和乌洛托品等，是重要的有机合成原料。

### 10.8.2　乙醛

乙醛是有刺激性气味的无色低沸点液体，溶于水、乙醇和乙醚中，易氧化、易聚合。在少量硫酸的存在下，乙醛能聚合生成环状三聚乙醛：

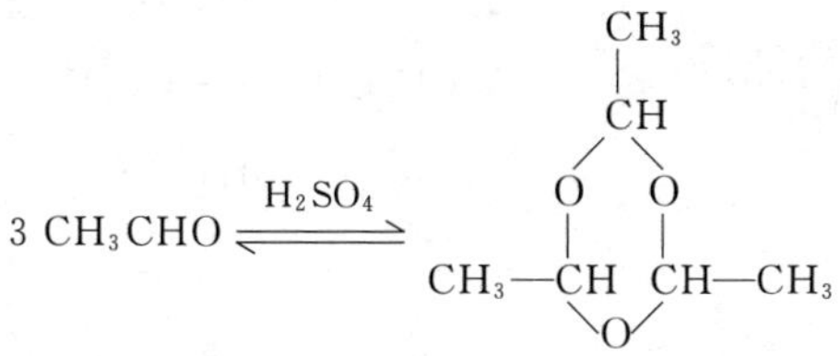

$$3\ CH_3CHO \xrightleftharpoons{H_2SO_4}$$

三聚乙醛

三聚乙醛是沸点 124 ℃的液体，在硫酸存在下加热可以发生解聚，故乙醛也常以三聚体形式保存。

乙醛可以由乙烯在空气中催化氧化来制备。乙醛也是一种重要的有机合成原料。

$$CH_2{=}CH_2 + \frac{1}{2}O_2 \xrightarrow{PdCl_2-CuCl_2} CH_3CHO$$

### 10.8.3　丙酮

丙酮是带有令人愉快香味的液体，易溶于水，能溶解各种有机化合物。丙酮是常用的有机溶剂和有机合成原料，应用范围很广，如生产有机玻璃、环氧树脂等。

拓展阅读：
有机人名反应

丙酮可以通过玉米等发酵、苯酚的异丙苯法、丙烯的氧化得到。丙酮最重要的一个工业生产方法是异丙苯空气氧化法，丙烯在 $PdCl_2-CuCl_2$ 催化下氧化也能得到丙酮（Wacker-Hoeschst 工艺）。

$$CH_3CH{=}CH_2 + \frac{1}{2}O_2 \xrightarrow{PdCl_2-CuCl_2} CH_3CCH_3$$

## 习　　题

**10-1**　命名下列各化合物。

(1) $CH_3CHCH_2CHO$
　　　　$|$
　　　$CH_2CH_3$

(2) $(CH_3)_2CH-CCH_2CH_3$ （含$O$双键）

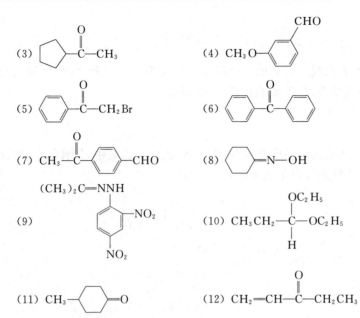

(3) 环戊基甲基酮    (4) $CH_3O$—苯甲醛

(5) 苯基溴甲基酮    (6) 二苯甲酮

(7) $CH_3$—乙酰基苯甲醛    (8) 环己酮肟

(9) $(CH_3)_2C=NNH$—$2,4$-二硝基苯腙    (10) $CH_3CH_2$—缩二乙醇

(11) $CH_3$—甲基环己酮    (12) $CH_2=CH$—$CO$—$CH_2CH_3$

**10-2** 写出下列各化合物的构造式。

(1) 对羟基苯丙酮    (2) $\beta$-环己二酮    (3) 丁-2-烯醛

(4) 甲醛苯腙    (5) 4-苯基丁-2-酮    (6) $\alpha$-溴代丙醛

(7) 丙酮缩氨脲    (8) 二苯甲酮    (9) 2,2-二甲基环戊酮

(10) 3-(间羟基苯基)丙醛

**10-3** 写出分子式为 $C_5H_{10}O$ 的醛和酮的同分异构体,并加以命名。

**10-4** 写出丙醛与下列试剂反应所生成的主要产物。

(1) $NaBH_4$,在 $NaOH$ 水溶液中    (2) $C_6H_5MgBr$,然后加 $H_3O^+$

(3) $LiAlH_4$,然后加 $H_2O$    (4) $NaHSO_3$

(5) $NaHSO_3$,然后加 $NaCN$    (6) 稀 $OH^-$

(7) 稀 $OH^-$,然后加热    (8) $H_2$,$Pt$

(9) $HOCH_2CH_2OH$,$H^+$    (10) $Br_2$ 在乙酸中

(11) $Ag(NH_3)_2OH$    (12) $NH_2OH$

(13) $C_6H_5NHNH_2$

**10-5** 写出苯甲醛与上述试剂反应所生成的主要产物,若不能反应请写出原因。

**10-6** 用化学方法区别下列各组化合物。

(1) 苯甲醇和苯甲醛    (2) 己醛和己-2-酮

(3) 己-2-酮和己-3-酮    (4) 丙酮和苯乙酮

(5) 己-2-醇和己-2-酮    (6) 甲基苯基甲醇和苯基甲醇

(7) 环己烯、环己酮和环己醇    (8) 己-2-醇、己-3-酮和环己酮

**10-7** 将下列各组化合物按羰基亲核加成的反应活性大小排列。

(1) $CH_3CHO$,$CH_3COCHO$,$CH_3COCH_2CH_3$,$(CH_3)_3CCOC(CH_3)_3$

(2) $C_2H_5COCH_3$,$CH_3COCCl_3$

(3) $ClCH_2CHO$,$BrCH_2CHO$,$CH_2=CHCHO$,$CH_3CH_2CHO$

(4) $CH_3CHO$,$CH_3COCH_3$,$CF_3CHO$,$CH_3COCH=CH_2$

**10-8** 下列化合物中,哪些能发生碘仿反应? 哪些能和饱和 $NaHSO_3$ 水溶液加成? 写出各反应产物。

(1) $CH_3COCH_2CH_3$                          (2) $CH_3CH_2CH_2CHO$

(3) $CH_3CH_2OH$                               (4) $CH_3CH_2COCH_2CH_3$

(5) $CH_3CHOHCH_2CH_3$                   (6) $CH_2{=}CHCOCH_3$

(7) ⬡—CHO                                 (8) ⬡—$COCH_3$

(9) ⬡=O

**10-9** 下列化合物中,哪些能进行银镜反应?

(1) $CH_3COCH_2CH_3$       (2) $CH_3\underset{\underset{CH_3}{|}}{CH}CHO$       (3) ⬡—CHO

(4) 四氢呋喃-2-醇 (H OH)       (5) 四氢呋喃-2-醇甲醚 (H $OCH_3$)       (6) ⬡—CHO

**10-10** 写出 ⬡—CHO 和 ⬡—CH=CHCHO 两种化合物在红外光谱吸收上有何共同点和不同之处。

**10-11** 完成下列反应式。

(1) $CH_3CH_2CH_2CHO \xrightarrow{\text{稀}OH^-} ? \xrightarrow[H_2O]{LiAlH_4} ?$

(2) ⬡—OH $\xrightarrow[Ni]{H_2} ? \xrightarrow[H_2SO_4]{Na_2Cr_2O_7} ? \xrightarrow{\text{稀}OH^-} ?$

(3) $(CH_3)_2CHCHO \xrightarrow[\text{乙酸}]{Br_2} ? \xrightarrow[\text{无水}HCl]{2C_2H_5OH} ? \xrightarrow[\text{干醚}]{Mg} ? \xrightarrow[(2)\ H_3O^+]{(1)\ (CH_3)_2CHCHO} ?$

(4) ⬡=O $\xrightarrow[\text{干醚}]{CH_3MgBr} ? \xrightarrow[\triangle]{H_3O^+} ? \xrightarrow[(2)\ ?]{(1)\ ?}$ (甲基环己醇)

(5) ⬡=O + $H_2NNH{-}\underset{\underset{O}{\|}}{C}{-}NH_2 \longrightarrow ?$

(6) $2C_2H_5OH + $ ⬠=O $\xrightarrow{\text{无水}HCl} ?$

(7) $HOCH_2CH_2CH_2CH_2CHO \xrightarrow{\text{无水}HCl} ?$

(8) ⬡—CH=$PPh_3$ + ⬠=O $\longrightarrow ?$

(9) ⬡—$COCH_2CH_2COOH \xrightarrow[\text{回流}]{Zn-Hg,\text{浓}HCl} ?$

(10) (2,2-二甲基环己酮) $\xrightarrow{RLi} ?$

(11) $\underset{\underset{H}{|}}{H_5C_6}C{=}\overset{\overset{CH_3}{|}}{C}CHO \xrightarrow{PhMgBr} ?$

**10-12** 以指定的化合物为原料,合成目标化合物。

$$(1)\ CH_3CH{=}CH_2,\ CH{\equiv}CH \longrightarrow CH_3CH_2CH_2\overset{\displaystyle O}{\overset{\|}{C}}CH_2CH_2CH_3$$

$$(2)\ CH_3CH{=}CH_2,\ CH_3CH_2CH_2\overset{\displaystyle O}{\overset{\|}{C}}CH_3 \longrightarrow \underset{H_3C}{\overset{H_3C}{>}}C{=}C\underset{CH_2CH_2CH_3}{\overset{CH_3}{<}}$$

$$(3)\ CH_2{=}CH_2,\ BrCH_2CH_2CHO \longrightarrow CH_3\overset{\displaystyle OH}{\underset{|}{C}H}CH_2CH_2CHO$$

**10-13** 如何利用 Wittig 反应来制备下列各化合物?

(1) $C_6H_5{-}CH{=}CH{-}CH{=}CH{-}C_6H_5$  (2)   (3)

**10-14** 化合物 A($C_5H_{12}O$)有旋光性,在碱性 $KMnO_4$ 溶液作用下生成 B($C_5H_{10}O$),B 没有旋光性。化合物 B 与正丙基溴化镁反应,水解后得到 C,C 经拆分可得互为镜像关系的两种异构体。试推测化合物 A,B,C 的结构。

**10-15** 化合物 A($C_9H_{10}O$)不能起碘仿反应,其红外光谱表明在 1 690 $cm^{-1}$ 处有一强吸收峰。$^1$H NMR 如下:$\delta$ 1.2(3H)三重峰,$\delta$ 3.0(2H)四重峰,$\delta$ 7.7(5H)多重峰,求 A 的结构。

化合物 B 为 A 的异构体,能起碘仿反应,其红外光谱表明在 1 705 $cm^{-1}$ 处有一强吸收峰。$^1$H NMR 如下:$\delta$ 2.0(3H)单峰,$\delta$ 3.5(2H)单峰,$\delta$ 7.1(5H)多重峰,求 B 的结构。

**10-16** 解释下列实验现象。

(1) 光活性的 3-苯基-戊-2-酮在碱性水溶液中会发生消旋化,而光活性的 3-甲基-3-苯基-戊-2-酮在同样条件下不会消旋。

(2) $CH_3MgBr$ 和环己酮反应得到叔醇的产率可高达 99%,而 $(CH_3)_3CMgBr$ 在同样条件下反应主要回收原料,叔醇的产率只有 1%。

(3) 对称的酮和羟胺反应生成一种肟,不对称的酮则生成两种肟。

本章思考题答案　　　　　本章小结

# 第11章 羧酸及其衍生物

舍勒(Scheele,1742—1786),瑞典化学家,他是化学史上较早研究羧酸类有机化合物的科学家,是有机化学的创始人之一。1769年舍勒通过分解酒石酸钾(来源于酒石)制得酒石酸,他推测,许多水果及植物液汁中也含有酸,于是分别用石灰、硫酸与液汁作用并提取、分离提纯得到酒石酸、柠檬酸、苹果酸等十多种水果有机酸。1770年他先后制得了硝酸酯、盐酸酯、醋酸酯、苯甲酸酯。舍勒采用多种方法最早制备出氧气,是氧气的发现者之一。在他短暂的一生中有大量的发现,完成近千个实验,其中包括有毒气体氢氰酸、氯气的尝试实验。

羧酸(carboxylic acids)广泛存在于自然界,是重要的有机化工原料。羧基(carboxy group)($-\overset{\overset{\text{O}}{\|}}{\text{C}}-\text{OH}$)是羧酸的官能团。羧基中的羟基被其他原子或基团取代后形成的化合物称为羧酸的衍生物。羧酸衍生物的种类繁多,本章主要涉及其中最为普遍的几种:酰卤、酸酐、酯、酰胺。羧酸衍生物的共同结构特征是分子由酰基与电负性强的离去基团键连。

## 11.1 羧酸的命名及结构

羧酸的种类很多,按烃基不同,可分为脂肪族羧酸和芳香族羧酸;按烃基是否饱和,可分为饱和脂肪酸和不饱和脂肪酸;按分子中羧基个数,又可分为一元酸、二元酸……多元酸。

早期分离和提纯得到的有机化合物中有许多是羧酸,所以很多羧酸都有源自其来源的俗名,如来自植物的柠檬酸、酒石酸等。由油脂水解得到的一些酸按其性状命名,如硬脂酸、棕榈酸等。一些羧酸的俗名仍予保留(见表11-1)。

表 11-1　一些羧酸的俗名及物理化学常数

| 名称 | 俗名 | 构造式 | 熔点/℃ | 沸点/℃ | 溶解度 g·(100 g H₂O)⁻¹ | pKₐ | |
|------|------|--------|--------|--------|------|------|------|
| | | | | | | pKₐ₁ | pKₐ₂ |
| 甲酸 | 蚁酸 | HCOOH | 8.4 | 100.7 | ∞ | 3.77 | |
| 乙酸 | | CH₃COOH | 16.6 | 118 | ∞ | 4.76 | |
| 丙酸 | | CH₃CH₂COOH | −21 | 141 | ∞ | 4.88 | |
| 丁酸 | | CH₃CH₂CH₂COOH | −5 | 164 | ∞ | 4.82 | |
| 戊酸 | | CH₃(CH₂)₃COOH | −34 | 186 | 3.7 | 4.86 | |

续表

| 名称 | 俗名 | 构造式 | 熔点/℃ | 沸点/℃ | 溶解度 g·(100 g H₂O)⁻¹ | pK<sub>a</sub> pK<sub>a1</sub> | pK<sub>a2</sub> |
|---|---|---|---|---|---|---|---|
| 己酸 | | $CH_3(CH_2)_4COOH$ | -3 | 205 | 1.0 | 4.85 | |
| 丙烯酸 | | $CH_2=CHCOOH$ | 13 | 141.6 | 溶 | 4.26 | |
| 乙二酸 | 草酸 | $HOOCCOOH$ | 189.5 | 157(升华) | 溶 10 | 1.23 | 4.19 |
| 丙二酸 | | $CH_2(COOH)_2$ | 135.6 | 140(分解) | 易溶 140 | 2.83 | 5.69 |
| 丁二酸 | 琥珀酸 | $HOOC(CH_2)_2COOH$ | 188(185) | 235(分解) | 微溶 6.8 | 4.16 | 5.61 |
| 己二酸 | | $HOOC(CH_2)_4COOH$ | 153 | 330.5(分解) | 微溶 2 | 4.43 | 5.41 |
| 顺丁烯二酸 | | $\begin{matrix}HCCOOH\\ \|\| \\ HCCOOH\end{matrix}$ | 130.5 | 135(分解) | 易溶 78.8 | 1.83 | 6.07 |
| 反丁烯二酸 | | $\begin{matrix}HCCOOH\\ \|\| \\ HOOCCH\end{matrix}$ | 286～287 | 200(升华) | 溶于热水 0.70 | 3.03 | 4.44 |
| 十二酸 | 月桂酸 | $CH_3(CH_2)_{10}COOH$ | 44 | 225 | 不溶 | | |
| 十四酸 | 肉豆蔻酸 | $CH_3(CH_2)_{12}COOH$ | 54 | 251 | 不溶 | | |
| 十六酸 | 棕榈酸 | $CH_3(CH_2)_{14}COOH$ | 63 | 390 | 不溶 | | |
| 十八酸 | 硬脂酸 | $CH_3(CH_2)_{16}COOH$ | 71.5～72 | 360(分解) | 不溶 | 6.37 | |
| 顺十八碳-9-烯酸 | 油酸 | $\begin{matrix}CH(CH_2)_7COOH\\ \|\| \\ CH(CH_2)_7COOH\end{matrix}$ | 16 | 285.6 (13 332 Pa) | 不溶 | | |
| 十八碳-9,12-二烯酸 | 亚油酸 | $\begin{matrix}CH_2CH=CH(CH_2)_7CH_3\\ \| \\ CH=CH(CH_2)_7COOH\end{matrix}$ | -5 | 230 (2 133 Pa) | 不溶 | | |
| 苯甲酸 | | ⬡—COOH | 122.4 | 100(升华) 249 | 0.34 | 4.19 | |
| 邻苯二甲酸 | | ⬡(—COOH)(—COOH) | 231(速热) | | 0.70 | 2.89 | 5.51 |
| 对苯二甲酸 | | HOOC—⬡—COOH | 300(升华) | | 0.002 | 3.51 | 4.82 |
| 3-苯基丙烯酸(反式) | 肉桂酸 | ⬡—CH=CHCOOH | 133 | 300 | 溶于热水 | 4.43 | |

链状一元酸、二元酸的命名，是选择含羧基的最长碳链为主链，从羧基碳原子开始依次对主链编号。命名时按主链碳原子数称"某酸"，将取代基用阿拉伯数字标明其位次放在"某酸"前，各取代基按英文字母顺序依次排列。例如：

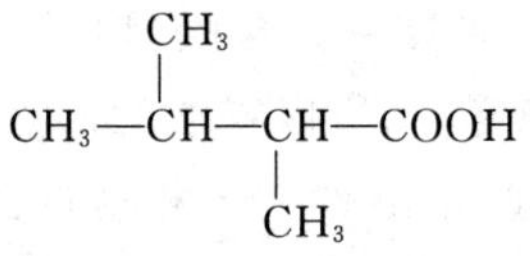

$$CH_3-CH-CH-COOH \qquad CH_3-CH=CH-COOH \qquad HOOC-(CH_2)_8-COOH$$

2,3-二甲基丁酸　　　　　　丁-2-烯酸(2-丁烯酸)　　　　癸二酸

取代基也可以用希腊字母 $\alpha,\beta,\gamma,\delta,\varepsilon,\cdots,\omega$ 等依次标明位次,较阿拉伯数字顺延一位,$\omega$ 表示末端位。

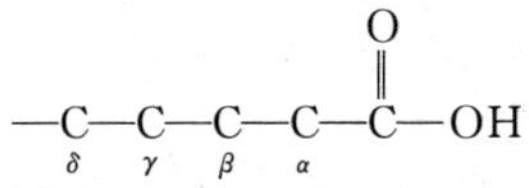

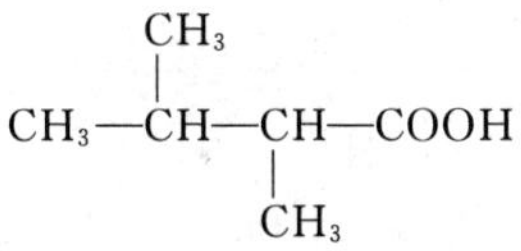

$$-\underset{\delta}{C}-\underset{\gamma}{C}-\underset{\beta}{C}-\underset{\alpha}{C}\overset{O}{-}OH$$

$$CH_3-CH-CH-COOH$$

$\alpha,\beta$-二甲基丁酸 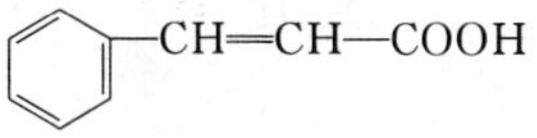　　　　　　　　$\beta$-苯基丙烯酸

羧基连在环状母体氢化物或杂原子链上的羧酸的命名,是在相应母体氢化物名称后面加后缀"-甲酸"。例如:

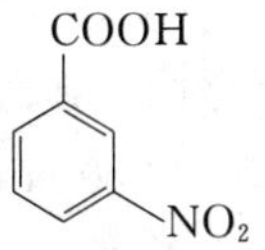

3-硝基苯甲酸 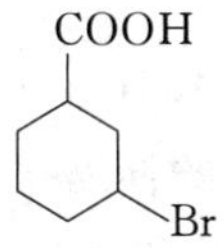　　　　3-溴环己(烷)甲酸 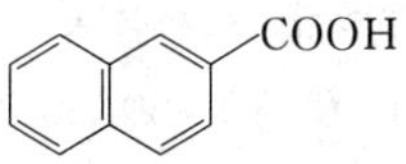　　　　萘-2-甲酸(2-萘甲酸)

羧基是由羰基和羟基连接而成的,碳原子是 $sp^2$ 杂化,三个 $sp^2$ 杂化轨道与两个氧原子及烃基碳原子(或氢原子)s 轨道形成 $\sigma$ 键,C—C=O 键及 O=C—O 键处于同一平面,键角接近于 $120°$。羧基碳原子上未参与杂化的 p 轨道与羰基氧原子的 p 轨道侧面重叠,形成碳氧 $\pi$ 键。同时羧基中羟基氧原子上具有未共用电子对的 p 轨道与羰基的 $\pi$ 电子可以发生一定的共轭交盖,互相影响,使得羧酸的化学性质既不同于醛、酮,也不同于醇。

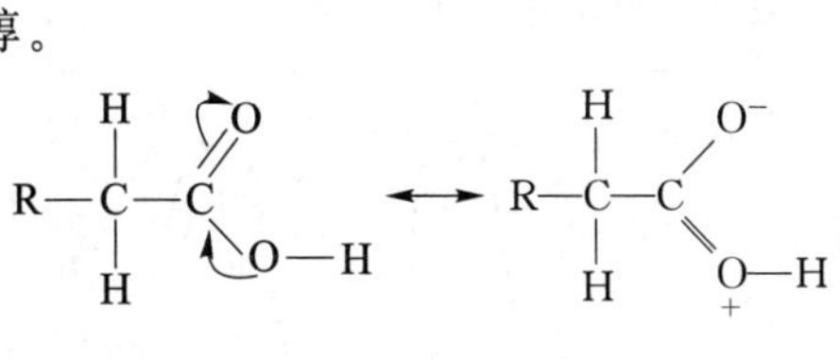

思考题 11-1　*命名或写出构造式。*

(1) 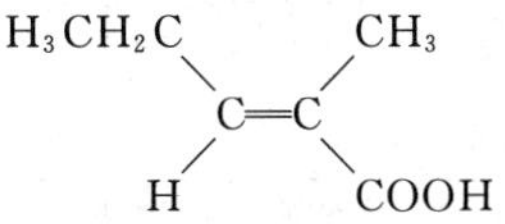　　　　　　　　　　(2) $(R)$-2-氨基-4-羟基丁酸

## 11.2 羧酸的物理性质

低级脂肪族羧酸如甲酸、乙酸、丙酸都是有刺激性气味的水溶性液体,丁酸以上的中级脂肪酸是有腐败气味的油状液体,高级脂肪酸和芳香族羧酸多是固体。

羧基中的—OH 也如醇分子中的羟基,易于形成氢键,多数一元羧酸是以双分子缔合的环状二聚体的形式出现。双分子缔合体有相当的稳定性,所以羧酸的沸点比相对分子质量相近的醇要高。羧基还可以与水分子形成氢键,水溶性大于相应的醇,使得低级羧酸水溶性很好,4 个碳原子以下的羧酸都可与水混溶。随相对分子质量增加,水溶性迅速降低,10 个碳原子以上的羧酸难溶,芳香族羧酸水溶性极微。脂肪族的一元羧酸一般都能溶于乙醇、乙醚、氯仿、苯等有机溶剂。

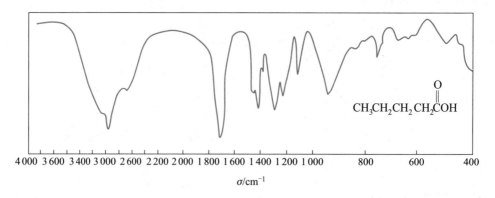

羧酸的熔点随着碳原子数的增加呈锯齿状上升,含偶数碳原子羧酸的熔点比相邻的两个含奇数碳原子羧酸的高。

羧酸在质谱中大多有可以识别的分子离子峰。主要的特征碎片离子为由羰基氧引发的 $\alpha$-裂解和 $i$-裂解。

羧酸的红外光谱中,有羰基(—C=O)和羟基(—OH)的特征吸收。在气态或很稀的非极性溶剂中,可以看到 1 760 cm$^{-1}$ 附近羰基的伸缩振动吸收峰和 3 520 cm$^{-1}$ 附近羟基的伸缩振动吸收峰。但在二聚体的谱图中羰基和羟基的伸缩振动均向低波数方向移动,在 1 710 cm$^{-1}$ 左右出现强的羰基伸缩振动吸收峰,该吸收峰较明显;在 3 300~2 500 cm$^{-1}$ 区域出现羟基宽而强的伸缩振动吸收峰(氢键缔合的醇或酚的羟基伸缩振动吸收峰在 3 400~3 300 cm$^{-1}$),常覆盖了 C—H 键的伸缩振动吸收峰,形成独特的吸收谱带。

羧酸的 O—H 键在 1 400 cm$^{-1}$ 和 920 cm$^{-1}$ 区域还有两个比较强的弯曲振动吸收峰,可以进一步确定羧酸的存在。

图 11-1 是戊酸的红外光谱图。

$$CH_3CH_2CH_2CH_2COH$$ (带 O 的羰基)

图 11-1 戊酸的红外光谱图

羧酸分子中羟基上的质子由于受氧原子影响,是已经遇到过的最具去屏蔽效应的质子,其核磁共振谱($^1H$ NMR)中羧基氢的化学位移在低场,大多为宽峰。同时由于氢键缔合,导致其化学位移变化较大($\delta = 10 \sim 13$)。羧基$\alpha$-碳原子上质子的化学位移 $\delta$ 在 $2.0 \sim 2.5$,与醛或酮的$\alpha$-碳原子上的质子大致相同。

图 11-2 是戊酸的核磁共振谱图。

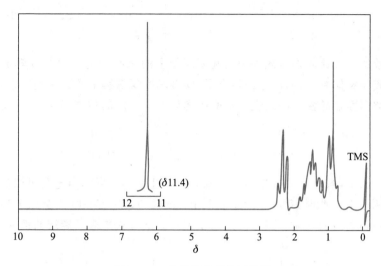

图 11-2　戊酸的核磁共振谱图

## 11.3　羧酸的化学性质

羧基由羰基和羟基直接相连,由于两种官能团的相互影响,羧基的性质并非两者的简单加和。羧基中的羟基与醇羟基的性质有较大区别;羧基中的羰基虽与醛、酮羰基有区别,但在亲核等反应中有关联。羧酸的化学性质主要发生在羧基及受羧基影响较大的$\alpha$-碳原子上。主要能发生以下各类反应:酸性(羟基质子解离)、羟基取代(生成羧酸衍生物)、羰基的加成或还原、脱羧反应、$\alpha$-H 的取代等。

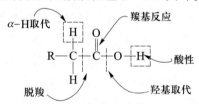

### 11.3.1　羧酸的酸性

羧酸在水中能解离出质子,通常能与 $NaOH$,$NaHCO_3$ 等碱作用生成羧酸盐 $RCO_2^- M^+$。

$$RCOOH + NaHCO_3 \longrightarrow RCOO^-Na^+ + CO_2 + H_2O$$

$$RCOOH + NaOH \longrightarrow RCOO^-Na^+ + H_2O$$

羧酸的解离常数 $K_a$ 为 $10^{-5} \sim 10^{-4}$。在羧酸盐水溶液中用酸($HCl$,$H_2SO_4$)调节

溶液 pH,可使羧酸重新析出。常见羧酸的 $pK_a$ 已在表 11-1 中列出。

尽管羧酸与无机酸($HCl$,$H_2SO_4$)相比是弱酸,但羧酸比大多数有机化合物的酸性要强:

| | $HC\equiv C-H$ | $CH_3CH_2OH$ | $C_6H_5OH$ | $CH_3COOH$ | $HCl$ |
|---|---|---|---|---|---|
| $pK_a$ | 25 | 16 | 9.8 | 4.75 | $-7$ |

为什么羧酸的酸性比较强?羧基中羟基氧原子上的未共用电子对的 p 轨道与缺电子的羰基形成共轭体系时,向羰基提供电子,使羟基中氢氧键电子云更趋向于氧原子,氢原子较易解离而显酸性。同时也与羧酸解离后形成稳定的羧酸根离子有关。例如:

$$\underset{O}{\overset{O}{RCOH}} + H_2O \rightleftharpoons \underset{O}{\overset{O}{RC-O^-}} + H_3O^+$$

在羧酸根离子中,氧原子的 p 轨道与羰基 π 键发生 p-π 共轭,负电荷可以进一步分散到羰基氧原子上。此时氧原子上的电子对是离域的,O—C—O 三个原子和四个电子组成三中心四电子的共轭体系。可以用以下共振结构式来表示离域的情况:

$$\left[ R-\overset{O}{\underset{}{C}}-O^- \longleftrightarrow R-\overset{O^-}{\underset{}{C}}=O \right] \equiv -C\overset{O}{\underset{O}{\Big\langle}}$$

羧基负离子的两个共振极限式在结构和能量上都是等价的,羧基负离子较稳定,能量较低,使得羧酸容易解离出质子,具有相对较强的酸性。

研究也已证明,羧酸根负离子中的 C—O 键和 C=O 键并无不同。以甲酸为例,甲酸中的C=O键键长为 0.120 nm,C—O 键键长为 0.134 nm,而甲酸根负离子中,无论单、双键,碳氧键长均为 0.127 nm。键长的平均化,正说明了电子的离域。

羧酸的酸性略强于碳酸($pK_a$ 6.5),而酚的酸性比碳酸弱。在碱性溶液中通入二氧化碳,酚析出而羧酸仍以盐的形式存在于水溶液中。利用这一性质,可以分离鉴别酚与羧酸。

6 个碳原子以上的羧酸一般难溶于水。但它们的碱金属盐在水中通常呈离子状态,故能溶解于水。实验室常利用此性质来分离提纯羧酸。用碱性水溶液萃取羧酸,与有机化合物分离,而后将水层酸化析出羧酸,称为碱溶酸析。

烃基上有取代基时,对羧酸的解离程度会有影响,有时差别还很大。例如,三氯乙酸的酸性远远比乙酸大。表 11-2 为一些羧酸的解离常数。

表 11-2 一些羧酸的解离常数

| 化合物 | $K_a$ | $pK_a$ | 化合物 | $K_a$ | $pK_a$ |
|---|---|---|---|---|---|
| HCOOH | $1.77\times10^{-4}$ | 3.75 | $FCH_2COOH$ | $2.6\times10^{-3}$ | 2.59 |
| $CH_3COOH$ | $1.76\times10^{-5}$ | 4.75 | $ClCH_2COOH$ | $1.4\times10^{-3}$ | 2.85 |
| $CH_3CH_2COOH$ | $1.34\times10^{-5}$ | 4.87 | $BrCH_2COOH$ | $1.3\times10^{-3}$ | 2.90 |
| $HOCH_2COOH$ | $1.5\times10^{-4}$ | 3.83 | $ICH_2COOH$ | $7.5\times10^{-4}$ | 3.12 |
| $H_2C=CHCOOH$ | $5.6\times10^{-5}$ | 4.25 | $F_3CCOOH$ | 0.59 | 0.23 |

羧酸的解离是一个可逆的平衡,任何有利于生成羧基负离子的因素都可以促使平衡向质子解离的方向移动,增加酸性。例如,与烃基相连的基团 G 为吸电子基时,可以使羧酸根负离子上的负电荷得以分散,负离子稳定,羧酸的酸性增强;当 G 为给电子基时,情况正相反,羧酸的酸性减弱。

$$\underset{G \rightarrow C-O^-}{\overset{O}{\|}} \qquad \underset{G \leftarrow C-O^-}{\overset{O}{\|}}$$

以氯代羧酸为例,氯原子的吸电子诱导效应,可以使羧酸的酸性增强,氯原子越多,酸性越强。

| | $CH_3COOH$ | $ClCH_2COOH$ | $Cl_2CHCOOH$ | $Cl_3CCOOH$ |
|---|---|---|---|---|
| $pK_a$ | 4.75 | 2.85 | 1.48 | 0.84 |

下面的数据可以说明,吸电子基离羧基越远,其诱导效应对酸性的影响越小。

| | $\underset{CH_3CH_2CHCOOH}{\overset{Cl}{|}}$ | $\underset{CH_3CHCH_2COOH}{\overset{Cl}{|}}$ | $ClCH_2CH_2CH_2COOH$ | $CH_3CH_2CH_2CH_2COOH$ |
|---|---|---|---|---|
| $pK_a$ | 2.86 | 4.05 | 4.52 | 4.82 |

其他因素(共轭效应、场效应、空间效应、溶剂效应等)也会对酸的解离产生影响。以取代芳酸的酸性为例,由表 11-3 可见,芳酸的酸性与苯环上的取代基及取代基的位置有关。

表 11-3　对位和间位取代苯甲酸的 $pK_a$

| 化合物 | 间位 | 对位 | 化合物 | 间位 | 对位 |
|---|---|---|---|---|---|
| $H_2N—C_6H_4—COOH$ | 4.36 | 4.86 | $Cl—C_6H_4—COOH$ | 3.83 | 3.97 |
| $HO—C_6H_4—COOH$ | 4.08 | 4.57 | $Br—C_6H_4—COOH$ | 3.81 | 3.97 |
| $CH_3O—C_6H_4—COOH$ | 4.08 | 4.47 | $I—C_6H_4—COOH$ | 3.85 | 4.02 |
| $C_6H_5—COOH$ | | 4.20 | $NC—C_6H_4—COOH$ | 3.64 | 3.54 |
| $F—C_6H_4—COOH$ | 3.86 | 4.14 | $O_2N—C_6H_4—COOH$ | 3.50 | 3.42 |

当苯甲酸的对位是—OH,—$OCH_3$,—$NH_2$ 时,就诱导效应来说,它们都是电负性较大的吸电子($-I$ 效应)基团。但它们又都有一对孤对电子,可以与苯环共轭,产生给电子的共轭作用($+C$ 效应)。共轭效应的作用远比诱导效应强,综合的结果是取代苯甲酸的酸性减弱。当对位是—$NO_2$ 和—CN 基团时,两种电子效应的作用方向是一致的,所以酸性增强。卤素的情况比较特殊,由于它们的强($-I$)吸电子诱导作用超过了共轭效应,所以表现出增强的酸性。

上面讨论的是取代基在对位时的情况,如果在间位,诱导效应增强。所以间羟基苯甲酸的酸性要大于苯甲酸和对羟基苯甲酸。

取代基在邻位时,诱导效应的作用更加明显,同时由于取代基的距离较近,所以空间立体作用、场效应、氢键等影响因素的作用都不可忽略,情况比较复杂。广义上说,诱导效应也包括通过空间传递的场效应。例如,邻位和对位氯代苯基丙炔酸。邻位的氯原子距离近,似乎诱导效应应强一些,酸性较强,但实际上,对位的酸性更强,场效应就是原因之一。

$$\underset{\delta+}{Cl}\overset{\delta-}{\frown} \quad C\equiv C-COOH$$

邻位取代基中 C—Cl 键的带负电荷的一端直接作用于羧基,趋向于减弱其酸性,而对位距离远,并无这种场效应的影响。

二元羧酸可以发生二级解离,通常 $K_{a1} > K_{a2}$。—COOH 具有吸电子效应,使另一个—COOH 易于解离,解离后产生的—COO⁻ 为强的给电子效应,故使第二个羧基解离困难。两羧基相距越近,此种影响越强,酸性差距越明显。

**思考题 11-2** 比较下列化合物的酸性强弱。

$$CH_3COOH \qquad F_3CCOOH \qquad ClCH_2COOH \qquad CH_3CH_2OH \qquad \langle\!\!\!\bigcirc\!\!\!\rangle\!-COOH$$

### 11.3.2 α-H 卤代

羧酸 α-H 可以被卤素(氯或溴)取代,羧基为吸电子基,使 α-H 具有一定的活性,但由于羧基中羟基对羰基产生 p-π 共轭的给电子效应,使羧基的吸电子能力小于醛、酮的羰基,α-H 的活性弱于醛酮,须在催化条件下发生 α-H 取代。在少量红磷或三卤化磷存在下用羧酸与卤素作用可以顺利地得到 α-卤代酸(halogenated acid)。例如:

$$CH_3COOH \xrightarrow{Br_2,\ P} \overset{\overset{\displaystyle Br}{\displaystyle |}}{CH_2COOH}$$

以上制备 α-卤代酸的方法称为赫尔(Hell)-乌尔哈(Volhard)-泽林斯基(Zelinsky)反应。

三卤化磷的催化作用是让羧酸转变成 α-H 活性更大的酰卤,更易形成烯醇式而加快反应,反应机理为

$$P + Br_2 \longrightarrow PBr_3$$

$$3RCH_2COOH + PBr_3 \longrightarrow 3RCH_2COBr + P(OH)_3$$

$$\underset{RCH_2CBr}{\overset{O}{\|}} \rightleftharpoons \underset{RCH=C-Br}{\overset{OH}{|}} \xrightarrow{Br-Br} \underset{RCHCBr}{\overset{O}{\underset{|}{\overset{\|}{\phantom{x}}}}} \underset{Br}{\overset{RCH_2COH}{\rightleftharpoons}} \underset{RCHCOH}{\overset{O}{\underset{|}{\overset{\|}{\phantom{x}}}}} + \underset{RCH_2CBr}{\overset{O}{\|}}$$

α-卤代酸中的卤素在羧基影响下活性相对增大,容易与亲核试剂反应转换为氰基、氨基、羟基等,也可作为制备其他 α-取代酸的母体,可以发生消除反应得到 α,β-不饱和羧酸,因此在合成上有重要的作用。

### 11.3.3 脱羧反应

羧酸通常是很稳定的，但在一定条件下也可分解出二氧化碳，称为脱羧(decarboxylation)反应。饱和一元羧酸的碱金属盐与碱石灰共热，可失去一分子二氧化碳，生成少一个碳原子的烃。例如：

$$CH_3COONa \xrightarrow[\triangle]{NaOH(CaO)} CH_4 + CO_2$$

此反应是实验室制取少量甲烷的方法。由于这类反应副产物多，不易分离，一般不用来制备烷烃。

芳酸比脂肪酸脱羧容易，尤其如 2,4,6-三硝基苯甲酸这样的环上有强吸电子基的芳酸。

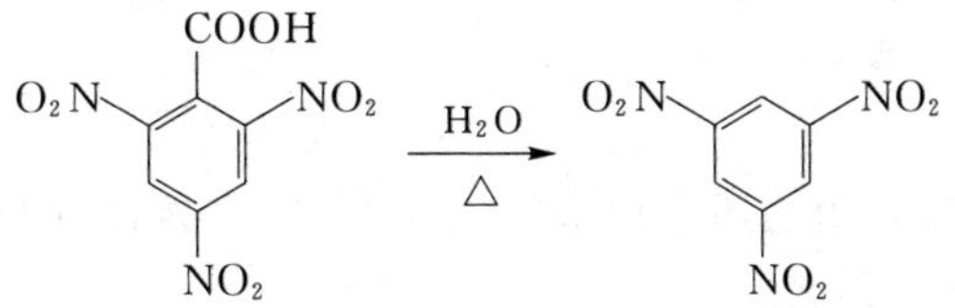

α-C 上有强吸电子基，或 β-C 为羰基、烯基、炔基等不饱和碳原子时，这些吸电子基团也使脱羧容易发生。例如：

$$Cl_3CCOOH \xrightarrow{\triangle} CHCl_3 + CO_2\uparrow$$

$$CH_3\overset{O}{\overset{\|}{C}}CH_2COOH \xrightarrow{\triangle} CH_3\overset{O}{\overset{\|}{C}}CH_3 + CO_2\uparrow$$

$$CH_3CH(COOH)_2 \xrightarrow{\triangle} CH_3CH_2COOH + CO_2\uparrow$$

β-羰基酸的脱羧经过了一个环状过渡态的过程。

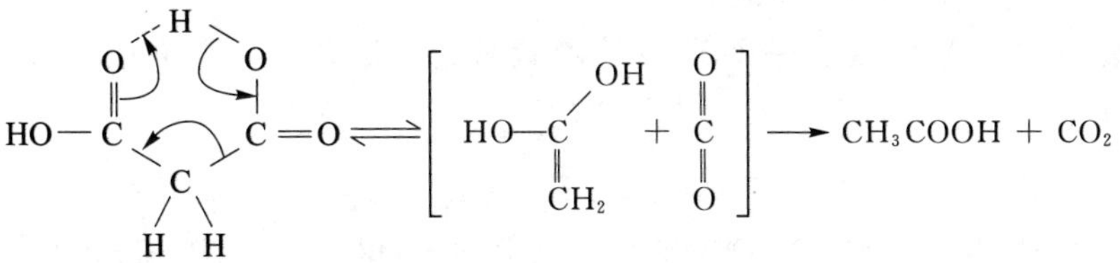

生物体内的脂肪酸在脱羧酶作用下脱羧，是生物体新陈代谢过程中常见的反应。

思考题 11-3 完成下列反应。

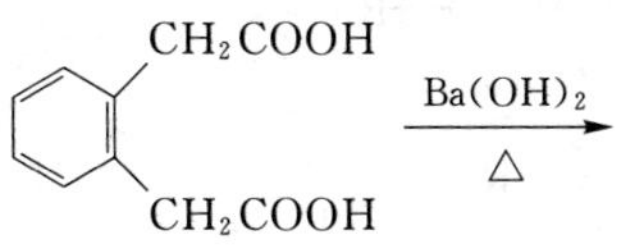

### 11.3.4 羧基的还原

羧基的还原通常比醛、酮困难,羧酸很难被一般的还原剂还原,如 $NaBH_4$ 可以还原醛、酮中的羰基而无法还原羧基。羧酸可以用强亲核能力的还原剂如 $LiAlH_4$ 等还原,产物为伯醇。还原过程中一般不破坏碳碳不饱和键,产率高,但因 $LiAlH_4$ 价格昂贵,工业上尚不能广泛应用。

$$CH_3(CH_2)_7CH=CH(CH_2)_7\overset{\displaystyle O}{\overset{\|}{C}}-OH \xrightarrow[\text{(2) } H_3O^+]{\text{(1) } LiAlH_4,THF} CH_3(CH_2)_7CH=CH(CH_2)_7CH_2OH$$

在未发现 $LiAlH_4$ 还原剂以前,常采用间接的还原方法。酯可以用 $Na/C_2H_5OH$ 还原,将羧酸变成酯再还原,这也是一个非常可行的还原羧基的办法。

$$n\text{-}C_{11}H_{23}COOC_2H_5 + Na \xrightarrow[\triangle]{C_2H_5OH} n\text{-}C_{11}H_{23}CH_2OH + C_2H_5OH$$

月桂酸乙酯               月桂醇
65%～75%

硼烷也是一种非常有用的还原羧基的还原剂,反应条件温和,选择性好。而且对硝基、酯基等官能团没有影响。

$$O_2N-\langle\text{苯环}\rangle-CH_2\overset{\displaystyle O}{\overset{\|}{C}}-OH \xrightarrow[\text{(2) } H_3O^+]{\text{(1) } BH_3,THF} O_2N-\langle\text{苯环}\rangle-CH_2CH_2OH$$

**思考题 11-4** 完成下列反应。

$$\text{(对位苯环: 上 } CH_2COOH \text{, 下 } CH=CHCH_2CHO)\xrightarrow{LiAlH_4}$$

### 11.3.5 羧酸衍生物的生成

羧酸中的羟基可以被一些亲核基团置换,生成羧酸衍生物(carboxylic acid derivative)。

$$\overset{\displaystyle O}{\overset{\|}{R-C}}-X \qquad \overset{\displaystyle O}{\overset{\|}{R-C}}-OCOR' \qquad \overset{\displaystyle O}{\overset{\|}{R-C}}-OR' \qquad \overset{\displaystyle O}{\overset{\|}{R-C}}-NH_2$$

酰卤         酸酐         羧酸酯         酰胺
(acyl halide)    (anhydride)    (carboxylic acid ester)    (amide)

$$\overset{\displaystyle O}{\overset{\|}{R-C}}-OH + PCl_5 \longrightarrow \overset{\displaystyle O}{\overset{\|}{R-C}}-Cl + POCl_3 + HCl$$

$$2R\overset{\displaystyle O}{\overset{\|}{-C}}-OH \xrightarrow[\text{脱水剂}]{-H_2O} \overset{\displaystyle O}{\overset{\|}{R-C}}-O-\overset{\displaystyle O}{\overset{\|}{C}}-R$$

$$R-\overset{\overset{O}{\|}}{C}-OH + R'OH \underset{}{\overset{H^+}{\rightleftharpoons}} R-\overset{\overset{O}{\|}}{C}-OR' + H_2O$$

$$R-\overset{\overset{O}{\|}}{C}-OH + NH_3 \underset{\triangle}{\longrightarrow} R-\overset{\overset{O}{\|}}{C}-NH_2 + H_2O$$

羧酸与醇作用生成酯的反应是羧酸最常见也是最重要的反应。酯化(esterification)反应在常温下进行得很慢,少量酸如硫酸、磷酸、盐酸、苯磺酸或强酸性离子交换树脂等可以催化加速反应。反应是可逆的,进行到一定程度时接近平衡。如乙酸乙酯的平衡常数为 4,等物质的量的乙酸和乙醇反应,平衡时的产率为 66.7%。增加某个反应物的浓度,加入过量的酸或醇;或用加入脱水剂、共沸脱水等方法把生成的副产物水除去,可使平衡向产物方向移动,提高酯的产量。

从反应式看,酯化反应中化学键断裂的方式可以有两种:

$$R-\overset{\overset{O}{\|}}{C}-\boxed{OH + H}OR' \overset{H^+}{\rightleftharpoons} R-\overset{\overset{O}{\|}}{C}-OR' + H_2O \qquad 酰氧键断裂$$

$$R-\overset{\overset{O}{\|}}{C}-\boxed{OH + HO}R' \overset{H^+}{\rightleftharpoons} R-\overset{\overset{O}{\|}}{C}-OR' + H_2O \qquad 烷氧键断裂$$

实验证明,在大多数情况下,羧酸与伯醇、仲醇的酯化反应是按酰氧键断裂的方式进行的。例如,用含有氧同位素的醇 $R'^{18}OH$ 与普通酸 $RCOOH$ 作用,主要生成含氧同位素的酯 $R'CO^{18}OR$,水分子中几乎不含有氧同位素:

$$R-\overset{\overset{O}{\|}}{C}-OH + H^{18}OR' \overset{H^+}{\rightleftharpoons} R-\overset{\overset{O}{\|}}{C}-^{18}OR' + H_2O$$

又如,用光学活性的醇反应时,得到的酯仍具有光学活性。这些都是酰氧键断裂的证据:

$$R-\overset{\overset{O}{\|}}{C}-OH + HO-\overset{\overset{CH_3}{|}}{\underset{\underset{C_2H_5}{|}}{\overset{*}{C}}}-H \overset{H^+}{\rightleftharpoons} R-\overset{\overset{O}{\|}}{C}-O-\overset{\overset{CH_3}{|}}{\underset{\underset{C_2H_5}{|}}{\overset{*}{C}}}-H + H_2O$$

上面的反应结果可以用酸催化酯化的反应机理来解释:

$$R-\overset{\overset{O}{\|}}{C}-OH + H^+ \rightleftharpoons R-\overset{\overset{OH^+}{\|}}{C}-OH$$

$$\left[R-\overset{\overset{OH^+}{\|}}{C}-OH \leftrightarrow R-\overset{\overset{OH}{|}}{\overset{+}{C}}-OH\right] + H\ddot{O}R' \rightleftharpoons R-\overset{\overset{OH}{|}}{\underset{\underset{HO}{|}}{C}}-\overset{+}{\underset{H}{O}}R' \rightleftharpoons R-\overset{\overset{OH}{|}}{\underset{\underset{+OH_2}{|}}{C}}-OR'$$

$$R-\overset{\overset{OH}{|}}{\underset{\underset{+OH_2}{|}}{C}}-OR' \overset{-H_2O}{\rightleftharpoons} \left[R-\overset{\overset{:\ddot{O}H}{|}}{\underset{+}{C}}-OR' \leftrightarrow R-\overset{\overset{+OH}{\|}}{C}-OR'\right] \overset{-H^+}{\rightleftharpoons} R-\overset{\overset{O}{\|}}{C}-OR'$$

首先质子催化使羰基质子化;然后醇作为亲核试剂对羰基亲核进攻,生成四面体的中间体,同时质子转移至 OH 上;进一步脱水、脱质子生成产物。酸的作用是使羰基质子化,使羰基的碳原子带有更高的正电性,有利于亲核试剂醇的进攻。

反应的结果似乎是—OH 被—OR′亲核取代,但实际的反应机理如上所述为亲核加成-消除过程。

不同的羧酸和醇进行反应时,反应速率相差很大。酯化时,羰基碳原子必须由 $sp^2$ 杂化变为中间体的 $sp^3$ 杂化,更易受空间因素的影响。无论羧酸还是醇,烃基的结构越大,四面体中间体中基团空间拥挤程度越增大,能量升高,反应活化能加大。亲核试剂醇对羰基的亲核进攻形成四面体中间体的反应较慢,是酯化反应的定速步骤。表 11-4 列出了各类醇与酸在 155 ℃下反应 1 h 后的产率情况。

表 11-4　各类醇与羧酸在 155 ℃下反应 1 h 后的产率

| 各类醇与乙酸反应 | 产率/% | 各类羧酸与异丁醇反应 | 产率/% |
|---|---|---|---|
| 甲醇 | 56 | 乙酸 | 44 |
| 乙醇 | 47 | 丙酸 | 41 |
| 异丙醇 | 26 | 2-甲基丙酸 | 29 |
| 异丁醇 | 23 | 2,2-二甲基丙酸 | 8 |
| 叔丁醇 | 1 | | |

羧酸与叔醇反应时,由于体积过大,较难按上述酰氧键断裂的酯化反应进行,而可能是在强酸作用下先断裂烷氧键生成碳正离子,而后与羧基反应:

$$R_3COH + H^+ \rightleftharpoons R_3C^+ + H_2O$$

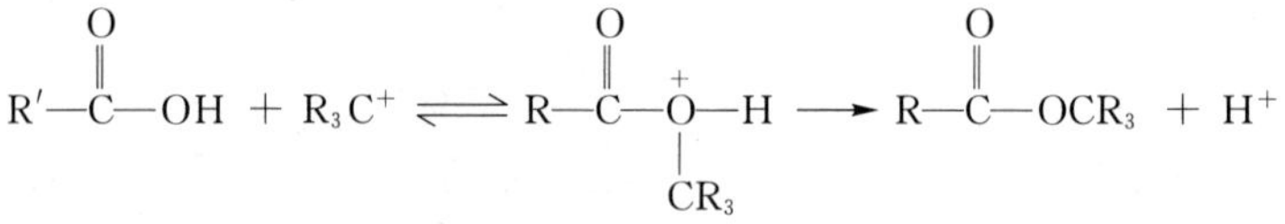

$$R'\!-\!\overset{\overset{O}{\|}}{C}\!-\!OH + R_3C^+ \rightleftharpoons R\!-\!\overset{\overset{O}{\|}}{\underset{\underset{CR_3}{|}}{C}}\!-\!\overset{+}{O}\!-\!H \longrightarrow R\!-\!\overset{\overset{O}{\|}}{C}\!-\!OCR_3 + H^+$$

但叔醇在反应过程中会有大量烯烃生成,影响酯的产率。也可采用羧酸与烯烃的加成的方法代替。

酚类化合物与羧酸生成酚酯比较困难,通常用酰卤或酸酐代替羧酸。

思考题 11-5　完成下列反应。

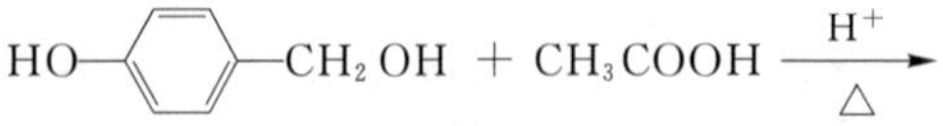

$$HO\!-\!\!\!\diagup\!\!\!\diagdown\!\!\!-\!CH_2OH + CH_3COOH \xrightarrow[\triangle]{H^+}$$

## 11.4　羧酸的制备方法

羧酸的制备一般采用以下几个方法。

### 11.4.1 氧化

伯醇氧化得醛,醛很容易继续氧化得到羧酸。由醇制备羧酸比制备醛容易,由伯醇或醛氧化制备羧酸是最普遍的方法。

$$RCH_2OH \xrightarrow{[O]} R\overset{\overset{\displaystyle O}{\parallel}}{C}H \xrightarrow{[O]} R\overset{\overset{\displaystyle O}{\parallel}}{C}OH$$

常用的氧化剂有 $K_2Cr_2O_7-H_2SO_4$,$KMnO_4/H^+$,$CrO_3-HOAc$,$HNO_3$ 等。

对称的链状烯烃或环状烯烃、末端烯烃氧化可以得到较纯的羧酸,其他烯烃则得到混合物。例如:

$$RCH{=}CHR' \xrightarrow[H_3O^+]{KMnO_4} RCOOH + R'COOH$$

$$CH_3(CH_2)_7CH{=}CH(CH_2)_7COOH \xrightarrow[H_3O^+]{KMnO_4} CH_3(CH_2)_7COOH + HOOC(CH_2)_7COOH$$

烷烃的氧化产物较复杂,一般在实验室不用于制备羧酸。工业上,用高级烷烃的催化氧化来制备高级脂肪酸,以取代油脂的水解,可用做肥皂等表面活性剂的原料:

$$RCH_2CH_2R' \xrightarrow[锰盐,1.5\sim3\ MPa]{O_2,120\ ℃} RCOOH + R'COOH$$
$$\text{高级脂肪酸}$$

利用丙烯催化氧化也可以得到丙烯酸。

$$CH_2{=}CHCH_3 + O_2 \xrightarrow[550\sim750\ ℃,0.7\sim1.4\ MPa]{磷酸铋} CH_2{=}CH{-}COOH$$

芳烃上带有苄位氢原子的烃基侧链氧化后得到苯甲酸。

$$\underset{}{\bigcirc}{-}CH_2R \xrightarrow[H^+]{KMnO_4} \underset{}{\bigcirc}{-}COOH$$

### 11.4.2 腈水解

腈($R{-}C{\equiv}N$)在酸性或碱性水溶液中水解可以得到羧酸(参见 12.7.1):

$$RCH_2Br \xrightarrow[(S_N2)]{NaCN} RCH_2C{\equiv}N \xrightarrow{H_3O^+} RCH_2\overset{\overset{\displaystyle O}{\parallel}}{C}OH + NH_4^+$$
$$\xrightarrow{H_2O,OH^-} RCH_2\overset{\overset{\displaystyle O}{\parallel}}{C}O^- + NH_3$$

腈通常由伯卤代烃与氰化物($NaCN$,$KCN$ 等)经 $S_N2$ 反应制得。用此法可得到比卤代烃增加一个碳原子的羧酸。仲、叔卤代烃在具有碱性的氰化物介质条件下易脱去卤化氢形成烯烃。用此法商业上可合成抗关节炎药物 Nalfon。

$$
\underset{\underset{Br}{|}}{\overset{\phantom{O}}{\text{C}_6\text{H}_5\text{O}-\langle\text{C}_6\text{H}_4\rangle-\text{CHCH}_3}} \xrightarrow[\substack{(2)\ ^-\text{OH},\text{H}_2\text{O}\\(3)\ \text{H}_3\text{O}^+}]{(1)\ \text{NaCN}} \underset{\underset{\text{CH}_3}{|}}{\text{C}_6\text{H}_5\text{O}-\langle\text{C}_6\text{H}_4\rangle-\text{CHCOOH}}
$$

Nalfon

### 11.4.3 金属有机试剂与 $CO_2$ 作用

格氏试剂与二氧化碳(干冰)反应,酸化、水解后得到羧酸,反应机理是典型的亲核加成。

$$
\underset{\text{RMgBr}}{\overset{\delta-\ \ \delta+}{\text{RMgBr}}} + \overset{..}{\underset{..}{\text{O}}}=\text{C}=\overset{..}{\underset{..}{\text{O}}} \longrightarrow \text{R}-\overset{\overset{\text{O}}{\|}}{\text{C}}-\overset{..}{\underset{..}{\text{O}}}{}^-\text{Mg}^+\text{Br} \xrightarrow{\text{H}_3\text{O}^+} \text{R}-\overset{\overset{\text{O}}{\|}}{\text{C}}-\text{OH}
$$

可以将二氧化碳通入冷的格氏试剂醚溶液中,或直接将格氏试剂溶液倒在干冰上反应,反应的产率很好。合成得到的羧酸比制备格氏试剂的烃基增加一个碳原子。

这种方法对伯、仲、叔及芳基卤代烃形成的格氏试剂均适用,芳香族羧酸也可以通过该反应制备。

$$
\underset{\text{CH}_3}{\overset{\text{Br}}{\underset{\text{H}_3\text{C}}{\bigcirc}}\text{CH}_3} \xrightarrow[\text{醚}]{\text{Mg}} \underset{\text{CH}_3}{\overset{\text{MgBr}}{\underset{\text{H}_3\text{C}}{\bigcirc}}\text{CH}_3} \xrightarrow[(2)\ \text{H}_3\text{O}^+]{(1)\ \text{CO}_2,\text{乙醚}} \underset{\text{CH}_3}{\overset{\text{COOH}}{\underset{\text{H}_3\text{C}}{\bigcirc}}\text{CH}_3}
$$

有机锂试剂与二氧化碳发生类似的反应。

羧酸也可通过乙酰乙酸乙酯法、丙二酸酯法或卤仿反应制备。

**思考题 11-6** 实现下列转变。

$$
\underset{}{\overset{\overset{\text{O}}{\|}}{\text{CH}_3\text{CCH}_2\text{CH}_2\text{CH}_2\text{Br}}} \longrightarrow \underset{}{\overset{\overset{\text{O}}{\|}}{\text{CH}_3\text{CCH}_2\text{CH}_2\text{CH}_2\text{COOH}}}
$$

## 11.5 羟基酸

羧酸分子中烃基上的氢原子被其他原子或基团取代的衍生物称为取代酸(substituted acid)。重要的取代酸有羟基酸、羰基酸(包含酮酸与醛酸)、卤代酸(参见11.3.2)、氨基酸(参见第 14 章)等,是有机合成和生物代谢过程中的重要物质,本节着重讨论羟基酸。

自然界中有许多羟基酸(hydroxy acid)存在,有些羟基酸还是生命活动的产物。部分羟基酸传统上使用的俗名仍然保留,从俗名可以了解它们的最初来源。例如:

$$
\underset{\underset{\text{OH}}{|}}{\text{CH}_3\text{CHCOOH}} \qquad\qquad \underset{\underset{\text{OHOH}}{|\ \ |}}{\text{HOOC}-\text{CHCH}-\text{COOH}} \qquad\qquad \underset{\text{OH}}{\overset{\text{COOH}}{\bigcirc}}
$$

乳酸                   酒石酸                         2-羟基苯甲酸

(2-羟基丙酸,$\alpha$-羟基丙酸)     (2,3-二羟基丁二酸,$\alpha$,$\alpha'$-二羟基丁二酸)

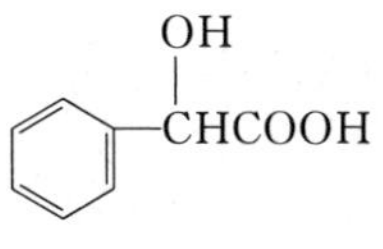

α-羟基苯乙酸,苯乙醇酸 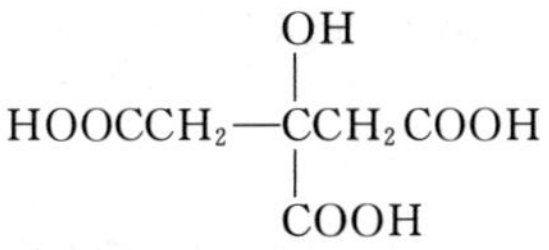　　　　柠檬酸

乳酸是最常见的羟基酸,为白色黏稠液体,存在于诸如酸牛乳、人体肌肉、水果等物质中。从乳糖、麦芽糖、葡萄糖发酵可以生产乳酸。乳酸的分子结构中存在手性中心,用不同的方式可以得到不同旋光性的乳酸。2-羟基苯甲酸(俗名水杨酸)为白色针状晶体或结晶粉末(熔点159 ℃,76 ℃升华),同时具有酚和芳酸的性质,可用做消毒剂、防腐剂,是重要的中间体原料。其衍生物2-乙酰氧基苯甲酸(俗名乙酰水杨酸、阿司匹林)、4-氨基-2-羟基苯甲酸是重要的解热镇痛药和抗结核药。许多羟基酸分子都具有手性,它们在分离、合成手性分子时有非常重要的作用。

羟基酸分子中含有羟基和羧基,这两个基团都易形成氢键,所以羟基酸比相应的醇及羧酸的溶解度都大,熔点高,多数为固体或黏稠的液体。低级羟基酸可与水混溶。

### 11.5.1　羟基酸的性质

羟基酸是双官能团化合物,兼具有羟基和羧基的性质,同时,两个基团互相影响而具有一些特殊的性质。

1. 酸性

羟基的吸电子诱导效应,使羟基酸的酸性比相应的脂肪羧酸强。但羟基弱于卤素的吸电子诱导效应,故羟基酸比相应的卤代酸的酸性弱。羟基离羧基越远,对酸性的影响越小:

$$CH_3CH_2COOH \qquad CH_3CH(OH)COOH \qquad CH_2(OH)CH_2COOH$$

$pK_a$　　　　4.87　　　　　　　　3.86　　　　　　　　4.51

2-羟基苯甲酸的酸性比苯甲酸的酸性强,这是由于形成分子内氢键的缘故。

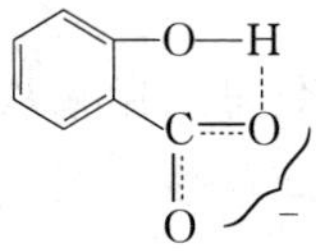

2. 脱水

在加热或有脱水剂存在时,羟基酸容易发生脱水反应。根据羟基与羧基的相对位置不同,脱水形式不同,但均生成相对稳定的不同的产物。例如,α-羟基酸发生两分子间脱水反应生成六元环交酯,β-羟基酸发生分子内脱水反应生成α,β-不饱和酸,γ-和δ-羟基酸脱水分别生成五、六元环的γ-内酯和δ-内酯。

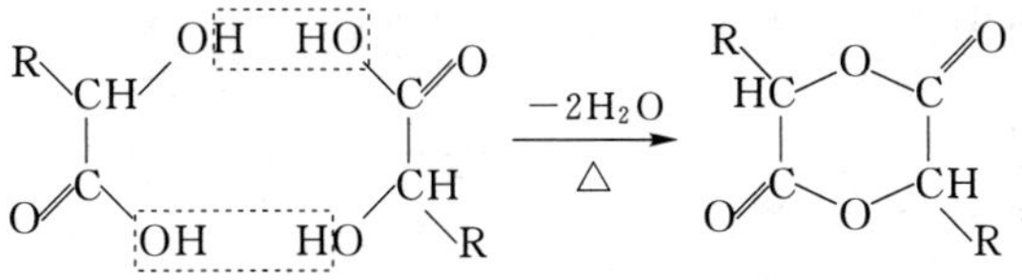

交酯

$$\underset{\overset{|}{OH}}{RCHCH_2COOH} \xrightarrow[\triangle]{脱水} RCH\!=\!CHCOOH + H_2O$$
$\qquad\qquad\qquad\qquad\qquad\qquad \alpha,\beta-不饱和酸$

$$\underset{\overset{|}{OH}}{RCHCH_2CH_2COOH} \xrightarrow[\triangle]{-H_2O} \text{（环状结构）}$$
$\qquad\qquad\qquad\qquad\qquad\qquad\qquad \gamma-内酯$

$$\underset{\overset{|}{OH}}{RCHCH_2CH_2CH_2COOH} \xrightarrow[\triangle]{-H_2O} \text{（环状结构）}$$
$\qquad\qquad\qquad\qquad\qquad\qquad\qquad\quad \delta-内酯$

当羟基与羧基间隔四个以上的亚甲基时,羟基酸在多分子间脱水,可以形成聚酯。

$$\underset{}{\text{H}\!-\!\text{OCH}_2(\text{CH}_2)_n\overset{O}{\overset{\|}{C}}\!-\!\text{OH} + \text{H}\!-\!\text{OCH}_2(\text{CH}_2)_n\overset{O}{\overset{\|}{C}}\!-\!\text{OH} + \text{H}\!-\!\text{OCH}_2(\text{CH}_2)_n\overset{O}{\overset{\|}{C}}\!-\!\text{OH} + \cdots}$$

$$\longrightarrow \left[\text{OCH}_2(\text{CH}_2)_n\overset{O}{\overset{\|}{C}}\right]_n$$
$\qquad\qquad\qquad\quad 聚酯$

### 3. 脱羧

$\alpha$-羟基酸与无机酸共热时分解产生少一个碳原子的羰基化合物,与稀高锰酸钾共热则氧化、分解生成少一个碳原子的酸:

$$\underset{\overset{|}{OH}}{\overset{\overset{H(R')}{|}}{R\!-\!C\!-\!COOH}} \xrightarrow{H_2SO_4} \overset{H(R')}{\underset{}{R\!-\!C\!=\!O}} + HCOOH(或 CO + H_2O)$$

$$\underset{\overset{|}{OH}}{R\!-\!CHCOOH} \xrightarrow{KMnO_4} RCOOH + CO_2 + H_2O$$

这些反应在有机合成上有一定的用途,可以用来从高级羧酸经 $\alpha$-溴代、水解,再通过上述反应制备少一个碳原子的醛、酮或羧酸。例如:

$$RCH_2COOH \xrightarrow[P]{Br_2} \underset{\overset{|}{Br}}{RCHCOOH} \xrightarrow{AgOH} \underset{\overset{|}{OH}}{RCHCOOH} \xrightarrow[\triangle]{H_2SO_4} RCHO \xrightarrow{KMnO_4} RCOOH$$

邻、对位羟基苯甲酸加热至熔点以上则分解脱羧生成酚。

**思考题 11-7** 完成下列反应。

(1) $\underset{\overset{|}{OH}}{(CH_3)_2CCOOH} \xrightarrow[\triangle]{H_2SO_4}$

(2) $\underset{\overset{|}{OH}}{(CH_3)_2CCOOH} \xrightarrow{\triangle}$

(3) $\underset{\underset{OH}{|}}{CH_3CHCH_2COOH} \xrightarrow[\triangle]{H^+}$

(4) $\underset{\underset{OH}{|}}{CH_2CH_2CH_2COOH} \xrightarrow[\triangle]{H^+}$

### 11.5.2 羟基酸的制备

有许多方法可以制备 $\alpha$-羟基酸、$\beta$-羟基酸、$\gamma$-羟基酸等多种羟基酸。

**1. $\alpha$-羟基酸的制备**

$\alpha$-羟基酸可以由相应的卤代酸水解得到。由 $\alpha$-卤代酸(制法参见 11.3.2)制 $\alpha$-羟基酸的产率很好。

$$\underset{\underset{Br}{|}}{CH_2COOH} + H_2O \longrightarrow \underset{\underset{OH}{|}}{CH_2COOH} + HBr$$

$\alpha$-羟基酸也可由羟基腈水解获得。羰基与 HCN 加成得到 $\alpha$-羟基腈,水解产物即为 $\alpha$-羟基酸。

$$\underset{}{C_6H_5-\underset{O}{\overset{\|}{C}}-H} \xrightarrow{HCN} C_6H_5-\underset{\underset{CN}{}}{\overset{OH}{\underset{|}{C}H}} \xrightarrow[100\ ℃]{HCl} C_6H_5-\underset{}{\overset{OH}{\underset{|}{C}HCOOH}}$$

**思考题 11-8** 完成下列转变。

$$CH_3CH_2CH_2COOH \longrightarrow \underset{\underset{OH}{|}}{CH_3CH_2CHCOOH}$$

**2. $\beta$-、$\gamma$-羟基酸的制备**

$\beta$-卤代酸、$\gamma$-卤代酸也可以水解,但 $\beta$-卤代酸的水解产物易脱水产生 $\alpha,\beta$-不饱和的羧酸。可以用烯烃经次卤酸加成后制得 $\beta$-羟基卤代物后制备相应的 $\beta$-羟基酸。$\gamma$-卤代酸、$\delta$-卤代酸水解后易形成内酯,羟基酸的产率不高。

$$RCH=CH_2 \xrightarrow{HOCl} \underset{\underset{OH}{|}\ \underset{Cl}{|}}{RCH-CH_2} \xrightarrow{KCN} \underset{\underset{OH}{|}\ \underset{CN}{|}}{RCH-CH_2} \xrightarrow[H^+]{H_2O} \underset{\underset{OH}{|}}{RCHCH_2COOH}$$

一个很好的制备 $\beta$-羟基酸或 $\beta$-羟基酸酯的方法是用有机锌试剂与羰基作用,称为雷弗马茨基(Reformatsky)反应。$\alpha$-卤代酸酯在锌粉、醛(酮)同时存在下发生亲核加成,产物水解后即得到 $\beta$-羟基酸酯。反应机理与格氏试剂与羰基的反应类似。脂肪族醛、酮或芳香族醛、酮均可进行这一反应,羰基空间位阻大时反应困难。

$$\underset{\underset{Br}{|}}{RCHCOOC_2H_5} \xrightarrow[醚]{Zn} \underset{\underset{R}{|}}{BrZnCHCOOC_2H_5} \xrightarrow{R'\overset{O}{\overset{\|}{C}}H} \underset{\underset{R}{|}}{R'CH\overset{OZnBr}{\underset{|}{C}HCOOC_2H_5}}$$

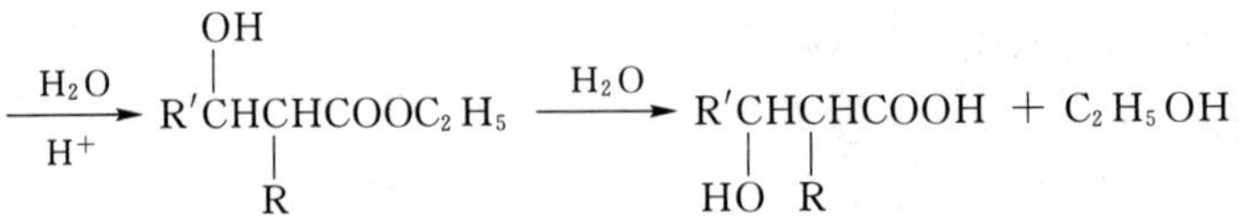

$$\xrightarrow[\text{H}^+]{\text{H}_2\text{O}} \underset{\text{R}}{\text{R}'\text{CHCHCOOC}_2\text{H}_5} \xrightarrow{\text{H}_2\text{O}} \underset{\text{HO R}}{\text{R}'\text{CHCHCOOH}} + \text{C}_2\text{H}_5\text{OH}$$

由于格氏试剂可以与酯加成生成叔醇(参见 11.8.3),故该反应不能用活性大的格氏试剂代替有机锌试剂。活性相对稳定的有机锌试剂可以与醛、酮中的羰基作用而不与酯作用,所以可以用 $\alpha$-卤代酸酯与锌粉和醛、酮反应来制备 $\beta$-羟基酸。

## 11.6 羧酸衍生物的命名与结构

羧酸分子中的—OH 被—X,—OCOR,—OR,—NH$_2$(R)置换的产物为羧酸衍生物,羧酸衍生物酰卤、酸酐、酯、酰胺都含有酰基( R—C— ),故也称为**酰基化合物**(acyl compound)。羧酸衍生物的命名举例如下。

(1) 酰卤是以所含的酰基名称后面加上相应的卤原子名称来命名,并按英文字母顺序排列。例如:

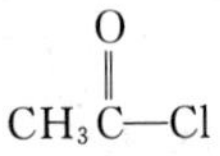

CH$_3$C—Cl     C$_6$H$_5$C—Cl     CH$_3$CH—C—Br     CH$_2$=CH—C—Cl
                                          |
                                          Br

乙酰氯 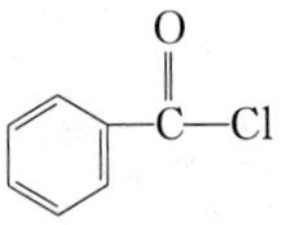      苯甲酰氯 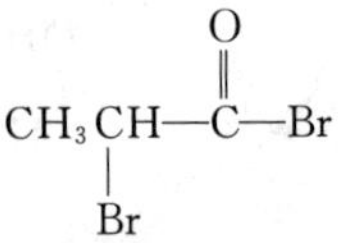      $\alpha$-溴代丙酰溴 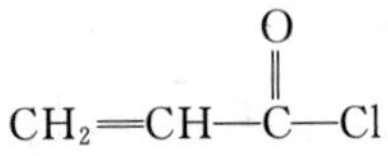      丙烯酰氯

(2) 酸酐由羧酸脱水而来,对称酸酐的命名一般是将对应的羧酸名称中的酸换成酸酐,由同一母体氢化物上两个羧基脱水形成的环状酸酐按对称酸酐命名,或按杂环化合物命名。由两种不同的羧酸组成的酸酐也称混酐,命名时将形成酸酐的两种羧酸的名称按英文字母顺序排列,再以酸酐结尾。例如:

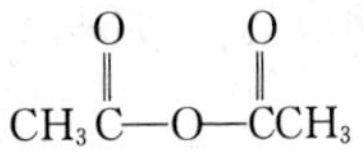

CH$_3$C—O—CCH$_3$          CH$_3$C—O—CCH$_2$CH$_3$          C$_6$H$_5$C—O—CC$_6$H$_5$

乙酸酐 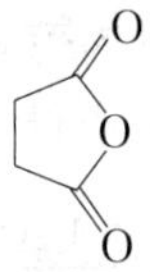          琥珀酸酐          乙丙酸酐          苯甲酸酐
          四氢呋喃-2,5-二酮

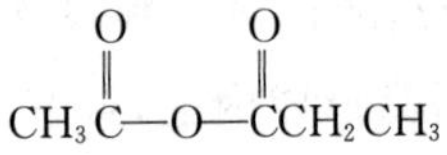

(3) 酯的命名采用羧酸的名称后加烷基、芳基等取代基名称,以"酯"为词尾,有多个取代基时,按英文字母顺序排列,取代基后"基"字常省略。例如:

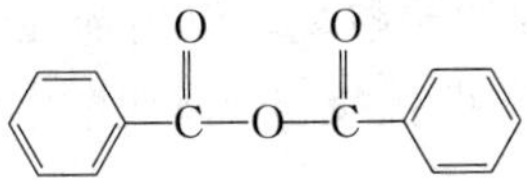

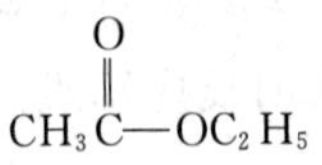

CH$_3$C—OC$_2$H$_5$          C$_6$H$_5$C—OC$_2$H$_5$          CH$_2$=C—OCH$_3$
                                                          |
                                                          CH$_3$ (上方)
                                                          O (下方)

乙酸乙酯 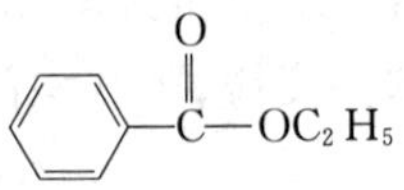          苯甲酸乙酯 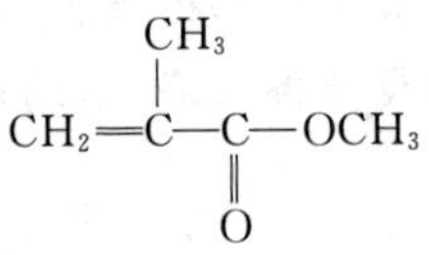          $\alpha$-甲基丙烯酸甲酯

$$C_2H_5OOCCH_2COOCH_3$$

丙二酸乙(基)甲(基)酯

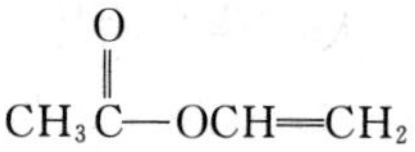

$$CH_3\overset{\overset{\displaystyle O}{\|}}{C}-OCH\!=\!CH_2$$

乙酸乙烯酯

（4）酰胺的命名将原羧酸名称中的后缀"酸"替换为相应的"酰胺"。酰胺氮原子上有取代基时，将取代基名称前加"$N-$"作为前缀表述。氮原子上取代基为苯基时，以"酰苯胺"作后缀替换"酰胺"，也可按一般 $N-$ 取代酰胺命名。氨基酸分子内形成的酰胺称为"内酰胺"并作后缀，此前插入酸和氨基的位次来命名，酸为 1 位时可省略，内酰胺一般按杂环命名。

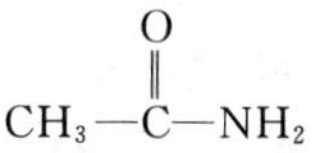

乙酰胺 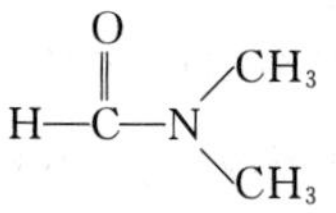　　　$N,N-$二甲基甲酰胺 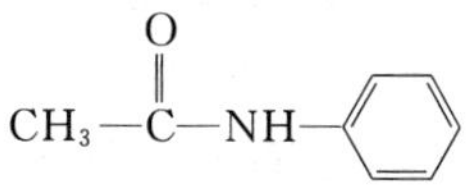　　　乙酰苯胺 $N-$苯基乙酰胺　　　丁二酰亚胺 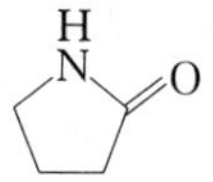　　　四氢吡咯$-2-$酮 丁$-4-$内酰胺

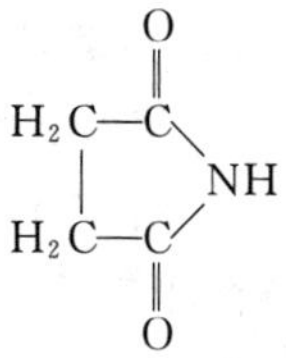

酰基碳原子为 $sp^2$ 杂化的平面式结构，卤素原子、氧原子、氮原子都有未成对电子，故与羰基 $\pi$ 键之间形成不同程度的 p$-\pi$ 共轭体系，使 C—Y 键带部分双键的性质。

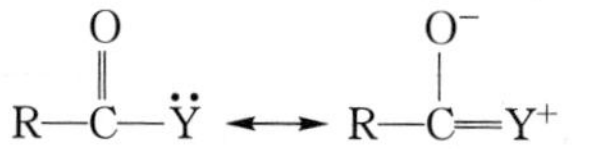

$$R-\overset{\overset{\displaystyle O}{\|}}{C}-\overset{..}{Y} \;\longleftrightarrow\; R-\overset{\overset{\displaystyle O^-}{\|}}{C}\!=\!Y^+ \qquad (Y=O,N,X)$$

卤素的电负性较大，基团吸电子的诱导效应强，共轭效应相对较弱。而在酰胺分子中，羰基与氮原子的共轭作用较强，C—N 键键长较胺中的 C—N 键键长短，酯和酸酐中的 C—O 键键长也较醇中的 C—O 键键长短。羰基的亲核加成反应活性与羰基碳原子上的正电荷密度有关，酰卤中卤素吸电子的诱导作用使碳原子正电荷密度增加，有利于亲核试剂进攻，酰胺中氮原子相对较强的共轭作用导致碳原子正电荷密度减少，因此亲核试剂进攻受到影响。由结构可以预测，酰卤、酸酐、酯和酰胺与亲核试剂的加成反应活性有所不同，其中酰卤的反应活性最大而酰胺的反应活性最小。

## 11.7　羧酸衍生物的物理性质

酰卤、酸酐、酯分子中没有羟基，无法形成分子间氢键，分子间不能缔合。

酰氯多为无色液体或白色低熔点固体；酰氯的沸点较相应的羧酸为低；低级的酰氯遇水剧烈水解，放出氯化氢而具有强烈的刺激性，易溶于有机溶剂。

低级的酸酐为无色液体，具有令人不愉快的气味，沸点常比相应的羧酸高，但比相对分子质量相当的羧酸低。高级的酸酐为固体。

酯的沸点与同碳原子数的醛、酮相近，低级的酯通常都具有水果的香味，可用做香料。酯在水中的溶解度较小，但能与有机溶剂很好地互溶，常作为溶剂使用。

酰胺分子之间由于氮原子氢键的高度缔合作用，其沸点比相应的羧酸高，溶解度也较大。除甲酰胺外,大部分为固体。低级的酰胺能溶于水。氨基上氢原子被烃基取代时,氢键的缔合减少或消失,沸点降低。一些液体的酰胺是性能优良的溶剂。如 $N,N$-二甲基甲酰胺(DMF,沸点 153 ℃),因分子极性大,是良好的非质子极性溶剂,不但可以溶解有机化合物,也可以溶解无机物。

羧酸衍生物有着十分相似的质谱碎裂规则。

羧酸衍生物都含有羰基,因此在红外光谱中都显示出强的羰基 C=O 键伸缩振动吸收峰。羰基 C=O 键伸缩振动吸收峰的频率与羰基连接的基团的电子效应有关。吸电子的诱导效应较大时(如酰卤),双键的极性降低,羰基的双键性增加,伸缩振动的频率增高;给电子的共轭作用较大时(如酰胺),情况正相反,伸缩振动的频率降低。酰卤的 C=O 键伸缩振动吸收峰在 1 800 cm$^{-1}$ 附近(强),羰基共轭时移至 1 800～1 750 cm$^{-1}$,芳酰卤在 1 800～1 750 cm$^{-1}$ 有两个强吸收峰。酸酐在 1 860～1 800 cm$^{-1}$ 和 1 800～1 750 cm$^{-1}$ 附近有两个 C=O 键伸缩振动吸收峰。酯的 C=O 键伸缩振动吸收峰在 1 750～1 735 cm$^{-1}$(强),其中 ArCOOR 的在 1 730～1 715 cm$^{-1}$,RCOOAr 的在 1 760 cm$^{-1}$,另外,在 1 300～1 050 cm$^{-1}$ 区域有两个 C—O 键伸缩振动吸收峰,其中较高波数的吸收峰比较特征,可用于酯的鉴定。酰胺的 C=O 键伸缩振动吸收峰在 1 690～1 630 cm$^{-1}$,酰胺还有特征的 N—H 键伸缩振动吸收峰,在非极性溶剂稀溶液时出现在 3 520～3 400 cm$^{-1}$,在固态或浓溶液时出现在 3 350～3 180 cm$^{-1}$。图 11-3 为丁酸乙酯的红外光谱图。

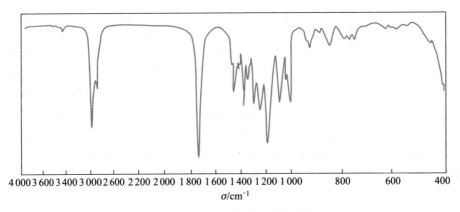

图 11-3　丁酸乙酯的红外光谱图

在羧酸衍生物的核磁共振谱中,羰基的 $\alpha$ 位质子的化学位移 $\delta$ 为 2～3,酯中烷氧基的 $\alpha$ 位质子的化学位移 $\delta$ 为 3.5～4,酰胺的氮原子上质子的化学位移 $\delta$ 为 5～10。

## 11.8　羧酸衍生物的化学性质

### 11.8.1　羧酸衍生物的亲核加成-消除反应

羧酸衍生物的反应有相似的反应机理,但活性有差异。羧酸衍生物分子中含有羰基,亲核试剂可以对其进行亲核加成。

拓展阅读:
质谱碎裂
规则

羧酸衍生物与亲核试剂的反应分为两步进行。第一步加成首先生成一个四面体的中间产物,羰基碳原子由 $sp^2$ 杂化变为 $sp^3$ 杂化:

$$R\text{—}\overset{\displaystyle \overset{:\ddot{O}:}{\|}}{C}\text{—}L + :Nu^- \rightleftharpoons \left[ R\text{—}\overset{\displaystyle \overset{:\ddot{O}:^-}{|}}{\underset{\underset{Nu}{|}}{C}}\text{—}L \right] \qquad \text{亲核加成}$$

第二步,中间体的羰基碳原子上连着的一个可以离去的基团以负离子(弱碱)的形式离去,可以将此看成消除的过程:

$$\left[ R\text{—}\overset{\displaystyle \overset{:\ddot{O}:^-}{|}}{\underset{\underset{Nu}{|}}{C}}\text{—}L \right] \longrightarrow R\text{—}\overset{\displaystyle \overset{:\ddot{O}:}{\|}}{C}\text{—}Nu + :L^- \qquad \text{消除}$$

(Nu$^-$=进攻的亲核试剂,如 $H_2O$,$ROH$,$NH_3$,$RNH_2$,$R_2NH$ 等;

L=离去基团,即—Cl,—OR,—NH$_2$,—NHR,—NR$_2$ 等)

两步反应总的结果是得到一个取代的产物,相当于酰基上发生了亲核取代反应。但从反应机理上看,它应该是羰基的亲核加成−消除(nucleophilic addition−elimination)反应。

而醛、酮虽然也能发生亲核反应,但醛、酮上连接的 H 或 R 都是极强的碱,是不好的离去基团,四面体中间体氧负离子夺取质子,故只能生成加成产物,水解后生成羟基。

$$R\text{—}\overset{\displaystyle \overset{O}{\|}}{C}\text{—}H(R') \xrightarrow{\ Nu^-\ } R\text{—}\overset{\displaystyle \overset{O^-}{|}}{\underset{\underset{Nu}{|}}{C}}\text{—}H(R') \xrightarrow{\ H_3O^+\ } R\text{—}\overset{\displaystyle \overset{OH}{|}}{\underset{\underset{Nu}{|}}{C}}\text{—}(R')$$

显然,羧酸衍生物的亲核加成−消除反应活性与其离去基团的离去能力有关。离去基团的碱性越弱,离去基团越稳定,越容易离去。碱性的强弱次序是:$H_2N^- > RO^- > RCOO^- > X^-$,离去能力则相反:$X^- > RCOO^- > RO^- > H_2N^-$。

反应的第一步为亲核加成,羰基的活性是影响反应活性的主要因素。酰胺的亲核加成反应活性相对较小;而卤素的电负性较大,基团吸电子的诱导作用强,共轭作用相对较弱,酰氯的羰基亲核加成活性较大。羧酸衍生物的亲核加成−消除能力为:$RCOCl > (RCO)_2O > RCOOR' > RCONR'_2$。羧酸衍生物反应性能的差异使得将一个活性高的化合物转化为一个活性低的化合物成为可能,酰氯能被转化为酯、酰胺,而酯、酰胺不能转化为酰氯。

酰卤、酸酐、酯、酰胺的水解、醇解、氨解等反应都属于这一亲核加成−消除反应机理。

### 11.8.2 水解、醇解、氨解反应

1. 水解反应

乙酰氯在潮湿的空气中就会水解,有 HCl 雾气产生,气味非常刺激。酸酐也很容易水解,但相对分子质量较大的酰氯和酸酐因溶解度小而水解缓慢,若加热或加入互

溶的溶剂使之成为均相,反应也可很快进行。酯的水解比酰氯和酸酐要困难,需要用酸催化或在碱溶液中加热进行以使反应完全。酰胺的水解更困难,在酸或碱溶液中加热回流才能使水解完成,有空间位阻及 N 上有取代基的酰胺更难水解。由于酰胺在水中的稳定性,常可以以水为溶剂对它进行重结晶。

$$R-\overset{\overset{\displaystyle O}{\|}}{C}-L + H_2O \longrightarrow R-\overset{\overset{\displaystyle O}{\|}}{C}-OH + HL$$

$$L=Cl, OCOR, OR, NH_2$$

活性相对较低的酰胺或酯需在质子酸催化下或在碱性水溶液中进行水解。酸的催化作用在于使羰基氧原子质子化、羰基碳原子的正电性增加,使弱的亲核试剂($H_2O$)也可以与之反应。

$$R-\overset{\overset{\displaystyle O}{\|}}{C}-L \xrightarrow{H^+} R-\overset{\overset{\displaystyle +OH}{\|}}{C}-L \xrightarrow{H\ddot{O}H} R-\overset{\overset{\displaystyle OH}{|}}{\underset{L}{C}}-\overset{+}{O}H_2 \xrightarrow{-HL} R-\overset{\overset{\displaystyle +OH}{\|}}{C}-OH \xrightarrow{-H^+} R-\overset{\overset{\displaystyle O}{\|}}{C}-OH$$

而在碱性溶液中,$^-OH$ 作为比水强的亲核试剂进攻羰基碳原子。

$$R-\overset{\overset{\displaystyle :O:}{\|}}{C}-L + \ddot{O}H^- \longrightarrow R-\overset{\overset{\displaystyle :\ddot{O}:}{|}}{\underset{L}{C}}-OH \longrightarrow R-\overset{\overset{\displaystyle O}{\|}}{C}-OH + L^-$$

$$\xrightarrow{OH^-} R-\overset{\overset{\displaystyle O}{\|}}{C}-O^- + H_2O$$

人们对酯的水解机理研究得最多。酯在酸的催化下水解是酯化反应的逆反应,反应最后达到平衡,故水解作用不完全。但在强碱的作用下,生成的酸进一步与碱作用生成羧酸盐,使平衡向右移动,反应进行到底。所以酯的水解通常都在碱性溶液中进行。

$$R-\overset{\overset{\displaystyle O}{\|}}{C}-OR' + NaOH \longrightarrow R-\overset{\overset{\displaystyle O}{\|}}{C}-ONa + R'OH$$

油脂水解制肥皂即酯在碱性条件的水解,所以该类反应也被称为"**皂化**"反应。

$$\begin{array}{l} CH_2-O-\overset{\overset{\displaystyle O}{\|}}{C}-(CH_2)_{16}CH_3 \\ CH-O-\overset{\overset{\displaystyle O}{\|}}{C}-(CH_2)_{14}CH_3 \quad + 3NaOH \xrightarrow[\triangle]{皂化} \\ CH_2-O-\overset{\overset{\displaystyle O}{\|}}{C}-(CH_2)_{16}CH_3 \end{array}$$

$$\begin{array}{l} CH_2OH \\ CHOH \\ CH_2OH \end{array} + \begin{array}{l} CH_3(CH_2)_{16}COONa \\ \text{硬脂酸钠} \\ CH_3(CH_2)_{14}COONa \\ \text{棕榈酸钠} \\ CH_3(CH_2)_{16}COONa \\ \text{硬脂酸钠} \end{array}$$

酰胺的活性最弱。生物体内的蛋白质有大量的酰胺键,水解时酰胺键的稳定性大约是酯中酰氧键的 100 倍,使得蛋白质在水溶液中能保持结构的完整性,仅在特定催化条件下水解。

酰胺在酸催化下的水解产生羧酸和无机铵盐；在碱作用下水解生成羧酸盐，并放出氨气。

$$R-\overset{\overset{\displaystyle O}{\|}}{C}-NH_2 + H_2O \xrightarrow[NaOH]{HCl} \begin{array}{l} R-\overset{\overset{\displaystyle O}{\|}}{C}-OH + NH_4Cl \\[2mm] R-\overset{\overset{\displaystyle O}{\|}}{C}-ONa + NH_3\uparrow \end{array}$$

**思考题 11-9** 写出下列反应的产物。

$$CH_3\overset{\overset{\displaystyle O}{\|}}{C}OCH_3 + H_2^{18}O \xrightarrow{H^+}$$

### 2. 醇解反应

$$R-\overset{\overset{\displaystyle O}{\|}}{C}-L + R'OH \longrightarrow R-\overset{\overset{\displaystyle O}{\|}}{C}-OR' + HL$$

酰氯和酸酐进行醇解(alcoholysis)是制备酯的一种方法。酰氯或酸酐也可以与酚反应制备酚酯。例如：

$$RCOCl + \underset{OH}{\bigcirc} \longrightarrow R-\overset{\overset{\displaystyle O}{\|}}{C}-O-\bigcirc + HCl$$

环状酸酐醇解后得到二元酸的单酯，是制备二元酸单酯常用的方法。例如：

$$\begin{array}{c} H_2C-\overset{\overset{\displaystyle O}{\|}}{C} \\ | \qquad\quad O \\ H_2C-\underset{\underset{\displaystyle O}{\|}}{C} \end{array} + C_2H_5OH \longrightarrow \begin{array}{l} CH_2-\overset{\overset{\displaystyle O}{\|}}{C}-OH \\ | \\ CH_2-\underset{\underset{\displaystyle O}{\|}}{C}-OC_2H_5 \end{array}$$

丁二酸单乙酯

过量醇存在下，单酯继续酯化生成二酯。

$$\begin{array}{l} CH_2\overset{\overset{\displaystyle O}{\|}}{C}-OH \\ | \\ CH_2\underset{\underset{\displaystyle O}{\|}}{C}-OC_2H_5 \end{array} \xrightarrow[H^+]{C_2H_5OH} \begin{array}{l} CH_2-\overset{\overset{\displaystyle O}{\|}}{C}-OC_2H_5 \\ | \\ CH_2-\underset{\underset{\displaystyle O}{\|}}{C}-OC_2H_5 \end{array}$$

丁二酸二乙酯

酯的醇解比较困难，必须在酸或碱的催化下进行。反应生成另一种醇的酯，故称为酯交换反应(transesterification)。反应是可逆的，用过量的醇或将产物移出反应体系可得到较高的产率。反应常用于将低级醇的酯转化为高级醇的酯。

$$RCO_2R' + R''OH \longrightarrow RCO_2R'' + R'OH$$

对于二酯化合物，要水解其中的一个酯基，常规方法难于实施，利用酯交换反应可选择性水解，例如：

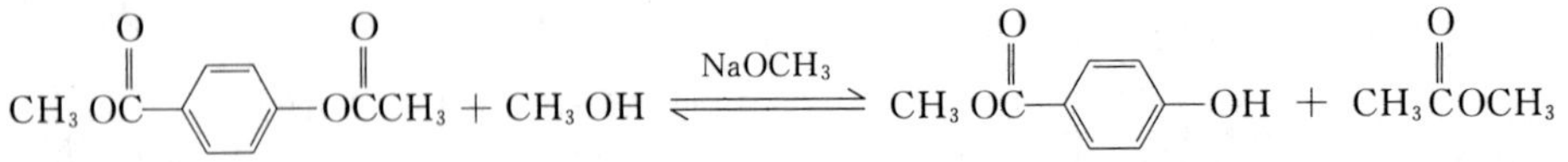

酯交换反应在工业上经常应用。聚乙烯醇即是从聚乙酸乙烯酯通过酯交换反应制得的。聚乙烯醇分子中有许多羟基，可溶于水，可作为涂料和胶黏剂。它与甲醛的缩合产物聚乙烯醇缩甲醛即维尼纶纤维的原料。

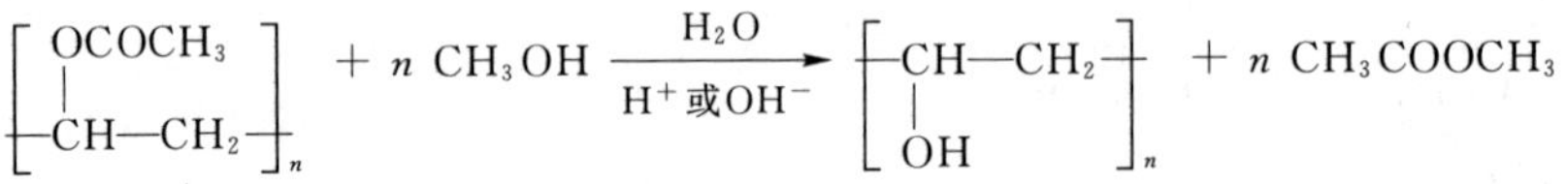

生产“涤纶”的原料对苯二甲酸乙二醇酯也是用二甲酯与乙二醇交换而来的。

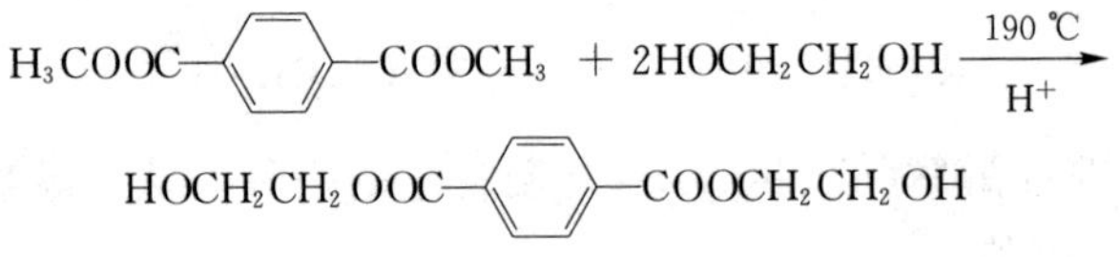

**思考题 11-10** 写出反应产物。

$$CH_3\overset{O}{\overset{\|}{C}}Cl + CH_3{}^{18}OH \xrightarrow{\text{吡啶}}$$

3. 氨解(ammonolysis)反应

$$R-\overset{O}{\overset{\|}{C}}-L \xrightarrow{NH_3} R-\overset{O}{\overset{\|}{C}}-NH_2 + HL$$

$$L=Cl, OCOR, OR$$

羧酸衍生物与氨作用都生成酰胺。由于氨的亲核性强于水、醇，故氨解比水解、醇解容易。氨本身即为碱，氨解不需加入酸、碱等催化剂。

酰卤和酸酐与氨的反应相当快，酰氯遇冷的氨水即可反应，酯要在无水的条件下，用过量的氨才反应。

$$(CH_3)_2CH\overset{O}{\overset{\|}{C}}Cl + 2NH_3 \longrightarrow \underset{83\%}{(CH_3)_2CH\overset{O}{\overset{\|}{C}}NH_2} + NH_4Cl$$

环状酸酐与氨反应，可以开环得到酰胺羧酸铵，再高温加热可得到酰亚胺：

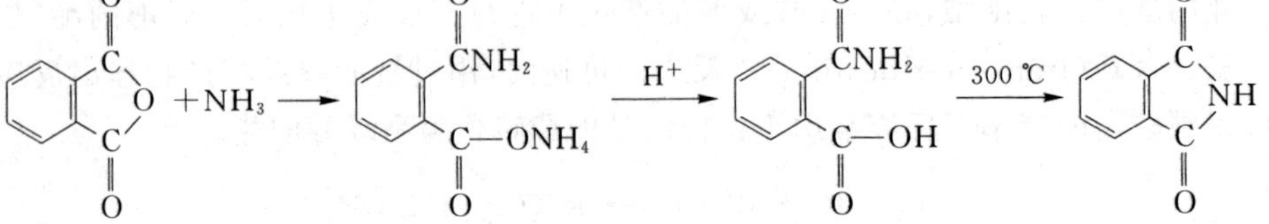

酰亚胺可以与溴反应，生成 *N*－溴代丁二酰亚胺（NBS，参见 4.3.5）。

肼、羟胺等含氮化合物也能与羧酸衍生物发生反应。例如：

$$RCOOC_2H_5 + H_2NNH_2 \longrightarrow \underset{\text{酰肼}}{RCONHNH_2} + C_2H_5OH$$

$$RCOOC_2H_5 + NH_2OH \longrightarrow \underset{\text{羟肟酸}}{RCONHOH} + C_2H_5OH$$

有机分析中常以羟肟酸铁试验来检验羧酸（先转换成酰卤）及羧酸衍生物：与羟胺作用生成羟肟酸，羟肟酸与三氯化铁在弱酸性溶液中形成红色的可溶性羟肟酸铁。

$$3RCO(NHOH) + FeCl_3 \longrightarrow (RCONHO)_3Fe + 3HCl$$

酰胺与胺的反应，可看成胺的交换反应。例如：

$$CH_3\overset{O}{\overset{\|}{C}}NH_2 + CH_3NH_2\cdot HCl \xrightarrow{\triangle} \underset{75\%}{CH_3\overset{O}{\overset{\|}{C}}NHCH_3} + NH_4Cl$$

酰卤和酸酐与水、醇、氨发生上述这些反应，结果是在这些化合物分子中引入了酰基，故酰卤和酸酐用于反应中也是很好的酰基化试剂。

思考题 11－11　怎样由酰氯与胺反应制备 *N*－甲基丙酰胺？

### 11.8.3 羧酸衍生物与金属有机试剂的反应

与醛、酮一样，羧酸衍生物的羰基也能与金属有机试剂亲核加成，酰卤、酸酐、酯、酰胺与过量格氏试剂反应都生成有两个相同烃基的叔醇，两个相同的烃基都来自格氏试剂。

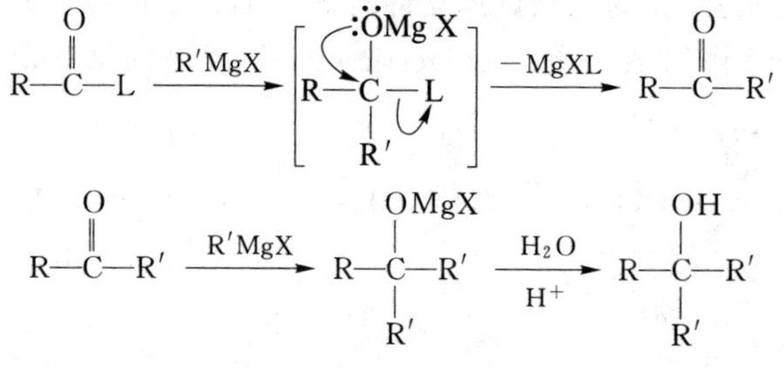

酮为反应的中间产物。但羧酸衍生物羰基的反应活性大多小于酮羰基，若格氏试剂过量，反应很难停留在酮的阶段。酰氯的反应活性较大，可以得到一部分酮，但产率不高。如果将格氏试剂反加到酰氯中，保持酰氯始终过量，或在低温下反应，可以得到较高产率的酮。当酮的空间位阻大时，产率相当令人满意。

$$(CH_3)_3C{-}MgCl \xrightarrow[-70\ ^\circ C]{(CH_3)_3C-\overset{O}{\overset{\|}{C}}-Cl} \xrightarrow{H_2O} \underset{80\%}{(CH_3)_3C-\overset{O}{\overset{\|}{C}}-C(CH_3)_3}$$

酰氯与有机镉试剂($R_2Cd$)或有机铜锂试剂($R_2CuLi$)反应也可以使反应停留在酮的阶段。

酰胺的氮原子上有活泼氢原子,要消耗掉相当物质的量的格氏试剂,同时反应活性低,所以很少使用。

思考题 11-12 采用何种酯与何种格氏试剂合成 $(C_6H_5)_2\overset{\triangle}{\underset{OH}{C}}$?

### 11.8.4 酯缩合反应

具有 α-氢原子的酯在碱性试剂存在下,可以与另一分子酯作用,失去一分子醇得到缩合产物 β-羰基酯。该反应也称为克莱森(Claisen)酯缩合反应。例如,乙酸乙酯在乙醇钠或金属钠作用下发生酯缩合,生成乙酰乙酸乙酯:

$$CH_3\overset{O}{\overset{\|}{C}}-OC_2H_5 + CH_3\overset{O}{\overset{\|}{C}}-OC_2H_5 \xrightarrow{C_2H_5ONa} CH_3\overset{O}{\overset{\|}{C}}CH_2\overset{O}{\overset{\|}{C}}OC_2H_5 + C_2H_5OH$$

$$RCH_2\overset{O}{\overset{\|}{C}}-OC_2H_5 + H-\underset{R}{\overset{}{C}}HC-OC_2H_5 \xrightarrow{C_2H_5ONa} \underset{R}{\overset{}{C}}H_2\overset{O}{\overset{\|}{C}}\underset{R}{\overset{}{C}}H\overset{O}{\overset{\|}{C}}OC_2H_5 + C_2H_5OH$$

反应是由酯基 α-碳原子上的氢原子引起的。酯分子中 α-碳原子上的氢原子有一定的酸性,在碱作用下失去 α-氢原子生成碳负离子:

$$C_2H_5O^- + H-CH_2\overset{O}{\overset{\|}{C}}OC_2H_5 \rightleftharpoons C_2H_5OH + {}^-CH_2\overset{O}{\overset{\|}{C}}OC_2H_5$$

该碳负离子的活性很强,作为亲核试剂立即对另一酯分子的羰基进行亲核加成,然后失去 $C_2H_5O^-$ 得到乙酰乙酸乙酯(acetoacetic ester),反应的每一步均为可逆的:

$$CH_3-\overset{O}{\overset{\|}{C}}-OC_2H_5 + {}^-:CH_2\overset{O}{\overset{\|}{C}}OC_2H_5 \rightleftharpoons CH_3-\underset{CH_2COOC_2H_5}{\overset{O^-}{\overset{|}{C}}}-OC_2H_5$$

$$CH_3-\underset{CH_2COOC_2H_5}{\overset{O^-}{\overset{|}{C}}}-OC_2H_5 \rightleftharpoons CH_3-\overset{O}{\overset{\|}{C}}-CH_2\overset{O}{\overset{\|}{C}}OC_2H_5 + C_2H_5O^-$$

$$CH_3-\overset{O}{\overset{\|}{C}}-CH_2-\overset{O}{\overset{\|}{C}}-OC_2H_5 + C_2H_5O^- \rightleftharpoons CH_3-\overset{O}{\overset{\|}{C}}-\overset{-}{C}H-\overset{O}{\overset{\|}{C}}-OC_2H_5 + C_2H_5OH$$

生成的产物乙酰乙酸乙酯具有酸性,可与化学计量的乙醇钠或金属钠反应生成钠盐沉淀(参见 11.12.1),促使各步平衡反应向产物方向进行,蒸除乙醇并用酸中和得到产物。

假如酯的 $\alpha$-碳原子上只有一个氢原子,烃基的诱导效应使氢的酸性减弱,生成的碳负离子稳定性降低,就需要一个更强的碱(如氢化钠、三苯甲基钠)来促使形成碳负离子,反应变得不再可逆。

$$(CH_3)_2CHCOOC_2H_5 \ + \ (C_6H_5)_3\bar{C}Na^+ \ \xrightarrow{\text{乙醚}} \ (CH_3)_2\bar{C}COOC_2H_5 \ + \ (C_6H_5)_3CH$$

理论上所有含 $\alpha$-H 的酯都可以缩合,不同的酯之间也可以发生交叉的酯缩合反应。若用两个不同的都含 $\alpha$-H 的酯来反应,则会产生至少四种缩合产物。由于混合物的分离困难,这种缩合在合成上并无用处。如用一种含活泼氢原子的酯去与另一种不含 $\alpha$-H 的酯缩合,则可以得到单纯的产物。经常用到的无 $\alpha$-H 的酯有:苯甲酸酯、甲酸酯和草酸二酯,它们分别可向酯的 $\alpha$ 位引入苯甲酰基、醛基和酯基。芳香酸酯的羰基活性小,反应需在较强的碱中进行,以保证有足够浓度的碳负离子。草酸酯缩合产物中有一个 $\alpha$-羰基羧酸酯基团,经加热后易失去一氧化碳,得到取代丙二酸酯。

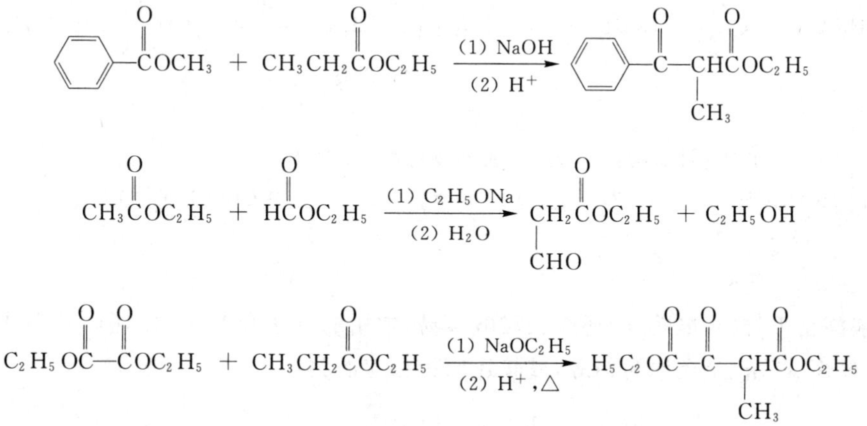

酯缩合反应也可以在分子内进行,形成环状 $\beta$-羰基酯,又称迪克曼(Dieckmann)反应。它是合成五元、六元碳环的一种方法。

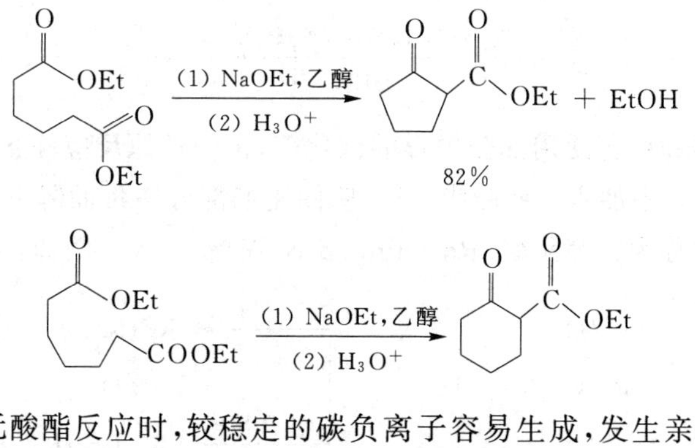

不对称的二元酸酯反应时,较稳定的碳负离子容易生成,发生亲核进攻后得到相应的产物。如下面的反应主要得到产物 **2**。由于酯缩合反应是可逆的,故若从其他途径得到产物 **1**,也可以通过逆向的反应重新开环、环合得到产物 **2**。

主要产物

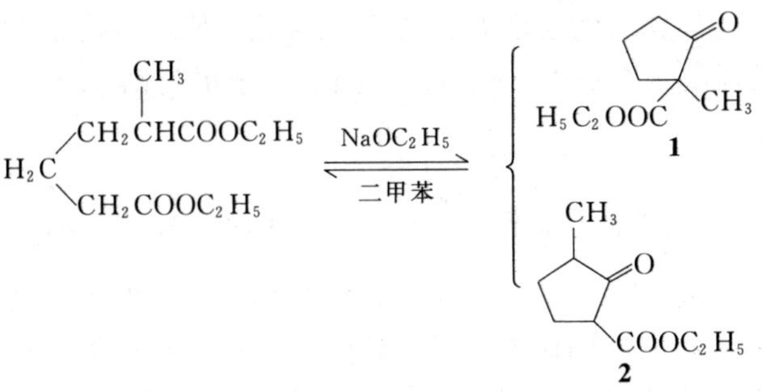

酮的 $\alpha-H$ 比酯的 $\alpha-H$ 活泼，酮与酯缩合时得到 $\beta$-羰基酮。常用甲基酮和酯在乙醇钠的作用下进行反应。例如：

$$CH_3\overset{O}{\overset{\|}{C}}CH_3 + C_2H_5O^- \rightleftharpoons CH_3\overset{O}{\overset{\|}{C}}CH_2^- + C_2H_5OH$$

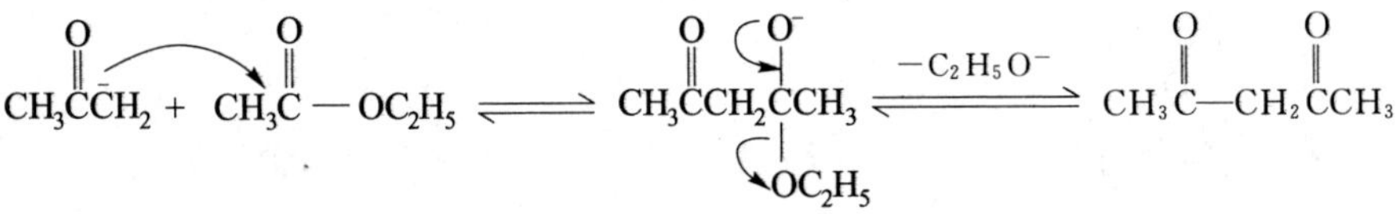

思考题 11－13　下列哪种酯能发生 Claisen 酯缩合反应？请解释。

(1) $HCOOCH_3$　　(2) $CH_2{=}CHCOOCH_3$　　(3) $CH_3CH_2COOCH_3$

### 11.8.5 还原反应

羧酸衍生物(除酰胺外)还原较羧酸容易，常用的方法有 $LiAlH_4$ 还原及催化加氢还原，酰卤、酸酐、酯还原为伯醇，酰胺还原为相应的胺。

$$RCOCl \xrightarrow{LiAlH_4} \xrightarrow{H_2O, H^+} RCH_2OH$$

若使用活性低的还原剂，可把羧酸衍生物选择性地还原成相应的醛。

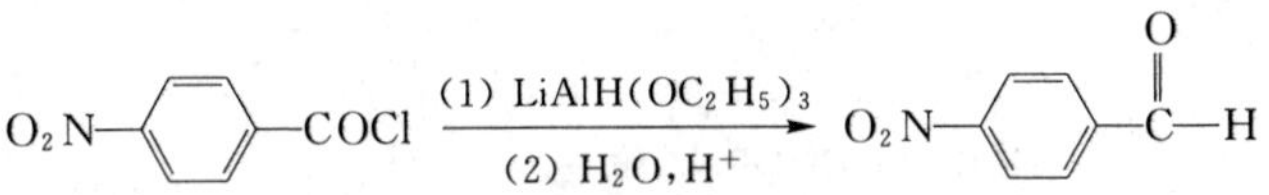

酰卤催化加氢时，若使用部分中毒的催化剂，可使还原反应停止在产物醛的阶段。在 $H_2/Pd$ 催化体系中加入一些喹啉－硫，使催化剂部分中毒而降低活性，避免进一步还原，这个反应被称为罗森蒙德(Rosenmund K W)还原法。例如：

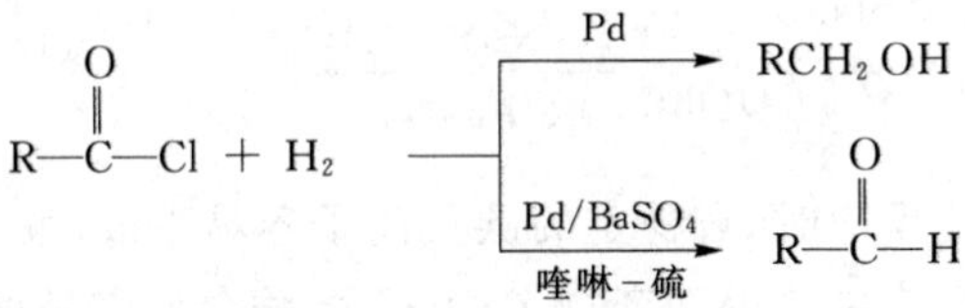

酸酐还原可生成醇，耗用过量的 $LiAlH_4$ 还原剂，合成意义不大。

酯与金属钠在乙醇中加热回流，酯可以被还原成醇，这个反应被称为鲍维特（Bouveault L）-勃朗克（Blanc G）反应。还原羰基时可以保留碳碳双键。工业上用这一反应生产不饱和醇。

$$CH_3(CH_2)_7CH=CH(CH_2)_7COOC_2H_5 \xrightarrow{Na/C_2H_5OH} CH_3(CH_2)_7CH=CH(CH_2)_7CH_2OH$$

酰胺还原生成胺，反应相对较难。

思考题 11-14  环酯，如丁内酯，用 $LiAlH_4$ 还原，再用 $H_3O^+$ 处理，得到什么产物？

## 11.9 羧酸衍生物的制备

酰氯是酰卤中最重要的化合物。可以由羧酸与三氯化磷（方法Ⅰ）、五氯化磷（方法Ⅱ）或亚硫酰氯[二氯亚砜（方法Ⅲ）]制得。

$$CH_3CH_2COOH \xrightarrow[\text{或}PCl_5]{PCl_3} CH_3CH_2\overset{O}{\overset{\|}{C}}-Cl + H_3PO_4(POCl_3) \quad (200\ ℃分解)$$

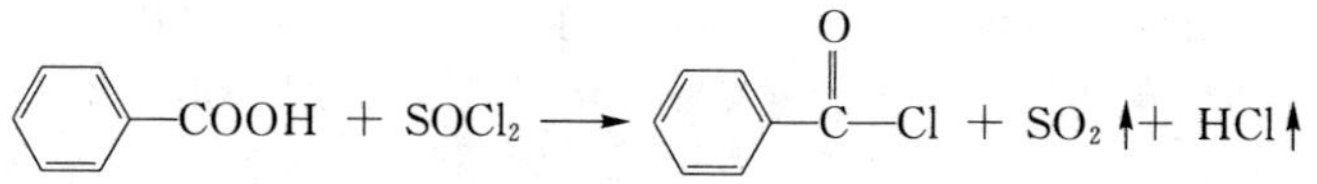

由于酰氯容易水解，所以产物不可以用水洗。可以利用沸点差异来分离产物：用方法Ⅰ来制备低沸点的酰氯，如乙酰氯、丙酰氯，产物可蒸馏分离；高沸点的酰氯用方法Ⅱ来制备，用蒸除副产物 $POCl_3$ 的方法分离产物；方法Ⅲ的副产物都是气体，产物纯净。

两分子羧酸脱水生成酸酐：

$$R-\overset{O}{\overset{\|}{C}}-OH + R-\overset{O}{\overset{\|}{C}}-OH \xrightarrow{P_2O_5} R-\overset{O}{\overset{\|}{C}}-O-\overset{O}{\overset{\|}{C}}-R + H_2O$$

但混酐常用酰卤与干燥的羧酸钠盐反应制备。

$$R-\overset{O}{\overset{\|}{C}}-Cl + NaOCR' \xrightarrow{\triangle} R-\overset{O}{\overset{\|}{C}}-O-\overset{O}{\overset{\|}{C}}-R' + NaCl$$

二元羧酸加热脱水，可以形成环状的酸酐，五元或六元环较易生成。

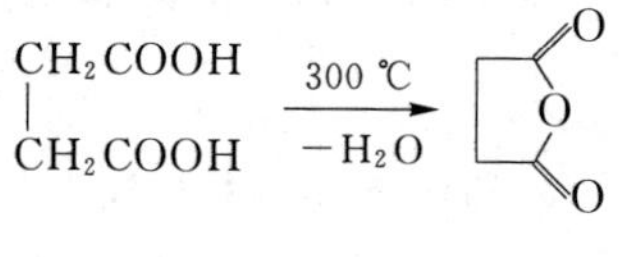

$$\begin{array}{c} CH_2COOH \\ | \\ CH_2COOH \end{array} \xrightarrow[-H_2O]{300\ ℃} \text{（环酐）}$$

高级酸酐，常用乙酰氯或乙酸酐与相应的羧酸反应加热转换得到。乙酸酐实际上起到脱水剂的作用，乙酸在平衡体系中蒸馏除去，所以反应适合于制备较高沸点的酸酐。

$$\langle\!\!\!\bigcirc\!\!\!\rangle\!\!-\!COOH \xrightarrow[\text{H}_3\text{PO}_4]{(CH_3CO)_2O} (\langle\!\!\!\bigcirc\!\!\!\rangle\!\!-\!CO)_2O + CH_3COOH$$

前已述及,羧酸与醇的反应是制备酯最常用的方法,因反应是可逆的,需要采用一些方法提高酯的产率。酰卤或酸酐的醇解反应、酯交换反应、羧酸盐与卤代烷的反应、重氮甲烷与羧酸的反应都是生成酯的方法。

前面讨论的羧酸衍生物的氨解反应,是制备各类酰胺的常用方法。

**思考题 11-15** **试由对羟基苯胺合成药物泰诺林的有效成分对乙酰氨基酚。**

## 11.10 碳酸衍生物

碳酸在结构上可以看成羟基甲酸,是一个双羟基的二元羧酸。碳酸不稳定,它的羟基被取代后的产物称为碳酸衍生物。它的一个羟基被取代的结构仍不稳定,两个羟基都被取代后得到的衍生物有比较重要的应用。

$$\underset{\text{碳酰氯(光气)}}{\overset{\displaystyle O}{\underset{\displaystyle \|}{Cl-C-Cl}}} \qquad \underset{\text{碳酸酯}}{\overset{\displaystyle O}{\underset{\displaystyle \|}{RO-C-OR}}} \qquad \underset{\text{碳酰胺(尿素)}}{\overset{\displaystyle O}{\underset{\displaystyle \|}{NH_2-C-NH_2}}} \qquad \underset{\text{氯甲酸酯}}{\overset{\displaystyle O}{\underset{\displaystyle \|}{Cl-C-OR}}} \qquad \underset{\text{氨基甲酸酯}}{\overset{\displaystyle O}{\underset{\displaystyle \|}{H_2N-C-OR}}}$$

### 11.10.1 碳酰氯

碳酰氯,也称光气,沸点 8.3 ℃,极毒,溶于苯、甲苯,可以由一氧化碳和氯气在日光照射下反应得到。工业上用活性炭作催化剂,等体积一氧化碳和氯气加热至 200 ℃ 得到。

光气的性质活泼,是有机合成的重要原料。它具有酰氯的一般特性,可发生水解、醇解、氨解反应。

### 11.10.2 碳酰胺

碳酰胺俗称尿素或脲,存在于动物的尿液中。它是菱形或针状晶体,熔点 132.4 ℃,易溶于醇和水,不溶于醚。工业上用二氧化碳和过量的氨在加热、加压($\sim$180 ℃,14$\sim$20 MPa)下生产。碳酰胺具有一般酰胺的性质。在碱性或酸性水溶液中加热可水解放出氨,故可作为氮肥使用。在尿素酶催化下,常温时即可反应。

碳酰胺与次卤酸钠或亚硝酸反应,放出氮气。前者反应定量,用于测定尿液中尿素的含量,后者用于破坏反应体系中的亚硝酸及氮氧化物。

$$\underset{\quad}{\overset{\displaystyle O}{\underset{\displaystyle \|}{NH_2CNH_2}}} + 3NaOBr \longrightarrow CO_2\uparrow + N_2\uparrow + 2H_2O + 3NaBr$$

$$\underset{\quad}{\overset{\displaystyle O}{\underset{\displaystyle \|}{NH_2-C-NH_2}}} + 2HONO \longrightarrow 2N_2\uparrow + CO_2\uparrow + 3H_2O$$

固体尿素慢慢加热至 190 ℃ 左右,两分子尿素脱去一分子氨生成缩二脲。

$$NH_2\overset{O}{\overset{\|}{C}}NH_2 + \boxed{H}\overset{}{\underset{}{\overset{O}{\overset{\|}{N}}HCNH_2}} \xrightarrow[\triangle]{\sim190\ ^\circ C} NH_2\overset{O}{\overset{\|}{C}}-NH-\overset{O}{\overset{\|}{C}}NH_2 + NH_3$$

缩二脲与碱及少量硫酸铜溶液反应呈紫红色,称为**缩二脲反应**。凡分子结构中含有两个以上—CO—NH— 基团的化合物均发生此反应。

脲与酰氯、酸酐、酯作用生成相应的酰脲。

$$NH_2CONH_2 \xrightarrow{(CH_3CO)_2O} CH_3\overset{O}{\overset{\|}{C}}-NHCONH_2 \xrightarrow{(CH_3CO)_2O} CH_3\overset{O}{\overset{\|}{C}}-NHCONH-\overset{O}{\overset{\|}{C}}CH_3$$

尿素是重要的化工原料。可用于制备尿素甲醛塑料及合成药物,如巴比妥酸类药物。

$$\begin{matrix} H_5C_2 & COOC_2H_5 \\ & C \\ H_5C_2 & COOC_2H_5 \end{matrix} + \begin{matrix} H_2N \\ \\ H_2N \end{matrix}C=O \xrightarrow[\text{缩合}]{C_2H_5ONa} \text{[巴比妥酸环状结构]} + 2C_2H_5OH$$

二乙基巴比妥酸
(Veronal,佛罗那)

巴比妥酸的衍生物是一类镇静安眠的药物,在 20 世纪初期(1903 年)便作为药物应用。

### 11.10.3 氨基甲酸酯

$$H_2N-\overset{O}{\overset{\|}{C}}-OR \qquad\qquad R'NH\overset{O}{\overset{\|}{C}}-OR$$

氨基甲酸酯                  N–取代氨基甲酸酯

氨基甲酸酯是一类重要的化合物,可以由氯代甲酸酯和氨反应制备。

$$RO-\overset{O}{\overset{\|}{C}}-Cl \xrightarrow{2NH_3} RO\overset{O}{\overset{\|}{C}}NH_2 + NH_4Cl$$

也可以由异腈酸酯和醇制备。氰酸、异氰酸和异氰酸酯都可以看成羧酸的衍生物。

异氰酸酯是一类很活泼的化合物,遇水立即反应生成氨基甲酸,与氨生成取代脲,与醇则生成氨基甲酸酯。

$$R-N=C=O + H_2O \longrightarrow RNHCOOH$$
$$R-N=C=O + R'NH_2 \longrightarrow RNHCONHR'$$
$$R'N=C=O + ROH \longrightarrow R'NH\overset{O}{\overset{\|}{C}}-OR$$

尿素在醇溶液中加热,也可以生成氨基甲酸酯。尿素先脱氨生成中间体异氰酸,立即与醇加成得氨基甲酸酯。

$$H_2NCONH_2 \xrightarrow[\triangle]{-NH_3} [HN{=}C{=}O] \xrightarrow{ROH} H_2NCO_2R$$

### 11.10.4　原甲酸酯

同一碳原子上的三元醇 $RC(OH)_3$ 称为原酸，其烷基衍生物 $RC(OR')_3$ 称为原酸酯。

$$\underset{\text{原酸}}{\overset{\displaystyle OH}{\underset{\displaystyle OH}{R-C-OH}}} \qquad \underset{\text{原酸酯}}{\overset{\displaystyle OR'}{\underset{\displaystyle OR'}{R-C-OR'}}}$$

## 11.11　油脂及蜡

选读内容：油脂及蜡

## 11.12　$\beta$-二羰基化合物

结构中有两个羰基，且被一个亚甲基（—$CH_2$—）相隔的化合物，称为 $\beta$-二羰基化合物（$\beta$-dicarbonyl compound），也叫做 1,3-二羰基化合物。

$\beta$-二羰基化合物主要包括 $\beta$-二酮（$\beta$-diketone）、$\beta$-羰基酸（$\beta$-ketoacid）及其酯、$\beta$-二元羧酸及其酯等。例如：

$$\underset{\substack{\text{乙酰丙酮}\\(\text{戊}-2,4-\text{二酮})}}{CH_3\overset{O}{\overset{\|}{C}}CH_2\overset{O}{\overset{\|}{C}}CH_3} \qquad \underset{\substack{\text{乙酰乙酸乙酯}\\(\beta-\text{丁酮酸酯})}}{CH_3\overset{O}{\overset{\|}{C}}CH_2\overset{O}{\overset{\|}{C}}OC_2H_5} \qquad \underset{\text{丙二酸二乙酯}}{C_2H_5O\overset{O}{\overset{\|}{C}}CH_2\overset{O}{\overset{\|}{C}}OC_2H_5}$$

$\beta$-二羰基化合物中处于两个羰基之间的亚甲基上的 $\alpha$-氢原子由于受到相邻两个羰基吸电子效应的影响，而有较强的酸性，其涉及的反应在有机合成中有着非常重要的作用。

### 11.12.1　$\beta$-二羰基化合物烯醇负离子的稳定性

乙酰乙酸乙酯可以与亚硫酸氢钠、氢氰酸及其他羰基试剂发生加成反应，说明分子中存在羰基；但它同时还可以使溴的四氯化碳溶液褪色，与金属钠或醇钠反应生成盐，尤其是能使三氯化铁溶液显色，似乎说明分子中存在烯醇型结构。

$$CH_3CCH_2COC_2H_5 \underset{\text{室温}}{\rightleftharpoons} CH_3-C=CH-C-OC_2H_5$$

**实验视频：**
乙酰乙酸乙
酯与溴水反应

对于单羰基化合物,达到平衡时,因烯醇式不稳定,其含量微乎其微。但对于$\beta$-羰基及类似结构的化合物,烯醇式相对稳定,其含量并不少。

物理方法和化学方法都已证明了乙酰乙酸乙酯中的酮式-烯醇式互变异构平衡体系的存在,但两者在常温时互变的速率很快。低温时,两者互变速率较慢,可以通过一定的方法得到酮式的结晶或纯粹的烯醇。后来发现用石英器皿经蒸馏也可以将它们分开。酮式、烯醇式平衡混合物可以在红外光谱、核磁共振谱及紫外光谱上容易地予以鉴别。

**实验视频：**
乙酰乙酸乙
酯与三氯化
铁的显色反应

从结构上看$\beta$-二羰基化合物比较容易生成相应的烯醇式异构体。$\beta$-二羰基化合物的烯醇式中碳碳双键、酯基处于共轭位置,形成稳定的共轭体系。另一方面,烯醇式可以通过分子内氢键,形成一个较稳定的六元闭合环使体系能量降低。例如,乙酰乙酸乙酯在室温时就是以92.5%的酮式和7.5%的烯醇式的混合物存在的。

$$CH_3-C-CH_2-C-OC_2H_5 \rightleftharpoons CH_3-C=CH-C-OC_2H_5$$

典型的$\beta$-二羰基化合物如乙酰乙酸乙酯、丙二酸二乙酯等可以与金属钠或醇钠等碱生成稳定的盐。其中处于两个羰基中间的$\alpha$-H的酸性较强,$pK_a$分别为11和13,比简单的醛、酮(丙酮$pK_a \sim 20$)和酯(乙酸乙酯$pK_a \sim 20$)的酸性大得多,也比醇及水分子的酸性强。

$\beta$-二羰基化合物较强的酸性可以归结为它的共轭碱——碳负离子或烯醇负离子的稳定性。仍以乙酰乙酸乙酯为例,相对稳定的碳负离子上的负电荷可以离域分散到左右两个羰基上,负离子共轭体系的存在,使活性亚甲基化合物具有酸性,能与碱作用生成盐。

$$CH_3CCHCOC_2H_5 \longleftrightarrow CH_3C=CHCOC_2H_5 \longleftrightarrow CH_3CCH=COC_2H_5$$

值得注意的是,在碱作用下产生的碳负离子具有强的亲核性,可以与卤代烃、酰卤、羰基化合物等发生各类亲核反应。

特别是乙酰乙酸乙酯和丙二酸二乙酯的碳负离子与卤代烃、酰卤反应,分别在活性亚甲基上引入烃基、酰基等,这些产物经水解、加热分解后可以得到增长碳链的甲基酮和取代乙酸。这便是在有机合成中有着很多用途的 **乙酰乙酸乙酯合成法** (acetoacetic ester synthesis)、**丙二酸酯合成法**(malonic ester synthesis)。

**思考题 11-16**　用化学方法鉴别下列化合物。

$$(1)\ CH_3CCH_2CCH_3 \qquad (2)\ CH_3CCH_3 \qquad (3)\ CH_3CHCH_3$$

### 11.12.2  乙酰乙酸乙酯在合成中的应用

乙酰乙酸乙酯,沸点 180.4 ℃,是无色具有水果香味的液体。由乙酸乙酯在醇钠作用下经 Claisen 酯缩合反应而得(参见 11.8.4)。工业上大多用二乙烯酮与乙醇加成制得。乙酰乙酸乙酯在合成上有很好的应用,特别是用于制备取代的甲基酮 $RCH_2COCH_3$

反应基于下列两点:第一,乙酰乙酸乙酯亚甲基上的氢有相当的酸性,在碱作用下产生的碳负离子具有强的亲核性;第二,相应的 $\beta$-羰基酸易于脱羧。

以乙酰乙酸乙酯与卤代烃的反应为例:

$$CH_3C\text{-}CH_2\text{-}COC_2H_5 + C_2H_5\overset{-}{O}\overset{+}{N}a \rightleftharpoons [CH_3C\text{-}\overset{-}{C}H\text{-}COC_2H_5]Na^+ + C_2H_5OH$$

$$\downarrow RX$$

$$CH_3C\text{-}CH\text{-}COC_2H_5 + NaX$$
$$\underset{R}{|}$$

碳负离子与卤代烃的作用通常为 $S_N2$ 反应机理的烃基化反应。伯卤代烃(包括烯丙基、苄基卤代烃)、甲基卤代烃较易进行,仲卤代烃产率较低,叔卤代烃基本不反应。

反应后亚甲基上仍有一个氢原子,如果需要,可以继续反应,将它取代生成二取代的乙酰乙酸乙酯。通常一取代烃基的存在使亚甲基上氢的酸性减小,所以第二个烃基取代的时候要用比乙醇钠强一些的碱。若两个烃基不一样,原则上先引入较难的空间位阻大的烃基,利于后续反应的顺利进行。

$$CH_3C\text{-}CH\text{-}COC_2H_5 + (CH_3)_3COK \rightleftharpoons CH_3C\text{-}\overset{-}{C}\text{-}COC_2H_5 + (CH_3)_3COH$$
$$\underset{R}{|} \qquad\qquad\qquad\qquad \underset{R}{|}$$

$$\downarrow R'X$$

$$CH_3C\text{-}\overset{R'}{\underset{R}{C}}\text{-}COC_2H_5 + KX$$

反应可以停留在第一步,得到一取代产物。将反应混合物依次在稀碱条件下水解、酸化,可生成 $\beta$-羰基酸。将 $\beta$-羰基酸在 100 ℃加热回流,可脱羧得到**取代丙酮**:

$$CH_3C\text{-}CH\text{-}COC_2H_5 \xrightarrow{稀KOH} CH_3C\text{-}CH\text{-}C\text{-}\overset{-}{O}\overset{+}{K} \xrightarrow{H_3O^+} CH_3C\text{-}CH\text{-}COH$$
$$\underset{R}{|} \qquad\qquad\qquad \underset{R}{|} \qquad\qquad\qquad \underset{R}{|}$$

$$\xrightarrow[100\ ℃]{} CH_3C\text{-}CH_2\text{-}R + CO_2$$

以上分解脱羧的方式称为酮式分解。$\beta$-羰基酸酯也可以在浓碱溶液中发生酸式分解生成取代乙酸：

$$CH_3\overset{O}{\underset{}{C}}-\underset{R}{CH}-\overset{O}{\underset{}{C}}OC_2H_5 \xrightarrow{40\% \text{ NaOH}} CH_3COO^- + RCH_2COO^- + C_2H_5OH$$

$$\xrightarrow{H^+} RCH_2COOH$$

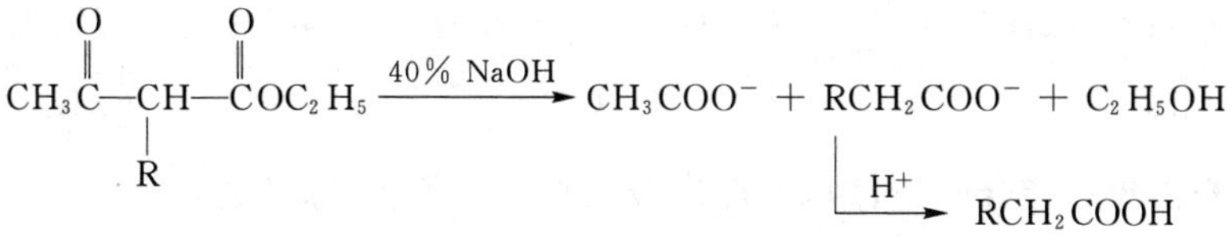

反应过程：

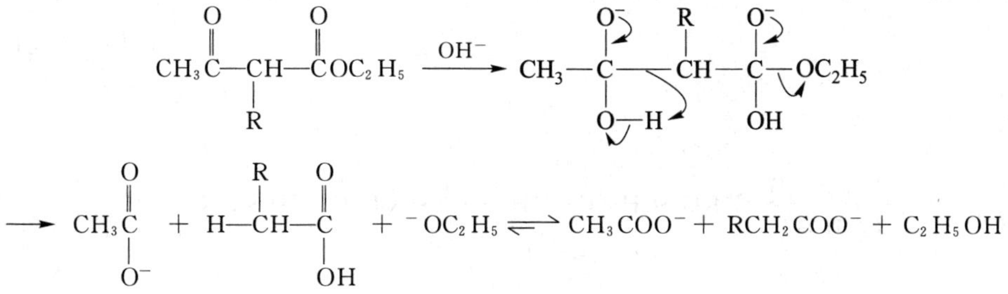

在产物中，酮式分解得到的母体丙酮或酸式分解得到的母体乙酸来自乙酰乙酸乙酯，烃基部分来自引入的基团。

采用乙酰乙酸乙酯在浓碱溶液中进行酸式分解生成取代乙酸时，往往伴随发生酮式分解，所以并不常用该方法合成取代乙酸。取代乙酸常采用丙二酸酯方法合成（参见 11.12.3）。

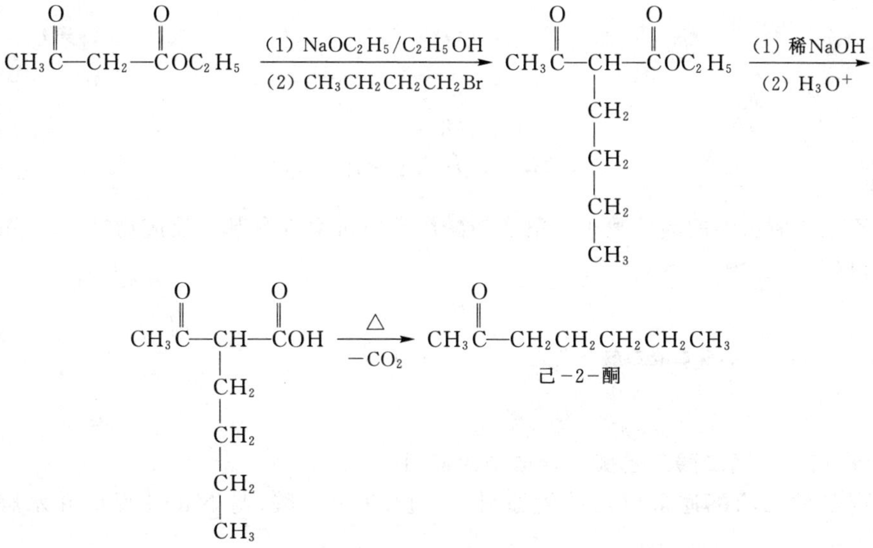

经过两次烃基化，乙酰乙酸乙酯的反应也可合成二取代丙酮。

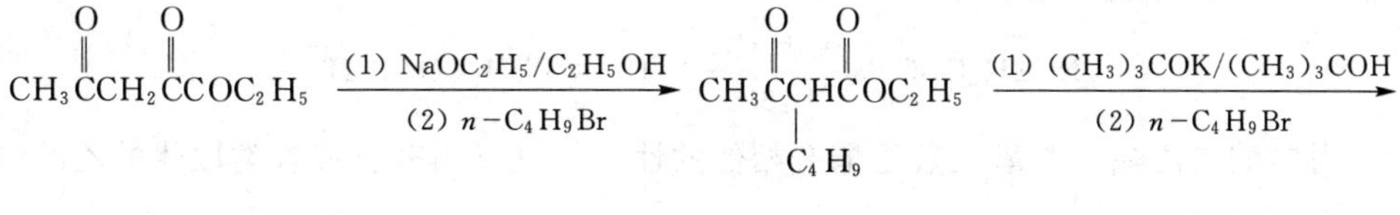

$$
\underset{\substack{\text{O (CH}_2)_3 \\ \text{CH}_3\text{C}-\text{C}-\text{COOC}_2\text{H}_5 \\ \text{C}_4\text{H}_9}}{\overset{\text{CH}_3}{}} \xrightarrow[\text{(2) H}_3\text{O}^+]{\text{(1) 稀NaOH}} \underset{\substack{\text{O (CH}_2)_3 \\ \text{CH}_3\text{C}-\text{C}-\text{COOH} \\ \text{C}_4\text{H}_9}}{\overset{\text{CH}_3}{}} \xrightarrow[\triangle]{-\text{CO}_2} \underset{\substack{\text{O} \\ \text{CH}_3\text{C}-\text{CH(CH}_2)_3\text{CH}_3 \\ \text{C}_4\text{H}_9}}{}
$$

在乙酰乙酸乙酯合成中,用 $\alpha$-卤代酸酯则可得到 $\gamma$-羧基酸:

$$
\underset{\substack{\text{O O} \\ \text{CH}_3\text{CCH}_2\text{COC}_2\text{H}_5}}{} \xrightarrow{\text{C}_2\text{H}_5\text{ONa}} \underset{\substack{\text{O O} \\ \text{CH}_3\text{C}-\bar{\text{C}}\text{H}-\text{COC}_2\text{H}_5}}{} \xrightarrow{\text{BrCH}_2\overset{\text{O}}{\text{C}}-\text{OC}_2\text{H}_5} \underset{\substack{\text{O O} \\ \text{CH}_3\text{C}-\text{CH}-\text{C}-\text{OC}_2\text{H}_5 \\ \text{CH}_2\text{C}-\text{OC}_2\text{H}_5 \\ \text{O}}}{}
$$

$$
\xrightarrow[\text{(2) H}_3\text{O}^+]{\text{(1) 稀NaOH}} \underset{\substack{\text{O O} \\ \text{CH}_3\text{C}-\text{CH}-\text{C}-\text{OH} \\ \text{CH}_2\text{C}-\text{OH} \\ \text{O}}}{} \xrightarrow[\triangle]{-\text{CO}_2} \underset{\substack{\text{O O} \\ \text{CH}_3\text{C}-\text{CH}_2\text{CH}_2\text{C}-\text{OH}}}{}
$$

用 $\alpha$-卤代酮则可得到 $\gamma$-二酮。

$$
\underset{\substack{\text{O O} \\ \text{CH}_3\text{CCHCOC}_2\text{H}_5}}{} \xrightarrow{\underset{\text{O}}{\overset{\text{BrCH}_2\text{CR}}{}}} \underset{\substack{\text{O O} \\ \text{CH}_3\text{C}-\text{CH}-\text{C}-\text{OC}_2\text{H}_5 \\ \text{CH}_2 \\ \text{C}=\text{O} \\ \text{R}}}{} \xrightarrow[\text{(2) H}_3\text{O}^+]{\text{(1) 稀NaOH}} \underset{\substack{\text{O O} \\ \text{CH}_3\text{C}-\text{CH}-\text{C}-\text{OH} \\ \text{CH}_2 \\ \text{C}=\text{O} \\ \text{R}}}{}
$$

$$
\xrightarrow{-\text{CO}_2} \underset{\substack{\text{O} \qquad\quad \text{O} \\ \text{CH}_3\text{C}-\text{CH}_2\text{CH}_2\text{C}-\text{R}}}{}
$$

乙酰乙酸乙酯的碳负离子与酰卤或酸酐反应可引入酰基。反应物经水解、酸化后可以得到 $\beta$-二酮。

思考题 11-17 由乙酰乙酸乙酯合成 ⬡ 环戊基 $\overset{\text{O}}{\text{C}}-\text{CH}_3$ 。

## 11.12.3 丙二酸二乙酯在合成中的应用

丙二酸二乙酯通常以乙酸为原料,经过 $\alpha$-卤代酸,与 NaCN 反应并水解酯化而得。

$$
\text{CH}_3\text{COOH} \xrightarrow{\text{Cl}_2,\text{P}} \text{ClCH}_2\text{COOH} \xrightarrow{\text{NaOH}} \text{ClCH}_2\text{COONa} \xrightarrow{\text{NaCN}}
$$

$$
\text{NCCH}_2\text{COONa} \xrightarrow[\text{H}_2\text{SO}_4]{\text{C}_2\text{H}_5\text{OH}} \text{C}_2\text{H}_5\text{OOCCH}_2\text{COOC}_2\text{H}_5
$$

丙二酸二乙酯同乙酰乙酸乙酯有相似的性质。可以用来合成各类取代的乙酸,在有机合成中称为丙二酸酯法。丙二酸酯法的步骤与乙酰乙酸乙酯有些相似。第一步，丙二酸二乙酯在碱作用下生成相对稳定的碳负离子：

$$
\begin{array}{c}
\underset{\substack{|\\COC_2H_5\\O}}{\overset{\substack{O\\||\\COC_2H_5}}{CH_2}} + C_2H_5O^- \rightleftharpoons \left[ \ ^-CH \quad \longleftrightarrow \quad CH \quad \longleftrightarrow \quad CH \ \right] + C_2H_5OH
\end{array}
$$

第二步，与卤代烃作用，使碳负离子烃基化：

$$[H\overset{..}{C}(COOC_2H_5)_2]Na^+ + R-X \longrightarrow R-CH(COOC_2H_5)_2 + NaX$$

如果合成需要的话，以上产物可以进一步烃基化：

$$RCH(COOC_2H_5)_2 \underset{\overbrace{\hspace{1.5cm}}}{\overset{(CH_3)_3CO^-Na^+}{\rightleftharpoons}} [R-\overset{..}{C}(COOC_2H_5)_2]Na^+ \overset{R'-X}{\longrightarrow} R-\underset{R'}{\overset{|}{C}}(COOC_2H_5)_2 + NaX$$

第三步，碱性水解、酸化后得到取代的丙二酸，加热脱羧后即得到相应的取代乙酸：

$$
R-\underset{\substack{|\\COC_2H_5\\||\\O}}{\overset{\substack{O\\||\\COC_2H_5}}{CH}} \xrightarrow[\text{(2) } H_3O^+]{\text{(1) } OH^-/H_2O} RCH \overset{\substack{O\\||\\C-OH\\C-OH\\||\\O}}{} \xrightarrow[\triangle]{-CO_2} RCH_2COOH
$$

$$R-\underset{R'}{\overset{|}{C}}(COOC_2H_5)_2 \xrightarrow[\text{(2) } H_3O^+]{\text{(1) } OH^-/H_2O} R-\underset{R'}{\overset{|}{C}}(COOH)_2 \xrightarrow[\triangle]{-CO_2} R-\underset{R'}{\overset{|}{CH}}COOH$$

$$H_2C(COOC_2H_5)_2 \xrightarrow[\text{(2) } CH_3CH_2CH_2CH_2Br]{\text{(1) } NaOC_2H_5} CH_3CH_2CH_2CH_2CH(COOC_2H_5)_2$$

$$\xrightarrow[\text{(2) } H_3O^+, \text{回流}]{\text{(1) 稀}OH^-, \text{回流}} CH_3CH_2CH_2CH_2CH_2COOH$$

$$H_2C(COOC_2H_5)_2 \xrightarrow[\text{(2) } CH_3CH_2CH_2Br]{\text{(1) } NaOC_2H_5} CH_3CH_2CH_2CH(COOC_2H_5)_2$$

$$\xrightarrow[\text{(2) } CH_3CH_2I]{\text{(1) } NaOC(CH_3)_3} \underset{H_3CH_2CH_2C}{\overset{H_3CH_2C}{>}}C(COOC_2H_5)_2$$

$$\xrightarrow[\text{(2) } H_3O^+]{\text{(1) } OH^-/H_2O} \underset{H_3CH_2CH_2C}{\overset{H_3CH_2C}{>}}C(COOH)_2 \xrightarrow{\triangle} CH_3CH_2CH_2\underset{CH_2CH_3}{\overset{|}{CH}}COOH$$

产物中母体乙酸来自丙二酸二乙酯，烃基部分为引入的基团。

运用丙二酸酯法,可以得到不同的乙酸衍生物。如用二卤代烃与两倍物质的量的丙二酸二乙酯钠盐反应,在卤代烃上发生两次亲核取代,生成的四元羧酸酯中间体经水解、脱羧,可以得到二元羧酸。

$$CH_2I_2 + 2[\overline{C}H(COOC_2H_5)_2]Na^+ \xrightarrow[(-2NaI)]{} (C_2H_5OCO)_2CHCH_2CH(COOC_2H_5)_2$$

$$\xrightarrow[(2)\ \triangle,\ -CO_2]{(1)\ HCl/H_2O} HOOCCH_2CH_2CH_2COOH + 2C_2H_5OH$$

通过丙二酸酯法,还可以制备环烃的羧酸衍生物。

$$Na^+[\overline{H}\overline{C}(COOC_2H_5)_2] + BrCH_2CH_2CH_2Br \xrightarrow[-NaBr]{} BrCH_2CH_2CH_2CH(COOC_2H_5)_2$$

$$\xrightarrow{NaOC_2H_5} H_2C \underset{CH_2}{\overset{CH_2}{\diagdown}} C(COOC_2H_5)_2 \xrightarrow[(2)\ -CO_2]{(1)\ 水解} \diamondsuit-COOH$$

**思考题 11-18** 由丙二酸二乙酯合成 $CH_2=CHCH_2\underset{CH_3}{\overset{|}{CH}}COOH$。

### 11.12.4 其他活性亚甲基化合物的反应

由于亚甲基上的氢原子具有酸性,所以丙二酸二乙酯、乙酰乙酸乙酯,以及具有类似结构的化合物被称为"活性亚甲基化合物"。一般来讲,活性亚甲基化合物的亚甲基上会同时连有两个吸电子的基团$[Z(CH_2)Z']$,它们的共同影响使亚甲基上的氢的酸性增大。吸电子基团 Z 和 Z' 可以是:$-\overset{O}{\overset{\|}{C}}R$,$-\overset{O}{\overset{\|}{C}}H$,$-\overset{O}{\overset{\|}{C}}OR$,$-\overset{O}{\overset{\|}{C}}NR_2$,$-C\equiv N$,$-NO_2$,$-\overset{O}{\underset{O}{\overset{\|}{\underset{\|}{S}}}}R$,$-\overset{O}{\underset{O}{\overset{\|}{\underset{\|}{S}}}}R$,$-\overset{O}{\underset{O}{\overset{\|}{\underset{\|}{S}}}}OR$,$-\overset{O}{\underset{O}{\overset{\|}{\underset{\|}{S}}}}NR_2$ 等。例如,氰基乙酸酯与碱作用生成一个共轭稳定的负离子:

$$:N\equiv C-CH_2\overset{O}{\overset{\|}{C}}OC_2H_5 \xrightarrow[-H^+]{碱}$$

$$\left[:N\equiv C-\overline{C}H-\overset{O}{\overset{\|}{C}}OC_2H_5 \longleftrightarrow :\overline{\overset{..}{N}}=C=CH-\overset{O}{\overset{\|}{C}}OC_2H_5 \longleftrightarrow :N\equiv C-CH=\overset{O^-}{C}OC_2H_5\right]$$

这个碳负离子或烯醇负离子可以与卤代烃作用发生亲核取代。例如:

$$CH_3CH_2I + NC-CH_2COOC_2H_5 \xrightarrow[C_2H_5OH]{C_2H_5Na} CH_3CH_2\underset{CN}{\overset{|}{CH}}COOC_2H_5$$

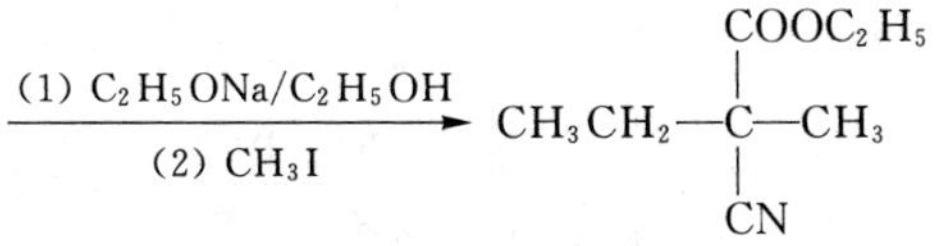

$$\xrightarrow[\text{(2) CH}_3\text{I}]{\text{(1) C}_2\text{H}_5\text{ONa/C}_2\text{H}_5\text{OH}} \text{CH}_3\text{CH}_2-\overset{\overset{\displaystyle\text{COOC}_2\text{H}_5}{|}}{\underset{\underset{\displaystyle\text{CN}}{|}}{\text{C}}}-\text{CH}_3$$

### 11.12.5 Knoevenagel 反应

活性亚甲基化合物与醛、酮化合物发生的缩合反应称为克恼文格尔 (Knoevenagel)反应。反应是活性亚甲基化合物在弱碱性催化剂下生成的碳负离子与羰基进行的加成并脱水。例如：

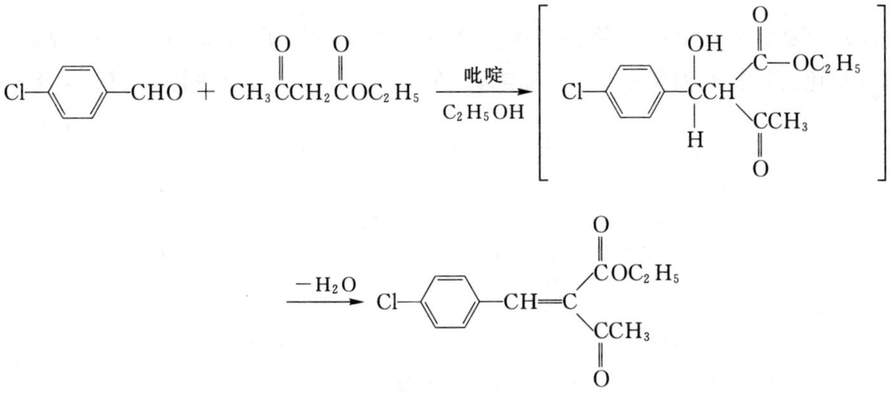

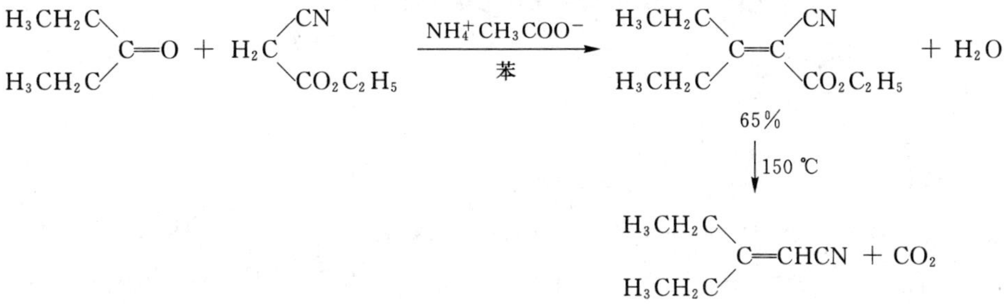

反应常在弱碱性的吡啶、胺类等化合物中进行,且活性亚甲基上氢原子的活性超过了醛、酮,避免醛、酮的自身缩合副反应。Knoevenagel 缩合反应与羟醛缩合反应的机理相似。

**思考题 11-19** *写出反应的产物。*

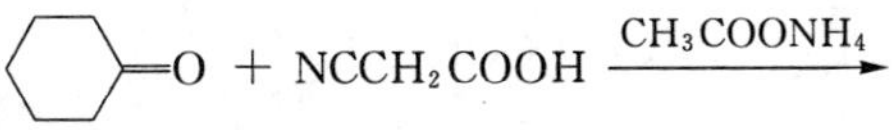

### 11.12.6 Michael 加成反应

活性亚甲基化合物在碱催化下可以与 $\alpha,\beta$-不饱和羰基化合物发生共轭的 1,4-加成,即迈克尔(Michael)加成反应。例如：

$$CH_3C(CH_3)=CHCOC_2H_5 \ + \ H_2C(COC_2H_5)(COC_2H_5) \xrightarrow[C_2H_5OH,25\ ℃]{C_2H_5\overset{-}{O}Na^+} CH_3\overset{CH_3}{\underset{CH(CO_2C_2H_5)_2}{C}}-CH_2COC_2H_5$$

$$\text{(环己烯酮)} + CH_3COCH_2COOC_2H_5 \xrightarrow[\text{(2) } CH_3COOH]{\text{(1) } C_2H_5ONa} \text{(3-取代环己酮)}\underset{COCH_3}{\overset{}{CHCOOC_2H_5}}$$

反应过程为活性亚甲基化合物在碱性条件下生成碳负离子,而后碳负离子对 $\alpha,\beta-$不饱和羰基化合物进行共轭的 1,4-加成,产生烯醇式结构,再重排形成酮式结构产物:

$$C_2H_5O^- + H-\underset{COOC_2H_5}{\overset{COC_2H_5}{CH}} \rightleftharpoons C_2H_5OH + {}^-\underset{COOC_2H_5}{\overset{COC_2H_5}{CH}}$$

$$H_5C_2OC(O)\underset{H_5C_2OC(O)}{\overset{}{\bar{C}H}} + CH_3-C(CH_3)=CH-C(O)-OC_2H_5$$

$$\left[ CH_3\underset{\underset{OC_2H_5}{C=O}}{\overset{CH_3}{\underset{\underset{O=C}{CH}}{C}}}-CH=C(O^-)-OC_2H_5 \ \longleftrightarrow \ CH_3\underset{\underset{OC_2H_5}{C=O}}{\overset{CH_3}{\underset{\underset{O=C}{CH}}{C}}}-{}^-CH-C(O)-OC_2H_5 \right] \xrightarrow{H^+} CH_3\underset{CH(COOC_2H_5)_2}{\overset{CH_3}{C}}-CH_2-C(O)-OC_2H_5$$

共轭加成得到的产物,经水解、加热脱羧,最后可以得到 1,5-二羰基化合物。

$$CH_3\underset{CH(CO_2C_2H_5)_2}{\overset{CH_3}{C}}-CH_2COC_2H_5 \xrightarrow[\triangle]{H_3O^+} CH_3\underset{CH_2COOH}{\overset{CH_3}{C}}-CH_2COOH$$

$$\text{(环己酮-CHCOOC}_2\text{H}_5\text{-COCH}_3) \xrightarrow[\triangle]{H_3O^+} \text{(环己酮-CH}_2\text{COCH}_3)$$

　　凡具有 $\alpha,\beta$-不饱和结构的醛、酮、酯、腈、酰胺、硝基化合物都可以与 $\beta$-二羰基化合物发生 Michael 加成反应,它是合成 1,5-二官能团化合物的重要方法。

$$\text{HC}{\equiv}\text{C}-\overset{\overset{\text{O}}{\|}}{\text{C}}-\text{OC}_2\text{H}_5 \;+\; \text{CH}_3\overset{\overset{\text{O}}{\|}}{\text{C}}-\text{CH}_2-\overset{\overset{\text{O}}{\|}}{\text{C}}-\text{OC}_2\text{H}_5 \;\xrightarrow[\text{C}_2\text{H}_5\text{OH}]{\text{C}_2\text{H}_5\text{O}^-}\; \begin{array}{l}\text{HC}{=}\text{CH}-\overset{\overset{\text{O}}{\|}}{\text{C}}-\text{OC}_2\text{H}_5\\[2pt]\ \ |\\[-2pt]\text{CHCOOC}_2\text{H}_5\\[-2pt]\ \ |\\[-2pt]\text{COCH}_3\end{array}$$

$$\text{CH}_2{=}\text{CH}-\text{C}{\equiv}\text{N} \;+\; \text{CH}_2(\text{COOC}_2\text{H}_5)_2 \;\xrightarrow[\text{C}_2\text{H}_5\text{OH}]{\text{C}_2\text{H}_5\text{O}^-}\; \begin{array}{l}\text{CH}_2{-}\text{CH}_2\text{C}{\equiv}\text{N}\\[-2pt]\ \ |\\[-2pt]\text{CH}(\text{COOC}_2\text{H}_5)_2\end{array}$$

　　Michael 加成反应与 $\alpha,\beta$-不饱和醛、酮的 1,4-亲核加成反应的机理相似。

**思考题 11-20**　写出反应的产物。

$$\text{CH}_2{=}\text{CHC}\overset{\overset{\text{O}}{\|}}{}\text{OC}_2\text{H}_5 \;+\; \text{CH}_3\overset{\overset{\text{O}}{\|}}{\text{C}}\text{CH}_2\text{NO}_2 \;\xrightarrow{(\text{C}_2\text{H}_5)_3\text{N}}$$

**拓展阅读:**
无处不在的羧酸及其衍生物

<h1 style="text-align:center">习　　题</h1>

**11-1**　命名下列化合物。

(1)　$\text{CH}_3\text{CH}_2\text{CH}_2\overset{\overset{\text{NH}_2}{|}}{\text{CH}}\overset{\overset{\text{O}}{\|}}{\text{C}}-\text{NH}_2$

(2)　邻氨基苯甲酸甲酯 ($\text{C}_6\text{H}_4$，邻位 $-\overset{\overset{\text{O}}{\|}}{\text{C}}\text{OCH}_3$ 和 $-\text{NH}_2$)

(3)　$\text{CH}_3\text{CH}_2\overset{\overset{\text{O}}{\|}}{\text{C}}-\text{N}\overset{\text{CH}_2\text{CH}_3}{\underset{\text{CH}_2\text{CH}_3}{}}$

(4)　邻苯二甲酰亚胺

(5)　$\text{H}_3\text{C}-\overset{\ }{\underset{\ }{\text{C}}}{=}\text{CH}$ 的环状酸酐 (甲基马来酸酐)

(6)　2-甲基环己基甲酸 ($\text{CO}_2\text{H}$ 与 $\text{CH}_3$ 顺式)

(7)　$\text{CH}_3\text{COCHCOOC}_2\text{H}_5$
　　　　　　$\overset{\ |}{\text{C}_2\text{H}_5}$

(8)　$\overset{\text{H}_3\text{C}}{\underset{\text{H}_3\text{C}}{}}\text{C}{=}\text{C}\overset{\text{COCl}}{\underset{\text{CH}_3}{}}$

(9)　$\text{CH}_3\text{CO}-\overset{\ }{\underset{\ }{\bigcirc}}-\text{COOCH}_3$

(10)　$\text{C}_6\text{H}_5-\text{CH}_2\text{O}-\overset{\overset{\text{O}}{\|}}{\text{C}}-\text{H}$

**11-2**  写出下列化合物的构造式。

(1) 顺丁烯二酸            (2) 肉桂酸            (3) $\alpha$-甲基丙烯酸甲酯

(4) 氨基甲酸乙酯        (5) $N,N$-二甲基甲酰胺     (6) 己-5-内酰胺

(7) 乙丙酸酐           (8) 邻苯二甲酸酐        (9) 4-甲基戊酰氯

(10) 乙二酸二乙二醇酯     (11) 2-乙酰氧基苯甲酸

**11-3**  将下列各组化合物按沸点高低顺序进行排列。

(1) $CH_3CH_2CH_2CH_2OH$     $CH_3CH_2OCH_2CH_3$     $CH_3CH_2CH_2CHO$     $CH_3CH_2COOH$

(2) $CH_3CH_2COOH$     $CH_3COOCH_3$     $CH_3CONHCH_3$

**11-4**  比较（正）丁酸及丙酸甲酯在水中溶解度大小，并解释之。

**11-5**  用指定的波谱分析方法区别下列各组化合物。

(1) $CH_3CH_2CH_2\overset{\displaystyle O}{\overset{\|}{C}}OCH_3$ 和 $CH_3CH_2CH_2\overset{\displaystyle O}{\overset{\|}{C}}{-}OH$       NMR

(2) $CH_3CO_2H$ 和 $CH_3CH_2OH$                   IR

(3) $CH_3\overset{\displaystyle O}{\overset{\|}{C}}\overset{\displaystyle O}{\overset{\|}{O}}CCH_3$ 和 $CH_3\overset{\displaystyle O}{\overset{\|}{C}}OCH_3$            IR

**11-6**  用简单的化学方法区别下列各组化合物。

(1) 甲酸      草酸      丙二酸      丁二酸

(2)     苯$\overset{\displaystyle O}{\overset{\|}{C}}{-}OH$         邻-OH-苯-COOH         苯-$CH_2OH$

**11-7**  比较下列化合物与 $NH_3$ 发生取代反应的反应活性大小。

(1)    苯$\overset{\displaystyle O}{\overset{\|}{C}}{-}Cl$       (2)    苯-$CH_2Cl$       (3)    苯-$Cl$

**11-8**  预测下列化合物在碱性条件下水解反应速率快慢的顺序。

(1) $CH_3CO_2CH_3$    $CH_3CO_2C_2H_5$    $CH_3CO_2CH(CH_3)_2$    $CH_3CO_2C(CH_3)_3$    $HCOOCH_3$

(2) $O_2N{-}C_6H_4{-}CO_2CH_3$    $Cl{-}C_6H_4{-}CO_2CH_3$    $C_6H_5{-}CO_2CH_3$    $CH_3O{-}C_6H_4{-}CO_2CH_3$

**11-9**  写出下列反应的主要产物。

(1) 邻-COOH-苯-$CO_2CH_2CH_3$ $+$ $SOCl_2$ $\xrightarrow{\triangle}$

(2) $CH_3CH_2COCl + N(CH_3)_3 \longrightarrow$

(3) $CH_3\underset{\underset{\displaystyle OH}{|}}{CH}CH_2CH_2COOH \xrightarrow{\triangle}$

(4) 环戊基$\overset{\displaystyle O}{\overset{\|}{C}}{-}O{-}H + CH_3\overset{18}{O}H \xrightarrow[\triangle]{H^+}$

(5) $(R)$-2-溴丙酸 $+$ $(S)$丁-2-醇 $\xrightarrow[\triangle]{H^+}$

(6) 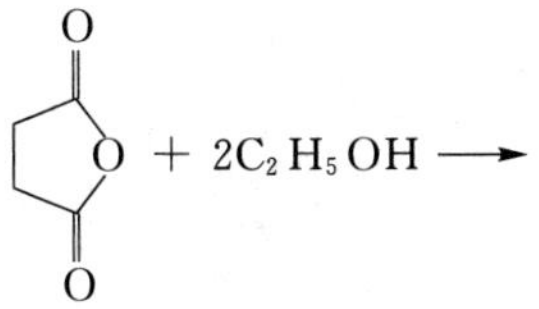 $+ 2C_2H_5OH \longrightarrow$

(7) 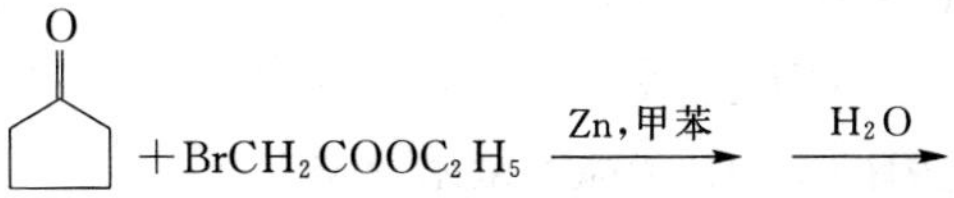 $+ BrCH_2COOC_2H_5 \xrightarrow{Zn,甲苯} \xrightarrow{H_2O}$

(8) 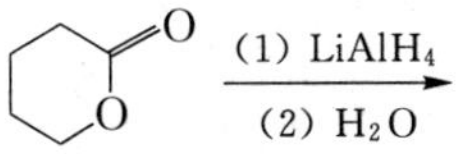 $\xrightarrow{(1)\ LiAlH_4} \xrightarrow{(2)\ H_2O}$

(9) $CH_3CH_2\underset{\underset{OH}{|}}{CH}COOH \xrightarrow{\triangle}$

(10) 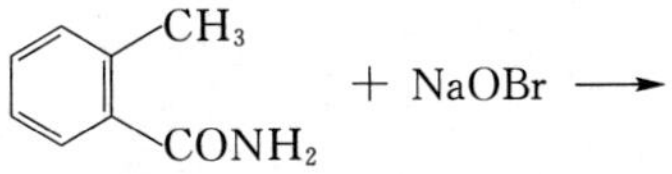 $+ NaOBr \longrightarrow$

(11) 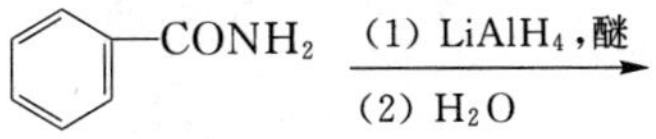 $\xrightarrow{(1)\ LiAlH_4,醚} \xrightarrow{(2)\ H_2O}$

(12) 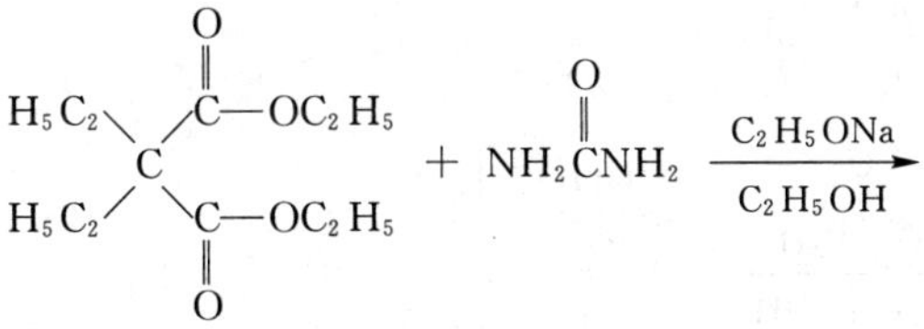 $+ \ NH_2\overset{\overset{O}{\|}}{C}NH_2 \xrightarrow{C_2H_5ONa}{C_2H_5OH}$

(13) $2CH_3CH_2COOC_2H_5 \xrightarrow{(1)\ NaOC_2H_5} \xrightarrow{(2)\ H^+}$

(14) $CH_3CH_2COOC_2H_5 + \underset{\underset{COOC_2H_5}{|}}{COOC_2H_5} \xrightarrow{(1)\ NaOC_2H_5} \xrightarrow{(2)\ H^+}$

(15) $\underset{CH_2CH_2COOC_2H_5}{\overset{CH_2CH_2COOC_2H_5}{|}} \xrightarrow{(1)\ NaOC_2H_5} \xrightarrow{(2)\ H^+}$

(16) 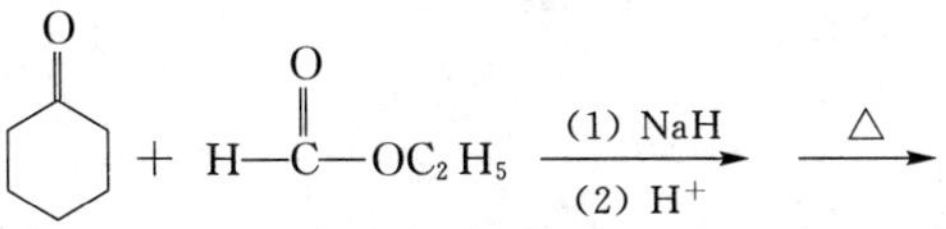 $+ H\overset{\overset{O}{\|}}{C}-OC_2H_5 \xrightarrow{(1)\ NaH} \xrightarrow{\triangle}{(2)\ H^+}$

**11-10** 比较下列各组化合物的酸性。

(1) $CH_3\overset{\overset{O}{\|}}{C}-OH$  $CH_3CH_2OH$  $CH_3\overset{\overset{O}{\|}}{C}NH_2$  $ClCH_2\overset{\overset{O}{\|}}{C}-OH$

(2)

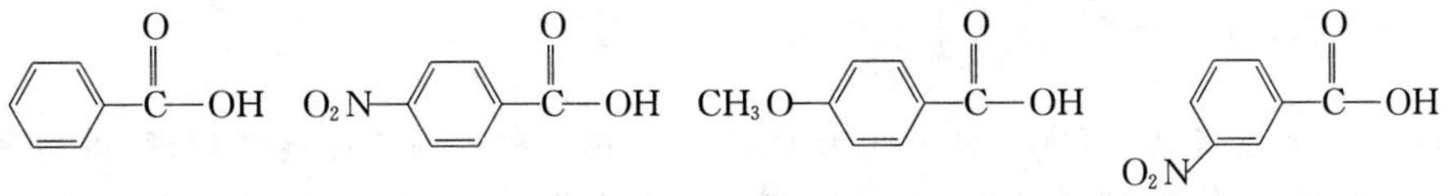

(3)

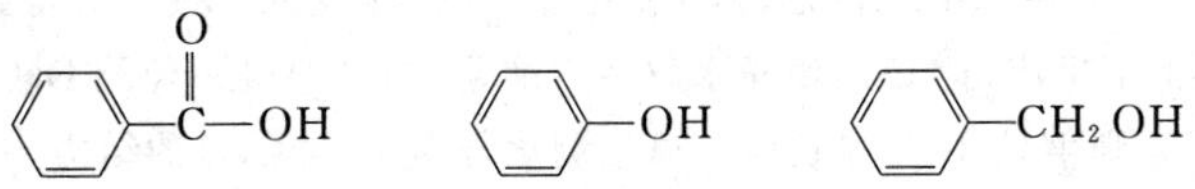

(4) 乙酸　　草酸　　苯酚　　丙二酸　　甲酸

**11-11** 用不多于三步的反应完成下列转化。

(1) 苯 ⟶ 间溴甲苯

(2) 甲苯 ⟶ 苯乙酸

(3) $(CH_3)_2C$＝$CH_2$ ⟶ $(CH_3)_3CCOOH$

(4) $CH_3CH_2CO_2CH_2CH_3$ ⟶ $CH_3CH_2\underset{}{\overset{OH}{C}}HCH\underset{\underset{CH_3}{|}}{-}\overset{O}{C}OCH_2CH_3$

(5) 乙炔 ⟶ 丙烯酸甲酯

(6) 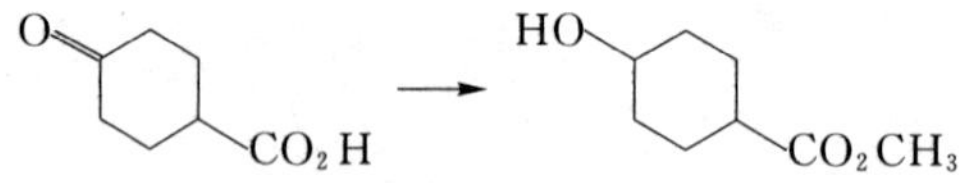 ⟶

(7) 异丙醇 ⟶ α－甲基丙酸

(8) 丁酸 ⟶ 乙基丙二酸

**11-12** 写出下列反应机理。

(1) 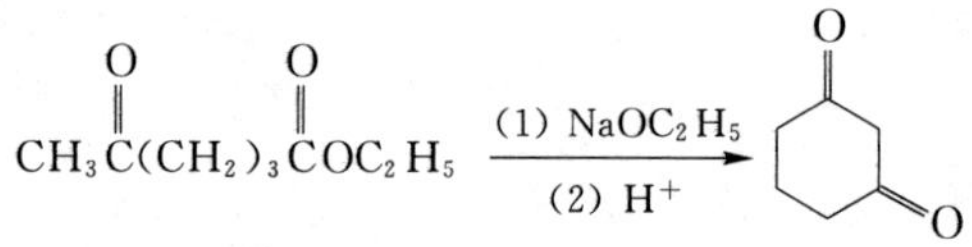 $CH_3\overset{O}{\overset{||}{C}}(CH_2)_3\overset{O}{\overset{||}{C}}OC_2H_5$ $\xrightarrow[\text{(2) } H^+]{\text{(1) } NaOC_2H_5}$

(2) $\xrightarrow[C_2H_5ONa/C_2H_5OH]{CH_2=CH-\overset{O}{\overset{||}{C}}C_2H_5}$

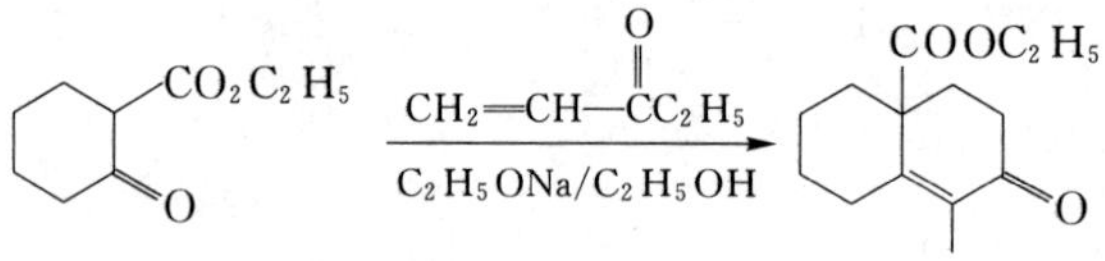

**11-13** 用必要的试剂合成下列化合物。

(1) 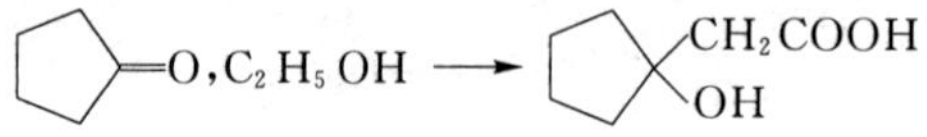 ＝$O,C_2H_5OH$ ⟶

(2) 用乙醇为主要原料经丙二酸酯合成

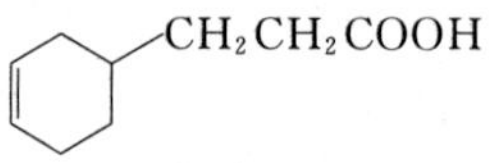

(3) 用乙醇为主要原料经乙酰乙酸乙酯合成

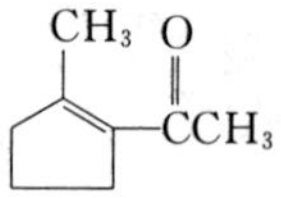

(4) 用乙酰乙酸乙酯及不超过 3 个碳的有机化合物合成

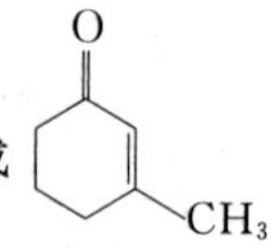

(5) 己二酸 ⟶

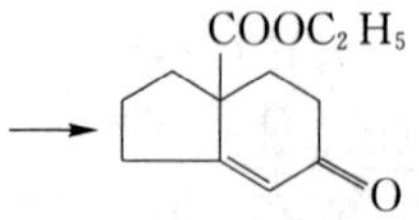

**11-14** 某酯类化合物 A,分子式为 $C_5H_{10}O_2$,用乙醇钠的乙醇溶液处理,得到另一种酯 B($C_8H_{14}O_3$)。B 能使溴水褪色,将 B 用乙醇钠的乙醇溶液处理后再与碘乙烷反应,又得到一种酯 C($C_{10}H_{18}O_3$)。C 和溴水在室温下不反应,把 C 用稀碱水解后再酸化加热,即得一种酮 D($C_7H_{14}O$)。D 不发生碘仿反应,用锌汞齐还原则生成 3-甲基己烷。试推测化合物 A,B,C,D 的结构。

**11-15** 化合物 A,分子式为 $C_3H_6Br_2$,与 NaCN 作用得到化合物 $B(C_5H_6N_2)$,B 在酸性水溶液中水解得到 C,C 与乙酸酐在一起共热得到 D 和乙酸,D 的红外光谱在 1 755 $cm^{-1}$ 和 1 820 $cm^{-1}$ 处有强吸收峰。氢核磁共振谱数据为:$\delta=2.0$(五重峰,2H),$\delta=2.8$(三重峰,4H)。试推测化合物 A,B,C,D 的结构,并标出化合物 D 的各峰的归属。

本章思考题答案

本章小结

# 第12章 含氮有机化合物

在有机化合物中,碳、氢、氧、氮是四种常见的元素。含氮有机化合物可看成烃分子中的一个或几个氢原子被含氮的官能团所取代的衍生物。这类化合物范围广,种类繁多,与生命活动和人类日常生活关系非常密切。

各类含氮有机化合物的化学性质各不相同。同一个分子中常含有多个含氮基团,如对硝基苯胺、偶氮二异丁腈等。许多含氮有机化合物具有特殊气味,如多硝基化合物葵子麝香,有天然麝香的气味,被用做香水等化妆品的定香剂。含氮有机化合物中有许多属于致癌物质,如芳香胺中的 2-萘胺、联苯胺等,偶氮化合物中的邻氨基偶氮甲苯等偶氮染料,脂肪胺中的乙烯亚胺、吡咯烷、氮芥及大多数亚硝基胺和亚硝基酰胺。

酰胺、含氮杂环化合物、氨基酸、生物碱也是为数众多的含氮有机化合物。本章主要讨论硝基化合物(nitro compound)、胺(amine)、重氮盐(diazo salt)等。表 12-1 列出了常见的含氮有机化合物。

表 12-1　常见的含氮有机化合物

| 化合物类型 | 官能团 | | 举例 |
|---|---|---|---|
| 硝酸酯 | 硝酸基 | $—ONO_2$ | $CH_3—CH_2ONO_2$ |
| 亚硝酸酯 | 亚硝酸基 | $—ONO$ | $CH_3—CH_2ONO$ |
| 硝基化合物 | 硝基 | $—NO_2$ | 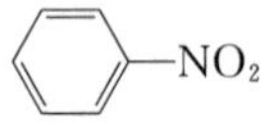 ⬡$—NO_2$ |
| 亚硝基化合物 | 亚硝基 | $—NO$ | $CH_3—CH_2—CH_2—NO$ |
| 腈 | 氰基 | $—CN$ | 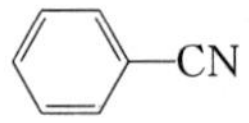 ⬡$—CN$ |
| 胺 | 氨基 | $—NHR$ | $CH_3—NH_2$　$CH_3—NH—CH_3$ $(CH_3)_3N$ |
| 酰胺 | 酰氨基 | $\overset{O}{\overset{\|}{—C}}—NH_2$ | $CH_3—\overset{O}{\overset{\|}{C}}—NH_2$ |
| 季铵化合物 | | | $(CH_3)_3\overset{+}{N}\overset{-}{OH}$ |
| 氨基酸 | 氨基 羧基 | $—NH_2$ $—COOH$ | $NH_2—CH_2—COOH$ |
| 重氮化合物 | 重氮基 | $—\overset{+}{N}≡N$ | 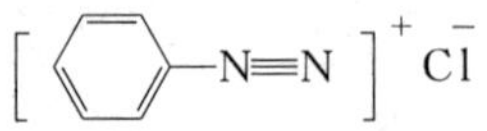 $\left[⬡—N≡N\right]^{+}\overset{-}{Cl}$ |
| 偶氮化合物 | 偶氮基 | $—N=N—$ | 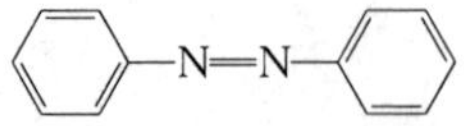 ⬡$—N=N—$⬡ |

## 12.1 硝基化合物

### 12.1.1 硝基化合物的分类、命名和结构

烃分子中的一个或几个氢原子被硝基取代后的衍生物,称为硝基化合物。硝基(—$NO_2$)为硝基化合物官能团。一元硝基化合物的通式是 R—$NO_2$,它与亚硝酸酯 R—O—N=O 互为同分异构体。

硝基化合物可以根据与硝基相连的烃基结构进行分类,若硝基与脂肪烃基相连称为脂肪族硝基化合物,与芳烃基相连称为芳香族硝基化合物。例如:

$$CH_3—NO_2$$

脂肪族硝基化合物

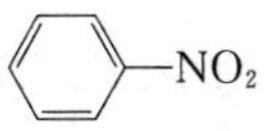

芳香族硝基化合物

根据与硝基相连接的碳原子的不同,可分为伯、仲、叔硝基化合物,或称 1°,2°,3° 硝基化合物。

含有一个或多个—$NO_2$ 基团化合物的命名,可采用加前缀"硝基"的方法。例如:

$CH_3NO_2$

硝基甲烷

(伯硝基化合物)

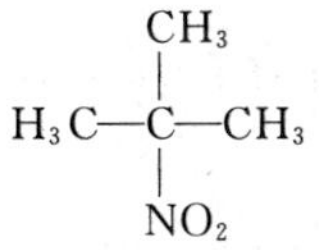

2-甲基-2-硝基丙烷

(叔硝基化合物)

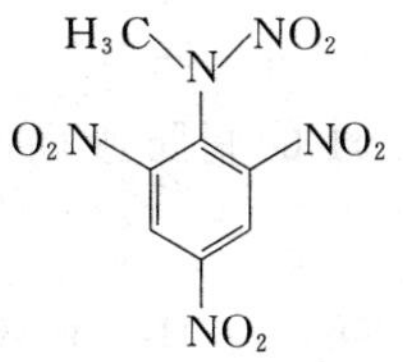

$N$-甲基-$N$,2,4,6-四硝基苯胺

电子衍射法的实验证明,硝基化合物中的硝基具有对称的结构;两个氮氧键的键长都是 0.121 nm,它们是等同的,这反映出硝基结构中存在着四电子三中心的 p-π 共轭体系。两个氮氧键发生了平均化。可用共振结构式表示如下:

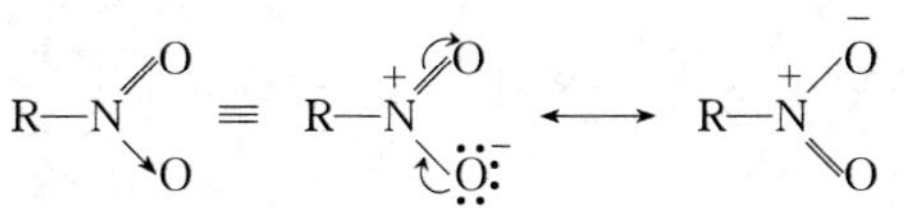

**1** **2** **3**

习惯上书写硝基结构时主要按 **1** 式表述。

### 12.1.2 脂肪族硝基化合物

硝基是一个强极性基团,具有强吸电子的诱导效应,所以硝基化合物的沸点较高。脂肪族硝基化合物是无色而有香味的液体,难溶于水,易溶于芳烃、醇、醚、羧酸和酯等有机溶剂中。硝基化合物大多有毒,无论是吸入体内还是皮肤接触都容易中毒,使用时应注意安全。

在硝基化合物的红外光谱中,脂肪族伯和仲硝基化合物的 N—O 伸缩振动在 1 565~1 545 $cm^{-1}$ 和 1 385~1 360 $cm^{-1}$。叔硝基化合物的 N—O 伸缩振动在

$1\,545 \sim 1\,530$ cm$^{-1}$和 $1\,360 \sim 1\,340$ cm$^{-1}$。芳香族硝基化合物的 N—O 伸缩振动在 $1\,550 \sim 1\,510$ cm$^{-1}$和 $1\,365 \sim 1\,335$ cm$^{-1}$。

在硝基化合物的核磁共振谱图上，$\alpha$-H 的化学位移在 4.5 左右。

具有 $\alpha$-H 的硝基化合物存在着硝基式和酸式之间的互变异构现象，酸式可以逐渐异构成硝基式。达到平衡时，就成为主要含有硝基式的硝基化合物。酸式的含量很低，但可以在碱的作用下使平衡偏向酸式一边直到全部转化为酸式的钠盐。

$$CH_3-\overset{+}{N}\overset{O}{\underset{O^-}{\diagup}} \quad\rightleftharpoons\quad CH_2=\overset{+}{N}\overset{OH}{\underset{O^-}{\diagup}}$$

硝基式        酸式

脂肪族硝基化合物中的 $\alpha$-H 具有明显的酸性。含有 $\alpha$-H 的伯或仲硝基化合物能溶解于氢氧化钠溶液而生成钠盐：

$$CH_3-\overset{+}{N}\overset{O}{\underset{O^-}{\diagup}} + NaOH \rightleftharpoons \left[ CH_2=\overset{+}{N}\overset{O^-}{\underset{O^-}{\diagup}} \right] Na^+ + H_2O$$

酸式分子有类似于烯醇式的结构，可以使溴的四氯化碳溶液褪色，与三氯化铁反应显色。

凡具有 $\alpha$-H 的脂肪族硝基化合物都存在互变异构现象，所以它们都显酸性。例如：

CH$_3$NO$_2$     CH$_3$CH$_2$NO$_2$     CH$_3$—CH—CH$_3$     CH$_2$(NO$_2$)$_2$     CH(NO$_2$)$_3$

NO$_2$

| p$K_a$ | 10.2 | 8.5 | 7.8 | 4 | 强酸 |

在碱作用下，具有 $\alpha$-H 的脂肪族硝基化合物，可以生成稳定的碳负离子并发生亲核反应。

$$RCH_2NO_2 + R'-\overset{O}{\underset{}{\overset{\|}{C}}}-R''(H) \longrightarrow O_2N-\overset{H}{\underset{R}{\overset{|}{C}}}-\overset{OH}{\underset{R'}{\overset{|}{C}}}-R''(H)$$

烷烃与硝酸进行气相高温（$400 \sim 500$ ℃）反应，烷烃中的氢被硝基取代，生成硝基化合物。这种直接生成硝基化合物的反应叫做硝化反应（nitration），产物主要是多种一硝基化合物的混合物及因碳链断裂而生成的一些低级的硝基化合物：

$$CH_3CH_2CH_3 + HNO_3 \xrightarrow{420\ ℃} CH_3CH_2CH_2NO_2 + CH_3\underset{NO_2}{\overset{|}{CH}}CH_3 + CH_3CH_2NO_2 + CH_3NO_2$$

32%         33%        26%      9%

得到的混合物在工业上不需分离而直接使用，它是油脂、纤维素酯和合成树脂等的良好溶剂。但它们均是可燃的并且有一定的毒性。

近年来，脂肪族多硝基化合物的合成有了很大的进展，它们作为新型炸药和在火箭推进剂组分中显现的优越性能,已经引起了许多化学家的极大兴趣。

**思考题 12-1** 下列化合物哪些能溶于氢氧化钠溶液中?请解释原因。

(1) 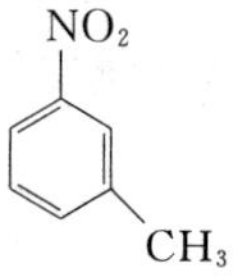 [3-硝基甲苯结构式,苯环上 NO₂ 和 CH₃]

(2)  [对硝基苯酚结构式,苯环上 OH 和 NO₂]

(3) $(CH_3)_3CNO_2$

(4) $CH_3CH_2NO_2$

### 12.1.3 芳香族硝基化合物

芳香族硝基化合物可由芳烃直接硝化得到(参见 7.5.1)。

芳香族硝基化合物是无色或淡黄色的高沸点液体或固体,有苦杏仁味;芳香族多硝基化合物多为黄色固体,具有极强的爆炸性;它们的相对密度都大于 1,不溶于水,而溶于有机溶剂。许多芳香族硝基化合物能使血红蛋白变性,因此过多吸入它们的蒸气、粉尘或长期与皮肤接触,均能引起中毒。但有的芳香族多硝基化合物具有天然麝香的香气,常被用做香水等化妆品的定香剂。例如:

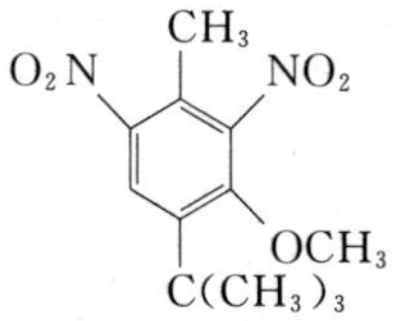

[葵子麝香、酮麝香、二甲苯麝香三个化合物结构式]

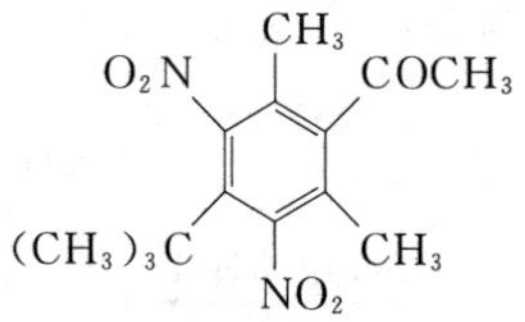

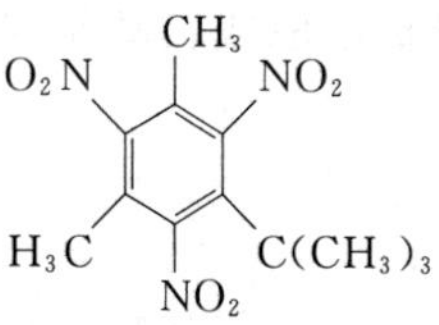

葵子麝香    酮麝香    二甲苯麝香

液体芳香族硝基化合物能溶解许多无机盐。例如,无水三氯化铝能溶于硝基苯。因为它们之间能形成络合物,所以在一些以三氯化铝为催化剂的反应中,能以硝基化合物作溶剂使用。

芳香族硝基化合物的重要化学性质有以下几个方面。

#### 1. 还原反应

芳香族硝基化合物最重要的性质是能发生各种各样的还原反应。在催化氢化或较强的化学还原剂的作用下,硝基直接转化为氨基。在适当条件下用温和还原剂还原,则生成各种中间的还原产物。还原条件不同,产物也不同。

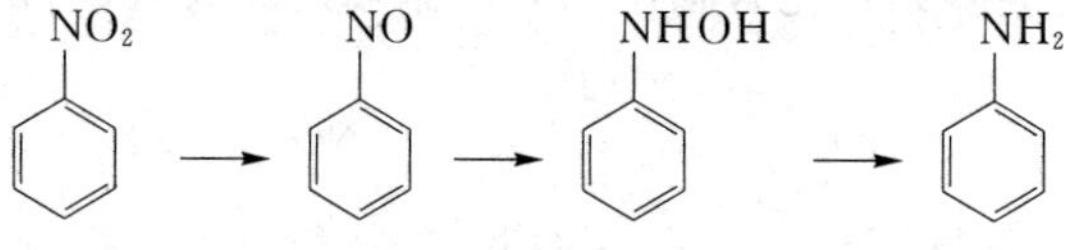

[硝基苯→亚硝基苯→苯基羟胺→苯胺的还原反应式,依次为 NO₂、NO、NHOH、NH₂]

工业上一般采用催化加氢的方法,常用的催化剂有 Cu,Ni,Pt 等,可连续化生产,对环境污染少,产品质量和产率都很好。例如:

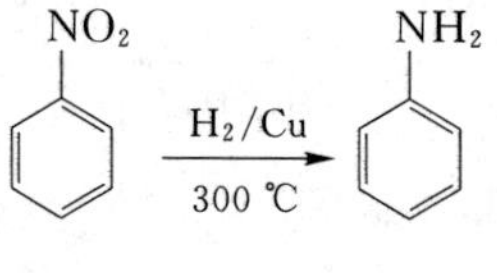

[硝基苯 $\xrightarrow[300\ ℃]{H_2/Cu}$ 苯胺 反应式]

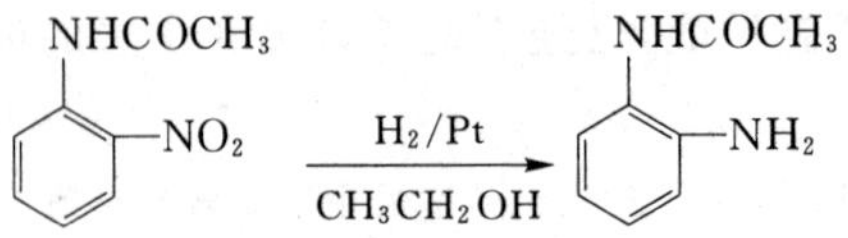

实验室中常用化学还原的方法在酸性介质中还原。例如,在浓盐酸存在下,用 Sn,Fe,SnCl$_2$ 等进行还原:

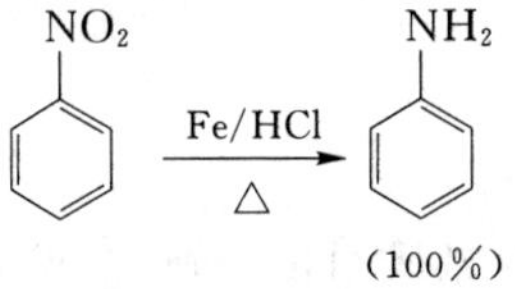

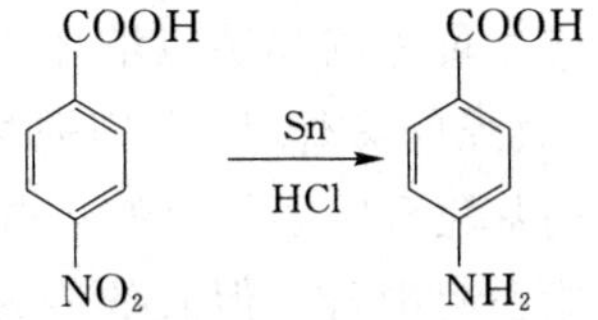

当芳环上同时还连有可被还原的羰基时,用 SnCl$_2$ 和盐酸还原特别有用,因为只有硝基被还原成氨基而羰基或醛基保持不变。例如:

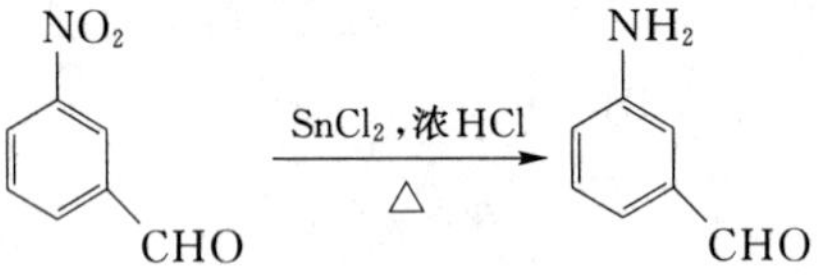

芳香族硝基化合物也可在中性或弱酸性介质中还原。例如:

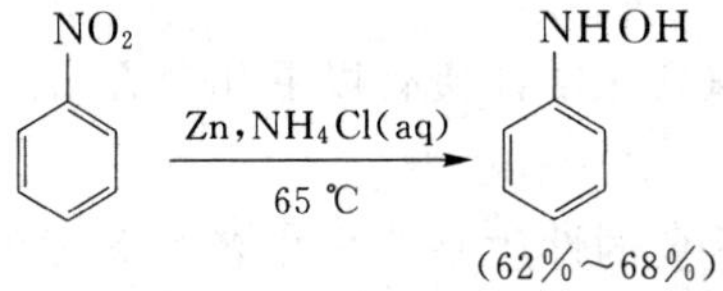

对于芳香族多硝基化合物,用等物质的量的 Na$_2$S,NaHS 等硫化物作为还原剂,可以选择性地将芳香族多硝基化合物中的一个硝基还原为氨基,得到硝基苯胺。

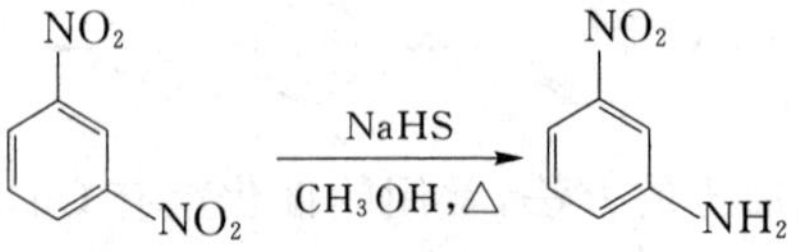

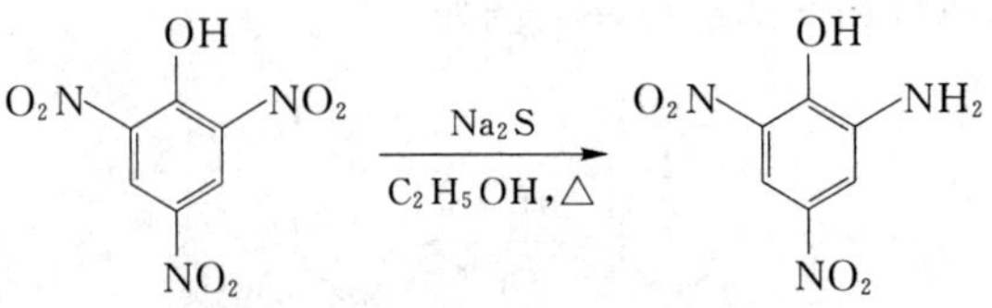

2. 硝基对其邻、对位上取代基的影响

硝基是一个强吸电子基团,它的吸电子作用是通过诱导效应和共轭效应实现的。两种电子效应的方向一致,这使硝基邻、对位上的电子密度比间位更加明显地降低。因此,硝基在芳环的亲电取代反应中,起钝化作用,是一个间位定位基(参见 7.6.1),而在芳香族硝基化合物的亲核取代反应中,它的邻、对位成了易受亲核试剂进攻的中心。

(1)使苯环亲电取代反应钝化 硝基苯可用做傅-克反应的溶剂。例如:

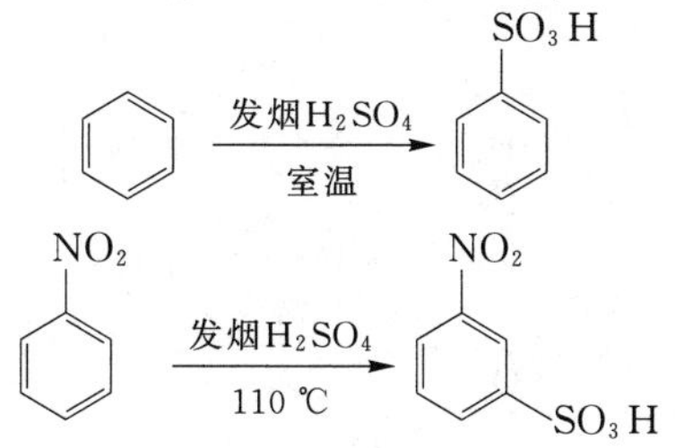

(2)使苯环亲核取代反应变得容易 氯苯分子中的氯原子并不活泼,当氯苯的邻、对位有硝基时,氯原子比较活泼,当氯苯的邻、对位硝基数目增加,氯原子活性更强(参见 9.11)。

硝基氯苯的水解是分两步进行的芳香族亲核取代反应。第一步是亲核试剂加在苯环上生成碳负离子,和芳香族亲电取代反应的中间体 $\sigma$ 络合物相似,它的负电荷也是分散在苯环的各碳原子上:

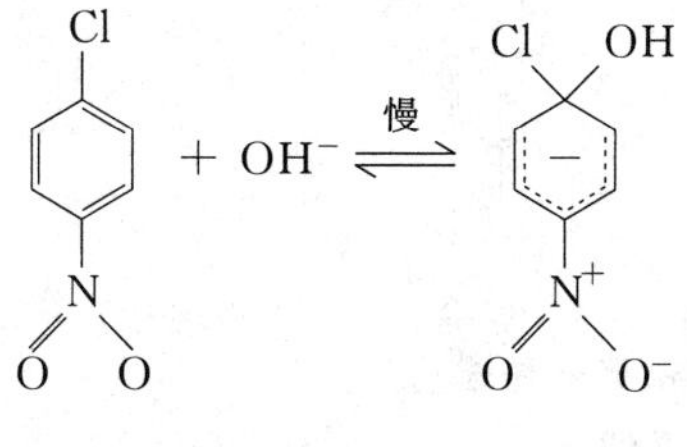

第二步是从中间体碳负离子中消去一个氯离子恢复苯环的结构:

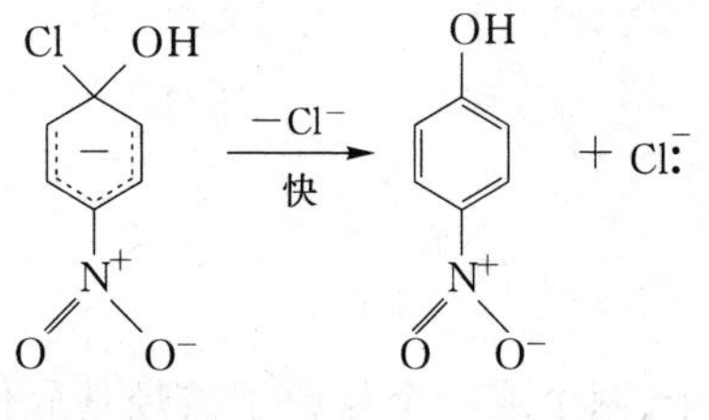

因此这种芳香族亲核取代反应机理又称为亲核加成-消除反应机理。

如果硝基在氯原子的间位,它的吸电子作用只有吸电子的诱导效应,硝基所引起负电荷分散作用相应减少,所以它对卤素活泼性的影响不显著。

除了卤素,芳环上的其他取代基当其邻位、对位或邻、对位都有吸电子基团时,也同样可以被亲核试剂取代。

（3）硝基酚的酸性（参见 9.10.1） 苯酚的酸性比碳酸弱，呈弱酸性。当芳环上引入硝基时，能增强酚的酸性。

邻或对硝基苯酚的酸性要强于间硝基苯酚，这是由于硝基处于间位时，只对苯环的电子云产生吸电子的诱导效应；邻硝基苯酚受分子内氢键影响，酸性略弱于对硝基苯酚。而 2,4,6-三硝基苯酚的酸性几乎与强无机酸相近。当硝基处在羟基的邻、对位时，由于存在吸电子诱导效应和共轭效应，羟基上的氢解离后生成的负电荷可被分散，因而更稳定，酸性更强。可用下列共振式表示负离子电荷分散性和稳定性：

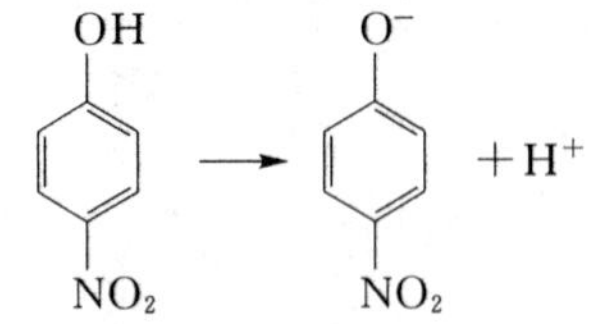

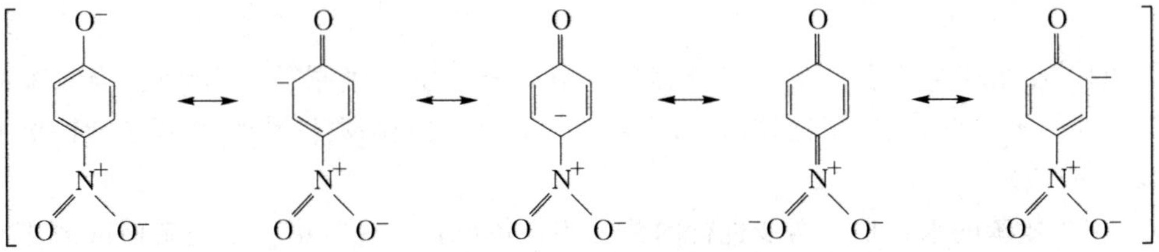

**思考题 12-2** 下列化合物与 HCN 反应，哪个活性最大，哪个活性最小？请解释原因。

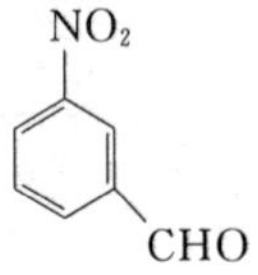

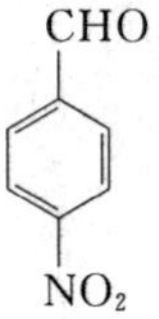

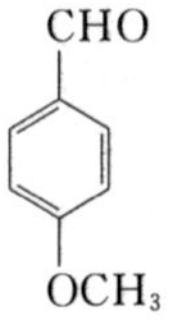

**思考题 12-3** 完成下列转化（其他试剂任选）。

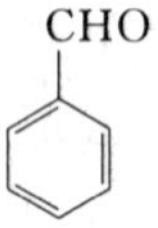

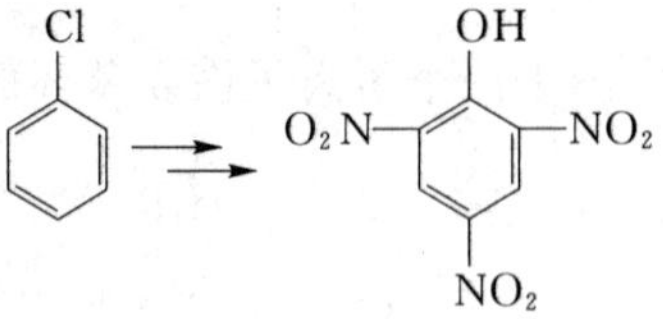

## 12.2 胺

氨分子（$NH_3$）中的一个、两个或三个氢原子被烃基取代后的衍生物称为胺。胺是一类重要的含氮有机化合物，广泛存在于自然界中。具有较强生理活性的生物碱就是一种重要的胺，可用做药物，如可卡因等。胺还在生物体内发挥着重要的作用，可以作为神经传导递质，如多巴胺等。而有些胺则是重要的有机合成中间体，如苯胺就是合成药物、染料等的重要原料。

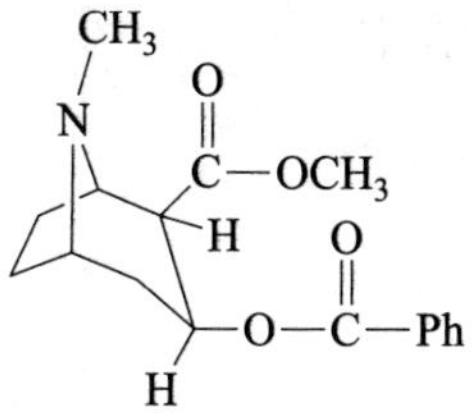

可卡因 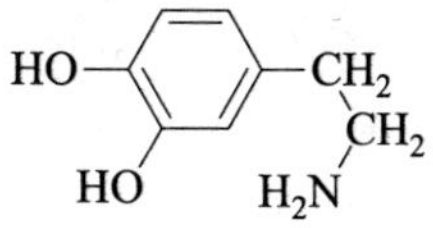            多巴胺 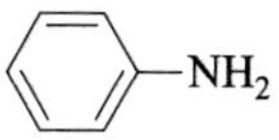            苯胺

### 12.2.1 胺的分类、命名和结构

胺可以根据氮原子上所连烃基 R 的数目来分类，与一个烃基相连为一级胺（伯胺），与两个烃基相连为二级胺（仲胺），与三个烃基相连为三级胺（叔胺）。

$$CH_3NH_2 \qquad CH_3CH_2NHCH(CH_3)_2 \qquad (CH_3)_3N$$

伯胺 　　　　　　　　仲胺 　　　　　　　　叔胺

但要注意胺的一级（伯）、二级（仲）、三级（叔）的含义与醇中不同，这里指的是氮原子与几个烃基相连；而醇的分类中一级（伯）、二级（仲）、三级（叔）指的是与羟基相连的碳原子的级数。例如：

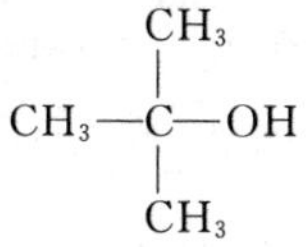

叔醇 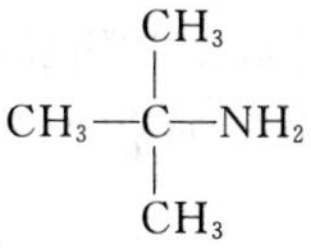 　　　　　　　　　　　　　　伯胺

胺也可以根据所连烃基的种类分类，氨基与芳环直接相连称为芳香胺，与脂肪烃基直接相连称为脂肪胺。

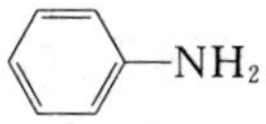

芳香胺 　　　　　　　　　　脂肪胺

胺还可以根据分子中所含氨基的数目来分类，含一个氨基为一元胺，含两个氨基为二元胺，以此类推。

$$CH_3NH_2 \qquad H_2NCH_2CH_2NH_2 \qquad H_2NCH_2CHCH_2NH_2$$

一元胺 　　　　　　二元胺 　　　　　　三元胺

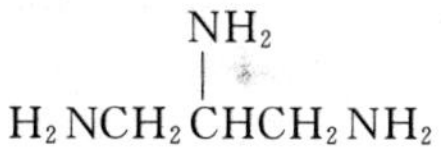

伯胺 $RNH_2$ 可按以下三种命名方法之一来命名：(a) 将取代基 R 的名称作为前缀加到母体氢化物氮烷的前面；(b) 将后缀"胺"字加到母体氢化物 RH 的名称后面，烷烃的"烷"字在不致混淆时可省略，IUPAC2013 建议优先采用此类命名法；(c) 将"胺"字加到取代基 R 的后面。例如：

$$CH_3NH_2 \qquad\qquad CH_3CHCH_3$$

(a) 甲基氮烷 　　　　　　(a) 异丙基氮烷
(b) 甲（烷）胺 　　　　　　(b) 丙（烷）-2-胺
(c) 甲基胺（甲胺） 　　　　(c) 异丙基胺（异丙胺）

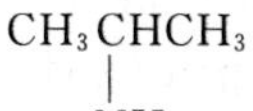

当—$NH_2$ 不是主要特性基团时，—$NH_2$ 可用前缀"氨基"命名。

$$\begin{array}{c} COOH \\ \bigcirc \\ NH_2 \end{array}$$

| 4-氨基苯甲酸 | （4-氨基苯甲酸） |
|---|---|
| p-氨基苯甲酸 | （p-氨基苯甲酸） |

另外，英文中还保留一些俗名，但中文基本仍用系统命名法命名。

$$\begin{array}{c} CH_3 \\ \bigcirc \\ NH_2 \end{array}$$

对甲基苯胺

　　对称的仲胺 $NHR_2$ 和叔胺 $NR_3$ 可按以下两种方法来命名：(a) 在取代基 R 的名字前面分别加上"二"或"三"构成前缀，将它加在母体氢化物"氮烷"的前面；(b) 在取代基 R 的名称前面分别加上"二"或"三"构成前缀，后面加"胺"为后缀。

| $(C_6H_5)_2NH$ | $(C_2H_5)_3N$ |
|---|---|
| (a) 二苯基氮烷 | (a) 三乙基氮烷 |
| (b) 二苯基胺 | (b) 三乙基胺 |
| （二苯基胺） | （三乙胺） |

　　不对称的仲胺和叔胺 $NHRR'$、$NR_2R'$ 和 $NRR'R''$ 可按以下三种方法来命名：(a) 作为母体氢化物氮烷的取代衍生物；(b) 作为伯胺 $RNH_2$ 或仲胺 $R_2NH$ 的 $N$-取代衍生物，确定用做词根的母体氢化物后，其余的作为 $N$-取代基；(c) 将所有取代基 R、$R'$ 和 $R''$ 的名称加以相应的数字前缀后紧接着加上"胺"字。在不对称仲胺和叔胺中的取代基按字母顺序排列，并用括号分开。

| $CH_3CH_2{-}NH{-}CH_2CH_2CH_3$ | $CH_3CH_2CH_2CH_2{-}\overset{\overset{\textstyle CH_3}{\vert}}{N}{-}CH_2CH_3$ |
|---|---|
| (a)（乙基）（丙基）氮烷 | (a) 丁基（乙基）甲基氮烷 |
| (b) $N$-乙基丙烷-1-胺 | (b) $N$-乙基-$N$-甲基丁烷-1-胺 |
| (c)（乙基）（丙基）胺 | (c) 丁基（乙基）甲基胺 |
| （乙基丙基胺） | （甲基乙基丁基胺） |

　　在这里，应注意"氨""胺"及"铵"的含义。在表示基（如氨基、亚氨基等）时，用"氨"；表示 $NH_3$ 的烃基衍生物时，用"胺"；而铵盐或季铵类化合物则用"铵"。

　　季铵类化合物可看成铵盐（$NH_4^+X^-$）或氨的水合物（$NH_3 \cdot H_2O$）分子中氮原子上的四个氢原子都被烃基取代生成的化合物，它们分别称为**季铵盐**（quaternary ammonium salt）和**季铵碱**（quaternary ammonium base）。

对于四价氮原子的盐 $R_4N^+X^-$，写出其正离子名称，然后按照习惯命名将负离子名称加连缀字"化"置于之前。

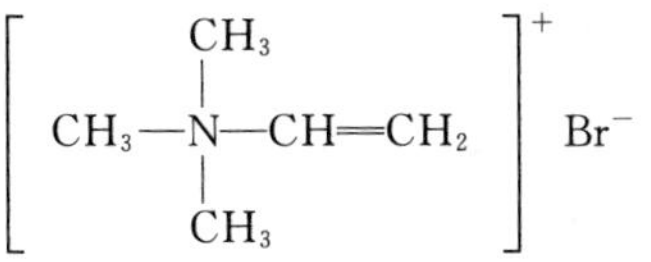

溴化(三甲基)乙烯基铵
(溴化三甲基乙烯基铵)

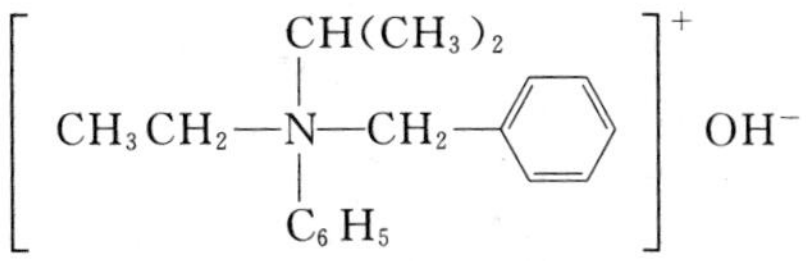

氢氧化苄基(乙基)异丙基(苯基)铵
(氢氧化乙基苄基异丙基苯基铵)

在氨及胺分子中，氮原子采取的是 $sp^3$ 杂化，其中三个 $sp^3$ 杂化轨道与其他原子的 s 轨道形成三个 $\sigma$ 键，还剩一个 $sp^3$ 杂化轨道被氮原子上的一对孤对电子所占据，孤对电子处于棱锥体的顶端，类似第四个基团，使胺具有亲核性，可作为亲核试剂。

由于孤对电子较大的偶极矩与 C—N 键和 H—N 键的偶极矩相加合，所以胺也是强极性化合物。

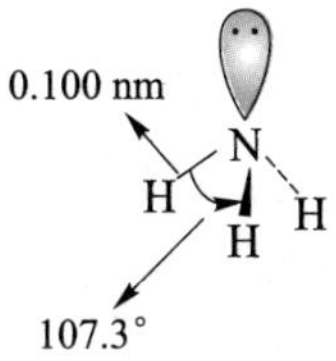

氨的结构 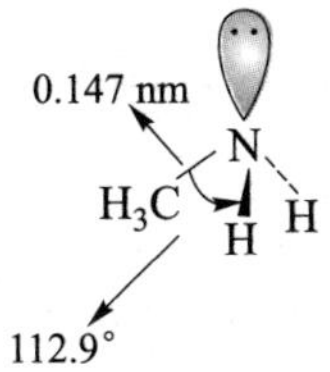          甲胺的结构

如果胺分子中氮原子上连接的三个基团不同，孤对电子可以看成最小的取代基，这时胺是具有手性的，此时这个四面体胺与它的镜像是不能重合的。应该存在两种具有光学活性的对映异构体，但这两种胺的对映异构体却没有分离得到，因为这两种对映异构体在室温下可以很快地相互转化，这种转化是通过氮原子上孤对电子的反转而发生的。所以，氮原子上的孤对电子起不到第四个"基团"的作用，这也是为什么通常胺被认为是三角锥形的原因。

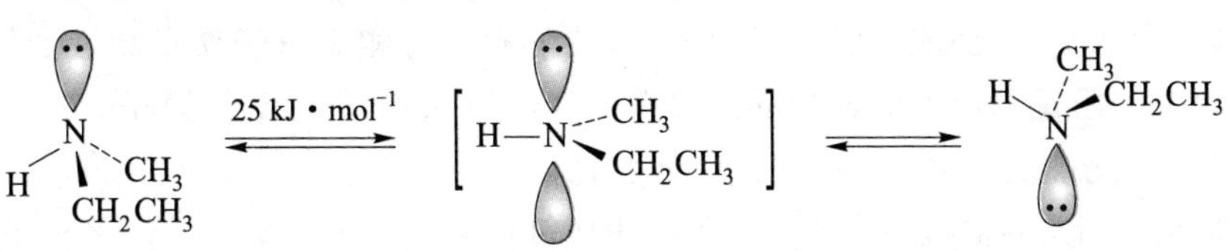

而具有不对称氮原子的季铵盐和不能达到氮原子反转的不对称胺是能区分出对映异构体的。例如：

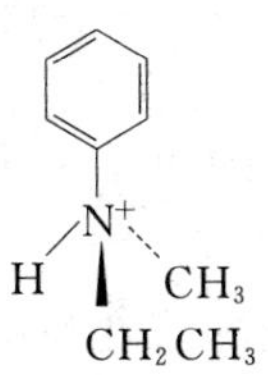

*S* 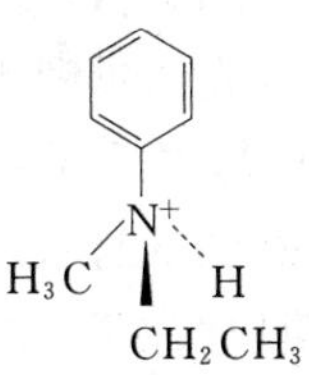          *R*

$R$ 　　　　　　　　　　　　　$S$

苯胺的氮原子仍取 $sp^3$ 杂化,氮原子上有孤对电子的 $sp^3$ 杂化轨道比脂肪胺氮原子上孤对电子占有的 $sp^3$ 杂化轨道有更多的 p 轨道性质,和苯环 π 电子轨道重叠,具有共轭效应(见图 12-1)。因此,芳香胺的结构和性质与脂肪胺有所不同。苯胺中的 H—N—H 键键角为 113.9°,H—N—H 平面与苯环平面之间的夹角为 39.4°。

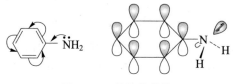

图 12-1　苯胺的结构

思考题 12-4　分别指出下列化合物是芳胺还是脂肪胺,并用 1°,2°,3° 表示出其属于伯、仲、叔胺中的哪一类。

(1) $\text{N—CH}_3$ 　(2) $\text{CHCH}_3 / \text{NH}_2$ 　(3) $\text{NHCH}_3$ 　(4) $\text{NH}_2$

### 12.2.2　胺的物理性质

胺与氨的性质有相似之处。低级脂肪胺是气体或易挥发的液体,具有氨的气味。高级胺为固体。伯、仲、叔胺都能与水分子形成氢键,所以胺易溶于水,其溶解度随相对分子质量的增加而迅速降低,从六个碳原子的胺开始就难溶于水。一般胺能溶于醚、醇、苯等有机溶剂。芳香胺为高沸点的液体或低熔点的固体,具有特殊气味,难溶于水,易溶于有机溶剂,具有一定的毒性。如苯胺可以通过消化道、呼吸道或经皮肤吸收而引起中毒;联苯胺等有致癌作用,因此,在处理这些化合物时应加以注意。胺是极性化合物,除叔胺外,都能形成分子间氢键,胺的沸点比相对分子质量相近的烃类高,但比相对分子质量相近的醇或羧酸的沸点低。叔胺氮原子上无氢原子,分子间不能形成氢键,因此沸点比其异构体的伯、仲胺低。

在质谱上脂肪族伯胺易发生 α-断裂,生成符合通式 $C_nH_{2n+2}N^+$ 的碎片离子。运用氮规则可判断分子或离子中氮原子的存在(参见 6.1)。图 12-2 是 2-戊胺的质谱图。

脂肪族和芳香族伯胺的红外光谱中,N—H 键伸缩振动在 3 500~3 400 cm$^{-1}$ 区域有两个吸收峰,缔合的 N—H 键伸缩振动则向低频率方向移动,而仲胺在这个区域只有一个吸收峰。苯胺的红外光谱见图 12-3。

在胺的核磁共振谱中,与氮原子相连的 α-碳原子上质子的化学位移约在 δ = 2.7,而 β-碳原子上质子的化学位移在 δ = 1.1~1.7。因氢键缔合,N—H 键上质子的化学位移受样品的纯度、使用的溶剂、测量时溶液的浓度和温度的影响而有所变化,范围在 δ = 0.5~4.0。芳香胺在 δ = 2.5~5.0。

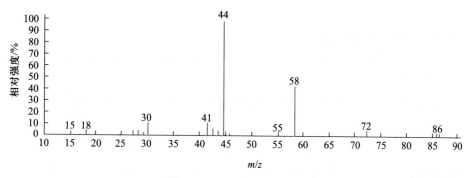

图 12-2　2-戊胺的质谱图

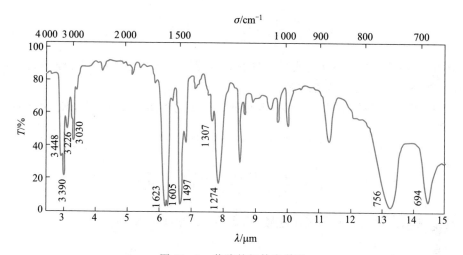

图 12-3　苯胺的红外光谱图

C═C 键伸缩振动(芳环):1 623,1 605 和 1 497 cm$^{-1}$;═C─H 键伸缩振动(芳香族化合物):3 030 cm$^{-1}$;

N─H 键伸缩振动(伯胺):3 448 和 3 390 cm$^{-1}$;N─H 键伸缩振动(缔合):3 226 cm$^{-1}$;

C─N 键伸缩振动(伯芳胺):1 307 和 1 274 cm$^{-1}$;一取代苯 C─H 键弯曲振动:756 和 694 cm$^{-1}$

　　近年来,以咪唑盐为代表的季铵类离子液体引起化学工作者的极大兴趣,一般的无机盐都是固体,有很高的熔点,而一般的有机化合物固体在熔融状态并不是盐。离子液体是有机化合物,但是有较低的熔点和常温下较宽的液相范围,而且在液态下呈离子相。它们稳定性高,易于回收,不溶于水,黏度低,无挥发性,可像极性溶剂一样使用,又有高热容和离子传导性。对其所作的一些研究和应用工作表明,离子液体是符合绿色化学要求的一类新型反应介质,有着极为宽广的应用可能。

$X^- = BF_4^-$,$PF_6^-$,$OAc^-$,$(CF_3SO_2)N^-$,$CF_3SO_3^-$,$Br^-$,$I^-$

**思考题 12-5**　按沸点增加的次序排列每组化合物。

（1）乙醇、二甲胺、甲醚　　（2）三甲胺、二乙胺、二异丙基胺

### 12.2.3　胺的化学性质

胺的氮原子上有一对孤对电子,孤对电子使胺具有碱性和亲核性。

1. 胺的碱性和成盐反应

由于胺的氮原子上有一对孤对电子,能与质子结合,因此胺具有碱性。

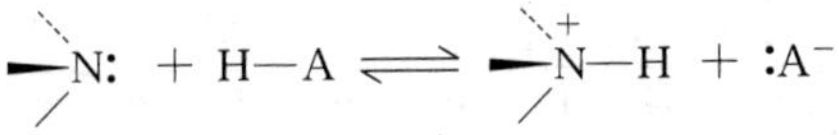

$$—\overset{..}{N}: \ +\ H—A \ \Longrightarrow\ —\overset{..}{\overset{+}{N}}—H\ +\ :A^-$$

胺的碱性远远强于醇、醚和水。胺的水溶液和氨一样发生解离反应而呈碱性:

$$RNH_2\ +\ H_2O\ \Longrightarrow\ RNH_3^+\ +\ OH^-$$

$$K_b=\frac{[RNH_3^+][OH^-]}{[RNH_2]}\qquad pK_b=-\lg K_b$$

胺的碱性以碱式解离常数 $K_b$ 或其负对数 $pK_b$ 表示。$K_b$ 越大或 $pK_b$ 越小则碱性越强;$K_b$ 越小或 $pK_b$ 越大则碱性越弱。

许多情况下,胺的碱性也可用其共轭酸铵离子的解离常数 $K_a$ 或 $pK_a$ 来表示:

$$RNH_3^+\ +\ H_2O\ \Longrightarrow\ RNH_2\ +\ H_3O^+$$

$$pK_a\ +\ pK_b=14$$

$$K_a=\frac{[RNH_2][H_3O^+]}{[RNH_3^+]}\qquad pK_a=-\lg K_a$$

$K_a$ 越小或 $pK_a$ 越大则胺的碱性越强。下面是几种胺的 $pK_a$ 值。

|  | $NH_3$ | $CH_3CH_2NH_2$ | 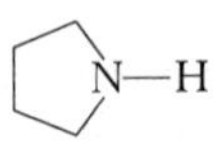 吡咯烷N—H | $(CH_3)_3N$ | 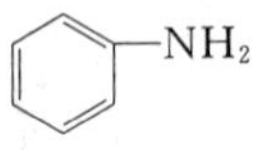 苯胺 —$NH_2$ | 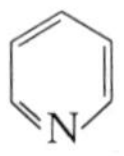 吡啶 | 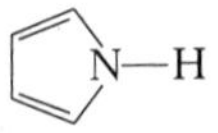 吡咯 N—H |
|---|---|---|---|---|---|---|---|
| $pK_a$ | 9.26 | 10.75 | 11.27 | 9.81 | 4.63 | 5.25 | 0.4 |

在水溶液中,脂肪胺一般以仲胺的碱性最强。但是,无论伯、仲或叔胺,其碱性都比氨强。芳香胺的碱性则比氨弱。在水溶液中,胺和氨的碱性强弱次序为

$$(CH_3)_2NH > CH_3NH_2 > (CH_3)_3N > NH_3 > \text{吡啶} > \text{苯胺} > \text{吡咯}$$

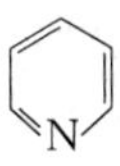

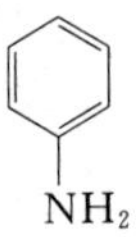

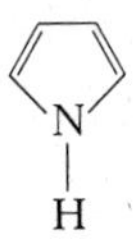

影响脂肪胺碱性的三个因素:

（1）电子效应　胺分子中与氮原子相连的烷基具有给电子诱导效应（$+I$）,使氮上的电子密度增加,从而增强了对质子的吸引能力,而生成的铵离子也因正电荷得到分散而比较稳定。因此,氮原子上烷基数增多,碱性增强。

（2）溶剂化效应　在水溶液中,胺的碱性与胺和质子结合后形成的铵离子发生溶剂化效应的难易有关。氮原子上所连的氢原子越多,则与水形成氢键的机会就越多,溶剂化程度就越大,铵离子就越稳定,胺的碱性也就增强。

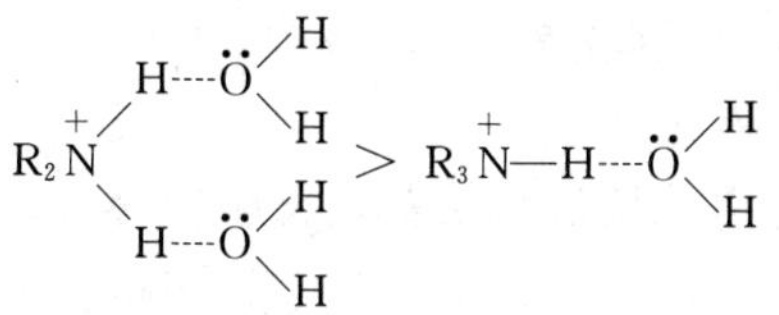

$$R_2\overset{+}{N}\begin{matrix}H\cdots\overset{\cdot\cdot}{\overset{}{O}}\overset{H}{H}\\H\cdots\overset{\cdot\cdot}{\overset{}{O}}\overset{H}{H}\end{matrix} > R_3\overset{+}{N}-H\cdots\overset{\cdot\cdot}{\overset{}{O}}\overset{H}{H}$$

（3）位阻效应　胺分子中的烷基数目越多、体积越大,则占据空间就越大,使质子不易靠近氮原子,因而胺的碱性降低。

胺的碱性强弱是电子效应、溶剂化效应和位阻效应共同作用的结果。

芳香胺的碱性比脂肪胺弱得多。这是因为芳环中氮原子上的未共用电子对与芳环的 π 电子产生共轭作用,氮原子上的电子云部分地转向芳环,因此氮原子与质子的结合能力降低,故芳胺的碱性比氨弱得多。

芳香胺氮原子上所连的苯环越多,孤对电子与各个苯环的共轭效应越强,碱性也就越弱。所以可以看到,在水溶液中,苯胺、二苯胺、三苯胺的碱性强弱次序是:苯胺＞二苯胺＞三苯胺。

芳环上的取代基对苯胺的碱性影响非常大,取代基的给电子诱导效应或共轭效应都使碱性增强。

胺有碱性,故能与许多酸作用生成盐。例如:

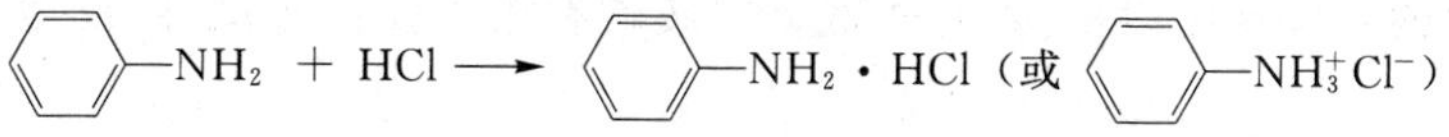

苯胺盐酸盐（氯化苯铵）

铵盐多为结晶形固体,易溶于水。胺的成盐性质在医学上有实用价值。有些胺类药物在制成盐后,不但水溶性增加,而且比较稳定。例如,局部麻醉剂普鲁卡因,在水中溶解度小且不稳定,常将其制成盐酸盐,以增加其在水溶液中的溶解性。

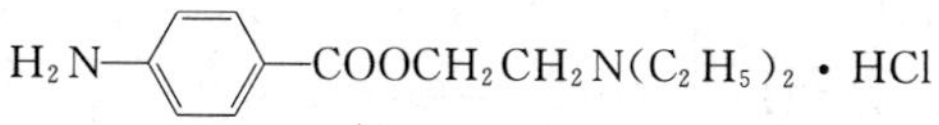

$$H_2N-\!\!\!\!\bigcirc\!\!\!\!-COOCH_2CH_2N(C_2H_5)_2 \cdot HCl$$

**盐酸普鲁卡因**

胺是弱碱,它们的盐与强碱（如 NaOH）作用时,能使胺游离出来。利用胺的碱性及胺盐在不同溶剂中的溶解性,可以分离和提纯胺。例如,在含有杂质的胺（液体或固体）中加入无机强酸溶液使其呈强酸性,则胺就转变为铵盐溶解,这样就有可能与不溶的其他有机杂质分离。将铵盐的水溶液分离出来,再加以碱化,使游离胺析出。然后过滤或用水蒸气蒸馏,则可得纯净的胺。

$$R\overset{+}{N}H_3X^- + NaOH \longrightarrow RNH_2 + NaX + H_2O$$

思考题 12-6　按碱性逐渐增强的次序排列每组化合物。

（1）氢氧化钠、氨、甲基胺、苯胺

（2）苯胺、吡咯、吡啶

（3）苯胺、对甲氧基苯胺、间硝基苯胺、对硝基苯胺

**思考题 12-7** 请设计一个分离对甲基苯酚、环己基甲酸和对甲基苯胺混合物的方法。

### 2. 烷基化和季铵碱的热反应

胺具有亲核性,可以与卤代烷发生烷基化反应(亲核取代反应),最后得到季铵盐。

$$\bigcirc\!\!-NR_2 \xrightarrow{RX} [R_3\overset{+}{N}\!\!-\!\!\bigcirc]X^-$$

季铵盐是结晶固体,具有盐的性质。季铵盐也是一类相转移催化剂(phase transfer catalyst)(参见 9.17.5)。

季铵盐在有机相和水相中都有一定的溶解度,它可使某一负离子从一相转移到另一相中促使反应发生,而季铵盐只是起到一个"运输"负离子的作用,其本身在整个反应过程中并没有被消耗。

季铵盐在加热时分解,生成叔胺和卤代烃。

$$[R_4N^+]X^- \xrightarrow{\triangle} R_3N + RX$$

季铵盐和伯、仲、叔胺的盐不同,它与氢氧化钠等强碱作用时不能使胺游离出来,而是得到含有季铵碱的平衡混合物;在实验室中,常用季铵盐与湿的 $Ag_2O$ 处理制备季铵碱,由于反应中生成的 AgX 不断沉淀析出,可促使反应向正向移动。季铵碱的碱性与氢氧化钠或氢氧化钾相当,是强碱。季铵碱有相当强的吸潮性,能吸收空气中的二氧化碳。

$$Ag_2O + H_2O \rightleftharpoons 2AgOH$$
$$R_4N^+X^- + AgOH \longrightarrow R_4N^+OH^- + AgX\downarrow$$

含有 $\beta$-氢原子的季铵碱受热分解时,发生 E2 反应,生成烯烃、叔胺和水。

$$\begin{bmatrix} & CH_3 & \\ & | & \\ CH_3\!\!-\!\!N\!\!-\!\!CH_2CH_2CH_3 \\ & | & \\ & CH_3 & \end{bmatrix}^+ OH^- \xrightarrow{\triangle} CH_2\!\!=\!\!CHCH_3 + (CH_3)_3N + H_2O$$

当季铵碱的有两个 $\beta$ 位的氢原子时,消除就有两种可能,主要被消除的是酸性较强的氢原子,也就是 $\beta$-碳原子上取代基较少的 $\beta$-氢原子。烯烃的结构与卤代烃或醇发生消除反应时所发生的 Saytzeff 规则正相反。

$$\begin{array}{c} CH_3CHCH_2CH_3 \\ | \\ CH_3\!\!-\!\!\overset{+}{N}\!\!-\!\!CH_3 \quad OH^- \xrightarrow{\triangle} CH_3CH\!\!=\!\!CHCH_3 + CH_3CH_2CH\!\!=\!\!CH_2 + (CH_3)_3N \\ | \\ CH_3 \end{array}$$

$$\qquad\qquad\qquad\qquad\qquad 5\% \qquad\qquad\qquad 95\%$$

霍夫曼(Hofmann R)根据很多实验结果发现的这一规则,称为 **Hofmann 规则**。在季铵碱的消除反应中,总是较少烷基取代的 $\beta$-碳原子上的氢原子优先被消除。因此,季铵碱的消除反应也常称为 **Hofmann 消除反应**,生成的烯烃有的被称为 Hofmann 烯,以区别于根据 Saytzeff 规则形成的烯烃的结构。Hofmann 消除反应可被用来推测胺的结构。先用过量的碘甲烷与胺作用，使胺转变为季铵盐，即发生**彻底甲基化**；再用湿的氧化银处理，得到季铵碱；季铵碱受热分解生成叔胺和烯烃。根据烯烃的结构可推测出原来胺分子的结构。

**思考题 12-8** 如何除去$(CH_3CH_2CH_2CH_2)_3N^+HCl^-$中少量的$(CH_3CH_2CH_2CH_2)_4N^+Cl^-$？

**思考题 12-9** 用过量碘化甲烷处理(*S*)-毒芹碱，接着加入氧化银并加热，预测得到的主要产物是什么，写出它的结构。

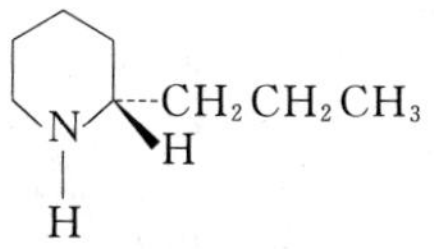

(*S*)-毒芹碱

3. 酰化反应和兴斯堡(Hinsberg O)反应及其应用

伯、仲胺都能与酰氯、酸酐等酰化剂作用，氨基上的氢原子被酰基取代，生成酰胺，这种反应称为胺的酰化。叔胺因氮原子上没有氢原子，故不发生酰化反应。

$$R'—\overset{\displaystyle O}{\overset{\|}{C}}—Cl + RNH_2 \longrightarrow R'—\overset{\displaystyle O}{\overset{\|}{C}}—NHR + HCl$$

$$R'—\overset{\displaystyle O}{\overset{\|}{C}}—Cl + R_2NH \longrightarrow R'—\overset{\displaystyle O}{\overset{\|}{C}}—NR_2 + HCl$$

$$R—\overset{\displaystyle O}{\overset{\|}{C}}—NHR \xrightarrow[\text{或}OH^-]{H_3O^+} RCOO^- + RNH_3^+$$

酰胺是晶形很好的固体，有一定的熔点，所以利用酰化反应可以鉴定伯胺和仲胺。叔胺不发生酰化反应，故此性质可用来区别叔胺，并可以从伯、仲、叔胺的混合物中把叔胺分离出来。此外，酰胺在酸或碱的催化下，可水解游离出原来的胺。由于氨基活泼，且易被氧化，因此在有机合成中常用酰化的方法保护芳胺的氨基。例如：

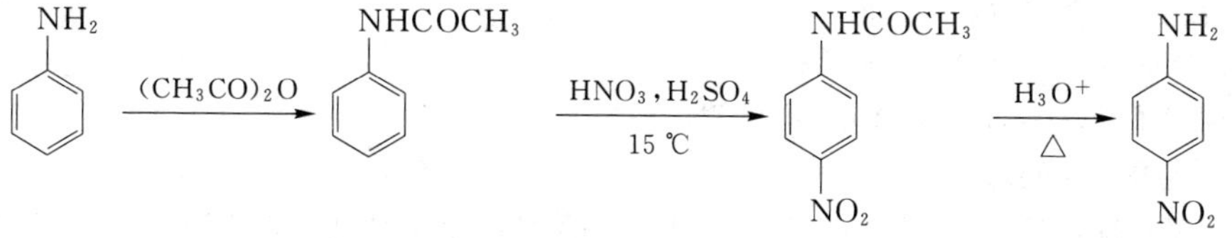

**思考题 12-10** 如何高产率地完成下列合成转变？

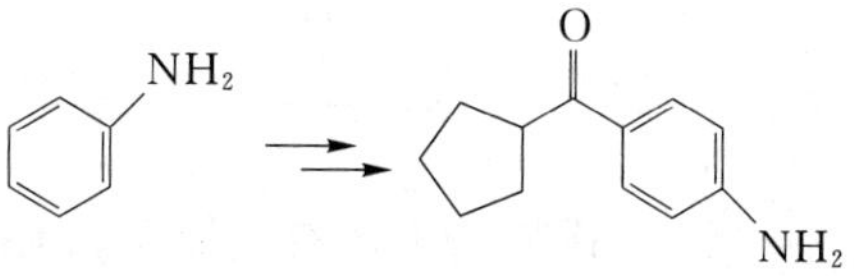

磺酰氯,特别是苯磺酰氯及对甲苯磺酰氯,常用于伯胺、仲胺的酰化,生成固体磺酰胺。例如:

$$RNH_2(R') + \langle\!\!\!\text{苯环}\!\!\!\rangle\!-\!SO_2Cl \xrightarrow{\text{碱}} \langle\!\!\!\text{苯环}\!\!\!\rangle\!-\!SO_2NHR(R') + HCl$$

伯胺反应产生的磺酰胺,氮原子上还有一个氢原子,因受磺酰基影响,具有弱酸性($PhSO_2NH_2$,$pK_a \approx 10$),可以溶于碱成盐;仲胺形成的磺酰胺,因氮原子上无氢原子不溶于碱;叔胺不发生磺酰化反应。这些性质上的不同,可用于三类胺的分离与鉴定,这个反应称为兴斯堡(Hinsberg O)反应。

$$RNH_2 + \langle\!\!\!\text{苯环}\!\!\!\rangle\!-\!SO_2Cl \longrightarrow \langle\!\!\!\text{苯环}\!\!\!\rangle\!-\!SO_2\overset{\overset{H}{|}}{N}R \Big\downarrow \xrightarrow{NaOH} \langle\!\!\!\text{苯环}\!\!\!\rangle\!-\!SO_2\overset{-}{N}RNa^+ \text{(沉淀溶解)}$$

$$R_2NH + \langle\!\!\!\text{苯环}\!\!\!\rangle\!-\!SO_2Cl \longrightarrow \langle\!\!\!\text{苯环}\!\!\!\rangle\!-\!SO_2NR_2 \Big\downarrow \text{(不溶于 NaOH)}$$

$$R_3N + \langle\!\!\!\text{苯环}\!\!\!\rangle\!-\!SO_2Cl \longrightarrow \text{不发生反应}$$

磺胺类药物是一种用做抗生素的磺酰胺类化合物。在 1936 年,磺胺被发现能有效地抵抗链状球菌的感染。磺胺是从乙酰苯胺(把氨基保护成酰胺)开始合成的,经过氯磺化,接着用氨处理,最后是水解保护基,生成磺胺。

$$\text{乙酰苯胺} \xrightarrow{Cl-SO_3OH} \xrightarrow{NH_3,H_2O} \xrightarrow[\triangle]{\text{稀HCl溶液}} \text{磺胺}$$

思考题 12-11　磺胺合成中的氯磺化步骤,如果氨基没有被保护成酰胺,会发生什么情况?

思考题 12-12　用化学方法区别下列各组化合物。

(1) 对甲苯胺和 $N,N$-二甲苯胺

(2) 硝基苯、硝基环己烷、苯胺和 $N$-甲基苯胺

4. 与醛、酮的反应

在弱酸性(pH3~4)条件下伯胺与醛、酮的羰基发生加成,氮原子上还有氢原子发生消除反应,失去一分子水生成亚胺,亚胺氢化得到取代胺。例如:

$$RCH_2\overset{O}{\overset{\|}{C}}H(R') + H_2NR'' \xrightarrow{-H_2O} RCH_2\overset{NR''}{\overset{\|}{C}}H(R') \xrightarrow{H_2,Ni} RCH_2\overset{HNR''}{\overset{|}{C}}H_2(R')$$

仲胺与醛、酮反应,若醛、酮 $\alpha$-碳原子上还有氢原子,则采取另一种脱水方式而生

成**烯胺**(enamine),烯胺和烯醇类似,也可以在双键碳原子上发生亲电取代反应,结果相当于在原醛、酮的$\alpha$-碳原子上发生了亲电取代反应,引入一个烃基或酰基。这一反应在有机合成上非常有用。

$$-\overset{|}{C}=\overset{|}{C}-\overset{\ddot{}}{N}R_2 \longleftrightarrow -\overset{|}{C}-\overset{|}{C}=\overset{+}{N}R_2 \xrightarrow{R'X} \overset{R'}{\underset{|}{C}}-\overset{|}{C}=\overset{+}{N}R_2 \xrightarrow{H_2O} \overset{R'}{\underset{|}{C}}-\overset{|}{C}=O$$

R′X=R′I,PhCH₂X(活泼卤代烃)

烯胺与$\alpha,\beta$-不饱和醛、酮、酯、腈也能进行 Michael 加成反应(参见 11.12.6)。

形成的烯胺若氮原子上还有氢原子,会迅速重排到亚胺,因为**亚胺**(imine)的稳定性要大于烯胺,两者的关系如同烯醇式和酮式,为互变异构。

$$-\overset{|}{C}=\overset{|}{C}-\underset{\underset{H}{|}}{N}R \rightleftharpoons -\overset{|}{C}-\overset{|}{\underset{\underset{H}{|}}{C}}=NR$$

烯胺　　　　　　亚胺

5. 与亚硝酸的反应

各类胺与亚硝酸反应可生成不同产物。由于亚硝酸不稳定,常用亚硝酸钠加盐酸(或硫酸)代替亚硝酸来进行反应。脂肪族伯胺与亚硝酸作用先生成极不稳定的**脂肪族重氮盐**,它立即分解成氮气和一个碳正离子,然后此碳正离子可发生各种反应生成醇、烯烃、卤代烃等混合物。所以这个反应没有合成价值。由于此反应能定量地放出氮气,根据氮气的释放量可测定伯胺的含量。故可用来分析伯胺及氨基化合物。

芳香族伯胺与脂肪族伯胺不同,在低温和强酸存在下,与亚硝酸作用则生成**芳香族重氮盐**(diazo salt),这个反应称为**重氮化反应**(diazo reaction)。这是一个很重要的有机反应,被广泛应用(参见 12.3)。

$$RNH_2+NaNO_2+HCl \longrightarrow R-\overset{+}{N}\equiv NCl^- \longrightarrow R^+ + Cl^- + N_2$$
重氮盐(脂肪族)　　　醇+烯烃+卤代烃

$$ArNH_2+NaNO_2+HCl \xrightarrow{0\sim5℃} Ar-\overset{+}{N}\equiv NCl^-$$
重氮盐(芳香族)

仲胺与亚硝酸作用生成 $N$-亚硝基胺。例如:

$$R_2NH+NaNO_2+HCl \longrightarrow R_2N-N=O+NaCl+H_2O$$

$$R_2N-NO+HCl \longrightarrow R_2NH \cdot HCl \xrightarrow{OH^-} R_2NH$$

$N$-亚硝基胺为黄色的中性油状物或黄色固体,是较强的致癌物质,不溶于水,可从溶液中分离出来;与稀酸共热分解为原来的仲胺,故可利用此性质鉴别、分离或提纯仲胺。

脂肪族叔胺因氮原子上没有氢原子,与亚硝酸作用时只能生成不稳定的亚硝酸盐,无特殊现象。亚硝酸盐很易水解,加碱又得到游离的叔胺。

芳香族叔胺与亚硝酸作用,发生环上取代反应,在芳环上引入亚硝基,生成对亚硝基芳胺的绿色固体产物。

$$R_3N + HNO_2 \longrightarrow [R_3\overset{+}{N}H]NO_2^-$$

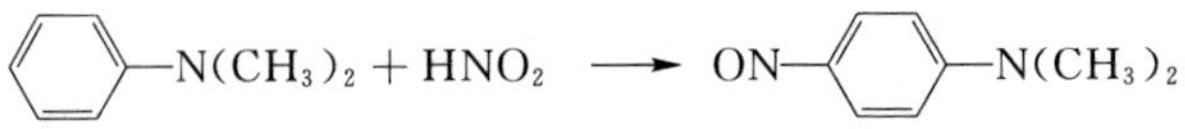

由于三种胺与亚硝酸的反应不同,所以可利用与亚硝酸的反应鉴别伯、仲、叔胺。

6. 芳胺的亲电取代反应

氨基是强致活的邻对位定位基,因此芳胺的亲电取代反应活性很高。苯胺在水溶液中与溴的反应快速且是定量的,得到三溴取代物。例如:

**2,4,6-三溴苯胺**的碱性很弱,在水溶液中不能与氢溴酸成盐,因而生成白色沉淀,反应完全。此反应可用来鉴定苯胺的存在和定量分析。要想得到一取代产物,可先对苯胺进行乙酰化。苯胺乙酰化后仍保持邻对位定位效应,但活化效应减弱,同时保护了氨基不被溴氧化。例如:

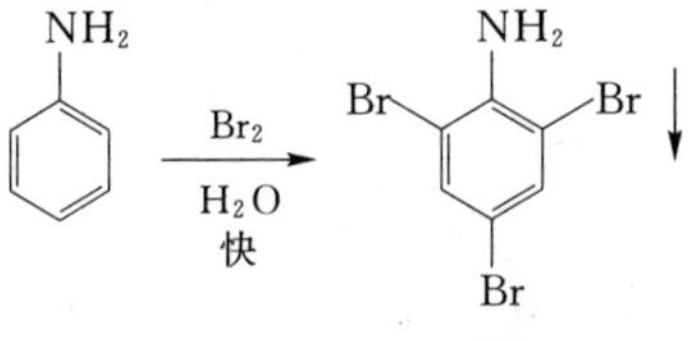

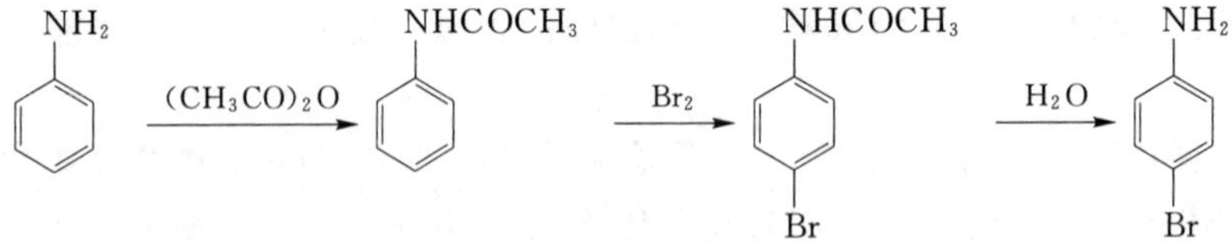

苯胺与硝酸/硫酸混酸作用生成间硝基苯胺,通常的做法是,先将苯胺溶于浓硫酸中生成苯胺硫酸盐,—NH$_3^+$ 是间位定位基,并能稳定苯环,再经硝化时不易被硝酸氧化,得到间位取代产物。

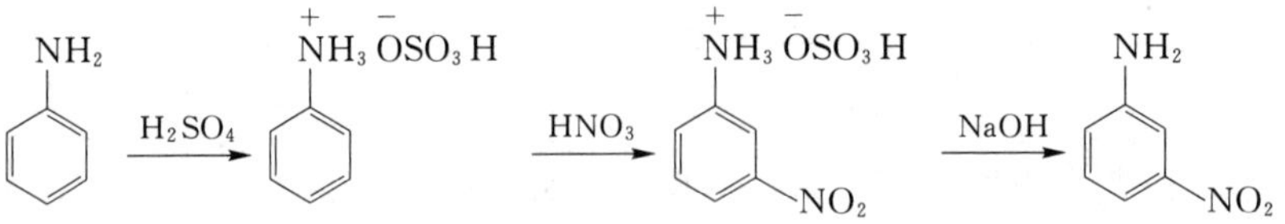

苯胺与浓硫酸混合形成苯胺硫酸盐后在 180～190 ℃ 焙烧,得到对氨基苯磺酸,对氨基苯磺酸是一种内盐。

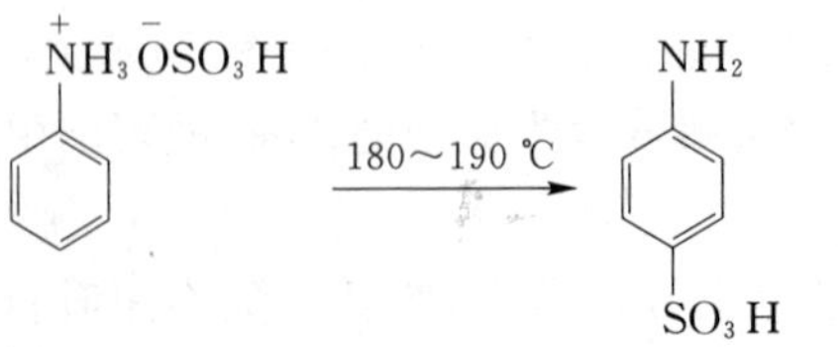

对氨基苯磺酸

芳胺极易氧化,如苯胺遇漂白粉溶液呈紫色(含有醌型结构的化合物),可用来检验苯胺。芳胺的盐及 $N,N$-二取代的芳胺较难氧化。

**思考题 12-13** 预测下列反应的产物。

(1) 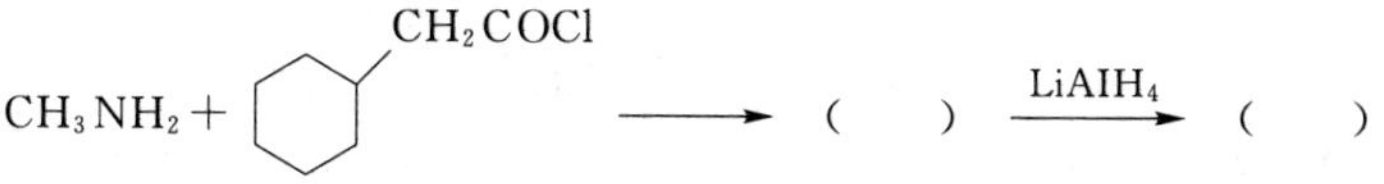 $CH_3NH_2 +$ $\longrightarrow$ (　　) $\xrightarrow{\text{LiAlH}_4}$ (　　)

(2) $+NaNO_2+HCl \longrightarrow$ (　　)

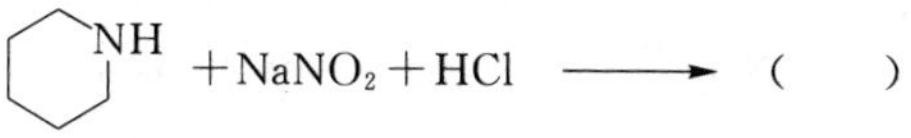

(3) 2-丁酮+二乙胺 $\xrightarrow{\text{Na(CH}_3\text{COO)}_3\text{BH}}$ (　　)

### 12.2.4 胺的制备方法

**1. 含氮化合物还原**

选择适当的还原剂如 $Pt/H_2$,$Fe/HCl$,$Sn/HCl$,$SnCl_2/HCl$ 等,将硝基化合物、腈、酰胺、肟等含氮有机化合物还原,可得到胺。例如:

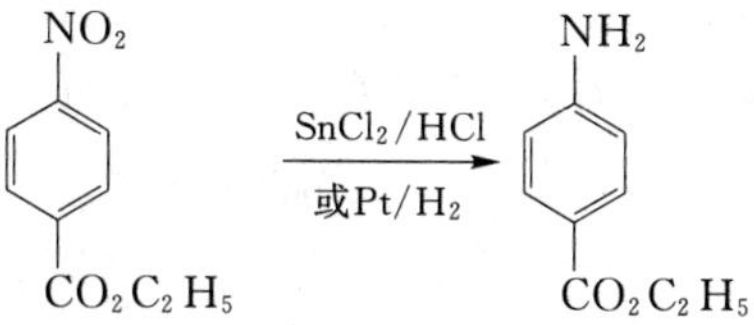

由腈通过 $Ni/H_2$ 或 $NaBH_4(LiAlH_4)$ 还原得到比原卤代烃多一个碳原子的伯胺。

$$CH_3CH_2CH_2CH_2Br \xrightarrow{\text{NaCN}} CH_3CH_2CH_2CH_2CN \xrightarrow[\text{② H}_2\text{O}]{\text{① LiAlH}_4} CH_3CH_2CH_2CH_2CH_2NH_2$$

酰胺可以用氢化铝锂还原为胺,此方法特别适用于制备仲胺和叔胺。

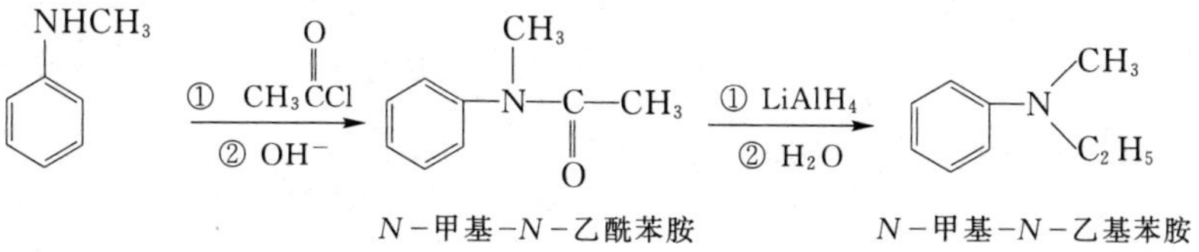

N-甲基-N-乙酰苯胺　　　　　　　　　　N-甲基-N-乙基苯胺

91%

胺与醛、酮缩合得到亚胺,亚胺在氢及催化剂存在下,经加压还原为相应的伯、仲或叔胺。还原胺化是制备仲胺及合成 $R_2CHNH_2$ 类型伯胺较好的方法。

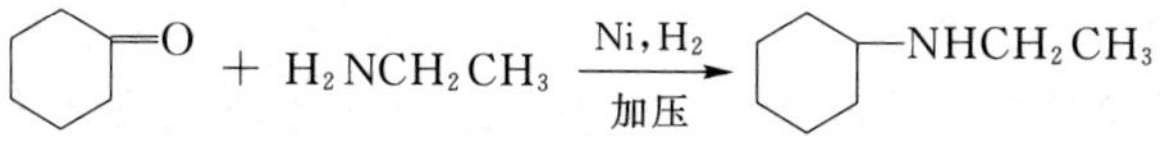

N-乙基环己胺

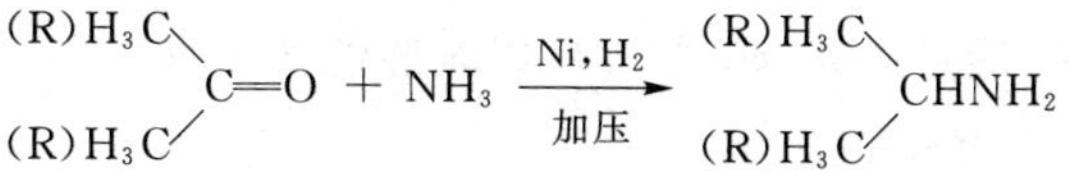

### 2. 霍夫曼降级反应

酰胺与次卤酸盐共热,生成比原酰胺少一个碳原子的伯胺。这个反应称为**霍夫曼 (Hofmann)降级反应**。例如:

$$(CH_3)_2CH-\overset{\overset{\displaystyle O}{\|}}{C}-NH_2 \xrightarrow{NaOCl} (CH_3)_2CH-NH_2$$

$$\text{C}_6\text{H}_5-\overset{\overset{\displaystyle O}{\|}}{C}-NH_2 \xrightarrow[\text{NaOH}]{\text{Br}_2} \text{C}_6\text{H}_5-NH_2 + Na_2CO_3 + NaBr + H_2O$$

这个反应的产率很好,操作也简单,是制备胺的一个好方法,迁移基团 R 的构型在反应后保持不变。反应经过异腈酸酯中间体,其机理如下:

$$R-\overset{\overset{\displaystyle O}{\|}}{C}-NH_2 + Br_2 \longrightarrow R-\overset{\overset{\displaystyle O}{\|}}{C}-\overset{}{\underset{H}{N}}-Br \xrightarrow[-H^+]{OH^-} \left[ R-\overset{\overset{\displaystyle O}{\|}}{C}-N-Br \right]^- \xrightarrow{-Br^-}$$

$$R-\overset{\overset{\displaystyle O}{\|}}{C} \longrightarrow R-N=C=O \xrightarrow{H_2O} R-\overset{}{\underset{H}{N}}-\overset{\overset{\displaystyle O}{\|}}{C}-OH \longrightarrow RNH_2 + CO_2$$

### 3. 盖布瑞尔合成法

邻苯二甲酰亚胺可从邻苯二甲酸制得,氮原子上只有一个氢原子,具有弱酸性,能在乙醇溶液中与碱反应生成酰亚胺盐,氮负离子是较好的亲核试剂,与卤代烃反应生成 N-烷基邻苯二甲酰亚胺,再于碱性溶液中水解,生成伯胺。这是制备伯胺尤其是纯脂肪族伯胺的最佳方法,常称为**盖布瑞尔(Gabriel)合成法**。

邻苯二甲酰亚胺的氮原子上只有一个氢原子,引入一个烷基后,不再具有亲核性,不能生成季铵盐,故而最终产物是纯伯胺。

### 4. 氨的烷基化

氨的烷基化反应是个亲核取代反应。氨是亲核试剂,卤素原子被氨基取代而生成伯胺。伯胺也是亲核试剂,它能继续与卤代烃作用得到仲胺。仲胺仍有亲核性,反应继续下去还可得到叔胺,最终得到季铵盐。所以胺的烷基化反应得到烷基胺的混合物,但对制取季铵盐是较为有效的。

$$RBr \xrightarrow{NH_3} RNH_2 \xrightarrow{RBr} R_2NH \xrightarrow{RBr} R_3N \xrightarrow{RBr} R_4\overset{+}{N}\overset{-}{Br}$$

季铵盐

工业上将醇或环氧乙烷与氨的混合蒸气通过加热的催化剂(氧化铝、氧化钍)生成伯、仲、叔混胺或醇胺。

$$ROH + NH_3 \xrightarrow[\triangle]{Al_2O_3} RNH_2 + H_2O$$

$$RNH_2 + ROH \xrightarrow[\triangle]{Al_2O_3} R_2NH \xrightarrow[Al_2O_3,\triangle]{ROH} R_3N$$

萘酚和氨混合,在一定条件下也能生成萘胺(参见 7.8.1)。

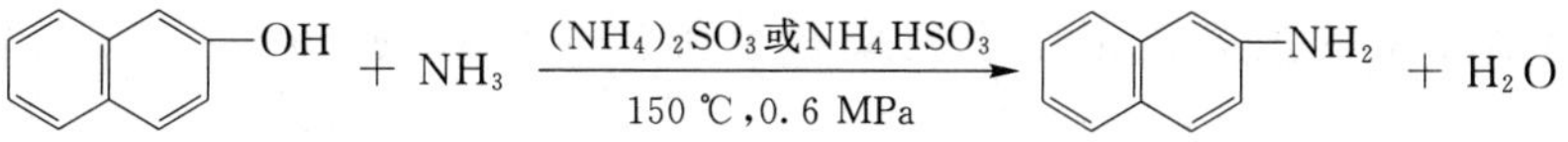

萘酚 $+ NH_3 \xrightarrow[150\,℃,0.6\,MPa]{(NH_4)_2SO_3 或 NH_4HSO_3}$ 萘胺 $+ H_2O$

**思考题 12-14** 如何完成下列转变?

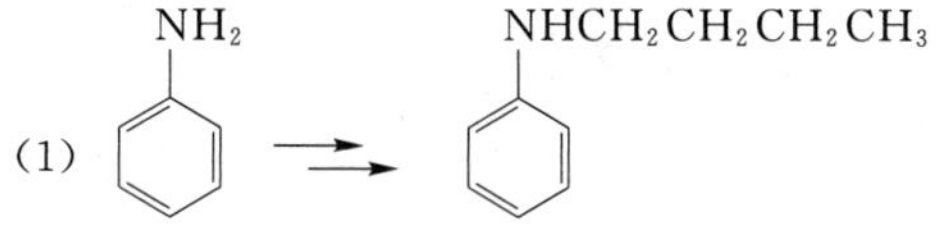

(1) 苯胺($NH_2$) $\longrightarrow$ 苯胺($NHCH_2CH_2CH_2CH_3$)

(2) (R)-2-溴丁烷转变成(S)-2-甲基丁-1-胺

**思考题 12-15** 如何用 Gabriel 合成法来制备苯甲胺?

**思考题 12-16** 当(R)-2-甲基丁酰胺在氢氧化钠的水溶液中与溴发生反应,预测产物的结构及它的立体化学。

## 12.3 重氮盐的性质及其在合成上的应用

分子中含有—N═N—原子团,而且这个原子团的两端都和碳原子相连的化合物称为**偶氮化合物**(azoic compound)。它们可以用通式 R—N═N—R 来表示,其中 R 可以是脂肪族烃基或芳香族烃基。例如:

$$CH_3-N\!=\!N-CH_3$$

二甲基乙氮烯(俗称偶氮甲烷)

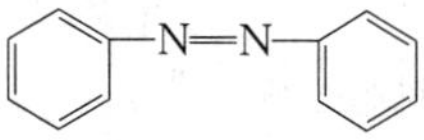

二苯基乙氮烯(俗称偶氮苯)

**重氮化合物**的分子中也含有两个氮原子相连的原子团,但这个原子团只有一端与碳原子相连。例如:

$CH_2N_2$
重氮甲烷

$C_6H_5N_2Cl$
氯化苯重氮盐(氯化重氮苯)

$C_6H_5-N\!=\!N-NHC_6H_5$
N-苯基乙氮烯基苯胺

脂肪族重氮化合物和偶氮化合物为数不多,没有芳香族的重要。芳香族重氮化合物是合成芳香族化合物的重要试剂。芳香族偶氮化合物广泛用做染料。

芳香族伯胺在低温下与亚硝酸(或亚硝酸盐和过量酸)作用,生成芳香族重氮盐。例如:

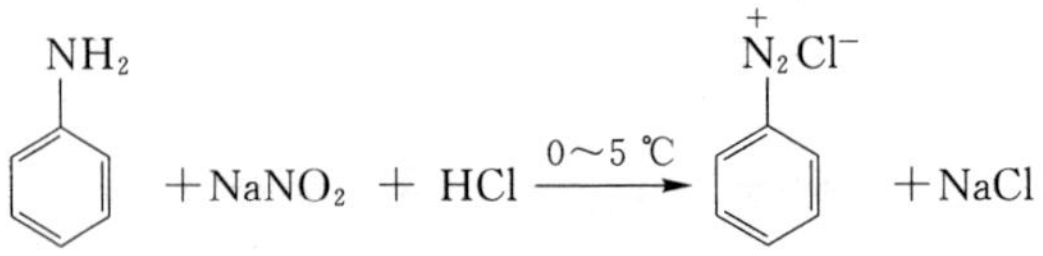

芳香族重氮盐是固体,干燥情况下极不稳定,爆炸性能强,但比脂肪族重氮盐稳定,一般不将它从溶液中分离出来,而是直接进行下一步反应。重氮盐不溶于醚,但能溶于水,水溶液呈中性。它在水中发生离子化,因此它的水溶液具有极强的导电能力。重氮盐和湿的氢氧化银作用生成一个类似季铵碱的强碱——氢氧化重氮化合物。

氢氧化重氮化合物的碱性与无机强碱相当,所以不用氢氧化钠与重氮盐反应来制备氢氧化重氮化合物。

$$ArN_2X + NaOH \rightleftharpoons Ar\overset{+}{N_2}OH^- + NaX$$

而是用如下反应制备:

$$ArN_2X + AgOH \longrightarrow Ar\overset{+}{N_2}OH^- + AgX \downarrow$$

重氮盐结构式可表示为 $[ArN^+\equiv N]X^-$ 或简写成 $ArN_2^+X^-$,重氮正离子的两个氮原子和苯环相连的碳原子是线形结构,两个氮原子的 $\pi$ 轨道与苯环的 $\pi$ 轨道形成离域的共轭体系,重氮正离子可用下列共振式表示:

由于重氮正离子中的氮原子上的正电荷可以离域到芳环上,因此它是一个很弱的亲电试剂。重氮盐的稳定性受苯环上的取代基和酸根的影响,取代基为卤素、硝基、磺酸基等吸电子基团时能增强重氮盐的稳定性。硫酸根重氮盐要比盐酸盐稳定;氟硼酸重氮盐只有在高温下才会分解,是有机合成的重要中间体。通过重氮盐的反应,可以制备许多芳香族化合物。芳香族重氮盐的反应主要分为放氮(重氮基被取代的)反应和保留氮(偶合、还原)反应两大类。

### 12.3.1 取代反应

重氮基$(-N\equiv N)^+$在不同条件下,可被羟基、卤素、氰基、氢原子等取代,生成相应的芳香族衍生物,放出氮气。因此,利用这些反应可以从芳香烃开始合成一系列芳香族化合物。

$$Ar-H \xrightarrow[\text{HNO}_3]{\text{H}_2\text{SO}_4} Ar-NO_2 \xrightarrow[\text{HCl}]{\text{Fe}} Ar-NH_2$$

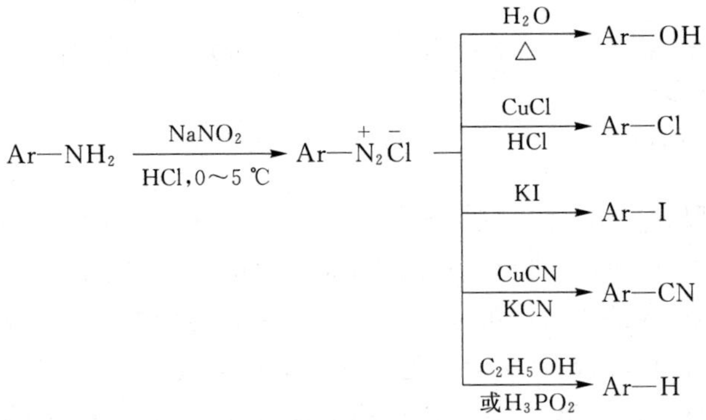

通过生成重氮盐的途径将氨基转变成羟基，由此来制备一些不能由芳磺酸盐碱熔而制备的酚类。例如，间溴苯酚不宜用间溴苯磺酸钠碱熔制取，因为溴原子也会在碱熔时水解。因此在有机合成上可用间溴苯胺经重氮化、水解而制得间溴苯酚。

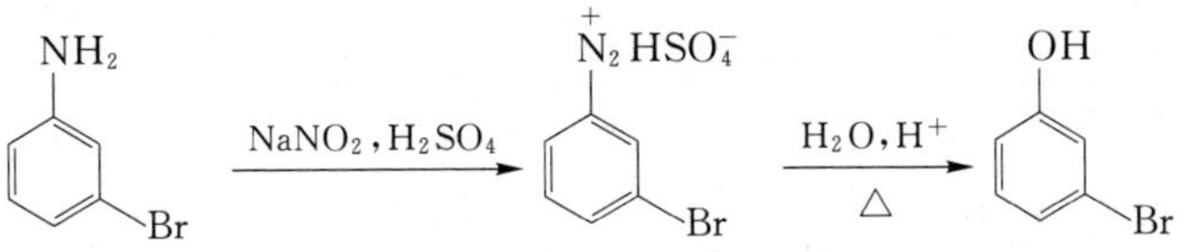

重氮盐与次磷酸（$H_3PO_2$）或氢氧化钠－甲醛溶液作用，重氮基可被氢原子取代。重氮盐是由伯胺制得的，这个反应提供了一个从芳环上除去氨基的方法。这一反应也被称为**脱氨基**（deamination）**反应**。利用脱氨基反应，可以在苯环上先引入一个氨基，借助氨基的定位效应来引导亲电取代反应中取代基进入苯环的位置，然后再把氨基除去。例如，以苯为原料合成 1,3,5-三溴苯时，苯直接溴化是得不到这个化合物的，但苯胺溴化却容易得到 2,4,6-三溴苯胺，该化合物中三个溴原子是互为间位的。因此，可以先使苯通过硝化、还原得苯胺，苯胺溴化后再通过重氮盐而除去氨基即可达到合成 1,3,5-三溴苯的目的。

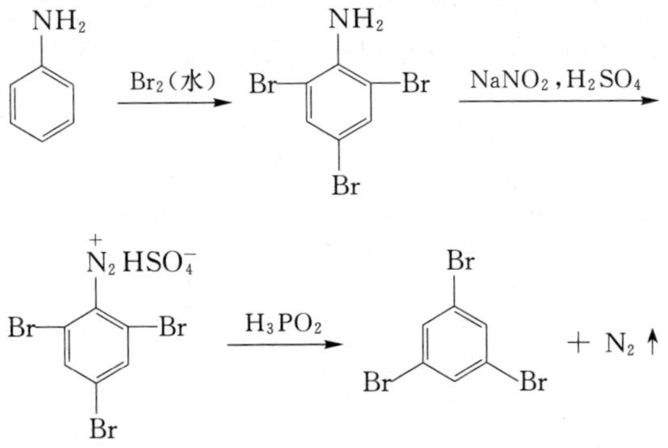

重氮盐的水溶液和碘化钾一起加热，重氮基即被碘原子所取代，生成碘化物并放出氮气，这是将碘原子引入苯环的一个好方法，产率高。

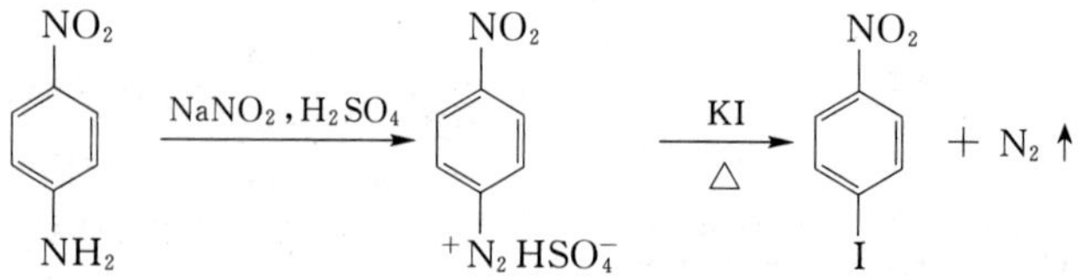

碘代反应的研究指出,本反应属于 $S_N1$ 机理。相对说来,$Cl^-$ 和 $Br^-$ 的亲核能力较弱,因此 KCl 和 KBr 就难于进行上述反应,要发生该反应常常需要有亚铜盐作为催化剂。例如,在氯化亚铜的浓盐酸溶液或溴化亚铜的浓氢溴酸溶液存在下,其相应重氮盐能受热后转变成氯代或溴代芳烃。这个反应称为**桑德迈尔反应**。如改用铜粉为催化剂,反应也可进行,但产率低,这个反应称为**伽特曼(Gattermann)反应**。

$$ArN_2Cl \xrightarrow{\text{CuCl或Cu}} ArCl + N_2 \uparrow$$

$$ArN_2Br \xrightarrow{\text{CuBr或Cu}} ArBr + N_2 \uparrow$$

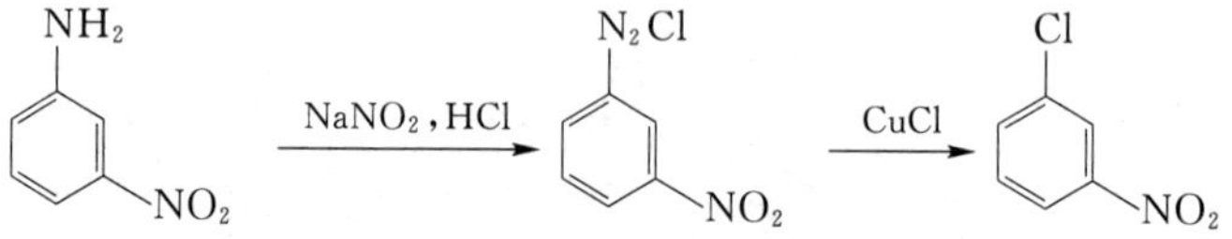

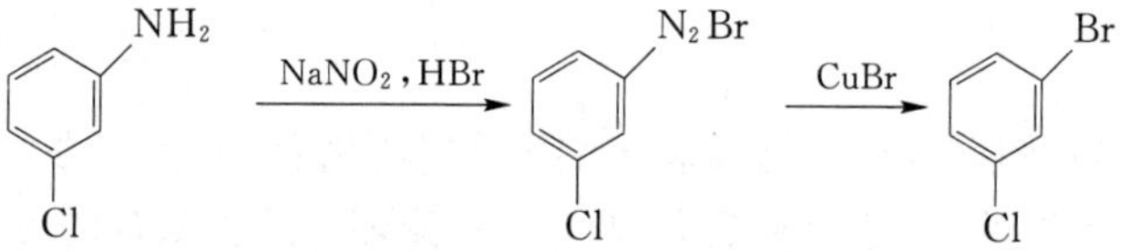

重氮盐溶液中加入氟硼酸生成氟硼酸重氮盐,小心加热,逐渐分解而制得相应的芳香族化合物。这个反应又称为**希曼(Schiemann G)反应**。

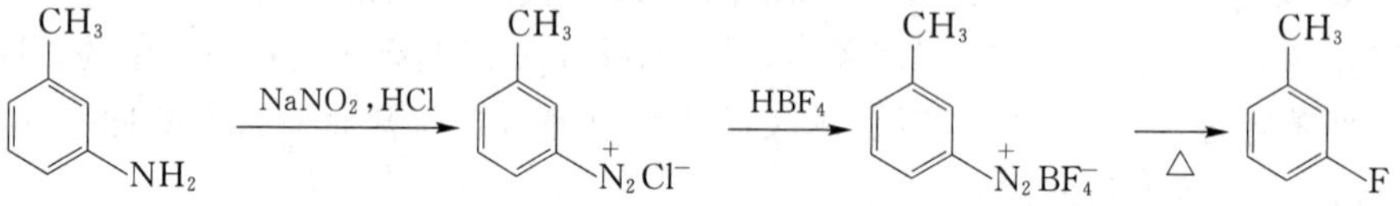

重氮盐与氰化亚铜的氰化钾水溶液作用(桑德迈尔反应)或在铜粉存在下和氰化钾水溶液作用(伽特曼反应),则重氮基可被氰基取代,生成芳腈。

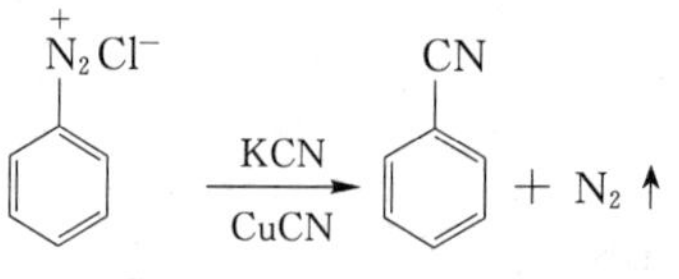

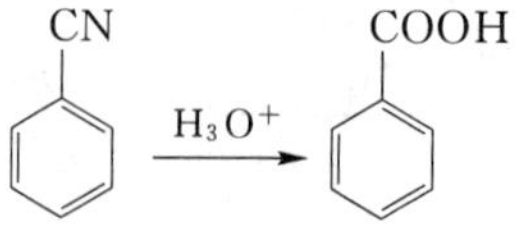

由于氰基可以水解成羧基,所以这个反应也是把羧基引入苯环的一个方法。

**思考题 12-17** 由指定原料合成下列化合物(其他试剂任选)。

(1) 由苯转化成间氨基苯酚。

(2) 由苯甲酸合成 2,4,6-三溴苯甲酸。

### 12.3.2　偶联反应

重氮盐是一个较弱的亲电试剂，可以和活泼的芳香族化合物（芳胺和酚）作用，发生苯环的亲电反应，失去一分子 HX，生成偶氮化合物。这个反应称为**偶联反应**(coupIding reaction)。

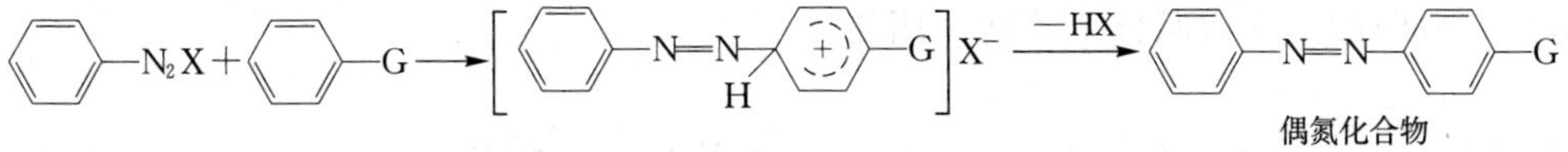


G=—OH，—$NR_2$，—NHR，—$NH_2$

重氮盐与酚偶联时，在弱碱性溶液（pH=7～9）中进行得最快。因为在碱性溶液中生成苯氧基负离子（$ArO^-$），苯氧基负离子比游离酚更容易发生环上的亲电取代反应，因而有利于偶联反应的进行。如果溶液的碱性太大（pH＞10），重氮盐将与碱作用，生成不能进行偶联反应的重氮碱或重氮酸盐。因为在碱性溶液中，重氮离子存在下列平衡：

$$\underset{\text{重氮离子（能偶合）}}{Ar\overset{+}{N}\equiv N} \underset{H^+}{\overset{OH^-}{\rightleftharpoons}} \underset{\text{重氮酸（不能偶合）}}{Ar-N=N-OH} \underset{H^+}{\overset{OH^-}{\rightleftharpoons}} \underset{\text{重氮酸根负离子（不能偶合）}}{Ar-N=N-O^-}$$

重氮盐与芳胺偶联是在微酸性溶液（pH=5～7）中进行得最快，因为在这种条件下，重氮盐的浓度最大，如果酸性太强，则芳胺变成铵盐，氨基变成 $-\overset{|}{\underset{|}{N^+}}-H$，这是一个吸电子基，使苯环钝化，不利于偶联反应的进行。

重氮盐与酚或叔芳胺的偶联反应，一般是在羟基或氨基的对位上发生，如果对位上有其他取代基时，则在邻位上发生。例如：

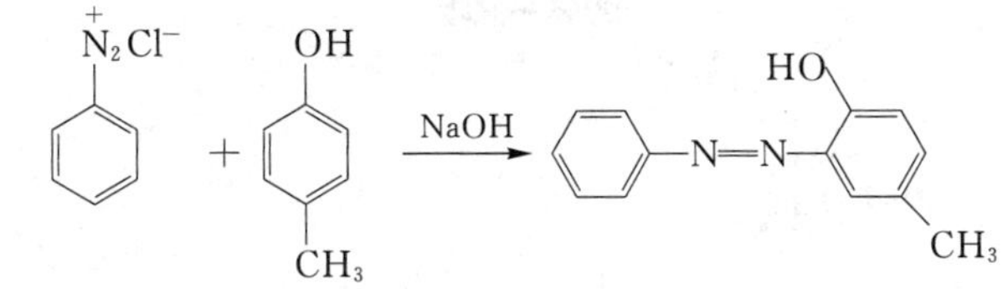

重氮盐与伯芳胺或仲芳胺发生偶联反应时，氨基上的氢原子被取代。例如，重氮盐在弱酸性介质中与苯胺偶联时，首先发生氨基上的氢原子被取代的反应：

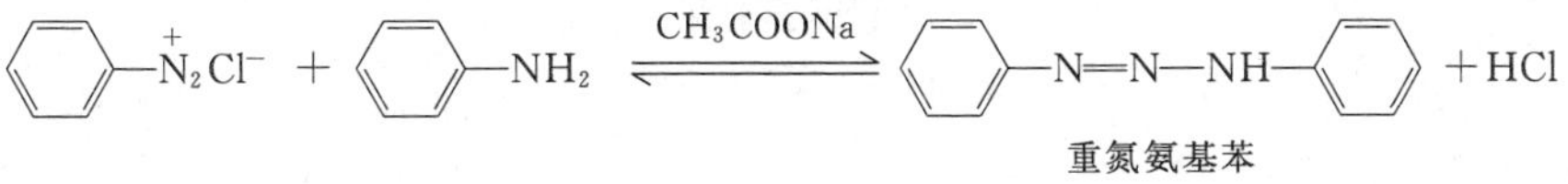


生成的重氮氨基苯，在苯胺盐酸盐存在下，加热到 30～40 ℃，则重排为对氨基偶氮苯。

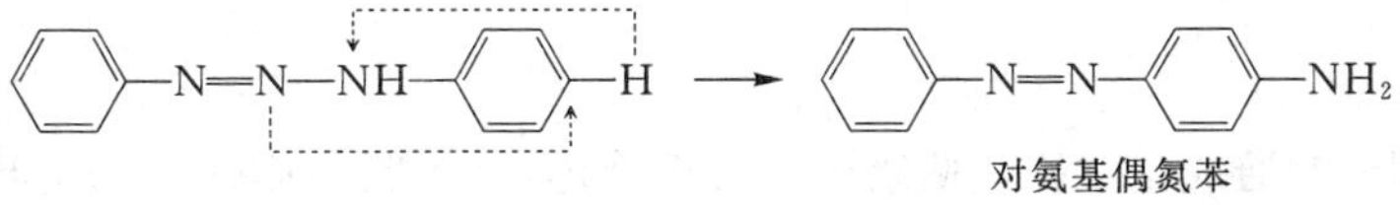

用氯化亚锡和盐酸或亚硫酸钠还原重氮盐可得苯肼。

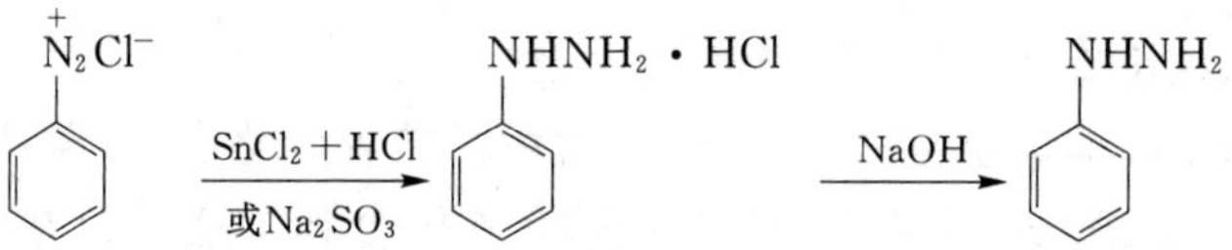

$$\underset{\text{或 Na}_2\text{SO}_3}{\xrightarrow{\text{SnCl}_2 + \text{HCl}}}$$

用氯化亚锡和盐酸或硫代硫酸钠还原偶氮化合物,生成氢化偶氮化合物,继续还原则氮氮双键断裂而生成两分子芳胺。例如:

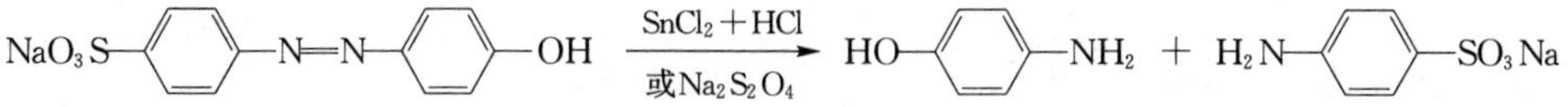

$$\underset{\text{或 Na}_2\text{S}_2\text{O}_4}{\xrightarrow{\text{SnCl}_2 + \text{HCl}}}$$

从生成的芳胺的结构,能推测原偶氮化合物的结构,因此可以用来分析偶氮染料(azodye)的结构。这个还原反应还可以用来合成某些氨基酚或二胺。

## 12.4　偶氮化合物和偶氮染料

选读内容:偶氮化合物和偶氮染料

## 12.5　重氮甲烷和卡宾

选读内容:重氮甲烷和卡宾

## 12.6　叠氮化合物和胍

选读内容:叠氮化合物和胍

## 12.7　腈、异腈和它们的衍生物

### 12.7.1　腈

腈(nitrile)的通式是 RCN,低级腈为无色液体,高级腈为固体。乙腈与水混溶,随相对分子质量增加在水中的溶解度迅速降低,丁腈以上难溶于水。纯粹的腈没有毒性,但通常腈中都含有少量的异腈,而异腈是很毒的物质。由于腈分子的偶极矩大,腈的沸点比相对分子质量相近的烃、醚、醛、酮和胺都要高得多。又因腈分子的极性大,乙腈(偶极矩 $13.3 \times 10^{-30}$ C·m)易溶于水,并能溶解许多盐类,因此乙腈是一种很好的溶剂。

腈的命名方式与酸和其他相关化合物命名方式类似,命名时将相应羧酸的后缀"酸"替换为"腈"即可。例如,$CH_3CH_2CH_2CH_2CN$ 称为戊腈,$NCCH_2CH_2CH_2CN$ 称为己二腈。

腈可由卤代烷与氰化钠作用制得:

$$CH_3CH_2CH_2CH_2Br + NaCN \xrightarrow{\text{乙醇}} \underset{\text{正戊腈}}{CH_3CH_2CH_2CH_2CN} + NaBr$$

酰胺或羧酸的铵盐与五氧化二磷共热失水可生成腈:

$$RCONH_2 \xrightarrow[\triangle]{P_2O_5} RCN + H_2O$$

腈在酸或碱催化下可水解生成羧酸:

$$RCN + HOH \xrightarrow{H^+ \text{或} OH^-} R\overset{\overset{\displaystyle O}{\|}}{C}-NH_2 \xrightarrow[H^+ \text{或} OH^-]{H_2O} R\overset{\overset{\displaystyle O}{\|}}{C}-OH + NH_3$$

腈的水解分两步进行,第一步生成酰胺,第二步生成羧酸。一般情况下水解时,不易停留在酰胺阶段,但在浓的硫酸中并限制水量进行水解,则可以使水解停留在酰胺阶段。

腈加氢还原可制备伯胺。

### 12.7.2 异腈

异腈命名时,作为词尾时以"异氰化物"作为词尾,如 $C_6H_5$—NC 称为苯异腈化物;作为前缀时以"异氰基"作为前缀,例如,CN—⟨苯环⟩—COOH 称为 4 - 异氰基苯甲酸;含有"R—CN"结构的腈类化合物,其官能团类别组成为先给出基团中 R 的名称,后紧跟类别名"氰化物",例如,$CH_3$—CN 可称为甲基氰化物,$C_6H_5$—$SO_2$—CN 称为苯磺酰氰化物。

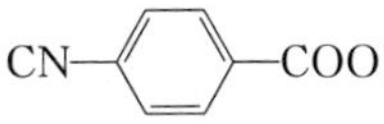

异腈的通式为 RNC(R—N≡C),它是腈的异构体。在腈分子中,氰基上的碳原子和烃基相连,而在异腈分子中,氰基上的氮原子和烃基相连。

异腈是具有恶臭和剧毒的无色液体,化学性质与腈有显著的不同。异腈对碱相当稳定,但容易被稀酸水解,生成伯胺和甲酸。

$$RNC + 2H_2O \xrightarrow{H^+} RNH_2 + HCOOH$$

异腈加热时异构化成相应的腈。

$$RNC \xrightarrow{250\sim300\ ℃} RCN$$

异腈催化加氢生成仲胺。

$$RNC + 2H_2 \xrightarrow{Pt} RNHCH_3$$

### 12.7.3 异氰酸酯

一般认为氰酸是两种结构的平衡混合物,并且以异氰酸为主:

$$H-O-C≡N \rightleftharpoons O=C=N-H$$
氰酸       异氰酸

普通氰酸的酯都是异氰酸的酯($R-N=C=O$)。

异氰酸酯的命名和羧酸酯的命名相似,例如:

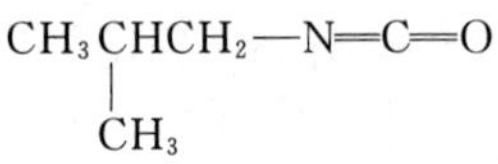

$$CH_3CHCH_2-N=C=O \qquad\qquad$$
$$|$$
$$CH_3$$

异氰酸异丁酯 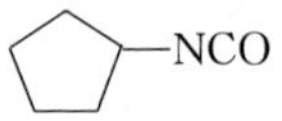          异氰酸环戊酯

异氰酸酯为难闻的催泪性液体。异氰酸酯分子中有一个碳原子和两个双键相连,有类似烯酮的结构,化学性质活泼,可与含有活泼氢原子的各类化合物,如水、醇、酚、胺和羧酸等发生反应。如异氰酸苯酯的反应:

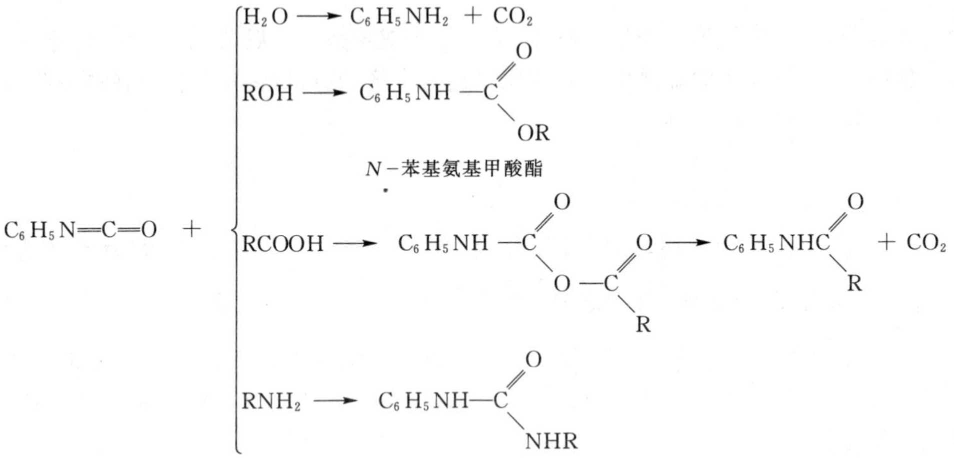

由异氰酸苯酯生成的 $N$-苯基氨基甲酸酯、二取代脲为结晶固体,具有一定熔点。在有机分析中常用来鉴定醇、酚和胺。异氰酸甲酯是制备 $N$-甲基氨基甲酸酯类农药的基本原料。甲苯-2,4-二异氰酸酯与二元醇作用可生成聚氨基甲酸酯类高分子化合物,简称为聚氨酯类树脂。

## 12.8　表面活性剂和离子交换树脂

随着世界经济的发展及科学技术领域的开拓,作为工业"味精"的表面活性剂(surfactant)的发展更为迅猛,其应用领域从日用化学发展到石油、纺织、食品、农业、环境及新型材料等方面。

表面活性剂是指一些在很低的浓度下,能显著降低液体表面张力(或界面张力)的物质,如溴化三甲基十二烷基铵、日常用的肥皂、十二烷基硫酸钠等都属于表面活性剂。

$$\underset{\text{肥皂}}{R{-}CO_2^-\,Na^+} \qquad \underset{\text{硫酸酯}}{R{-}OSO_3^-\,Na^+} \qquad \underset{\text{季铵盐}}{R_4N^+\,X^-} \qquad \underset{\text{聚氧乙烯十二烷基醚}}{C_{12}H_{25}{-}O{-}(CH_2CH_2)_n{-}H}$$

上述化合物的结构中都含有一个亲油基和一个亲水基。

亲油基是一些亲油性原子团,它们与油有亲和性;而亲水基则是一些容易溶于水或容易被水所润湿的原子团。例如,十二烷基硫酸钠分子中的 $CH_3(CH_2)_{11}{-}$ 为亲油基;$-OSO_3^-$ 为亲水基。

表面活性剂可根据其用途分为润湿剂、渗透剂、泡沫剂、消泡剂、乳化分散剂、破乳剂、洗涤剂、匀染剂、泥浆处理剂等。同一种表面活性剂也可以兼有数种作用。从结构上可以根据表面活性剂是否解离及解离后起表面活性作用的基团的离子性质,将其分为阴离子表面活性剂、阳离子表面活性剂、非离子表面活性剂及两性表面活性剂等。

阴离子基团主要有羧基、磺酸基、硫酸基和磷酸基等,它们一般都被制成钠盐以加强亲水功能。如 $R{-}CO_2^-\,Na^+$ 肥皂,起表面作用的是阴离子羧基上的长链烷基和羧基。阳离子基团主要有各类伯胺盐、仲胺盐、叔胺盐和季铵盐。长链烷基是亲油基团,铵离子为亲水基,而卤负离子不起表面活性作用。非离子基团主要包括醚氧原子、醇羟基和酰胺基等。非离子表面活性剂在水中不解离成离子,如聚氧乙烯十二烷基醚,它的亲水基是醚键"$-O-$"。非离子表面活性剂的性能良好,不解离,耐酸耐碱,因此可以在酸性或碱性溶液中使用。它们可以与阴离子表面活性剂或阳离子表面活性剂复合使用而不致失效。

同时具有两种离子性质的表面活性剂称为两性表面活性剂。例如:

$$\underset{\underset{CH_3}{|}}{\overset{\overset{CH_3}{|}}{C_{12}H_{25}{-}N^+{-}CH_2COO^-}} \qquad N,N\text{-二甲基-}N\text{-十二烷基氨基乙酸}$$

离子交换树脂(ioinexchange resin)是指可以发生离子交换的高聚物树脂。苯乙烯和对二乙烯基苯聚合后得到的共聚物,是一种不溶于水的网状体,也是大多数离子交换树脂的骨架。

$$2n \underset{\text{CH=CH}_2}{\bigcirc} + 2n \underset{\text{CH=CH}_2}{\underset{\text{CH=CH}_2}{\bigcirc}} \longrightarrow \left[ \begin{array}{c} \text{—CH—CH}_2\text{—CH}_2\text{—CH—CH}_2\text{—CH—CH}_2\text{—} \end{array} \right]_n$$

（1）**阴离子交换树脂** 将共聚物中苯环对位的氢原子用氯甲基取代后，与三甲胺反应得到季铵盐，再转化成季铵碱。羟基阴离子能和其他阴离子交换。

$$\boxed{\text{P}}\text{—H} \xrightarrow[\text{HCl}]{\text{HCHO}} \boxed{\text{P}}\text{—CH}_2\text{Cl} \xrightarrow{\text{N(CH}_3)_3} \boxed{\text{P}}\text{—CH}_2\text{N}^+(\text{CH}_3)_3\text{Cl}^- \xrightarrow{\text{OH}^-} \boxed{\text{P}}\text{—CH}_2\text{N}^+(\text{CH}_3)_3\text{OH}^-$$

（2）**阳离子交换树脂** 将上述共聚物中苯环对位的氢原子用磺酸基取代得到磺酸衍生物，再转化成钠盐。碱金属阳离子能和其他阳离子交换。

$$\boxed{\text{P}}\text{—H} \xrightarrow{\text{H}_2\text{SO}_4} \boxed{\text{P}}\text{—SO}_3^-\text{H}^+ \xrightarrow{\text{NaOH}} \boxed{\text{P}}\text{—SO}_3^-\text{Na}^+$$

将水通过阴、阳离子交换树脂，水中的酸根阴离子和金属阳离子先后被 $OH^-$ 和 $H^+$ 交换除去而留在了树脂上，经这样处理过的水称为去离子水。离子交换树脂除了能用来软化水之外，还可用于分离、提取氨基酸，浓缩金属离子，处理污水。用过的树脂可用盐酸或氢氧化钠处理再生，重复使用。

# 习　题

**12–1** 命名下列化合物。

（1） （萘环，2位有 CH₂COOH，5位有 NO₂）

（2） $(CH_3)_3CN(CH_3)_2$

（3） $H_2N(CH_2)_4NH_2$

（4）（苯环，1位 COOH，2位 NH₂）

（5） $CH_3$—$\overset{CH_2\text{—}\bigcirc}{\underset{\bigcirc}{N^+}}$—$CH_2\text{CH=CH}_2\ Cl^-$

（6）（苯环—C(=O)—CN）

**12–2** 写出化合物 $Ph-\overset{O}{\overset{\|}{C}}-CH_2NH_2$ 最稳定的构象。

**12–3** 比较（1）乙基二甲基胺、（2）正丁基胺和（3）二乙基胺的沸点高低，并解释原因。

**12-4** 比较下列各组化合物酸碱性强弱,并说明原因。

(1)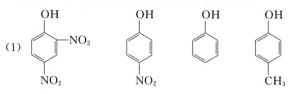

(2) $P-CH_3OC_6H_4NH_2$ $\quad$ $C_6H_5NH_2$ $\quad$ $P-NO_2C_6H_4NH_2$

(3)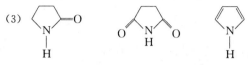

(4) 比较$(C_4H_9)_3N$,$C(C_4H_9)_2NH$,$C_4H_9NH_2$,$NH_3$在水溶液中的碱性强弱;在气相中的碱性强弱。

**12-5** 鉴别伯、仲、叔胺常用的试剂是( )。

(1) Sarret 试剂 $\quad$ (2) $Br_2/CCl_4$ $\quad$ (3) $\left[Ag(NH_3)_2^+\right]OH^-$

(4)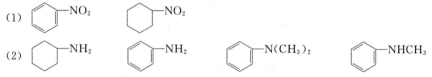

**12-6** 用简单的化学方法鉴别下列各组化合物。

(1) ⬡—NO₂ $\quad$ ⬡—NO₂

(2) ⬡—NH₂ $\quad$ ⬡—NH₂ $\quad$ ⬡—N(CH₃)₂ $\quad$ ⬡—NHCH₃

(3) $(CH_3CH_2CH_2CH_2)_3N^+HCl^-$ $\quad$ $(CH_3CH_2CH_2CH_2)_4N^+Cl^-$

**12-7** 用简便的化学方法除去三丁基胺中的少量二丁基胺。

**12-8** 完成下列反应。

(1) $Br-CH_2CH_2CH_2-Br+2KCN \longrightarrow (\quad) \xrightarrow[(2)H_2O]{(1)LiAlH_4} (\quad)$

(2) $CH_2=CH_2 \xrightarrow[\triangle]{Ag,O_2} \xrightarrow{NH_3} (\quad) \xrightarrow{\triangle O} (\quad) \xrightarrow{\triangle O} (\quad)$

(3) $PhCH=O + PhNH_2 \longrightarrow (\quad) \xrightarrow{H_2/Ni} (\quad)$

(4) $PhCH_2NH_2 + HCOOH \longrightarrow (\quad) \xrightarrow{\triangle} (\quad)$

(5) $\left[ CH_3CH_2-\overset{\overset{\displaystyle Me}{|}}{\underset{\underset{\displaystyle Me}{|}}{N}}-\overset{\overset{\displaystyle CH_3}{}}{C}(CH_3)_2 \right]^+ OH^- \xrightarrow{\triangle} (\quad) + (\quad)$

(6) ⬡(N—CH₃) $\xrightarrow[过量]{MeI} (\quad) \xrightarrow{Ag_2O} (\quad) \xrightarrow{\triangle} (\quad) \xrightarrow[过量]{MeI} (\quad) \xrightarrow{Ag_2O} \xrightarrow{\triangle} (\quad) + (\quad)$

(7) ⬡(—NO₂)(—NO₂) $\xrightarrow{Na_2S} (\quad)$

(8)

$$\underset{OH}{\overset{NH_2}{\bigodot}} + 2(CH_3CO)_2O \longrightarrow (\quad)$$

(9) $CH_3CH_2CH_2NC + H_2 \xrightarrow{Ni} (\quad)$

(10)

$$\overset{H}{\underset{}{\bigcirc}}\overset{COCH_3}{} + CH_2N_2 \longrightarrow (\quad)$$

(11) $PhSO_2Cl + EtNH_2 \longrightarrow (\quad) \xrightarrow{NaOH} (\quad) \xrightarrow{EtBr} (\quad) \xrightarrow{H_3O^+} (\quad) + (\quad)$

(12)

$$\underset{}{\overset{NH_2}{\bigodot}} + \underset{Cl}{\overset{NO_2}{\underset{NO_2}{\bigodot}}} \longrightarrow (\quad)$$

**12-9** 用指定原料合成下列化合物(其他试剂任选)。

(1)

$$\underset{NO_2}{\overset{CH_3}{\bigodot}} \longrightarrow (a) \underset{CN}{\overset{COOH}{\bigodot}}, (b) \underset{Cl}{\overset{CH_3}{\bigodot}}$$

(2)

$$\overset{CH_3}{\bigodot} \longrightarrow (a) \underset{Br \underset{Cl}{} Br}{\overset{CH_3}{\bigodot}}, (b) \underset{H_3C}{\overset{O}{\bigodot}}\overset{}{C}\bigodot$$

(3)

$$\overset{NH_2}{\bigodot} \longrightarrow HSO_3-\bigodot-N=N-\bigodot-N(CH_3)_2$$

(4)

$$\overset{}{\text{双环萘}} \longrightarrow \underset{CH_2CH_3}{\overset{OH}{\bigodot\bigodot}}\overset{}{N=N}\bigodot\bigodot$$

**12-10** 制备 $PhCH_2NH_2$ 可用下列五种方法:(1) Gabriel 合成法,(2) 卤代烃胺解,(3) 腈还原,(4) 醛氨基化还原,(5) Hofmann 降级反应。请写出具体反应式,原料自定。

**12-11** 脂肪族伯胺与亚硝酸钠、盐酸作用,通常得到醇、烯烃、卤代烃的多种产物的混合物,合成上无实用价值,但 $\beta$-氨基醇与亚硝酸钠作用可主要得到酮。例如:

$$\underset{五元环}{\overset{OH}{\bigcirc}\overset{}{CH_2NH_2}} \xrightarrow{NaNO_2,HCl} \underset{六元环}{\bigcirc=O}$$

这种扩环反应在合成七～九元环状化合物时特别有用。请回答下列问题:

（1）这种扩环反应与何种重排反应相似？

（2）试由环己酮合成环庚酮。

**12-12** 写出反应机理：

$$\text{（结构式）} \xrightarrow{\text{HONO}} \text{（结构式）}$$

**12-13** 下列化合物在弱酸性条件下能与 $\text{（苯基-} N_2^+ Cl^-\text{）}$ 发生偶联反应的是（　），在弱碱性条件下能与 $\text{（苯基-} N_2^+ Cl^-\text{）}$ 发生偶联反应的是（　）。

（1）（苯环-NHCCH₃ 结构式，含 O）
$\text{（1）} \begin{array}{c} \text{苯环} \\ \text{NHCOCH}_3 \end{array}$

（2）苯胺 $NH_2$

（3）邻甲苯酚 $OH, CH_3$

（4）苦味酸类：$OH$，$O_2N$、$NO_2$、$NO_2$

**12-14** 下列化合物能进行重氮化反应的是（　）。

（1）对氯苯胺 $NH_2$，$Cl$

（2）苯甲酰胺 $\overset{O}{C}-NH_2$

（3）对氯-N,N-二甲基苯胺 $N(CH_3)_2$，$Cl$

（4）$CH_3CHCH_3$，$NHCH_3$

**12-15** 化合物 A 是一种胺，分子式为 $C_7H_9N$，A 与对甲苯磺酰氯在 KOH 溶液中作用，生成清亮的液体，酸化后得白色沉淀。当 A 用 $NaNO_2$ 和 HCl 在 0～5 ℃处理后再与 $\alpha$-萘酚作用，生成一种深颜色的化合物 B。A 的红外光谱表明在 815 cm$^{-1}$ 处有一强的单峰。试推测 A，B 的构造式并写出各步反应式。

**12-16** 有两种异构体，分子式为 $C_{11}H_{17}N$。其中 A 可以与 $HNO_2$ 发生重氮化反应，而 B 则不能，B 可以在芳环上发生亲电取代反应，A 则不能。它们的 $^1H$ NMR 如下：

A. $\delta_H$　　2.0(3H，单峰)　　2.15(6H，单峰)　　2.3(6H，单峰)　　3.2(2H，单峰)

B. $\delta_H$　　1.0(6H，双峰)　　2.6(1H，七重峰)　　3.1(6H，单峰)　　7.1(4H，多重峰)

试推测 A，B 的结构。

**12-17** 根据以下事实，推测 A～D 的结构。

$$C_7H_{15}N(A) \xrightarrow[\text{(2)Ag}_2\text{O,H}_2\text{O}]{\text{(1)CH}_3\text{I(过量)}} \xrightarrow{\triangle} C_8H_{17}N(B) \xrightarrow[\text{(2)Ag}_2\text{O,H}_2\text{O}]{\text{(1)CH}_3\text{I(过量)}}$$

$$C_6H_{10}(C) \xrightarrow{\text{H}_2/\text{Pt}} C_6H_{14}(D)$$

D 的 $^1H$ NMR 有一组多重峰和一组二重峰，峰面积之比为 1:6。

本章思考题答案

本章小结

# 第 13 章 糖 类

除了能量和结构功能外,糖类的诸多生物学功能的新发现,使糖化学成为继核酸化学和蛋白质化学之后的又一个前沿领域。本章首先阐述糖类的基本概念,以葡萄糖为例详细介绍单糖的结构与性质,并以此为知识基础,分别介绍单糖衍生物、寡糖、多糖及糖缀合物的结构、性质及生物学功能。

糖类是自然界分布最广泛,地球上含量最丰富的一类生物有机化合物。多数糖类分子的组成为 $C_n(H_2O)_m$ 看起来像是由 $n$ 个碳原子与 $m$ 个水分子组成,故曾称为碳水化合物。但是后来,科学家们发现,有些不属于碳水化合物的分子,如甲醛($CH_2O$)、乙酸($C_2H_4O_2$)、乳酸($C_3H_6O_3$)等,也有相似的结构;而某些碳水化合物分子的元素组成却不符合这一比例,如鼠李糖分子式为 $C_6H_{12}O_5$,而且有些糖类还含有氮、硫、磷等成分。显然,碳水化合物这个名称已经不确切了。

从化学结构来看,糖类化合物的定义应该是多羟基的醛或酮及其衍生物和缩合物。这样,糖类的概念得到了较大的扩展,它不仅包括单糖、寡糖、多糖等通常意义上的糖类物质,还包含单糖羰基还原产物、糖类的一个或多个羟基被氧化的衍生物及由氨基、巯基或类似杂原子官能团替换糖类中一个或多个羟基所形成的衍生物,此外,糖苷、糖脂、脂多糖、糖蛋白、蛋白多糖等具有特殊生物功能的糖缀合物(又称复合糖)也属于糖类化合物。

19 世纪后半叶,德国著名化学家 Fischer E 的开拓性工作使糖类真正发展成为一门学科。然而,糖类最初仅被认为是一种能量与结构物质,糖化学因此经历一段时间的沉寂。20 世纪 70 年代以后,随着现代分离、分析技术的迅速发展,人们得到了越来越多有关糖类的结构信息;而分子生物学,尤其是细胞生物学的高速发展,更是不断揭示了糖类的诸多生物学功能。特别是近年的研究使人们对糖类的认识有了质的飞跃:糖类是除核酸和蛋白质之外另一类重要的生命物质,它是生命体内重要的信息分子,参与了生命,特别是多细胞生命的受精、着床、分化、发育、免疫、感染、癌变、衰老等全部时间和空间过程,与多种疾病的发生密切相关。大量事实证明,对糖类化合物的研究已成为有机化学、生物化学及药学中最令人感兴趣的领域之一。

## 13.1 单糖

单糖是糖类化合物的最基本单元,是含有一个单独(糖)单元,不与其他类似单元存在苷键连接的化合物。根据组成分类,含有甲酰基的单糖称为醛糖(aldoses),含有酮羰基的单糖称为酮糖(ketoses);个别糖类还含有氨基;根据分子中的碳原子数,单糖又分为丙糖、丁糖和戊糖等。这两种分类方法常常联用,称为某醛糖或某酮糖。按其来源,糖类化合物大多有俗名,如葡萄糖、果糖和核糖等,它们分别是己醛糖、己酮糖和戊醛糖。

### 13.1.1　单糖的构造

最重要的单糖是葡萄糖,它不仅在自然界分布广泛,而且在生物化学中具有核心作用,因此,糖化学的研究是围绕葡萄糖进行的,其他单糖是葡萄糖的异构体或较低级的同类化合物。本节以葡萄糖为例说明单糖的结构。

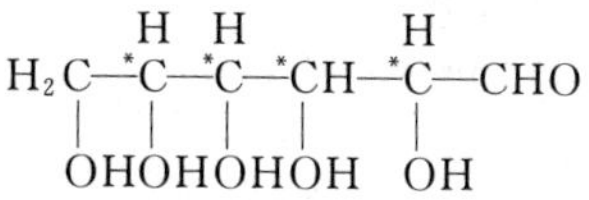

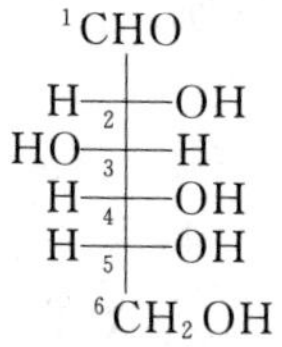

D-葡萄糖
(链状Fischer投影式)

人们很早就通过一系列的实验确证:葡萄糖是链式的五羟基己醛的结构。在这个己醛糖分子中,有 4 个手性碳原子,应有 $2^4 = 16$ 种对映异构体。目前,葡萄糖的 16 种对映异构体都已经得到,其中只有 D-(+)-葡萄糖、D-(+)-半乳糖和 D-(+)-甘露糖这 3 种是天然存在的,其他 13 种只能用人工的方法制得。

在己醛糖的这 16 种对映异构体中,有 12 种是 Fischer 发现并证实的,其中就包括葡萄糖的链状结构,他因为在糖化学领域的卓越贡献,获得了 1902 年诺贝尔化学奖,并被誉为"糖化学之父"。

这一结构能说明葡萄糖的许多化学性质。但是,也有一些现象与性质是葡萄糖的直链多羟基结构所不能解释的:

(1) 既然结构唯一,为什么葡萄糖在水溶液中有变旋光现象?

新配制的单糖溶液,随着时间的变化,其比旋光度($[\alpha]_D^{20}$)逐渐增大或减小,最后达到一个恒定数值,这就是所谓的"变旋光现象"。如下所示,葡萄糖在不同温度下结晶,得到两种熔点不同的晶体,任何一种溶于水后,比旋光度都随着时间的改变而改变,或减小或增大,直至最后恒定为 $+52.7° \cdot m^2 \cdot kg^{-1}$。

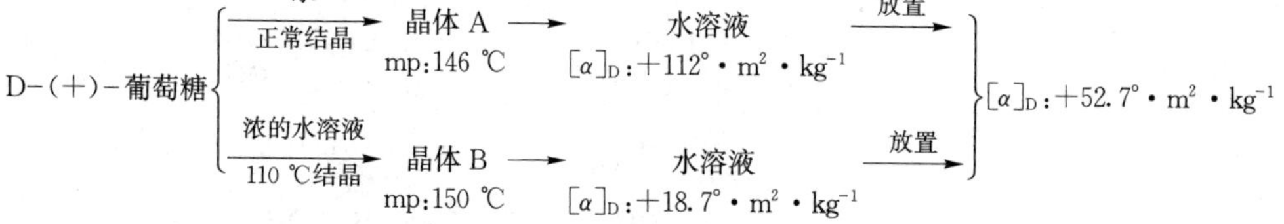

(2) 既然含有甲酰基,就应当具备醛的性质,可事实却是不能与亚硫酸氢钠加成,与 $HCl/CH_3OH$ 反应也不能产生结构唯一的缩醛,此外,其 IR 谱图中通常没有羰基的特征吸收峰,$^1H$ NMR 谱图中也找不到甲酰基氢的吸收峰。

（3）葡萄糖具有五个醇羟基，可为什么与醋酐发生酰化反应会生成两种不同的五氧乙酰化合物？

受醛可以与醇作用生成半缩醛这一反应的启示，英国化学家 Haworth W N 提出一个大胆的设想：多羟基链状结构并不是葡萄糖的唯一结构。由于分子中同时存在甲酰基和羟基，可以发生分子内的亲核加成反应，形成稳定的环状半缩醛，Haworth W N 通过甲基化法证明了自己的设想，后来，人们也通过中子衍射和 X 射线衍射进一步证明了他的设想。

图 13-1 中两个环状半缩醛结构称为 Haworth 式或氧环式结构。在 Haworth 式中，将环上氧原子写在右上角，碳原子编号按顺时针排列，原来 Fischer 投影式中左边的羟基处在环平面的上方，右边的羟基处在环平面的下方。

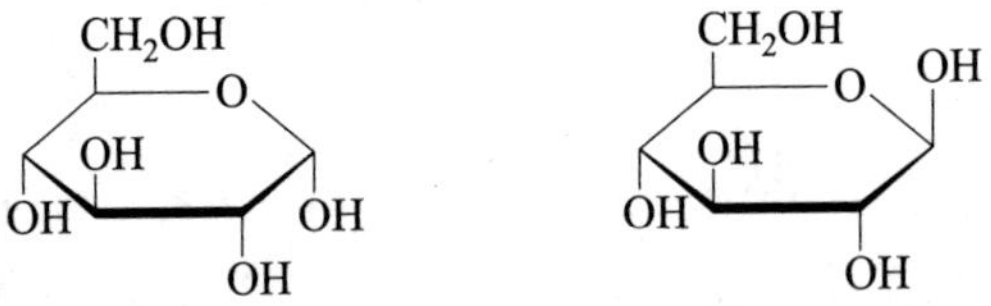

$\alpha$-D-吡喃葡萄糖　　　　　　$\beta$-D-吡喃葡萄糖
(Haworth式)　　　　　　　　(Haworth式)

图 13-1　Haworth 式

葡萄糖的醛基使其能够环化，直链葡萄糖 C5 位羟基上的氧原子对羰基进行亲核加成，便形成一个六元环状半缩醛，因其骨架与吡喃环相似，称为吡喃型葡萄糖。

羰基碳原子的 $sp^2$ 杂化状态决定了羰基平面形的空间结构，使得 C5 位的醇羟基可以从该平面的上、下两个方向对甲酰基进行亲核进攻，这样羰基碳原子就变成了手性碳原子，加成的结果得到 C1 构型不同的两种氧环式结构，其中半缩醛羟基与 C5 位羟甲基在环平面同侧的为 $\beta$-异构体，异侧的为 $\alpha$-异构体。

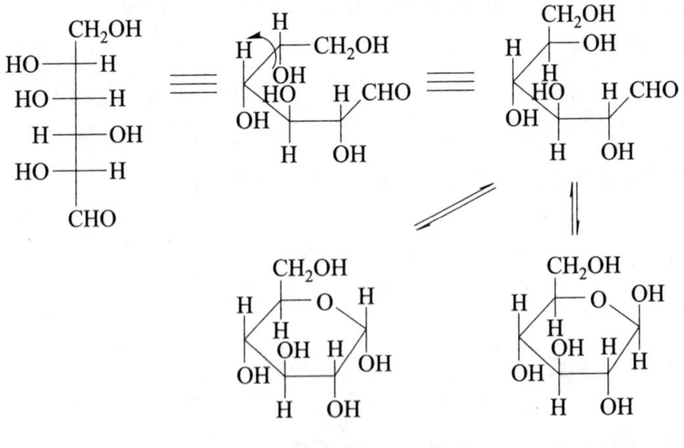

$\alpha$-D-吡喃葡萄糖　　　　　$\beta$-D-吡喃葡萄糖

葡萄糖六元氧环结构的形成

这两种异构体除 C1 构型不同外,其余手性碳原子的构型都相同,因此它们是差向异构体。在糖类化学中,这种半缩醛(酮)碳原子构型不同的差向异构体又称异头物、端基异构体,半缩醛(酮)的碳原子即称为异头碳原子。

如果 C4 位羟基上的氧原子对羰基进行亲核加成,就生成五元环状半缩醛,因其骨架与呋喃环相似,称为呋喃型葡萄糖。

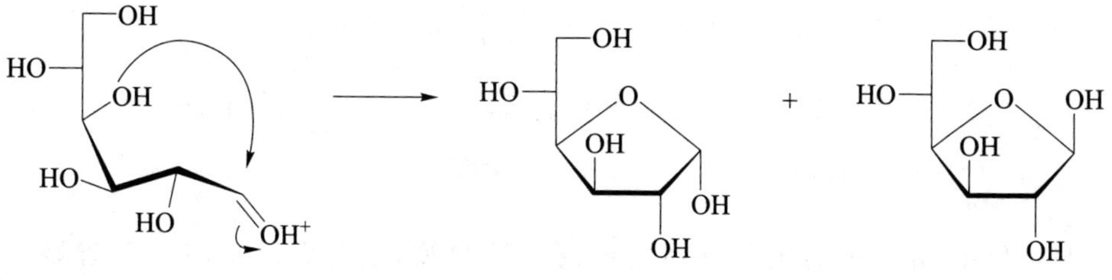

葡萄糖五元氧环结构的形成

原则上,葡萄糖分子中任何一个羟基都能对羰基发生分子内亲核加成,但三元环和四元环的环张力太大,不稳定,所以常以五元环或六元环的结构为主。葡萄糖实际是一个链状结构和环状结构的平衡体,吡喃型、呋喃型葡萄糖都可以通过链状葡萄糖实现相互转换。

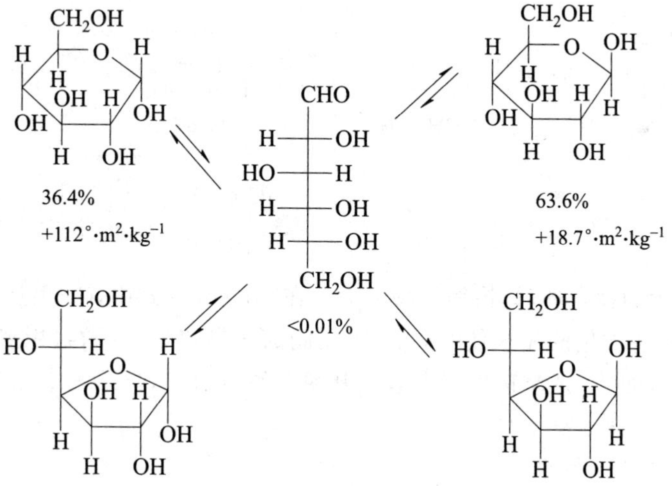

Haworth 式的提出使许多以前难以解决的问题迎刃而解。

### 13.1.2 单糖的构型

单糖往往具有多个手性碳原子,如果采用 $R/S$ 记法,D-(+)-葡萄糖命名为 $(2R,3S,4R,5R)$-(+)-2,3,4,5,6-五羟基己醛,较为烦琐。在糖类化学中,糖类的名称常用俗名,分子构型常采用 D/L 记法表示。该法以甘油醛为参照物,凡分子中离羰基最远的手性碳原子的构型与 D-甘油醛构型相同,就属于 D 型,反之,则属于 L 型。天然葡萄糖中,离羟基最远的 C5 构型与 D-甘油醛的相同,所以它是 D-葡萄糖,D-葡萄糖与 L-葡萄糖互为对映异构体。

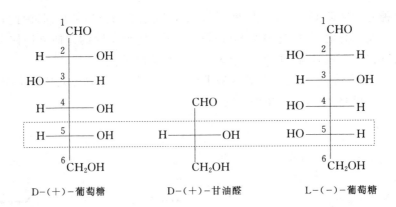

D-(＋)-葡萄糖　　　　D-(＋)-甘油醛　　　　L-(－)-葡萄糖

自然界中,几乎所有天然存在的单糖都是 D 型,通常可以将词头 D 省略。如 D-(＋)-甘油醛、D-(＋)-葡萄糖、D-(－)-核糖、D-(－)-果糖等,这里"＋"和 "－"分别表示旋光方向为右旋和左旋。注意:构型 D/L 与旋光方向(＋)/(－)没有 固定的关系,其旋光方向是由实验测定的。

此外,如果相同的原子或基团在直立碳链同侧称为"赤式",在异侧则称为"苏式"。例如:

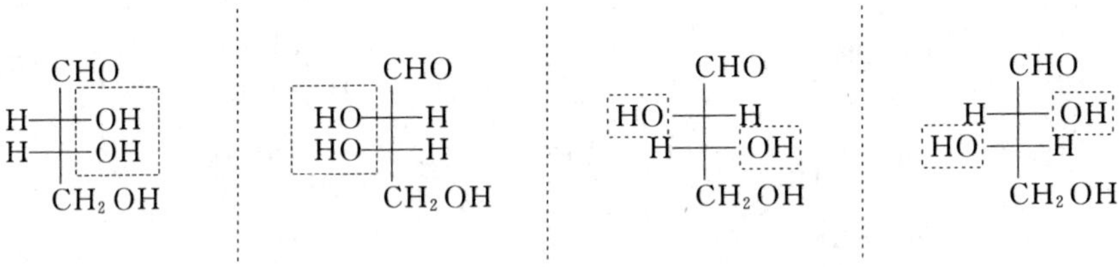

系统命名:D-赤-丁糖　　　　L-赤-丁糖　　　　D-苏-丁糖　　　　L-苏-丁糖
俗名:　　 D-赤藓糖　　　　 L-赤藓糖　　　　 D-苏阿糖　　　　 L-苏阿糖

链状 D-葡萄糖合环后,构型保持不变。在 Haworth 式中,C5 仍然是构型判断的位点与关键,进攻方位的需求使 C4 和 C5 之间的 $\sigma$ 键旋转,导致羟甲基朝上。因此,对氧环式葡萄糖而言,成环碳原子上取代基朝上的为 D 型,反之为 L 型。

### 13.1.3　单糖的构象

相对 Fischer 投影式而言,Haworth 式能更合理地表达葡萄糖的存在形式,但是,简单地以吡喃氧环式的一个平面来表达还不能完全表示出葡萄糖的立体结构。实际上,这种六元环在空间的排布与环己烷类似,以热力学能较低的椅型构象为优势构象。

在两种可能的椅型构象中,占主导地位的是异头碳羟基以外的其他羟基和羟甲基都处在平伏键上,氢原子都在直立键上。对 $\alpha$-D-吡喃葡萄糖而言,只有 $\alpha$-半缩醛羟基在直立键上,对 $\beta$-D-吡喃葡萄糖而言,所有的羟基和羟甲基都在平伏键上,平伏键比直立键稳定,所以,在平衡的 D-葡萄糖水溶液中,$\beta$-D-吡喃葡萄糖含量比 $\alpha$-D-吡喃葡萄糖多,它们的比例为 64∶36。

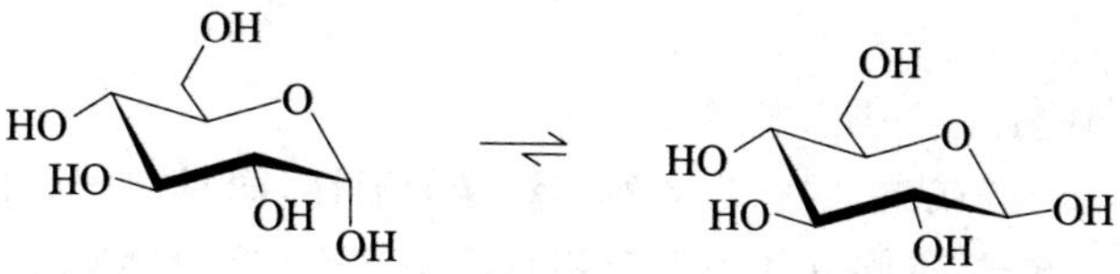

$\alpha$-D-吡喃葡萄糖      $\beta$-D-吡喃葡萄糖

在天然存在的 D-己醛糖中,只有葡萄糖有五个取代基全在 $e$ 键上的稳定构象,由此可见,自然界中葡萄糖存在最多,分布最广,并不是偶然的,这是由其分子结构决定的。

**思考题 13-1** 链状葡萄糖环化形成吡喃葡萄糖时,羟基对甲酰基亲核加成,产生一个新的手性碳原子,因此,应该生成一对对映异构体,且比例为 1:1。你认为这样说法是否准确,为什么?

**思考题 13-2** D-半乳糖和 D-葡萄糖在 C4 位立体构型相反,请画出 D-半乳糖的链状与吡喃型环状结构。

### 13.1.4 单糖的物理性质

目前,已经确认自然界中存在两百多种单糖,它们多为无色或白色的晶体或粉末,由于分子中含有多个羟基,易溶于水,也能溶于甲醇、乙醇、吡啶等极性有机溶剂,但不溶于乙醚、氯仿、苯等非极性有机溶剂。

绝大多数单糖是有甜味的,以 10% 蔗糖水溶液的甜度为 100 进行比较,各种单糖的甜度见表 13-1。

表 13-1 各种单糖的甜度

| 糖 | 甜度 | 糖 | 甜度 |
|---|---|---|---|
| 果糖 | 173 | 半乳糖 | 32 |
| 葡萄糖 | 74 | 甘油醛 | 28 |

所有单糖都含有不对称碳原子,具旋光性,这一性质可用于糖类的鉴定。几种重要单糖的比旋光度如表 13-2 所示。

表 13-2 几种重要单糖的比旋光度

| 单糖名称 | $[\alpha]_D^{20}/(° \cdot m^2 \cdot kg^{-1})$ | | |
|---|---|---|---|
| | $\alpha$ 型 | 平衡 | $\beta$ 型 |
| D-(+)-葡萄糖 | +112 | +52.7 | +18.7 |
| D-(+)-半乳糖 | +114 | +80.2 | +15.4 |
| D-(+)-甘露糖 | +34 | +14.2 | -17 |
| D-(-)-果糖 | -21 | -92.4 | -133.5 |

### 13.1.5 单糖的化学性质

单糖是多羟基的醛或酮,因此具有醇、醛、酮的通性,同时,分子内部各特性基团因连接的次序、位置、方式、空间立体因素等相互影响又产生一些特殊的性质。本节仍以葡萄糖为例来认识单糖的化学性质。下图为葡萄糖的链状与环状结构,从中可以推测,葡萄糖应具有醛、半缩醛、醇、连醇及 α-羟基醛的一些性质。

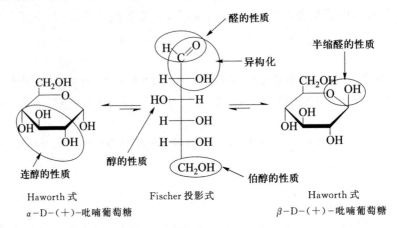

#### 1. 异构化反应

弱碱条件下,醛、酮的 α-H 具有活性,可通过互变异构生成烯二醇,进一步发生异构化反应。如 D-葡萄糖、D-果糖及 D-甘露糖在 $Ba(OH)_2$ 溶液中均可通过烯二醇相互转换。异构化反应是羰基与邻位羟基相互影响而产生的一种特殊性质。

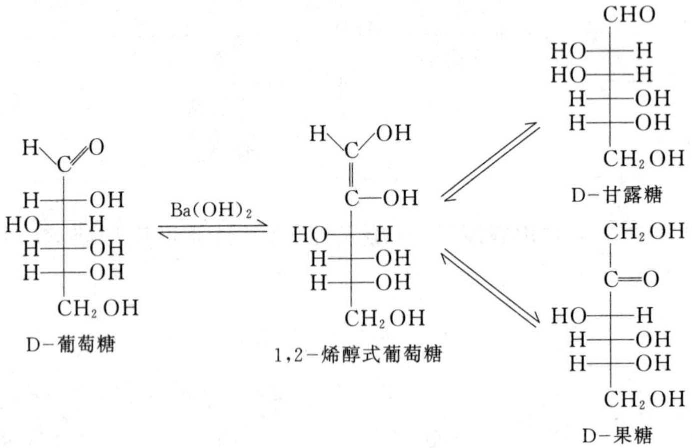

#### 2. 氧化反应

(1) 被 Tollens 试剂、Fehling 试剂或 Benedict 试剂氧化    Tollens 试剂、Fehling 试剂,以及由柠檬酸、硫酸铜、碳酸钠配制成的 Benedict 试剂都能将葡萄糖中的甲酰基氧化成羧基。

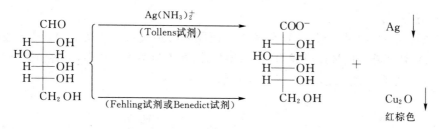

糖化学中,凡能与上述试剂反应的糖类称为还原糖,否则称为非还原糖。D-葡萄糖环状的半缩醛结构与链状的醛结构之间存在动态平衡,所以是还原糖;D-果糖不含甲酰基,但由于反应是在碱性条件下进行的,它经异构化反应转化为 D-葡萄糖,继而也会被氧化。因此,所有的单糖都是还原糖。

(2) 被溴水和硝酸氧化  葡萄糖在酸性条件下也具有还原性,其产物根据氧化剂的强弱而有所不同。在弱氧化剂溴水的作用下,甲酰基被氧化成羧基,溴水不能氧化葡萄糖中的羟基。同时,由于溴水是酸性的,不会引起酮糖的异构化反应,所以不能氧化酮糖中的羰基,因此,常用这一反应区别醛糖与酮糖。由这一氧化产物可以进一步获得相应的葡萄糖酸钠、葡萄糖酸钙或葡萄糖酸内酯等。

在强氧化剂稀硝酸作用下,葡萄糖甲酰基和伯碳原子上的羟基均被氧化成羧基,生成葡萄糖二酸。

$$
\begin{array}{ccc}
\begin{array}{c}
\text{COOH} \\
\text{H}{-\!-}\text{OH} \\
\text{HO}{-\!-}\text{H} \\
\text{H}{-\!-}\text{OH} \\
\text{H}{-\!-}\text{OH} \\
\text{CH}_2\text{OH}
\end{array}
&
\xleftarrow[\text{H}_2\text{O}]{\text{Br}_2}
\begin{array}{c}
\text{CHO} \\
\text{H}{-\!-}\text{OH} \\
\text{HO}{-\!-}\text{H} \\
\text{H}{-\!-}\text{OH} \\
\text{H}{-\!-}\text{OH} \\
\text{CH}_2\text{OH}
\end{array}
\xrightarrow{\text{稀 HNO}_3}
&
\begin{array}{c}
\text{COOH} \\
\text{H}{-\!-}\text{OH} \\
\text{HO}{-\!-}\text{H} \\
\text{H}{-\!-}\text{OH} \\
\text{H}{-\!-}\text{OH} \\
\text{COOH}
\end{array}
\end{array}
$$

(3) 被高碘酸氧化  葡萄糖具有多个相连羟基,因而能与高碘酸作用,发生碳碳键断裂,甲酰基和 4 个仲醇被氧化成甲酸,伯醇被氧化成甲醛。这是一个定量反应,每断一个碳碳键,消耗一分子高碘酸,根据高碘酸的消耗量可计算相邻羟基的数目,早期用于推测糖类的结构。

$$
\begin{array}{c}
\text{CHO} \\
\text{H}{-\!-}\text{OH} \\
\text{HO}{-\!-}\text{H} \\
\text{H}{-\!-}\text{OH} \\
\text{H}{-\!-}\text{OH} \\
\text{CH}_2\text{OH}
\end{array}
\xrightarrow{\text{5 mol HIO}_4}
\quad 5\ \text{HCOOH} + \text{HCHO}
$$

具有连羟基的酮糖也可以发生此类反应,仲醇被氧化成甲酸,伯醇被氧化成甲醛,酮羰基被氧化成 $CO_2$。例如:

$$
\begin{array}{c}
\text{CH}_2\text{OH} \\
{-\!-}\text{O} \\
\text{HO}{-\!-}\text{H} \\
\text{H}{-\!-}\text{OH} \\
\text{H}{-\!-}\text{OH} \\
\text{CH}_2\text{OH}
\end{array}
\xrightarrow{\text{5 mol HIO}_4}
\quad 3\ \text{HCOOH} + 2\ \text{HCHO} + \text{CO}_2
$$

3. 还原反应

与醛、酮中的羰基类似，单糖分子的游离羰基可通过催化加氢或 $NaBH_4$ 还原生成醇。D−葡萄糖可以被还原成 D−葡萄糖醇，因在山梨中含量较多，俗称山梨糖醇，在食品工业中广泛使用，也是制备维生素 C 的主要原料。

D−葡萄糖 D−葡萄糖醇

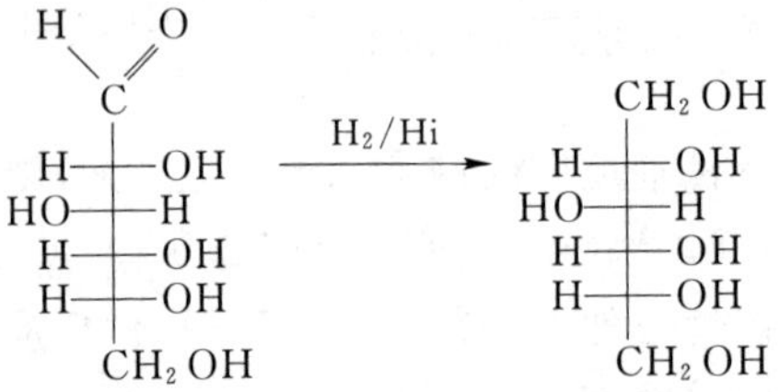

果糖还原后则得到 D−葡萄糖醇与 D−甘露糖醇的混合物，这是因为果糖的羰基在 C2 位，被还原成羟基后变成手性碳原子，因此产生两种同分异构体。

D−果糖 D−葡萄糖醇 D−甘露糖醇

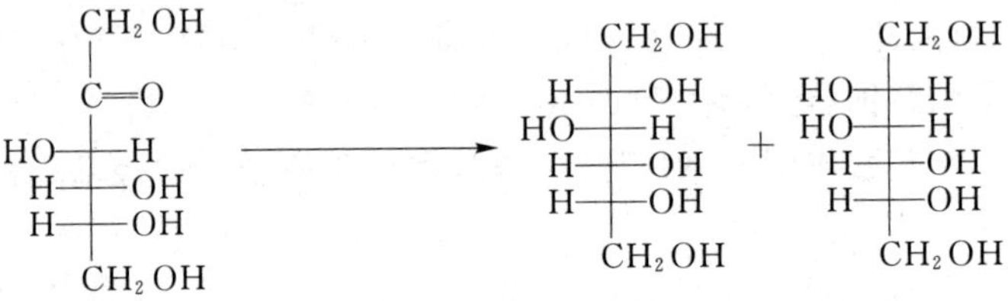

4. 酯化反应

单糖为多羟基化合物，故具有醇的典型性质，可以发生酯化反应。例如，D−葡萄糖能与乙酐在无水乙酸钠催化下发生酯化反应，生成 $\beta$ 型五−$O$−乙酰葡萄糖，这是一种简单易得、广为采用的糖基化反应给体。

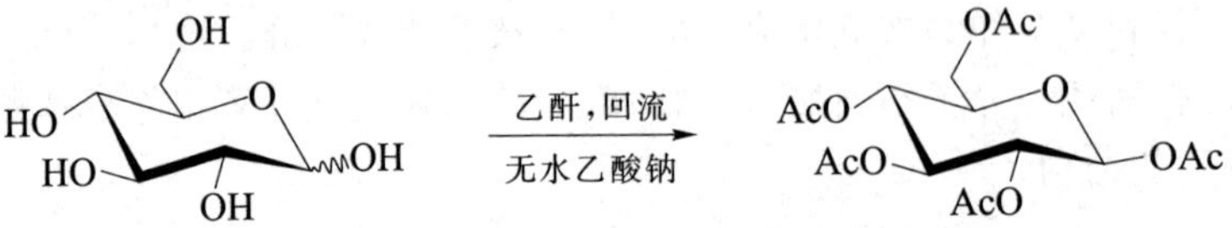

生物体内的葡萄糖在酶作用下生成葡萄糖磷酸酯，它们都是重要的代谢中间产物。

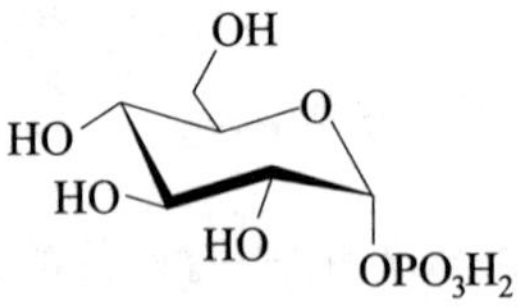

D−吡喃葡萄糖−1−磷酸

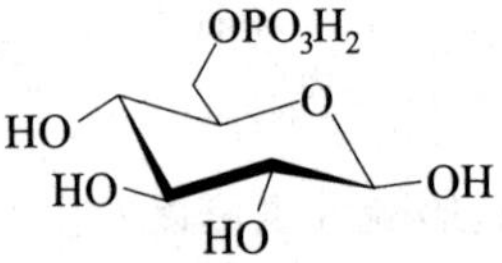

D−吡喃葡萄糖−6−磷酸

5. 成苷反应

成苷反应是糖类化学研究的重点和热点之一，又称 Fischer 糖基化或糖基化反应，是指环状单糖的半缩醛（或半缩酮）羟基与另一化合物发生缩合而形成缩醛（或缩酮）衍生物，即糖苷（glycoside）的反应。

糖苷由两部分组成，提供半缩醛（或半缩酮）羟基的“糖”部分称为糖基，与之缩合

的"非糖"部分称为糖配体或糖配基,这两部分之间的连键称为糖苷键。命名原则是"糖配体＋糖＋苷",自然界的糖苷多是根据其来源命名的。如果糖配体也是糖类,则该糖苷即为寡糖(含二糖)和多糖;由于单糖有 $\alpha$ 型和 $\beta$ 型,所以糖苷也分为 $\alpha$-糖苷和 $\beta$-糖苷。天然的糖苷多是 $\beta$ 型。

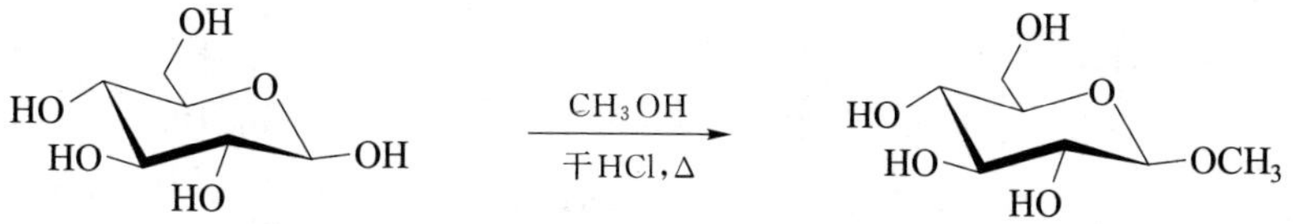

$\beta$-D-吡喃葡萄糖 → (CH_3OH, 干HCl,Δ) → 甲基 $\beta$-D-吡喃葡萄糖苷

糖苷与单糖的化学性质是不同的,单糖是半缩醛(或半缩酮),可以转化为醛(或酮),因而显示出一些醛(或酮)的性质;糖苷为缩醛(或缩酮),在碱性条件下比较稳定,酸性条件下易水解为糖类和糖配体。糖苷的缩醛(或缩酮)结构不能与开链结构互变,因此,不具有还原性,不易被氧化,不与苯肼发生反应,也无变旋光现象。

**6. 醚化反应**

在碱性条件下,糖类分子中的羟基可以与碘甲烷发生 Willamson 醚化反应,得到五甲基醚,也可以先转化为甲基糖苷,然后在碱性条件下经硫酸二甲酯处理,同样也可以得到五甲基醚。

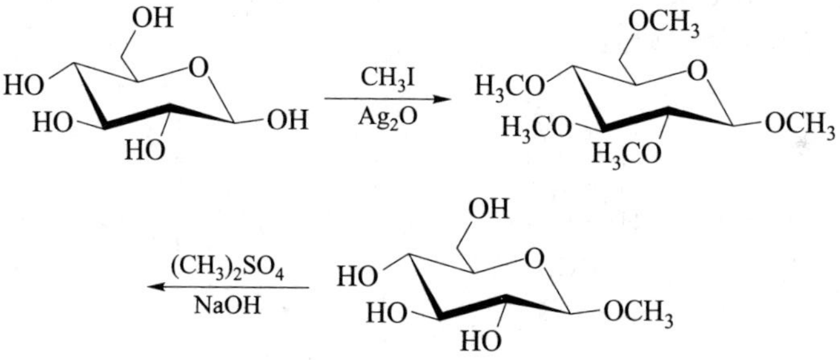

**7. 糖脎反应**

单糖具有羰基,与苯肼反应生成苯腙,如果苯肼过量,则继续反应,生成含有两个苯腙基团的化合物,称为脎,这一反应称为糖脎反应。

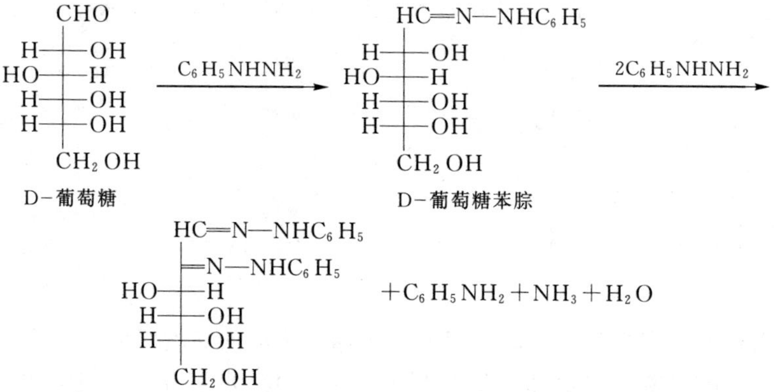

| CHO | | HC=N—NHC_6H_5 | |
| H——OH | | H——OH | |
| HO——H | $C_6H_5NHNH_2$ → | HO——H | $2C_6H_5NHNH_2$ → |
| H——OH | | H——OH | |
| H——OH | | H——OH | |
| CH_2OH | | CH_2OH | |

D-葡萄糖 → D-葡萄糖苯腙 →

HC=N—NHC_6H_5
　=N—NHC_6H_5
HO——H 　　　$+C_6H_5NH_2+NH_3+H_2O$
H——OH
H——OH
CH_2OH

D-葡萄糖脎

糖脎反应发生在 C1 和 C2 上,不涉及其他碳原子,因此,只是 C1 和 C2 不同的糖类,将生成同一种糖脎。比如,葡萄糖、果糖、甘露糖与苯肼作用,尽管它们是结构不同的己糖,但 C3,C4,C5 的构型相同,因此生成同一种糖脎。

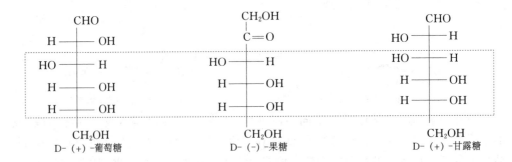

糖脎是一种黄色晶体,在水中的溶解度小,易结晶,不同的糖脎形成的时间、晶体形状和熔点都不同,以此可进行糖类的结构测定和鉴别。这个反应在早年 Fischer 研究糖类的构型时起到关键性的作用,因此,在糖化学中占有特别重要的位置。

拓展阅读:
糖脎反应

**8. 强酸作用**

单糖在稀酸中是稳定的,但在稀酸中加热或在强酸作用下,会脱水环化形成呋喃甲醛(糖醛)或其衍生物,例如:

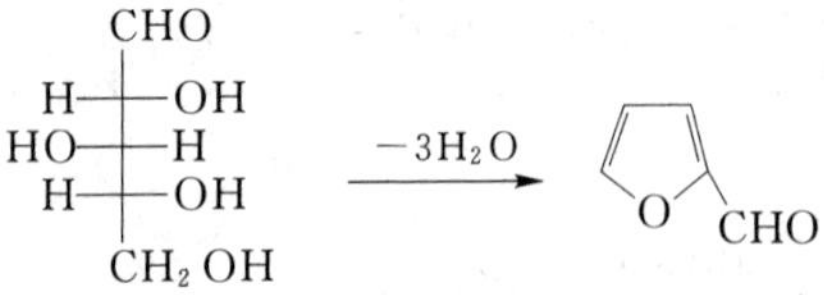

$$\text{D-木糖} \xrightarrow{-3H_2O} \text{呋喃甲醛(糖醛)}$$

这些糠醛衍生物遇到芳香族酚类或胺类,能进一步缩合生成有色化合物,这一反应可用于糖类的鉴定。常见糖类的显色反应如表 13-3 所示。

表 13-3　常见糖类的显色反应

| 糖类 | 茴香醛-硫酸 | 二羟基萘酚-硫酸 | 苯胺-二苯胺-磷酸 |
|---|---|---|---|
| L-鼠李糖 | 绿 | 樱红 | 浅绿 |
| D-葡萄糖 | 浅蓝 | 灰紫 | 灰绿 |
| D-半乳糖 | 绿灰 | 灰 | 灰绿 |
| D-岩藻糖 | — | 紫红 | — |

**9. 递增反应**

使 $n$ 碳单糖转变为 $(n+1)$ 碳单糖的方法称为单糖的递增反应。常用的方法是克利安尼(Kiliani H)氰化增碳法。通过醛基的羟氰化、水解和还原完成单糖的递增。例如:

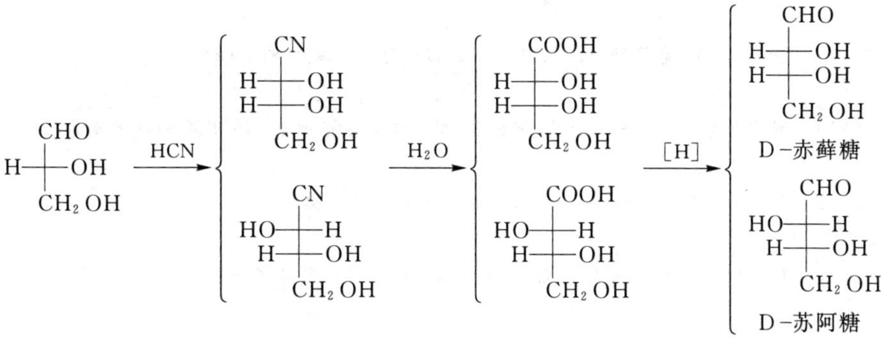

经过此类反应,分子中又增加了一个手性碳原子,但原有的手性碳原子对新生的手性碳原子具有一定的诱导作用,所以形成两种物质的量不相等的差向异构体。这是一个增碳的不对称合成反应。

**10. 递降反应**

使 $n$ 碳单糖转变为 $(n-1)$ 碳单糖的方法称为单糖的递降反应。沃尔(Wohl A)递降反应可以看成 Kiliani 氰化增碳法的逆向反应。D-葡萄糖先生成糖肟,与酸酐反应失去一分子水形成氰基,同时,分子中的羟基被乙酰化;再在银氨作用下,失去氰基,同时乙酰基被氨解为乙酰胺,后者和生成的醛基反应变为二乙酰胺的衍生物,然后用稀盐酸水解,最后获得少一个碳原子的 D-阿拉伯糖。

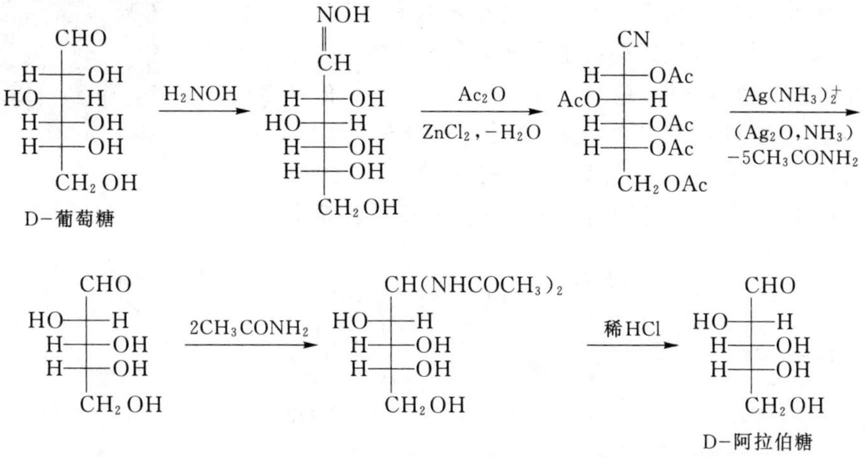

在 $Fe^{3+}$ 或氧化汞的作用下,糖酸的钙盐被过氧化氢氧化成不稳定的 $\alpha$-羰基酸,继而经加热脱羧,也能得到少一个碳原子的单糖。这一反应称为鲁夫(Ruff O)递降反应。例如,D-葡萄糖酸的钙盐可以通过这一反应获得少一个碳原子的 D-阿拉伯糖。

拓展阅读:
美拉德反应和
糖焦化反应

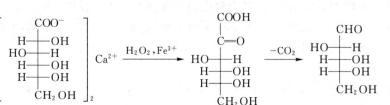

**思考题 13-3** 为什么 D-葡萄糖、D-果糖、D-甘露糖可以形成相同的糖脎？

**思考题 13-4** 请用化学方法区别化合物:甲基 D-吡喃葡萄糖苷和 2-O-甲基-D-吡喃葡萄糖。

**思考题 13-5** D-果糖虽无醛基,却可以发生银镜反应。为什么?

**思考题 13-6** D-半乳糖用 $NaBH_4$ 还原后得到的六碳醇有光学活性吗?

### 13.1.6 几种重要的单糖

#### 1. 丙糖和丁糖

重要的丙糖有 D-甘油醛和二羟丙酮,自然界常见的丁糖有 D-赤藓糖和 D-赤藓酮糖。它们的磷酸酯都是糖代谢的重要中间产物。

#### 2. 戊糖

自然界存在的戊醛糖主要有 D-核糖、D-2-脱氧核糖、D-木糖和 L-阿拉伯糖,它们在自然界大多以多聚戊糖或糖苷的形式存在。戊酮糖有 D-核酮糖和 D-木酮糖,均是糖代谢的中间产物。

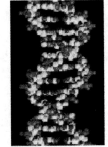

图 13-2　DNA 的双螺旋结构

D-核糖和 D-脱氧核糖的比旋光度分别为 $-23.7°·m^2·kg^{-1}$ 和 $-60°·m^2·kg^{-1}$。它们在 C1 位以 $\beta$-糖苷键结合成核糖核苷或脱氧核糖核苷,统称为核苷。核苷中的核糖或脱氧核糖 C5 或 C3 上的羟基与磷酸以酯键结合即成为核苷酸。含核糖的核苷酸统称为核糖核苷酸,是 RNA(ribonucleic acid)的基本组成单位;含脱氧核糖的核苷酸统称为脱氧核糖核苷酸,是 DNA (deoxyribonucleic acid)的基本组成单位。而 DNA(见图 13-2)和 RNA 在人类基因与遗传中的作用是不言而喻的。

$\beta$-D-(-)-核糖

$\beta$-D-(-)-2-脱氧核糖

L-阿拉伯糖在高等植物体内以半纤维素、树胶及阿拉伯树胶等结合状态存在,其熔点 160 ℃,比旋光度 $+104.5°·m^2·kg^{-1}$。

木糖在植物中分布很广,以结合状态的木聚糖存在于半纤维素中。木材中的木聚糖含量达 30% 以上。陆生植物很少有纯的木聚糖,常含有少量其他的糖类。动物组织中也有木糖的成分,其熔点 143 ℃,比旋光度 $+18.8°·m^2·kg^{-1}$。

#### 3. 己糖

重要的己醛糖有 D-葡萄糖、D-甘露糖和 D-半乳糖;重要的己酮糖有 D-果糖和 D-山梨糖。

葡萄糖(glucose,Glc)是生物界分布最广泛、最丰富的单糖,多以 D 型存在。它在人体内的代谢是最重要的生化反应。在绿色植物的种子及果实中有游离的葡萄糖,蔗糖由 D-葡萄糖与 D-果糖结合而成,糖原、淀粉和纤维素等多糖也是由葡萄糖聚合而成的,在许多杂聚糖中也含有葡萄糖。

果糖(fructose,Fru)呈针状结晶,大量存在于植物的蜜腺、水果及蜂蜜中。它是单糖中最甜的糖类,比旋光度 $-92.4°\cdot m^2\cdot kg^{-1}$。

果糖是酮糖的典型代表,酮羰基与 C5 位羟基形成半缩酮得到呋喃果糖,与 C6 位羟基形成半缩酮得到吡喃果糖。

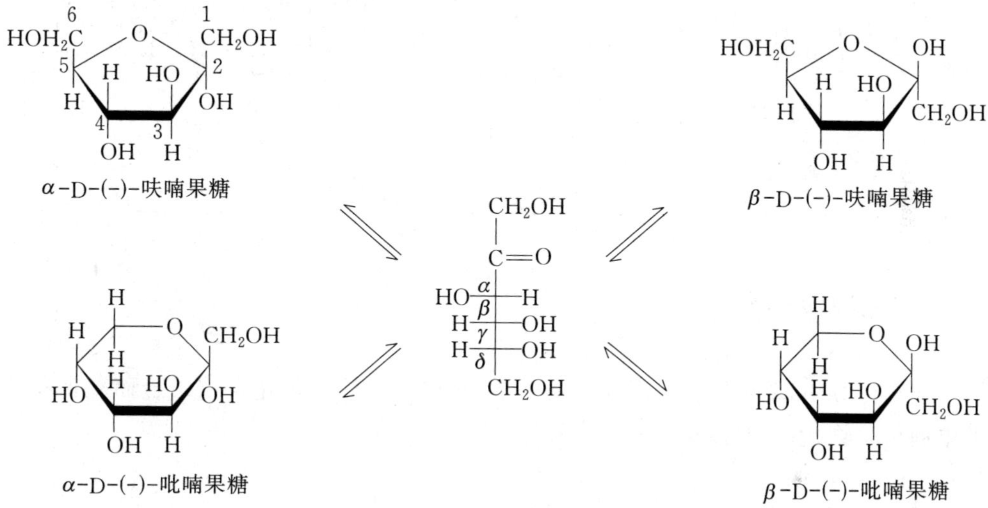

甘露糖(mannose,Man)为白色晶体或结晶粉末,味甜带苦。溶于水,微溶于乙醇。比旋光度 $+14.2°\cdot m^2\cdot kg^{-1}$,是植物黏质与半纤维素的组成部分。

半乳糖(galactose,Gal)是无色晶体,在自然界仅以结合态存在,乳糖、蜜二糖、棉籽糖、琼脂、树胶、植物黏质和半纤维素等都含有半乳糖。

山梨糖又称清凉茶糖,是酮糖,存在于细菌发酵过的山梨汁中,是合成维生素 C 的中间产物,在制造维生素 C 工艺中占有重要地位。

部分重要的单糖见表 13-4。

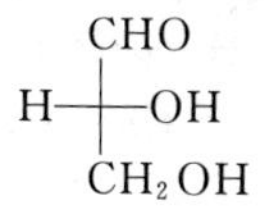

表 13-4  部分重要的单糖

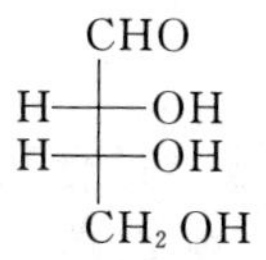

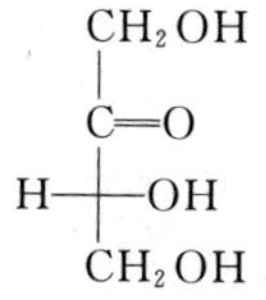

戊糖

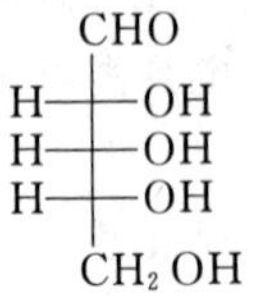

D-核糖　　　D-2-脱氧核糖　　　D-木糖　　　D-阿拉伯糖

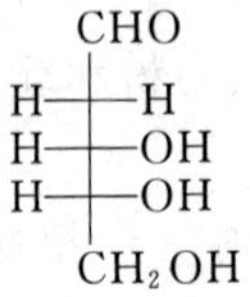

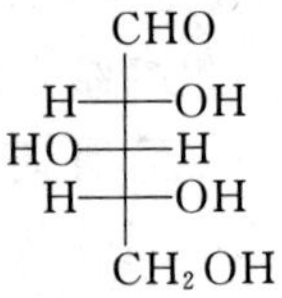

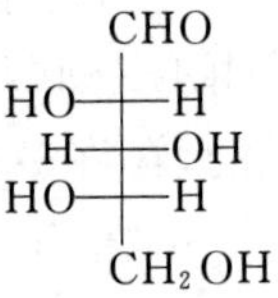

己糖

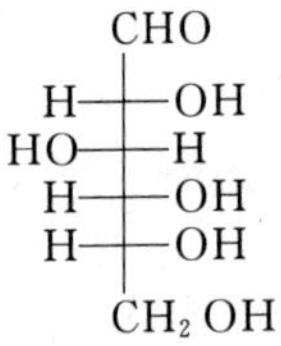

D-葡萄糖　　　D-果糖　　　D-甘露糖　　　D-半乳糖

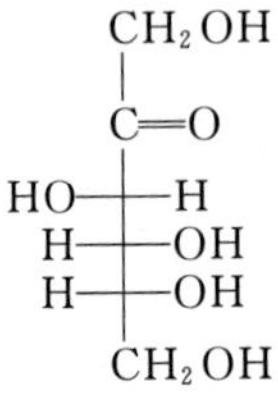

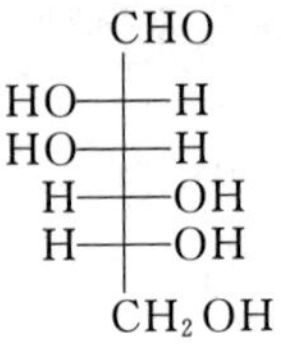

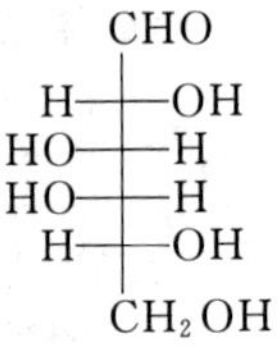

## 13.2 单糖衍生物

在自然界中,单糖通过代谢或与蛋白质、类脂、糖类、其他化合物结合而获得相应的单糖衍生物,参与许多重要的生命过程。

### 13.2.1 糖醇

糖醇是糖类分子中的醛基或酮基还原后的产物,又称多元醇,它们通常是生物体的组成成分及代谢产物。自然界广泛存在的己糖醇有山梨醇、甘露醇、半乳糖醇和与之相关的一种环醇,即肌醇,其他糖醇有丙三醇(甘油)、赤藓糖醇、木糖醇和核糖醇等。

糖醇是生物体的代谢产物,因其分子结构不同于一般的糖类,糖醇不被胃酶分解而是直接进入肠部,具有润肠通便、改善肠道微生物群体系和预防结肠癌发生的作用。下面是几种重要的天然糖醇。

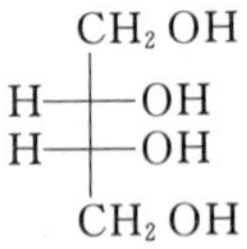

赤藓糖醇 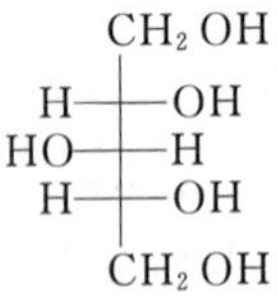　　　木糖醇 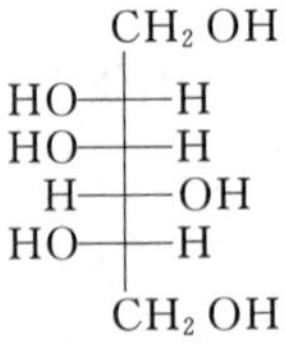　　　山梨醇 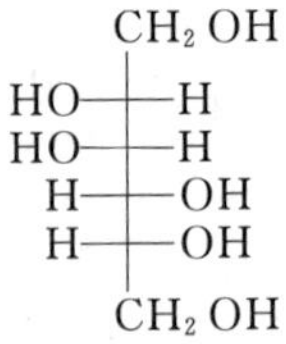　　　甘露醇 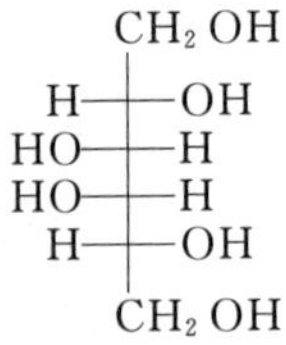　　　半乳糖醇(卫矛醇)

### 13.2.2 糖酸

糖酸主要是指那些单糖分子中羟基被氧化成羧基的各种糖类化合物。目前发现的糖酸类型很多,主要包括醛糖酸、糖醛酸、糖二酸、糖醛酮、酮糖酸、抗坏血酸、糖醛酸苷和脱氧糖酸等。

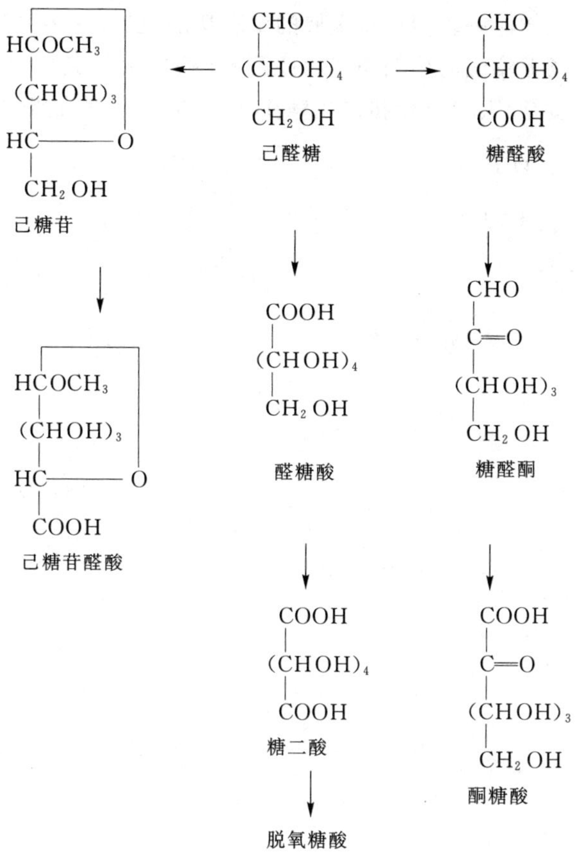

己醛糖 ← 己糖苷 — 己糖苷醛酸

己醛糖 → 糖醛酸

醛糖酸

糖醛酮

糖二酸

酮糖酸

脱氧糖酸

### 13.2.3 氨基糖

氨基糖是单糖结构中的一个羟基被氨基取代所形成的化合物,当氨基处于端基位置时,称为糖胺。天然的氨基糖几乎都是氨基己糖,约有 60 种,其中大多数是作为微生物产生的核多糖、糖苷或抗生素的成分而存在的。生物体中最常见的氨基糖是 2-脱氧-2-氨基-D-吡喃葡萄糖和 2-脱氧-2-氨基-D-吡喃半乳糖,它们是己糖的 C2 位羟基为氨基所取代的化合物。

氨基糖是多糖蛋白、脂蛋白的组成部分,特别是动物来源的多糖,如免疫球蛋白、血清、激素多糖蛋白、血型物质等组成的多糖部分都有各种氨基糖;几种在临床上重要的抗生素,如链霉素、赤霉素、庆大霉素等都含有至少一种氨基糖,因而对它的研究就显得越来越重要。

### 13.2.4 糖苷

糖苷是糖在自然界存在的一种重要形式,几乎存在于各类生物体中,但以植物界分布最为广泛。植物的叶、籽粒和树皮中存在数目众多的糖苷,如黄酮苷、葛根素等,动物体中也存在糖苷,如脑和神经组织中的脑苷。

依据糖异头碳连接氧、氮、硫和碳等不同的原子,可将糖苷分为 $O$-糖苷、$N$-糖苷、$S$-糖苷和 $C$-糖苷,自然界存在最多的是 $O$-糖苷。

糖苷化合物在生物体中多担负着重要的生理功能，也有许多糖苷是天然的颜料和色素。目前世界市场上流通的药剂中植物性药剂超过30%，其中大部分为糖苷，如天麻苷、熊果苷、洋地黄苷、人参皂苷和桔梗皂苷等，均早已开发成药物。

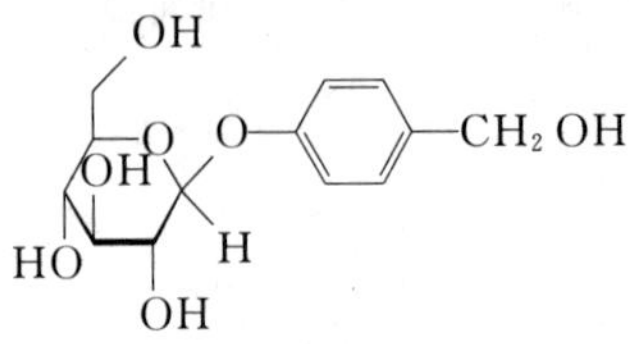
OH
O
O
CH₂OH
OH
HO
H
OH

天麻苷

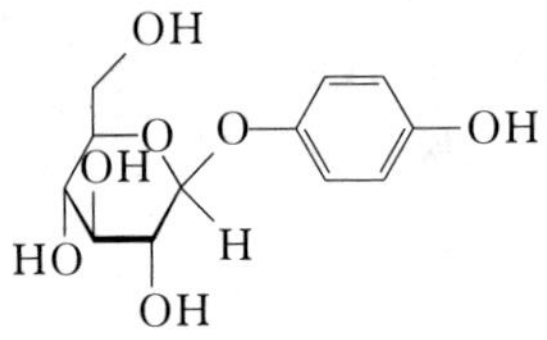
OH
O
O
OH
OH
HO
H
OH

熊果苷

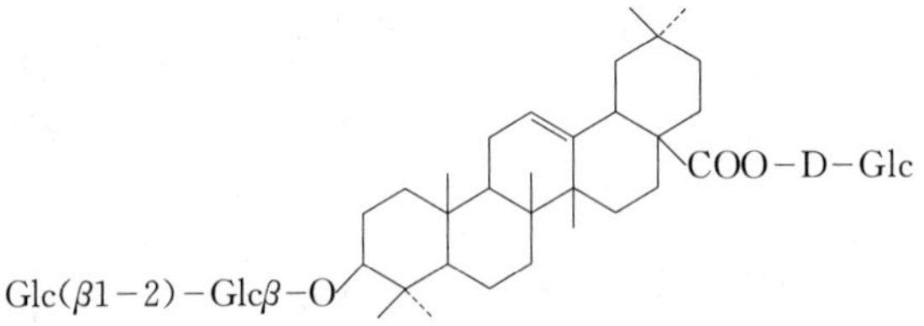
COO−D−Glc
Glc(β1−2)−Glcβ−O

人参皂苷Rg

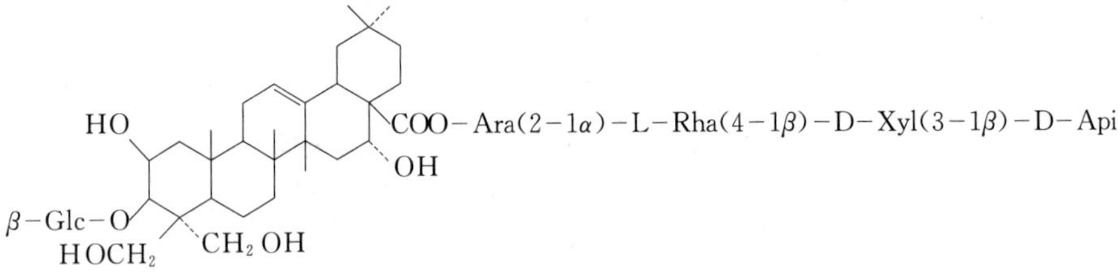
HO
COO−Ara(2−1α)−L−Rha(4−1β)−D−Xyl(3−1β)−D−Api
OH
β−Glc−O
HOCH₂
CH₂OH

桔梗皂苷

## 13.3 寡糖

**寡糖**(oligosaccharides)，又名寡聚糖或低聚糖，是由两个或两个以上单糖失水结合而成，按单糖残基数目的多少，可分为二糖、三糖、四糖等。一般认为寡糖由2～10个单糖组成，寡糖和多糖之间没有严格的界限，但通常认为寡糖是有明确结构的化合物。

最重要的寡糖是二糖(又称双糖)，其中以游离状态存在而起着独特功能的二糖有乳糖、海藻糖、蔗糖等几种，此外，还有广泛分布于高等植物中的棉籽糖、水苏糖等寡糖。天然的寡糖大部分在高等植物的糖苷、动物的血浆糖蛋白和糖脂中存在。寡糖是生物体内重要的信息物质，参与细胞间的通讯、识别和相互作用，在信号传递、细胞运动与黏附，以及病原与宿主细胞的相互作用等方面起着重要作用。

### 13.3.1 常见寡糖的结构

二糖是由两个相同或不同的单糖分子失去一分子水缩合形成。如果二糖是一个单糖分子的半缩醛羟基和另一单糖分子的醇羟基脱水缩合形成，这个二糖分子中还保留一个半缩醛羟基，就可以实现氧环式与链式结构间的互换，就能还原 Tollens 试剂、

Fehling 试剂或 Benedict 试剂，也能成脎，还具有变旋光现象，是还原糖。这种二糖通常命名为糖基糖。

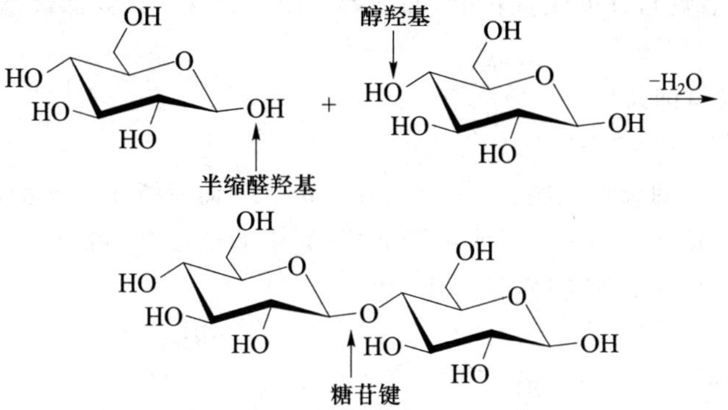

如果两个单糖分子都以其半缩醛（酮）羟基参与脱水形成二糖，这种二糖就失去了潜在羰基，与上述试剂不发生反应，是非还原糖。这种二糖通常命名为糖基糖苷。

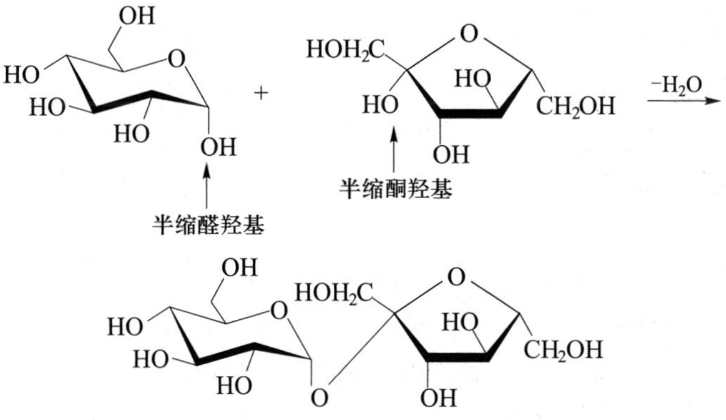

单糖有 $\alpha$- 和 $\beta$- 两种构型，它们都能形成糖苷键，因此就决定了二糖也有 $\alpha$-构型和 $\beta$-构型之分。

三糖是由三个单糖分子缩合而成的缩醛衍生物。依据连接位置的不同也分为还原糖和非还原糖，含有 $\alpha$- 和 $\beta$- 两种糖苷键构型。棉籽糖是自然界中最重要的三糖，其结构如下：

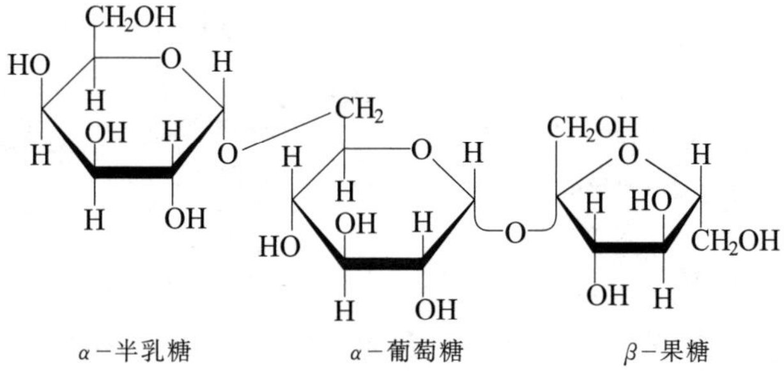

棉籽糖

从功能的角度来看,寡糖可分为普通寡糖和功能性寡糖,前者能提供人体所需的能量和怡人的甜味,如蔗糖、麦芽糖、乳糖等;后者则难以消化吸收,不能作为人体的营养源,但对人体有着特别的生理功能,如低聚木糖、果寡糖、大豆低聚糖、壳寡糖等。

### 13.3.2 常见的寡糖

#### 1. 蔗糖

蔗糖是最常见的天然二糖,它是由一分子 $\alpha$-D-葡萄糖和一分子 $\beta$-D-果糖通过两个半缩醛(酮)羟基失去一分子水缩合而成,属于非还原糖,可以命名为 $\beta$-D-呋喃果糖基-(1 $\longrightarrow$ 1)-D-吡喃葡萄糖苷。

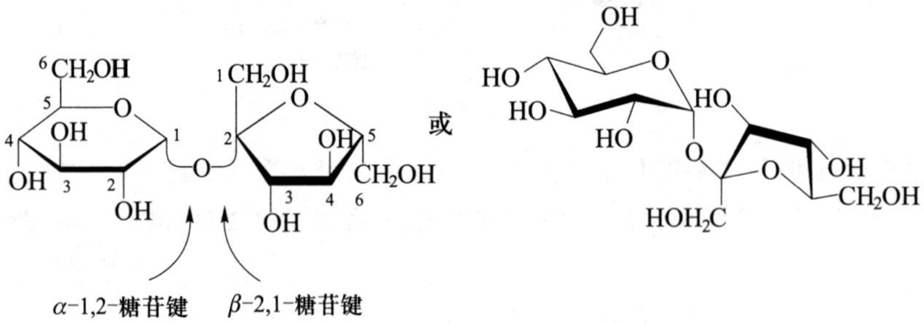

蔗糖广泛分布于各种能够进行光合作用的植物中。它是人和动物的主要供能物质。甘蔗中约含 26% 的蔗糖,甜菜中约含 20% 的蔗糖。蔗糖是主要的食用糖,其甜味仅次于果糖,比葡萄糖甜。蔗糖不像还原糖那样容易氧化,所以常用来储存食物,如果酱、果冻等。

蔗糖是右旋的,其比旋光度为 $+66.4° \cdot m^2 \cdot kg^{-1}$。水解后得到等物质的量的 D-葡萄糖和 D-果糖的混合物,前者的比旋光度为 $+52.7° \cdot m^2 \cdot kg^{-1}$,后者的比旋光度为 $-92.4° \cdot m^2 \cdot kg^{-1}$,其混合物的比旋光度为 $-20° \cdot m^2 \cdot kg^{-1}$,水解前后旋光方向发生了改变,因此把蔗糖的水解过程称为转化反应,水解产物称为转化糖。

#### 2. 麦芽糖与纤维二糖

麦芽糖因大量存在于发芽的谷粒,特别是麦芽中而得名。麦芽糖是淀粉在淀粉糖化酶作用下部分水解的产物。麦芽糖是由一个葡萄糖分子的 $\alpha$-半缩醛羟基和另一个葡萄糖分子的 4-羟基连接形成,可以命名为 $\alpha$-D-吡喃葡萄糖基-(1→4)-D-吡喃葡萄糖。

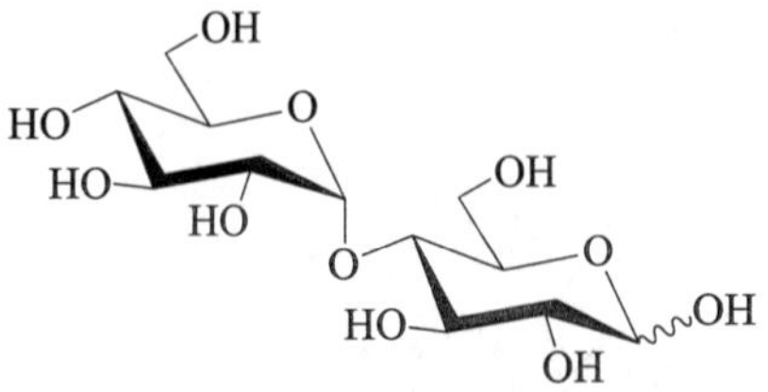

麦芽糖 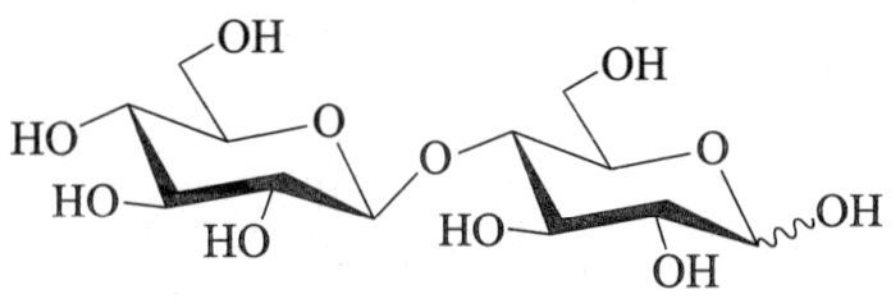        纤维二糖

麦芽糖保留了半缩醛羟基,因此是还原糖。在水溶液中,存在 $\alpha$- 和 $\beta$- 构型的麦芽糖及其开链结构,具有变旋光现象,前者的比旋光度为 $+168° \cdot m^2 \cdot kg^{-1}$,后者的

比旋光度为$+112° \cdot m^2 \cdot kg^{-1}$,互变平衡时的比旋光度为$+136° \cdot m^2 \cdot kg^{-1}$。

纤维二糖是由纤维素部分水解得到,它的结构与麦芽糖相似,由两个葡萄糖单元组成,但是糖苷键的构型不同,是由一个葡萄糖分子的$\beta$-半缩醛羟基和另一个葡萄糖分子的 4-羟基连接形成,命名为$\beta$-D-吡喃葡萄糖基-(1→4)-D-吡喃葡萄糖。因为是$\beta$-1,4-糖苷键,所以不能被麦芽糖酶水解,只能被无机酸或专门水解$\beta$-1,4-糖苷键的苦杏仁酶水解。

3. 乳糖

乳糖存在于人与哺乳动物的乳汁中,是$\beta$-D-半乳糖以半缩醛羟基与 D-葡萄糖的 C4 羟基脱水,通过$\beta$-1,4-糖苷键形成的二糖,可以命名为$\beta$-D-吡喃半乳糖基-1,4-D-吡喃葡萄糖,是还原糖。其结构式如下:

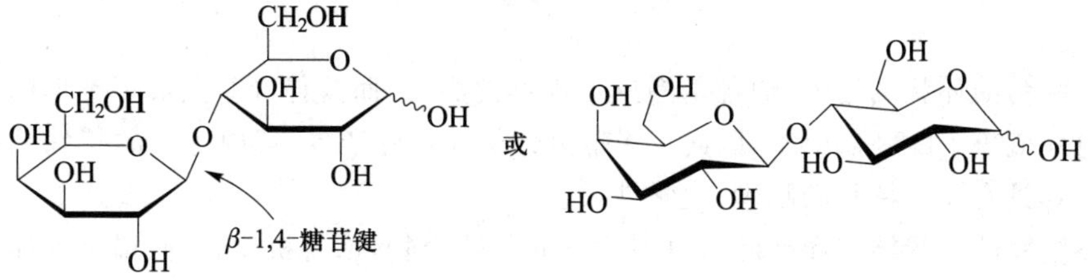

4. 松三糖

松三糖广泛存在于落叶松、黄杉等松、杉、杨属植物中,它由$\alpha$-D-吡喃半乳糖-1,6-$\alpha$-D-吡喃葡萄糖-1,2-$\beta$-D-呋喃果糖苷组成,可被部分还原成葡萄糖和松二糖,是一种非还原的三糖。其结构式如下:

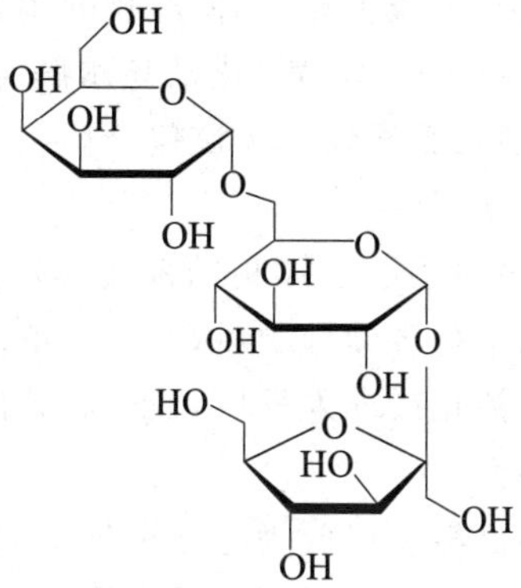

5. 环糊精

环糊精(cyclodextrin,简称 CD),是由芽苞杆菌属的某些菌种产生的葡萄糖基转移酶作用于淀粉而生成的一类寡糖。是一组由$\alpha$-1,4-连接的葡萄吡喃寡糖组成的环状化合物,常见的环糊精是由 6 个、7 个或 8 个葡萄糖单元以 1,4-糖苷键结合而成,分别称为$\alpha$-、$\beta$-和$\gamma$-环糊精。

环糊精是一种水溶性、非还原性、不易被酸水解的白色晶体,无毒,可食用,具有多孔性。根据 X 射线衍射、红外光谱和核磁共振波谱分析的结果,确定构成环糊精分子的每个D-(+)-吡喃葡萄糖都是椅型构象。各葡萄糖单元均以 1,4-糖苷键结合成环。

由于连接葡萄糖单元的糖苷键不能自由旋转,环糊精不是圆筒状分子而是略呈锥形的圆环形分子(见图 13-3)。

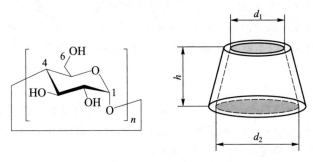

图 13-3　环糊精的结构

环糊精的环状结构中,伯羟基围成了锥形的小口,而其仲羟基围成了锥形的大口,空腔内部覆盖了配糖氧原子,因此,环糊精分子具环外亲水、环内疏水的特殊结构,这决定了其具有某些特殊的物理、化学性质。

环糊精的环状结构和空腔可以包合不同的化合物,如有机化合物、稀有气体、无机化合物等,形成主-客体包合物。这种"包合"是主体与客体通过分子间非共价键相互作用,完成彼此的识别,最终使得客体分子部分或全部进入主体内部,从而对客体具有屏蔽、控制释放、活性保护等功能。利用空腔与客体分子空间尺寸的匹配性,环糊精还可以用于各种异构体的分子识别、制备分离材料等。

医药工业上利用环糊精分子上羟基的亲水性能有效地增加药物在水中的溶解度和溶解速率,减少药物的不良气味或苦味,降低药物的刺激性。

药物被环糊精包合后,还可免受光、氧、热及易水解等条件的影响,增加药物的稳定性,延长药效和保存期,如前列腺素经 $\beta$-CD 包合后,其脱水生成前列腺素(PGE)的速率缓慢,增加了前列腺素的稳定性。

环糊精被广泛用来构筑酶模型以模拟酶的催化作用。这是由于环糊精对客体有较强的识别能力,当选择性的结合客体分子后,在一定条件下,洞口羟基可起亲核试剂的作用,使客体分子的某些键活化或介入反应,从而起到催化剂的作用,使化学反应速率显著增加,并且有特异选择性。

目前,环糊精及其衍生物已经发展成为超分子化学中最重要的主体,并在医药、食品、化工、材料、环保和分析化学等领域得到广泛应用。可以预见,在今后若干年内,有关环糊精的修饰、包合、配位、聚合和应用研究将是人们非常感兴趣的问题。特别值得提出的是,环糊精作为酶模型,以及作为自组装与分子识别的主体将有着不可估量的发展前景。

**思考题 13-7**　请总结蔗糖与麦芽糖在结构和性质上的特点。

**思考题 13-8**　海藻糖是由两分子 $\alpha$-D-葡萄糖以 $\alpha$-1,1-糖苷键连接而成,请给出其 Haworth 式。

## 13.4 多糖

多糖又称多聚糖,是由多个单糖以糖苷键相连而形成的高聚物,一般由 20 个以上的单糖聚合而成,相对分子质量具有一定的分布区间。

多糖在自然界分布极广,自然界中 90% 以上的糖类以多糖的形式存在。有的多糖是构成动植物骨架结构的组成成分,如纤维素、几丁质、黏多糖等;有的则是作为动植物储藏的生物能,如糖原、淀粉、菊粉等。

进一步的研究发现:在许多情况下,多糖不仅是结构和能量物质,还直接参与许多生命过程,在抗肿瘤、抗凝血、抗突变、降血脂、抗衰老、抗病毒等的治疗方面显示出诱人的前景。由此,多糖化学越发引起人们的广泛关注,成为天然药物、生物化学和生命科学领域的研究热点之一。

### 13.4.1 多糖的性质

多糖的性质与单糖、二糖等很不相同,大部分为无定形粉末,没有甜味,无一定熔点,一般不溶于水,有的即使能溶于水,也只能与水形成胶体溶液。

尽管有些多糖末端含有半缩醛羟基,但因相对分子质量很大,其还原性和变旋光现象极不显著,因此,多糖没有还原性和变旋光现象。多糖也是糖苷,可以水解,在水解过程中,往往产生一系列的中间产物,最终完全水解得到单糖(见图 13-4)。

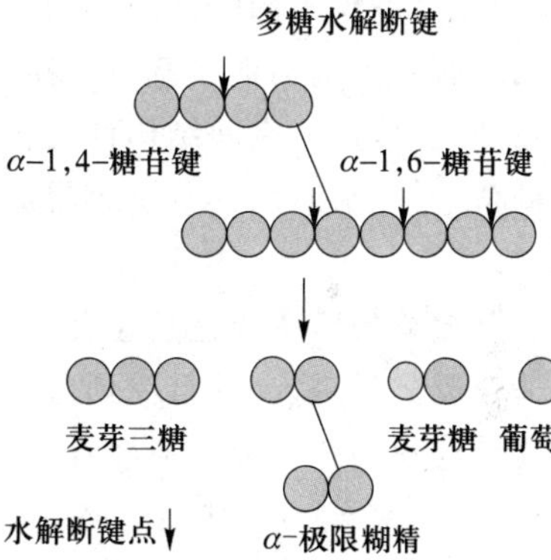

图 13-4 多糖的水解

### 13.4.2 常见的多糖

#### 1. 淀粉

淀粉广泛分布于植物界,作为一种植物多糖的储备形式,储藏于植物的根、茎、果实及种子中。例如,大米含淀粉 75%~80%,玉米含 50%~56%,小麦约含 60%。此外,马铃薯、红薯、芋头等也富含淀粉。

淀粉的结构单位是 D-葡萄糖。通常认为,淀粉是两种结构不同的 $\alpha$-葡萄多糖的混合物,即直链淀粉和支链淀粉的混合物。淀粉为白色、无定形粉末,无臭无味,不溶于冷水和醇、醚等有机溶剂中,在沸水中形成黏稠的胶状液。

用热水溶解淀粉时,其中有 20%~30% 的淀粉溶于水,这部分称为直链淀粉,也称糖淀粉;另一部分 70%~80% 的淀粉难溶于水,称为支链淀粉,也称胶淀粉。

直链淀粉的相对分子质量一般为 30 000~50 000,相当于 300~400 个葡萄糖分子缩合而成。分子中糖基通过 $\alpha$-1,4-糖苷键的方式连接,每个直链淀粉分子只有一个还原性端基和一个非还原性端基,是一条不分支的长链,结构如图 13-5 所示。

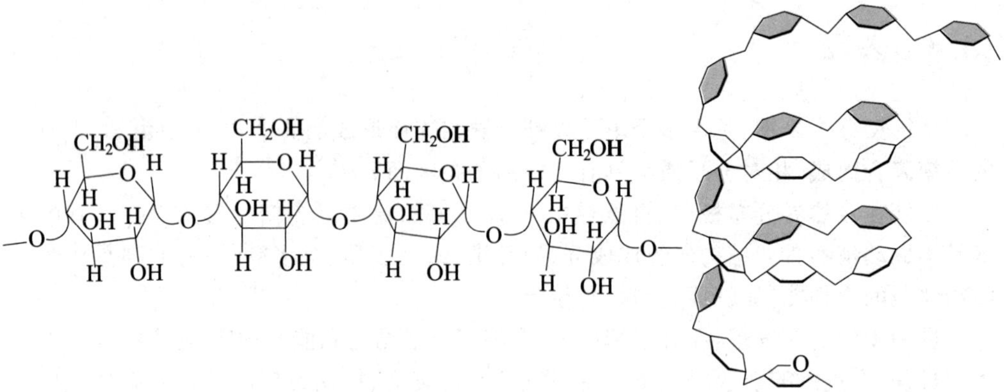

(a) 连接方式                    (b) 呈盘绕卷曲状态

图 13-5  直链淀粉的卷曲螺旋状结构示意图

多糖的研究也和蛋白质及核酸一样有一级结构及空间构象。多糖的一级结构主要是指糖基的组成、连接方式、连接顺序、有无分支以及分支的类型、位置和长短等,此外,多糖还会呈现不同的空间结构。如直链淀粉的二级结构即是一个空心螺旋结构,每一圈约有六个葡萄糖残基。这样,每一分子中的一个基团就和另一基团保持着一定的关系和距离,这一空间结构称为直链淀粉的二级结构。直链淀粉的管状二级结构也像环糊精一样,与疏水的分子容易形成包合的络合物,这可能是由于螺旋的内层也是疏水的。

直链淀粉与碘生成蓝色化合物的原理,是由于直链淀粉的螺旋结构所形成的通道正好适合碘分子进入,并且受到范德华力吸引,使碘与淀粉松弛地结合成蓝色络合物。

支链淀粉的相对分子质量在 200 000 以上,含有 1 300 个葡萄糖单元或更多。支链淀粉的每一个链一般有 20～30 个葡萄糖残基,虽然比较短,但是纵横交联,所以平均相对分子质量要比直链淀粉大得多。

支链淀粉的主链也是由 D-葡萄糖经 $\alpha$-1,4-糖苷键连接而成,支链由 $\alpha$-1,6-糖苷键连接而成。所以在主链上带有分支的糖基,其 C4,C6 上的—OH 皆形成糖苷键,每个支链淀粉分子只有一个还原性端基,但有多个非还原性端基。

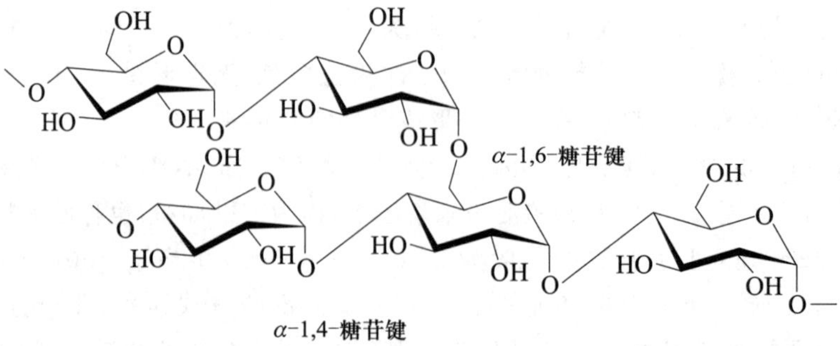

$\alpha$-1,6-糖苷键

$\alpha$-1,4-糖苷键

支链淀粉的分子结构

支链淀粉与碘只呈暗红色，表明它不能有效地形成螺旋的结构，与碘生成包合的络合物，这主要是由于它的支链造成的。

在淀粉所具有的固有特性基础上，经过物理、化学或酶法等二次加工，形成所谓改性淀粉，改善淀粉原有性能，增加某些功能或引进新特性，以扩大其应用范围。改性淀粉在食品、纺织、造纸、医药等行业都得到广泛应用。

2. 纤维素

纤维素(cellulose)是自然界中含量最丰富的有机化合物，它占植物界碳含量的50％或更多。一般地，纤维素是植物通过光合作用合成的，是自然界取之不尽、用之不竭的可再生资源。棉花和亚麻是较纯的纤维素，含量在90％以上。

纤维素的结构单位也是 D-葡萄糖，其相对分子质量在 50 000～400 000，相当于300～2 500个葡萄糖残基。结构单位之间的连接方式和淀粉不同，它是以 $\beta$-1,4-糖苷键连接而成直链结构。在植物细胞壁中，所有纤维素分子都呈线性平行排列，单糖残基中的羟基相互形成氢键而使纤维素分子链紧密粘连在一起，绞成绳索状，形成高强度纤维，成为支撑植物的结构多糖。正是由于这种凝聚作用，使得纤维素不溶，具有化学惰性，并有高的强度。

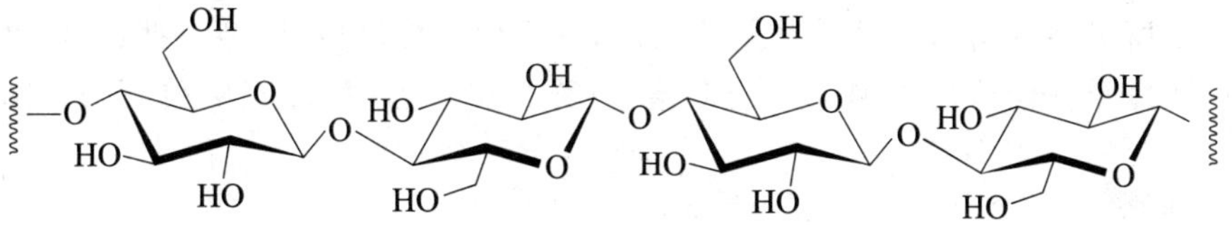

纤维素的结构

纯净的纤维素是无色、无臭、无味的物质，纤维素像淀粉一样能完全水解成 D-葡萄糖，部分水解则生成纤维二糖。纤维素的三硝酸酯称为火棉，遇火迅速燃烧；一硝酸酯和二硝酸酯可以溶解，称为火棉胶，用于医药工业。

对于人类而言，纤维素不是营养物质，因为人体消化道中缺乏水解 $\beta$-1,4-糖苷键的酶，不能将纤维素转变为葡萄糖，但人类食用纤维素后有促进肠蠕动，防止便秘的作用，并且食物中含一定量的纤维素还可减少胆固醇的吸收，有降低血清胆固醇的作用。反刍动物如牛、羊等的消化道中含有水解 $\beta$-1,4-糖苷键的酶，可以消化纤维素，因此纤维素可以为这些动物提供能量。

近年来，随着石油、煤炭储量的下降，石油价格的飞速增长及各国对环境污染问题的日益关注和重视，纤维素作为可持续发展的再生资源，其应用愈来愈受到关注，利用秸秆、禾草和森林工业废弃物等非食用纤维素生产生物油是未来大规模替代石油的方向。

3. 甲壳素

地球上存在的天然有机化合物中，数量最大的是纤维素，其次就是甲壳素。甲壳素(chitin)，又名几丁质、壳多糖，是组成节肢动物（如昆虫和贝壳类）的壳及真菌等的结构材料。

甲壳素是白色无定形、半透明、略有珍珠光泽的固体，不溶于水，它是 $N$-乙酰氨

基葡萄糖以 $\beta$-1,4-糖苷键缩合而成，相对分子质量一般在 $10^6$ 左右，从 1811 年发现到研究清楚其结构，前后用了将近百年的时间。甲壳素的结构式如下：

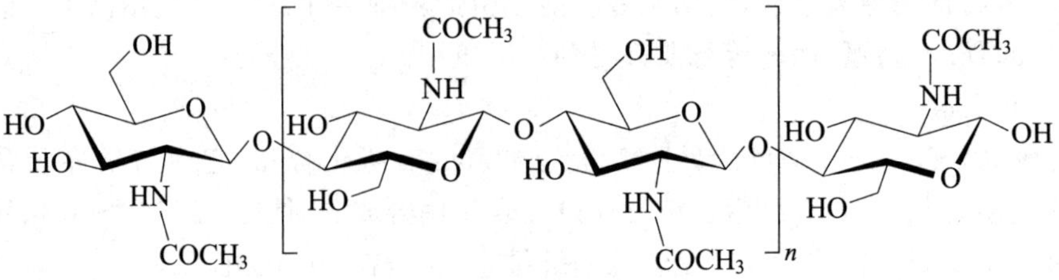

甲壳素的分子结构

甲壳素在工农业应用广泛，在医学上可做隐形眼镜、人工皮肤、缝合线、人工透析膜和人工血管等。近年又发现它是一种很好的功能性健康食品，对人体有增强免疫、抑制老化、预防疾病、促进疾病痊愈和调节人体的生理机能等五大功能。甲壳素脱除乙酰基后就是壳聚糖了。目前，甲壳素与壳聚糖的研究与开发已成为多糖研究的一个热点。

以上所述多糖均由一种单糖单体组成，称为匀多糖，也称同型多糖；由两种以上不同的单糖单体组成的多糖称为杂多糖，也称异型多糖，如透明质酸、肝素、阿拉伯胶等。

4. 糖原

选读内容：糖原

5. 透明质酸

选读内容：透明质酸

6. 肝素

选读内容：肝素

## 13.5 糖缀合物

选读内容：糖缀合物

**思考题 13-9** 下列关于糖类的叙述中错误的是（　　）。

(1) 生物的能源物质和生物体的结构物质。

(2) 作为各种生物分子合成的碳源。

(3) 糖蛋白、糖脂等具有细胞识别、免疫活性等多种生理功能。

(4) 纤维素由 $\beta$-葡萄糖组成，糖原由 $\alpha$- 及 $\beta$-葡萄糖组成。

**思考题 13-10** 下列叙述中错误的是（　　）。

(1) 糖缀合物(复合多糖)是糖类和非糖物质共价结合而成。

(2) 糖蛋白和蛋白聚糖不是同一种多糖。

(3) 糖原和碘作用呈蓝色，直链淀粉和碘作用呈红棕色。

(4) 糯米淀粉全部为支链淀粉，豆类淀粉全部为直链淀粉。

小资料：
诺贝尔化学奖
简介(1902 年)

## 习　　题

**13-1** 写出下列化合物的 Haworth 式。

(1) 乙基 $\beta$-D-甘露糖苷　　　　　　(2) 蔗糖

(3) $\beta$-D-呋喃葡萄糖　　　　　　(4) $\beta$-D-呋喃核糖

**13-2** 写出下列化合物的构象式。

(1) $\beta$-D-吡喃葡萄糖　　　　　　(2) $\alpha$-D-吡喃甘露糖

(3) 甲基 $\beta$-D-吡喃半乳糖苷　　　　(4) $\beta$-D-吡喃半乳糖基-(1→4)-D-吡喃葡萄糖

**13-3** 写出 D-葡萄糖与下列试剂反应的主要产物。

(1) $H_2NOH$　　　　　　　　　(2) $Br_2/H_2O$

(3) $CH_3OH/HCl$　　　　　　　(4) 稀硝酸

(5) 过量苯肼　　　　　　　　　(6) 乙酐

**13-4** 如何用化学方法区别下列化合物？

(1) 麦芽糖和蔗糖　　　　　　　(2) 蔗糖和淀粉

(3) 淀粉和纤维素　　　　　　　(4) 葡萄糖和半乳糖

**13-5** 名词解释。

(1) $\alpha$- 及 $\beta$-异头物　　(2) 糖脎　　(3) 复合多糖　　(4) 改性淀粉

**13-6** 下面哪些是还原糖，哪些是非还原糖？

(1) 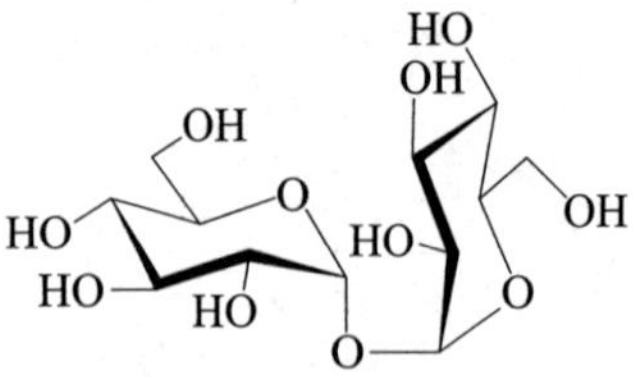 （结构式）

(2) 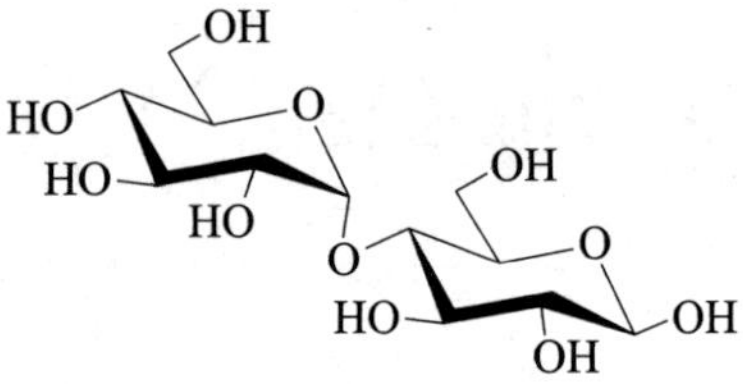 （结构式）

(3) 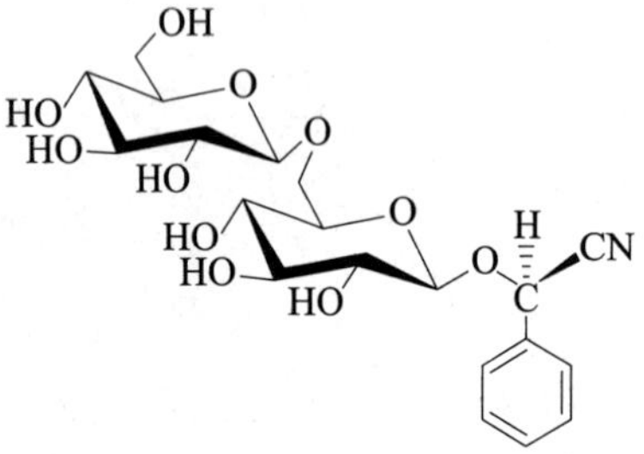 （结构式）

(4) 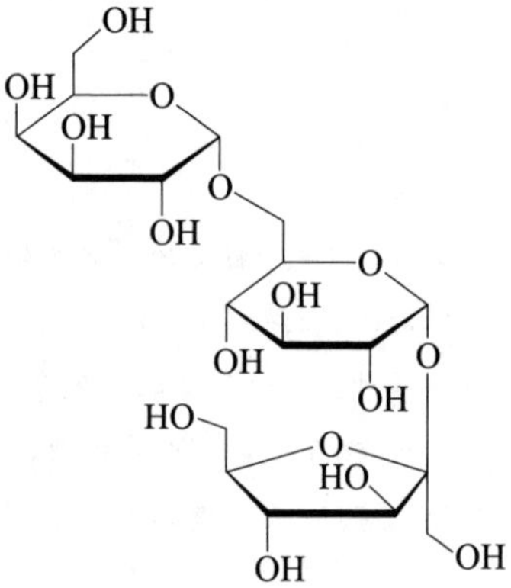 （结构式）

(5) 淀粉      (6) 纤维二糖

(7) 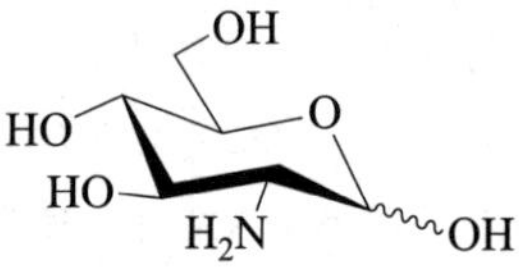 （结构式）

**13-7** 完成下列反应方程式。

(1)

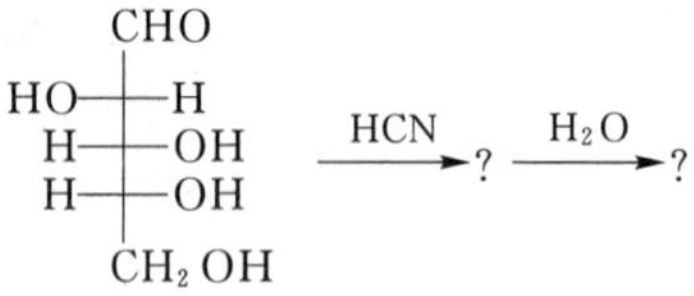

$$\begin{array}{c} CHO \\ HO\!-\!\!-\!H \\ H\!-\!\!-\!OH \\ H\!-\!\!-\!OH \\ CH_2OH \end{array} \xrightarrow{HCN} ? \xrightarrow{H_2O} ?$$

(2)

$$? \xleftarrow[H_2O]{Br_2} \begin{array}{c} CHO \\ H\!-\!\!-\!OH \\ HO\!-\!\!-\!H \\ H\!-\!\!-\!OH \\ H\!-\!\!-\!OH \\ CH_2OH \end{array} \xrightarrow{稀 HNO_3} ?$$

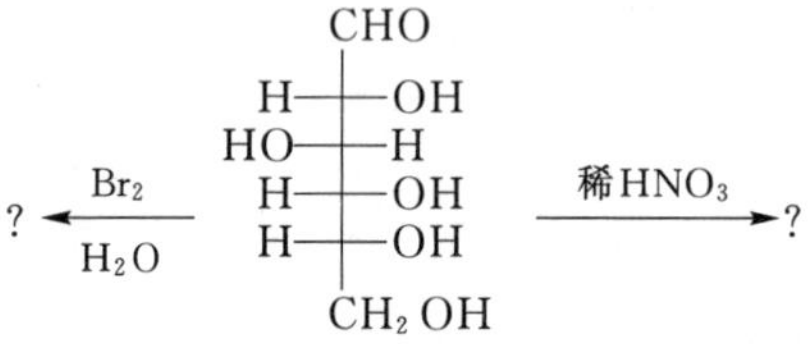

**13-8** A 和 B 是两种 D-丁醛糖,与苯肼生成相同的糖脎。但用硝酸氧化时,A 的反应产物有旋光性,而 B 的反应产物无旋光性。推导出 A 和 B 的结构,并写出氧化反应方程式。

**13-9** 一个试剂瓶中装有甘露糖溶液,与间苯二酚/HCl 共热较长时间不显色。但在试剂瓶中加入 $Ca(OH)_2$ 溶液放置一两天后,再与间苯二酚/HCl 共热则立即产生红色,请解释原因。

本章思考题答案

本章小结

# 第14章 氨基酸、多肽和蛋白质

有机化学被定义为含碳化合物的化学,而在过去,有机化学的定义只限于生命体,以区别于无机化学。现在我们知道,有机分子构成了生命的化学基石。什么是生命?必须从生命的本质出发来进行研究。生命是一种功能体现的过程,它通过生长、代谢、繁殖和进化来显现其作用,而构成这些基本过程的仍旧是化学。有机化学家们希望通过研究特定的反应或反应顺序来解读复杂的生命现象,这也形成了诸如生物化学等其他学科的研究领域,但其中涉及生命现象的基本化学物质及其性质,甚至某些生命物质的制备则是有机化学研究的内容。

参与构成生命的最基本物质有蛋白质、核酸、多糖和类脂,其中以蛋白质和核酸最为重要。

## 14.1 氨基酸

### 14.1.1 氨基酸的结构和命名

氨基酸是羧酸碳原子上的氢原子被氨基取代后的化合物,氨基酸分子中含有氨基和羧基两种官能团。氨基酸可按照氨基连在碳链上的不同位置而分为 $\alpha$-氨基酸、$\beta$-氨基酸、$\gamma$-氨基酸……

$$
\begin{array}{ccc}
\overset{\displaystyle H}{\underset{\displaystyle NH_2}{R-C-COOH}} & \overset{\displaystyle H}{\underset{\displaystyle NH_2}{R-C-CH_2COOH}} & \overset{\displaystyle H}{\underset{\displaystyle NH_2}{R-C-CH_2CH_2COOH}} \\
\alpha-\text{氨基酸} & \beta-\text{氨基酸} & \gamma-\text{氨基酸}
\end{array}
$$

但是经蛋白质水解后得到的氨基酸都是 $\alpha$-氨基酸,而且只有二十几种,它们是构成蛋白质的基本单位。

氨基酸的系统命名法是将氨基作为羧酸的取代基命名的,但由蛋白质水解得到的氨基酸都有俗名(见表 14-1),例如:

$$
\begin{array}{ccc}
\underset{\displaystyle NH_2}{H_3C-CHCOOH} & \underset{\displaystyle NH_2}{HOOCCH_2CH_2CHCOOH} & \underset{\displaystyle NH_2}{H_2N(CH_2)_4CHCOOH} \\
\text{2-氨基丙酸} & \text{2-氨基戊二酸} & \text{2,6-二氨基己酸} \\
\text{(俗名:丙氨酸)} & \text{(俗名:谷氨酸)} & \text{(俗名:赖氨酸)}
\end{array}
$$

除了甘氨酸(R=H),其他氨基酸的 $\alpha$-碳原子上都连着四个不同的基团,因此这些氨基酸分子中的 $\alpha$-碳原子都是手性碳原子,都具有旋光性。用 Fischer 投影式表示氨基酸时,它们的相对构型都属于 L 型。根据 Cahn-Ingold-Prelog 次序规则,这些氨基酸的绝对构型都是 $S$ 型的,但半胱氨酸中由于 $CH_2SH$ 比 $CH_2OH$ 有更高的优先权,因此半胱氨酸的绝对构型是 $R$ 型的。

$$
\begin{array}{cccc}
\text{COOH} & \text{CHO} & \text{COOH} & \text{COOH} \\
H_2N\!-\!\!\!-\!\!\!-\!H & HO\!-\!\!\!-\!\!\!-\!H & H_2N\!-\!\!\!-\!\!\!-\!H & H_2N\!-\!\!\!-\!\!\!-\!H \\
\text{R} & CH_2OH & CH_2OH & CH_2SH
\end{array}
$$

| L-氨基酸 | L-甘油醛 | L-丝氨酸 | L-半胱氨酸 |
|---|---|---|---|
| | | $(S)$-丝氨酸 | $(R)$-半胱氨酸 |

氨基酸构型的标记通常采用 D/L 标记法,分子中的手性碳原子则一般采用 $R/S$ 标记法。

表 14-1 组成蛋白质的常见 α-氨基酸

| 名称 | 简写 | 结构 | 等电点 | p$K_a$ 值 | |
|---|---|---|---|---|---|
| | | | | α-COOH | α-NH$_3^+$ |
| 中性氨基酸 | | | | | |
| 丙氨酸 | 丙(Ala 或 A) | 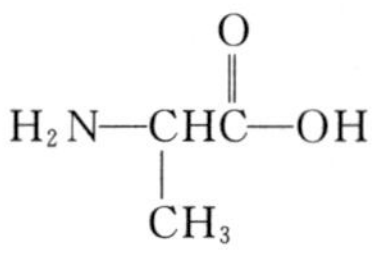 $H_2N\!-\!CHC\!-\!OH$ ‖O，$CH_3$ | 6.00 | 2.34 | 9.69 |
| 天冬酰胺 | 天冬胺(Asn) | 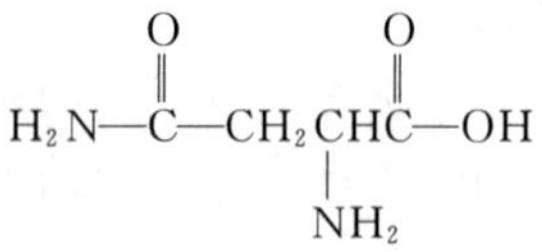 $H_2N\!-\!C\!-\!CH_2CHC\!-\!OH$ ‖O ‖O，$NH_2$ | 5.41 | 2.02 | 8.80 |
| 半胱氨酸 | 半胱(Cys 或 C) | 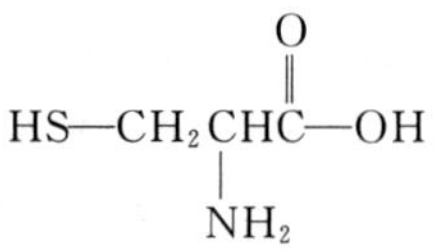 $HS\!-\!CH_2CHC\!-\!OH$ ‖O，$NH_2$ | 5.07 | 1.96 | 10.28 |
| 谷酰胺 | 谷胺(Gln 或 Q) | 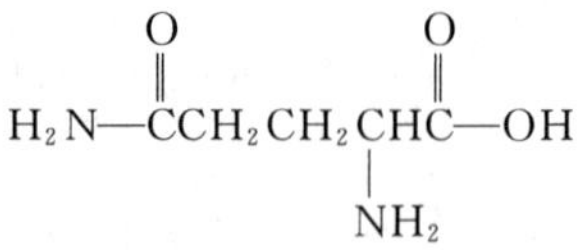 $H_2N\!-\!CCH_2CH_2CHC\!-\!OH$ ‖O ‖O，$NH_2$ | 5.65 | 2.17 | 9.13 |
| 甘氨酸 | 甘(Gly 或 G) | 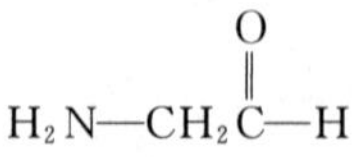 $H_2N\!-\!CH_2C\!-\!H$ ‖O | 5.97 | 2.34 | 9.60 |
| 异亮氨酸* | 异亮(Ile 或 I) | 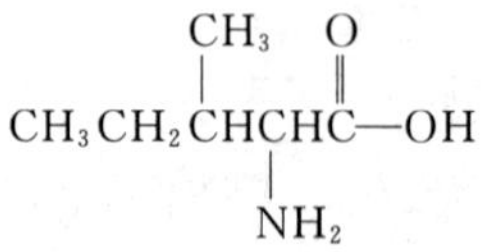 $CH_3CH_2CHCHC\!-\!OH$ $CH_3$ ‖O，$NH_2$ | 6.02 | 2.36 | 9.60 |

续表

| 名称 | 简写 | 结构 | 等电点 | pKa 值 | |
|------|------|------|--------|--------|--------|
| | | | | $\alpha-COOH$ | $\alpha-NH_3^+$ |
| 亮氨酸* | 亮（Leu 或 L） | $\underset{\underset{NH_2}{|}}{CH_3CHCH_2CHC}\overset{\overset{CH_3}{|}}{}\overset{O}{\overset{‖}{}}-OH$ | 5.98 | 2.36 | 9.60 |
| 硒代半胱氨酸 | 硒代半胱（Sec 或 U） | $\underset{\underset{NH_2}{|}}{HSe-CH_2CHCOOH}$ | 5.20 | 2.01 | 10.41 |
| 甲硫氨酸* | 甲硫（Met 或 M） | $\underset{\underset{NH_2}{|}}{CH_3SCH_2CH_2CHC}\overset{O}{\overset{‖}{}}-OH$ | 5.74 | 2.28 | 9.21 |
| 苯丙氨酸* | 苯丙（Phe 或 F） | $\underset{\underset{NH_2}{|}}{C_6H_5-CH_2CHC}\overset{O}{\overset{‖}{}}-OH$ | 5.48 | 1.83 | 9.13 |
| 脯氨酸 | 脯（Pro 或 P） | $\overset{O}{\overset{‖}{}}C-OH$（吡咯烷环） | 6.30 | 1.99 | 10.60 |
| 丝氨酸 | 丝（Ser 或 S） | $\underset{\underset{NH_2}{|}}{HOCH_2CHC}\overset{O}{\overset{‖}{}}-OH$ | 5.68 | 2.21 | 9.15 |
| 苏氨酸* | 苏（Thr 或 T） | $\underset{\underset{NH_2}{|}}{CH_3CHCHC}\overset{\overset{OH}{|}}{}\overset{O}{\overset{‖}{}}-OH$ | 5.60 | 2.09 | 9.10 |
| 色氨酸* | 色（Trp 或 W） | $CH_2CHC-OH$（吲哚环，$NH_2$） | 5.89 | 2.83 | 9.39 |
| 酪氨酸 | 酪（Tyr 或 Y） | $\underset{\underset{NH_2}{|}}{HO-C_6H_4-CH_2CHC}\overset{O}{\overset{‖}{}}-OH$ | 5.66 | 2.20 | 9.11 |
| 缬氨酸* | 缬（Val 或 V） | $\underset{\underset{NH_2}{|}}{CH_3CCHC}\overset{\overset{CH_3}{|}}{}\overset{O}{\overset{‖}{}}-OH$ | 5.96 | 2.32 | 9.62 |

续表

| 名称 | 简写 | 结构 | 等电点 | pK$_a$ 值 | |
|------|------|------|--------|-----------|---|
| | | | | $\alpha-COOH$ | $\alpha-NH_3^+$ |
| **酸性氨基酸** | | | | | |
| 天冬氨酸 | 天冬(Asp 或 D) | 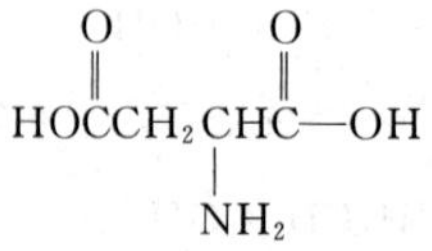 HOCCH₂CHC—OH 结构 | 2.77 | 1.88 | 9.60 |
| 谷氨酸 | 谷(Glu 或 E) | 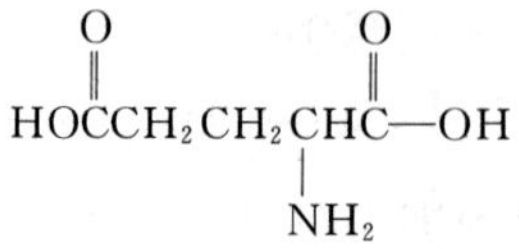 HOCCH₂CH₂CHC—OH 结构 | 3.22 | 2.19 | 9.67 |
| **碱性氨基酸** | | | | | |
| 精氨酸 | 精(Arg 或 R) | 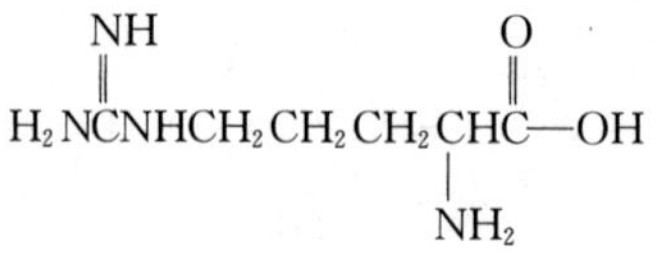 H₂NCNHCH₂CH₂CH₂CHC—OH 结构 | 10.76 | 2.17 | 9.04 |
| 组氨酸 | 组(His 或 H) | 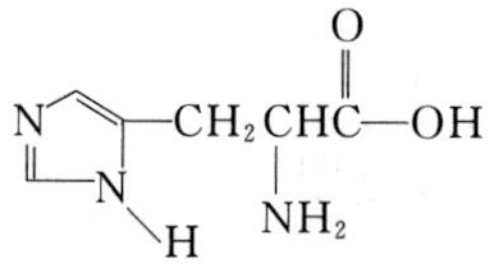 结构 | 7.59 | 1.82 | 9.17 |
| 赖氨酸* | 赖(Lys 或 K) | 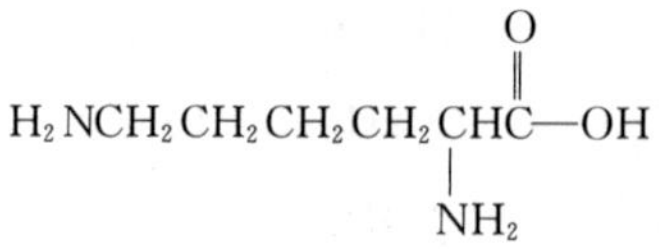 H₂NCH₂CH₂CH₂CH₂CHC—OH 结构 | 9.74 | 2.18 | 8.95 |
| 吡咯赖氨酸 | 吡咯赖(Pyl 或 O) | 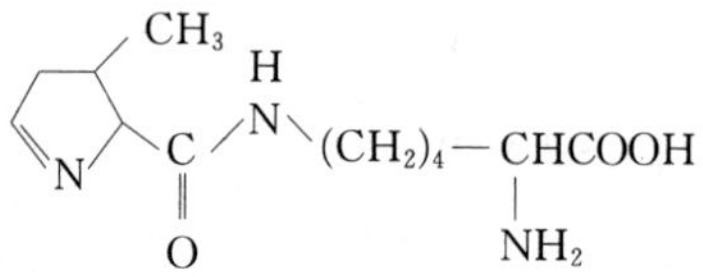 结构 (CH₂)₄—CHCOOH | 10.23 | 2.15 | 9.01 |

\* 人类必需氨基酸。

### 14.1.2 氨基酸的分类

**1. 根据氨基酸分子中氨基和羧基的相对数目分类**

(1) 中性氨基酸　氨基和羧基的数目相等,如丙氨酸、甘氨酸和亮氨酸等。

(2) 酸性氨基酸　羧基数大于氨基数,如天冬氨酸和谷氨酸等。

(3) 碱性氨基酸　氨基数大于羧基数,如精氨酸、组氨酸和赖氨酸等。

**2. 根据氨基酸分子的化学结构分类**

(1) 脂肪族氨基酸　如丙氨酸、缬氨酸、亮氨酸、异亮氨酸、甲硫氨酸、天冬氨酸、谷氨酸、赖氨酸、精氨酸、甘氨酸、丝氨酸、苏氨酸、半胱氨酸、天冬酰胺、谷酰胺。

(2) 芳香族氨基酸　如苯丙氨酸、酪氨酸。

(3) 杂环氨基酸　如组氨酸、色氨酸。

（4）杂环亚氨基酸　如脯氨酸。

3. 从营养学角度分类

（1）必需氨基酸（essential amino acid）　人体（或其他脊椎动物）不能合成或合成速率远不适应肌体的需要，必须由食物蛋白质供给的氨基酸称为必需氨基酸。成人必需氨基酸的需要量为蛋白质需要量的 $20\% \sim 37\%$。必需氨基酸共有 10 种，其作用如下。

赖氨酸：促进大脑发育，是肝及胆的组成成分，能促进脂肪代谢，调节松果腺、乳腺、黄体及卵巢，防止细胞退化。

色氨酸：促进胃液及胰液的产生。

苯丙氨酸：参与消除肾及膀胱功能的损耗。

甲硫氨酸：参与组成血红蛋白、组织与血清，有促进脾、胰及淋巴的功能。

苏氨酸：有转变某些氨基酸达到平衡的功能。

异亮氨酸：参与胸腺、脾及脑下腺的调节及代谢。

亮氨酸：平衡异亮氨酸。

缬氨酸：作用于黄体、乳腺及卵巢。

精氨酸：促进伤口愈合。

组氨酸：组氨酸对成人为非必需氨基酸，但对幼儿却为必需氨基酸。在发育多年之后，人类开始可以自己合成它，在这时便成为非必需氨基酸了。组氨酸能促进铁的吸收，可防治贫血，也是尿毒症患者的必需氨基酸。

人体虽能够合成精氨酸和组氨酸，但通常不能满足正常的需要，因此，它们又被称为半必需氨基酸。

（2）非必需氨基酸（nonessential amino acid）　人体（或其他脊椎动物）自身能由简单的前体合成，不需要从食物中获得的氨基酸，如甘氨酸、丙氨酸等。

思考题 14-1　什么是必需氨基酸？氨基酸中有哪些是必需氨基酸？

## 14.2　氨基酸的理化性质

### 14.2.1　氨基酸的物理性质

$\alpha$-氨基酸都是无色晶体，易溶于水而难溶于乙醇、乙醚等有机溶剂。它们具有较高的熔点，且大多在熔化的同时发生分解，故也常记录为分解点。

由蛋白质水解所得 $\alpha$-氨基酸，除甘氨酸外，都具有旋光性。

### 14.2.2　氨基酸的化学性质

氨基酸分子中含有氨基和羧基。它们具有氨基和羧基的典型性质。例如，羧基可以发生酯化反应；氨基可以发生酰基化反应；氨基与亚硝酸作用可转变为羟基，等等。此外，由于官能团的相互影响，氨基酸还有一些特殊的性质。

1. 酸碱性——两性和等电点

氨基酸既含有氨基又含有羧基，它可以和酸生成盐，也可以和碱生成盐，所以氨基酸是两性物质。

含有一个氨基和一个羧基的 $\alpha$-氨基酸可以用通式 $NH_2{-}\overset{\overset{R}{|}}{C}HCOOH$ 表示。但实际上,氨基酸的晶体是以偶极离子的形式存在的:

$$H_3\overset{+}{H}{-}\overset{\overset{R}{|}}{C}H{-}COO^-$$

这种偶极离子是分子内的氨基与羧基成盐的结果,故又称为内盐。氨基酸之所以具有相当高的熔点,难溶于有机溶剂等,是因为它们是内盐因而具有盐的性质的缘故。

在水溶液中,氨基酸的偶极离子既可以与一个 $H^+$ 结合成为正离子,又可以失去一个 $H^+$ 成为负离子。这三种离子在水溶液中通过得到 $H^+$ 或失去 $H^+$ 相互转换而同时存在。

$$H_2N{-}\overset{\overset{R}{|}}{C}H{-}COO^- \underset{OH^-}{\overset{H^+}{\rightleftharpoons}} N_3\overset{+}{N}{-}\overset{\overset{R}{|}}{C}H{-}COO^- \underset{OH^-}{\overset{H^+}{\rightleftharpoons}} H_3\overset{+}{H}{-}\overset{\overset{R}{|}}{C}H{-}COOH$$

负离子        偶极离子        正离子

在酸性溶液中,氨基酸主要以正离子的形式存在;在碱性溶液中,氨基酸主要以负离子的形式存在。

当氨基酸的溶液电解时,由于溶液酸碱度的不同,氨基酸可能向阳极移动,也可能向阴极移动,或者不移动。在 pH 比较低的酸性溶液中,正离子数量多,电解时氨基酸向阴极移动。在 pH 比较高的碱性溶液中,负离子数量多,电解时氨基酸向阳极移动。但在一定的 pH 溶液中,正离子和负离子数量相等,且浓度都很低,而偶极离子浓度最高,此时电解,以偶极离子形式存在的氨基酸不移动。这溶液的 pH 就称为氨基酸的等电点。

等电点不是中性点。不同的氨基酸由于结构的不同,等电点也不同。一般地说,中性氨基酸的酸性比它的碱性稍强些(即—COOH 的解离能力大于—NH_2 接受 $H^+$ 的能力)。因此在纯水溶液中,中性氨基酸呈微酸性,氨基酸负离子的浓度比正离子的浓度大些。要将溶液的 pH 调到等电点,使氨基酸以偶极离子形式存在,需要加些酸,把 pH 适当降低。所以中性氨基酸和酸性氨基酸的等电点都小于 7。中性氨基酸的等电点为 5.6~6.3,酸性氨基酸的等电点为 2.8~3.2。显然,要将碱性氨基酸的水溶液调到等电点,需要加适量的碱。所以碱性氨基酸的等电点都大于 7(为 7.6~10.8)。

氨基酸在等电点时溶解度最小。有时可以利用这一性质,通过调整溶液的 pH,将等电点不同的氨基酸从氨基酸的混合溶液中分别分离出来。

2. 水合茚三酮反应

$\alpha$-氨基酸的水溶液遇水合茚三酮,能生成有颜色的产物。大多数氨基酸遇此试剂显蓝紫色。总反应可以表示如下:

$$2\,\text{（水合茚三酮）} + R{-}CHCOOH \longrightarrow \text{（蓝紫色产物）} + RCHO + CO_2 + 3H_2O$$

水合茚三酮                  (蓝紫色)

这个颜色反应常用于 $\alpha$-氨基酸的比色测定和色层分析的显色。

**3. 受热后的反应**

由于氨基和羧基相对位置的不同, $\alpha$-、$\beta$-、$\gamma$-等氨基酸受热后所发生的反应不相同。一般说来, $\alpha$-氨基酸受热后, 能在两分子之间发生脱水反应, 生成环状的交酰胺。例如:

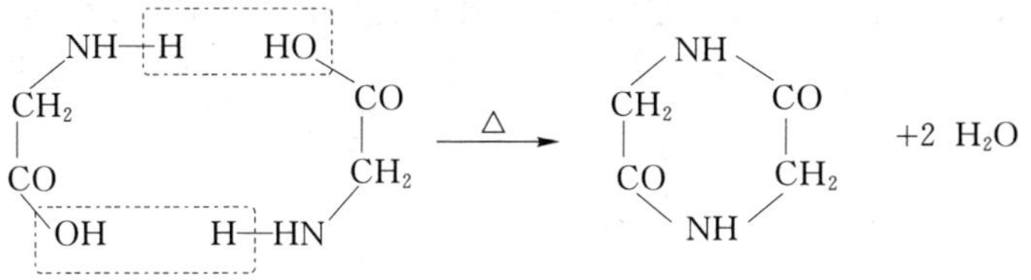

交酰胺

$\beta$-氨基酸受热后, 容易脱去一分子氨, 生成 $\alpha$, $\beta$-不饱和羧酸。例如:

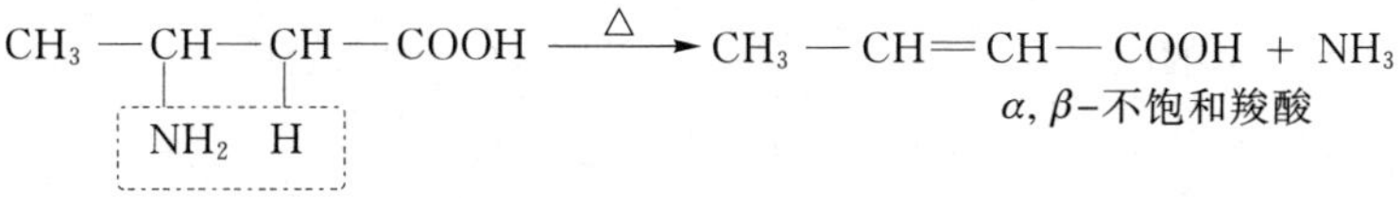

$$CH_3-CH-CH-COOH \xrightarrow{\triangle} CH_3-CH=CH-COOH + NH_3$$

$$\underset{\boxed{NH_2\quad H}}{\qquad\qquad\qquad}$$

$\alpha$, $\beta$-不饱和羧酸

$\gamma$-或 $\delta$-氨基酸受热后, 容易分子内脱去一分子水生成环状的内酰胺。例如:

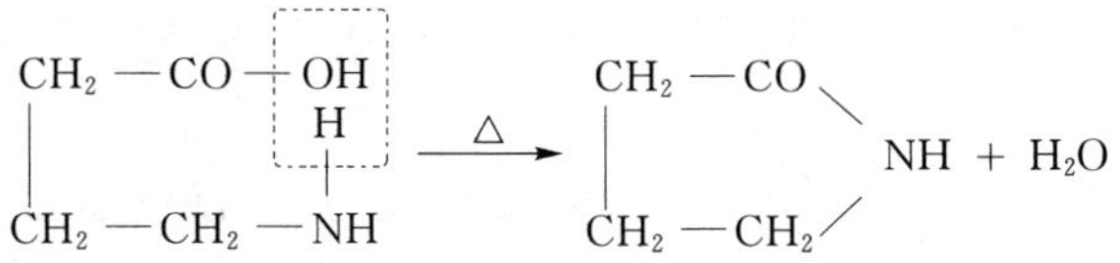

$\gamma$-内酰胺

分子中氨基和羧基相隔更远时, 受热后可以多分子脱水, 生成聚酰胺。

$$n NH_2(CH_2)_x COOH \xrightarrow{\triangle} NH_2(CH_2)_x CO\left[\!\!NH(CH_2)_x CO\!\!\right]_{n-2} NH(CH_2)_x COOH + (n-1)H_2O$$

聚酰胺

**4. 氨基的反应**

**(1) 酰化反应**  氨基可与酰化试剂, 如酰氯或酸酐在碱性溶液中反应, 生成酰胺。该反应在多肽合成中可用于保护氨基。

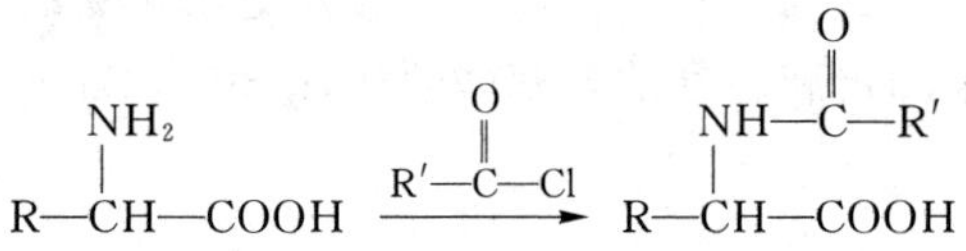

**(2) 与亚硝酸反应**  氨基酸在室温下与亚硝酸反应, 脱氨, 生成羟基羧酸和氮气。因为伯胺都有这个反应, 所以赖氨酸的侧链氨基也能反应, 但反应速率较慢。此反应常用于蛋白质的化学修饰、水解程度测定及氨基酸的定量。

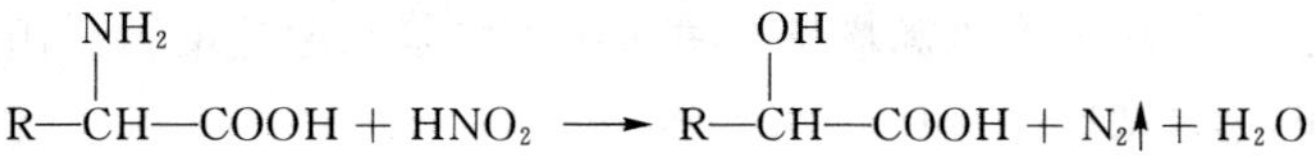

（3）与醛反应 氨基酸的 $\alpha$-氨基能与醛类物质反应，生成希夫碱。希夫碱是氨基酸作为底物参与的某些酶促反应的中间物。赖氨酸的侧链氨基也能反应。氨基还可以与甲醛反应，生成羟甲基化合物。由于氨基酸在溶液中以偶极离子形式存在，所以不能用酸碱滴定测定含量。与甲醛反应后，氨基酸不再是偶极离子，因而可用一般的酸碱滴定法，此法称为甲醛滴定法（formol titration method），可用于测定氨基酸含量。

$$
\underset{\substack{| \\ O}}{\overset{\substack{R' \\ |}}{C}}\text{—H} + \underset{\substack{| \\ COOH}}{\overset{\substack{NH_2 \\ |}}{H\text{—}C}}\text{—R} \rightleftharpoons \underset{\substack{| \\ N \\ | \\ H\text{—}C\text{—}R \\ | \\ COOH}}{\overset{\substack{R' \\ | \\ C\text{—}H \\ |}}{}} + H_2O
$$

$$
\underset{\substack{| \\ R\text{—}CH\text{—}COOH}}{\overset{+NH_3}{}} + HCHO \rightleftharpoons \underset{\substack{| \\ R\text{—}CH\text{—}COO^-}}{\overset{NH\text{—}CH_2OH}{}} + H^+
$$

$$
\underset{\substack{| \\ R\text{—}CH\text{—}COO^-}}{\overset{NH\text{—}CH_2OH}{}} \xrightarrow{HCHO} \underset{\substack{| \\ R\text{—}CH\text{—}COO^-}}{\overset{N(CH_2OH)_2}{}}
$$

二羟甲基氨基酸

（4）磺酰化反应 氨基酸与 5-（二甲氨基）萘-1-磺酰氯（DNSCl）反应，生成DNS-氨基酸，可用于氨基酸末端分析。DNS-氨基酸有强荧光，激发波长在 360 nm左右，比较灵敏，可用于微量分析。

$$
\underset{\substack{| \\ R\text{—}CH\text{—}NH_2}}{\overset{COOH}{}} + \text{[萘环—}SO_2Cl,\ N(CH_3)_2] \longrightarrow \text{[萘环—}SO_2NH\text{—}CH(R)COOH,\ N(CH_3)_2] + HCl
$$

（5）与 DNFB 反应 氨基酸与 2,4-二硝基氟苯（DNFB）在弱碱性溶液中作用生成二硝基苯基氨基酸（DNP-氨基酸）。这一反应是定量转变的，产物黄色。该反应曾被桑格（Sanger F）用来测定胰岛素的氨基酸顺序，故也称 Sanger 试剂，已应用于蛋白质 N 末端测定。

$$
\underset{\substack{| \\ R\text{—}CH\text{—}NH_2}}{\overset{COOH}{}} + F\text{—}\underset{DNFB}{[\text{苯环},\ NO_2,\ NO_2]} \longrightarrow \underset{\substack{| \\ R\text{—}CH\text{—}NH}}{\overset{COOH}{}}\text{—}\underset{DNP\text{—}氨基酸}{[\text{苯环},\ NO_2,\ NO_2]} + HF
$$

（6）成盐反应 氨基酸的氨基与盐酸作用生成氨基酸盐酸盐。用盐酸水解蛋白质制得的氨基酸是氨基酸盐酸盐。

$$\underset{\text{氨基酸盐酸盐}}{\overset{\displaystyle \text{COOH}}{\underset{\displaystyle |}{\text{R—CH—NH}_2}} + \text{HCl} \longrightarrow \overset{\displaystyle \text{COOH}}{\underset{\displaystyle |}{\text{R—CH—}\overset{+}{\text{NH}_3}\overset{-}{\text{Cl}}}}}$$

#### 5. 羧基的反应

氨基酸的羧基与其他有机酸一样,在一定的条件下可以发生酰化、成酯、脱羧和成盐等反应。

(1)酰化反应  氨基酸中的氨基与羧基相邻,难于直接形成酰卤,故一般需先用一种酰化试剂将氨基保护起来,再用另一种酰化试剂使羧基酰化:

$$\overset{\displaystyle \text{NH}_2}{\underset{\displaystyle |}{\text{R—CH—COOH}}} + \text{H}_3\text{C—}\overset{\displaystyle \text{O}}{\overset{\|}{\text{C}}}\text{—Cl} \longrightarrow \overset{\displaystyle \text{NH—}\overset{\text{O}}{\overset{\|}{\text{C}}}\text{—CH}_3}{\underset{\displaystyle |}{\text{R—CH—COOH}}} + \text{HCl}$$

$$\overset{\displaystyle \text{NH—}\overset{\text{O}}{\overset{\|}{\text{C}}}\text{—CH}_3}{\underset{\displaystyle |}{\text{R—CH—COOH}}} + \text{PCl}_5 \longrightarrow \overset{\displaystyle \text{NH—}\overset{\text{O}}{\overset{\|}{\text{C}}}\text{—CH}_3}{\underset{\displaystyle |}{\text{R—CH—COCl}}} + \text{POCl}_3 + \text{HCl}$$

所生成的酰氯具有很高的活性,比较容易发生较多的化学反应,因此该反应常用于肽的合成。

(2)成酯反应  在干燥的 HCl 气体存在下,氨基酸可与甲醇或乙醇作用生成氨基酸甲酯或乙酯:

$$\overset{\displaystyle \text{NH}_2}{\underset{\displaystyle |}{\text{R—CH—COOH}}} + \text{C}_2\text{H}_5\text{OH} \xrightarrow{\text{HCl(g)}} \overset{\displaystyle \text{NH}_2}{\underset{\displaystyle |}{\text{R—CH—COOC}_2\text{H}_5}} + \text{H}_2\text{O}$$

羧基被酯化后,可增强氨基的化学活性,更易发生酰化反应。在蛋白质的人工合成中该反应用于氨基的活化。此外,这种性质也可以用做氨基酸的分离纯化,因为氨基酸与醇生成酯后可以通过蒸馏的方法将其分离。

(3)脱羧反应  氨基酸在生物体内能够脱羧形成相应的胺。此反应需在脱羧酶的催化下进行,也可用一种弱碱,如 Ba(OH)$_2$ 在加热时发生脱羧反应。

$$\overset{\displaystyle \text{NH}_2}{\underset{\displaystyle |}{\text{R—CH—COOH}}} \xrightarrow[\triangle]{\text{Ba(OH)}_2} \text{R—CH}_2\text{—NH}_2 + \text{CO}_2$$

(4)成盐反应  氨基酸可以与碱作用生成盐。

$$\overset{\displaystyle \text{COOH}}{\underset{\displaystyle |}{\text{R—CH—NH}_2}} + \text{NaOH} \longrightarrow \overset{\displaystyle \text{COONa}}{\underset{\displaystyle |}{\text{R—CH—NH}_2}} + \text{H}_2\text{O}$$

如果与二价金属离子反应,则生成复盐,即两个氨基酸与一分子二价金属离子配位化合,如甘氨酸与 Cu$^{2+}$ 配位化合:

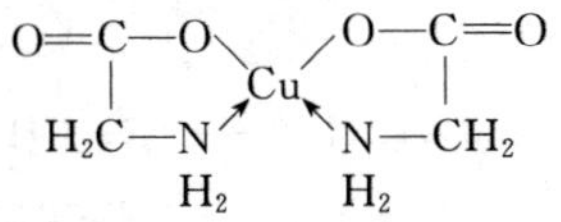

其他二价金属离子如 $Co^{2+}$ ,$Mn^{2+}$ ,$Ca^{2+}$ 等也可生成结构类似的化合物。

**思考题 14-2**　写出在下列介质中各氨基酸的主要存在形式。

(1) 丝氨酸在 pH=3 的溶液中　　　　　　　(2) 精氨酸在 pH=11 的溶液中

(3) 缬氨酸在 pH=7 的溶液中

## 14.3　氨基酸的制备

目前制备氨基酸的常见方法有以下几种。

### 14.3.1　氨基酸的化学合成方法

**1. 通过 $\alpha$-卤代羧酸制备氨基酸**

羧酸的 $\alpha$-氢原子可以通过 Hell-Volhard-Zelinsky 反应溴化,产物中的溴可以被氨基取代而生成氨基酸。如丙酸,通过这两步反应可以转化为外消旋的丙氨酸:

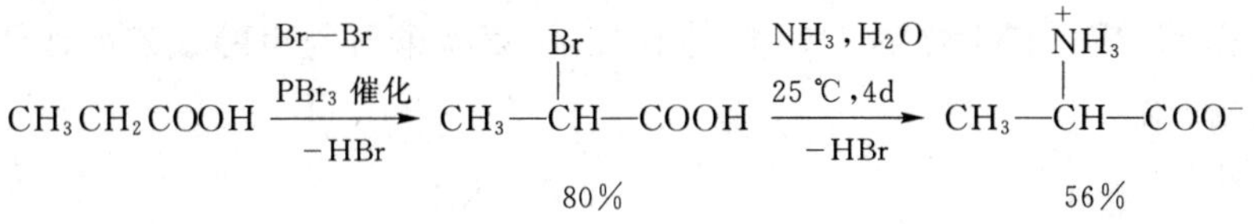

这种方法的主要缺点是产率相对较低。

**2. 通过盖布瑞尔(Gabriel)合成方法制备氨基酸**

丙二酸二乙酯溴化得到 2-溴丙二酸二乙酯,2-溴丙二酸二乙酯与邻苯二甲酰亚胺钾盐进行 Gabriel 反应,所得产物再通过水解、脱羧和酰亚胺的水解得到氨基酸:

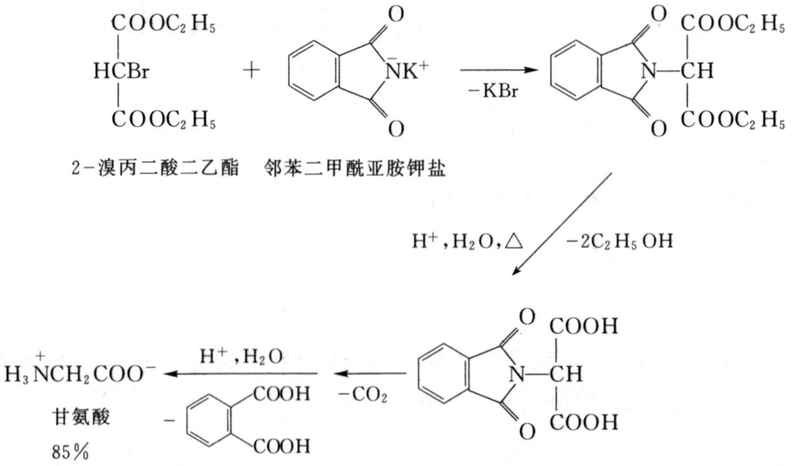

2-溴丙二酸二乙酯　邻苯二甲酰亚胺钾盐

甘氨酸
85%

这种方法的优点之一就是可以采用不同的 2-取代丙二酸二乙酯,且 Gabriel 反应后所得产物可以被烷基化,从而可以制备各种取代氨基酸。

$$
\text{邻苯二甲酰亚胺-CH(CO}_2\text{C}_2\text{H}_5)_2 \xrightarrow[\substack{(1)\ C_2H_5O^-Na^+,\ C_2H_5OH \\ (2)\ RX \\ (3)\ H^+,H_2O,\triangle}]{} \overset{^+NH_3}{RCHCOO^-}
$$

### 3. 从醛制备氨基酸

通过乙醛和氨反应得到亚胺,继续与氢氰酸反应得到相应 2-氨基丙腈,用酸或碱水解后生成氨基酸。这个反应称为**斯特雷克(Strecker A)反应**。例如:

$$
\underset{}{H_3C\overset{O}{\underset{}{C}}-H} \xrightarrow[-H_2O]{NH_3} \underset{\text{亚胺}}{H_3C\overset{NH}{\underset{}{C}}-H} \xrightarrow{HCN} \underset{\text{2-氨基丙腈}}{H_3C\overset{NH_2}{\underset{H}{C}}-CN} \xrightarrow{H^+,H_2O,\triangle} \underset{}{CH_3\overset{^+NH_3}{\underset{}{C}}HCOO^-}
$$

上述三种方法可以制造目前所有已知的氨基酸,但所得的均是外消旋氨基酸。

### 4. 氨基酸的不对称合成

光学活性的 $\alpha$-氨基酸具有重要的生物活性和生理作用。它是药物、农药及食品配剂的重要前体,光学活性的 $\alpha$-氨基酸还可以作为手性诱导剂应用于不对称合成中。自然界已发现的非蛋白氨基酸有近 1000 种,这些氨基酸及其他功能性的非天然氨基酸的不对称合成是近年来不对称合成领域中的热点之一。因此,事实上,要得到纯的氨基酸对映异构体,可以通过对外消旋氨基酸的分离或对映选择性反应来制备。

制备纯的氨基酸对映异构体的一个方法是拆分非对映异构的盐。氨基首先被作为亚胺保护起来,然后产物与一个具有光学活性的胺反应,生成的两种非对映异构体可以通过部分结晶来分离。但是,这个方法分离时间长而且产率很低(见图 14-1)。

在立体选择性的反应方法中,前手性的 C2 上对映选择性地形成一个构型确定的立体中心,自然界就是运用这种方法来合成氨基酸的。例如,谷氨酸酯脱氢酶将 2-羰基戊二酸中的羰基通过生物还原转化为氨基取代的($S$)-谷氨酸,这个还原试剂是嘌呤二核苷酸(NADH)。

$$
\underset{\text{2-羰基戊二酸}}{HOOCCH_2CH_2\overset{O}{\overset{\|}{C}}COOH} + NH_3 + H^+ \xrightarrow[-NAD^+]{NADH,谷氨酸酯脱氢酶} \underset{(S)-谷氨酸}{HOOCCH_2CH_2\overset{^+NH_3}{\underset{}{C}}HCOO^-} + H_2O
$$

($S$)-谷氨酸是生物合成谷酰胺、脯氨酸和精氨酸的先导化合物。它还可以在转氨酶的作用下氨化其他的 2-羰基酸来制备其他氨基酸。

$$
\underset{R}{H-\overset{^+NH_3}{\underset{|}{C}}-COO^-} + R'\overset{O}{\overset{\|}{C}}COO^- \underset{}{\overset{转氨酶}{\rightleftharpoons}} R\overset{O}{\overset{\|}{C}}COO^- + \underset{R'}{H-\overset{^+NH_3}{\underset{|}{C}}-COO^-}
$$

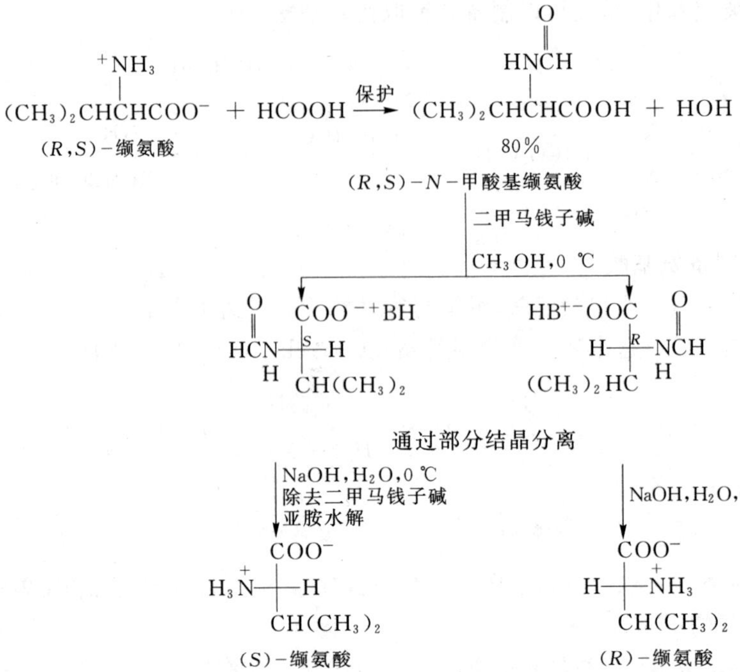

$$\underset{\substack{\text{(R,S)-缬氨酸}}}{(CH_3)_2CHCHCOO^-} + HCOOH \xrightarrow{\text{保护}} \underset{\substack{80\%}}{(CH_3)_2CHCHCOOH} + HOH$$

(R,S)-N-甲酸基缬氨酸

二甲马钱子碱

CH₃OH,0 ℃

通过部分结晶分离

NaOH,H₂O,0 ℃
除去二甲马钱子碱
亚胺水解

NaOH,H₂O,0 ℃

(S)-缬氨酸　　　　　　(R)-缬氨酸

图 14-1　外消旋缬氨酸的分离

应用不对称合成方法进行合成,由于技术原因,到目前还仅适用于部分氨基酸,如 L-多巴,已经可以工业化手性加氢合成。

### 14.3.2　氨基酸的生物合成方法

生物合成氨基酸必须有氨基和碳架为原料。各种生物合成氨基酸的能力有相当大的差异。人类只能从氨及不同的碳架化合物合成 10 种非必需氨基酸,另外的 10 种必需氨基酸必须由食物供给。高等植物能自己合成蛋白质和所需要的全部氨基酸。不同种微生物合成氨基酸的能力也有很大差别。如大肠杆菌能从简单的前体合成自身蛋白质合成所必需的氨基酸,但乳酸菌却必须从环境中摄取某些种类氨基酸。除酪氨酸外,人体内非必需氨基酸由四种共同代谢中间产物(丙酮酸、草酰乙酸、α-酮戊二酸及 3-磷酸甘油)之一作其前体简单合成。例如,丙氨酸及天冬氨酸分别由丙酮酸及草酰乙酸通过转氨作用生成,天冬酰胺可由天冬氨酸酰胺化生成,谷酰胺、脯氨酸都是以谷氨酸为原料合成。酪氨酸可由苯丙氨酸羟化生成。

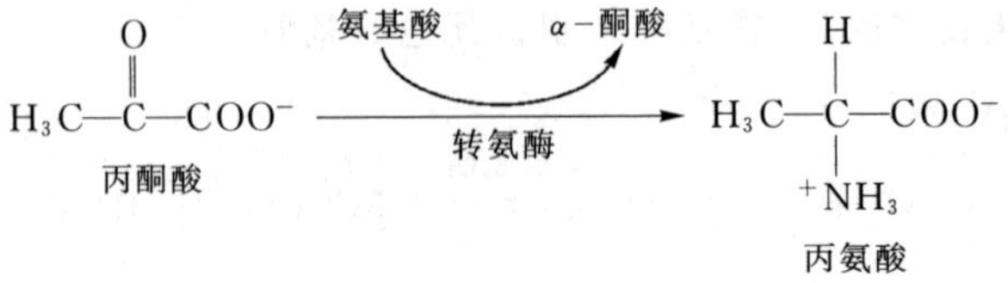

$$\underset{\substack{\text{丙酮酸}}}{H_3C-\overset{O}{\overset{\|}{C}}-COO^-} \xrightarrow[\text{转氨酶}]{\text{氨基酸}\quad\alpha-\text{酮酸}} \underset{\substack{\text{丙氨酸}}}{H_3C-\overset{H}{\underset{+NH_3}{\overset{|}{\underset{|}{C}}}}-COO^-}$$

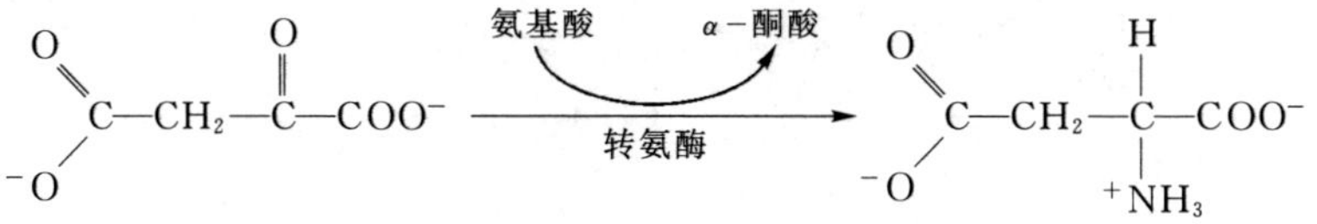

草酰乙酸 → 氨基酸 / α-酮酸 / 转氨酶 → 天冬氨酸

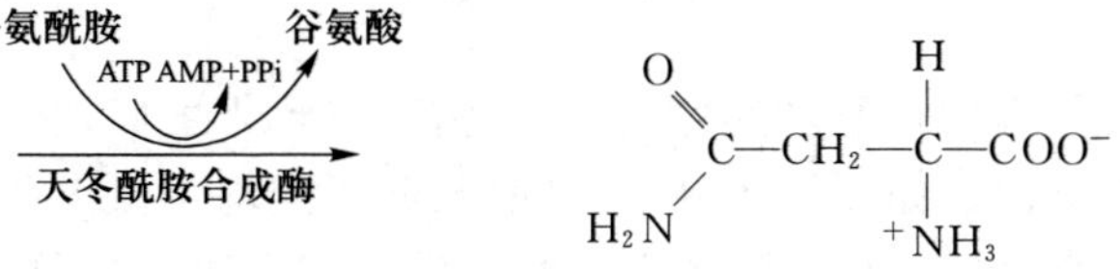

谷氨酰胺 / ATP AMP+PPi / 谷氨酸 / 天冬酰胺合成酶 → 天冬酰胺

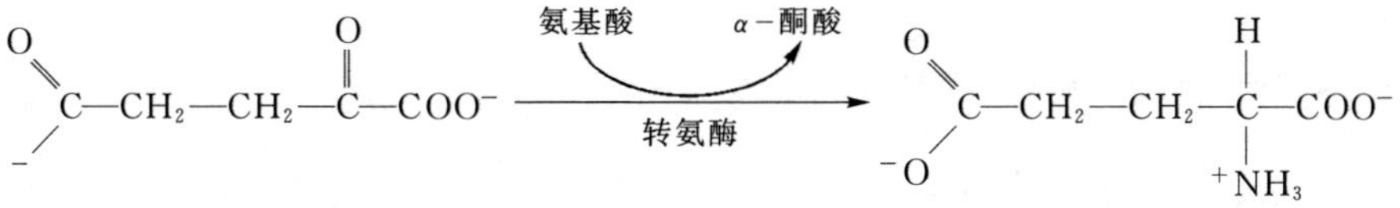

α-酮戊二酸 → 氨基酸 / α-酮酸 / 转氨酶 → 谷氨酸

谷氨酸 → ATP / ADP / 谷酰胺合成酶 →

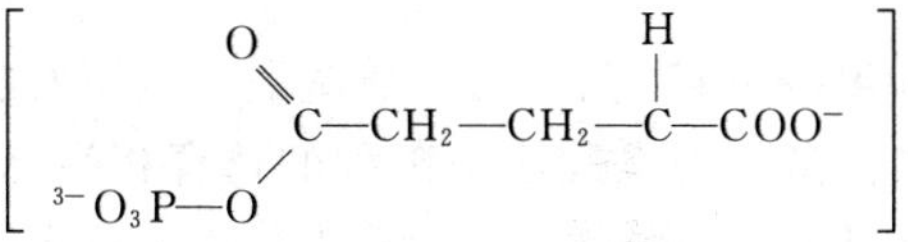

γ-谷氨酰磷酸中间体

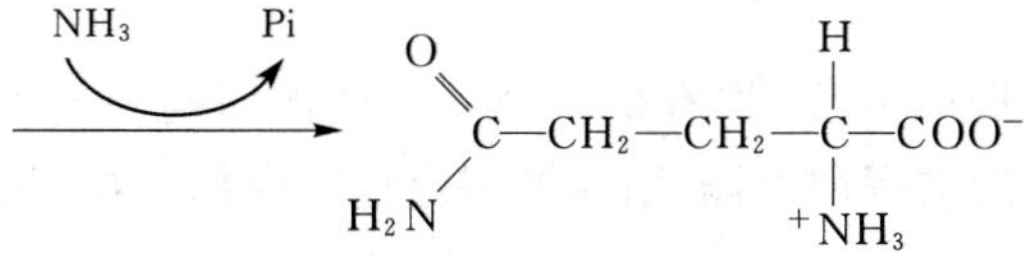

NH₃ / Pi → 谷酰胺

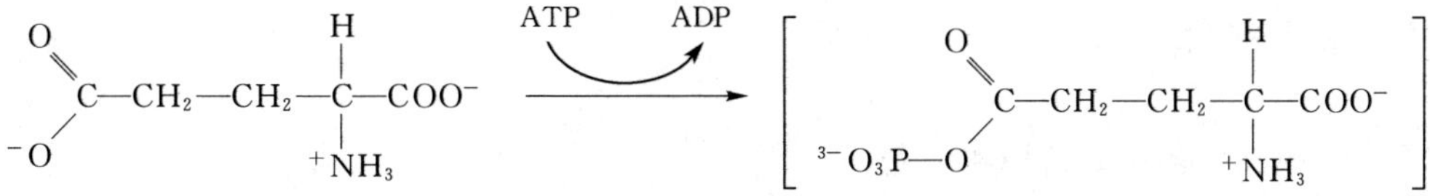

谷氨酸 → ATP / ADP → 5-磷酸-谷氨酸

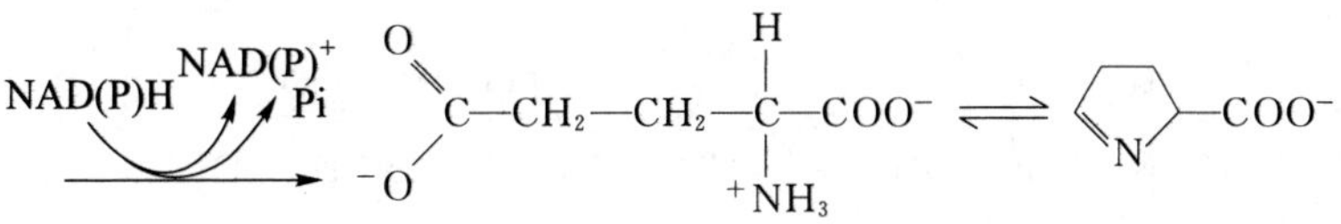

NAD(P)H / NAD(P)⁺ / Pi → 5-谷氨酸半醛 ⇌ Δ¹,²-吡咯-5-羧酸

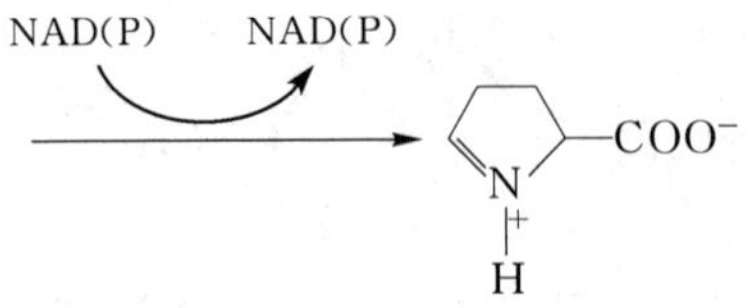

$$\xrightarrow{\quad NAD(P) \quad NAD(P) \quad}$$

脯氨酸

必需氨基酸与非必需氨基酸相似,均由熟悉的代谢前体转化生成,它们的合成途径仅存在于微生物及植物体内。如赖氨酸、甲硫氨酸及苏氨酸均可由天冬氨酸合成;缬氨酸及亮氨酸可由丙酮酸合成;色氨酸、苯丙氨酸及酪氨酸由磷酸烯醇式丙酮酸及4-磷酸赤藓糖合成。

**思考题 14-3** 试用两种方法合成苯丙氨酸。

### 14.3.3 氨基酸的其他制备方法

#### 1. 蛋白质水解法(提取法)

以动物蛋白质为原料,经强酸水解后,得到各种氨基酸。提取法原料廉价,所需的原料种类少,且原料资源相当丰富。工业生产时可同时得到十多种氨基酸产品。另外,许多医药用氨基酸品种必须依靠提取法提供,它们分别是组氨酸、精氨酸、丝氨酸、赖氨酸、脯氨酸及酪氨酸。提取法的发展潜力很大。

#### 2. 发酵法

由微生物利用糖类、氨等廉价的碳源和氮源可直接生产 L-氨基酸。应用发酵法生产氨基酸产量最大的是谷氨酸,其次为赖氨酸。但发酵法中菌种的选育相当麻烦,且不好控制;生产的产品单一,纯度不高,有伴生氨基酸产生。随着现代生物技术和工程技术的发展,发酵生产氨基酸的方法将呈现出相当诱人的前景。

#### 3. 酶法

用微生物菌体或从菌体中提取的酶,把有机化合物转变成所需要的 L-氨基酸。此方法涉及生物工程菌的生产,酶的提取及酶、菌体的固定化等现代生物工程中的许多技术。

## 14.4 多肽

### 14.4.1 多肽的结构和命名

一个氨基酸的羧基与另一个氨基酸的氨基缩合,通过形成酰胺键将两个氨基酸连接起来,这个酰胺键称为**肽键**(peptide bond)。

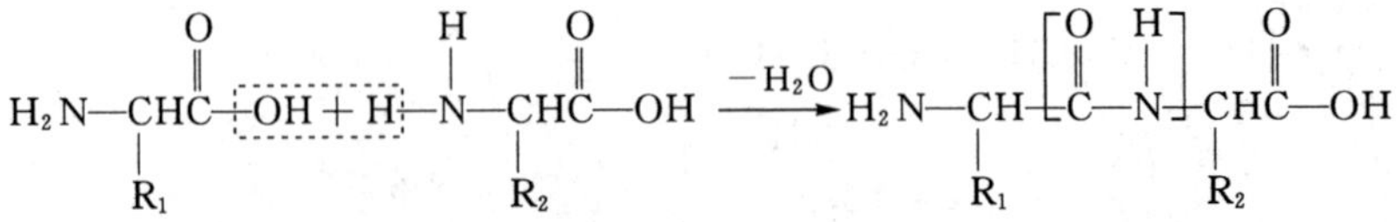

$$H_2N-CHC-\boxed{OH + H}-N-CHC-OH \xrightarrow{-H_2O} H_2N-CH-C-N-CHC-OH$$

肽键

多肽链可用如下通式表示：

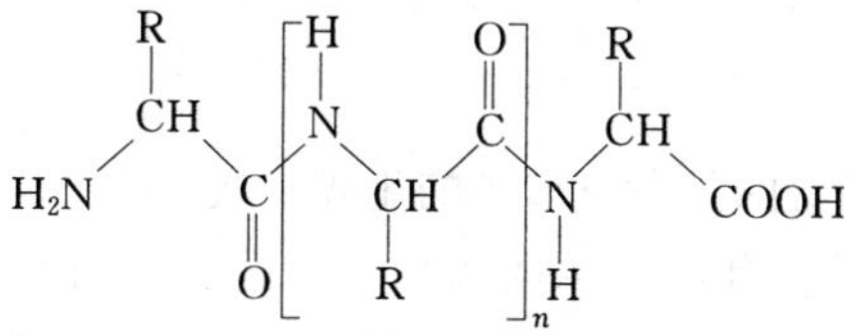

在肽链中,有氨基的一端称为 N 端;有羧基的一端称为 C 端。在写多肽结构时,通常把 N 端写在左边,C 端写在右边。命名时由 N 端开始,称为某氨酰(基)某氨酸。为书写简便起见,也常用中文简写或缩写符号来表示。例如：

$$NH_2CH_2CO—NHCH_2COOH$$
甘氨酰甘氨酸或甘·甘(Gly·Gly)

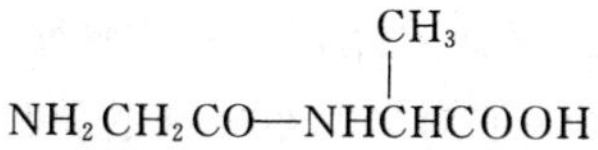

$$NH_2CH_2CO—NHCHCOOH$$
甘氨酰丙氨酸或甘·丙(Gly·Ala)

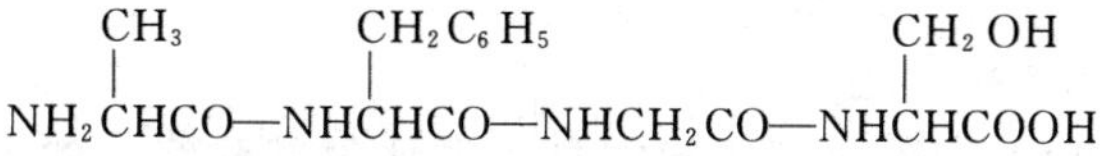

$$NH_2CHCO—NHCHCO—NHCH_2CO—NHCHCOOH$$
丙氨酰苯丙氨酰甘氨酰丝氨酸或丙·苯丙·甘·丝(Ala·Phe·Gly·Ser)

天然多肽都是由不同的氨基酸组成的。相对分子质量一般在 10 000 以下。它们在生物化学中是一类重要的化合物。有些多肽在生物体内起着很重要的作用。例如,能使子宫收缩的垂体后叶催产素就是一个九肽。在它的分子中,氨基酸单元之间除以肽键相连外,还有一个二硫键(—S—S—)。

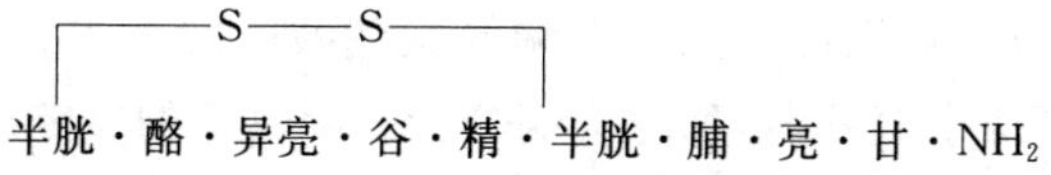

$$\begin{array}{c} \overline{\phantom{xx}} S — S \overline{\phantom{xx}} \\ 半胱·酪·异亮·谷·精·半胱·脯·亮·甘·NH_2 \end{array}$$
**垂体后叶催产素**

蛋白质也是由许多氨基酸单元通过肽键组成的。但是蛋白质的相对分子质量更高,所含氨基酸单元多在 100 以上,结构也更复杂。蛋白质部分水解可以得到多肽,所以对多肽的结构进行研究,是了解蛋白质结构的一个重要步骤。研究多肽的结构,不仅要使它们降解,以便分析鉴定,然后推测其结构,还要合成它们,借以验证所推测的结构是否正确。

### 14.4.2 多肽的理化性质

相对分子质量不大的肽的理化性质与氨基酸类似,在水溶液中以偶极离子存在。肽键的亚氨基不解离,所以肽的酸碱性取决于肽的末端氨基、羧基和侧链上的基团。在多肽或蛋白质中,可解离的基团主要是侧链上的。肽中末端羧基的 $pK_a$ 比自由氨基酸的稍大,而末端氨基的 $pK_a$ 则稍小,侧链基团变化不大。

肽的化学性质和氨基酸有相似之处,但有一些特殊的反应,如双缩脲反应(biuret reaction)。一般含有两个或两个以上肽键的化合物都能与 $CuSO_4$ 碱性溶液发生双缩脲反应而生成紫红色或蓝紫色的复合物。利用这个反应可以测定蛋白质的含量。

$$2\ H_2N\overset{\overset{\displaystyle O}{\|}}{C}-NH_2 \xrightarrow{180\ ^\circ C} H_2N\overset{\overset{\displaystyle O}{\|}}{C}-NH-\overset{\overset{\displaystyle O}{\|}}{C}-NH_2 + NH_3$$

尿素          双缩脲

多肽在人体内具有广泛的分布与重要的生理功能。其中谷胱甘肽在红细胞中含量丰富,具有保护细胞膜结构及使细胞内酶蛋白处于还原、活性状态的功能。而在各种多肽中,谷胱甘肽的结构比较特殊,分子中谷氨酸是以其 $\gamma$ - 羧基与半胱氨酸的 $\alpha$ - 氨基脱水缩合生成肽键的,且它在细胞中可进行可逆的氧化还原反应,因此有还原型与氧化型两种谷胱甘肽。

近年来,一些具有强大生物活性的多肽分子不断地被发现与鉴定,它们大多具有重要的生理功能或药理作用,如一些"脑肽"与肌体的学习记忆、睡眠、食欲和行为都有密切关系,这增加了人们对多肽重要性的认识,多肽也已成为生物化学中引人瞩目的研究领域之一。

### 14.4.3 多肽的结构测定

要了解一个多肽的结构,必须了解它是由哪些氨基酸组成的,这些氨基酸又是按照怎样的次序相结合的。

测定多肽的组成,一般是将多肽在酸性溶液中进行水解,再用色层分离法把各种氨基酸分开,然后进行分析。这样,就可以知道多肽是由哪几种氨基酸组成的,以及各种氨基酸的相对数目是多少。至于这些氨基酸在多肽分子中的排列次序,则是通过末端分析的方法,并配合部分水解,加以确定的。

用适当的化学方法,可以使多肽链末端的氨基酸断裂下来。经过分析,就可以知道多肽链的两端是哪两个氨基酸,称为末端分析。降解了的肽链还可以再反复进行末端分析。通过多步末端分析,就可以确定多肽链中氨基酸的连接次序。但是,对于很长的肽链来说,要完全靠末端分析的方法确定所有氨基酸的连接次序,是有困难的,所以一般还要配合使用部分水解的方法。即先将多肽部分水解成较短的肽链,然后对这些较小的多肽进行末端分析,最后推断出原多肽分子中各种氨基酸的排列次序。可以举一个简单的例子来说明:设某三肽完全水解后,可得到谷氨酸、半胱氨酸和甘氨酸,这三种氨基酸可以有六种排列次序:

谷·半胱·甘         半胱·甘·谷         甘·谷·半胱

谷·甘·半胱         半胱·谷·甘         甘·半胱·谷

要推知该三肽是哪一种组合方式,可以把它部分水解。水解产物中有两种多肽。把它们分离后分别进行末端分析,知道它们是谷·半胱和半胱·甘。由此可知,半胱氨酸是在三肽链的中间,谷氨酸在 N 端,甘氨酸在 C 端,即该三肽的结构是:谷·半胱·甘。

$$\begin{array}{cc} HOOC-CH_2CH_2 & CH_2SH \\ NH_2CHCO-NHCHCO-NHCH_2COOH \end{array}$$

N 端氨基酸的分析可用 2,4-二硝基氟苯与多肽作用。反应结果,N 端游离氨基上的氢原子可以被取代。然后将这一多肽衍生物在酸性溶液中完全水解。水解后的混合物中,2,4-二硝基苯基氨基酸很容易与其他氨基酸分离开来。然后对它进行鉴定,这就可以知道原来 N 端是什么氨基酸。

$$O_2N\text{—}C_6H_3(NO_2)\text{—}F + NH_2CHRCO\text{—}NHCHR'CO\cdots \longrightarrow O_2N\text{—}C_6H_3(NO_2)\text{—}NHCHRCO\text{—}NHCHR'CO\cdots$$

$$\xrightarrow{H_2O,H^+} O_2N\text{—}C_6H_3(NO_2)\text{—}NHCHRCOOH + NH_2CHR'COOH + \cdots$$

N 端氨基酸的分析还可以用异硫氰酸苯酯与多肽作用。结果,N 端氨基参加反应,将所得衍生物再与酸作用,N 端氨基酸就可断裂开来,然后对它加以鉴定。

$$C_6H_5N\text{=}C\text{=}S + NH_2CHRCO\text{—}NHCHR'CO\cdots \longrightarrow C_6H_5NHC(\text{=}S)\text{—}NHCHRCO\text{—}NHCHR'CO\cdots$$

$$\xrightarrow{HCl} \underset{\text{苯基乙内酰硫脲}}{\begin{array}{c}S\\\|\\C\\/\quad\backslash\\C_6H_5\text{—}N\qquad NH\\|\qquad\qquad|\\O\text{=}C\text{—}\text{—}CH\text{—}R\end{array}} + \underset{\text{(降解后的多肽)}}{NH_2CHR'CO\cdots}$$

C 端氨基酸的分析,一般是用在羧肽酶作用下水解的方法。羧肽酶可以有选择地只把 C 端氨基酸水解下来。对这个氨基酸进行鉴定,就可以知道原来 C 端是什么氨基酸。

$$\cdots NHCHRCO\text{—}NHCHR'COOH \xrightarrow[H_2O]{\text{羧肽酶}} \underset{\text{(降解后的多肽)}}{\cdots NHCHRCOOH} + NH_2\text{—}CHR'COOH$$

目前,对于多肽类化合物的检测方法除了化学分析方法之外,更多的是采用现代仪器分析测试方法,主要有高效液相色谱(HPLC)、毛细管电泳(CE)、质谱(MS),以及一些联用技术,如液相色谱-质谱联用(LC-MS)、毛细管电泳-质谱联用(CE-MS)、离子迁移谱(IMS)等。这些方法具有探测灵敏度高、准确可靠、响应快速、使用便捷的优点。对多肽的常规检测和现场快速检测是反化学生物恐怖活动中排查各类可疑物质亟须的方法。

### 14.4.4 多肽的合成

多肽合成的基础是 20 世纪初由 Fischer 所设计的液相合成法,肽链由 N 端向 C端方向延伸。首先,一个氨基酸的羧基和另一个氨基酸的氨基分别被保护基团保护,参与肽键形成的羧基被激活,如形成酰氯或酸酐。被激活的羧基与游离的氨基发生亲核酰基取代反应形成一个肽键。通过水解选择性地除去保护基团,生成二肽(见图 14-2)。

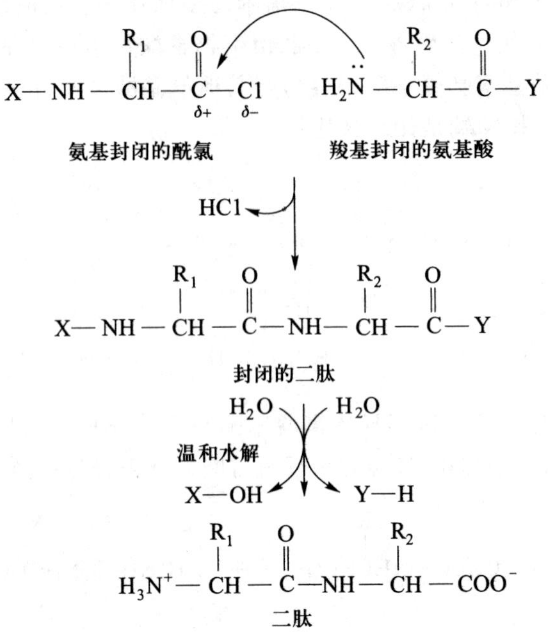

$$X-NH-CH-\underset{\substack{\delta+}}{C}-\underset{\substack{\delta-}}{Cl} \qquad H_2N-CH-C-Y$$

氨基封闭的酰氯      羧基封闭的氨基酸

HCl

$$X-NH-CH-C-NH-CH-C-Y$$

封闭的二肽

$H_2O$     $H_2O$

温和水解

X—OH     Y—H

$$H_3N^+-CH-C-NH-CH-COO^-$$

二肽

图 14-2 二肽的合成

要合成一种与天然多肽相同的化合物,必须把各种有旋光性的氨基酸按一定的顺序连接成一定长度的肽链。在需要使一种氨基酸的羧基和另一种氨基酸的氨基相结合时,要防止同一种氨基酸分子之间相互结合。因此,在合成时,必须把某些氨基或羧基保护起来,以便反应能按所要求的方式进行。而所选用的保护基团,必须符合以下条件:在以后脱除该保护基的条件下,肽键不会发生断裂。

羧基常通过生成酯加以保护。因为酯比酰胺容易水解,用碱性水解的方法,就可以把保护基团除去。

$$\cdots CO-NHCHCOOCH_3 \xrightarrow[OH^-]{H_2O} \xrightarrow{H^+} \cdots CO-NHCHCOOH$$

氨基可以通过与氯甲酸苄酯($C_6H_5CH_2OCOCl$)作用加以保护,因为氨基上的苄氧羰基很容易用催化氢解的方法除去。

$$C_6H_5CH_2OCO-NHCHCO-NH\cdots \xrightarrow{H_2,Pd} C_6H_5CH_3+CO_2+NH_2CHCO-NH\cdots$$

例如,设要合成甘氨酰丙氨酸(甘·丙),若直接用甘氨酸和丙氨酸脱水缩合,将得到四种二肽的混合物:

$$甘氨酸+丙氨酸 \xrightarrow{-H_2O} 甘·甘+丙·丙+甘·丙+丙·甘$$

如果采用下列反应,则可得到所要求的二肽。

$$C_6H_5CH_2OCOCl+NH_2CH_2COOH \longrightarrow C_6H_5CH_2OCO-NHCH_2COOH$$

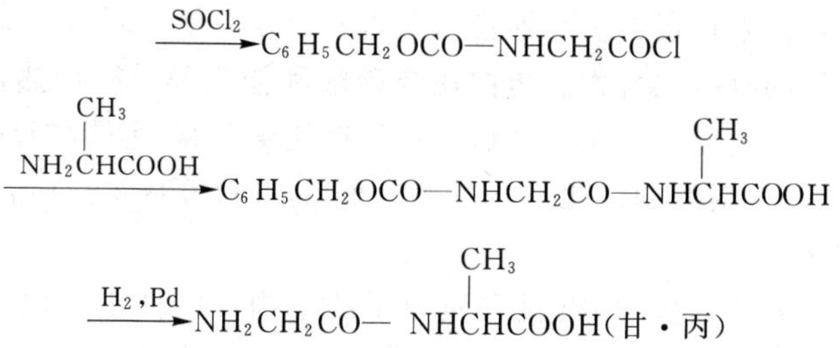

$$\xrightarrow{SOCl_2} C_6H_5CH_2OCO{-}NHCH_2COCl$$

$$\begin{array}{c} CH_3 \\ | \\ NH_2CHCOOH \end{array}$$

$$\xrightarrow{\quad} C_6H_5CH_2OCO{-}NHCH_2CO{-}NHCHCOOH$$

（CH₃ above NHCHCOOH）

$$\xrightarrow{H_2,Pd} NH_2CH_2CO{-} NHCHCOOH（甘·丙）$$

（CH₃ above NHCHCOOH）

拓展阅读：
固相合成

反复使用这样的方法，每次构成一个肽键，就可以把各种氨基酸按一定的次序一个个地连接起来。

**思考题 14-4** 某十肽水解时生成缬-半胱-甘三肽、甘-苯丙-苯丙三肽、谷-精-甘三肽、酪-亮-缬三肽和甘-谷-精三肽。试写出其氨基酸顺序。

## 14.5 蛋白质

蛋白质（protein）是生物体的基本组成成分，在人体内约占固体成分的 45%。它的分布很广，几乎所有的器官组织都含蛋白质，并且它又与所有的生命活动密切联系。例如，机体新陈代谢过程中的一系列化学反应几乎都依赖于生物催化剂——酶的作用，而酶就是蛋白质；调节物质代谢的激素有许多也是蛋白质或它的衍生物；其他诸如肌肉的收缩、血液的凝固、免疫功能、组织修复，以及生长、繁殖等主要功能无一不与蛋白质相关。近代分子生物学的研究表明，蛋白质在遗传信息的控制、细胞膜的通透性、神经冲动的发生和传导，以及高等动物的记忆等方面都起着重要的作用。

### 14.5.1 蛋白质的元素组成及分类

各种蛋白质不论其来源如何，元素组成都很近似，所含的主要元素有：

碳（50%～55%），平均 52%　　　氢（6.9%～7.7%），平均 7%
氧（21%～24%），平均 23%　　　氮（15%～17.6%），平均 16%
硫（0.3%～2.3%），平均 2%

除此之外，不同的蛋白质含有少量的其他元素，称为微量元素。蛋白质中所含的微量元素有：磷（0.4%～0.9%），平均 0.6%，如酪蛋白中含磷；铁（0.4%～0.9%），动物的肝含丰富铁；碘，主要存在于甲状腺球蛋白中；此外还有锌、铜等。

蛋白质元素组成的特点是都含有氮元素，且比较恒定，平均为 16%。由于体内组织的主要含氮物是蛋白质，因此，只要测定生物样品中的氮含量，就可以推算出蛋白质的大致含量。

凯氏定氮法（Kjeldahl method）是由丹麦化学家凯道尔（Kjeldahl J）于 1833 年建立的，现已发展出常量、微量、平微量凯氏定氮法及自动定氮仪法等，是分析有机化合物含氮量的常用方法。凯氏定氮法的理论基础是蛋白质中的含氮量通常占其总质量的 16% 左右，因此，通过测定物质中的含氮量便可估算出物质中的总蛋白质含量（假设测定物质中的氮全来自蛋白质),即蛋白质含量＝含氮量/16%。

　　蛋白质是含氮的有机化合物。蛋白质与硫酸和催化剂一同加热,使蛋白质分解,分解的氨与硫酸结合生成硫酸铵。然后碱化蒸馏使氨游离,用硼酸吸收后再以硫酸或盐酸标准溶液滴定,根据酸的消耗量乘以换算系数,并换算成蛋白质含量,此法是经典的蛋白质定量方法。

　　蛋白质的分类方法众多,根据蛋白质分子的结构可以把蛋白质分为球状蛋白质(globular protein)和纤维状蛋白质(fibrous protein),所有具有生物活性的蛋白质都是近似球状或椭球状的。大多数疏水性侧链埋藏在球蛋白分子的内部,形成疏水核,从而使多肽链形成极其致密的球状结构;大多数亲水链分布在球蛋白分子的表面上,形成亲水的分子外壳,从而使球蛋白分子可溶于水。按其功能可将蛋白质分为活性蛋白质和非活性蛋白质两类。按其组成可将蛋白质分为简单蛋白质和结合蛋白质,主要的结合蛋白质包括色蛋白、金属蛋白、磷蛋白、核蛋白、脂蛋白和糖蛋白六类。按其溶解度可将蛋白质分为非水溶性的纤维状蛋白质和能溶于水、酸、碱或盐溶液的球状蛋白质。按其营养价值可将蛋白质分为含有人体所必需氨基酸的完全蛋白质和缺少人体必需氨基酸的不完全蛋白质。

### 14.5.2　蛋白质的结构

　　蛋白质分子的结构,有不同的结构层次,一般分为一级结构(primary structure)、二级结构(secondary structure)、三级结构(tertiary structure)和四级结构(quaternary structure),后三者统称为高级结构或空间构象。蛋白质的空间构象涵盖了蛋白质分子中每一个原子在三维空间的相对位置,并非所有蛋白质都有四级结构,由两条或两条以上多肽链形成的蛋白质才有四级结构。

　　1. 蛋白质的一级结构

　　蛋白质的一级结构[见图 14-3(a)]是指蛋白质分子中氨基酸的排列顺序。主要化学键是肽键和二硫键(disulfide bond)。一级结构是蛋白质空间结构和特异生物学功能的基础。氨基酸排列顺序的差别意味着从多肽链骨架伸出的侧链 R 基团的性质和顺序对于每一种蛋白质是特异的,因为 R 基团大小不同,所带电荷数目不同,对水的亲和力不同,所以蛋白质的空间构象也不同。

　　2. 蛋白质的二级结构

　　参与肽键的 6 个原子 $C\alpha_1$,C,O,N,H,$C\alpha_2$ 位于同一平面,且 $C\alpha_1$,$C\alpha_2$ 在平面上所处的位置为反式构型,这 6 个原子即构成了肽单元(peptide unit),其基本结构为

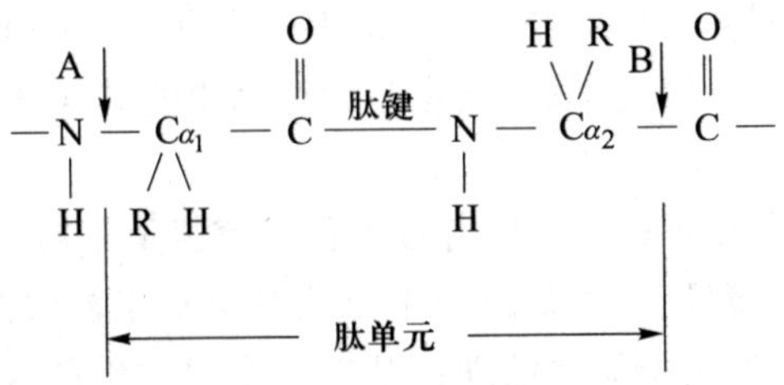

其中的 A,B 键是单键,可自由旋转,也正是由于这两个单键的自由旋转角度决定了相

邻肽单元之间的相对空间位置。其中的肽键有一定程度的双键性质,不能自由旋转。

蛋白质的二级结构是指蛋白质分子中某一段肽链的局部空间结构,也就是该段肽链主链骨架原子的相对空间位置,并不涉及氨基酸残基侧链的构象[见图 14-3(b)],维系二级结构的化学键主要是氢键。二级结构的主要形式包括 **α 螺旋**($\alpha$-helix)和 **β 折叠**($\beta$-sheet)。

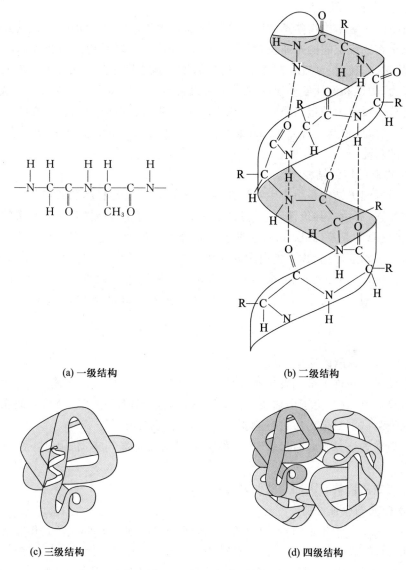

(a) 一级结构

(b) 二级结构

(c) 三级结构

(d) 四级结构

图 14-3  蛋白质的结构

蛋白质中的多肽链主链围绕中心轴有规律性地呈螺旋式上升,每隔 3.6 个残基螺旋上升一圈,每个氨基酸残基沿轴转动 100° 并向上平移 0.15 nm,故螺距为 0.54 nm。螺旋的走向为右手螺旋。α 螺旋的每个肽键的 N—H 键和第四个肽键的羧基氧形成氢键,氢键的方向与螺旋长轴基本平行,侧链 R 基团则伸向螺旋外。

多肽链充分伸展，每个肽单元以碳原子为旋转点折叠成锯齿状结构，侧链 R 基团交错位于锯齿状结构的上、下方。可由两条以上肽链或一条肽链内的若干肽段折叠成锯齿状结构。平行肽段间靠链间肽键羰基氧和亚胺基氢形成氢键，使构象稳定，此氢键方向与折叠的长轴垂直。两条平行肽链走向可相同或相反，由一条肽链折返形成的 β 折叠多为反式，反式平行较顺式平行更为稳定。

3. 蛋白质的三级结构

蛋白质的三级结构指整条肽键中全部氨基酸残基的相对空间位置，也就是整条肽链所有原子在三维空间的排布位置［见图 14-3(c)］。三级结构的形成和稳定主要靠疏水键、盐键、二硫键、氢键和范德华力等次级键。疏水键是蛋白质分子中疏水基团之间的结合力，酸性和碱性氨基酸的 R 基团可以带电荷，正、负电荷互相吸引形成盐键。

相对分子质量大的蛋白质三级结构中的整条肽链常可分割成多折叠的紧密结构域，实际上结构域也是一种介于二级结构和三级结构之间的结构层次，每个结构域能执行一定的功能。

4. 蛋白质的四级结构

蛋白质的四级结构是由有生物活性的两条或多条肽链组成，肽链与肽链之间不通过共价键相连，而由非共价键维系［见图 14-3(d)］。每条多肽链都有其完整的三级结构，称为蛋白质的亚基（subunit），这种蛋白质分子中各个亚基的空间排布及亚基接触部位的布局和相互作用，称为蛋白质的四级结构。在四级结构中，各亚基之间的结合力主要是疏水作用（hydrophobic interaction），氢键和离子键也参与维持四级结构。单独的亚基一般没有生物学功能，只有含有完整的四级结构的蛋白质才有生物学功能。

### 14.5.3　蛋白质的理化性质

蛋白质可以与许多试剂发生颜色反应。例如，在鸡蛋白溶液中滴入浓硝酸，则鸡蛋白溶液呈黄色，这是由于蛋白质（含苯环结构）与浓硝酸发生了颜色反应的缘故。还可以用双缩脲试剂对蛋白质进行检验，该试剂遇蛋白质变紫。

蛋白质在灼烧分解时，可以产生一种烧焦羽毛的特殊气味，利用这一性质可以鉴别蛋白质。

通常蛋白质还具有下面一些明显的理化性质。

1. 蛋白质的胶体性质

蛋白质是高分子化合物，相对分子质量一般在 10 000～1 000 000。相对分子质量为 345 000 的球状蛋白质，其颗粒的直径为 4.3 nm。蛋白质分子颗粒的直径一般在 1～100 nm，在水溶液中呈胶体溶液，具有丁铎尔现象（Tyndall phenomenon）、布朗运动（Brown movement）、不能透过半透膜、扩散速率减慢、黏度大等特征。

蛋白质分子表面含有氨基、羧基、羟基、巯基、酰胺基等很多亲水基团（hydrophilic group），能与水分子形成水化层，把蛋白质分子颗粒分隔开来。此外，蛋白质在一定 pH 溶液中都带有相同电荷，因而使颗粒相互排斥。水化层的外围，还可有被带相反电荷的离子所包围而形成的双电层（electric double layer），这些因素都是防止蛋白质颗粒的互相聚沉,促使蛋白质成为稳定胶体溶液的因素。

蛋白质分子不能透过半透膜的特点在生物学上有重要意义。它能使各种蛋白质分别存在于细胞内外不同的部位,对维持细胞内外水和电解质分布的平衡、物质代谢的调节都起着非常重要的作用。另外,利用蛋白质不能透过半透膜的特性,将含有小分子杂质的蛋白质溶液放入半透膜袋内,然后将袋浸于蒸馏水中,小分子物质由袋内移至袋外水中,蛋白质仍留在袋内,这种方法叫做**透析**(dialysis)。透析是纯化蛋白质的方法之一。

2. 蛋白质的两性性质

蛋白质和氨基酸一样,均是两性电解质,在溶液中可呈正离子、负离子或两性离子,这取决于溶液的 pH、蛋白质游离基团的性质与数量。当蛋白质在某溶液中,带有等物质的量的正电荷和负电荷时,此溶液的 pH 即为该蛋白质的等电点(p$I$)。与氨基酸相似,当 pH 偏小时,蛋白质分子带正电荷。相反,当 pH 偏大时,蛋白质分子带负电荷。

当蛋白质溶液的 pH 在等电点时,蛋白质的溶解度、黏度、渗透压、膨胀性及导电能力均最小,胶体溶液呈最不稳定状态。凡碱性氨基酸含量较多的蛋白质,等电点往往偏向碱,如组蛋白和精蛋白。反之,含酸性氨基酸较多的蛋白质,如酪蛋白、胃蛋白酶等,其等电点往往偏向酸。人体内血浆蛋白质的等电点大多是 pH 5.0 左右。而体内血浆 pH 正常时在 7.35~7.45,故血浆中蛋白质均以负离子形式存在。由于各种蛋白质的等电点不同,在同一 pH 缓冲溶液中,各蛋白质所带电荷的性质和数量不同。因此,它们在同一电场中移动方向和速率均不相同。利用这一性质来进行蛋白质的分离和分析的方法,称为蛋白质**电泳分析法**(electrophoretic analysis)。血清蛋白电泳是临床检验中最常用的测试方法之一。

3. 蛋白质的沉淀

蛋白质从溶液中以固体状态析出的现象称为蛋白质的沉淀。它的作用机制主要是破坏了水化膜或中和蛋白质所带的电荷。沉淀出来的蛋白质,根据实验条件,可以变性或不变性。主要的沉淀方法有以下几种:

(1) 盐析 蛋白质溶液中加入大量中性盐时,蛋白质便从溶液中沉淀出来,这种过程称为**盐析**(salting out)(参见 14.5.4)。

(2) 重金属盐沉淀 蛋白质可以与重金属离子(如汞、铅、铜、锌等)结合生成不溶性盐而沉淀。此反应的条件是溶液的 pH 应稍大于该蛋白质的等电点,使蛋白质带较多的负电荷,易与金属离子结合。

临床上常用蛋清或牛乳救治误服重金属盐的患者,目的是使重金属离子与蛋白质结合而沉淀,阻止重金属离子的吸收。然后,用洗胃或催吐的方法,将重金属离子的蛋白质盐从胃内清除出去,也可用导泻药将毒物从肠管排出。

(3) 酸类沉淀 蛋白质可与钨酸、苦味酸、鞣酸、三氯醋酸、磺基水杨酸等发生沉淀。反应条件是溶液的 pH 应小于该蛋白质的等电点,使蛋白质带正电荷,与酸根结合生成不溶盐而沉淀。生化检验中常用钨酸或三氯醋酸作为蛋白沉淀剂,以制备无蛋白血滤液。

（4）有机溶剂沉淀　乙醇溶液和甲醇、丙酮等有机溶剂可破坏蛋白质的水化层，因此，能发生沉淀反应。如把溶液的 pH 调节到该蛋白质的等电点时，则沉淀更加完全。在室温条件下，有机溶剂沉淀所得蛋白质往往已发生变性。若在低温条件下进行沉淀，则变性作用进行缓慢，故可用有机溶剂在低温条件下分离和制备各种血浆蛋白。此法优于盐析，因不需透析去盐，而且有机溶剂很容易通过蒸发去除。

乙醇溶液作为消毒剂，作用机制是使细菌内的蛋白质发生变性沉淀，而起到杀菌作用。

**4. 蛋白质的变性与凝固**

天然蛋白质受理化因素的作用，其构象发生改变，导致蛋白质的理化性质和生物学特性发生变化，这种现象称为**变性**（denaturation）作用。变性的实质是次级键（氢键、离子键、疏水作用等）的断裂，而形成一级结构的主键（共价键）并不受影响。变性后的蛋白质称为变性蛋白质。

变性蛋白质的亲水性下降，其溶解度降低。在等电点的 pH 溶液中可发生沉淀，但仍能溶于偏酸或偏碱的溶液。它们的生物活性丧失，如酶的催化功能消失，蛋白质的免疫性能改变等。此外，变性蛋白质溶液的黏度往往增加，也更容易被酶消化。

能使蛋白质变性的物理因素有加热、剧烈振荡、超声波、紫外线和 X 射线的照射；化学因素有强酸、强碱、尿素、去污剂、重金属盐、生物碱试剂、有机溶剂等。如果蛋白质变性仅影响三、四级结构，其变性往往是可逆的。如被盐酸变性的血红蛋白，再用碱处理可恢复其生理功能；胃蛋白酶加热到 80～90 ℃时失去消化蛋白质的能力，如温度慢慢下降到 37 ℃时，酶的消化蛋白质能力又可恢复。

天然蛋白质变性后，所得的变性蛋白质分子互相凝聚或互相穿插结合在一起的现象称为蛋白质凝固。蛋白质凝固后一般都不能再溶解。蛋白质的变性并不一定发生沉淀，即有些变性蛋白质在溶液中不出现沉淀，凝固的蛋白质必定发生变性并出现沉淀，而沉淀的蛋白质不一定发生凝固。

**思考题 14-5**　什么是蛋白质的变性？试举两个在生活中蛋白质变性的例子。

### 14.5.4　蛋白质的生理功能

蛋白质在生物体中有多种功能。

**1. 催化功能**

有催化功能的蛋白质称酶，生物体新陈代谢的全部化学反应都是由酶催化来完成的。

**2. 运动功能**

从最低等的细菌鞭毛运动到高等动物的肌肉收缩都是通过蛋白质实现的。肌肉的松弛与收缩主要是由以肌球蛋白为主要成分的粗丝和以肌动蛋白为主要成分的细丝相互滑动来完成的。

**3. 运输功能**

在生命活动过程中，许多小分子及离子的运输是由各种专一的蛋白质来完成的。

例如,在血液中血浆白蛋白运送小分子,红细胞中的血红蛋白运送氧气和二氧化碳等。

4. 机械支持和保护功能

高等动物的具有机械支持功能的组织如骨、结缔组织,以及具有覆盖保护功能的毛发、皮肤、指甲等组织主要是由胶原蛋白、角蛋白、弹性蛋白等组成。

5. 免疫和防御功能

生物体为了维持自身的生存,拥有多种类型的防御手段,其中不少是靠蛋白质来执行的。例如,抗体即是一类高度专一的蛋白质,它能识别和结合侵入生物体的外来物质,如异体蛋白质、病毒和细菌等,消除其有害作用。

6. 调节功能

在维持生物体正常的生命活动中,如代谢机能的调节,生长发育和分化的控制,生殖机能的调节,以及物种的延续等各种过程中,多肽和蛋白质激素起着极为重要的作用。此外,还有接受和传递调节信息的蛋白质,如各种激素的受体蛋白等。

### 14.5.5　蛋白质研究的进展

选读内容:蛋白质研究的进展

小资料:
诺贝尔化学奖
简介(2008 年)

# 习　　题

**14-1**　名词解释。

(1) 氨基酸　　　　(2) 等电点

**14-2**　单项选择题。

(1) 所有氨基酸均具有不对称的碳原子,但下列哪一个除外?(　　　)

A. 甘氨酸　　　　　　B. 甲硫氨酸　　　　　C. 天冬氨酸　　　　　D. 组氨酸

(2) 等电点(p$I$)大于 pH 7.0 的氨基酸是(　　　)。

A. 丙氨酸　　　　　　B. 精氨酸　　　　　　C. 亮氨酸　　　　　　D. 半胱氨酸

(3) 下列物质不能使蛋白质变性的是(　　　)。

A. 硝酸银　　　　　　B. 硫酸钠　　　　　　C. 福尔马林　　　　　D. 紫外线

(4) 欲将蛋白质从水中析出而又不改变它的性质,应加入(　　　)。

A. 饱和 $Na_2SO_4$ 溶液　　B. 浓硫酸　　　　　　C. 甲醛溶液　　　　　D. $CuSO_4$ 溶液

**14-3**　完成下列反应。

(1) $\overset{\displaystyle NH_2}{R-\overset{|}{C}H-COOH} + HNO_2 \longrightarrow$

(2) $\overset{\displaystyle {}^+NH_3}{R-\overset{|}{C}H-COOH} + HCHO \rightleftharpoons$

(3)

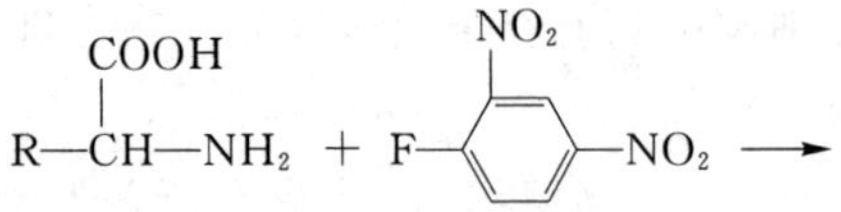

$$R-\overset{\underset{|}{COOH}}{CH}-NH_2 \quad + \quad F-\overset{\underset{}{NO_2}}{\underset{}{\bigcirc}}-NO_2 \quad \longrightarrow$$

(4) 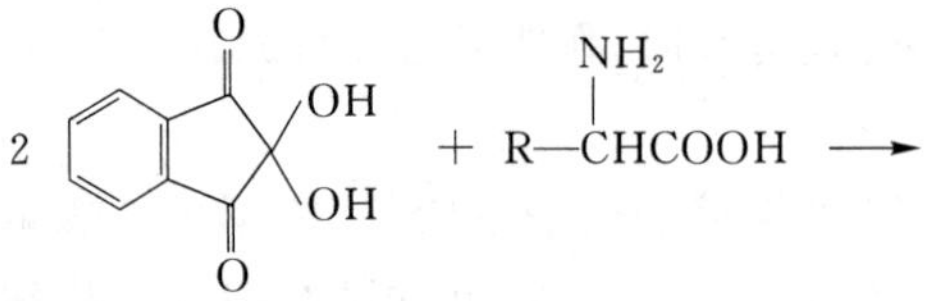 2  + R—CHCOOH ⟶

**14-4** 简答题。

(1) 简述导致蛋白质变性的主要因素。

(2) 简述蛋白质一级、二级、三级及四级结构,并说明一级结构与空间结构的关系。

**14-5** 计算题。

用凯氏定氮法分析 4 g 蛋白质样品得到氮为 0.1 g,求此样品中粗蛋白的含量。

本章思考题答案            本章小结

# 第 15 章　核　　酸

核酸(nucleic acid)是重要的生物大分子。核酸存在于所有的生物体中,因为最早是在细胞核中被发现并提取得到,且结构中含有磷酸,故名核酸。核酸和蛋白质一样,也是生命的最基本物质,它与一切生命活动及各种代谢有密切联系。在生物体内,核酸对遗传信息的储存、蛋白质的生物合成都起着非常重要的作用。天然存在的核酸可分为脱氧核糖核酸(deoxyribonucleic acid,DNA)和核糖核酸(ribonucleic acid,RNA)两类。DNA 储存细胞所有的遗传信息,是物种保持进化和世代繁衍的物质基础。RNA 中参与蛋白质合成的共有三类:转运 RNA(transfer RNA,tRNA)、核糖体 RNA(ribosomal RNA,rRNA)和信使 RNA(messenger RNA,mRNA)。20 世纪末,发现了许多新的具有特殊功能的 RNA,几乎涉及细胞功能的各个方面。

## 15.1　核酸的组成

核酸是由核苷酸(nucleotide)聚合而成的。核苷酸可分为核糖核苷酸和脱氧核糖核苷酸两类。核糖核苷酸组成 RNA 分子,而脱氧核糖核苷酸组成 DNA 分子。细胞内还有各种游离的核苷酸和核苷酸衍生物,它们具有重要的生理功能。核苷酸由核苷(nucleoside)和磷酸组成。而核苷则由碱基(base)和戊糖构成(见图 15-1)。

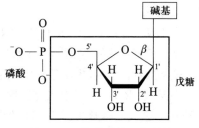

图 15-1　核苷酸的一般结构

核酸(RNA 或 DNA)──→单核苷酸──→ 核苷 { 碱基 { 嘌呤碱 / 嘧啶碱 戊糖 { 核糖 / 脱氧核糖 } 磷酸

### 15.1.1　戊糖

核酸中有两种戊糖。DNA 中为 D-2-脱氧核糖(D-2-deoxyribose),RNA 中则为 D-核糖(D-ribose)(见图 15-2)。在核苷酸中,为了与碱基中的碳原子编号相区别,核糖或脱氧核糖中碳原子标以 C1′,C2′等。脱氧核糖与核糖两者的差别只在于脱氧核糖中与 C2′连接的不是羟基而是氢原子,这一差别使 DNA 在化学性质上比 RNA 稳定得多。

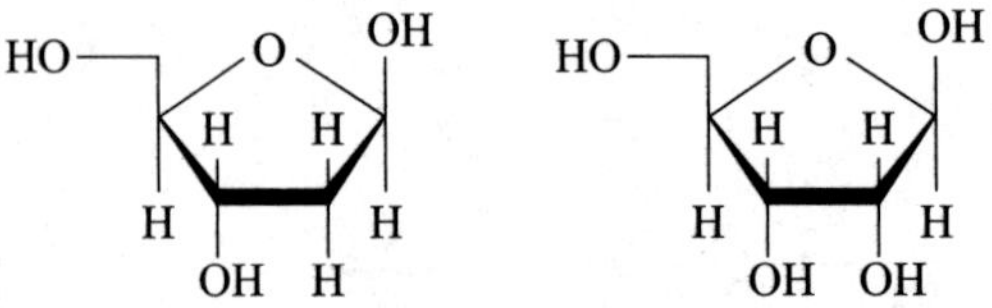

D-2-脱氧核糖　　　　　D-核糖

图 15-2　核酸中戊糖的结构

### 15.1.2　碱基

DNA 和 RNA 中构成核苷酸中的碱基是含氮杂环化合物,由嘧啶(pyrimidine)碱和嘌呤(purine)碱构成。

嘌呤碱包括腺嘌呤(adenine,A)、鸟嘌呤(guanine,G);嘧啶碱包括胞嘧啶(cytosine,C)、胸腺嘧啶(thymine,T)、尿嘧啶(uracil,U)(见图 15-3)。

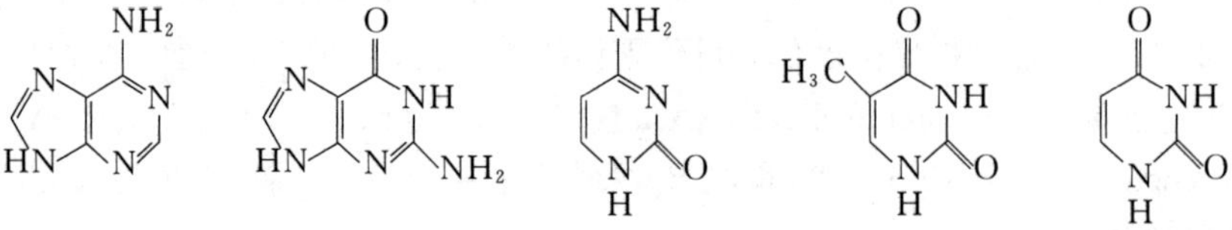

腺嘌呤　　　　鸟嘌呤　　　　胞嘧啶　　胸腺嘧啶(DNA)　　尿嘧啶(RNA)

图15-3　核酸中常规碱基的结构

DNA 中含有腺嘌呤、鸟嘌呤、胞嘧啶和胸腺嘧啶;RNA 中含有腺嘌呤、鸟嘌呤、胞嘧啶和尿嘧啶。

在 DNA 和 RNA 中,尤其是 tRNA 中还有一些含量甚少的碱基,称为稀有碱基(rare bases)。稀有碱基种类很多,大多数是甲基化碱基。tRNA 中含稀有碱基高达 10%。这些稀有碱基虽然含量少,却具有重要的生物体意义。它们起着调节和保护遗传信息的作用。

在某些 tRNA 分子中也有胸腺嘧啶,少数几种噬菌体的 DNA 含尿嘧啶而不是胸腺嘧啶。这五种碱基受介质 pH 的影响出现酮式、烯醇式互变异构体。

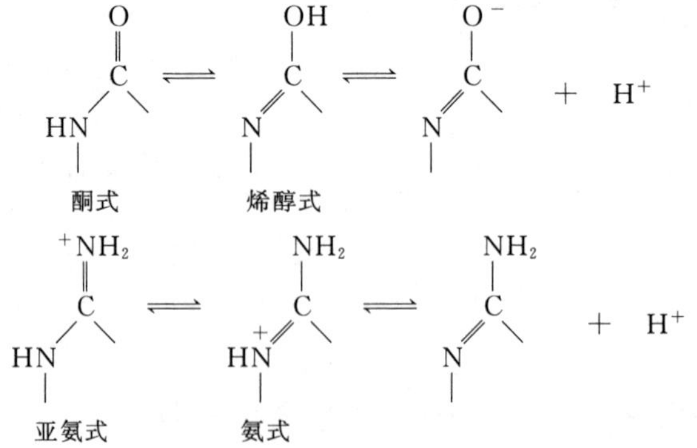

酮式　　　　　烯醇式

亚氨式　　　　　氨式

### 15.1.3　核苷及核苷酸

1. 核苷

核苷(见图 15-4)是戊糖与碱基以糖苷键(glycosidic bond)相连接而成的。戊糖中 C1′ 与嘧啶碱的N1或者与嘌呤碱的 N9 相连接,戊糖与碱基间的连接键是 N—C 键,一般称为 $N$-糖苷键。

RNA 中含有稀有碱基,并且还存在异构化的核苷。如在 tRNA 和 rRNA 中含有少量假尿嘧啶核苷,在它的结构中戊糖的 C1 不是与尿嘧啶的 N1 相连接,而是与尿嘧啶的 C5 相连接。

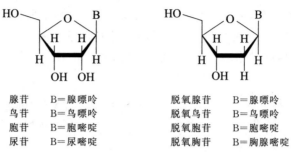

| 腺苷 | B=腺嘌呤 | 脱氧腺苷 | B=腺嘌呤 |
| 鸟苷 | B=鸟嘌呤 | 脱氧鸟苷 | B=鸟嘌呤 |
| 胞苷 | B=胞嘧啶 | 脱氧胞苷 | B=胞嘧啶 |
| 尿苷 | B=尿嘧啶 | 脱氧胸苷 | B=胸腺嘧啶 |

图 15-4 常见核苷及脱氧核苷的结构

**2. 核苷酸**

核苷中的戊糖 C5′ 上羟基被磷酸酯化形成核苷酸。核苷酸分为核糖核苷酸与脱氧核糖核苷酸两大类(见图 15-5)。

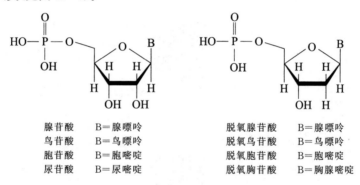

| 腺苷酸 | B=腺嘌呤 | 脱氧腺苷酸 | B=腺嘌呤 |
| 鸟苷酸 | B=鸟嘌呤 | 脱氧鸟苷酸 | B=鸟嘌呤 |
| 胞苷酸 | B=胞嘧啶 | 脱氧胞苷酸 | B=胞嘧啶 |
| 尿苷酸 | B=尿嘧啶 | 脱氧胸苷酸 | B=胸腺嘧啶 |

图 15-5 常见核糖核苷酸及脱氧核糖核苷酸的结构

核苷酸是核酸的结构单位,是合成核酸的原料。除此之外,核苷酸在每个细胞中还有其他功能,它们可以是能量的载体、酶辅因子的成分和化学信使。

**思考题 15-1** 试写出脱氧腺苷、脱氧胞苷和脱氧胸苷的结构式。

## 15.2 核酸的结构

### 15.2.1 核酸的一级结构

核酸是由核苷酸聚合而成的生物大分子。核酸中的核苷酸以 3′,5′-磷酸二酯键构成无分支结构的线型分子。核酸链具有方向性,有两个末端分别是 5′ 末端与 3′ 末端。5′ 末端含磷酸基团,3′ 末端含羟基。核酸链内的前一个核苷酸的 3′-羟基和下一个核苷酸

拓展阅读:
磷酸基团

的5′-磷酸形成 3′,5′-磷酸二酯键,故核酸中的核苷酸被称为**核苷酸残基**(nucleotide residue)。通常将少于 50 个核苷酸残基组成的核酸称为**寡核苷酸**(oligonucleotide),等于或多于 50 个核苷酸残基组成的核酸称为**多核苷酸**(polynucleotide)。

核酸的一级结构指的是核苷酸链中核苷酸的排列顺序,由于核酸中核苷酸彼此之间的差别仅在于碱基部分,故核酸的一级结构即指核酸分子中碱基的排列顺序。

在描述核酸一级结构时,将 5′-磷酸末端写于左侧,中间部分为核苷酸残基,3′-羟基末端写于右侧。通常用竖线表示核糖,碱基标于竖线上端,竖线间有含 P 的斜线,代表 3′,5′-磷酸二酯键。此表示法及简化式如下:

pApGpGpCpU

A→G→G→C→U

AGGCU

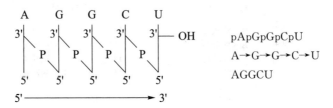

思考题 15-2 试写出 ATP(三磷酸腺苷)的结构式。

### 15.2.2 DNA 的分子结构

选读内容:DNA 的分子结构

### 15.2.3 RNA 的种类和分子结构

选读内容:RNA 的种类和分子结构

## 15.3 核酸的理化性质

### 15.3.1 核酸的一般理化性质

核酸具有大分子的一般特性。核酸分子的大小可以用相对分子质量、碱基数目(base 或 kilobase,适用于单股链核酸)和碱基对(bp,适用于双股链核酸)、电子显微镜下所测得的长度(单位:μm)或沉降系数(S)等表示。

RNA 和 DNA 是极性化合物,都微溶于水而不溶于乙醇、乙醚、氯仿等有机溶剂。它们的钠盐比自由酸易溶于水。DNA 是线型高分子,黏度极大;RNA 远小于 DNA,黏度也小得多。DNA 分子在机械力作用下,易发生断裂,为基因组 DNA 的提取带来一定的困难。

由于核酸组成成分中的嘌呤碱和嘧啶碱具有强烈的紫外吸收,故核酸也有紫外吸收的性质,其最大吸收峰在 260 nm 处。紫外吸收值还可作为核酸变性、复性的指标。核酸分子中含有酸性磷酸基和碱基上的碱性基团,故为两性电解质。因磷酸基的酸性较强,所以核酸通常表现为酸性。各种核酸分子的大小及所带电荷不同,可用电泳和离子交换法分离不同的核酸。室温下,碱性溶液中 RNA 能被水解,DNA 较稳定,此特性可用来测定 RNA 的碱基组成,也可用此特性除去 DNA 中混杂的 RNA。

### 15.3.2 核酸的水解

DNA 和 RNA 中的糖苷键与磷酸酯键都能用化学法和酶法水解。在很低 pH 条件下 DNA 和 RNA 都会发生磷酸二酯键水解。并且碱基和核糖之间的糖苷键更易发生水解,其中嘌呤碱的糖苷键比嘧啶碱的糖苷键对酸更不稳定。在高 pH 时,RNA 的磷酸酯键易发生水解,而 DNA 的磷酸酯键不易发生水解。

### 15.3.3 核酸的变性、复性和分子杂交

#### 1. 变性

在一定理化因素作用下,核酸双螺旋等空间结构中碱基之间的氢键断裂,变成单链的现象称为变性。引起核酸变性的常见理化因素有加热、酸、碱、尿素和甲酰胺等。在变性过程中,核酸的空间构象被破坏,理化性质发生改变。由于双螺旋分子内部的碱基暴露,其 260 nm 处的紫外吸收的光吸收比值($A_{260}$ 值)会大大增加,被称为增色效应(hyperchromic effect)。

当 $A_{260}$ 值开始上升前 DNA 是双螺旋结构,在上升区域分子中的部分碱基对开始断裂,其数值随温度的升高而增加,在上部平坦的初始部分尚有少量碱基对使两条链还结合在一起,这种状态一直维持到临界温度,此时 DNA 分子最后一个碱基对断开,两条互补链彻底分离。通常把加热变性时 DNA 溶液 $A_{260}$ 升高达到最大值一半时的温度称为该 DNA 的熔解温度(melting temperature,$T_m$),$T_m$ 是研究核酸变性很有用的参数。$T_m$ 一般在 85~95 ℃,特定核酸分子的 $T_m$ 值与其 G+C 所占总碱基对数的百分数成正比关系,两者的关系可表示为

$$T_m = 69.3 + 0.41(G+C)\%$$

一定条件下(相对较短的核酸分子),$T_m$ 值的大小还与核酸分子的长度有关,核酸分子越长,$T_m$ 值越大;另外,溶液的离子强度较低时,$T_m$ 值较小。

#### 2. 复性

变性 DNA 在适当条件下,两条分开的单链重新形成双螺旋 DNA 的过程称为复性(renaturation)。热变性的 DNA 经缓慢冷却后复性称为退火(annealing)。DNA 复性是非常复杂的过程,影响 DNA 复性速率的因素很多。

#### 3. 分子杂交

分子杂交是核酸研究中一项最基本的实验技术。其基本原理就是应用核酸分子的

变性和复性的性质,使来源不同的 DNA(或 RNA)片段,按碱基互补关系形成**杂交双链分子**(heteroduplex)。杂交双链可以在 DNA 与 DNA 链之间,也可在 RNA 与 DNA 链之间形成。核酸分子杂交作为一项基本技术,已应用于核酸结构与功能研究的各个方面。在医学上,目前已用于多种遗传性疾病的**基因诊断**(gene diagnosis)、恶性肿瘤的基因分析、传染病病原体的检测等领域中,其成果大大促进了现代医学的进步和发展。

### 15.3.4　核酸的分析

核酸是由核苷酸组成的一类生物大分子,是组成生物的最基本物质之一,具有储存和传递遗传信息等生物学功能。与核酸定量分析技术相关的应用领域十分广泛,如定量检测血浆中游离的循环 DNA(free circulating DNA)用于疾病诊断,法医取证 DNA 用于案件侦破,组织病理学和基因测序技术的研究,建立核酸的分子信标等。往往定量方法的灵敏度及准确度需要达到较高的标准。紫外分光光度法是实验室常用的 DNA 定量方法,但随着仪器的进步,用于定量的核酸已从微克($\mu$g)发展到纳克(ng)级别。目前国内外已经普遍采用放射免疫法、荧光分光光度法、实时荧光定量 PCR 法、数字 PCR 法和 DipstickTM 试剂盒等进行 DNA 定量研究。

**1. 核酸中糖类的颜色反应**

DNA 和 RNA 中分别含有脱氧核糖和核糖。当核酸被酸作用后,嘌呤易脱下形成无嘌呤的含醛基核酸或水解得到核糖和脱氧核糖,这些物质与某些酚类、苯胺类化合物结合生成有色物质,所呈现的颜色深浅在一定范围内与样品中所含脱氧核糖或核糖的量成正比,因此糖类的颜色反应可以用来测定核酸的含量。

常用来测定核糖的方法是苔黑酚(即 3,5-二羟基甲苯)法。当含有核糖的 RNA 与浓盐酸及 3,5-二羟基甲苯一起在沸水中加热 20～40 min,即有蓝绿色物质生成。这是由于 RNA 脱嘌呤后的核糖与酸作用生成糠醛,它再和 3,5-二羟基甲苯作用而显蓝绿色。

$$\text{RNA} + \text{HCl(浓)} + \underset{\text{HO}\quad\quad\text{OH}}{\overset{\text{CH}_3}{\bigcirc}} \xrightarrow[\text{FeCl}_3]{100\ ℃} \text{蓝绿色物质}$$

根据被测 RNA 样品生成的颜色深浅,在 670 nm 下比色得到吸光度,可以从标准曲线中查得对应的 RNA 含量。

此法线性关系好,但灵敏度低,可鉴别到 5 $\mu$g·mL$^{-1}$ 的 RNA,当样品中有少量 DNA 时不受干扰,但蛋白质和黏多糖等物质对测定有干扰作用,故在比色测定之前,应尽可能去掉这些杂质。

通常用来测定脱氧核糖的方法是二苯胺法。当含有脱氧核糖的 DNA 在酸性条件下和二苯胺一起在沸水浴中加热 5 min,能出现蓝色。这是由于 DNA 中嘌呤核苷酸上的脱氧核糖遇酸生成 $\omega$-羟基-$\gamma$-酮式戊醛,它再和二苯胺作用而显蓝色。

$$\text{DNA} + \underset{\text{少量浓硫酸}}{\overset{\text{冰醋酸}}{}} + \bigcirc\!\!-\text{NH}\!\!-\!\!\bigcirc \xrightarrow{100\ ℃} \text{蓝色物质}$$

根据样品生成的颜色深浅,在 595 nm 下比色得到吸光度,可以从标准曲线中查得对应的 DNA 含量。

此法灵敏度更低,可鉴别到 50 $\mu g \cdot mL^{-1}$ 的 DNA,测定时易受多种糖类及其衍生物、蛋白质等杂质的干扰。

2. 核酸的含磷量测定

DNA 和 RNA 都含有一定量的磷酸,RNA 及其核苷酸的含磷量一般为 9.0%,而 DNA 及其脱氧核苷酸的含磷量为 9.2%,即每 100 g 核酸中含 9.0~9.2 g 磷,也就是核酸的质量为磷质量的 11 倍左右,故样品中每测得 1 g 磷就相当于含有 11 g 核酸。此法准确性强,灵敏度较高,最低可测到 5 $\mu g \cdot mL^{-1}$ 的核酸,可作为紫外法和定糖法的基准方法。

在测定核酸和核苷酸中的磷时先要用浓硫酸将核酸、核苷酸消化,使有机磷氧化成无机磷,然后与钼酸铵定磷试剂作用,产生蓝色的钼蓝,在一定范围内,其颜色深浅与磷含量成正比,根据样品生成的颜色深浅,在 660 nm 下比色得到吸光度,可以从磷的标准曲线中查得样品中磷的含量。

**思考题 15-3** 什么是碱基配对规律?它在生物遗传中具有什么作用?

## 15.4　核酸的生理功能

### 15.4.1　核酸是遗传的物质基础

遗传是生命的特征之一,而 DNA 则是生物遗传信息的携带者和传递者,即某种生物的形态结构和生理特征都是通过亲代 DNA 传给子代的。DNA 大分子中载有某种遗传信息的片段就是基因,它是由四种特定的核苷酸按一定顺序排列而成的,它决定着生物的遗传性状。在新生命形成时的细胞分裂过程中,DNA 按照自己的结构精确复制,将遗传信息(核苷酸的特定排列顺序)一代一代传下去,延绵着生物体的遗传特征。

拓展阅读:
分子遗传
中心法则

### 15.4.2　蛋白质的合成离不开核酸

众所周知,蛋白质是构成人体的重要结构物质,又是酶的基本组成部分,是生命的基础物质,蛋白质的合成则是生命活动的基本过程。而蛋白质在细胞中的合成却离不开核酸,即 DNA 所携带的遗传信息指导蛋白质的合成,RNA 则根据 DNA 的信息完成蛋白质的合成,其过程可简单表示为 DNA 转录 RNA 翻译蛋白质。也就是说,有了一定结构的 DNA,才能产生一定结构的蛋白质,有一定结构的蛋白质,才有生物体的一定形态和生理特征。

人体中总固体量的 45% 是蛋白质构成的,所以说,核酸是制造人体的基础。人从出生到死亡,核酸起着支配和维持生命的作用,地球上的所有生物都要靠核酸来延续生命。

### 15.4.3　核酸是人体的重要组成成分

人是由细胞构成的,每个人大约有 60 亿个细胞,每个细胞中都含有核酸。细胞的核心——细胞核的主要成分是 DNA, RNA 是细胞质的组成成分之一。因此, 核酸是生命的基础物质。

## 15.5　人类基因组计划

选读内容: 人类基因组计划

**思考题 15-4**　什么是人类基因组计划? 什么叫基因图谱?

## 15.6　基因工程

### 15.6.1　基因工程的定义

基因工程 (genetic engineering) 又称基因拼接技术和 DNA 重组技术, 是在分子水平上对基因进行操作的复杂技术。它是将不同来源的基因按预先设计的蓝图, 用人为的方法把所需要的某一供体生物的遗传物质——DNA 大分子提取出来, 在离体条件下用适当的工具酶进行切割后, 把它与作为载体的 DNA 分子连接起来, 然后与载体一起导入某一更易生长、繁殖的受体细胞中, 使这个基因能在受体细胞内复制、转录、翻译表达的操作。基因工程可以改变生物原有的遗传特性, 获得新品种, 生产新产品。

1974 年, 波兰遗传学家斯吉尔斯基 (Szybalski W) 称基因重组技术为合成生物学概念。1978 年诺贝尔生理学或医学奖颁给了发现 DNA 限制酶的纳森斯 (Nathans D)、亚伯 (Arber W) 和史密斯 (Smith H)。2000 年, 国际上重新提出合成生物学概念, 并定义为基于系统生物学原理的基因工程。

重组 DNA 分子需在受体细胞中复制扩增, 故还可将基因工程表征为分子克隆 (molecular cloning) 或基因克隆 (gene cloning)。

基因工程要素包括外源 DNA、载体分子、工具酶和受体细胞等。

一个完整的、用于生产目的的基因工程技术程序包括的基本内容有: (1) 外源目标基因的分离、克隆, 以及目标基因的结构与功能研究。这一部分的工作是整个基因工程的基础, 因此又称为基因工程的上游部分。(2) 适合转移、表达载体的构建或目标基因的表达调控结构重组。(3) 外源基因的导入。(4) 外源基因在宿主基因组上的整合、表达及检测, 转基因生物的筛选。(5) 外源基因表达产物的生理功能的核实。(6) 转基因新品系的选育和建立, 以及转基因新品系的效益分析。(7) 生态与进化安全保障机制的建立。(8) 消费安全评价。

基因工程最突出的优点是打破了常规育种难以突破的物种之间的界限, 可以使原核生物与真核生物之间, 动物与植物之间, 甚至人与其他生物之间的遗传信息进行重组和转移。人的基因可以转移到大肠杆菌中表达, 细菌的基因可以转移到植物中表达。

随着 DNA 的内部结构和遗传机制的秘密一点一点呈现在人们眼前,特别是当人们了解到遗传密码是由 RNA 转录表达的以后,生物学家不再仅仅满足于探索、提示生物遗传的秘密,而是开始设想在分子的水平上去干预生物的遗传特性。如果将一种生物的 DNA 中的某个遗传密码片段连接到另外一种生物的 DNA 链上去,将 DNA 重新组织一下,就可以按照人类的愿望,设计出新的遗传物质并创造出新的生物类型,这与过去培育生物繁殖后代的传统做法完全不同。这种做法就像技术科学的工程设计,按照人类的需要把这种生物的这个"基因"与那种生物的那个"基因"重新"施工",生物科学技术也因此称为"基因工程"或者"遗传工程"。

### 15.6.2　基因工程的应用

选读内容：基因工程的应用

小资料：
诺贝尔生理学
或医学奖简
介(1962 年)

## 习　　题

**15-1**　名词解释。

(1) 查伽夫法则　　(2) DNA 变性　　(3) 退火　　(4) 熔解温度　　(5) 增色效应

**15-2**　单项选择题。

(1) 自然界游离核苷酸中,磷酸常位于(　　)。

A. 戊糖的 C5′ 上　　　　　　　　B. 戊糖的 C2′ 上

C. 戊糖的 C3′ 上　　　　　　　　D. 戊糖的 C2′ 和 C5′ 上

E. 戊糖的 C2′ 和 C3′ 上

(2) 可用于测量生物样品中核酸含量的元素是(　　)。

A. 碳　　　　　B. 氢　　　　　C. 氧　　　　　D. 磷　　　　　E. 氮

(3) 下列哪种碱基只存在于 RNA 而不存在于 DNA?(　　)

A. 尿嘧啶　　　B. 腺嘌呤　　　C. 胞嘧啶　　　D. 鸟嘌呤　　　E. 胸腺嘧啶

(4) 核酸中核苷酸之间的连接方式是(　　)。

A. 2′,3′-磷酸二酯键　　　　　　B. 糖苷键　　　　　C. 2′,5′-磷酸二酯键

D. 肽键　　　　　　　　　　　　E. 3′,5′-磷酸二酯键

(5) 核酸对紫外线的最大吸收峰在哪一波长附近?(　　)

A. 280 nm　　　B. 260 nm　　　C. 200 nm　　　D. 340 nm　　　E. 220 nm

(6) DNA $T_m$ 值较高是由于下列哪组核苷酸含量较高所致?(　　)

A. G+A　　　B. C+G　　　C. A+T　　　D. C+T　　　E. A+C

(7) 某 DNA 分子中腺嘌呤的含量为 15%,则胞嘧啶的含量应为(　　)。

A. 15%　　　B. 30%　　　C. 40%　　　D. 35%　　　E. 7%

**15-3**　比较 DNA 和 RNA 的化学组成和分子结构上的异同点。

15-4 简述 RNA 的种类及其功能特点。

15-5 简述核酸分离纯化过程中应遵循的规则及注意事项。

15-6 简述核酸的一般分析研究方法及其优缺点。

本章思考题答案

本章小结

# 第 16 章　有机合成

有机合成(organic synthesis),就是利用化学反应方法将化学原料制成有机化合物的过程。

有机合成从德国化学家维勒(Wöhler F)由无机化合物氰酸铵分解得到尿素开始,经历了一百多年的发展历史,是在对天然物质的了解、分离、提取等研究工作的基础上逐步建立起来的。最初的有机合成主要是合成那些已知结构的天然产物,随着实际应用的需要,以及对有机化合物结构和性质之间规律的了解,有机合成正在成为合成具有理论研究价值、有特定应用性能,以及自然界不存在的有机化合物的一种创造性的工作。

进入 21 世纪以后,尤其是人类社会可持续发展战略思想的提出,化学工业发展所引起的资源、生态和环境等问题已成为社会共同关注的焦点,有机合成的问题已经不仅仅是合成了什么有机化合物,而是如何去合成这些有机化合物,以及如何选择对环境友好的原料和设计绿色合成工艺路线。因此,有机合成的任务可以简单归纳如下:

1. 利用绿色化学理念,使人类的可持续发展战略思想贯彻实施在化学领域之中;

2. 制备新的能够征服疾病、提高健康和延缓衰老的药物分子;

3. 合成具有特殊结构的有机化合物来验证有机化学理论,促进理论有机化学的发展和完善;

4. 发明创造新的有机合成方法,丰富有机合成的手段和技术;

5. 将计算机辅助应用于有机合成设计,提高合成路线设计的效率,达到有机合成设计智能化、自动化。

## 16.1　有机合成设计思路

设计一种目标分子的合成法时,应当尽可能地考虑以下几点:原料简单易得,操作容易,副反应少,产品纯和产率高。要避免有较多副产物生成的反应,同时反应步骤要少,如果合成路线太长,不仅反应周期长、操作复杂,而且最终产率低。例如,如果一条路线共有十步反应,即使每步反应的产率为 80%,总产率也只有 10.7%。

有机化合物是由碳骨架、官能团和立体构型三部分组成,其中立体构型并不是每种有机化合物都具备的,而骨架和官能团却是每种有机化合物的组成部分,因此有机合成设计的总体思路是:第一,先将目标分子化繁为简,通过反向分析将目标分子(target molecule,TM)反推到起始原料;第二,根据反向合成思路的逆向步骤,搭建目标分子的碳骨架及设计可能的反应;第三,对起始原料及中间体进行官能团的引入、转换和保护,最终生成目标分子。

### 16.1.1 基本碳骨架的构成

在设计合成路线时,首先要考虑的是构成正确的碳骨架。通常可以从目标分子开始,逐次将其切断成两个可以结合的合成子(或试剂)。一般说来,对于芳环上有取代基的化合物,其基本碳骨架就是芳环,可采用苯或苯的衍生物或同系物为原料来合成。如果碳骨架是饱和烃,由于它较不活泼,需考虑碳骨架的易切断部位。碳碳键的生成往往只发生在官能团直接相连部位(如 Grignard 反应),或只发生在吸电子基团旁边的 α–碳原子上(如 Claisen 酯缩合反应),或发生在双键碳原子上(如 Diels-Alder 反应)。因此,对于脂链或脂环化合物,其碳骨架的构成,不仅要考虑碳原子的排列,还要考虑能否使结合部位活化。从某种意义上来说,导致形成新的 C—C 键的反应是有机化学中最重要的反应,可以通过这些反应构成更复杂的碳骨架。以下列举一些我们已学过的构成 C—C 键的反应。

1. 碳链增长的反应
- 通过格氏试剂反应

  与醛、酮的反应

  与卤代烃的反应

  与羧酸衍生物的反应

  与其他试剂的反应,如 $CO_2$、环氧乙烷等
- 活泼亚甲基上的烃基化反应

  卤代烃与 β–二酮、β–羰基酸脂、β–羰基腈等的反应

  酮经烯胺在羰基 α 位上的烃基化反应
- 分子间的缩合反应

  羟醛缩合反应

  Claisen 酯缩合反应

  Claisen–Schmidt 反应

  Darzens 反应

  Reformatsky 反应

  Knoevenagel 反应

  Michael 反应

  Mannich 反应

  Perkin 反应

  Witting 反应

  Wurtz 反应

  Fries 重排反应

  安息香缩合反应

  傅–克烷基化、酰基化反应

  酮的双分子还原反应

烯烃的羰基化反应

例如:(1) 伯卤代烷与氰化物的反应

$$RCH_2X + CN^- \longrightarrow RCH_2CN$$

(2) 格氏试剂与环氧乙烷的反应

$$RMgX + \underset{\displaystyle O}{CH_2 - CH_2} \longrightarrow \overset{H_2O}{\longrightarrow} RCH_2CH_2OH$$

(3) 醛、酮与 HCN 的加成反应

$$\begin{array}{c} R \\ \diagdown \\ C=O + HCN \longrightarrow \\ \diagup \\ H \\ (R) \end{array} \quad \begin{array}{c} R \quad OH \\ \diagdown \diagup \\ C \\ \diagup \diagdown \\ H \quad CN \\ (R) \end{array}$$

(4) 醛、酮与炔负离子的加成反应

$$\begin{array}{c} R \\ \diagdown \\ C=O + {}^-C \equiv CR' \longrightarrow \overset{H^+}{\longrightarrow} \\ \diagup \\ H \\ (R) \end{array} \quad \begin{array}{c} R \quad OH \\ \diagdown \diagup \\ C - C \equiv CR' \\ \diagup \\ H \\ (R) \end{array}$$

(5) 格氏试剂与 $CO_2$、醛或酮的反应

$$RMgX + CO_2 \xrightarrow{\text{干醚}} \xrightarrow{H_3O^+} RCO_2H$$

$$RMgX + R'CHO \xrightarrow{\text{干醚}} \xrightarrow{H_3O^+} \overset{OH}{\underset{\,}{RCH}} - R'$$

$$RMgX + R_2'C=O \xrightarrow{\text{干醚}} \xrightarrow{H_3O^+} R - \overset{OH}{\underset{R'}{C}} - R'$$

(6) 烯醇负离子的烃化反应

$$R_2CH - \overset{\displaystyle O}{\overset{\|}{C}} - R' \xrightarrow{\text{碱}} R_2C = \overset{\displaystyle O^-}{\overset{\|}{C}} - R' \xrightarrow{R''CH_2X} R_2 \underset{CH_2R''}{\overset{\displaystyle O}{\overset{\|}{C}}} - R'$$

(7) 羟醛缩合反应

$$2\,RCH_2CHO \xrightarrow{\text{碱}} RCH_2\overset{OH}{\underset{\,}{CH}} - \overset{R}{\underset{\,}{CH}}CHO \xrightarrow[\triangle]{-H_2O} RCH_2CH = \overset{R}{\underset{\,}{C}} - CHO$$

$$RC\overset{\displaystyle O}{\overset{\|}{C}}CH_2 \xrightarrow{LDA} RC\overset{\displaystyle O^-}{\overset{\|}{C}} = CH_2 \xrightarrow{R'CHO} RCCH_2\overset{OH}{\underset{\,}{CH}}R'$$

（8）Wittig 反应

$$R_2C{=}O+R'CH{=}PPh_3 \longrightarrow R_2C{=}CHR'$$

2. 碳链缩短的反应
- 烯烃的臭氧化及高锰酸钾氧化反应
- α-二醇、α-羟基醛、酮的高碘酸氧化反应
- 芳环侧链的氧化反应
- α-或β-羰基酸的脱羧反应
- 卤仿反应
- 烷基或芳基从碳原子重排到杂原子上的反应，如 Beckmann 重排、Baeyer-Villiger 重排、Curtius 重排和 Hofmann 重排等

例如：（1）烯烃的臭氧化裂解反应

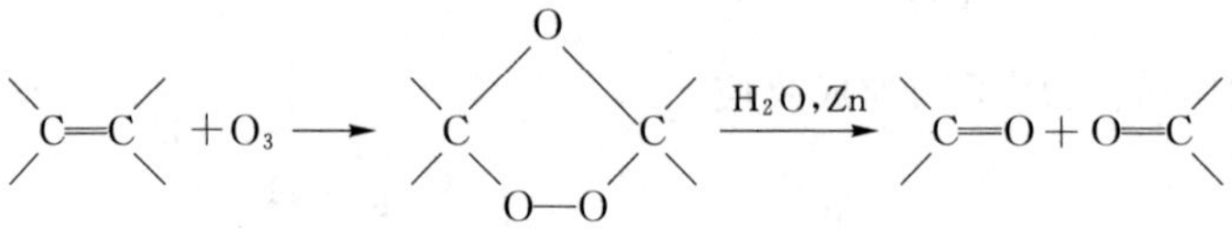

（2）卤仿反应

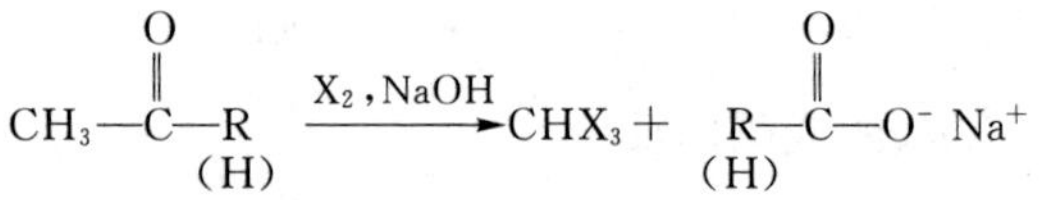

（3）α-羟基酸的分解脱羧反应

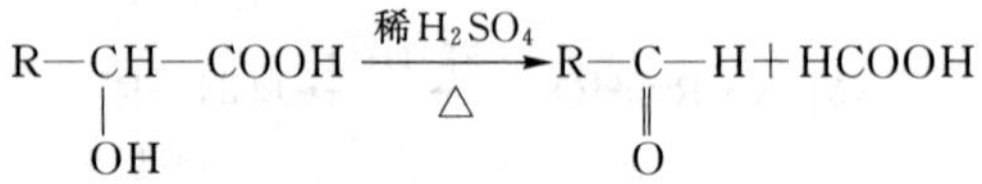

（4）酰胺的 Hofmann 降级反应

$$RCH_2CONH_2 \xrightarrow[H_2O]{Br_2,NaOH} RCH_2NH_2$$

3. 碳环的形成
- 烯烃与卡宾的加成（三元环）反应
- 共轭烯烃的电环化反应、环加成反应（四元环、五元环、六元环）
- 二元羧酸酯的 Dieckmann 缩合和醇酮缩合反应
- Robinson 增环反应
- 芳环与丁二酸酐的反应
- 丙二酸二乙酯与二卤代烃反应

例如：（1）碳烯（卡宾）的加成反应

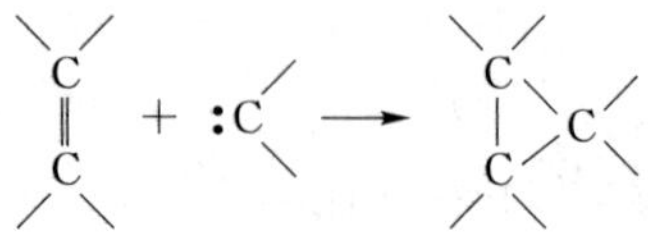

（2）Diels-Alder 反应

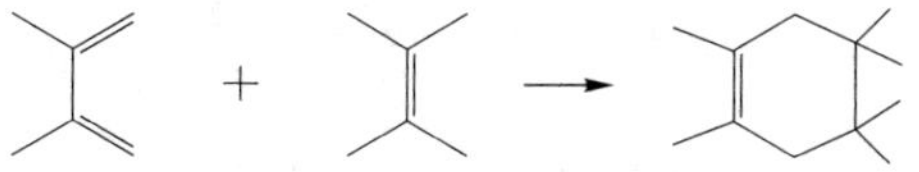

（3）$\beta$-二羰基化合物的烃化反应

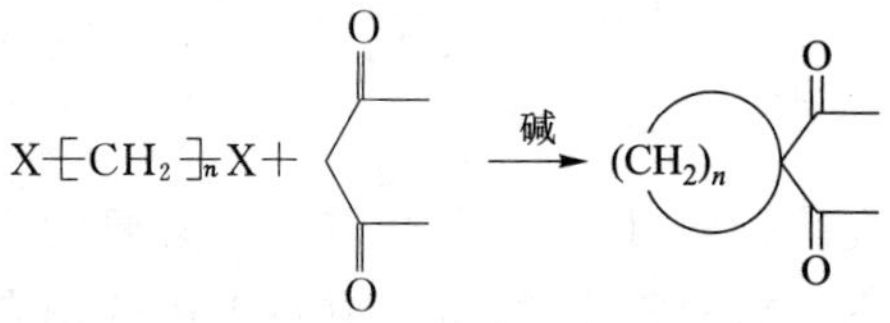

$$X\!+\!CH_2\!+_{\!n}\!X + \quad \xrightarrow{\text{碱}} \quad (CH_2)_n$$

（4）Dieckmann（酯）缩合反应

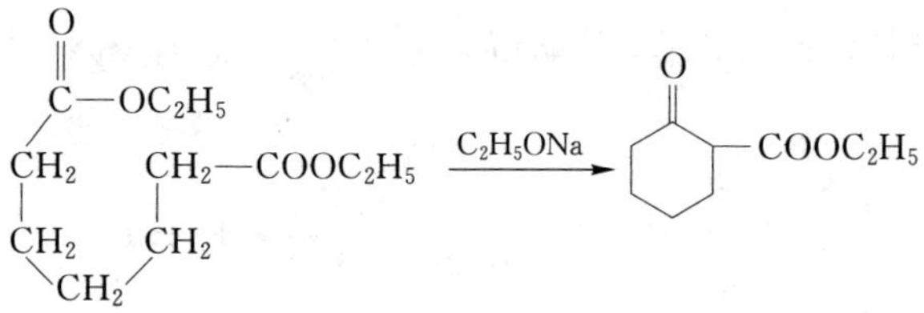

### 16.1.2 在碳骨架合适的位置上引入所需的官能团

若目标分子中含有官能团，设计合成路线时，在考虑构成基本碳骨架的同时，还应考虑官能团的引入和官能团的相互转换，有时还可能要除去不需要的官能团。我们学过的这类反应很多，现举例说明如下。

1. 官能团的引入

对于芳香族化合物可利用苯环上的亲电取代反应和定位规则来引入官能团；对于饱和碳原子可利用烯丙位氢原子（$CH_2\!=\!CH\!-\!CH_2\!-\!H$）、叔氢原子（$R_3C\!-\!H$）和苄位氢原子（$\bigcirc\!-\!CH_2\!-\!H$）的易于取代，转变为卤代物，然后将氯或溴原子再转化成其他基团。

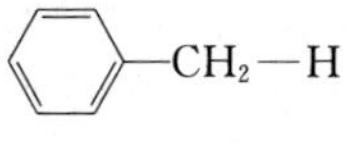

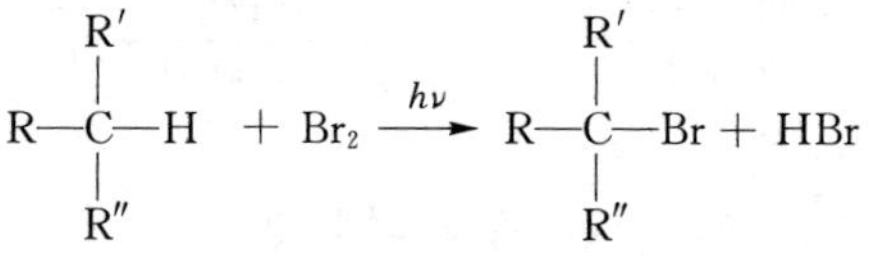

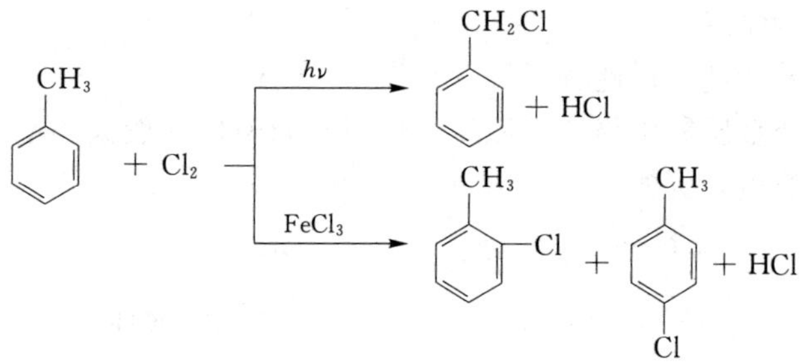

$$R\!-\!\overset{R'}{\underset{R''}{C}}\!-\!H + Br_2 \xrightarrow{h\nu} R\!-\!\overset{R'}{\underset{R''}{C}}\!-\!Br + HBr$$

2. 官能团的相互转化

例如：

$$
\overset{OH}{\underset{\displaystyle -CH}{|}} \quad \underset{LiAlH_4 \text{ 或 } NaBH_4}{\overset{NaOCl \text{ 或 } CrO_3}{\rightleftharpoons}} \quad \overset{O}{\underset{\displaystyle -C}{\parallel}}
$$

$$
-CH_2Br \quad \underset{PBr_5}{\overset{OH^-}{\rightleftharpoons}} \quad -CH_2OH
$$

$$
RCH_2OH \quad \underset{NaBH_4}{\overset{CrO_3}{\rightleftharpoons}} \quad RCHO
$$

### 3. 官能团的除去

在合成目标分子构成碳骨架时,有时可能带入不必要的官能团,有时为了合成的需要先引入目标分子中不存在的官能团,待合成结束后选用合适的反应再将这些"多余的"官能团除去。例如:

$$
\begin{array}{c}
RCOOH \\
RCOOR' \\
\text{或 } RCHO
\end{array}
\xrightarrow{\text{还原}} RCH_2OH \xrightarrow{HX} RCH_2X \xrightarrow[\text{干醚}]{Mg} RCH_2MgX \xrightarrow{H_2O} RCH_2H
$$

还原剂如 LiAlH₄

$$
\underset{R'}{\overset{R}{>}}C=O \quad \xrightarrow[NH_2NH_2/NaOH \text{ 等}]{Zn-Hg/H^+} \quad RCH_2R'
$$

$$
\underset{\displaystyle -\overset{|}{\underset{|}{C}}-\overset{OH}{\underset{|}{C}}-}{\overset{H}{}} \xrightarrow[-H_2O]{H^+} >C=C< \xrightarrow[Ni]{H_2} >CH-CH<
$$

$$
\left.\begin{array}{c} >C=C< \\ -C\equiv C- \end{array}\right\} \xrightarrow[Pd \text{ 或 } Pt]{H_2} \left\{\begin{array}{c} >CH-CH< \\ -CH_2-CH_2- \end{array}\right.
$$

$$
\text{C}_6\text{H}_5SO_3H + H_2O \longrightarrow \text{C}_6\text{H}_6 + H_2SO_4
$$

$$
\text{C}_6\text{H}_5NH_2 \xrightarrow[0\sim5\,°C]{NaNO_2,\ HCl} \text{C}_6\text{H}_5N_2^+Cl^- \xrightarrow[\text{或 } C_2H_5OH]{H_3PO_2} \text{C}_6\text{H}_6 + N_2\uparrow
$$

### 16.1.3 利用反应的选择性、保护基与导向基

### 1. 利用反应的选择性

在合成中可利用的选择性有

(1) 某些复合金属氢化物的还原专一性,如 NaBH₄ 一般只还原醛、酮中的羰基,其他基团可不受影响。例如:

$$
\text{(环戊酮-2-COOCH}_3) \xrightarrow{NaBH_4} \text{(环戊醇-2-COOCH}_3)
$$

$$
\text{CH}=\text{CH} \ldots \text{CHO} \xrightarrow{NaBH_4} \text{CH}=\text{CH} \ldots \text{OH}
$$

(2) 一般催化加氢可使碳碳双键、碳碳三键和氰基加氢，但不影响羰基与苯环。碳碳三键比碳碳双键加氢快，并在一定的催化条件下（如应用 Lindlar 催化剂）可停留在碳碳双键上。例如：

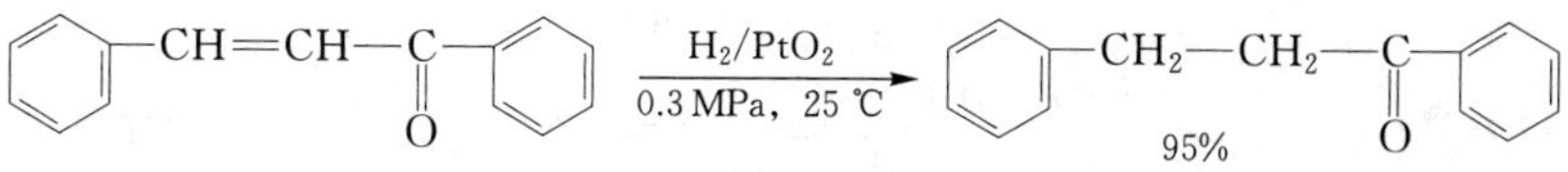


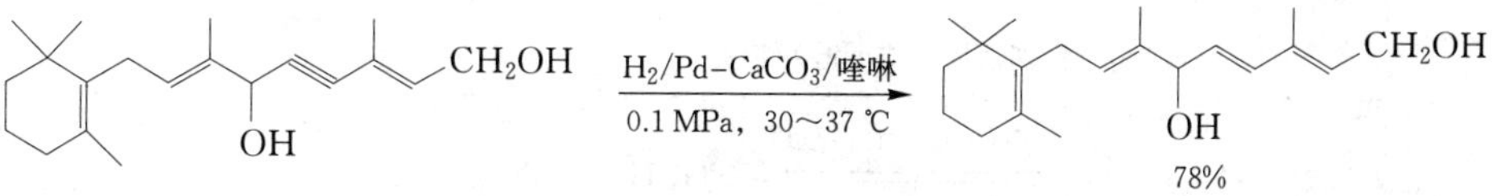


(3) 醇的酯化反应速率为 1°醇＞2°醇＞3°醇。在一般条件下叔醇不能酯化。

(4) 羰基化合物与亲核试剂反应的活性一般按下列顺序递减：

$$RCOCl > RCHO > \underset{R'}{\overset{R}{\diagdown}}C{=}O,\ \diagdown C{=}CHCO—,\ C_6H_5CO— > RCO_2R' > RCN, RCONR'_2 > RCOO^-$$

碳碳双键与亲核试剂不发生反应，除非碳碳双键与羰基或其他吸电子基共轭。例如，下列化合物可选择性地进行反应。

$$CH_3—\underset{\underset{O}{\|}}{C}—CH_2CH_2CH_2CHO + HCN \longrightarrow CH_3—\underset{\underset{O}{\|}}{C}—CH_2CH_2CH_2\underset{\underset{OH}{|}}{CH}—CN$$

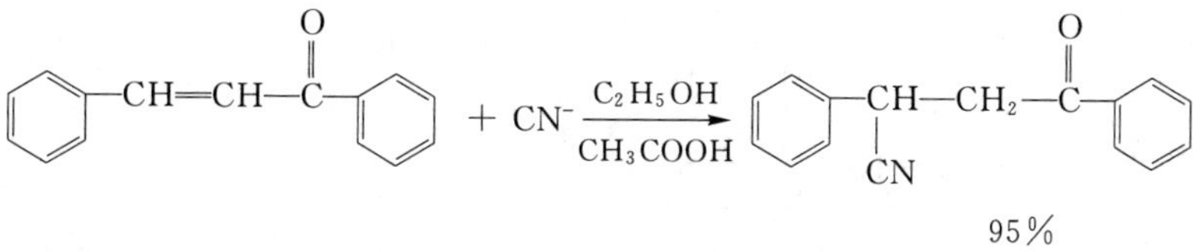


2. 利用保护基

在有机合成中，可以选用合适的保护基将不需转变的官能团暂时保护起来，当另一官能团已经转变后再将此保护基除去。

一种理想的保护基应是容易引入和除去，且引入和除去产率都较高，在转变其他官能团的反应条件下，保护基还应是稳定的。常见官能团的保护方法及保护基的除去方法见表 16-1。

**表 16-1 常见官能团的保护方法及保护基的除去方法**

| 官能团 | 保护（⟶）方法，保护基的除去（⟵）方法 |
|---|---|
| —OH（醇） | (1) $—OH \underset{OH^-,H_2O}{\overset{CH_3COCl}{\rightleftharpoons}} —OCOCH_3$ 酯 |
| | (2) $—OH \underset{OH^-,H_2O}{\overset{C_6H_5COCl}{\rightleftharpoons}} —OCOC_6H_5$ 苯甲酸酯 |
| | (3) 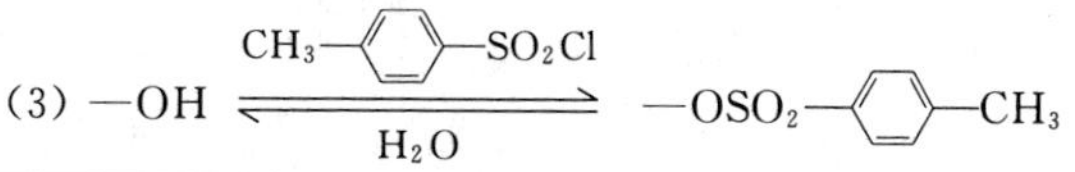 对甲苯磺酸酯 |

| 官能团 | 保护（——→）方法，保护基的除去（←——）方法 |
|--------|------------------------------------------|
| —OH（醇） | (4) $\begin{array}{c}\text{—OH}\\\text{—OH}\end{array}$ $\underset{\text{H}^+，\text{HCl}}{\overset{\text{H}_3\text{C}}{\underset{\text{H}_3\text{C}}{\rightleftarrows}}\text{C=O，干 HCl}}$ $\begin{array}{c}\text{—O}\quad\text{CH}_3\\\quad\backslash\quad/\\\quad\text{C}\\\quad/\quad\backslash\\\text{—O}\quad\text{CH}_3\end{array}$ 缩酮<br><br>（此法特别适用于多元醇和糖类） |
| —OH（酚） | —OH $\underset{\text{HI}}{\overset{\text{CH}_3\text{I或(CH}_3)_2\text{SO}_4}{\rightleftarrows}}$ —OCH$_3$ 酚醚 |
| —CHO（醛） | —CHO $\underset{\text{H}^+，\text{H}_2\text{O}}{\overset{\text{C}_2\text{H}_5\text{OH（或CH}_3\text{OH），干 HCl}}{\rightleftarrows}}$ $\begin{array}{c}\quad\quad\text{OC}_2\text{H}_5\\\quad\quad/\\\text{—CH}\\\quad\quad\backslash\\\quad\quad\text{OC}_2\text{H}_5\end{array}$ 缩醛 |
| $\rangle$C=O（酮） | $\rangle$C=O $\underset{\text{H}^+，\text{H}_2\text{O}}{\overset{\text{HOCH}_2\text{CH}_2\text{OH，干 HCl}}{\rightleftarrows}}$ $\begin{array}{c}\quad\text{O}\\\rangle\text{C}\Big\langle\quad\Big|\\\quad\text{O}\end{array}$ 缩酮 |
| —COOH（酸） | 在多肽合成中用氯甲基苯乙烯型高分子支架ClCH$_2$—⟨ ⟩—Ⓟ与之作用<br>生成—COOCH$_2$—⟨ ⟩—Ⓟ，反应结束后，保护基可经碱性水解除去 |
| —NH$_2$（胺） | (1) —NH$_2$ $\underset{\text{H}^+或\text{OH}^-，\text{H}_2\text{O}}{\overset{\text{CH}_3\text{COCl}}{\rightleftarrows}}$ —NHCOCH$_3$<br><br>(2) —NH$_2$ $\underset{\text{H}^+或\text{OH}^-，\text{H}_2\text{O}}{\overset{\text{C}_6\text{H}_5\text{COCl}}{\rightleftarrows}}$ —NHCOC$_6$H$_5$<br><br>(3) 用苯甲醛生成希夫碱 —N=CH$_2$—⟨ ⟩，然后水解除去 |

例 1 
$$\text{CH}_3-\underset{\underset{\text{O}}{\|}}{\text{C}}-\text{CH}_2\text{CH}_2\text{CH}_2\text{Br} \longrightarrow \text{CH}_3-\underset{\underset{\text{O}}{\|}}{\text{C}}-\text{CH}_2\text{CH}_2\text{CH}_2\text{CH}_2\text{OH}$$

必须先将 $\rangle$C=O 保护起来，增碳后再将保护基除去。其步骤如下：

$$\text{CH}_3-\underset{\underset{\text{O}}{\|}}{\text{C}}-\text{CH}_2\text{CH}_2\text{CH}_2\text{Br} + \underset{\underset{\text{OH}\quad\text{OH}}{|\quad\quad|}}{\text{CH}_2-\text{CH}_2} \xrightarrow{\text{干 HCl}} \text{CH}_3-\underset{\underset{\overset{\text{CH}_2-\text{CH}_2}{\overset{|\quad\quad|}{}}}{\overset{\text{O}\quad\quad\text{O}}{\overset{\diagdown\quad\diagup}{}}}}{\text{C}}-\text{CH}_2\text{CH}_2\text{CH}_2\text{Br}$$

$$\Big\downarrow \begin{array}{c}\text{Mg}\\\text{干醚}\end{array}$$

$$\text{CH}_3-\underset{\underset{\overset{\text{O}\quad\quad\text{O}}{\overset{\diagdown\quad\diagup}{}}}{\text{C}}}{\text{C}}-\text{CH}_2\text{CH}_2\text{CH}_2\text{MgBr}$$
（底部 CH$_2$—CH$_2$）

$$\xrightarrow[\text{②H}_3\text{O}^+]{\text{①HCHO}} \text{CH}_3-\underset{\underset{\text{O}}{\|}}{\text{C}}-\text{CH}_2\text{CH}_2\text{CH}_2\text{CH}_2\text{OH}$$

例2

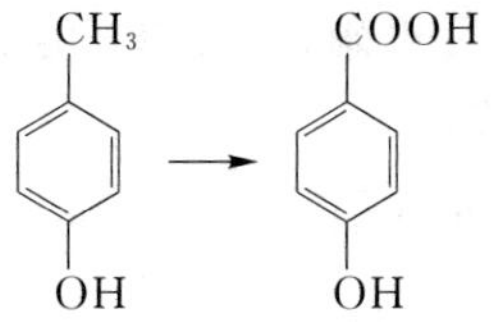

合成如下：

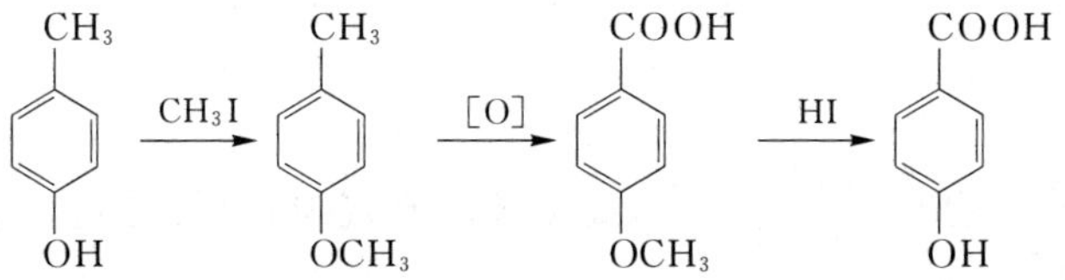

### 3. 利用导向基

利用导向基在芳香族化合物的芳环上，常常可以引入一个基团，使芳环的某一位置活化、钝化或占据一定位置以增加反应的选择性，反应完毕后再将该基团除去。

（1）活化导向 芳环的取代反应有时可利用先引入氨基来活化芳环而导向。例如，合成1,3,5-三溴苯，如果直接用苯溴化会得不到产物，但如用苯胺溴化，由于氨基使苯环的邻、对位活化，很容易得到2,4,6-三溴苯胺，然后除去氨基即得1,3,5-三溴苯。

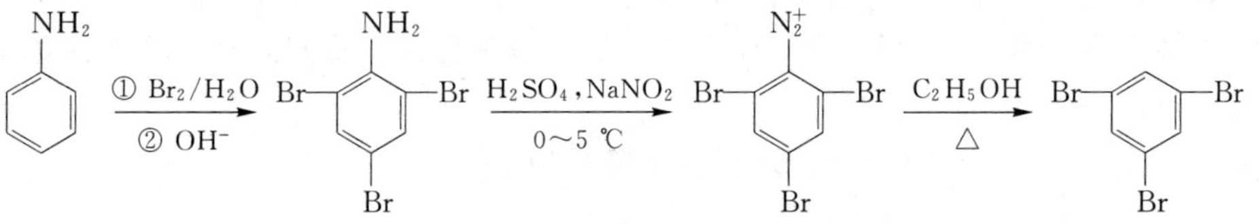

（2）钝化导向 合成对硝基苯胺时，如果用苯胺直接硝化，由于氨基使芳环活化，因此苯环会被硝酸氧化，所以不是一种合适的制备方法。为此可先将氨基乙酰化，乙酰氨基（—NHCOCH$_3$）对苯环的活化作用要比氨基本身小得多，乙酰苯胺硝化可制得对硝基乙酰苯胺，产率很高，经酸性水解后除去乙酰基，则可得到所需的对硝基苯胺。

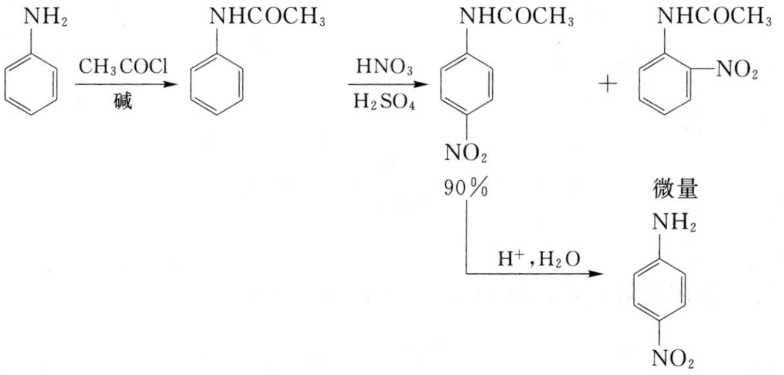

（3）阻止进入某些位置 在上述反应中，由于乙酰氨基体积较大，空间位阻大，所以硝化时硝基主要进入对位，而邻硝基乙酰苯胺产量极微。如果要得到邻硝基苯胺，

则可先将临时基团—$SO_3H$引入乙酰氨基的对位,然后再硝化,可得一定产率的邻硝基产物,最后再除去磺酸基和乙酰基,即得邻硝基苯胺:

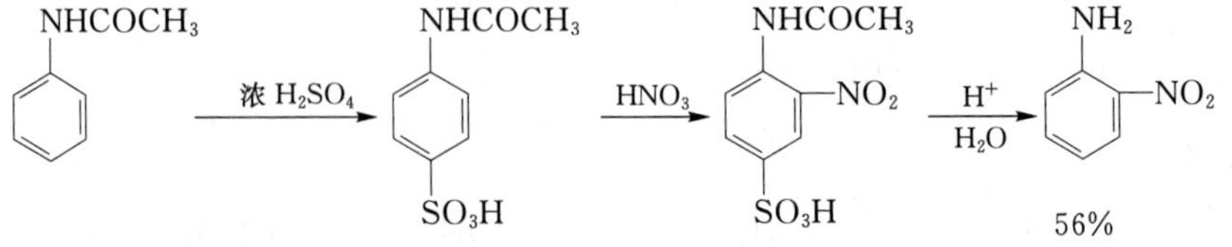

又如,为了制备化合物 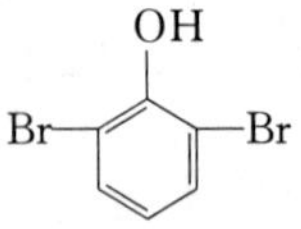 ,如用苯酚直接溴化,将得到 2,4,6 – 三溴苯酚,为此,可先引入—$SO_3H$ 将酚羟基的对位占领,待溴化后再除去—$SO_3H$。

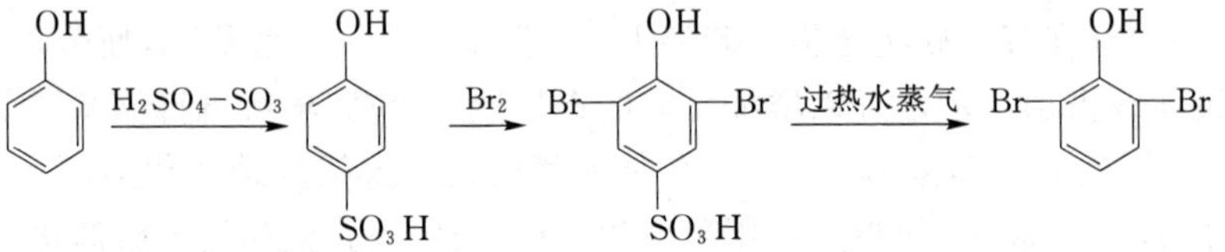

### 16.1.4 立体化学控制

要合成的目标分子可能有一种以上的立体异构体时,必须设计一种只生成某一立体异构体的合成法,即需用具有立体选择性的反应来合成。我们已学过的具有立体选择性的反应举例如下:

1. 卤烷的 $S_N2$ 取代反应和 E2 反式消除反应

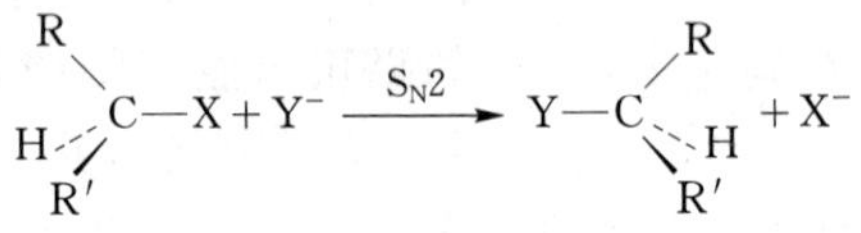

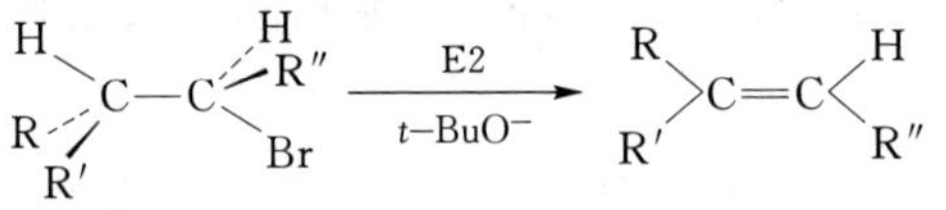

2. 催化氢化生成顺式产物

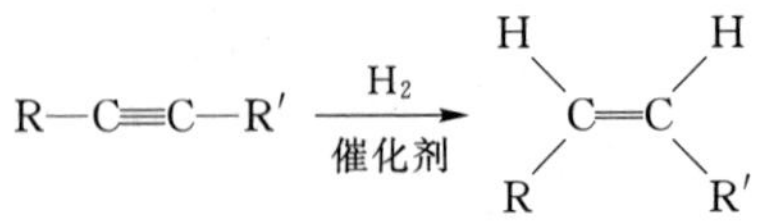

3. 炔烃在金属和液氨中的还原反应,生成反式产物

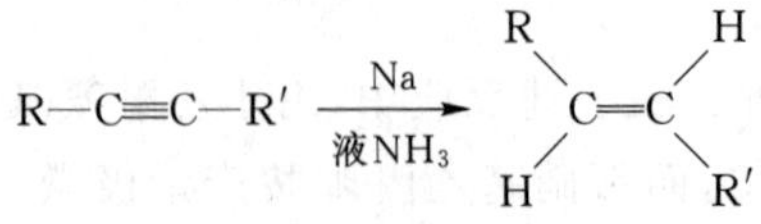

4. 烯烃与过氧化氢在 $OsO_4$（或碱性 $KMnO_4$）催化下的氧化反应,生成顺式邻二醇

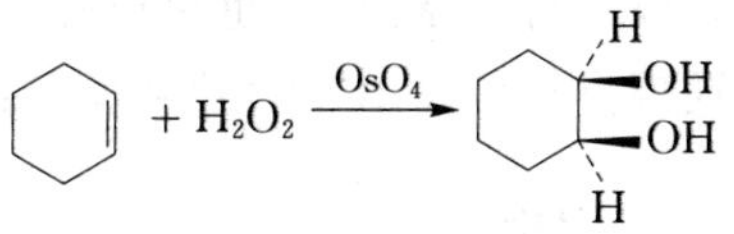

5. 烯烃的硼氢化反应

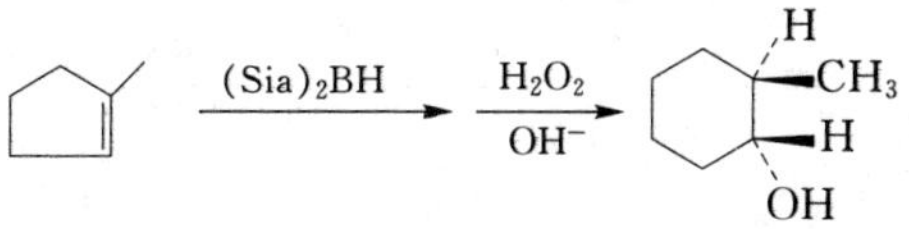

6. 烯烃的环氧化反应和环氧化物的开环反应

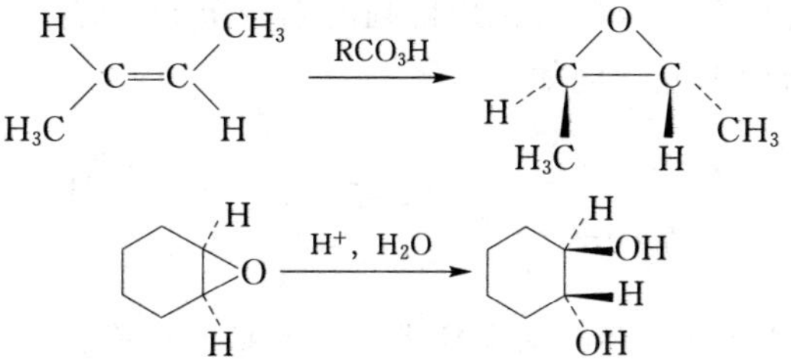

7. 烯烃的环丙基化反应

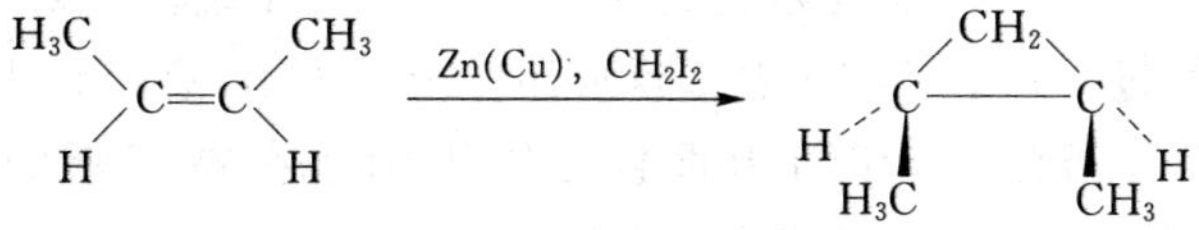

# 16.2 反合成分析

### 16.2.1 反合成分析法

有机合成是以有机反应为工具,从原料分子合成目标分子的全过程。在大多数情况下,一个目标分子的全合成总是要经过若干步反应才能最终得到目标分子。所以如何根据目标分子的结构特点,选用合适的起始原料,适当的反应历程,以及相应的合成技术,也就是合成路线的设计,是有机合成能否成功的关键。

1967 年,科里(Corey E J)在总结前人和他本人成功合成多种复杂有机分子经验的基础上,首次提出了有机合成路线设计及逻辑推理方法,建立了有机合成的目标分子反推到合成起始原料的逻辑方法——**反合成分析法**(retrosynthetic analysis),为此他获得 1990 年诺贝尔化学奖。

反合成分析是一种逆推法,是通过对目标分子的切断,从比较复杂的分子结构逐步推导出简单易得的起始原料的过程。反合成分析法通常包括键的切断,官能团的变换、添加、消除,以及官能团之间的连接和重排。

以下介绍反合成分析法中涉及的一些基本概念。

### 1. 合成元

合成元（synthon）又称"合成子"，就是通过反合成分析后得到的从目标分子相应反应转换而来的结构单元，合成元可以是离子，也可以是自由基。由合成元再推导出相应的试剂或中间体，这种逆推方法可以用"$\Longrightarrow$"来表示：

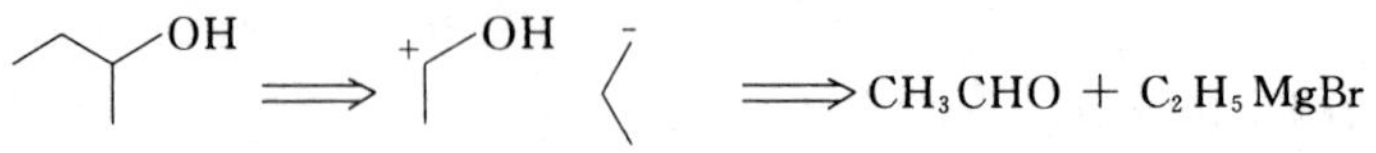

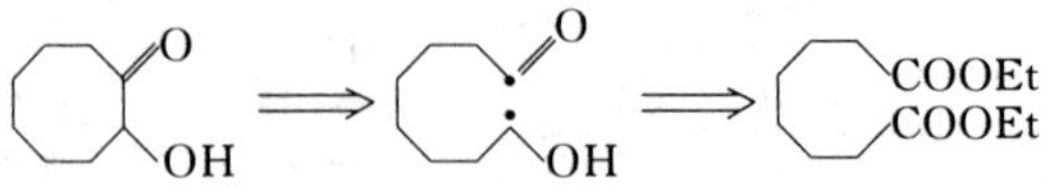

### 2. 反合成元

合成元表示通过反合成分析转化后得到的结构单元，而反合成元（retron）则是进行某一转化的必要结构单元。例如：

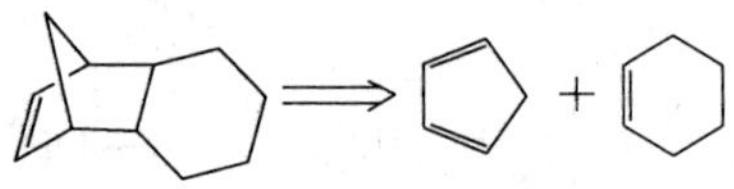

上面的 Diels－Alder 反应中，环己烯和环戊二烯就是反合成元。

### 3. 切断

切断（disconnect，简写 dis）是成键的逆过程，是把分子结构中某个共价键打断，形成两个分子碎片的过程。通常都把合成反应用"$\longrightarrow$"表示，意味着从反应物到产物的过程，而在反合成分析法中，切断用垂直波纹线标示在被切断的键上，用双箭头"$\Longrightarrow$"表示通过切断得到的分子碎片。例如：

$$C_6H_5CH_2 \mid CH(COOEt)_2 \xrightarrow{\text{dis}} C_6H_5\overset{+}{C}H_2 + \overset{-}{C}H(COOEt)_2$$
$$\Downarrow \qquad\qquad \Downarrow$$
$$C_6H_5CH_3 \qquad CH_2(COOEt)_2$$

### 4. 连接

连接（connection，简写 con）就是把目标分子中两个适当的碳原子连接起来，形成新的化学键。这样有助于形成新的合成元，帮助分子切断的判断。连接一般是在双箭头上标注"con"来表示。例如：

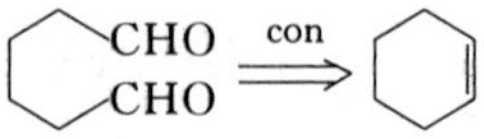

### 5. 重排

重排（rearrangement，简写 rearr）是按照重排反应的反方向，将目标分子拆开或者重新组装，用以简化目标分子。重排通过在双箭头上标注"rearr"来表示。例如：

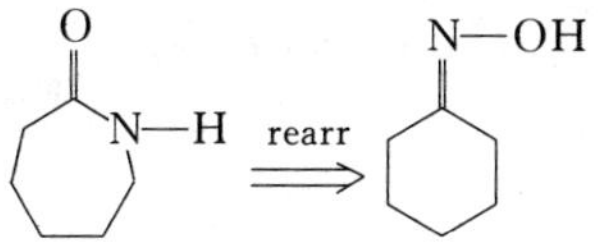

### 6. 官能团转换

在反合成分析法中将目标分子中的官能团转变为其他官能团,这就称为**官能团转换**(functional group interconversion,简写FGI),目的是能够变换成相对简单易得的合成原料或前体物质。官能团变化用在双箭头上标注"FGI"来表示。例如:

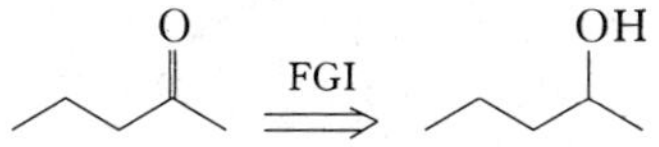

### 7. 官能团添加

**官能团添加**(functional group addition,简写FGA)就是在目标分子中添加上特定的官能团,帮助反合成分析中的切断、连接的步骤,同样也有助于选择合成原料和前体物质。官能团添加用在双箭头上标注"FGA"来表示。例如:

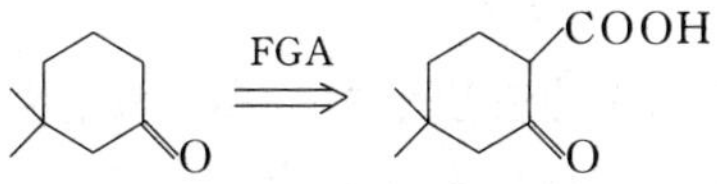

### 8. 官能团消除

**官能团消除**(functional group removal,简写FGR)是将目标分子中含有的多个官能团除去一个或若干个,便于反合成分析,同时也可避免这些官能团在合成过程中相互影响。官能团消除用在双箭头上标注"FGR"来表示。例如:

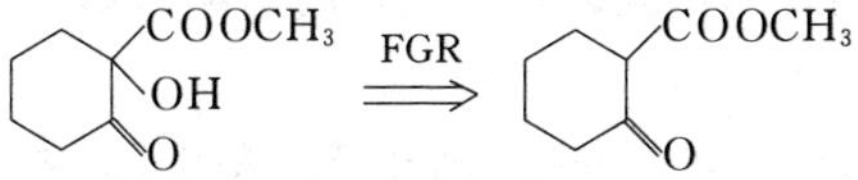

### 9. 官能团保护

一种试剂如果与多官能团化合物反应,可能会和其中的两个或两个以上的官能团均发生作用,而反应目的是只希望与其中一个官能团发生反应,这时就将不需要反应的官能团先保护起来,待反应完成再去除保护基,这称为**官能团保护**(functional group protection)。例如,酚羟基易氧化,将其保护起来,氧化反应后再去除保护基得到游离酚羟基:

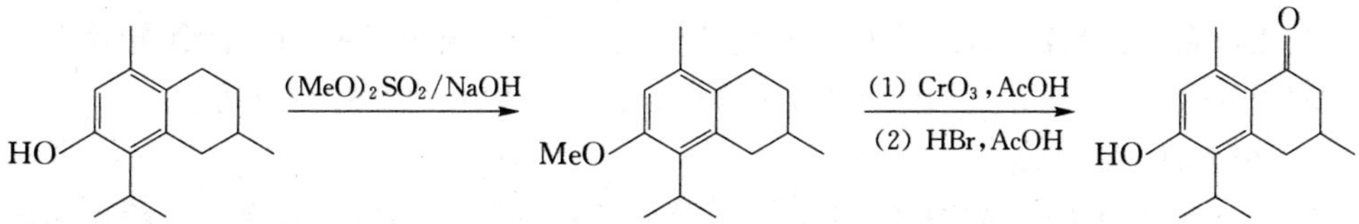

又如,氨基的保护和去保护:

$$R{-}NH \xrightarrow{\text{CH}_3\text{COCl}} R{-}NHCOCH_3 \xrightarrow[\text{H}_2\text{O}]{\text{H}^+} R{-}NH$$

### 10. 合成树

运用以上的反合成分析法,经过一定的步骤就能推导出合成的起始原料。如果目标分子比较复杂,则通过反合成分析,就需要较多的转化,所以得出的反合成路线可能很多。分子越复杂,可能的反合成路线也越多,将所有的路线画出来就像一棵树一样,故称为**合成树**(synthetic tree)。

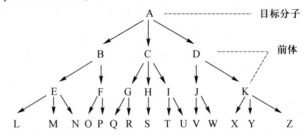

要注意的是,并不是合成树上的每一条路线都是合理的合成途径,还必须经过考察、比较,通过比较合成路线的长短、反应条件是否苛刻、原料是否易得等来综合考虑选择。

反合成分析也就是以反合成分析法中的合成子概念及切断法为基础,从目标分子出发,通过适当的切断或官能团转换、添加和消除,一步一步去寻找一个又一个前体分子,直至找到最适宜的原料为止。

反合成分析法的步骤如下:

(1) 识别目标分子的类型和结构特点,为后面的切断、官能团转换等建立正确的设计思路。

(2) 根据目标分子的特点,对其碳骨架进行改造或官能团转换,找到目标分子的反合成路线。

(3) 反合成分析的步骤逆转,加进试剂和反应条件,形成初步的合成路线。

(4) 检验合成路线的合理性,检查每一步反应中,分子中的官能团之间是否有干扰、影响;基团的保护和去保护,反应的化学选择性、区域选择性和立体选择性等。

(5) 写出完整的合成路线。

思考题 16-1　什么是反合成分析法? 什么是官能团保护?

#### 16.2.2　目标分子的切断策略与技巧

利用反合成分析法原理,要对结构复杂的目标分子,通过切断和官能团转换等手段,逐步推出合成目标分子的起始原料,这里介绍一些切断的策略与技巧。

#### 1. 在杂原子处切断

碳原子与杂原子(主要是 O,S,N 等)形成的键往往是极性共价键,一般可由亲电、亲核体之间的反应形成,所以目标分子中有杂原子时可以考虑在杂原子处优先切断的策略。同时由于连接杂原子的化学键往往不稳定,在合成过程中也容易再连接。所以在杂原子处的切断,对于分子碳骨架的建立和官能团的引入也有一定的指导意义。例如:

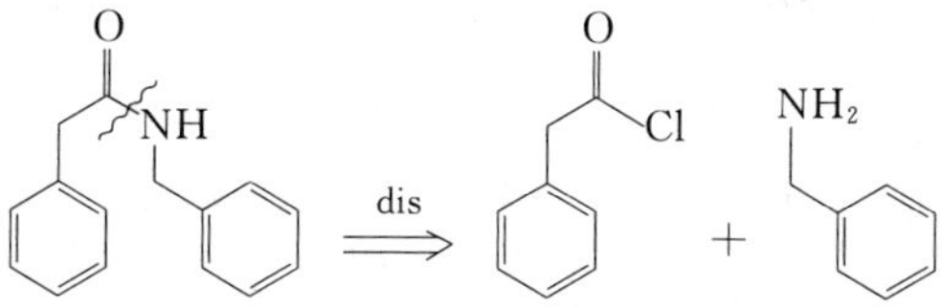

### 2. 添加官能团后再切断

有些化合物直接切断比较困难,但是如果在分子结构中的某一部位添加某种官能团,再行切断就比较明了和容易。添加官能团的同时必须要注意的是添加的官能团要易于从结构中除去。例如:

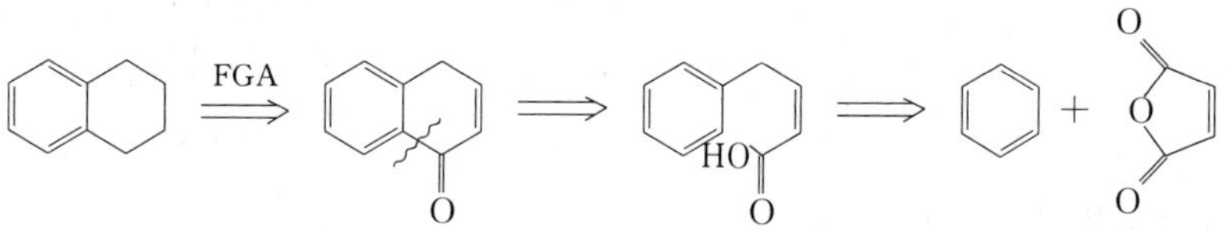

### 3. 利用分子的对称性

有些目标分子结构中包含着对称结构,可以充分利用结构上的对称性来简化合成路线。例如:

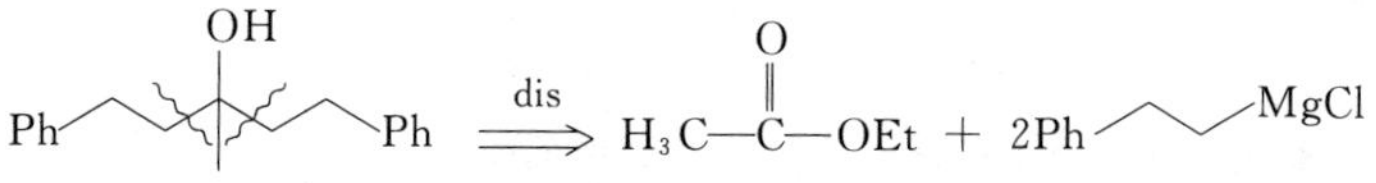

### 16.2.3　合成路线考察与选择

一条理想的合成路线应该具备以下几个方面特点:

#### 1. 合成路线简洁

合成路线的简洁意味着用尽可能少的起始原料和尽可能短的路线,以及尽可能高的产率得到所需的目标分子。

例如,有机合成路线有直线式和汇聚式两种:

直线式:$A \xrightarrow{B} A-B \xrightarrow{C} A-B-C \xrightarrow{D} A-B-C-D \xrightarrow{E} A-B-C-D-E$

汇聚式:
$$A \xrightarrow{B} A-B \xrightarrow{C} A-B-C$$
$$D \xrightarrow{E} D-E$$
$$\longrightarrow A-B-C-D-E$$

直线式合成路线的总产率较低,如按照每一合成步骤的产率为 90% 计,则通过以上四步总产率只有 $0.9 \times 0.9 \times 0.9 \times 0.9 \times 100\% = 65.6\%$。而在汇聚式合成路线中,是将目标分子的主要部分先分别合成,最后再装配在一起,这样总的产率为 $(0.9 \times 0.9) \times 0.9 \times 100\% = 72.9\%$,比直线式合成路线要高。

如果目标分子合成路线中步骤较多,则应该优先考虑汇聚式合成路线。

2. 合成路线要有合理的反应机理

合成路线的设计必须符合有机反应机理,即能够用人们所认知的、切实可行的反应来贯彻实施通过反合成分析法所推理得到的合成路线。例如,甲醛和酮可以反应生成烯酮:

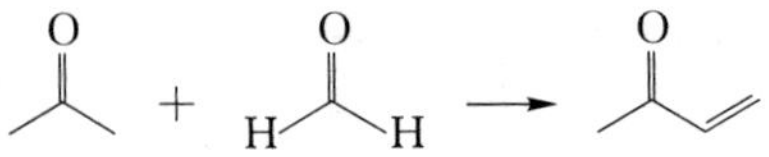

但是由于甲醛非常活泼,在碱催化条件下,会发生聚合和其他副反应,使烯酮的产率很低,因此可采用甲醛与胺、丙酮先生成 Mannich 碱,再利用 Mannich 碱受热分解成烯酮的反应提高烯酮的产率。

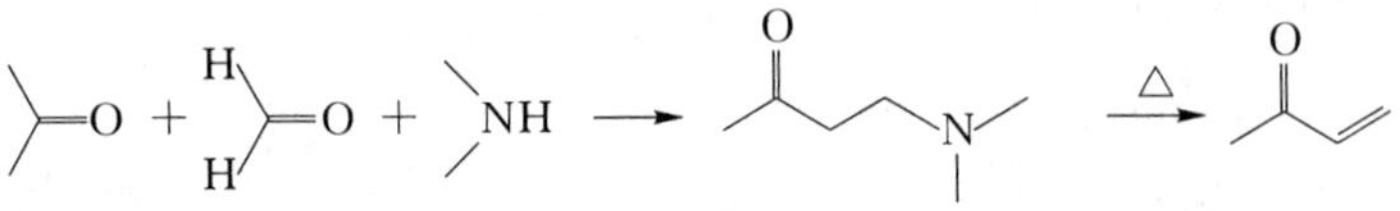

3. 符合绿色化学的要求

绿色化学就是提倡使用环境安全的原料、使用环境安全的技术来生产环境安全的产品,生成尽可能少的副产品或充分利用反应过程中的副产品作为下游产品的原料,实现原子经济利用的"零排放",维护人类生存环境的安全,实现人类与社会的和谐相处、共同发展。

思考题 16-2　什么是直线式合成路线? 什么是汇聚式合成路线?

### 16.2.4　反合成分析法举例

例 1

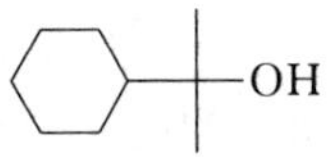

分析:对目标分子可以有下面两种切断方式,显然后一种使用的试剂更简单。

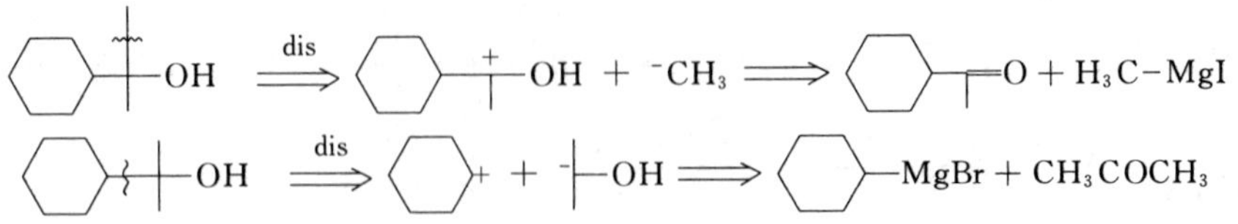

例 2

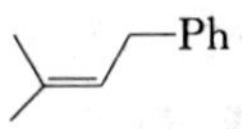

分析:通过目标分子可知水分子可以加成到双键上,故脱水可得反合成路线。

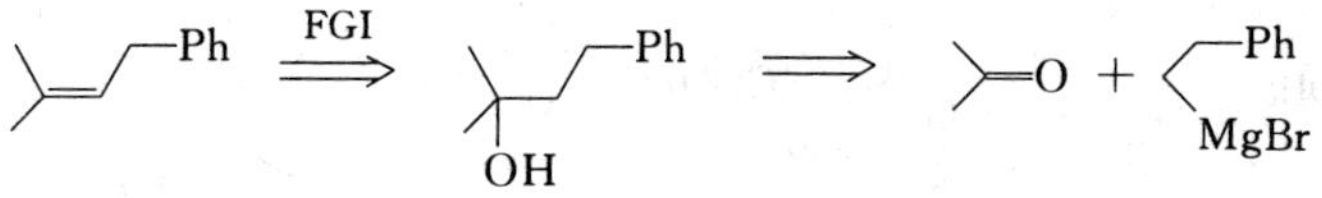

例 3

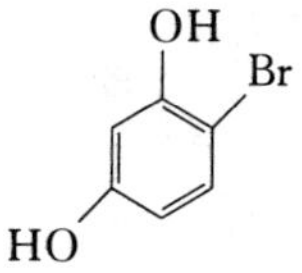

分析:如果采用间苯二酚为原料,因为—OH 是第一类定位基,直接溴化不可避免会有二溴代产物生成,但是可以采用先引入一个羧基,封闭一个溴原子要进入的部位,溴化完毕再将羧基除去的方法。

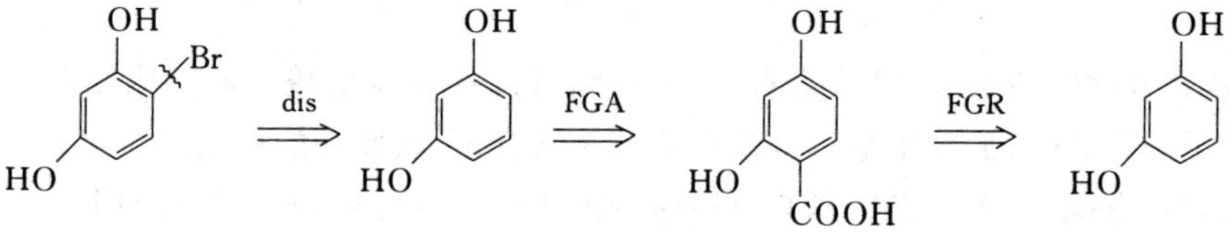

例 4

分析:根据目标分子,可利用 Diels-Alder 反应的特点进行反向分析,至于双键可在合成步骤中加氢还原得到。

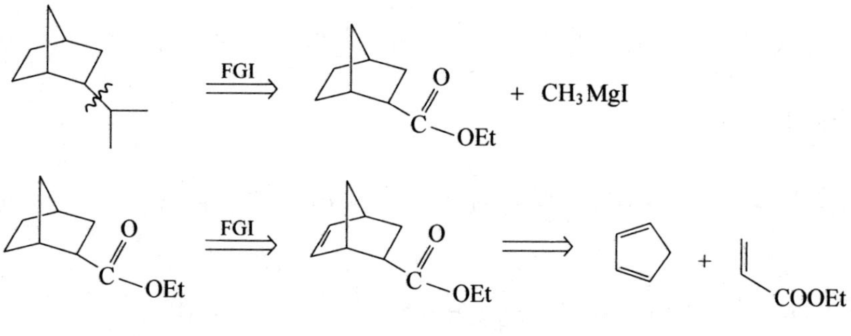

例 5

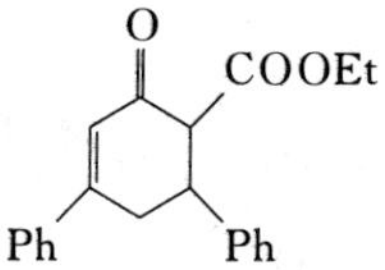

分析:初看该六元环化合物,容易采用 Diels-Alder 反应来分析切断,但结果反而更复杂。通过以下切断可以得出一种较简单的 1,5-二羰基化合物。

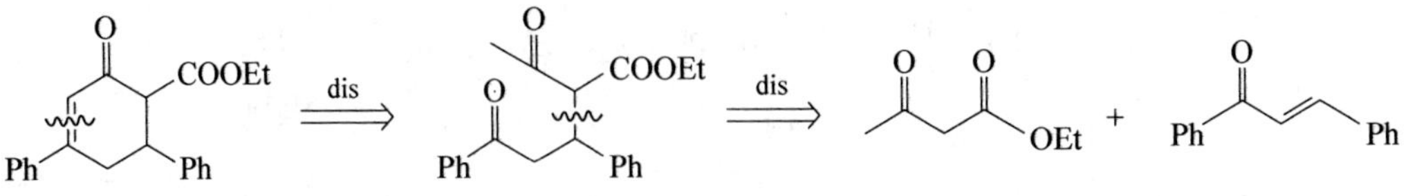

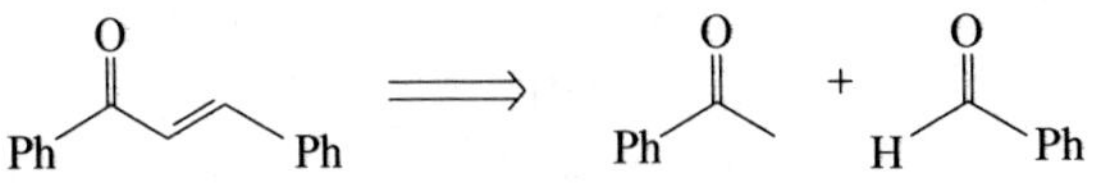

## 16.3 有机合成实例

例 1 以苯为原料合成麻醉药物苯佐卡因：

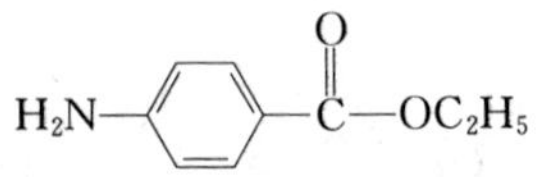

分析：从化合物结构上看，结构上有酯基，而酯可以从相应的羧酸和醇来制备，这里应该是苯甲酸和乙醇，而苯甲酸可以来自苯的侧链有 $\alpha$-氢原子的烷基的氧化；同时在酯基的对位还有氨基，苯环上的氨基可以由苯硝化后还原得到，所以切断如下：

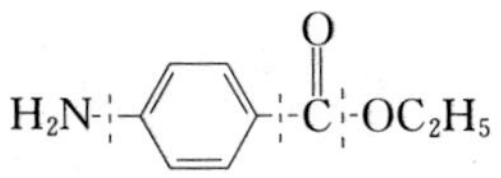

反合成分析法如下：

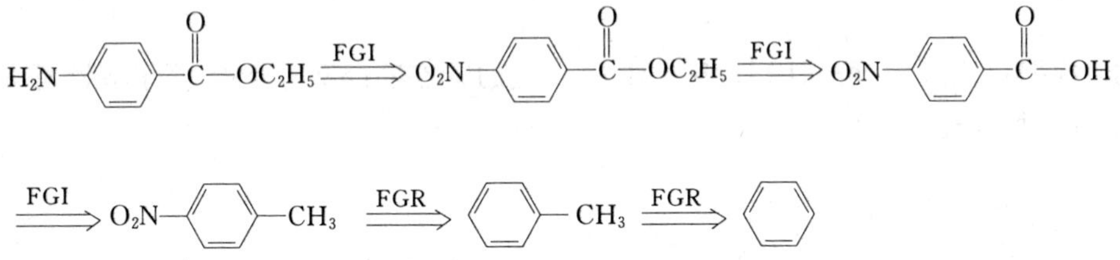

合成路线如下：

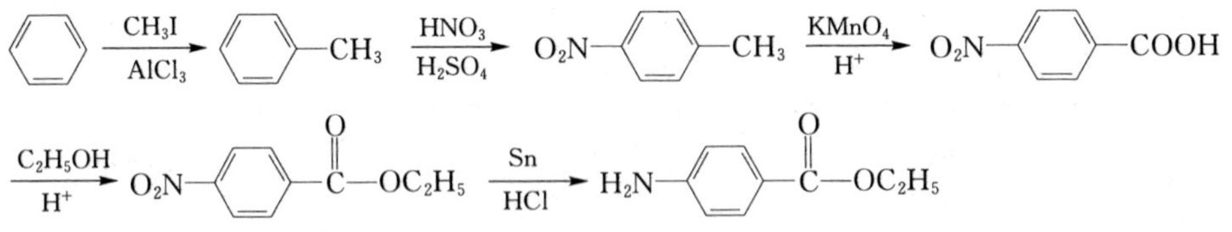

例 2 以苯酚为原料合成：

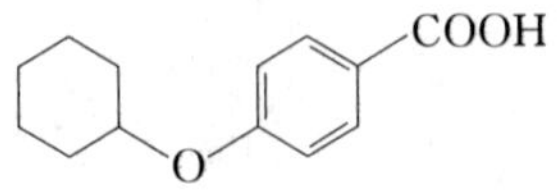

分析：考虑到原料采用苯酚，而结构中存在苯酚的反合成元结构单元，同时按照切断法在杂原子处的策略，切断如下：

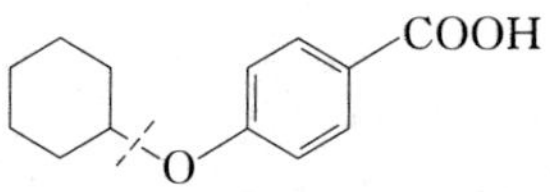

$$\text{环己基—O—苯环—COOH}$$

同时利用碱性条件下形成酚氧负离子提高反应活性,而且羧基形成负离子的羧酸根离子,其亲核性小于酚氧负离子的亲核性,反应选择性得到了提高;另一端则可以采用卤代烃和酚钠进行反应,考虑到环己基卤代烃是相对不活泼的仲卤代烃,所以采用一种好的离去基团(如磺代烷)有利于反应的进行。苯甲酸的合成可以参照例1。

反合成分析如下:

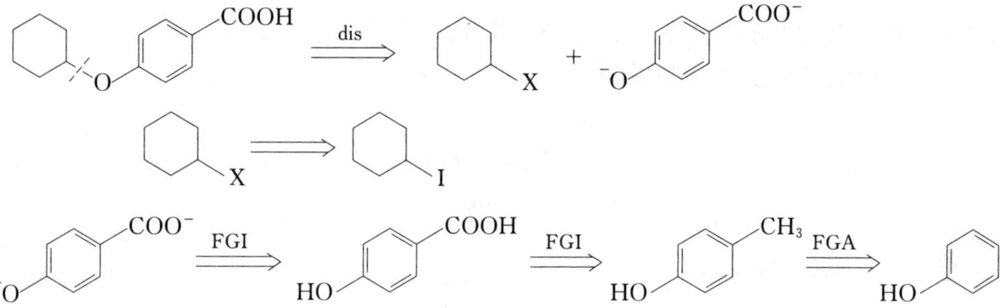

合成路线如下:

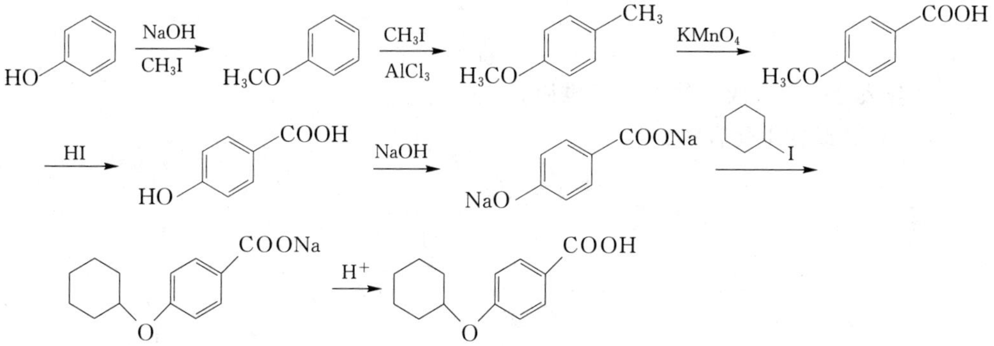

**例 3** 合成下列化合物:

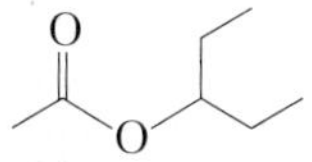

分析:目标分子是乙酸酯,去掉分子中酰氧键的氧原子后可反推得到丙酮衍生物,在 $\alpha$ - 碳原子上引入致活基甲氧基羰基,推得二乙基乙酰乙酸甲酯,然后先后切断 $\alpha$ - 碳原子上的两个乙基,可得到反合成元乙酰乙酸甲酯。

反合成分析如下:

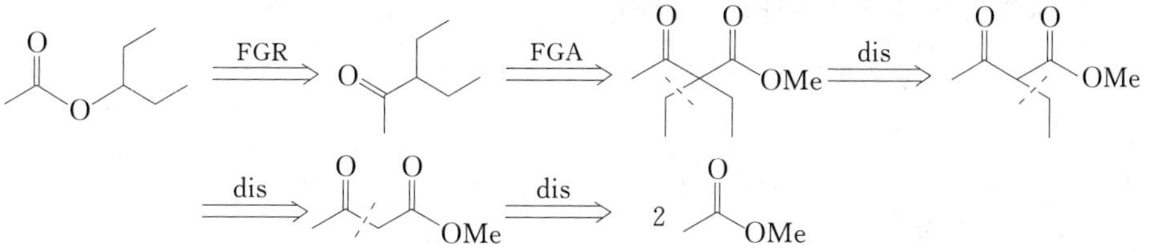

合成路线如下：

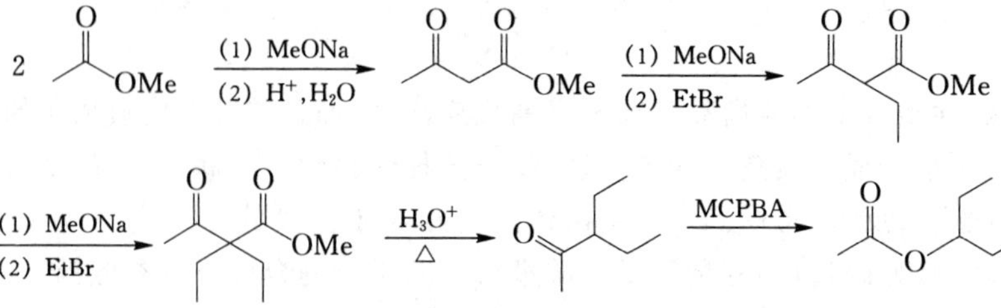

合成中最后一步是利用 Baeyer-Villiger 氧化反应，将 3-乙基-2-戊酮经间氯过氧化苯甲酸氧化，得到目标分子乙酸-3-戊醇酯。

例 4 详解

例 4　合成二甲基环己基甲醇：

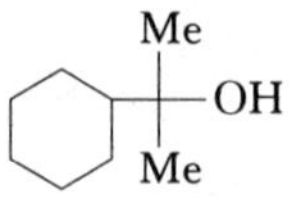

例 5 详解

例 5　合成如下化合物：

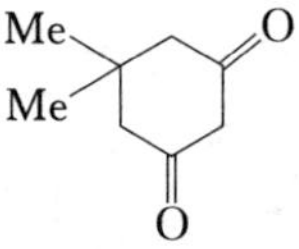

反合成分析及合成方法详见二维码。

例 6 详解

例 6　合成如下化合物：

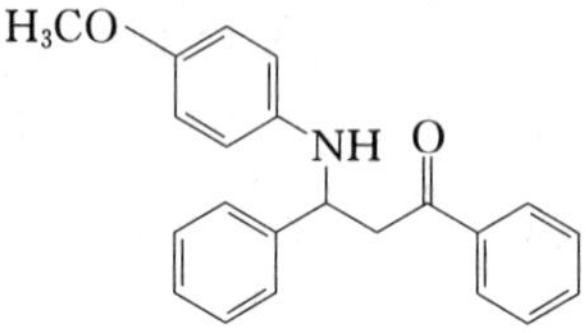

反合成分析及合成方法详见二维码。

例 7 详解

例 7　合成青蒿素：

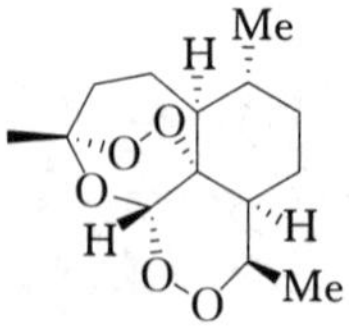

反合成分析及合成方法详见二维码。

思考题 16-3　利用反合成分析法，合成下面三种化合物：

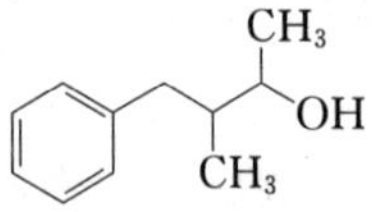

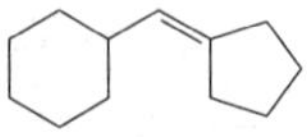

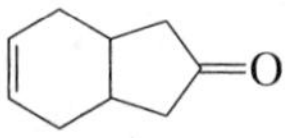

## 16.4　有机合成的发展

　　有机合成是富有创造性的科学,它的产生和发展为人类创造了大量新的分子和化合物,无论是在理论上还是合成技术方面,都为人类发展做出了巨大的贡献。随着生命科学日新月异的发展,在分子水平上认识生命过程,调节生命过程中的信号传递,研发新的、高效的合成药物,战胜人类的严重疾病,为有机合成提出了新的挑战;同时材料科学的蓬勃发展,各种新型功能材料的开发和应用,也使得有机合成与生命科学、材料科学融合成有机合成新的发展趋势和方向。

　　当前可持续发展已经成为各项经济活动所需优先考虑的前提,而有机合成所涉及的生态、资源和环境保护等方面的问题也越来越受到世界各国的关注。有机合成已经不仅仅是合成什么的问题,而是如何合成的问题。因此有机合成反应应该具有原子经济性、高选择性和高效性,合成过程符合环境友好的绿色化。在新的形势下,合成试剂无毒、无公害,高效高选择性反应、不对称合成、水相合成、固相合成、离子液体和超临界介质等的应用不断发展,使有机合成成为富有创新特点和巨大潜力的科学之一。

　　下面就简单介绍一下有机合成方面的新方法和新技术。

### 16.4.1　不对称合成

过去要获得光活性纯有机化合物的途径不外乎以下几种:

　　(1) 由天然生源获得,如河豚毒素、紫杉醇的分离提取。

　　(2) 由天然存在的手性化合物经过化学改造合成,如通过天然(＋)-樟脑衍生的手性试剂就有十多种。

　　(3) 外消旋体的化学拆分,如外消旋的酒石酸钠铵盐的拆分。

　　(4) 外消旋体的生物拆分,如利用酶法拆分(D,L)-氨基酸。

　　(5) 手性色谱分离,如利用手性固定相(CSP)的色谱柱分离一系列不同类型的手性化合物。

　　(6) 动力学拆分,即在手性试剂的存在下,一对对映异构体和手性试剂作用,生成非对映异构体,由于生成此非对映异构体的活化能不同,反应速率就不同。利用不足量的手性试剂与外消旋体作用,反应速率快的对映异构体优先完成反应,而剩下反应速率慢的对映异构体,从而达到拆分的目的。

　　现在,许多具有手性碳原子的有机化合物可通过不对称合成方法来获得。

　　不对称合成(asymmetric synthesis)是通过一个手性诱导试剂,使无手性或是潜手性的作用物反应后转变成光学活性的产物,而且生成物质的量不相等的对映异构体,得到过量的目标对映异构体产物,甚至可能是光学纯的产物。

　　不对称合成的关键就是不对称反应,根据化合物中不对称因素的来源,不对称反应可以有:手性底物控制反应、手性辅助基团控制反应、手性试剂控制反应和手性催化剂控制反应等四种。

　　手性底物控制的不对称反应,反应的立体选择性是由底物分子中已有的手性中心控制或诱导。例如,β-羟基酮在三乙酰氧基硼氢化钠的作用下,生成 1,3-反式二醇产物;而在硼氢化锌作用下,主要得到 1,3-顺式二醇产物。

如果在反应物分子中引入一个不对称的基团,形成一个不对称反应,这就是手性辅助基团控制的不对称反应。例如:

在丙酮酸中引入薄荷醇,使之形成丙酮酸薄荷酯,还原后水解除去薄荷醇得到的主要产物是 D-乳酸,而不是等物质的量的 D-和 L-乳酸。

另外如果采用手性试剂,反应的产物也具有一定的立体选择性。例如,不对称 Diels-Alder反应:

利用手性催化剂进行的不对称合成更是引人注目,特别是手性催化剂用量少,不对称诱导效率高的那些反应。例如:

### 16.4.2 组合化学

选读内容：组合化学

### 16.4.3 金属有机化合物催化高效有机合成

选读内容：金属有机化合物催化高效有机合成

### 16.4.4 分子识别和超分子化学

选读内容：分子识别和超分子化学

### 16.4.5 有机光化学合成

选读内容：有机光化学合成

### 16.4.6 有机电化学合成

选读内容：有机电化学合成

### 16.4.7 有机辐射化学合成

选读内容：**有机辐射化学合成**

### 16.4.8 有机固相合成

选读内容：**有机固相合成**

### 16.4.9 相转移催化合成

选读内容：**相转移催化合成**

**思考题 16-4** 微波辐射有机合成的原理是什么？具有什么优点？

## 习　　题

**16-1** 解释下列名词。

反合成分析　　合成元　　反合成元　　切断　　官能团转换　　组合化学　　绿色化学
有机固相合成　　相转移催化

**16-2** 合成下列有机化合物。

(1) $CH_3\overset{\overset{\displaystyle O}{\|}}{C}CH_2CH_2CH_3$

(2) 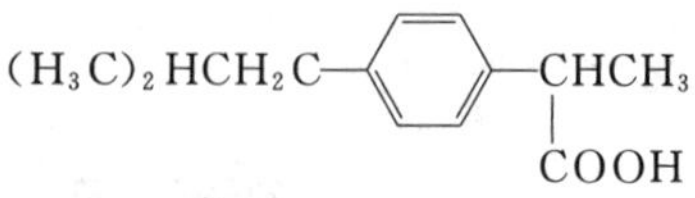 $(H_3C)_2HCH_2C$—C6H4—$CHCH_3$ 带 COOH

(3) 

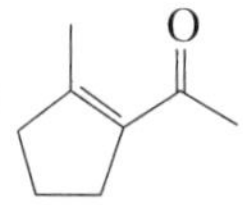

(4) 

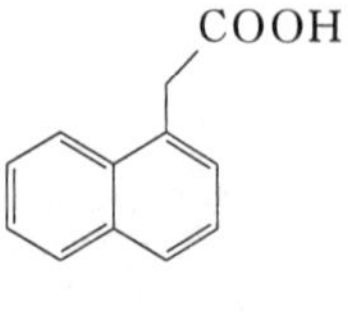

(5) 

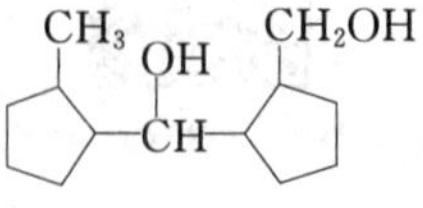

(6)

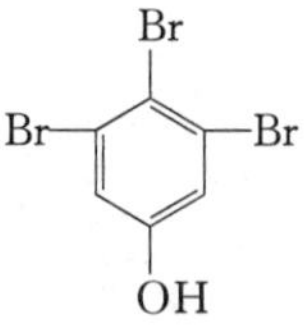

（7） 　　（8）

本章思考题答案　　　　　本章小结

# 主题词索引

# 有机化合物的氢、碳核磁共振波谱峰值检索

## 1. 有机化合物的 $^1$H 化学位移

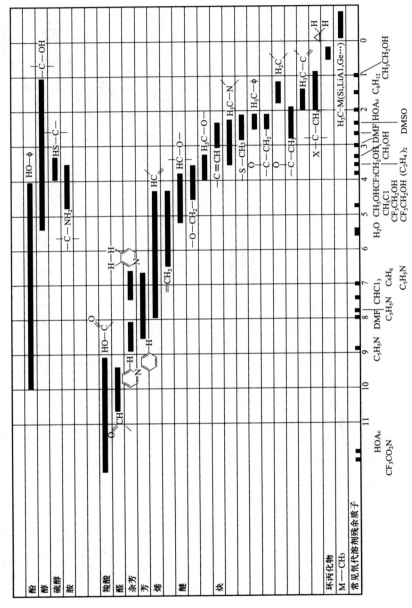

## 2. 有机化合物的 $^{13}C$ 化学位移